未来**10**年
中国学科发展战略

国家科学思想库

能源科学

国家自然科学基金委员会
中国科学院

科学出版社
北京

图书在版编目(CIP)数据

未来 10 年中国学科发展战略·能源科学/国家自然科学基金委员会，
中国科学院编.—北京：科学出版社，2012
（未来 10 年中国学科发展战略）
ISBN 978-7-03-032298-2

Ⅰ.①未… Ⅱ.①国…②中… Ⅲ.①能源-学科发展-发展战略-中国
2011～2020 Ⅳ.①TK-12

中国版本图书馆 CIP 数据核字（2011）第 183243 号

丛书策划：胡升华　　侯俊琳
责任编辑：石　卉　付　艳　程　凤/责任校对：李　影
责任印制：李　彤/封面设计：黄华斌　陈　敬

科　学　出　版　社 出版
北京东黄城根北街 16 号
邮政编码：100717
http://www.sciencep.com

北京虎彩文化传播有限公司 印刷
科学出版社发行　各地新华书店经销
*

2012 年 1 月第　一　版　开本：B5（720×1000）
2022 年 3 月第七次印刷　印张：33
字数：646 000

定价：148.00 元
（如有印装质量问题，我社负责调换）

联合领导小组

组　长　孙家广　李静海　朱道本

成　员　（以姓氏笔画为序）

王红阳　白春礼　李衍达

李德毅　杨　卫　沈文庆

武维华　林其谁　林国强

周孝信　秦大河　郭重庆

曹效业　程国栋　解思深

联合工作组

组　长　韩　宇　刘峰松　孟宪平

成　员　（以姓氏笔画为序）

王　澍　申倚敏　冯　霞

朱蔚彤　吴善超　张家元

陈　钟　林宏侠　郑永和

赵世荣　龚　旭　黄文艳

傅　敏　谢光锋

战略研究组

组　长	徐建中	院　士	中国科学院工程热物理研究所
副组长	马伟明	院　士	海军工程大学
成　员	严陆光	院　士	中国科学院电工研究所
	周　远	院　士	中国科学院理化技术研究所
	谢克昌	院　士	中国工程院
	邱爱慈	院　士	西安交通大学
	程时杰	院　士	华中科技大学
	褚君浩	院　士	中国科学院上海技术物理研究所
	包信和	院　士	中国科学院大连化学物理研究所
	金红光	研究员	中国科学院工程热物理研究所
	宣益民	教　授	南京航空航天大学
	郭烈锦	教　授	西安交通大学
	黄佐华	教　授	西安交通大学
	王如竹	教　授	上海交通大学
	徐春明	教　授	中国石油大学（北京）
	崔　翔	教　授	华北电力大学
	孙元章	教　授	清华大学

秘 书 组

组　长	彭晓峰	教　授	清华大学
副组长	梁曦东	教　授	清华大学
	王如竹	教　授	上海交通大学
	纪　军	研究员	国家自然科学基金委员会工程与材料科学学部
	胡　筠		中国科学院院士工作局
成　员	何雅玲	教　授	西安交通大学

聂超群	研究员	中国科学院工程热物理研究所
徐明厚	教　授	华中科技大学
骆仲泱	教　授	浙江大学
戴松元	研究员	中国科学院合肥物质科学研究院
申文杰	研究员	中国科学院大连化学物理研究所
范　英	研究员	中国科学院科技政策与管理科学研究所
高德利	教　授	中国石油大学（北京）
邱介山	教　授	大连理工大学
肖立业	研究员	中国科学院电工研究所
廖瑞金	教　授	重庆大学
李　勇	副教授	上海交通大学
张　波	教　授	华南理工大学
何湘宁	教　授	浙江大学
周建中	教　授	华中科技大学
丁立健	教　授	国家自然科学基金委员会工程与材料科学学部

总序

路甬祥　陈宜瑜

进入 21 世纪以来，人类面临着日益严峻的能源短缺、气候变化、粮食安全及重大流行性疾病等全球性挑战，知识作为人类不竭的智力资源日益成为世界各国发展的关键要素，科学技术在当前世界性金融危机冲击下的地位和作用更为凸显。正如胡锦涛总书记在纪念中国科学技术协会成立 50 周年大会上所指出的："科技发展从来没有像今天这样深刻地影响着社会生产生活的方方面面，从来没有像今天这样深刻地影响着人们的思想观念和生活方式，从来没有像今天这样深刻地影响着国家和民族的前途命运。"基础研究是原始创新的源泉，没有基础和前沿领域的原始创新，科技创新就没有根基。因此，近年来世界许多国家纷纷调整发展战略，加强基础研究，推进科技进步与创新，以尽快摆脱危机，并抢占未来发展的制高点。从这个意义上说，研究学科发展战略，关系到我国作为一个发展中大国如何维护好国家的发展权益、赢得发展的主动权，关系到如何更好地持续推动科技进步与创新、实现重点突破与跨越，这是摆在我们面前的十分重要而紧迫的课题。

学科作为知识体系结构分类和分化的重要标志，既在知识创造中发挥着基础性作用，也在知识传承中发挥着主体性作用，发展科学技术必须保持学科的均衡协调可持续发展，加强学科建设是一项提升自主创新能力、建设创新型国家的带有根本性的基础工程。正是基于这样的认识，也基于中国科学院学部和国家自然科学基金委员会在夯实学科基础、促进科技发展方面的共同责任，我们于2009年4月联合启动了2011～2020年中国学科发展战略研究，选择数、理、化、天、地、生等19个学科领域，分别成立了由院士担任组长的战略研究组，在双方成立的联合领导小组指导下开展相关研究工作。同时成立了以中国科学院学部及相关研究支撑机构为主的总报告起草组。

两年多来，包括196位院士在内的600多位专家（含部分海外专家），始终坚持继承与发展并重、机制与方向并重、宏观与微观并重、问题与成绩并重、国际与国内并重等原则，开展了深入全面的战略研究工作。在战略研究中，我们既强调战略的前瞻性，又尊重学科的历史延续性；既提出优先发展方向，又明确保障其得以实现的制度安排；既分析各学科自身的发展态势，又审视各学科在整个学科体系和科技与经济社会发展中的地位作用；既充分肯定各学科已取得的成绩，又不回避发展中面临的困难和问题；既立足国内的现状与条件，又注重基础研究的国际化趋势。经过两年多的战略研究工作，我们不断明晰学科发展趋势，深入认识学科发展规律，进一步明确"十二五"乃至更长一段时期推动我国学科发展的战略方向和政策举措，取得了一系列丰硕的成果。

战略研究总报告梳理了学科发展的历史脉络，探讨了学科发展的一般规律，研究分析了学科发展总体态势，并从历史和现实的角度剖析了战略性新兴产业与学科发展的关系，为可能发生的新科技革命提前做好学科准备，并对我国未来 10 年乃至更长时期学科发展和基础研究的持续、协调、健康发展提出了有针对性的政策建议。19 个学科的专题报告均突出了 7 个方面的内容：一是明确学科在国家经济社会和科技发展中的战略地位；二是分析学科的发展规律和研究特点；三是总结近年来学科的研究现状和研究动态；四是提出学科发展布局的指导思想、发展目标和发展策略；五是提出未来 5～10 年学科的优先发展领域以及与其他学科交叉的重点方向；六是提出未来 5～10 年学科在国际合作方面的优先发展领域；七是从人才队伍建设、条件设施建设、创新环境建设、国际合作平台建设等方面，系统提出学科发展的体制机制保障和政策措施。

为保证此次战略研究的最终成果能够体现我国科学发展的水平，能够为未来 10 年各学科的发展指明方向，能够经得起实践检验、同行检验和历史检验，中国科学院学部和国家自然科学基金委员会多次征询高层次战略科学家的意见和建议。基金委各科学部专家咨询委员会数次对相关学科战略研究的阶段成果和研究报告进行咨询审议；2009 年 11 月和 2010 年 6 月的中国科学院各学部常委会分别组织院士咨询审议了各战略研究组提交的阶段成果和研究报告初稿；其后，中国科学院院士工作局又组织部分院士对研究报告终稿提出审读意见。可以说，这次战略研究集中了我国各学科领域科学家的集体智慧，凝聚了数百位中国科学院院士、中国工程院院士以及海外科学家的战略共识，凝结了参与此项工作的全体同志的心血和汗水。

今年是"十二五"的开局之年，也是《国家中长期科学和技术发展规划纲要（2006—2020 年）》实施的第二个五年，更是未来 10 年我国科技发展的关键时期。我们希望本系列战略研究报告的出版，对广大科技工作者触摸和了解学科前沿、认知和把握学科规律、传承和发展学科文化、促进和激发学科创新有所助益，对促进我国学科的均衡、协调、可持续发展发挥积极的作用。

在本系列战略研究报告即将付梓之际，我们谨向参与研究、咨询、审读和支撑服务的全体同志表示衷心的感谢，同时也感谢科学出版社在编辑出版工作中所付出的辛劳。我们衷心希望有关科学团体和机构继续大力合作，组织广大院士专家持续开展学科发展战略研究，为促进科技事业健康发展、实现科技创新能力整体跨越做出新的更大的贡献。

前言

　　能源是经济持续稳定发展的基础和人民生活质量提高的重要保障。能源既包括自然界广泛存在的化石能源、核能、可再生能源等，也包括由此转化而来的电能和氢能等。能源科学是研究能源在勘探、开采、输运、转化、存储和利用中的基本规律及其应用的科学；能源技术是根据能源科学研究成果，为能源工程提供设计方法和手段，确保工程目标的实现的技术。由于能源的合理、高效、洁净的使用过程与一些基本规律相关联，所以，建立在科学基础上的节能也是能源科学与技术研究的重要内容之一。由于能源科学发展的技术路线和能源消费行为等与决策部门的宏观政策导向密切相关，这一学科在一定意义上也包括一些管理科学、经济学等社会科学的内涵。

　　能源工业是国民经济的基础产业，对经济持续稳定发展和人民生活质量的提高具有十分重要的保障作用。但是，化石能源的可耗竭性、环境污染与温室气体排放问题，对能源资源保障和利用方式提出了更高的要求。我国正处在工业化、城镇化的快速发展进程中，能源生产量、消费量、温室气体排放总量均位居世界前列。在目前社会经济结构和所处的发展阶段中，由于受化石能源供给、能源技术和效率水平、温室气体减排等因素制约，我国能源发展面临着重大挑战。能源问题已经成为影响我国社会、经济发展和国家安全的重大战略问题。发展先进能源科学技术和新能源的研究开发利用是应对我国能源挑战的根本途径。因此，制定系统的能源科学技术发展战略具有重大的科学意义和紧迫的现实意义。

　　在此背景下，国家自然科学基金委员会和中国科学院在"2011～2020年我国学科发展战略研究"系列报告中专门设置了能源科学发展战略研究专题，集中了来自中国科学院和各高校从事能源相关研究的近百位科技人员，形成了老中青相结合、经验丰富和充满活力的编写队伍，成立了专家组和秘书组，建立了国家自然科学基金委员会工程与材料科学部与中国科学院技术科学部对口合作的战略研究机制。2009年上半年研究和编写工作正式启动。本报告编写组根据《国家中长期科学和技术发展规划纲要（2006—2020年）》，突出"更加侧重基础、更加侧重前沿、更加侧重人才"的战略导向，在充分调研和分析的基础上，通过学术交流与专业论坛讨论，形成了相应领域的研究成果，经过近 50 次会议研讨、3 次专家院士咨询、近 10 稿修改后，于 2010 年 10 月完成了本报告。

本报告由八章内容组成，第一章在全面总结国际能源科学发展趋势的基础上，分析了我国能源科学与技术的发展现状，提出了支撑我国可持续发展的能源科学发展战略，包括能源科学技术发展的指导思想、发展目标、学科发展重点的遴选原则和优先发展领域；第二章至第六章立足能源科学与能源技术的学科基础，分别阐述了能源科学的五个重点领域的基本内涵、定位、发展现状与规律，指出了发展态势与近中期发展重点，主要包括节能减排与提高能效、化石能源的转换利用，可再生能源与新能源，电能转换、输配、储存及利用，以及温室气体控制与无碳-低碳系统等领域；第七章讨论了能源科学优先发展领域和系统布局，特别是能源科学与其他学科的交叉研究领域；第八章阐述了促进我国能源发展的建议。

能源科学涵盖面很广，除以上内容外，还涉及能源资源的勘察与开采、能源的转化与储存、能源的利用与环境影响等内容。这些内容已经安排在其他专题的研究报告中，与本报告一起形成了"2011～2020 年我国学科发展战略研究"的系列报告。

参加本报告编写和咨询的专家学者非常多，我们列出了主要的贡献者名单，还有很多学者在研究过程中提供了资料、参与了讨论，在此一并表示衷心的感谢。

能源科学与技术涉及范围广、学科多，尽管我们认真核对了所有内容，但仍难免有疏漏和不妥之处，欢迎读者批评指正。

徐建中

能源科学学科发展战略研究组组长

2011 年 8 月 1 日

摘要

　　人类的工业化进程实际上是依靠化石燃料的消费来支撑的，工业化的每一个阶段都离不开对化石能源的利用和开发。但是，长期大量消耗化石能源的积累效应所带来的环境问题，以及与之相关的全球气候变化，影响到人类在地球上的生存，成为当前人类面临的共同挑战。但在可以预期的不远将来，支撑人类社会发展的化石能源面临枯竭，使能源安全成为关系到一个国家乃至全球的生存和发展的重大问题。在我国，经济和社会的迅速发展对能源的需求巨大；同时，以煤炭为主的化石能源结构，造成了严重的环境污染，对可持续发展构成了重大的威胁。因此，能源和能源科学技术受到了前所未有的重视。

　　本报告形成的主要成果如下。

1. 我国能源科学技术发展思路

　　能源科学与技术在社会需求的强烈带动下快速发展，当前及未来几十年是我国经济社会发展的重要战略机遇期，也是能源科学技术发展的重要战略机遇期。能源科学技术发展要根据国家的重大需求，立足我国能源科学的现有基础与条件，着眼于能力建设和长远发展，通过基础研究的发展推动能源科学与技术的快速发展。

　　我国能源科学发展的指导思想：从支撑国家可持续发展的高度出发，紧密结合我国能源资源特点和需求，关注全球气候变化，立足能源科学与能源技术的学科基础，丰富和发展能源科学的内涵，加强基础研究与人才培养，构筑面向未来的能源科学学科体系，形成布局合理的基础研究队伍，为我国社会、经济、环境的和谐发展提供能源科学技术的支撑。

　　我国能源科学技术发展的总体目标：到 2020 年，突破能源科学与技术中的若干基础科学问题和关键技术，建立一支高水平的研究队伍，使我国能源科技自主创新能力显著增强，形成比较完善的能源科学体系；推进基础理论和技术应用的衔接，加强技术竞争力和制造业的协同发展，促进全社会能源科技资源的高效配置和综合集成；加强人才队伍、科技平台及大科学装置的建设，保障科技投入的稳定增长，能源科技保障经济社会发展和国家安全的能力显著增强；能源基础科学和前沿技术研究综合实力显著提高，能源开发、节能技术和清洁能源技术取得突破，并在某些领域达到世界发达国家能源科技先进水平，进入能源科技先进型国家行列；通过节能与科学用能理论与技术的深入研发，使主要工业产品单位能耗指标达到或接近世界先进水平，减少国家对能源总量增加的需求；通过可再生能源技术的突破，为国家提供无污染的绿色能源，促进能源结构优化；通过化石能源清洁化技术，提供能源和减少 CO_2 排放；通过发展智能电网，构建新一代高效、安全的电网系统。

为实现能源科学的发展目标，应该将系统布局和重点发展有效结合。重点发展领域的遴选需遵循以下原则。

1）加强基础研究。能源科学研发周期长，任何能源科学技术的突破都是长期积累的结果，因此，基础性前瞻性的布局更加重要。离开了基础科学的发展，就不可能有积累有创新，也就不可能改变被动跟踪的技术现状。只有加强基础研究和应用基础研究，才能构筑强大的学科基础，增强创新能力，逐步实现能源科技进步和跨越式发展，缩短与发达国家的差距，并在某些领域实现突破和技术领先。

2）持续支持创新性强的研究。只要是创新的研究就具有不确定性，具有风险，重点发展的领域向创新性强、哪怕具有风险的方向倾斜，营造勇攀能源科技高峰的氛围，使得创新的研究成果能够脱颖而出。

3）始终保持系统布局。能源科学的综合性和交叉性特点要求各学科领域的协调发展，在重要的学科领域不能有空白，因此我们应该始终将系统布局作为一项工作目标，在一些欠发达的领域要保持持续和有计划的扶持。

4）把能力建设作为重中之重。基础研究能力是创新的基础，而人才、设施条件和机制与体制是能力的载体。我们应该注重能源专业人才梯队的建设，培育集中的设施领先的能源科学重大研究设施和研究中心，建设开放共享的管理机制，切实提高能源科学技术的研究能力。

5）鼓励面向应用的集成研究。能源基础研究成果的转化也体现出很强的综合性，因此要提高集成创新的能力，鼓励面向应用的集成研究，促进能源科学研究成果尽快地应用于生产实践，促进技术装备的进步和工艺水平的提高。

6）注重扶持具有特色的研究。对一些具有地域特点、资源特点或理论特色的研究要注意扶持；对于与特定条件密切相关的分布式能源利用、转化、传输的研究，应该重点支持；稳定队伍，争取在一些特色方向上有所创新。

2. 提高能效领域近中期支持重点

提高能效领域近中期支持重点主要包括高能耗行业节能、工业节能与污染物控制、建筑节能、交通运输节能、新型节能技术（电器与照明节能）等方面。

1）高能耗行业节能方面：冶金工艺过程中节能基础理论和关键技术，余热余压发电基础理论和关键技术，余热显热回收基础理论和技术，余热回收高效换热设备及强化传热的理论与开发，石油化工过程用能和系统用能优化理论与技术研究，石油化工行业节能基础理论和关键技术研究，石油天然气开采节能基础理论和关键技术研究，信息技术在节能降耗中的应用研究，超/超超临界燃煤发电技术研究，整体煤气化联合循环技术研究等。

2）工业节能与污染物控制方面：工业节能减排监管和评估软科学体系的发展和完善，能量转换和传递过程基础理论和关键技术研究，能量梯级综合利用和系统集成技术研究，先进动力循环技术研究，动力系统节能技术研究，能源和绿色可替代能源研究，节能新产品和新技术研究，煤的高效清洁燃烧技术，工业大气污染治理技术研究，工业固体废弃物处理技术研究，工业废水处理技术研究，工业噪声治理技术研究等。

3）建筑节能方面：绿色建筑及资源评估软科学体系的发展和完善，建筑物本体的关键节能基本理论与制备技术研究，建筑设备的节能基础理论与关键技术研究，建筑热环境控制理论与关键技术研究，生态建筑新理念与建筑微气候的控制新机理研究，建筑节能与新能源、新材料学科交叉基础问题的研究等。

4）交通运输节能方面：高效清洁内燃机燃烧理论与燃烧控制，替代燃料、混合燃料发动机燃烧与排放基础理论和关键技术，生物质能制备技术及对生态环境的影响，新能源交通动力系统共性关键技术，燃料电池基础理论与关键技术研究，航空发动机燃烧基础理论与关键技术，铁路运输节能技术研究等。

5）新型节能技术（电器与照明节能）方面：新型替代工质制冷技术，热驱动制冷技术，热泵技术，电器热管理理论与技术基础，高效节能、长寿命的半导体照明等。

3. 化石能源领域近中期支持重点

化石能源领域近中期支持重点主要包括洁净煤能源利用与转换、清洁石油资源化工与能源转化利用、燃油动力节约与洁净转换、分布式能源系统等方面。

1）燃煤污染物的形成机理和控制技术，煤炭的高效清洁利用技术；重油高效洁净转化利用的基础研究，非常规石油资源开发利用的基础科学问题研究，清洁和超清洁车用燃料生产的基础科学问题研究，支撑石油加工-石油化工一体化发展的基础科学问题研究；燃油动力节约与洁净转换，甲烷直接高效转化，天然气经合成气高效转化为化学品和高品质液体燃料。

2）分布式能源系统方面应发展分布供能系统，微型燃气轮机的核心制造技术，燃气内燃机的制造技术，分布式燃气轮机联合循环发电技术，研究多联产与多联供技术的关键科学问题，燃料电池的相关技术等，非常规天然气（如煤层气、煤制气、焦炉煤气）的回收与综合利用；开发智能化的优化控制技术。

4. 可再生能源与新能源领域近中期支持重点

可再生能源与新能源领域近中期支持重点包括太阳能，风能，生物质能，氢能，水能，海洋能，天然气，地热，核能，可再生能源储存、转换与多能互补系统等方面。

1）太阳能利用方面：太阳能光热转换与规模化利用过程中出现的新问题、新现象；真空管集热器热传递过程、空气集热器中集热器构件流动与传热耦合问题；太阳能热能高效储存转换原理与材料，太阳能采暖与空调复合能量利用系统的能量传递优化；热能驱动制冷循环，太阳能海水淡化中热质传递过程强化；适用于太阳能中、高温热利用的高聚光比高效率的太阳能聚集机理；高效热能吸收过程与材料，高温蓄热过程、蓄热介质与高温材料；新型传热工质、新热功转换工质与热力循环。太阳能热发电系统特性及其运行优化；太阳能-氢能转化过程的热物理问题。

2）太阳能光伏发电材料、器件、系统特性及其运行优化方面：提高太阳电池能量转换效率的新概念、新机制研究；光伏材料开发与性能改善；光伏器件结构设计；光伏材料和器件的制备与表征技术。光伏系统及规模化利用相关的原理性、基础性、前瞻性问题。

3）风能利用方面：反映中国复杂地形特点的风电场模拟研究，适合中国风电场实际工况特点的风电叶片气动优化设计研究，风电机组空气动力与结构动力特性及优化设计理论研究，大型风电机组优化控制研究，大型风电场同电力系统相互影响的分析研究，近海风电机组关键技术研究，风电机组物理储能技术的研究。

4）生物质能利用方面：生物质热解液化技术及基础，生物质高效气化工艺，先进生物质气化发电技术和系统，生物质燃气和燃油精制技术及相关基础，秸秆先进燃烧发电、生物质混烧技术及相关基础，沼气发电技术及相关基础，纤维素转化乙醇相关基础问题，微生物制氢技术基础，微生物燃料电池及水生植物利用相关基础问题。

5）氢能利用方面：氢能制备，氢能存储与输运，氢能转化与利用等相关基础问题。

6）水能利用方面：多元能源结构下战略资源储备与新型水能蓄能及综合储能技术，百万千瓦级巨型水力发电机电磁设计、结构刚度、冷却方式，大容量抽水蓄能发电机组循环冷却系统、结构设计计算研究，水力发电机多物理场耦合仿真计算，巨型水电机组状态监测技术，长江上游巨型水电站群联合优化调度的重大工程科技问题。

7）海洋能利用方面：漂浮式波浪能装置高效稳定发电技术，波浪能直驱发电系统的基础问题研究，海流能高效转换过程的基础问题研究，潮汐能发电中的环境和低成本建造问题研究，温差能关键技术研究。

8）核能利用方面：大型先进压水堆、快堆技术，第四代先进核能技术，核聚变堆。

9）天然气利用方面：天然气液化与贮运、液化天然气冷能利用、天然气与分布式能源系统、天然气水合物开采方法、天然气水合物开采实验模拟、天然气水合物环境影响评价、天然气水合物应用技术。

10）地热资源利用方面：地热资源估计技术的基础性科学问题，地热资源开发过程的基础性科学问题，地热资源能量转换技术。

11）可再生能源储存、转换与多能互补系统，用于可再生能源的储能技术。

5. 电能转换、输配、储存及利用领域近中期支持重点

电能转换、输配、储存及利用领域近中期支持重点包括大规模可再生能源电力输送及接入，智能电网，特高压输变电，储能储电系统，智能高压电力装备，电力电子器件和系统，电能高效利用与节电，电气交通与运载系统，超导电力技术等方面。

1）大规模可再生能源电力输送及接入方面：风能和太阳能预测，大型风电场和光伏发电站动态等值模型和参数，大规模风电和光伏发电输电方式及接入，大规模风电场和光伏电站随机功率波动特性的研究，大规模可再生能源电力并网准则与检测技术。

2）智能电网方面：智能电网自愈及其支撑技术的理论与方法，智能电网互动及其支撑技术的理论与方法，智能电网安全及其支撑技术的理论与方法，智能电网高质量及其支撑技术的理论与方法，智能电网兼容及其支撑技术的理论与方法，智能电网市场化及其支撑技术的理论与方法，智能电网资产优化及高效运行的理论与方法。

3）特高压输变电方面：特高压输电线路电晕特性，电磁环境特性，长空气间隙放电特性，线路和设备外绝缘特性，潜供电弧特性与抑制技术，对邻近电磁敏感系统的电磁影响与防护技术，导线舞动及其抑制方法，特高压输变电设备电工材料的参数特性，特高压输变电设备绝缘材料的老化与寿命评估等。

4）储能储电系统方面：抽水蓄能，压缩空气储能，惯性储能，超导磁储能，超级电容器储能，电池储能。

5）智能高压电力装备方面：高压电力装备故障产生机理及故障特征信息，高压电力装备故障信息传感理论和传感器研究，高压电力装备故障辨识与定位理论及技术，高压电力装备状态评估及寿命管理，高压开关电器智能操作理论及技术，高压电力装备的通信与信息平台技术。

6）电力电子器件和系统方面：以绝缘栅极双极型晶体管为核心的高压大电流功率器件及集成技术研究，宽带隙半导体功率器件核心技术研究，高性能、集成化中小功率电力电子器件及系统技术研究，高频功率无源元件研究。

7）电能高效利用与节电方面：考虑多能源情况下的节电调度，动态电能质量控制技术与设备，电能供给侧与消费侧的最优配合，大功率工业负载的开关电源技术及其非线性电能计量，空调控制技术及新型节电空调。

8）电气交通与运载系统方面：电动汽车、轨道交通、船舶综合电气系统等电气交通与运载系统相关的基础与应用技术研究。

9）超导电力技术方面：多场下的交流损耗，持续与冲击电流作用下超导线圈的稳定性、疲劳失效机理与抗疲劳方法，超导电力装置的电磁暂态过程与动力学建模，热损失机制与计算，低温高电压绝缘，超导电力装置新原理及多功能超导电力装置的原理，超导电力技术在智能电网与新能源领域的应用探索等问题的研究。

6. 温室气体控制与无碳-低碳能源系统领域近中期支持重点

温室气体控制与无碳-低碳能源系统领域近中期支持重点包括能源动力系统的减排科学与技术，低碳能源科技与化工，低碳型生态工业系统等方面。

1）能源动力系统的减排科学与技术方面：动力系统和分离过程相对独立的温室气体控制，化学能梯级利用和碳组分定向迁移一体化的温室气体控制研究，以反应分离耦合过程为核心的温室气体控制。

2）低碳能源科技与化工方面：煤炭高效洁净转化技术，煤炭及煤基产品消费环节污染物排放控制与治理技术，煤炭生产、利用过程中的废弃物、伴生物开发、利用及处理技术；CO_2 吸收法捕集技术，CO_2 吸附法捕集技术，CO_2 膜分离法捕集技术，CO_2 耦合捕集技术等。

3）低碳型生态工业系统方面：清洁生产替代与能量梯级利用技术研究，碳资源生态化循环利用关键技术研究，生物固碳技术的开发与应用研究，低碳循环经济生态工业大系统集成技术研究，低碳型循环经济生态工业系统决策与支撑研究。

7. 能源科学技术交叉发展领域近中期支持重点

能源科学技术是一个高度综合、具有很强学科交叉特点的研究领域。

能源科学与其他学科领域的交叉研究重点：冶金工艺过程中节能基础理论和关键技术，余热余压发电基础理论和关键技术，余热显热回收基础理论和技术，余热回收高效换热设备及强化传热的理论与开发；石油化工过程用能和系统用能优化理论与技术研究，石油化工行业节能基础理论和关键技术研究，石油天然气开采节能基础理论和关键技术研究，信息技术在石油化工节能降耗中的应用研究，超/超超临界燃煤发电技术研究，整体煤气化联合循环技术研究。

煤与化石燃料与其他学科的交叉研究内容：能源利用过程中的催化材料及催化过程，燃烧污染物的健康效应，化石能源生物转化过程的基础科学问题，低品位能源开发利用中的基础问题研究，天然气高效转化为化学品和高品质液体燃料。

可再生能源与其他学科的交叉研究内容：太阳能利用与建筑节能，太阳能利用与环境保护，多能源供应体系下的能量利用系统优化，太阳-植物光合作用，太阳能化学与生物转化的基础科学问题研究，太阳能规模制氢与燃料电池耦合系统及其内部多相多物理及化学过程的理论及关键技术研究，燃料电池多尺度复杂结构中多相多组分热质传输与电化学反应耦合的基本问题，高效低成本规模化的多相界面及多相流储氢体系的理论与技术，微生物燃料电池及水生植物利用相关基础问题，风、水、光互补系统设计、运行与控制，基于生物质能-太阳能的农村多能互补系统设计、运行与控制，多能互补网络。

电能与其他学科的交叉研究内容：智能电网的信息平台，风能与太阳能的短期预测与电力调度，大容量高密度储能技术，新型电工材料，高效节能的照明技术。

CO_2 控制相关的基础理论研究涉及能源、环境、化工、生物、地学和规划管理多个学科领域：燃料化学能梯级利用的温室气体控制（与化学学科交叉），CO_2 储存与资源利用方法（与环境、地球科学交叉），低碳排放型工业系统研究（与管理交叉）、CO_2 的化学利用等。

为实现我国能源科学技术发展的总体目标，本报告还从激励政策与促进机制、国际交流与促进发达国家先进技术向我国转移、科研队伍建设与人才培养、科研平台与大型装置建设、能源技术推广等方面提出了具体建议。

能源科学涵盖面很广，除以上内容外，还涉及能源资源的勘察与开采、能源的转化与储存、能源的利用与环境影响等内容。这些内容已经安排在其他专题的研究报告中，与本报告一起构成了"2011～2020 年中国学科发展战略研究"的系列报告。

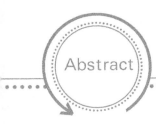

Energy is deemed to be the base for sustainable and stable economic development and the important safeguard for the improvement of people's living standard. The industrialization of the world has been relying on the consumption of fossil energy, which is revealed as an indispensable part in the process of industrialization. However, security for energy supply gradually emerges as an issue of great importance in survival and development of human beings concerning the exhaustibility of fossil fuels. Meanwhile, environmental concerns are accumulated due to consumption in large scale of fossil fuels in the long term, giving rise to global climate change, which threatens the ecological environment and human beings in common.

Currently, China is on its way towards industrialization and urbanization, the production and consumption of energy as well as GHG emissions are very high in the world. Determined by its economic structure and development stage, China is facing great challenge in terms of energy development owing to the constraints set by such factors as energy technology development, energy efficiency and GHG emissions. As a result, energy study has been regarded as a strategic issue affecting social, economic development and national security. Apparently, the basic solutions to energy challenges in China are in the domination of the development of advanced energy technology as well as utilization of new energy source. Therefore, it is of great meaning and urgency to form a systematic planning for development of energy science and technology both academically and empirically.

Allowing for the background mentioned above, National Natural Science Foundation of China (NSFC) and the Chinese Academy of Sciences (CAS) specifically set a research project of energy R&D in the series of "Research on the Development Strategy of China's Disciplines 2011—2020". A research team is involved in the project with almost 100 scientists of different ages engaged in various fields related to energy study from CAS and universities, forming an experienced team for composition with vigour, including a consultant group, a secretary group and a cooperation mechanism between NSFC and CAS. The project kicked off at the first half of 2009. Based on *"Guidelines on National Medium- and Long-term Program for Science and Technology Development* (2006-2020)", the composition team accomplished this report with more than 10 revisions in October, 2010 on basis of investigation and analysis by nearly 50 seminars and 3 conferences of academicians in form of academic exchange and professional forum, following the direction of "more emphasis on basic science and talents".

This report is composed of 8 chapters. The first Chapter summaries the development trends of international energy science and technology, analyzes the current overall status of energy science and technology in China, and points out the national energy R&D strategies including overall objective, development goal and the selection principals of priority areas. The second Chapter discusses science and technology related to energy conservation and energy efficiency, and proposes the short and medium-term R&D priorities. The third Chapter focuses on the status of coal and fossil energy science and technology, and the key development areas. The fourth Chapter describes the current research situation on new and renewable energy as well as short and medium-term R&D focus. The fifth Chapter analyzes the electricity production, distribution, storage and application in science and technology, and important research and develop areas are also recommended. The sixth Chapter is about greenhouse gas control, carbon-free and low-carbon energy structure and research focus. The seventh Chapter discusses the priority development fields of energy science, and the important interdisciplinary research areas. Energy development proposals are reported in the eighth Chapter.

The main outputs of the report are as follows.

The Development Principal of China's Energy R & D

Energy science and technology driven by strong demand in the society are likely to achieve significant development in the near future and in the coming decades. At present, economic and social developments in China are facing important strategic opportunities; so is the energy science and technology. Energy science and technology development should be based on the existing infrastructure and the existing conditions, viz. : satisfying the major demand of the nation, focusing on capacity-building and long-term development by promoting the development of basic energy science and high-tech technologies.

The national guiding ideology for the development of energy science and technology is described as follows: The main objective of the R&D is to support sustainable development of the nation. The R&D work should be based on the characteristics of the available national energy resources and national energy demand. More attention should be paid to mitigating global climate change. Emphasis should be put on the development of basic energy science and technology to enrich and deepen its contents. Great efforts should be made to strengthen basic research capability and personnel training, improve energy science discipline system for the future prosperity of the country. A rational and strong research team in basic energy science and technology will be established and developed to support harmonious development of the society, economy and environment.

The overall objectives in development of energy science and technology up to the year 2020 are: achieving breakthroughs in energy science and technology in a number of basic scientific issues and key technologies; establishing a high-level research team, improving the national innovation capabilities in energy area and developing a more comprehensive energy science discipline.

In order to achieve the above objectives, efforts should be made in such aspects as promoting the convergence of basic theory and application technology; strengthening the technological competitiveness in the joint development of various manufacturing sectors; promoting efficient allocation of resources across the whole society and comprehensive integration; strengthening human resources, enhancing science and technology research platforms and construction of large scientific research facilities. Conscious attempt should also be made to guarantee steady increase in R&D investments, ensuring that energy technologies are able to sustain the national economic growth and national security, enhancing research capabilities on basic energy science and cutting-edge technologies. Great efforts should be made to achieve a series of breakthroughs in energy technologies and clean energy technologies, catching up with some of the advanced energy technologies in the world, promoting China to a country with advanced energy technologies: Through energy conservation and progress in energy scientific theory and technology, the energy consumption per unit of main industrial products reaches the world's advanced level which would lower the rate of increase in national total energy demand; Achieve technological breakthroughs in renewable energy, providing the country with pollution-free green energy, promote energy structure optimization; through the clean fossil energy technologies, providing energy and achieving CO_2 emission reduction; through the development of smart grid, building a new generation of efficient and safe power system.

In order to achieve the development goals in the field of energy science and technology, we should focus on the development and effective integration of the layout. Selection of energy R&D priorities should follow these principles:

1) Strengthening the basic science research;
2) Continuous supporting high-risk innovative research;
3) Always maintaining the system layout;
4) Having capacity-building as a top priority;
5) Encourage the integration of application-oriented research;
6) Support of distinctive and characteristic research.

Priorities in the Field of Energy Conservation and Energy Efficiency Improvement in the Short and Medium-term

The field involve energy saving in energy intensive sectors, industrial energy conservation and pollution control, energy efficiency in buildings, transportation, appliances and lighting, distributed energy systems, among others.

For the industries with high energy consumption, R&D priority areas are: key technologies and the basic theories on energy-saving in metallurgical processes, power generation using exhaust gases and waste heat, waste heat recovery, heat transfer enhancement, heat transfer theory and development, optimization of energy use in petrochemical industry, development of petrochemical processes with high potentials in energy conservation, application of information technologies in the petrochemical sector for energy saving, application of ultra-supercritical coal-fired power generation technology, and integrated gasification combined cycle (IGCC) technology.

For industrial energy conservation and pollution control, priority areas are: monitoring and evaluation system development and soft sciences improvement related to emission reduction in industrial sector, key technologies and basic theories on energy conversion and (heat) transfer process, energy cascade utilization and system integration, advanced power cycles, energy-saving in power systems, utilization of alternative green energy, efficient and clean coal combustion, industrial air pollution control, industrial solid waste treatment, industrial wastewater treatment, industrial noise control.

For building energy saving efficiency, priority areas are: development and improvement of green building and resource assessment system, key technologies and the basic theories on building envelop energy-saving, enhancing energy-saving of construction equipments and key manufacturing techniques, thermal environment control in buildings, new ideas related to ecological construction and micro-climate control mechanism.

For transportation energy, priority areas are: clean and efficient combustion in engines and better combustion control, combustion of alternative fuels, use of blended fuel in engines and engine emissions control, preparation of biomass energy technologies and the impacts on the ecological environment, new energy powered transportation and power system, basic theories and key technologies of fuel cell, improvement of combustion in aircraft engine and energy-saving in railway transport.

For the energy-saving in appliances and lighting, priority areas are: use of alternative refrigerants, heat pump, electronics thermal management, and long life energy efficient semiconductor lighting.

Priorities in the Field of Clean Coal and Fossil Energy in the Short and Medium-term

The field include clean coal technology, clean conversion and utilization of fossil fuel, clean petrochemical and energy conversion, power saving and clean fuel conversion, distributed energy systems.

The priority R&D fields include: the mechanism of formation of pollutants from coal combustion and pollution control technologies, efficient and clean utilization of coal, efficient and clean use of heavy oil and non-conventional oil resources, clean and super-clean vehicle fuel production, more understanding in basic science supporting the integral development of petrochemical oil processing. Other areas are: power saving and clean fuel conversion, direct efficient conversion of methane, conversion of natural gas into high quality chemicals and liquid fuels.

Concerning distributed energy systems, important areas are: basic sciences and key technologies on the distributed energy supply system, key technologies on micro gas turbine engine manufacturing, gas engine manufacturing technology, combined cycle gas turbine technology for distributed power generation, key scientific issues on co- or tri-generation, fuel cell related technologies, non-conventional natural gas (such as coal bed methane, coal gas, coke oven gas) recovery and utilization, intelligent optimal control of distributed energy systems.

Priorities in the Field of Renewable Energy and New Energy Fields in the Short and Medium-term

The field include solar, wind, biomass, hydrogen, hydropower, ocean energy, geothermal, nuclear, renewable energy storage, conversion and more to complement the system, etc.

The priority in R&D fields for solar energy include: Basic theories and key technologies for large-scale solar thermal energy conversion and utilization, heat transfer process in vacuum tube collector and air collector, conversion principles and materials for efficient storage of solar thermal energy, optimization of combined energy system for solar heating and air conditioning, heat-driven refrigeration cycles, heat and mass transfer and process intensification in solar desalination, non-imaging concentration mechanism for high-temperature solar thermal energy application, high energy efficiency absorption processes and materials, high temperature heat storage processes and materials, materials for use in high temperature systems, new heat transfer working fluid, new thermal power cycle working fluid, operation characteristics of solar thermal power system and its optimization, and thermal physics on hydrogen production using solar energy.

Solar photovoltaic materials, devices, system characteristics and operation optimization. New concepts and new mechanisms for improving the energy conversion efficiency of solar cells; photovoltaic materials development and performance improvement; photovoltaic device structure design; photovoltaic materials and device fabrication and characterization techniques. Basic sciences and key technologies on large-scale use of photovoltaic systems.

Wind energy utilization, simulation of wind farms with the characteristics of the complex topography in different areas of China, wind turbine blade for actual environmental conditions in China and optimized aerodynamic design, optimal control of large wind turbines, the analysis of impact between the large-scale wind farm and the power system, the key offshore wind turbine technologies.

Biomass pyrolysis liquefaction technologies and basic sciences, efficient biomass gasification, advanced power generation systems with biomass gasification, biomass gas and oil refining, advanced straw burning power generation, biomass blended combustion technologies, biogas power generation, the basis of conversion of cellulose into ethanol-related problems, microbial hydrogen production, microbial fuel cells and the application of aquatic plants, basic theories and key technologies on hydrogen storage, transport and application.

Hydropower application: the advanced hydropower storage and integrated storage technologies under the condition of strategic multiform energy reserves. Basic sciences and key technologies related to large-scale generator for million-kilowatt class hydropower station, such as electromagnetic design, structural rigidity design and cooling method. Cooling system for large-capacity pumped-storage generator, structural design and calculation, hydroelectric coupled multi-physics simulation. The monitoring and control system for large scale hydropower station. The joint optimal scheduling of major giant hydropower stations in upstream of the Yangtze River.

Ocean energy: the technologies for highly efficient and stable power generation of the floating wave energy devices, direct-drive wave energy power generation system, ocean current energy conversion process, the environment and cost reduction issues on tidal power generation, technologies on ocean thermal energy conversion.

Nuclear energy: large-scale advanced pressurized water reactor, fast reactor technology, the fourth generation nuclear energy technologies, nuclear fusion reactor.

Gas hydrate: technologies of mining gas hydrate, gas hydrate mining simulation, environmental impact assessment of gas hydrate, gas hydrate application technology.

Geothermal energy: geothermal resources assessment, basic sciences and key technologies on mining geothermal resource, geothermal energy. Renewable energy storage, conversion and more to complement system for the storage of renewable energy technologies.

Priorities of Electrical Power Conversion, Distribution, Storage and Utilization in the Short and Medium-term

The field include large-scale renewable energy and electricity distribution, access to smart grid, high voltage power transmission, electrical energy storage system, high voltage power equipment, power electronic devices and systems, efficient use and saving of electric power, electrical transport and delivery systems, superconductor power technology.

Electric power grid connection and distribution for large-scale renewable energy: wind energy and solar radiation forecasting, large-scale wind farms and photovoltaic power stations and parameters of the dynamic equivalent model, large-scale wind power and photovoltaic power grid connection and transmission, characteristics of random power fluctuations related to large-scale wind farm and photovoltaic power station, large-scale renewable energy power grid connection standards and testing technologies.

Smart grid: basic sciences and key technologies on smart grid self-healing, security, high-quality power, accommodation of different generation options, enabling convenient selling of electricity, efficient operation and asset optimization.

UHV power transmission: corona characteristics of UHV transmission lines, electromagnetic environment characteristics, discharge characteristics of long air gap, insulation properties of wires and equipment, high-voltage power transmission equipment, the aging of insulating materials and life cycle assessment.

Electricity and energy storage: pumped-storage hydroelectricity, compressed air energy storage, inertial energy storage, superconducting magnetic energy storage (SMES), super capacitor energy storage, battery energy storage.

Smart high-voltage power equipments: the high-voltage power equipment failure mechanism and failure characteristics, theory on high-voltage power equipment failure detection and sensor technologies.

Priorities of the Field of GHG Control and Low or Non-carbon Energy System in the Short and Medium-term

The field include science and technologies for emissions reduction in energy power systems, low or non-carbon energy systems technology, chemical and industrial, low-carbon eco-industrial system etc.

Emission reduction in energy power systems: independent control of power systems and greenhouse gases. Integrated cascade utilization of chemical energy and directional migration of carbon components for greenhouse gases control, greenhouse gases control based on the combined reaction and separation process.

Low-carbon energy technologies and chemical industry: emission control technologies on coal and coal-based product consumption and application, reuse for waste coal product, absorption, adsorption, and membrane separation processes for CO_2 capture.

Low-carbon eco-industrial systems: cleaner production alternative technologies, ecological recycling of carbon resources, bio-carbon sequestration sciences and technologies, integration technology on low-carbon cycle system, decision-making and support tool for carbon recycling eco-industrial system.

It is Expected that Some Significant Breakthroughs Might be Achieved in Inter-disciplinary Research Areas, which will have a Deep Influence in Saving Fossil Fuel and Promoting the Use of Sustainable Energy

To achieve the overall objective of development of national energy science and technology, this report also discussed the incentive policy, promotion of the international exchange and transfer of advanced technology from developed countries, research and team building and personnel training, development of research platforms and large-scale research facilities, promoting the application of energy technologies.

The field of energy science and technology is broad. In addition to the forementioned content, there are a lot of areas involved in the field such as the exploration and exploitation of energy, the transition and storage of energy, the utilization and environmental impact of energy. All these are arranged in other reports, which are components of the series of "National science development strategy research program".

目录

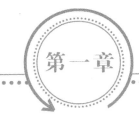

第一章

能源科学技术现状与发展战略

第一节　全人类共同的挑战

能源是国民经济发展的基础之一，对经济持续稳定的发展和人民生活质量的改善具有重要的作用。进入 21 世纪以来，经济社会飞速发展，科技创新日新月异，作为支撑人类持续发展核心基础的能源资源和利用方式遇到了前所未有的挑战。能源资源的多样性需要新的规律和方法来认识，能源使用的质量则要求综合考虑包括环境因素在内的共性问题。我们从事能源科学研究的科技工作者就必须从多个角度（基础性、前瞻性、交叉性等）研究其规律、方法和新技术的实现途径，完成我国在能源资源开发和利用过程中科学支撑跨越式的发展，满足我国未来经济可持续性发展的需求，为我国在应对全球气候变化方面做出贡献。

一、能源与环境的挑战

1. 化石能源即将枯竭给人类带来巨大的挑战

在 19 世纪以前的长久历史时期中，人类主要依靠可再生能源（生物质能、太阳能、水能、风能）作为一次能源。自 19 世纪中期以来，煤的开发利用逐步取代了木柴，约半个世纪后成为全球主要的一次能源，使整个 20 世纪成为化石能源世纪。化石能源主要包括煤、石油与天然气，占 20 世纪能源消耗的比重超过 80%；自 1970 年起，在全球能源消耗中，石油约占 40%，煤与天然气各占 20% 多。尽管目前许多国家都在大力开发风能和生物燃料等替代能源，但在未来 20 年里，全球仍不可能摆脱对化石能源的依赖。按照 2008 年的开采速度计算，全球石油剩余探明储量可供开采 42 年，天然气和煤炭分别可供应 60 年和 122 年（范英等，2010）。在中国，截至 2008 年年底，煤炭探明储量为 1145 亿吨，占全球探明储量的 13.9％，仅次于美国和俄罗斯，而我国的石油和天然气储量分别仅占世界总储量的 1.2％和 1.3％。2008 年，我国煤炭储采比约为 41 年，天然气和石油储采比分别约为 32 年和 11 年（见《BP 世界能源统计 2009》）。目前，化石能源普遍存在价格上涨和资源枯竭的趋势，因此迫切需要寻找替代能源及开发高效节能技术。

2. 化石能源的开发利用造成环境污染

化石能源在开采、储运、利用过程中会产生大量污染物，会导致空气污染、水污染和生态恶化等环境问题。石油在开采、炼制、贮运和使用过程中会排放大量油污，进入环境并污染地表水源。工业固体废弃物主要来源于煤炭、采矿、冶金、化工等行业，其中煤炭业产生的固体废弃物占一半左右。在我国，燃煤造成的煤烟污染是大气严重污染的主要原因。在每年排入大气的污染物中，有约 80％的烟尘、87％的二氧化硫（SO_2）和 67％的氮氧化物来源于煤的燃烧。大气污染物的大量排放会进一步导致严重的环境污染问题。部分污染物在大气中会发生各种化学反应，生成更多的污染物，形成二次污染。其中，SO_2 是大气污染物中最普遍的一种，它在大气中通过反应可形成硫酸烟雾，甚至形成酸雨。此外，氮氧化物、一氧化碳（CO）和碳氢化合物也是大气中常见的污染物，它们在阳光下发生光化学反应，可形成光化学烟雾。

3. 化石能源的大量使用导致全球气候变化

随着人类社会的发展，尤其是进入工业化时代后，人类改变和影响地球系统的能力显著增强，积累效应使消耗化石能源行为成为影响气候的一个重要外界因素。政府间气候变化专门委员会（Intergovernmental Panel on Climate Change，IPCC）的综合评估结果表明，自 1750 年以来，人类活动是气候变暖的主要原因之一；而近 50 年全球大部分增暖，非常可能（90％以上）是人类活动的结果，特别是化石燃料使用导致的人为温室气体排放（IPCC，2007）。据二氧化碳信息分析中心（Carbon Dioxide Information Analysis Center，CDIAC）数据，工业化时代以来，人类在 250 余年里就排放了大约 1.16 万亿吨的 CO_2，这可能是全球大气 CO_2 浓度由 280 ppm 升高到 379 ppm 的最主要原因。升高的 CO_2 浓度可能带来了更强的温室效应。1860 年以来，全球地表平均气温升高了 0.44～0.8℃。IPCC 在 2007 年年初发表的第四次气候变化评估报告中指出，气候变暖已经是毫无争议的事实，人类活动很可能是导致气候变暖的主要因素，表 1-1 显示了预测的温室气体排放与气候变化的关系。近年来，干旱、洪涝、飓风等自然灾害频繁发生，越来越多的极端性气候灾害给人类敲响了警钟，全球气候变暖问题备受关注。

表 1-1　温室气体排放与气候变化的关系

气温增加值	温室气体 （ppm CO_2 eq.）	CO_2 （ppm CO_2）	2050 年 CO_2 相比 2000 年 排放增减量/%
2.0～2.4	445～490	350～400	−85～−50
2.4～2.8	490～535	300～440	−60～−30
2.8～3.2	535～590	440～485	−30～+5
3.2～4.0	590～710	485～570	+10～+60

资料来源：（IPCC，2007）。

　　1990 年全世界 CO_2 的排放量为 206.88 亿吨，2005 年为 266.2 亿吨（CDIAC，2009）。目前，世界 CO_2 排放总量仍在迅速上升，全球气候变暖问题日益严峻。可以认为工业化以来支撑人类社会发展的化石能源面临枯竭，长期大量消耗化石能源所积累的环境问题及与之相关的全球气候变化问题，关系到人类在地球上的生存，是人类面临的共同挑战。

二、发展与减排之间的平衡

　　从历史来看，人类的工业化进程实际上是依靠化石燃料的消费来支撑的，工业化的每一个阶段都离不开对能源的利用和开发。但是，以煤炭和石油为主的化石燃料，对环境质量和人类健康存在威胁。将能源消费、经济活动和环境损害联系起来看，要维持一定速度的经济增长就必须消耗一定规模的能源，与此同时就会以牺牲一定的环境状况为代价。

1. 经济发展与能源消费密切相关

　　能源是影响国家经济发展、社会进步和人类文明的主要因素，是国家的命脉。能源问题关系到国计民生、国家经济安全及经济社会能否可持续发展，具有极其重要的地位。发达国家工业化过程中经济发展和能源消费表现出一定规律：①工业化过程中，无论是国内生产总值（GDP）总量还是人均 GDP 的增长，都与总能源消费及人均能耗呈近似线性增长关系。②能源消费强度（单位 GDP 能源消耗量）与工业化进程密切相关。随着经济的发展，工业化阶段能源消费强度一般呈缓慢上升趋势。当经济进入工业化后期阶段时，能源消费强度开始下降（中国科学技术协会，2008）。

　　发达国家在人均 GDP 达到 1 万美元左右的阶段，其能源结构的变化具有一定规律。发达国家在完成工业化的过程中，也同时完成了由以煤为主的能源结构向以油气为主的能源结构的转变。能源结构的优化是工业化不断推进的内在要求，反过来能源结构的优化又可推动工业化向前发展，达到更高的水平。大部分发达国家在基本实现工业化、人均 GDP 达到 1 万美元以前，人均能源消费量增长较快，而其后增长速度变缓，基本保持稳定。这种规律不论是在能源效率最高的日本还是在新兴工业化国家韩国都表现得比较明显。

图 1-1 为部分国家人均能源消费量与人均 GDP 比较。从中可以发现，在人均 GDP 达到 1 万美元、基本实现工业化的阶段，日本能源效率最高，在此阶段其人均能源消费量约为 4.25 吨标准煤；英国作为老牌工业化国家，在此阶段的人均能源消费量为 5.10 吨标准煤；韩国作为新兴的工业化国家，在此阶段的人均能源消费量为 4.07 吨标准煤。对于同样的人均 GDP 水平，不同国家所对应的人均能源消费量会有所不同；而新兴工业化国家其人均能源消费量可能会更低。从世界范围内来看，基本实现工业化的国家，其人均能源消费量均保持在 4 吨标准煤以上。

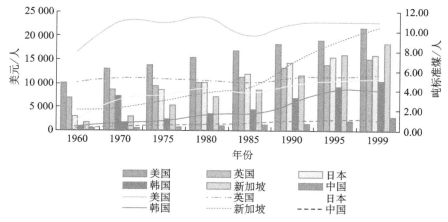

图 1-1　部分国家人均能源消费量与人均 GDP 比较
注：柱状图表示人均 GDP，横线表示人均能源消费量。
资料来源：（中国能源发展战略与政策研究课题组，2004）。

进入 21 世纪以来，我国已进入工业化前中期的关键发展阶段，经历了重工业化快速甚至超高速的发展，2003 年和 2004 年能源消费弹性系数（能源消费增长速度与经济增长速度之比）分别是 1.53 和 1.59，2005 年也仍在 1 以上，2006 年达到 0.83，而 2007 年为 0.66（国家统计局能源统计司，2008），造成了煤油电全面趋紧，虽然此时期的发展有部分重工业（钢铁、水泥、铝合金、化工等产品）过度发展的成分存在，但也应该看到在工业化阶段重工业快速发展时期，对能源的依赖程度逐步加大（中国科学技术协会，2008）。

2. 发展中国家面临更大减排压力

作为世界上最大的发展中国家，我国的基本国情决定了我国在应对气候变化，减少包括 CO_2 在内的污染物排放进程中面临巨大挑战。中国处于工业化发展阶段，能源结构以煤为主，控制温室气体排放任务艰巨。中国温室气体历史排放量很低，根据国际有关研究机构数据，1904~2005 年中国化石燃料燃烧产生的 CO_2 累计排放量约占世界同期的 8%，人均累计排放量居世界第 92 位。2004 年中国能源消费产生的 CO_2 的排放量约为 50.7 亿吨。图 1-2 为 1971~2007 年我国化石能源使用产生的 CO_2 排放量。中国作为发展中国家，工业化、城市化、现代化进程远未实现，为进一步实现发展目标，未来能源需求将合理增长，这也是所有发展中国家实现发展的基本条件。同时中国以煤为主的能源结构在未来相当长的时期内难以得到根本改变，因此控制温室气体排放的难度很大。

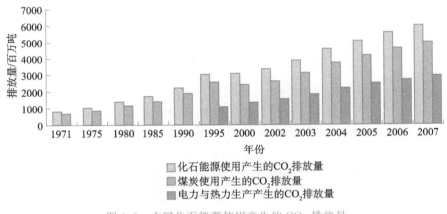

图 1-2　中国化石能源使用产生的 CO_2 排放量

注：1995 年之前的电力与热力生产所产生的排放统计数据缺失。

资料来源：(IEA，2009)。

3. 电力部门在大多数国家是温室气体排放的主要机构

我国的电力部门以火电为主，温室气体排放主要来自电力部门。在目前我国电力装机容量构成中，火电（主要为煤电）占绝对统治地位，因为我国煤炭资源丰富且相对成本较低，并且煤电的投资建设周期较短，能够较快地满足国内经济发展对电力的需求。图 1-3 为 1990~2007 年中国电力生产量。2007 年国内共生产电力为 32 815.5 亿千瓦时，其中，水电为 4852.6 亿千瓦时，火电为 27 229.3 亿千瓦时。在电力供给中，火电是最主要的来源，并且火电所占比重有逐年上升的趋势（1990 年火电占总发电总量比重为 79.61%，2000 年为 82.19%，2007 年为 82.98%）。受资源禀赋（我国能源结构以煤为主）的限制，可以预见未来国内电力系统对煤炭的需求仍将很大。

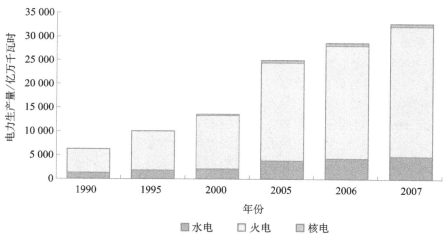

图 1-3 1990~2007 年中国电力生产量

资料来源：(国家统计局能源统计司，2008)。

中国以煤为主的能源消费结构导致大量温室气体排放。图 1-4 为 1978~
2007 年中国能源消费总量及构成，作为世界上最大的发展中国家，伴随着我国
经济总量的迅速增长，能源消费也呈现了较大幅度的增长。能源消费的增长也
带来了温室气体的大量排放，2005 年国内因化石能源使用而产生的 CO_2 排放量
达到 51 亿吨，占世界总排放量的 19.52%，比 1990 年增长了 127.31%。煤炭的
温室气体排放强度是 3 种化石能源中（煤炭、石油、天然气）最高的，燃烧时
会产生大量的温室气体排放，这无疑给中国以煤为主的能源结构带来巨大的减
排压力。

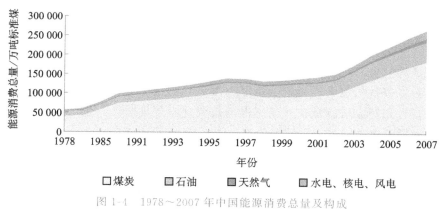

图 1-1 1978~2007 年中国能源消费总量及构成

资料来源：(国家统计局能源统计司，2008)。

4. 社会发展与排放强度需要恰当平衡

通过上述分析可知，人类社会发展水平与能源的消耗是紧密关联的。国际经验表明，一个国家的能源消耗和温室气体排放，在不同发展阶段的强度是不同的。在实现工业化的过程中，排放强度是增加的趋势，实现工业化以后就开始减少。发达国家在过去的一二百年里已经实现了工业化，排放了大量的 CO_2，发展中国家正处在社会和经济发展的快速上升阶段和实现工业化的过程中，相应消耗的能源就比较多一些，排放强度也会有所增加。同样由于发展的问题，在经济全球化和国际产业分工日益深化的大背景下，一个国家生产的产品要在多个国家去消费，一个国家又要消费多个国家的产品。例如，中国大量直接出口的钢材、焦炭、机械等产品，里面都包含了很多的能源消耗和温室气体排放，这相应增加了中国 CO_2 的排放量，也减少了进口国的 CO_2 的排放量。对处于产业链的低端、生产和出口大量高耗能和高排放产品的发展中国家来说，应该充分考虑其为他国承担的部分排放量。因此，根据国家的发展阶段，发展中国家的发展需要消耗价廉易得的高密度能源，从而需要在发展与减排之间寻找恰当的平衡。

三、能源可持续供应形势严峻

能源安全关系到一个国家乃至全球的生存和发展，其主要内涵就是确保社会经济发展对能源需求的长期稳定和持续的供应。国际能源机构（International Energy Agency，IEA）预测，从现在起到 2050 年，全球对煤炭的需求可能将每年增加 300%，对天然气的需求可能增加 138%，对石油的需求有望上升 69%，上述 3 种化石能源的消耗将占全球能源消耗总量的 85%（IEA，2007）。然而，化石能源并非是取之不尽的，未来化石能源的可持续供应问题十分严峻。

1. 世界能源供应安全问题日渐突出

人类社会对化石能源需求量的不断增加和其储采比的逐年下降，致使人们进一步担忧储备量的增加能否与不断增长的消费量保持同步。尽管人们对全球资源的认识是在不断发展的，但全球化石能源的枯竭是不可避免的。地缘政治导致的能源不安全已经成为 21 世纪世界关注的焦点。当世界逐步走出全球经济衰退的困境后，各国对能源的攫取将回到衰退前的轨迹。根据 IEA 的分析，尽管出现的各种替代能源技术能够满足全球更多的需求，各国也纷纷更加有效地使用能源。然而，在未来的 10 年内，全球的化石燃料需求仍会继续增长，并将长期在全球的能源结构中占据主要位置。根据英国石油公司（BP）发布的全球能源统计，世界石油储量 2007 年年末为 12 378.8 亿桶，比 2006 年下降了 0.1％，这也是继 1998 年以来的首次下降。另外，随着能源储采比的下降，油气的剩余探明储量将越来越集中在少数国家中，价格也会越来越高并且难以开采，已有油气田的供应增速也会慢慢减缓。因此，全球的油气供应将很难再与需求保持同步。

作为发展中国家的中国，正处于工业化、城镇化加快发展的重要阶段，能源消费强度较高。2008 年，我国能源消费总量为 28.5 亿吨标准煤，仅次于美国，是全球第二大能源消费国。近几年，能源消费增速一直保持在 5％左右，高于世界平均水平和经济合作与发展组织（Organization for Economic Cooperation and Development，OECD）国家平均水平，我国能源消费量在世界能源消费总量中所占份额也在逐年上升。今后随着经济规模的进一步扩大，能源需求还会持续增加，对能源供给形成很大的压力，供求矛盾将长期存在，能源需求会出现更大的缺口，石油、天然气对外依存度将进一步提高。

2. 我国能源供需缺口将越来越大

根据中国社会科学院（简称社科院）预测，2000～2020 年，我国能源产量需要的增长速度达到 3.9％～4.3％。国内优质能源生产远远不能满足需求（表 1-2）。具体主要表现在：据中国海关总署的数据显示，2010 年中国共计进口原油 2.393 亿吨；虽然未来 20 年我国天然气行业将快速发展，其产量增长较快，但由于需求增长旺盛，进口天然气数量将迅速增长。

表 1-2　1993 年以来我国能源消费缺口

年份	能源消费缺口/万吨	增长率/%	年份	能源消费缺口/万吨	增长率/%
1993	4 934	157.8	2000	9 574.58	21.3
1994	4 008	−18.8	2001	5 754.21	−39.9
1995	2 142	−46.6	2002	7 987.25	38.8
1996	6 332	195.6	2003	11 148.3	39.6
1997	5 388	−14.9	2004	15 885.68	42.5
1998	7 964	47.8	2005	17 251	8.6
1999	7 895.97	−0.9	2006	25 214	46.2

资料来源：根据《中国统计年鉴》各年份数据计算得出。

为了保障能源需求的增长，我国未来 20 年将要进行大规模的能源基础设施建设。预计 2020 年前全国净增煤炭年生产能力将接近 20 亿吨；净增原油生产能力将达到 3000 万～4000 万吨；净增天然气生产能力将达到 1000 亿～1300 亿米^3。到 2010 年，建成西南与中南、西北与华北、长江三角洲等跨地区天然气管网干线；到 2020 年，建成渤海湾、长江三角洲和珠江三角洲等油气输送网络。近期完成北、中、南三条电力通道建设，2020 年前实现全国电力联网。

3. 原油对外依存度持续上升，战略石油储备地位提升

总体来看，在石油消费需求快速增加和国内资源存在限制的共同影响下，中国原油贸易发展趋势主要表现为对进口原油的依赖程度不断提高。我国从 1993 年成为石油的净进口国以后，石油进口量逐年增加，尤其是近几年来，我国原油产量增长持续低于消费增长，对外依存度日益扩大。从 2000 年的 26.9% 增加到 2007 年的近 50%（图 1-5）。《全国矿产资源规划（2008～2015 年）》预测，到 2020 年，中国石油对外依存度将上升至 60%（国土资源部，2009）。目前，我国石油进口主要来源于中东地区和非洲，尤其对中东地区的石油依赖程度远远超过国际公认的安全警戒线（国际安全标准：对一个地区石油依赖程度不能超过进口量的 30%）。另外，我国石油进口以海运为主，且主要集中在马六甲海峡（约占海运石油量的 80% 以上），海上运输安全问题对我国石油进口和石油安全影响较大。

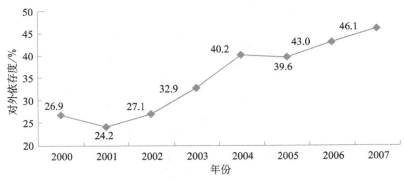

图 1-5　2000～2007 年中国石油对外依存度

资料来源：根据中经网《2008 年中国能源行业年度报告》得出。

因此，在石油危机和世界错综复杂的地缘政治影响下，中国必须加快建立现代石油储备制度，加大中国石油储备的速度和力度。从 2003 年开始，我国正式启动了国家战略石油储备基地的建设工作，石油储备基地总共规划了三期。当时选定的第一批储备基地包括镇海、舟山、大连和黄岛。按照当时的规划，到 2008 年全部建成并投入使用。随着国家石油储备基地一期工程的基本建成，库容可到 2680 万米^3，合 1.7 亿桶。然而相比较而言，我国的储备规模仍然偏小，2010 年年底，第一批石油储备基地全部满油，也就是可满足 16 天的需求，这距国家发展和改革委员会（简称国家发改委）提出的"2020 年达到相当于 90 天进口量"的目标还有较大差距。与石油储备相对成熟的国家相比差距更大，美国、日本、德国、法国的石油储备量分别可达 120 天、169 天、117 天和 96

天，今后我国的石油储备任务还很艰巨（崔民选，2009）。

4. 我国煤炭出现净进口情况

中国曾是仅次于澳大利亚的世界第二大煤炭出口国。10多年来，我国一直是煤炭净出口国（图1-6）。但2007年年中以后，全国煤炭行业供给形势已悄然发生变化，在进出口贸易政策的刺激下，个别煤炭品种及需煤迫切的地区开始依赖国际煤炭市场，曾出现连续5个月的"煤炭净进口"现象。随着金融海啸爆发，国际煤炭产量大幅度下挫，我国煤炭进出口贸易呈现进口增加、出口减少的总体态势。2009年煤炭进口量为12 583万吨，出口量为2240万吨（国家统计局，2010）。

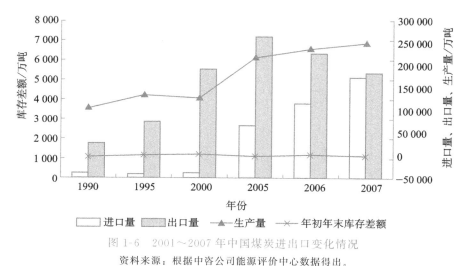

图1-6　2001～2007年中国煤炭进出口变化情况

资料来源：根据中咨公司能源评价中心数据得出。

5. 煤电矛盾激化，电网脆弱性凸显

近几年来，受国家发改委放开电煤价格、煤炭生产成本提高、国际能源价格大幅上涨、国内需求扩张等因素影响，国内煤炭价格总体上涨。电力装机容量近几年均以10%以上的速度增长，对电煤的需求大幅度增长。对于煤炭企业而言，电煤价格意味着利润；对于电力企业而言，电煤价格代表着成本，这种矛盾在煤炭价格上涨时会进一步激化。目前，电煤矛盾持续存在，并且短期内不会缓解，在这种情况下，向"综合性能源集团"转变是全国发电集团不约而同的战略选择。

6. 资源相对短缺制约了能源行业的可持续发展

目前，中国正处在工业化的转型期，快速的经济发展和日益增长的居民消

费都需要消耗大量的能源资源。虽然中国能源资源总量不小，但人均拥有量较低，影响了能源生产力的提高，另外，传统的能源消费方式和较低的能源利用效率，都将使我国未来的能源需求量进一步加大，供不应求的形势更加凸显。同时，随着石油对外依存度的提高，煤炭、天然气等能源进口数量的增加，我国的能源供应安全将更加受到国际能源环境的制约，其不确定性和危险性将进一步增加。

四、化石能源清洁利用是近中期的重点

虽然目前各国都在致力于新能源的开发与利用，并逐步加大新能源的投资力度，力图尽快摆脱对传统化石能源的依赖。然而，风能、太阳能、地热能等新能源还处于积极研发过程中，成本还偏高，大规模的利用尚需时日。目前，化石能源仍然在全球能源消费中占有较大比重，并将在很长一段时间内维持现状，因此如何更加清洁高效地利用化石能源仍然是近中期工作的重点。

根据《BP 世界能源统计 2009》，全球煤炭探明储量为 8260.01 亿吨，世界煤炭消费 2008 年增长了 3.1%，出现了自 2002 年以来的首次低于平均水平的增长，尽管如此，煤炭仍然连续第六年成为消费增长最快的一次能源。从世界能源消费品种构成来看（图 1-7），2008 年，石油消费量占世界能源消费总量的34.8%，比 2007 年下降了 0.8 个百分点；煤炭则比 2007 年上升了 0.6 个百分点，为 29.2%。虽然石油仍是世界主要能源消费品种，但近 20 年来份额持续下降，而煤炭、天然气比例上升，部分原因是国际油价高涨，但也与中国以煤为主的消费结构及能源消费持续快速增加有关。另外，2008 年国际煤炭产量增速为 5.3%，主要增产来源于亚太地区。从储采比上看，煤炭依然是能够利用时间最长的常规能源（见《BP 世界能源统计 2009》）。

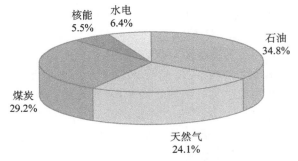

图 1-7　2008 年世界能源消费结构

资料来源：根据《BP 世界能源统计 2009》得出。

对中国而言，能源生产结构长期以煤炭为主，且在近年油价不断攀升的基础上，本已出现下降的煤炭生产比重自 2002 年起又逐步上升。煤炭在我国一次能源生产和消费中所占比重一直保持在 70% 左右（图 1-8）。我国电力燃料的 76%、钢铁消耗能源的 70%、民用燃料的 80% 和化工燃料的 60%，均来自于煤炭。

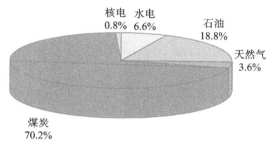

图 1-8　2008 年我国能源消费结构

资料来源：根据《BP 世界能源统计 2009》得出。

1. 我国煤炭资源供应前景广阔

国土资源部按照世界通行方法对中国已发现煤炭资源进行技术评价，得出中国煤炭资源剩余可采储量为 2040 亿吨。如果考虑埋深小于 1000 米的可靠级预测资源量，中国的煤炭资源剩余可采储总量可能达到 4000 亿吨。按照国有煤矿矿井资源回采率为 50%、年产 25 亿吨原煤来推算，还可供应 80 年。因而，单纯从资源量的角度来看，中国煤炭资源是有中长期保证能力的。

2. 原煤生产和煤炭消费稳定增长

2007 年，全国原煤产量达到 25.23 亿吨，同比增长 8.22%，增速与 2006 年基本持平。我国原煤供给形势，在经历了 2000 年的生产低谷后，产量逐年上升，2005 年开始增长幅度总体稳定在 8% 左右。2007 年，我国煤炭消费量为 25.1 亿吨，同比增长 8%，增速比 2006 年下降了 0.1%。1997 年亚洲金融风暴之后，我国经济发展受到影响，煤炭需求低迷，行业发展处于调整阶段。从 2001 年起，我国煤炭行业复苏，消费量快速增加，2004 年增速达到 15.5% 的高峰，2005 年消费增速高位回调。2005 年后，我国宏观经济步入快速发展通道，带动煤炭行业平稳过渡，各年增速保持在 8% 的水平（图 1-9）。

我国"富煤贫油少气"的能源储量特征和进入"重化工业主导型"经济发展阶段的特点，决定了煤炭在我国一次能源消费结构中占主导地位的格局将长期保持不变。

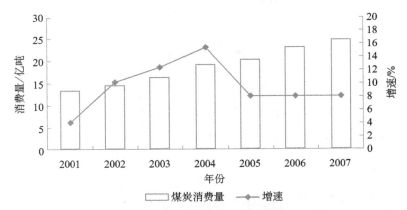

图 1-9　2001～2007 年我国煤炭消费量及增速
资料来源：根据中经网《2008 年中国新能源行业年度报告》得出。

3. 石油产量持续增长但增速放缓

我国是世界产油大国，石油产量已连续多年位居世界第五，中国石油产量占世界石油产量的比重为 4.7%。近 10 年来中国石油产量处于稳步增长的态势（图 1-10），年平均增幅为 2.57%。2007 年原油产量达 1.867 亿吨，同比上涨 1.62%，与 2006 年基本持平。2008 年，中国原油产量继续增长，增速略微减缓。从石油的生产来看，目前中国东部油田在减产，西部发展比预期慢，海洋油田产量仍较低，因此中国石油产量不可能大幅增长。

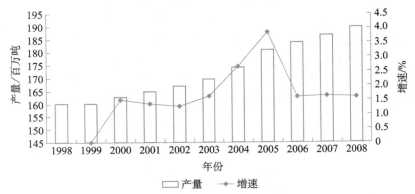

图 1-10　1998～2008 年中国石油产量及增速
资料来源：（英国石油公司，2009）。

4. 我国水电、核电等清洁能源的建设正在加强

表 1-3 为 2002～2007 年我国电源结构变化情况。由于国内电力需求膨胀，

片面地追求电力规模，水电和核电的比重在逐步提高后，2005 年、2006 年和 2007 年逐年下降。截至 2007 年年底，全国发电装机容量达到 71 329 万千瓦，同比增长 14.36%。其中，水电装机容量达 14 526 万千瓦，占总容量的 20.36%，同比增长 11.19%；核电装机容量达 885 万千瓦，约占总装机容量的 1.2%，同比增长 29.2%；风力发电为 403 万千瓦，占总容量的 0.57%，同比增长 94.40%；生物质能等其他发电为 74 万千瓦，占总容量的 0.10%，同比增长 12.12%。在国家政策的大力推动下，加快水电、核电和可再生能源等清洁能源发电的建设步伐。

表 1-3 2002～2007 年我国电源结构变化情况

年份	水电			火电			核电		
------	装机总量/万千瓦	同比/%	占总量比重/%	装机总量/万千瓦	同比/%	占总量比重/%	装机总量/万千瓦	同比/%	占总量比重/%
2002	8 607.4	3.7	24.14	26 554.7	4.95	74.47	458.6	102.2	1.29
2003	9 489.6	10.25	24.24	28 977.1	9.12	74.03	636.4	38.77	1.63
2004	10 524.2	10.9	23.79	32 948	13.7	74.48	701.4	10.21	1.59
2005	11 738.8	11.54	22.7	39 137.6	18.78	75.67	701.4	0	1.36
2006	12 857	9.52	20.67	48 405	23.68	77.82	701.4	0	1.18
2007	14 526	11.19	20.36	55 442	14.59	77.73	885	29.2	1.2

资料来源：根据国家电网公司、中国电力企业联合会相关数据得出。

5. 我国可再生能源发展迅速

自《中华人民共和国可再生能源法》颁布以来，我国已初步确立了可再生能源的政策支持框架，并出台了一系列配套政策和细则。[①] 这些政策出台落实后，我国可再生能源取得了突飞猛进的发展，各类可再生能源增长迅速。2006 年可再生能源年利用量总计为 2 亿吨标准煤（不包括传统方式利用的生物质能），约占一次能源消费总量的 8%，比 2005 年上升了 0.5 个百分点，其中水电为 15 000 万吨标准煤，太阳能、风电、现代技术生物质能利用等提供 5000 万吨

---

① 2006 年 1 月，国家发改委颁布了《可再生能源产业发展指导目录》、《可再生能源发电有关管理规定》、《可再生能源发电价格和费用分摊管理试行办法》；2006 年 6 月，财政部出台了《可再生能源发展专项资金管理暂行办法》；2006 年 11 月，国家发改委与财政部发布了《促进风电产业发展实施意见》。2007 年 8 月初，政府出台《电网企业全额收购可再生能源电量监管办法》；8 月底，国务院办公厅批转了国家发改委、国家环境保护总局（简称国家环保总局）、国家电力监管委员会（简称国家电监会）、国家能源领导小组办公室（简称能源办）的《节能发电调度办法（试行）》，优先调度风能、太阳能、海洋能、水能、生物质能、核能等清洁能源发电。9 月，国家发改委公布了《可再生能源中长期发展规划》，提出可再生能源消费量占整体能源消费量要从目前的 8% 提高到 2020 年的 15%。为达到上述目标，预计总投资额达 2 万亿元；要重点发展水电、生物质能、风电、太阳能。一些相关技术标准，如民用太阳能热水器与建筑结合标准、生物柴油标准等也陆续开始执行。

标准煤的能源。我国制订的《可再生能源中长期发展规划》中明确提出，到2010年，中国可再生能源年利用量要达到 3 亿吨标准煤，占能源消费总量的10%。表 1-4 为我国可再生能源装机容量及 2020 年目标，到 2020 年，可再生能源年利用量要达到 6 亿吨标准煤，占能源消费总量的 15%。截至 2010 年，《可再生能源中长期规划》中的目标已经大大提前完成。可再生能源有望在优化能源结构、改善生态环境、建设资源节约型和环境友好型社会等方面发挥重大作用。

表 1-4　我国可再生能源装机容量及目标

项目	2007 年装机容量	2020 年国家发改委目标
水电	145 吉瓦	300 吉瓦（包括 75 吉瓦小水电）
风电	6 吉瓦	30 吉瓦
太阳能光伏	100 兆瓦	1.8 吉瓦
太阳能热水器	1.3 亿米^2	3 亿米^2
生物质能发电	3 吉瓦	30 吉瓦
沼气	99 亿米^3	440 亿米^3
生物固体燃料	无	5000 万吨
生物酒精	16 亿升	127 亿升
生物柴油	1.19 亿升	24 亿升
地热能	32 吉瓦（电力）	1200 万吨标准煤
潮汐能	无	100 兆瓦

资料来源：根据 Bloomberg New Enegy Finance、国家发改委相关数据得出。

五、电力系统安全稳定运行面临新的挑战

随着现代社会的发展，人类对电力供应的依赖越来越大，要求也越来越高。然而，电力系统规模在不断发展壮大的过程中，其复杂程度日益增加，系统更容易受到自身原因和外部干扰等因素的影响，电力系统安全稳定运行面临很大的压力和挑战。

电力系统稳定性的破坏，往往会导致系统的解列和崩溃，造成大面积停电。自 20 世纪 60 年代以来，世界各国均发生过电力系统稳定性被破坏而导致的大面积停电事故。1965 年，美国东北部包括纽约大停电，造成了 21 000 兆瓦用电负荷停电，影响居民 3000 万人。1996 年 7～8 月美国西部接连发生两次大停电事故，美国总统认为停电事故已"危及国家安全"。2003 年下半年在美国和加拿大、英国、瑞典、丹麦、意大利都发生过大面积停电事故，震惊世界。特别是，2003 年美国、加拿大停电影响 5000 万人口，造成重大经济损失。

在我国，近 20 年来，各大电网发生的大停电事故有 100 余起。在中国经济

增长导致电力需求快速增长的同时，电力供应有时很难跟上需求增长的步伐。在西电东送、南北互联的条件下，我国将形成全国联网的巨型电力系统，一旦出现电力系统重大事故，其规模和造成的损失都会大幅度增加。目前，电力系统安全稳定运行面临的挑战主要是：区域性、季节性、时段性缺电现象仍将存在，部分地区电力供需形势依然偏紧；电煤价格良性机制尚未形成，导致电煤供应仍然存在较大问题，同时，电煤质量下降的问题未得到有效控制，对发电机组的稳定运行将产生严重影响；部分电网结构薄弱，设备陈旧，给系统带来安全隐患；电力基建事故频发局面尚未得到根本扭转，形势依然严峻。

1. 电力需求居高不下，电煤制约供应偏紧

经济的快速发展带动电力需求的增长，自 2001 年以来，我国 GDP 增速逐年递增，经济进入新一轮增长周期，由此带来全国电力需求的迅猛增长（图 1-11），电力消费需求一直在高位运行。2003 年、2004 年出现了全国性、持续性缺电局面。即使在 2008 年的全球经济危机下，我国电力消费仍然上涨，但是增速有所下滑。目前，国内电力供应呈"总体平衡，趋于偏紧"的趋势。而电煤紧张问题仍然是电力供应的主要制约因素，电煤供应存在两大问题：第一，部分新增机组燃煤资源难以落实，特别是华中地区、山东等电煤铁路运输比较困难地区新增机组的电煤合同供应量与实际需求量相差较大；第二，电煤衔接合同价格上涨，电力企业成本压力大增。

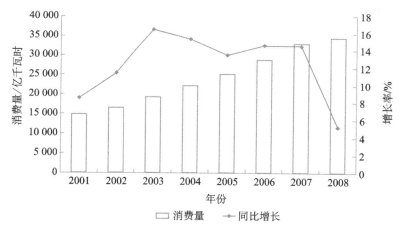

图 1-11　2001～2008 年我国电力消费量变化情况

资料来源：（国家统计局能源统计司，2008）。

2. 电网峰谷差日益增大，调峰任务严峻

近年来，电力需求从原来的供需总体趋于平衡到新经济启动下的趋于紧张，

用电结构已经发生了根本性变化，电网峰谷差进一步加大，电网负荷率及利用小时呈现出逐步下降的趋势，给电网带来了安全隐患。调峰能力不足已成为影响电力安全运行的瓶颈。我国的峰谷比一般为 1∶0.07，美国的峰谷比为 1∶0.25，日本、英国、法国和俄罗斯的峰谷比分别为 1∶0.4，1∶0.35，1∶0.35，1∶0.52，而发展中国家的峰谷比为 1∶0.63。由此可见，我们面临的调峰任务还很严峻。

3. 发电设备平均利用小时数降低

近年来电力装机容量的快速，与电力需求放缓产生了较大差距：截至 2008 年 1 月，全国高峰负荷只有 4.1 亿千瓦，排除 25% 检修备用容量，电力生产能力已有近 2 亿千瓦的富余和浪费，目前全国火电厂发电利用小时普遍下降，成为资源配置的巨大漏洞。全国发电设备平均利用小时数在 2004 年 "电荒" 之后出现了拐点，开始下降。其中，火电的变化规律与总体规律一致，而水电由于受到来水的影响，其平均发电量利用小时数有所波动（表1-5）。

表 1-5　近年来发电设备平均利用小时数变化情况　（单位：小时）

年份	全国发电设备		水电		火电	
	全年	比上年增长	全年	比上年增长	全年	比上年增长
2002	4860	272	3289	160	5272	372
2003	5245	385	3239	−50	5767	495
2004	5455	210	3462	223	5991	224
2005	5425	−30	3664	202	5865	−126
2006	5221	−204	3434	−230	5633	−232
2007	5020	−201	3532	98	5344	−289

资料来源：根据国家电力监管委员会相关数据得出。

4. 电网建设落后于电源建设，投资水平仍低于发达国家

中国电网结构薄弱，大容量远距离输电、弱联网和电磁环网的现状使得电网抗扰动能力较弱；同时，台风、泥石流、雷击等引发电网系统事故的自然灾害频繁，因此，大面积停电的风险依然存在。2007 年年底，我国的电力装机达到 71 329 千瓦，发电资产超过 3 万亿元，而电网资产仅占 35%（图1-12），显然我国电网与电源规模严重不匹配。从近几年电力投资结构来看，电网投资建设保持较高增长速度。2007 年，全国电网建设投资 2451.40 亿元，同比增加 16.41%。截至 2007 年年底，全国 220 千伏及以上输电线路回路长度达到 32.71 万千米，同比增长 14.2%。截至 2008 年年底，220 千伏及以上变电设备容量达到 114 445 万千伏安，同比增长 18.71%。但是，同发达国家电网、电源投资比（6∶4）的平均水平还有很大差距，我国电网建设滞后的局面仍

没有得到根本扭转。

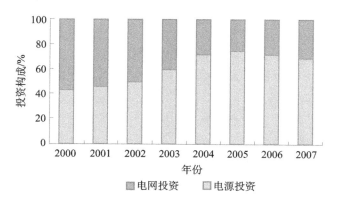

图 1-12　2000～2007 年中国电力投资构成

资料来源：根据中经网《2008 年中国新能源行业年度报告》得出。

自从全国电力企业重组，厂网分开以后，发电企业和电网企业各自经营，然而这却增加了协调配合的难度，保证电网安全稳定运行的难度也随之加大。目前电网安全形势不容乐观。要保证电力系统的稳定运行，就必须加快电源和电网建设，建设统一智能电网，组织厂网有效联合；优化用电调度，降低峰谷差；鼓励居民节电和有效用电；完善应对突发事件的应急预案，增强应对自然灾害的能力。

六、提高能源利用效率是一致的选择

IEA 预计，如果各国不改变现行的能源政策，到 2030 年，全球能源消耗将增加 53%，其中 70% 的增长需求来自发展中国家，能源供应不足会进一步加剧。现如今，无论是发达国家还是发展中国家都已经清醒地认识到：人类并不是总能够获得廉价、充足的能源，日益增长的能源消耗正在破坏环境并降低人们的生活质量，如何提高能源利用效率已然成为一个世界性关注的议题。随着能源需求的不断增长和能源供应的日益严峻，无论从能源安全还是环境约束方面考虑，都迫切需要各国加快提高能源利用效率，寻求一条可持续的能源发展之路。

许多发达国家在完善提高能源效率法律框架、依靠科技创新等方面积累了丰富的经验。这些国家行为的共同特征是：将能源效率作为国家能源政策的基本工具，在法律层面上制定节能的量化目标，为推广能效措施提供资金与组织结构上的支持，发展各类综合性能效项目。

1. 完善法律框架，力推节能政策

2006 年，欧盟启动了一项规模庞大的"能源效率行动计划"，提出到 2020 年将能效提高 20％的目标，该计划包括了 70 多项措施。美国是较早重视提高能源效率的国家之一。从 20 世纪 70 年代起，美国就采取了强有力的提高能源效率措施，成效显著。有数据显示，美国 2000 年人均 GDP 比 1973 年增长了 74％，而其能源消费几乎没有增加。2003 年，美国出台的"能源部能源战略计划"更是把"提高能源利用效率"上升到"能源安全战略"的高度，并提出四大能源安全战略目标，计划在 2005～2010 年，提供 200 亿美元用于发展能源技术。德国是欧洲国家中节能减排法律框架最完善的国家之一，2004 年出台了《国家可持续发展战略报告》，专门制定了燃料战略，即替代燃料和创新驱动方式。英国政府在提高能效方面有一系列的立法保障和政策引导。英国于 2000 年开始实施"能源效率标准计划"（EESOP），2002 年改为实行分阶段的"能源效率义务"机制（EEC），到 2011 年预计可节能 4090 亿千瓦时，减少碳排放 220 万吨；其第二阶段能源效率义务政策（EEC（2005～2008 年））提出了节能 1300 亿千瓦时的目标。西班牙于 2004 年制定了基于政府各部门间合作的"E4"（Estrategia de Anorro Y Eficiencia Energetica en Espana）能源效率战略，并通过了以政府资助为主的实施方案。节能和提高能效一贯是日本能源战略的基础，其《新国家能源战略》中提出了到 2030 年将能源利用效率提高 30％的目标，并制订了"节能领跑者计划"，将重点提高交通领域的能源效率。2005 年印度发布的综合能源政策特别强调了能源效率和需求的管理，认为有潜力将能源强度降低 25％；2006 年又启动了"国家能源标识计划"，对六大类电器实行能效管理（张军和李小春，2008）。

2. 各国依靠科技创新改善能源效率

科技创新是节能减排的重要保证。近年来，欧盟成员国依靠政策引导，开发出了一系列的节能减排技术，通过不断改造工业制造业高耗能设备，以及更多地采用供热、供气和发电相结合的方式，提高了热量回收利用效率。目前，欧盟成员国已有多种具备节能功能的新型涡轮发电机投入使用，其能效提高 30％以上。另外，通过成员国企业联合方式，将工厂产生的余热收集，直接提供给其他制造业或城市耗能设备，仅此一项改造就节省电能 20％。在建筑方面，芬兰对房屋布局结构进行了优化，新建筑均采用新型隔热墙体材料，以最大限度地减少热量消耗，采取这些措施可使建筑物热能消耗减少 10％～15％。在汽车方面，日本正大力推广混合动力车和半自动式车，并推广智能交通系统；在货运方面，鼓励内航海运和铁路运输取代汽车运输，在进一步提高物流效率的

同时节省能源。

在我国，能源短缺和与能源相关的环境污染问题日益突出，已经成为制约我国经济可持续发展的两大问题。我国是一个能源消耗大国，能源消耗总量排在世界第二位，但是我国的能源效率仅为33％，比国际先进水平约低10％。表1-6为我国历年单位GDP能耗发展情况。我国每创造1美元所消耗的能源，是美国的4.3倍，是德国和法国的7.7倍，是日本的11.5倍。"十五"期间，能源消费弹性系数年均为1.04，是改革开放以来的最高值。据测算，如果今后15年能源消费弹性系数年均控制在1.0以内，2020年我国一次能源消费将超过50亿吨标准煤，这是我国根本无法承受的。因此，能源效率低下是当前中国实现可持续发展面临的巨大挑战，也是迫切需要解决的问题。

表1-6　我国历年单位GDP能耗　（单位：吨标准煤/万元）

	年份	单位GDP能耗		年份	单位GDP能耗
以1990年为基年计算	1991	5.12	以2000年为基年计算	2000	1.40
	1992	4.72		2001	1.33
	1993	4.42		2002	1.30
	1994	4.18		2003	1.36
	1995	4.01		2004	1.43
	1996	3.88		2005	1.43
	1997	3.53	以2005年为基年计算	2005	1.22
	1998	3.15		2006	1.21
	1999	2.90		2007	1.16
	2000	2.77			

资料来源：（国家统计局能源统计司，2008）。

3. 国家节能工作取得一定进展，单位GDP能耗有所下降

改革开放以来，通过推进技术进步和加强对重点用能单位的管理，我国取得了GDP翻两番而能源消费仅翻一番的骄人成就。按可比价格计算，这期间我国GDP年均增长率高达9.7％，而相应的能源消费量年均仅增长4.6％，远低于同期经济增长速度，其中1997年、1998年两年能耗持续负增长，这意味着我国以较低的能源消耗支撑了快速的经济发展局面。1990年以来，我国的单位GDP能耗开始了长期的持续下降过程（图1-13）。按照以不变价格计算的GDP指数来计算，如果以1990年的GDP指数为基准，则我国单位GDP能耗从1990年的约为5.29吨标准煤/万元降至2002年的2.55吨标准煤/万元。同样，如果以2005年为基期（即2005年GDP指数＝100），也可以发现我国单位GDP能耗从1990到2002年持续下降。2006年我国单位GDP能耗为1.21吨标准煤/万元，比2005年（1.22吨标准煤/万元）略有下降。

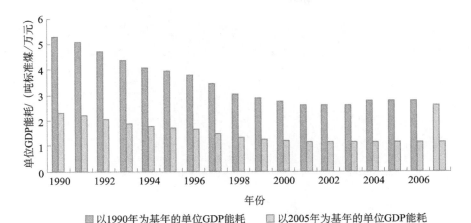

图 1-13　按 GDP 指数计算的我国单位 GDP 能耗

资料来源：（国家统计局能源统计司，2008）。

中国单位产品能耗与国际先进水平的差距正在逐渐缩小，但仍有差距。从单位产品能耗上看，主要高耗能部门，如冶金、化工、建材、石化、电力等行业，通过引进、开发节能新工艺、新技术，使 16 种高耗能产品的单耗有了较大幅度的下降。其中吨钢综合能耗、铜冶炼综合能耗、小合成氨综合能耗、内燃机车耗油等单耗指标下降幅度达到 30％以上。在与国际先进水平的单耗差距上，1990～2004 年，我国火电供电煤耗的单耗与国际先进水平的差距由 32.6％下降到 21.5％，吨钢可比能耗与国际先进水平的差距由 58.5％下降到 15.6％，水泥综合能耗的差距则由 63.9％下降到 23.3％。虽然单位产品能耗下降较为明显，但是与世界先进水平相比，仍然存在一定差距。

4. 电力煤耗有所下降，但仍高于发达国家水平

随着装机容量的不断增长、电力结构的不断调整，我国电力煤耗不断下降。2000 年我国供电标准煤耗为 392 克／千瓦时（表 1-7），到 2007 年，供电煤耗降到 356 克／千瓦时；发电厂用电率从 2000 年的 6.28％下降到 2007 年的 5.83％，其中 2007 年火电厂平均用电率为 6.62％；输电线损率由 2000 年的 7.7％下降到 2007 年的 6.97％。但是，与其他国家相比仍有差距，1999 年，日本东京电力公司供电煤耗为 320 克／千瓦时，法国电力集团公司供电煤耗为 331.6 克／千瓦时，德国巴伐利亚电力公司供电煤耗为 332.1 克／千瓦时，我国 2007 年供电煤耗仍高于上述国家 1990 年的水平。2000 年美国、日本和德国的输电线损率分别为 6.0％、3.89％、4.6％，比我国 2007 年的水平还要低 0.97％、3.08％和 2.37％。我国电力的能源利用效率仍有很大的提高空间。

表 1-7　2000～2007 年我国能源利用效率变化情况

年份	供电煤耗/ （克/千瓦时）	比上年增长/ （克/千瓦时）	输电线 损率/%	比上年 增长/%
2000	392	—	7.7	—
2001	385	—7	7.6	—0.1
2002	383	—2	7.52	—0.08
2003	380	—3	7.71	0.19
2004	376	—4	7.55	—0.16
2005	370	—6	7.18	—0.37
2006	366	—4	7.08	—0.1
2007	356	—10	6.97	—0.11

资料来源：根据国家电力监管委员会相关数据得出。

　　提高能源效率对有效减少能源需求及缓解气候变化方面都有显著作用，在能源科技战略中所处的优先地位也日益突出。从目前来看，尽管我国的能源效率已有所提高，但与发达国家相比仍有不小的差距。中国未来应加紧与其他国家在提高能效方面的科技研发合作，加大更新设备和创新技术的投资力度，鼓励和倡导更加节能的生活方式，这是可持续发展的有效手段，也是全世界一致的选择。

第二节　世界能源科学技术发展现状与趋势

一、能源结构和利用技术向低碳和近零排放演化

　　发展低碳能源供应系统是全球能源领域的一个重要方向。长期以来，化石能源在全球能源供应中居主导地位，如果世界经济按现有模式发展，传统化石能源的大量使用将产生巨大的 CO_2 排放，从而导致全球气温加速上升，给自然环境造成不可逆转的负面影响。要应对气候变化，必须走低碳经济之路。世界各国纷纷加大对新能源和可再生能源的技术研发力度，加快对多种形式能源的开发利用，能源结构和能源利用技术向低碳和近零排放的演化是大势所趋。

1. 新一代核电技术的发展提高了核电的安全性与经济性

　　核电可以大规模地提供无 CO_2 排放的电力。相对于前两代技术，20 世纪 90 年代发展的三代核电技术采用了大量的革新设计，提高了其安全性和经济性。目前，核电技术已经发展到了第三、第四代技术。三代半核电技术在三代基础

之上进一步增强了核电运行的安全性和经济性。为进一步加强安全和经济性，各国已开始研究四代核电技术，目前处于概念性研究阶段，可选堆型较多。发展目标是使产生的核废料最少，并在防止核扩散与保护方面进行改进。此外，快中子增殖反应堆（fast-breeder reactors）技术意味着世界可以获得无限制的燃料。但是近年来对快中子增殖反应堆的支持主要集中在研发方面，商业化支持很少。目前全球82%的核电站采用普通水作为减速冷却器，采用重水减速冷却的反应装置主要集中在加拿大和印度，而气化冷却装置主要集中在英国（其采用 CO_2 作为冷却液）。

未来的核电技术发展趋势：中小型规模核电站、核电的其他应用、核废料清洁处理、核电站安全性研究等。根据 IEA 的预测，2010～2020 年核电将会快速发展，尤其是在发展中国家。其中水冷反应堆仍然会是主要技术，技术选择主要为三代和三代半技术。此外，相对于水冷反应堆，气冷反应堆具有更高的出口温度，因而具有更高的转化效率，如球床模块式高温气冷反应器（pebble-bed modular reactor，PBMR），其示范项目将会在南非投入运营，并计划于2015年进行商业化运作。

2. 风电技术的改进使对风能资源的利用更为有效

风电技术目前的标准技术为三叶式水平轴、逆风联网风力涡轮机。目前，风机最大单机装机容量已经可以达到5～6兆瓦，其转子直径可以达到126米，并且其设备可靠性可达99%。图1-14为世界主要国家的平均风机规模。世界范围内风电装机主要为陆上风电机组，相对于小型风机，大型风机的综合发电成本更低，并且大型风机因其塔身更高因而可以更加有效地利用风能。风电场选址的更加合理、设备效率的提高、塔基高度的提高都使得风电在过去15年中的效率（千瓦时/米²）每年增加2%～3%。

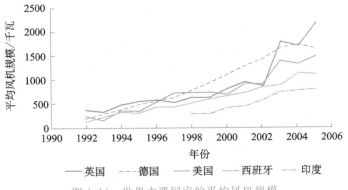

图 1-14 世界主要国家的平均风机规模

资料来源：（BTM Consult Aps，2008）。

未来风电技术发展重点在于降低成本，主要途径是通过风电组件设计、制造的革新及产量扩张，此外还有叶片的大型化、智能化和新型材料的使用。对于风电技术的研究集中在空气动力学、结构动力学、电气和结构设计、控制、材料、电网联结、储能（包括地下储存技术）等方面。此外，关于海上风能技术也在研究之中，这是一个极具挑战性的问题，包括下沉式深水风电平台（submerged deepwater platform）、移动式海上风电场（floating offshore wind farm）及混合或互补风力发电（hybrid wind power plant）等。

3. 多种转化技术的发展加大了对太阳能发电的利用

太阳能是地球上存量最多的能源资源，但其能源密度较低并且具有间歇性，使得当前其大规模使用的成本和技术难度较高。目前，太阳能所提供的能源占世界商业能源总量的比重不足1%。太阳能转化为电能，可以通过光伏发电和光热发电方式进行。

聚光型太阳能发电（concentrated solar power，CSP）直接利用阳光聚集产生热能，再利用热能进行发电。这种方法采用的是现有技术，适用于辐照强度较高的地区。聚光型太阳能发电厂规模较大，一般装机容量在数百万千瓦。目前主要有3种聚光型太阳能发电技术：塔式、槽式和碟式。其中槽式技术最为成熟，美国加利福尼亚州从20世纪80年代开始，已经累计有9个共计354兆瓦的槽式太阳能电厂投入运营，其太阳能到热能的转化效率可以达到60%，热能到电能的转化效率为12%。塔式太阳能电厂采用大平面双轴跟踪式日光反射镜，通过两次反射以获得更好的能量聚集，目前已经商业化。意大利、西班牙、法国、乌克兰、日本和美国都在热能传递、热能储存及热动力循环方面开展了研究。南非的Eskom项目属于大型塔式项目（单塔装机容量为100兆瓦）。以色列和美国正在考虑建设基于分布式发电的100～200兆瓦电厂，单塔装机容量为20兆瓦，这些单塔将由管道连接到一个发电机组。碟式太阳能发电技术多采用斯特林发动机（stirling engine），多数装机容量为10～25千瓦。

未来，太阳能光热利用的研发重点是：槽式太阳能直流发电（direct steam generation for trough plants），使用空气增压并带太阳能混合气轮机的塔式发电（towers using pressurized air with a solar-hybrid gas turbine），太阳能海水淡化电厂（power and desalination plants），太阳能制氢及金属制品（solar hydrogen and metals production）等。近期欧盟启动在北非沙漠建大型太阳能热发电装置，所发出的电利用电缆跨越海底送往欧洲，这可能是未来太阳能光热发电的有效途径。

4. 对水能、地热及海洋能的开发利用技术正在发展

水电是最为灵活的发电技术，水库可以提供内置能量存储，并且水电的快

速响应时间可以使其被用来优化电力生产以满足电网用电需求的突然增加。水电技术的研发集中在改进发电效率、降低成本和提高可靠性方面。对于大型水电站来说，研发重点是促进水电与其他可再生能源发电的整合，发展混合发电系统并通过创新技术以实现对生态环境影响的最小化。而对于小型水电站来说，研发重点是改进其设计、控制系统以促使其与水能管理系统结合达到最优化。水电还可以通过抽水蓄能系统发电，电力存储效率可以达到80%。新型抽水蓄能系统还可以与其他可再生能源发电相结合。

高温地热资源可以被用来发电，低温地热资源可以被直接用来取暖或者工业利用。地热电厂可以提供非常可靠的基本负载。目前商业化的地热发电技术有三种：干蒸汽技术、二次蒸汽技术及双汽循环技术，其中双汽循环地热发电技术发展最快。大规模地热发电的发展受技术限制较大，目前正在一些地热资源较为丰富的国家和地区发展如印度尼西亚、菲律宾、日本、新西兰、墨西哥、美国、冰岛等，近年来印度尼西亚、墨西哥、新西兰和美国等国家都加快发展地热发电。地热发电的研发集中在提高地热储集层（geothermal reservoir）的生产率和加大对边缘地区（部分具有大量热能但是热量渗透率较低的地区）的开发方面，此外还包括在火山活动活跃地区开发深井以利用地热等。但地热能的应用面临项目建设周期长、勘探打井风险大、成本高、环境影响无法评估等方面的挑战。未来要加速地热发电的发展，还需要政府的大力支持。

海洋能发电技术尚处于初步发展时期（表1-8），利用海洋能的方法主要集中在波浪能（wave energy）、潮汐能（tidal energy）、垂直分层温度差和盐度差（temperature and salinity gradients）及海上生物质能（marine biomass）方面。其中潮汐能和波浪能属于两种主要的待发展能源，目前共有25个国家参与到海洋能利用的研发中。潮汐能发电包括拦蓄式潮汐能发电和海上潮汐能发电两种。拦蓄式潮汐能发电项目对环境的影响较大，海上潮汐能发电不但可以降低对环境的影响，还可以与风电结合以降低成本，但对选址的要求很高，该技术仍然处于研发阶段。英国、加拿大、美国也正计划进行潮汐能发电的可行研究。西班牙和葡萄牙计划将波浪能发电项目与防浪堤结合，发电装机容量为0.3兆瓦，葡萄牙同时计划建设23兆瓦的波浪能发电项目，此外苏格兰也计划建设装机容量为3.9兆瓦的海洋能发电项目。海洋能利用技术在2030年之前很难得到快速发展，但是在更远的时期内将会发挥十分重要的作用。未来海洋能研发投入将集中在突破各种相关的发电关键技术、降低技术成本并使其更易于维护方面。

表 1-8　海洋可再生能源利用技术发展状态

分类	发展状态
波浪能 (wave energy)	多个示范项目正在投入建设（装机容量达到 1 兆瓦），部分大规模项目正处于发展阶段
海上潮汐能 (tidal and marine)	3 个示范项目正在投入建设（装机容量达到 300 千瓦），部分大规模项目正处于发展阶段
拦蓄式潮汐能 (tidal barrages)	法国、加拿大和俄罗斯都已经有机组投入运营，韩国计划建设总装机容量为 254 兆瓦的项目
海洋热能转化 (ocean thermal energy conversion，OTEC)	印度已有多个项目利用温度垂直分层技术进行海水脱盐
盐度和温度垂直分层 (temperature and salinity gradients)	目前该技术还处于实验室阶段，缺乏必要的研发投入。挪威计划建设装机容量为 10 千瓦的示范项目
海上生物质能 (marine biomass)	技术发展基本被忽视

资料来源：（Bhuyan and Brito-Melo，2007）。

在过去几年里，世界石油价格的持续上涨刺激了能源科技向降低对传统化石能源依赖的方向发展。前面提到的核能、风能、太阳能、水能、地热及海洋能等新能源和可再生能源技术的发展，在促进世界经济向低碳和近零排放发展的同时，也有利于降低世界经济对传统化石能源的依赖程度。还有一些新能源和可再生能源技术，如生物质能和氢能，通过对传统化石能源的替代，正在更直接地降低世界发展对石油、天然气等化石能源的依赖程度。

5. 生物燃料技术的发展加大了对石油、天然气等传统燃料的替代

石油、天然气等传统能源价格的不断飙升推动了生物燃料技术的大力开发，从最初的农用非商业能源、生物秸秆生产沼气、生物秸秆燃烧发电、新型压缩秸秆燃料到发展第一代生物燃料，再到目前正在积极研发的第二代生物燃料。第二代生物燃料是以植物油和动物脂肪、纤维素为原料制取的生物燃料，与此前的生物燃料相比，第二代生物燃料在原料来源上更为广泛，也更加清洁（张军和李小春，2008）。

1）生物质的生物分馏技术是近年来生物燃料技术的主要进步之一。将现有的石油精炼技术加以改进就可以进行生物分馏，转化生物质油为烃类燃料。催化和分离过程技术（如隔膜、吸附剂、离子液体或超临界萃取等）领域的新发展可以提高能效。短期内，新型酶解技术和加工工艺的发展可以使淀粉乙醇与化石燃料相竞争。植物油和动物油脂通过氢化裂解也可以生产生物柴油燃料。这项技术已在欧洲达到示范阶段，不久即可投入应用。

2）利用纤维素生物质生产乙醇和醇类衍生物的技术日渐成熟。目前比较成

熟的燃料乙醇的生物转化方法是以玉米为原料，但其原料成本高达总成本的70%~80%，近年来各国的研究集中在以木质纤维素作为生产燃料乙醇的原料上。目前，世界各国研究利用木质纤维素发酵生产乙醇的关键技术有如下三种：一是预处理工艺，即通过各种方法，如气爆法、湿氧化法、稀酸法或几种方法的组合，破坏秸秆中的纤维素、半纤维素与木质素的结构，使之松散，亦可使半纤维素水解；二是水解工艺，即通过酶法或酸法把上述物质中的纤维素、半纤维素水解成六碳糖或五碳糖；三是发酵工艺，选用特殊的共酵菌株对六碳糖和五碳糖进行发酵，生产酒精。

3）通过气化生产合成生物燃料技术在今后将会发挥重要的作用。例如，可用来生产如二甲醚（DME）、甲醇、F-T柴油和F-T煤油等合成生物燃料的生物质原料来源广泛，尤其是木质纤维素生物质的转化将在大规模生物燃料生产方面发挥重大作用。生物燃料气化生产的技术创新目前主要在于降低转换成本和提高技术可靠性。通过技术进步来提高预处理和合成气净化过程的效率，气化过程需要的 O_2 要采用更经济的生产方法，以实现更好的能量集成，改进碳平衡。另外一个研究领域是通过利用外加的氢来增加产量。

6. 在对传统能源的替代中，氢能技术具有广阔的发展空间

氢能被认为是解决能源安全和环境问题很有前景的方案之一。因此，氢作为能量载体逐渐替代石油成为人们提出的"后石油时代"移动能源的热点话题。目前的制氢技术主要包括热处理制氢、电解制氢、光解制氢等。

1）热处理制氢技术是对不同的能源资源，如天然气、煤炭或生物质等进行热处理，使之释放出氢气。此外，热能结合封闭式化学循环，从水等原料中释放出氢气，形成"热化学"过程。热处理制氢技术主要包括天然气重整、煤炭气化、生物质气化、高温水解和热化学水解等技术。天然气重整技术是短期内向氢经济发展的一种主要的制氢方法。天然气重整技术主要是通过甲烷水蒸气重整（SMR）、部分氢化（POX）和自然重整（ART）过程来释放氢气。煤炭气化制氢技术也是目前主要的制氢技术之一。虽然煤炭制氢商业化技术已经成熟，但是这个制取过程比天然气制氢复杂，而且得到氢的成本较高。化石燃料制氢过程中主要排放的气体是 CO_2，因此，目前这类过程主要是与碳捕集与封存技术相结合。

2）电解制氢技术是利用电能将水分解为氢气和氧气。随着温度的升高，电解水所需总能量有所增加，同时需要的电能会减少。因此，可以结合利用其他过程中产生的废热等来电解水。①碱性电解法是利用具有腐蚀性的氢氧化钾水溶液作为电解质来电解水。碱性电解法是一种固定式应用。碱性电解法是一项成熟技术，目前广泛应用在工业方面。②质子交换膜（PEM）电解法不需要液

态电解质，适合于固定和动态应用。该技术的主要缺点是隔膜使用期有限。与碱性电解法不同的是，质子交换膜电解法的主要优点是由于没有氢氧化钾电解质，量程比更高、安全性更强。由于相对成本高、容量小、效率低和应用期短，质子交换膜电解法还没有实现商业应用。③高温电解法基于高温燃料电池技术，其中一种典型技术是固体氧化物电解池（SOEC），这种电解法是基于固体氧化物燃料电池（SOFC），运行温度通常为 700～1000℃。在这样的温度下，电极反应可逆性更强，而且燃料电池反应能够更容易地转向电解反应。④高温固体氧化物电解法的主要研究需求是进一步开发功能陶瓷材料和改善材料热机应力。

3）光解制氢过程是利用光能将水分解为氧和氢。这种制氢技术目前还处于初期研究阶段，但在未来可持续环保制氢技术方面有长远的发展潜力。光解制氢主要集中在生物光解和光电解制氢技术方面。生物光解制氢基于两个步骤：光合作用和利用氢化酶催化制氢（如绿藻和蓝绿藻）。生物光解制氢技术目前处于研究初期，但从长远来看，发展潜力巨大。光电解制氢技术就是光电系统与电解技术相结合的一门技术。与传统技术相比，这类系统有很大的潜力，可以降低电解氢成本。

二、提高能源效率在能源科学技术发展中的地位凸显

IEA 认为，就保障能源安全与缓解气候变化而言，提高能源效率与可再生能源的发展同样重要，而且提高能源效率更具有成本效益且潜力巨大，即使不存在高油价问题，也值得各国在长期能源政策中始终加以重视。目前，能源效率在有效减少能源需求及缓解气候变化问题方面受到了工业化国家和新兴发展中国家的重点关注，在能源战略中所处的优先地位日益突出，提高能源转化和运输效率，尤其是提高化石能源发电效率和电网的输配电效率被广泛研究。

1. 提高煤炭发电效率的新技术得到迅速发展

煤炭粉碎燃烧发电（pulverised coal combustion，PCC）技术占全球煤炭发电总装机容量的 97％，1992～2005 年，世界范围内硬煤发电效率平均为 35％。为提高煤炭粉碎燃烧发电技术发电效率及减少对环境的污染，国际上目前集中于发展处理含硫含灰较高煤炭的流化床燃烧（fluidised bed combustion，FBC）技术、整体煤气化联合循环（integrated gasification combined-cycle，IGCC）发电技术等。流化床燃烧技术主要包括沸腾流化床（BFBC）和循环流化床（CFBC）两种技术，尤其适用于低质煤燃烧发电，并且其技术组成部分已经商业化。而整体煤气化联合循环发电技术是更清洁高效的煤炭发电技术，该气化

技术可以处理所有的含碳原料。燃煤整体煤气化联合循环发电电厂的发电效率在 40％～43％。目前对该技术的主要研发集中在气化系统、汽轮机及制氧系统方面。此外，整体煤气化联合循环发电电厂与碳捕集与封存技术（carbon capture and storage，CCS）可以实现无缝对接，这是煤炭清洁利用的重要方式。

从这些燃煤发电技术的发展情况来看，世界范围内已经有上百个空气循环流化床机组投入运营，单个机组装机容量大多在 250～300 兆瓦。波兰已经开始部署更大规模的超临界流化床燃烧技术，并已建设单机容量为 460 兆瓦的超临界流化床机组，预计发电效率为 43％。此外，日本已经开始发展超临界汽轮机流化床燃烧技术，这可以将原有技术的发电效率提高到 44％。目前整体煤气化联合循环发电设计装机容量已经达到 600 兆瓦，世界范围内已经有 17 座整体煤气化联合循环发电电厂投入运营，但这些电厂都属于示范项目，投资成本较高及实用性的不确定是其发展的主要障碍。

2. 天然气联合循环发电技术的推广与改进提高了天然气的发电效率

由于大量采用天然气联合循环发电技术替换原有的燃气蒸汽循环（gas-fired steam cycles）技术，2005 年世界范围内天然气发电效率达到 42％，天然气联合循环发电技术占到全球天然气发电总装机容量的 38％。目前该技术的研发集中于改进汽轮机设计和效率提高方面。欧洲一些国家已经开始设计联合循环燃气轮机（combined-cycle gas turbine），从而可以达到更高的压缩比例和燃烧温度，效率最高可以达到 60％（如西门子-E♯）。

3. 冷热电联产技术的发展提高了燃料的利用效率

冷热电联产技术（combined cooling，heat and power，CCHP）可以将燃料能量的75％～80％转化为有用能量，并且可以使用任何燃料，可根据不同地址和需求选择设备，规模从 1 千瓦至 500 兆瓦不等。由于实现了能源的梯级利用，目前该技术的能源综合利用率高达 80％以上。对于冷热电联产的研发集中在：①高性能动力或风电装置；②先进的制冷技术；③化石能源与可再生能源互补的系统。这种以冷热电联产为特点的分布式能源系统代表了电力工业一个新的方向，它与集中式供电系统的有机结合，是 21 世纪能源工业的发展方向。由于能源利用率高，提高了供电的安全性和减少了投资，分布式能源系统有广泛的应用。在工业园区、社区、学校、医院等都可以采用分布式能源系统，并根据各自不同的负荷特点，制定能源利用效率高、投资少的系统。它还可以与建筑能源系统有机结合，实现常年燃料高效能源利用。天然气的冷热电联产已经得到了越来越多的规模化应用，被认为是天然气能源高效利用的重要途径之一。

三、电能存储与输配电技术发展迅速

电力供应是能源系统中极其重要的一个环节，电力系统安全稳定运行的迫切需求使电能存储与输配电技术在近年来得到了迅速的发展。

1. 燃料电池技术得到迅速发展

运输部门及小规模固定燃料电池组倾向选择聚合物电解质膜燃料电池（polymer electrolyte membrane fuel cells，PEMFC），而作为领先技术的磷酸型燃料电池（phosphoric acid fuel cells，PAFC）适用于大型燃料电池组，此外还有熔融碳酸盐燃料电池（molten carbonate fuel cells，MCFC）和固体氧化物燃料电池等。世界范围内已经有几千个燃料电池系统被投入运营，大部分是小型固定机组，只有数百台大型机组，还有数百台属于汽车示范项目。目前，世界范围内投入运营的固定燃料电池系统有 3000 个，但总装机容量只有 50 兆瓦左右。燃料电池发电效率高，但是其成本也很高，这成为其发展和推广应用的主要瓶颈。

2. 电能存储技术的发展降低了输配电能的损失

电力无法直接进行存储，但是可以通过其他形式的能源存储。电力可以被储存为化学能、储存在抽水蓄能电站系统中，或者转化为压缩空气等。不同技术的成本和储存能力差异很大（图 1-15）。电池储存是最有效的方法，但是储存规模很小，抽水蓄能电站是目前最为常用的电力储存技术。不同储存技术的转化效率为 40%～100%，新发展的电力储存系统包括压缩空气能量储存系统（compressed-air energy storage systems，CAES）、超导磁储能（superconducting magnetic energy storage，SMES）及氢能等。

3. 高压直流输电技术的发展使输电线损得以降低

高压技术的发展，使在长距离以更低线损输送直流电（大约为每 1000 千米损失 3%）成为可能。世界范围内平均输配电损失占到电力生产总量的 14.3%。线损率在发展中国家则更高。美国和欧洲因其国内电力市场为完全竞争市场，其输配电损失的发电量最多。加拿大和日本的输配电效率最高，其线损率分别为 9% 和 11%。每年世界范围内总的输配电损失和中国的发电量相当。

因为交流输送的线损过大，大多数深海电缆（如挪威与荷兰之间的输电线缆）采用直流输送。相对交流电缆，直流电缆可以更靠近地面运行。现代直流技术已经可以实现地下输送并与交流电网相连接。未来超高压直流输电系统

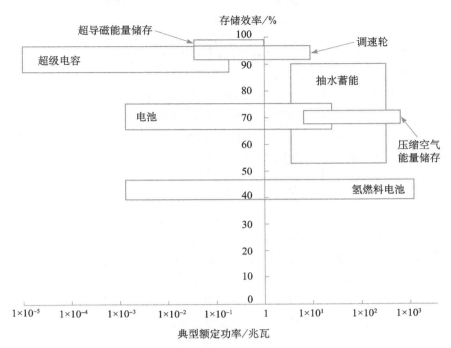

图 1-15　不同电能存储技术的存储效率和额定功率

资料来源：（Vattenfall，2007）。

（具有在长距离输送 800 千伏的能力）有望得到快速发展，新建电网也会越来越多地考虑高压直流输电系统。但是直流-交流转换电站的造价目前还十分昂贵。目前世界范围内有 90 个以上的直流输电项目，超过 2% 的电力采用高压直流电缆输送。在欧洲，大约有 2% 的高压/超高压输电网是位于地下的。如果未来直流输电网络发展趋势得到继续，将有利于新的输电系统的实施，如实现可再生能源在地质或环境较为敏感地区接入电网。

4. 分布式与集中式发电相结合技术的采用使输配电效率得到了提高

分布式发电采用就近输送电力的原则，包括各种连接到电网的独立机组。在实际应用中，集中式与分布式相结合的发电系统将有很高的输配电效率。分布式发电机组装机容量一般小于集中式发电机组，所以单位装机成本更高，这在一定程度上也抵消了其节约的输配电投资。可再生能源发电（风电、太阳能发电、部分生物质发电等）因为资源强度较低，所以更加适合用在分布式发电系统中。大量的分布式发电机组会给电网带来额外的成本和安全性问题，但如果这些机组被部署在负荷中心则可以改进电力质量，提高系统可靠性。

5. 智能电网技术的发展提高了电力系统的整体性能

智能电网是指利用先进的技术提高电力系统在能源转换效率、电能利用率、供电质量和可靠性等方面的性能。智能电网的基础是分布式数据传输、计算和控制技术，以及多个供电单元之间数据和控制命令的有效传输技术。对于智能电网，美国的研究主要集中在电网基础架构的升级更新，利用信息技术实现智能系统对人工的替代两个方面。而欧盟主要关注可再生能源和分布式能源的发展，如何更有效地将可再生能源和分布式能源接入电网中。

6. 智能电网对相关电力技术提出了更高的要求

电力技术中较为重要的是智能调度技术和广域防护系统，这其中包括五个方面：①系统快速仿真与模拟（fast simulating and modeling）；②智能预警；③优化调度；④预防控制，事故处理和事故恢复；⑤智能数据挖掘等。这其中会用到很多管理科学的方法和模型，需要根据中国电力系统的现状和特点，利用相关方法和模型，对不同技术和系统的减排潜力和能效潜力进行评估，提出可以解决这些问题的方法和模型，以促进智能电网在国内更快更好的发展。

7. 分布式发电和可再生能源发电接入是智能电网的重要组成部分

分布式发电与可再生能源发电本身存在的非连续性供电特点对电网的负载提出了更高的要求。因此一个研究重点在于如何在智能电网中对这类电力进行优化调度，在提高电源多元化、降低温室气体排放的同时，来提高电网的安全可靠性，并对其经济性进行评估，以促进可再生能源发电和分布式发电的更快发展，并提高整个智能电网的运行效率。

四、碳捕集与封存是化石能源减排技术的新的发展方向

鉴于化石能源在未来世界范围内的能源供给中仍将占据主要地位，为应对气候变化，减少温室气体排放，寻找一种能够有效捕集和存储由化石燃料燃烧所产生的 CO_2 的方法已成为人类所要面对的重要挑战之一。碳捕集与封存技术应运而生。碳捕集与封存技术由捕集、运输和封存 3 个部分组成（图 1-16），主要指将 CO_2 从工业或相关能源的源头分离出来，输送到一个封存地点，并且长期与大气隔绝的一个过程。碳捕集主要针对通常会产生大量 CO_2 排放的来源，如发电厂、炼油厂、石化制品厂、钢铁厂、水泥厂等，其中又以使用化石燃料的发电厂为最主要的排放源。

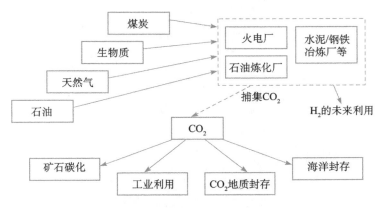

图 1-16　碳捕集与封存技术示意图

资料来源：（IPCC，2007）。

1. 捕集环节需提高技术的经济性，存在技术突破的潜力

从捕集环节看，现有 3 种类型的碳捕集系统：燃烧后捕集、燃烧前捕集及富氧燃料燃烧捕集（图 1-17）。不同捕集系统的选择取决于燃气中的 CO_2 浓度、燃气压力及燃料类型（IPCC，2005）。目前从天然气加工行业分离 CO_2 的技术已经成熟（在天然气开采行业中，已经实现将 CO_2 从井口分离并回注到天然气田中）。燃烧后捕集的适应性强，是相对成熟的技术。某些电厂 CO_2 的燃烧后捕集（主要指从电厂的部分废气中捕集 CO_2）在特定条件下被论证是经济可行的，但尚未有真正投入商业运营的项目。燃烧前捕集主要应用于采用气化工艺的工业设施，如采用整体煤气化联合循环技术的发电设施等。燃烧前捕集有利于 CO_2 的分离，但技术转化复杂，目前在肥料制造业和氢气生产业中得到一定应用。富氧燃料燃烧是利用高纯度的 O_2 进行的，可以使排出气体中 CO_2 浓度大幅提高以简化捕集过程，但由于制氧成本过高，尚处于示范阶段。碳捕集与封存技术发展的一个技术壁垒就是如何将 CO_2 从大气其他气体中经济地分离出来。碳捕集约占碳捕集与封存系统总成本的 75%，有必要加强对提高燃烧后捕集、燃烧前捕集和富氧燃烧捕集技术经济性的研究。

2. 捕集技术的多种技术路线都在研发中

目前，碳捕集技术主要有化学/物理吸收剂、吸附、薄膜、低温冷凝和水合物技术等。最常用的化学吸收剂是醇胺，包括 MEA（monoethanolamine）、DEA（diethanoalamine）、MDEA（methyldiethanolamine）、DIPA（dissopro-panolamine）、DGA（diglycolamine）、TEA（triethanolamine）及立体障碍醇胺

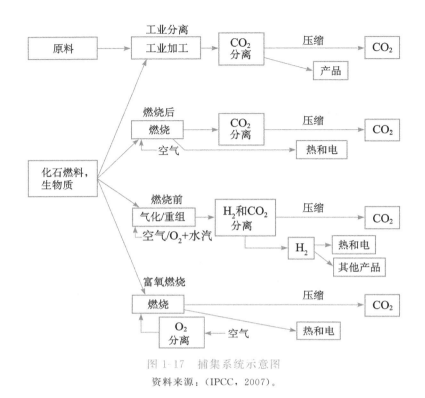

图 1-17　捕集系统示意图

资料来源：（IPCC，2007）。

等，主要适用于从电厂或大型炼化厂的烟道气中捕集 CO_2，这种方法可以回收 98％的 CO_2，纯度可达 99％以上。在各种醇胺类吸收剂中，MEA 的吸收速度最快，但是其操作成本及被腐蚀的速率均较高，而 MDEA 的吸收速度虽然较慢，但可以通过添加 DEA 提高其吸收速度及抗腐蚀性。物理吸收剂的吸收强度一般低于化学吸收剂，但由于不需要经过加热以提取 CO_2，所以，比化学吸收剂节省能耗。常用的物理吸收剂有低温甲醇（洗系统）、聚乙二醇（脱硫过程）、碳酸丙烯（氟石处理）及环丁砜等，目前多应用于制氨工业。

吸附技术主要适用表面积较大的固体物质，如沸石、活性炭等，其操作程序依次为吸附和再生，而依照再生的方式可以分为变压吸附（pressure swing adsorption，PSA）、变温吸附（temperature swing adsorption，TSA）、变电压吸附（electric swing adsorption，ESA）等。变压吸附利用降压再生，变温吸附利用升温再生，变电压吸附则是通过对吸附物施加低电压的电流再生。目前变压吸附和变温吸附已经在天然气工业中成功实现了商业应用，但是再生过程的能耗仍偏高，而变电压吸附尽管能耗较低，但尚未见实用报道。而且由于对基于烟道排气的吸附容量不大且选择性不高，吸附技术目前并未应用于发电厂的碳捕集。膜分离原理是指利用各种气体和薄膜之间不同的化学及物理反应，使得某一种气体能较快通过薄膜，达到分离的目的。薄膜种类主要有多孔无机薄膜、钯薄膜及高分子薄膜等。通常薄膜的分离效率并不高，因此应用中往往会设置多层薄膜及气体回流，但同时也提高了工艺的复杂性，能耗及成本也随之增加。低温冷凝适用于浓度较高的 CO_2（90%）纯化，由于捕集得到的 CO_2 已成为固态或液态，运输较方便。但其缺点是能耗极大，所以也没有得到实际应用。水合物技术是利用易生成水合物的 CO_2 气体组分发生相态转移，实现含 CO_2 混合气体的分离，方法简单，无污染物产生，操作条件低，是烟道气等捕集 CO_2 的洁净新型方法，目前已在研发阶段。

3. 运输环节技术成熟并已经商业化

CO_2 运输与油气的运输非常相似。几乎所有国家都可以利用这些技术。这些技术可以从众多企业获得。从运输环节看，在输送距离小于 1000 千米时，管道是大量输送 CO_2 的首选途径。轮船对于每年在几百万吨以下的 CO_2 输送或是更远距离的海外运输来说更有经济性（IPCC，2005）。CO_2 的管道输送技术在某些地区已经成熟并市场化（2008 年，美国约有 5800 千米的 CO_2 输送管道，这些管道大都用以将 CO_2 运输到油田，注入地下油层以强化集油（enhanced oil recovery，EOR）。利用船舶运输 CO_2 与运输液化石油气相似，在特定条件下是经济可行的，但是由于需求有限，目前还只是小规模进行。CO_2 也能够通过铁路和公路罐车运输，但是就大规模 CO_2 运输而言，则不大可能成为具有吸引力的选择方案。

4. 封存环节处于示范或商业化应用初期阶段

从封存环节看，在深层、在岸或沿海地质构造封存 CO_2 的技术是类似的，这些技术已经由石油和天然气工业开发出来，并且已经证明在特定条件下，在油田、天然气田及盐沼池构造中进行封存是经济可行的，但是就封存于无法开采的煤层中而言，这些技术的可行性尚未经证实。CO_2 封存与强化采油（EOR）或者潜在的提高煤层气采收率（ECBM）之间的联合能够产生来自于石油或天然气采收的额外收益。有学者研究过将 CO_2 封存到 1000～3000 米深的海床上，但其环境和生态影响尚在深入研究和评估中。

5. 碳捕集与封存技术缺乏大规模一体化应用的经验

表 1-9 为碳捕集与封存系统构成部分的技术发展现状。碳捕集与封存的技术构成部分具有不同的发展阶段，完备的碳捕集与封存系统可通过利用成熟的或在特定条件下经济可行的现有技术组合而成，虽然整体系统的发展状态可能慢于其中某些单独部分的发展。目前，结合碳捕集、运输和封存的全面一体化碳

捕集与封存系统方面的经验仍十分缺乏。大型电厂对碳捕集与封存技术的利用（这是实现大规模减排的关键举措）仍有待实现。

表 1-9 碳捕集与封存系统构成部分的技术发展现状

碳捕集与封存系统组成部分	碳捕集与封存技术	世界发展阶段	在中国所处发展阶段
捕集	燃烧后	3	3
	燃烧前	3	1
	氧燃料燃烧	2	1
	工业分离（天然气加工，氨水生产）	4	3
运输	管道	4	1
	船运	3	1
地质封存	强化采油	4	3
	天然气或石油层	3	2
	盐沼池构造	3	1
	提高煤层气采收率	2	2
海洋封存	直接注入（溶解型）	1	1
	直接注入（湖泊型）	1	1
碳酸盐矿石	天然硅酸盐矿石	1	1
	废弃物料	2	1
CO_2的工业利用		4	3

注：1 代表研究阶段；2 代表示范阶段；3 代表在一定条件下经济可行；4 代表成熟化市场。
资料来源：（范英等，2010）。

五、能源科技投入近年来持续增加

21 世纪，世界经济的高速发展、资源短缺及地缘政治博弈的日益复杂化使能源问题受到世界各国的高度关注。为了进一步提高能效，寻求新的、洁净的替代能源，美国、欧盟、日本等发达国家和地区，以及中国、印度等发展中国家都在不断加强科技投入力度，力图通过能源领域的科技创新改造现有的能源结构。因此，能源将成为各国未来研发的关键领域之一。另外，新能源与洁净能源技术的利用，既减少了对传统化石燃料的依赖，加强了国家能源安全，又有利于减少温室气体的排放，保护人类未来的生存环境，并推动新型能源产业的增长，是 21 世纪可持续能源发展道路的最优选择，也是能源科技的制高点。

1. 发达国家近年来能源科技投入稳步增加

能源研究与开发(R&D)投入水平对能源科技的发展起着关键性作用。根据 IEA 对历史上 OECD 国家政府能源 R&D 预算统计结果（图 1-18），由于受石油危机的影响，从 20 世纪 70 年代中期到 80 年代初，主要 OECD 国家（美国、日本、法国、加拿大、德国、意大利、英国、瑞士、西班牙）的能源 R&D 预算出现了显著增长，并保持在一个相对稳定的水平；而从 20 世纪 80 年代中期开始出现不断下滑的趋势，从 1985 年的 133 亿美元持续下降到 1998 年的 78 亿美元，出现这一现象很大程度上是因为 1985 年依赖油价的持续走低，以及这一时期一些核事故给核电工业发展所带来的阻力；从 1998 年起，随着各国将能源技术的发展重点转向新能源与可再生能源，以及改进化石能源利用技术以应对气候变化等方面，OECD 国家能源 R&D 支出开始回升，2005 年为 92 亿美元，2008 年为 108 亿美元。

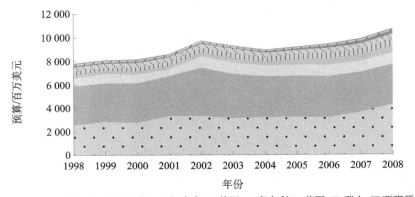

图 1-18　主要 OECD 国家 1998～2008 年能源 R&D 预算变化情况

注：2008 年价格，经购买力平价调整。

资料来源：(IEA, 2007)。

　　主要 OECD 国家能源 R&D 预算 1992～1998 年呈下降趋势。欧洲主要 OECD 国家（法国、德国、意大利、英国、瑞士、西班牙）的能源 R&D 预算 1992～1998 年下降了 28.5%，主要是核能（包括核裂变与核聚变）与化石燃料的开采与转化技术下降较多；OECD 北美国家（美国、加拿大）相对降幅较小，1992～1998 年下降了 4.4%；而日本则一直呈上升趋势。就总体投入比例而言，1992～2008 年，美国和日本 R&D 预算总投入占主要 OECD 国家政府能源 R&D 预算的 74%（其中，1992～2008 年美国能源 R&D 预算总投入占主要 OECD 国家能源 R&D 预算总投入的 35.6%，日本为 38.5%），是世界上能源 R&D 投入最多的国家（图 1-19）。

　　2. 核能研发投入所占比重最大

　　各国纷纷加大对能源新技术的投入的初衷是保障国家能源安全和减缓全球温室气体排放。一方面，加大对这类能源技术的投入可以减少对化石能源，尤

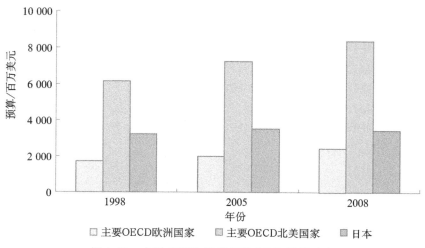

图 1-19　主要 OECD 国家能源 R&D 预算对比

注：2008 年价格，经购买力平价调整。

资料来源：(IEA，2007)。

其是进口化石能源的依赖性，保障国内能源安全；另一方面，加大对这类能源技术的投入可以减少温室气体排放，减缓全球气候变化。从 OECD 国家总能源 R&D 投入来看，在不同能源技术领域的政府 R&D 投入中（图 1-20），核能所占比重最大。而能源效率、电力与储能技术及其他技术方面的 R&D 比重相对较为稳定，一直维持在 15%、5% 和 15% 左右。在日本福岛核危机后，这种趋势可能会有一定变化。

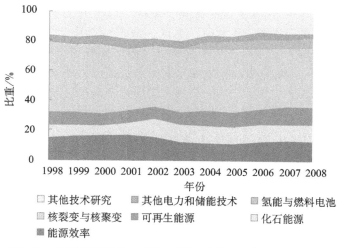

图 1-20　不同能源科技占 OECD 国家总能源 R&D 投入的比重

资料来源：(IEA，2007)。

在主要 OECD 国家核能研发的 R&D 投入中，1998 年达到 46.0％，2008 年下降到 38.9％。这一时期核聚变和核裂变研究的投入都有减少，核裂变方面的 R&D 投入重点逐渐从新型反应堆设计转向核支持技术和核燃料循环研究（图 1-21）。

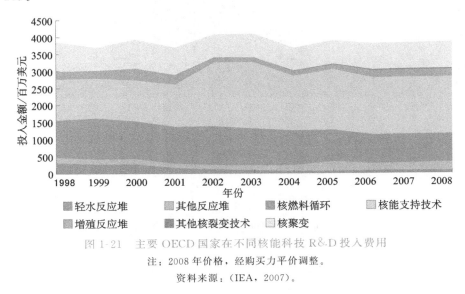

图 1-21　主要 OECD 国家在不同核能科技 R&D 投入费用

注：2008 年价格，经购买力平价调整。

资料来源：（IEA，2007）。

3. 化石燃料 R&D 投入先降后增，可再生能源 R&D 投入持续增加

图 1-22 为 1998～2008 年主要 OECD 国家不同化石能源科技 R&D 投入情况，与化石燃料相关的 R&D 投入比重从 1998 年的 8.8％下降到最低时 2000 年的 7.1％，到 2008 年则回升到 11.6％。其中石油与天然气的 R&D 投入变化幅度较小，煤炭技术研究尤其是其勘探和生产技术受到的冲击较大，这与工业国家煤炭产量降低有关。但由于发达国家与发展中国家煤炭发电量呈上升趋势，洁净煤方面的研究（如高效燃煤发电及有效转换技术）将仍保持重要地位。并且随着应对气候变化的行动越来越紧迫，针对化石能源使用产生的 CO_2 进行的捕集与封存技术的 R&D 投入近年来快速增加。

OECD 国家可再生能源 R&D 投入持续增加，占总能源 R&D 投入的比重从 1998 年的 9.3％增加到 2008 年的 12.3％。其中投入力度较大的是生物质能、风能、太阳能供热与制冷、光伏发电等（图 1-23）。此外，对于其他方面可再生能源的 R&D 投入近年来快速增加，从某些方面也体现了目前主要 OECD 国家可再生能源科学技术投入对发展更多种类可再生能源、扩宽可再生能源技术范围的关注。

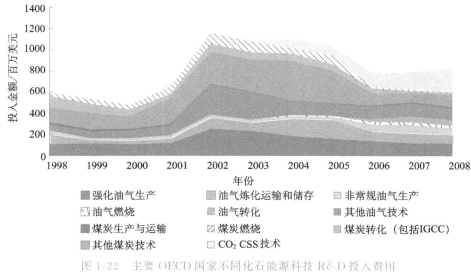

图 1-22　主要 OECD 国家不同化石能源科技 R&D 投入费用

注：2008 年价格，经购买力平价调整。

资料来源：（IEA，2007）。

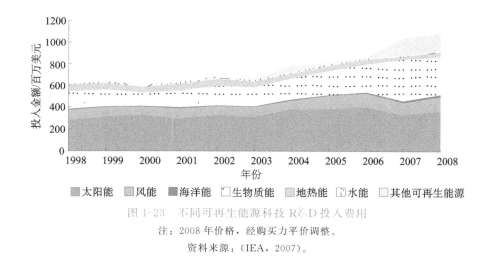

图 1-23　不同可再生能源科技 R&D 投入费用

注：2008 年价格，经购买力平价调整。

资料来源：（IEA，2007）。

4. 欧盟和美国均在其能源规划中强调了要加大对新能源技术和可再生能源技术的投入并促进其发展

一些国家和组织还纷纷设立各种研发激励机制以促进这些技术的发展，印度通过可再生能源开发署为其国内太阳能项目提供资金支持；美国通过提供资本与抵免运营成本税收降低新能源和可再生能源生产的单位成本；英国政府设立和投资的碳基金，旨在帮助英国转向低碳经济；加拿大政府建立的可持续发展技术基金，旨在促进清洁技术的开发与论证；另外还有世界银行的《亚洲替代能源计划》，已在多项可持续能源计划中投入 13 亿美元。

5. 新能源和可再生能源投资更多集中在风能、太阳能和新一代核电技术上

新能源和可再生能源投资正呈现出范围更宽、规模更大的特点，不仅投资额持续增长，投资范围也进一步扩大和多元化。鉴于生物燃料可能引发粮食危机，新能源和可再生能源投资更多集中在风能、太阳能和新一代核电技术等方面。一方面，政府和企业对这类技术的关注度越来越高，专门针对清洁能源投资的基金也大量出现，并且随着分布式可再生能源和能源需求侧管理技术的发展，专业融资也已经开展起来。另一方面，作为新的经济增长点，新能源和可再生能源技术也吸引了大量的投资，通过对新技术的持续投入以促进行业的深化发展（如纤维素乙醇、太阳能技术及能效技术等），从而创造更多的投资机会。

图 1-24 为世界范围内新能源和可再生能源科学技术 2007 年投资构成，风能依旧吸引了最多的投资，达到 502 亿美元，占全部投资的 43％，主要是投入新建项目上。太阳能方面的投资为 286 亿美元，该领域自 2004 年起年均增长率达到了 254％。排在第三位的是生物燃料。这三者合计在年度投资中的比重接近 85％，比 2006 年（80％）又有提高。风能和太阳能吸引了最多的投资。尽管可再生能源产量目前仅占全球能源总产量的约 2％，但在全球发电总投资中，用于可再生能源的投资比重已经占到 18％。

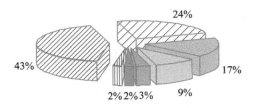

24%

43%

17%

2% 2% 3% 9%

◪ 风能　　◪ 太阳能　　■ 生物燃料　　■ 生物质

■ 其他可再生能源　　■ 能源效率　　◪ 其他低碳技术

图 1-24　2007 年世界范围内新能源和可再生能源科学技术投资构成

注：核能投资数据因无法得到，故未纳入讨论。

资料来源：根据 Bloomberg New Energy Finance 相关数据得出。

六、能源新技术的转化应用日益广泛

不同能源技术有着不同的发展阶段，随着大量新的能源技术的发展，未来将会有更多的能源技术被投入应用。这些新的能源技术各具特点，并且处于不同的发展阶段，但是这些技术都具有一定的减排潜力。随着技术更新换代速度的加快及应对气候变化呼声的加强，也许在不久的将来，这其中就会有很大一部分技术被推向市场。

1. 能源新技术转化速度加快

目前，能源科技发展在广度和深度上都呈现出全面推进的态势，大量新技术被开发出来并快速应用，能源科技进入了一个创新密集时代。能源科学领域的重大创新更多地出现在学科交叉领域。国际上能源科技创新的速度不断加快，能源科技成果转化为现实生产力的周期越来越短，技术更新速度也日益加快。第一代核电发展到第二代核电，用了 35 年，而第二代核电发展到第三代核电，只用了 15 年；第一代异步式风电发展到第二代双馈式异步风电用了近 30 年，而第二代双馈式异步风电发展到第三代超高压永磁式风电也只用了 10 多年时间。这充分说明技术和产品更新换代速度不断加快。并且新技术的推广和转化的速度加快也使得能源来源更为广泛，如生物质能和太阳能，以及已经处于研发中的氢能燃料电池等。由此可见，能源科技已经成为能源发展的主导力量，新的能源技术将对社会生产方式和生活方式产生深刻影响，能源问题已经在很大程度上变为能源科技问题。

2. 发电方面新技术数量最多

作为主要的温室气体排放部门，减少电力部门的温室气体排放是减缓气候变化的措施中十分重要的一个环节。因此围绕发电的新技术数量最多，既包括针对传统化石能源发电效率提高的整体煤气化联合循环技术、天然气联合循环发电技术，又有可再生能源发电（海上风电技术，生物质发电技术，地热，海洋能技术）技术和新一代的核电技术等，此外还有旨在达到化石能源零排放的碳捕集与封存技术。从目前的发展情况来看，大部分发电技术处于应用研发和示范阶段（图 1-25），其未来的大规模推广还将取决于技术自身的发展（可靠性提高、发电成本降低）和相关部门的推动。

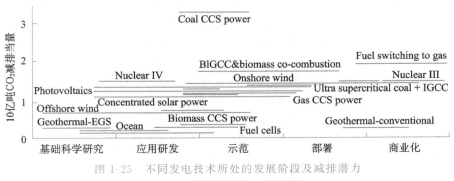

图 1-25　不同发电技术所处的发展阶段及减排潜力

注：CO_2 减排潜力为 IEA 的估算。

资料来源：（IEA，2007）。

3. 工业能源技术集中在提高能效和碳捕集两个方面

工业能源技术可以分为两类，一类是碳捕集技术，目的在于减少工业生产中的温室气体排放，但这部分技术目前仍处于基础科学研究和应用研发阶段（图 1-26），需要有进一步的 R&D 投入以获得更快发展；另一类是部分提高燃料效率和用电能耗效率的技术。相对来说，此类技术发展较为成熟，已经处于部署和商业化阶段，目前部分这类技术已经被投入市场，未来还会有更多的此类技术被投入市场。

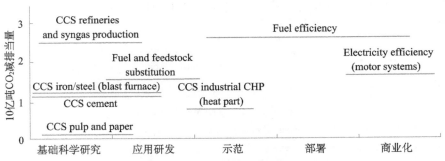

图 1-26　工业能源技术所处的发展阶段及减排潜力

注：CO_2 减排潜力为 IEA 的估算。

资料来源：（IEA，2007）。

4. 建筑和电器用品方面的能源技术发展较为成熟

建筑和电器用品方面的技术可以分为四大类：电器设备能效、建筑节能与分布式能源、热泵、太阳能采暖和空调。这些技术的发展较为成熟（图 1-27），基本处于商业化阶段，在发达国家已经有一定的规模，但是在发展中国家并没有大规模推广。这些技术自身还在不断发展革新，随着技术可靠性的提高和成本的下降，在发达国家和发展中国家的大规模应用将带来更高的能源效率和更少的 CO_2 排放。

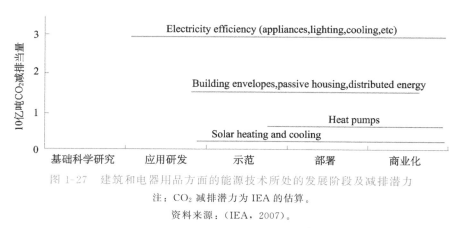

图 1-27　建筑和电器用品方面的能源技术所处的发展阶段及减排潜力

注：CO_2 减排潜力为 IEA 的估算。

资料来源：（IEA，2007）。

5. 交通运输能源技术集中在提高能效和替代燃料方面

大量新的提高交通运输业能效和降低排放的技术处于示范和部署阶段（图1-28），这些技术集中于提高能效和采用替代燃料两个方面。部分技术（如汽车发动机能效改进、飞行器能效改进、新能源汽车和生物柴油等）具有很大的市场潜力，并且有十分广阔的应用空间。

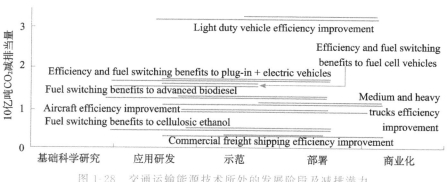

图 1-28　交通运输能源技术所处的发展阶段及减排潜力

注：CO_2 减排潜力为 IEA 的估算。

资料来源：（IEA，2007）。

第三节　我国能源科学技术现状与基础

一、节能减排领域

我国经济呈现快速发展的势头，但是能源需求增长、环境污染等问题越来越突出。总体来讲，我国能源面临着需求增长压力大、液体燃料缺乏、环境污染严重、CO_2 减排压力大及农村能源需求增加等突出问题。因此改变传统的能源消费方式，走节能减排的道路是客观的必然选择。

节能减排主要从电力、交通、建筑和工业等高耗能行业入手。

(一) 电力

1. 采用先进的燃煤发电技术

当前采用的先进的燃煤发电技术主要有两种。①超临界循环技术和超超临界循环技术，我国已经具备生产和制造超临界燃煤发电相关设备及超超临界的能力，通过引进、消化、吸收国外相关技术，目前已经完全具备了 600 兆瓦、1000 兆瓦等级的超临界循环相关设备和超超临界的制造能力。蒸汽参数的提高使得效率大幅度提高，从而带来显著的减排效果。然而蒸汽温度的提高，要求材料具备更高的耐热极限，因此需要加大对耐高温材料的研发力度，我国在这一领域还比较薄弱。②整体煤气化联合循环，该技术是清洁高效的洁净煤发电技术，包括五大关键部件：气化炉、空分装置、燃气轮机、汽轮机、余热锅炉。其中，在气化炉方面，我国已经成功研发出具有自主知识产权的大型煤气化技术，而且也能制造满足大型煤气化要求的空分装置。此外汽轮机、余热锅炉也均可完全国产化。关键的技术瓶颈在于重型燃气轮机技术，在国家发改委的主导下，我国正在抓紧这方面的自主研制，力争在关键技术上实现突破，将燃气轮机技术完全国产化。

2. 大力开发可再生能源

可再生能源主要有七种。①水能。我国水能资源丰富，截至 2008 年年底，我国水电装机容量为 1.72 亿千瓦，居世界第一位，占全国发电装机总量的 20%。世界上装机容量最大的三峡水电站的建成，标志着我国水电勘测、设计、施工、安装和设备制造均达到国际先进水平。当前水电开发遇到的困难是移民安置和对环境产生的不良影响。我国生态环境脆弱，移民安置困难，这是今后水电发展最大的障碍。②风能。我国风能资源丰富，尽管起步晚，但是发展迅速，截至 2008 年年底，我国风电装机容量已达 10 000 兆瓦。但是风电技术涉及气象、地质、机械、力学、材料等多个学科，大型并网型风电机组的研制和大型风电场的建设在我国尚处于摸索起步期，兆瓦级风力发电机组技术几乎全部从国外进口。因此根据我国具体国情，消化吸收的同时开展自主研发，是我国掌握风电技术的必然选择。③太阳能。太阳能的利用方式主要有太阳能热发电、太阳能光伏发电及太阳能热水器等。目前我国比较成熟的技术有太阳能热水器和太阳能光伏发电。经过多年的发展，我国太阳能热水器产业已经形成较为完整的工业体系，成为太阳能热水器生产和使用大国，太阳能热利用正逐步从生活热水应用到采暖和空调转变。由于多晶硅材料生产取得重大进展，冲破了太阳能光伏发电技术原材料的瓶颈，为太阳能光伏发电技术奠定了基础。此外，我国已经兴建了一些太阳能热发电的示范工程项目，50 兆瓦的规模化槽式热发电的商业化运作目前也已列项招标，在某些关键技术上，尤其是太阳能集热聚能核心技术方面需要突破，如提高太阳能中高温光热转换效率、提高蒸汽参数等。④生物质能。我国生物质能主要的应用途径有固态生物质燃料、液态生物质燃料和气态生物质燃料。其中，固态生物质燃料利用形式有直接燃烧、压缩成型燃烧和生物质与煤混合燃烧；液态生物质燃料利用形式有燃料乙醇技术和生物柴油技术；气态生物质燃料利用形式有沼气和生物质气化制气。今后生物质发展的方向在于加快研发非粮类燃料乙醇生产技术，需要重点突破的技术在于高产菌株的获取、发酵工艺等。⑤地热能。我国已经建立了一套比较完整的地热勘探技术方法，地热的勘探、设计及施工技术已经成熟，相关设备已完全国产化。目前单机容量达 10 兆瓦的机组已投入商业化运行。但是地热利用过程中存在资源利用率低、回灌率严重偏低及开发布局不尽合理等问题，今后应该大力推广集约化新技术，提高利用效率；同时坚持开发与改造并举，优化布局。⑥海洋能。海洋能的利用形式主要有潮汐能、波浪能、海水热能、海洋温差热能、海水盐度差能等。目前我国已经建成了 3.2 兆瓦的潮汐能电站，中型潮汐电站水轮发电机组技术还没有完全解决，此外我国正在研发波浪能发电技术和海水热能发电技术。⑦氢能和燃料电池。电解水制氢是目前比较成熟的技术，但是耗电量大、成本高；烃类水蒸气重整制氢需要外部供热，能耗高；重油氧化制氢重整法所制得的氢纯度低，不利于能源的综合利用。因此传统的制氢法存在一系列的问题，氢能的大规模利用要求探索新型的经济实用的制氢方法。此外，我国燃料电池的研究取得较大进展，在质子交换膜方面达到国际水平，在固体氧化物燃料电池、熔融碳酸盐燃料电池方面也取得显著的进展，但是总体讲我国的燃料电池仍处于科研阶段，因此应加大力度，推进燃料电池发电技术的研发和应用工作。

3. 大力发展核电技术

我国通过引进消化吸收和自主创新，已经具备了 30 万～60 万千瓦压水堆核电站自主设计能力，基本上具备第二代百万千瓦级核电站设计能力，设备的自主化程度不断提高，当前正在引进消化吸收国际上先进的第三代核电技术——AP1000 技术，在引进的同时加大自主研发的能力。

4. 对 CO_2 进行捕集及封存

电厂 CO_2 的捕集技术主要有燃烧后脱碳技术、燃烧前脱碳技术、富氧燃烧及化学链燃烧技术；CO_2 的分离技术主要有吸收法、吸附法、膜分离法、水合物法。CO_2 的封存形式主要有 CO_2 以气态或超临界流态封存在岩石下、CO_2 溶解封存、残余气体封存、CO_2 与矿物质和有机物反应生成固态矿物质封存。上述的碳捕集与封存技术还处于初始研发阶段，距离大规模应用还会有比较长的时间。

（二）交通

交通领域的节能减排可以通过以下四种途径实现：① 提高车辆的燃料经济性。通过对发动机、传动装置、汽车外形的气动性能、辅机系统、空调和轮胎、车重等方面的技术革新，提高车辆的经济性。②推广混合动力车辆。当前主要的障碍在于混合燃料发动机的研制，其生产成本较传统发动机车辆高，因此大力研发混合动力发动机，降低生产成本将是今后的发展方向。③提高燃料利用效率。推广新型高效燃烧方式，如醇/油组合燃烧。④促进对车辆的废热回收利用，如废气能量、冷却液能量回收等。

（三）建筑

建筑围护结构节能和建筑暖通空调节能是实现建筑节能的有效途径。围护结构的节能技术包括窗体节能技术、屋顶与地板节能技术及墙体节能技术，通过有效的建筑结构可以实现建筑物的被动采暖和空调，从而实现最有效的节能；建筑暖通空调节能技术包括空调余热回收技术、热泵技术、冰蓄冷空调技术、变频调速技术及空调清洗技术等。上述的两种建筑节能方法在技术上不存在障碍，关键在于如何实施。

热泵可以利用较少的电能实现从环境中（大气、水、地源）获得自然热能，从而实现建筑物采暖和热水供应，拓宽了其空调制冷的应用途径，近年来欧盟和日本已经相继给予了热泵与可再生能源一样的地位。热泵在我国建筑供节能中意义重大。

太阳能建筑一体化也是建筑节能的主要方向。利用太阳能热能可以实现热水工业、采暖甚至空调制冷，随着太阳能光伏技术和市场的成熟，太阳能光伏技术将在建筑节能中逐步发挥作用。

（四）工业

目前，我国工业能耗无论是单位产值能耗还是单位产品能耗都与发达国家存在一定差距，因此节能的潜力很大。工业节能主要从管理上、技术上及结构调整上入手。常用的节能技术：余热回收利用与品位提升技术、热泵节能技术、热管节能技术、换热网络优化节能技术以及强化传热节能技术。结构调整节能主要通过调整产业规模结构、产业配置结构、产品结构等进行节能，逐步淘汰生产力低、能耗高的企业。太阳能中温热利用及光伏发电技术在工业节能领域具有显著意义。

总之，节能减排不仅节约能源，而且能减少对环境的污染，是我国建设资源节约型、环境友好型社会，贯彻落实科学发展观的必由之路。

二、化石能源领域

煤、石油和天然气等化石能源一直以来都是我国的主要能源资源。近年来，我国对煤、石油及天然气等化石能源领域的技术研发、引进及消化吸收，工业应用等方面予以充分重视，并取得了长足的进展。

（一）洁净煤能源利用与转换

近年来我国在煤炭加工与净化、燃烧、转化，以及污染物控制等关键技术装备及其系统方面取得了较大进展。在煤炭加工与净化技术方面，选煤设计能力得到大幅度提高，干法洗选、重介质旋流器、细粒煤分选等新型煤炭洗选技术得到开发和应用；水煤浆制备取得实质性进展，而动力配煤生产线及型煤技术也得到大力推广。

目前，我国燃煤发电技术及设备制造装备水平已接近世界先进水平，在超临界发电技术及超超临界发电技术方面，通过引进并吸收国外先进成熟技术，实现了我国超超临界技术的跨越式发展。同时，在煤粉燃烧技术上，国内研究机构及企业通过自主开发或引进消化吸收开发了多种形式的新型燃烧器，如先进煤粉燃烧器（高效、稳燃、低氮氧化物、多煤种适应性），防结渣、防高温腐蚀煤粉燃烧技术等。通过研究机构与锅炉厂的合作及在引进技术基础上消化吸收再开发等途径，目前我国已实现 330MWe 及以下容量的亚临界燃煤循环流化床锅炉的工业应用及推广，同时世界上首台 600MWe 燃煤超临界循环流化床锅炉也已经由东方锅炉厂完成自主设计并开始建设。同时，水煤浆燃烧技术也得到较快的发展，已自主开发并投运了世界上最大容量的 200MWe 级水煤浆电站锅炉。多年来，我国一直关注整体煤气化联合循环发电技术的发展，并针对相关技术开展了大量的研究开发工作。目前，国内首个整体煤气化联合循环发电项目已经由华能集团投资建设。增压流化床锅炉联合循环（PFBC）发电技术在我国已完成工业装置的示范运行，为下一步的增压流化床联合循环发电技术的应用及推广打下了基础。

粉尘、SO_2、氮氧化物乃至 CO_2 等燃煤污染物控制是煤炭利用技术的关键环节之一。目前我国燃煤火电厂在控制粉尘排放方面收到了较好的成效，火电厂的烟气粉尘排放浓度一般均能够满足国家排放标准。但是，现广泛装备的静电除尘设备均难以除去燃煤排烟中超细、超轻并易分散的粉尘。目前国内多家研究机构已针对燃煤过程超细颗粒的形成及脱除机理展开研究，并开发具有超细颗粒捕集能力的除尘技术或设备。除燃煤循环流化床锅炉常采用在石灰石炉内燃烧过程中脱除 SO_2 的控制技术外，烟气脱硫（FGD）是目前燃煤电厂常用的脱硫技术。我国的烟气脱硫技术在引进国外技术基础上，已进入消化吸收再创新阶段，总体上达到国外先进水平，但脱硫技术较为单一，石灰石-石膏法占在建和已建脱硫项目的 90％ 以上，而且脱硫副产物——石膏的处置及综合利用还需要引起足够重视。与此同时，半干法烟气脱硫技术在近期也已实现工业应用和推广。燃煤中氮氧化物的控制除了通过采用低氮氧化物燃烧技术外，选择性催化还原法（SCR）是我国现阶段燃煤电厂应用最多的氮氧化物脱除设备，而非选择性催化还原技术（SNCR）也有一定的应用。总体上，我国的烟气脱硝技术的研发和工程应用尚处于起步阶段，还需开展大量的研究开发及工业应用的工作。

我国在先进的煤炭利用及污染物控制技术方面的研究及开发工作也得到充分重视和发展。煤炭的高效近零排放多联产系统是煤炭利用技术的发展方向，基于完全煤气化技术的多联产系统已经实现示范运行，而煤炭热解燃烧分级利用技术也完成工业装置的示范运行，这为下一步实现煤炭高价值近零排放利用打下基础。煤炭利用过程中 CO_2 分离及捕集技术是下一步的重点发展方向，富氧燃烧技术、烟气 CO_2 吸收分离技术及具备 CO_2 分离富集能力的整体煤气化联合循环等技术将在工业中实践与验证。

（二）煤化工

随着社会经济的快速发展，国际油价的大幅波动、持续上扬，我国煤化工对发挥丰富的煤炭资源优势，补充国内油、气资源不足和满足对化工产品的需求，推动煤化工洁净电力联产的发展，保障能源安全，促进经济的可持续发展具有现实和长远的意义。新型煤化工在我国正面临新的发展机遇，并具有长远的发展前景。

煤炭焦化、煤气化、合成氨、化肥已成为我国占主要地位的煤化工业，并于近年来得到持续、快速发展；基于国内石油消费的增长和供需矛盾的突出，煤制油、甲醇制取烯烃等技术引进、开发和产业化建设速度加快，重点项目已经启动；结合当前煤化工业和未来发展新型煤基能源转化系统技术的需求，多联产系统及相关专属性技术研究已被列为《国家中长期科学和技术发展规划纲要（2006—2020年）》重点领域中的优先主题。我国在支撑这一主题的主要研究方向上已经取得了大量的研究成果，但还应该注意在以下研究方向进行原创性的研究工作：煤炭能源利用的循环经济型多联产，低碳产品合成技术与低碳排放过程，劣质煤利用和煤转化过程中污染物排放控制、治理和利用技术。

（三）清洁石油化工与能源转化利用

进入21世纪以来，我国石油化工与清洁能源转化利用技术的发展步伐明显加快。近年来，清洁燃料技术发展和应用十分迅速，新的清洁化生产过程不断替代传统工艺。例如，生产高辛烷值汽油调和组分的烷基化过程、离子液催化过程有替代氢氟酸工艺的趋势，天然气经绿色工艺生产聚碳酸酯工艺将逐步取代光气法工艺，生产有机玻璃原料甲基丙烯酸甲酯的丙酮氰醇法极有可能被碳四直接氧化法所替代等。

在石油化工领域，通过更加紧密的炼油化工一体化来协调生产、降低成本以实现经济效益最大化，是炼化业发展的主要趋势。目前，炼油化工一体化的方向可以体现在三个方面，即多产低碳烯烃、多产芳烃和多产化工轻油，使炼油厂、乙烯厂和芳烃厂紧密结合形成一体化。

加氢催化裂化装置目前已成为我国重要的原油二次加工装置和提供车用燃料的主要装置，催化裂化技术今后的发展方向是在提高重油转化能力的同时，降低产品硫含量和烯烃含量并提高目的产物收率。为了适应原油变重和油品轻质化的需要，提供更多的柴油和化工原料，延迟焦化技术向着装置大型化，原料多元化，低压、低循环比，提高收率，降低能耗，采用先进控制，提高操作灵活性的方向发展。同时，与渣油加工相关的渣油/石油焦气化和焦化-气化-汽电联产组合工艺将继续发展并得到广泛应用，也是未来炼厂的发展方向。

（四）燃油动力节约与洁净转换

我国年交通燃料的消耗总量位居世界第二，因此交通领域动力燃料的节能和清洁转换成为影响我国经济、社会可持续发展和环境保护的一个重要环节。我国内燃机技术近年来得到迅速发展，多种新型汽油机产品得到推广应用，如电喷汽油机取代了化油器，而缸内直喷汽油机也从分层燃烧缸内直喷汽油机发展到目前普遍采用的均匀混合气的缸内直喷汽油机。目前，具有低汽油机油耗和低氮氧化物排放的新型均质压燃（HCCI）燃烧方式得到了越来越多的重视。

柴油机在节能和减少 CO_2 排放方面具有更大的优势，目前，我国柴油车在汽车保有量中的比重为 23.7%，在轿车保有量中的比重仅为 0.2%，因此我国应大力发展柴油动力轿车。柴油机缸径小型化和性能指标强化是轿车用柴油机发展趋势，以实现轿车柴油机节能和低排放。目前，柴油机普遍采用直喷开式燃烧室，而高压共轨技术由于有效解决了低氮氧化物和炭烟相互制约的矛盾而在先进柴油机上得到普遍应用。柴油机均质压燃着火燃烧也是当前得到关注的技术，可以在提高柴油机热效率的前提下，同时避免氮氧化物和炭烟的生成，被认为是柴油机实现高效、低污染燃烧的新途径。柴油机排气后处理技术也得到迅速发展，后处理技术主要集中在降低氮氧化物和炭烟的排放量。

替代燃料是内燃机实现高效低污染的一个重要途径，国内在生物乙醇和生物柴油高效清洁燃烧方面已取得一定的进展。在二甲基醚、天然气、氢气、生物柴油、含氧燃料、甲醇等替代燃料基础理论和应用方面也取得较好的进展。

近年来，新型的研究手段和方法被应用于内燃机领域的研究中，如用发射光谱和平面激光诱导荧光（PLIF）技术、以激光/光学技术为主的燃烧诊断技术、粒子图像测速（PIV）技术、粒子跟踪测速（PTV）技术、激光多普勒（LDV）技术、原位光谱诊断法及先进的数值模拟等。这些先进的测试手段和研究方法的应用促进了内燃机燃烧机理的研究进展，从而也推动了内燃机技术的发展。

（五）天然气化工与能源利用

我国对天然气和合成气转化利用的研发及技术应用一直给予了充分的重视。在国家相关科技项目的支撑下，在天然气利用方面取得了一批具有独创性和自有知识产权的研究成果：由天然气和煤气化制得的合成气经甲醇和二甲醚制备低碳烯烃技术成功地实现了石油化工与天然气和煤化工的有机链接和转换，为实现不依赖石油的化工技术打下了基础；甲烷在催化剂作用下直接转变为重要化工原料芳烃和氢等研究创新了一种C—H键无氧活化的理论，开辟了一条由天然气制备化工原料和氢气原子的较为经济的途径；超临界方法用于甲醇合成的理论和过程；关于过氧物种激光诱导和甲烷部分氧化机理的普适性结论等。但由于国家科研投入相对偏低等，这些新技术在现阶段没有很好地得到工业应用，而我国大多将科技开发的重点放在近期能够产生效益的技术的产业化和国外引进技术的消化、吸收等方面。另外，为了弥补我国天然气资源的不足和解决煤炭资源运输压力，近年来利用煤炭制取天然气的技术得到越来越多的关注。

液化天然气技术涉及我国资源开采和利用的重要方面，也是国际能源布局的重要战略。大型天然气液化流程和设备等关键技术、系统设计和工程技术、液化天然气贮存及运输，以及冷能利用均是急需技术突破的重要领域。

三、可再生能源与新能源领域

自《中华人民共和国可再生能源法》颁布以来，我国已初步确立了可再生能源的政策支持框架，并出台了一系列配套政策和细则。积极寻找探索可再生的替代能源及其转化与利用的先进技术，在农业与农村用能、电力生产与应用领域、人居环境用能和能源储运等方面大力开发和运用可再生能源与节能技术，通过加强能源领域的基础研究，力争在10~15年内将可再生能源在一次性能源消费量中所占比重大幅度提高，是我国可再生能源与新能源领域发展的重要目标。

目前，我国的可再生能源转换利用与发电产业正蓬勃发展，2009年我国水电装机容量达1.97亿千瓦，位居世界第一。风电连续3年翻番增长，2009年装机容量突破2200万千瓦，位居世界第三。2009年太阳能热水器生产量超过3000万米^2，占全球产量的70%以上，太阳能集热器利用保有量则超过了1.5亿米^2，位居世界第一。2009年我国已经成为世界上太阳能光伏电池最大的生产国，光伏电池年产量约400万千瓦，占全球产量的40%。

就纯技术角度而言，新能源技术正在降低对化石能源的依赖，可再生能源与新能源领域新技术的转化应用日益广泛。

新一代核电技术大大提高了核电的安全性与经济性。目前核电技术已经发展到了第三、第四代技术。在三代基础之上，进一步增强了核电运行的安全性和经济性的三代半核电技术已经成熟。而目前已开始研究的第四代核电技术在安全性和经济性方面将进一步加强，意味着可以获得无限制的燃料的快中子增殖反应堆技术在国际上已经基本成熟。

风电技术的改进使对风能资源的利用更为有效。目前风机最大单机装机容量已经可以达到 5～6 兆瓦，其转子直径可以达到 126 米，并且其设备可靠性高。

多种转化技术的发展加大了对太阳能发电的利用。聚光型太阳能发电技术正在日益受到高度重视，槽式太阳能发电技术已经成熟，多个槽式太阳能电厂投入运营，其太阳能到热能的转化效率可以达到 60％，热能到电能转化效率为 12％。我国第一座 50 兆瓦槽式太阳能热发电商业电站于 2010 年启动招标，并将很快启动建设。

可再生能源和新能源（如核能、风能、太阳能、水能、地热能、潮汐能和海洋能等）技术的发展，可降低世界经济对传统化石能源的依赖，促进发展方式向低碳和近零排放转化。同时，在对传统能源的替代过程中，氢能技术将发挥重要的作用，具有广阔的发展空间。

四、电能领域

智能电网的研究在全世界也刚刚起步，我国也开始制定智能电网的发展框架，设计了 2008～2030 年"三步走"的行动计划，在 2008 年全面启动了以高级调度中心项目群为突破，以整合提升调度系统、建设数字化变电站、完善电网规划体系、建设企业统一信息平台为核心的研究工作。其中，华北电网有限公司建立了稳态、动态、暂态三位一体化的安全防御及全过程发电控制系统，中国电力科学研究院开发成功了电网在线运行可靠性评估、预警和决策支持系统平台，为新的智能化电网运行控制研究奠定了基础；在智能配网方面，开展了配网高级量测体系、高级配电运行、高级输电运行、高级资产管理的前瞻性研究；在用电信息采集系统、营销业务系统信息化建设方面也取得了突出成果。2009 年，国家电网公司公布了"坚强智能电网"的发展计划，为 2020 年全面建成统一的"坚强智能电网"制定了研究目标。

1. 可再生能源电力并网是智能电网要解决的主要问题

在可再生能源并网方面，中国工程院于 2005 年正式启动的"中国可再生能源发展战略研究"重大项目，提出风电功率与传统水电、火电基地发电的不同，以及风电并网点电压水平的控制方法，同时还分析了我国大型风电场并网的主要制约条件，以及如何应对风电的随机性对电力系统带来的负面影响。我国在实现风电场输出功率的有效预测、风电的发展规划和研究、电网和电源方面的协调互补方面也具备了一定的研究基础。但由于我国可再生能源分布与用电中心呈逆向分布，所以，在开发可再生能源、实施大规模开发风电和光伏发电并实现远距离输送等方面的基础研究和关键技术研究还不够，才刚刚起步。

2. 智能电力装备是智能电网的基础

智能电力装备涉及设备故障理论，故障的智能感知、智能分析、智能决策等方面。经过近30年的研究，我国在智能电力装备研究方面已经具有良好研究基础。在涉及电力装备潜伏性故障的理论方面，在电力变压器、气体绝缘组合电器（GIS）、电力电缆、发电机等电力设备的局部放电产生的潜伏性故障的发生、发展机理，以及特性方面取得了一定成果，对局部放电的物理模型、频谱特性、空间电荷的影响有了正确的认识，但还需要从微观、介观、宏观相结合角度进行深入研究。在涉及电力装备现场监测的信号提取方面，在设备局部放电的超高频传感、油中溶解多种微量气体的传感、微电流传感等方面取得了一定成绩，但在提高监测灵敏度、抗干扰能力和长期稳定性方面需要新原理、新技术的支持。在电力装备运行状态分析与故障诊断方面，开展了大量的数字信号处理和模式识别研究，具有良好的研究基础。目前在设备监测信息通信和网络化方面的研究尚未得到重视，需要今后深入研究。

3. 超导电力技术在未来电网的发展中具有重要的地位

自20世纪90年代以来，中国科学院电工研究所、清华大学等单位就开始了超导电力技术的应用基础研究。在高温超导带材的交流损耗和高温超导线圈的稳定性方面开展了比较系统的研究，形成了较为完善的理论体系，在低温高电压绝缘、超导电力装置的新原理、超导电力装置的动力学建模及其对电网稳定性影响等方面，也取得了初步的研究成果，特别是超导限流-储能集成具有自主知识产权。二硼化镁超导体的交流损耗、交流超导磁体的稳定性与多场耦合问题、超导磁体的疲劳效应等方面的研究，还有待于加强。在超导示范应用方面，形成了一系列具有自主知识产权的研究成果。中国科学院电工研究所先后研制成功75米三相高温超导电缆（10.5千伏/1.5千安）、三相高温超导限流器（10.5千伏/1.5千安）、三相高温超导变压器（630千伏安、10.5千伏/400伏）并投入配电网进行了较长时间的示范运行，世界首台1兆焦/500千伏安的高温超导储能系统研制成功并将投入电网示范运行，世界首套100千焦/25千伏安超导限流-储能系统样机研制成功并进行测试，目前正在研制380米、10千安的高温超导直流输电电缆。北京云电英纳超导电缆有限公司研制的30米长三相交流高温超导电缆（35千伏/2千安）和35千伏超导限流器也已投入实际配电网试验运行。清华大学研制成500千焦/150千伏安的超导储能系统并进行了实验。华中科技大学研制成35千焦/7千伏安的高温超导储能系统并用于动态模拟实验室进行科学研究。中国船舶重工集团公司712研究所研制成100千瓦的高温超导电动机并进行了实验，目前正在开发1兆瓦的高温超导电动机。

4. 电力电子技术是实现能量转换的基础

我国电力电子装置和器件的开发研究已有逾 50 年的历史，也取得了长足的进步。但功率器件主要仍停留在晶闸管、门极可关断晶闸管（GTO）、双极性晶体管（BJT）等老一代产品的水平上，在功率 MOSFET、绝缘栅双极晶体管（IGBT）、功率集成电路等新一代元件方面，近几年才开始有了初步的发展。长期以来，国外公司在绝缘栅双极晶体管技术方面对我国进行严密的封锁，目前国内只能设计和试制绝缘栅双极晶体管芯片，但技术水平为 NPT 型，电压等级目前能够达到 1700 伏。近年来，我国在碳化硅单晶晶圆材料方面的研究有了明显的进展，国内的研发机构拥有了一定的晶圆研发能力，研发成果已经转化成了 2～3 英寸[①]的碳化硅晶圆产品；我国对碳化硅外延材料进行了研究，为我国自主的碳化硅功率器件发展奠定了重要的基础。但是，总体上我国碳化硅功率器件和集成电路的研发基本空白，基于氮化镓的功率器件和集成电路的研究也刚刚起步。

5. 储能技术是高效利用可再生能源和实现智能电网的最关键技术

储能研究已经有 100 多年的历史，但是我国除蓄电池外，其他储能技术的研究与发达国家相比差距很大。目前国内研究机构以高校和研究所为主，在蓄电池、超级电容器、超导磁储能、惯性储能等方向开展研究；各种储能技术的大容量示范工程几乎没有；缺乏发展储能技术的国家规划；大规模抽水蓄能虽然已广泛使用，但是大型抽水蓄能机组主要依赖进口。由于国家投入力度和相关政策问题，储能系统的重视程度在近几年才有发展，国内相关研究机构和研究小组的建设还在起步阶段，近年虽已有长足发展，但要取得能适用于实际电力系统的成果，还需国家投入的进一步增加和相关政策的发布。

6. 特高压输电是实现大容量电力远距离输送的最有效手段之一

在特高压输变电系统研究领域，我国于 1986 年就将特高压输变电技术研究连续列入国家"七五"～"十五"科技攻关计划，"十一五"规划又将其列入国家科技支撑计划重大项目。2006 年国家核准建设晋东南-南阳-荆门 1000 千伏高压交流试验示范工程、云南-广东特高压正负 800 千伏直流示范工程、向家坝-上海特高压正负 800 千伏直流示范工程。依托特高压试验示范工程，我国系统地开展了特高压输变电技术研究。在系统分析、外绝缘特性、过电压与绝缘配合、电磁环境、工程设计、试验调试、运行维护等方面取得了一系列创新性成果，掌握了特高压输变电设备制造的核心技术并实现了关键设备的国产化，制定了

---

① 1 英寸＝0.0254 米。

一系列特高压输变电技术标准和规范，具备了规划、设计、制造、建设和运行特高压输变电工程的能力。研制出世界上单相容量最大的 1000 千伏/1000 兆伏安自耦变压器和 1100 千伏/320 兆伏安并联电抗器，世界上遮断容量最大的 1100 千伏开关设备及 1000 千伏瓷外套避雷器，用于变压器、电抗器和气体绝缘组合电器的 1100 千伏出线套管等特高压交流输变电成套设备。2009 年 1 月 6 日，我国晋东南-南阳-荆门 1000 千伏特高压交流试验示范工程投入商业化运营，标志着我国的特高压输变电技术达到国际领先水平。

五、气候变化领域

随着经济的持续高速发展和人民生活水平的不断提高，我国能源消费在相当长的时期内也将会保持较高的增长率，我国在 CO_2 排放方面正面临着日益增加的压力。1990 年，中国的 CO_2 排放量为 22.56 亿吨，占发展中国家排放量的 35%，占世界排放总量的 11%，但根据 IEA 最新统计数据，中国 2006 年能源消费为 18.78 亿吨标准油（26.84 亿吨标准煤），相应的 CO_2 排放量增加到 56 亿吨，是 1990 年的 2.5 倍，占世界总量（280 亿吨）的 20%。2030 年前后 CO_2 排放问题有可能成为我国经济增长的主要约束之一。

我国一贯重视气候变化问题并认真负责地应对：不仅签订并批准了《京都议定书》，而且在"十一五"规划中首次把温室气体控制排放作为国家目标。《国家中长期科学和技术发展规划纲要（2006—2020 年）》在先进能源技术重点研究领域提出了"开发高效、清洁和 CO_2 近零排放的化石能源开发利用技术"。近年来，我国更是大力加强节能、减排工作；2006 年 12 月，科学技术部（简称科技部）、中国科学院和中国气象局出版了《气候变化国家评估报告》；2007 年，颁布《中国应对气候变化国家方案》，明确了我国应对气候变化的基本原则、具体目标、重点领域及其政策措施，明确将碳捕集、利用与封存技术作为控制温室气体排放和减缓气候变化相关技术开发的重要任务，《中国应对气候变化国家方案》是发展中国家颁布的第一部应对气候变化的国家方案；2008 年，发布了《中国应对气候变化的政策与行动》白皮书，全面介绍了气候变化对中国的影响、中国减缓和适应气候变化的政策与行动，以及中国对此进行的体制机制建设。中国充分认识应对气候变化的重要性和紧迫性，愿与世界各国一道，努力实现全球可持续发展。

2009 年 9 月，胡锦涛主席在联合国气候变化峰会上表示：中国将进一步把应对气候变化纳入经济社会发展规划，并继续采取强有力的措施。这些措施包括四个方面：一是加强节能、提高能效的工作，争取到 2020 年单位 GDP CO_2 排放比 2005 年有显著下降；二是大力发展可再生能源和核能，争取到 2020 年非化石能源占一次能源消费比重达到 15％左右；三是大力增加森林碳汇，争取到 2020 年森林面积比 2005 年增加 4000 万公顷，森林蓄积量比 2005 年增加 13 亿米^3；四是大力发展绿色经济，积极发展低碳经济和循环经济，研发和推广气候友好技术。2009 年 11 月，中国确定控制温室气体排放的行动目标，到 2020 年单位 GDP CO_2 排放比 2005 年下降 40％～45％。作为约束性指标纳入"十二五"规划及其后的国民经济和社会发展中长期规划。

中国 CO_2 排放量主要来自煤电生产和物质生产部门终端能源消费。钢铁、水泥和电力行业的 CO_2 年排放量正以 15％的速度高速增长，石油、化工、汽车、有色冶金和建筑等行业的 CO_2 排放量也呈快速增长趋势，如不采取有效的减排措施加以抑制，我国 CO_2 排放量的高速增长将危及国家节能减排目标的实现。因此我国应在尽力争取实现现代化所必需的排放空间的同时，把应对气候变化作为我国可持续发展战略的重要内容，积极采取各种可行的温室气体减排和控制措施。

我国学者首次提出了能源转换利用与 CO_2 分离一体化原理，这一原理打破传统分离思路，强调在 CO_2 生成的源头，亦即化学能的释放、转换与利用过程中寻找低能耗甚至无能耗分离 CO_2 的突破口。无能耗并非意味着分离过程无须消耗能量，而是强调通过系统集成达到成分的分级转化与能量的梯级利用（尤其是燃料化学能利用潜力），提高系统能量利用水平，弥补由于分离 CO_2 带来的效率下降。一体化原理将燃料化学能的梯级利用潜力与降低 CO_2 分离能耗结合在一起，同时关注燃料化学能的转化与释放过程、污染物的生成与控制过程，通过基础理论研究与实验研究揭示能源转换系统中 CO_2 的形成、反应、迁移、转化机理，发现能源转化与温室气体控制的协调机制，进而提出能源环境相协调的系统集成创新。在能量转化与 CO_2 控制一体化原理的基础理论研究层面，分析了不同能源系统中的化学能梯级利用与 CO_2 分离能耗之间的关联规律，进而提出了能够表征化学能梯级利用与 CO_2 分离能耗之间关联关系的一体化准则。研究分析了典型煤基液体燃料/动力多联产系统中 CO_2 的形成、反应、迁移与转化规律，发现了多联产系统中的含碳组分富集现象，在机理研究与规律分析的基础上，提出了若干有发展前景的回收 CO_2 的新型能源系统，包括合成反应后分离 CO_2 的多联产系统，采用部分气化的内外燃煤一体化联合循环发电系统、零能耗分离 CO_2 的多功能能源系统（MES）等。其中，合成反应后分离 CO_2 的煤基甲醇-动力多联产系统在实现 70％以上 CO_2 减排的情况下，系统折合发电效率反而上升 2～4 个百分点，实现了能源系统中 CO_2 "负能耗"减排的突破。

在高碳能源利用的循环经济型多联产方面也开展了相关研究。首先是以煤气化为气头的多联产，研究重点是将煤多联产与整体煤气化联合循环发电技术进行集成耦合，如将整体煤气化联合循环系统与甲醇合成系统耦合，通过联产甲醇可以提高系统的负荷调节能力，同时改善整体煤气化联合循环电站的经济性。此外，开展了以煤气化和热解煤气为气头的多联产研究，将气化煤气富碳、焦炉煤气（热解煤气）富氢的特点相结合，采用创新的气化煤气与焦炉煤气共重整技术，进一步使气化煤气中的 CO_2 和焦炉煤气中的甲烷转化成合成气，既可以提高原料气的有效成分，调解氢碳比，又可以免除 CO 变换反应，实现 CO_2 减排，并降低能量损耗。得到了"双气头"多联产系统 CO_2 减排特性方程，定量描述了"双气头"系统生产过程的 CO_2 排放量，为方案设计和将其纳入"清洁发展机制"项目提供理论指导。

结合国际上能源化工与工业的技术需求和发展趋势，其无碳-低碳化研究前沿包括碳捕集分离溶剂和材料、碳捕集相关的数据测试技术、碳捕集设备强化技术、碳捕集过程模拟技术、碳捕集耦合新技术、碳捕集与原有工业集成新技术等。为了实现我国中长期的能源战略，今后 10 年应该加大能源化工与工业领域的无碳-低碳化基础理论、关键技术和重点发展领域的研究支持力度，尤其是围绕着碳捕集技术和工业系统集成的研究前沿开展深入系统的基础研究。

我国重点行业上下游产业集中化、园区化发展迅速。工业园区已经成为产业结构调整与区域经济发展的重要空间载体和主要发展模式。例如，在石化行业，引入了世界级大型化工区的一体化先进理念，通过对区内产品项目、公用辅助系统、物流传输、环境保护的整合，实现了资源利用最大化。园区万元产值能耗、CO_2 排放量仅为化工平均水平的 1/2 和 1/3。但我国现阶段工业系统园区发展模式总体上仍处于简单的企业内部资源循环利用与上下游产业延伸发展阶段，资源利用效能化、能量转化梯级化、企业组团规模化、土地使用集约化、产业配套生态化、污染治理协同化等园区化效益未能充分显现，资源浪费与环境污染依然严重，与国外同类工业园区所实现的碳减排效益差距巨大，迫切需要突破能量梯级利用、废弃物循环利用等低碳排放型循环经济工业系统集成技术。同时针对已形成的重点行业节能减排单元技术或节点技术，开展沿主体流程的集成化研究，建立面向大型企业全过程节能减排的集成技术也成为重要的研究前沿。

第四节　能源科学技术发展思路

一、能源科学技术的学科领域

能源是能量的源泉，能源既包括自然界广泛存在的化石能、核能、可再生能等，也包括由此转化而来的电能和氢能等。能源科学是研究能源在勘探、开采、输运、转化、存储和利用中的基本规律及其应用的科学；能源技术是根据能源科学研究结果，为能源工程提供设计方法和手段，确保工程目标的实现。由于能量合理、高效、洁净的使用过程与一些基本规律相关联，所以，建立在科学基础上的节能也是能源科学与技术研究的重要内容之一。

能源的可持续性与人类的进步和发展息息相关，随着我国经济建设和科技发展水平的不断提高，已经逐渐意识到必须依托一些宏观和微观的科学规律和方法，建立一门专门研究能源发展变化规律、合理高效转换理论和方法、与环境友好密切关联的能源科学。

能源科学的一个重要特点是与能源技术关系紧密，二者经常被结合在一起称为能源科学技术。能源科学技术是一个高度综合、具有很强学科交叉特点的研究领域，涉及的学科非常广泛，IEA（2008a）曾将部分关键能源技术涉及的相关学科归纳为地质学、地球物理、地球化学、材料科学、海洋科学、化学、纳米与分子科学、农学、电气化学等（表1-10）。由于能源科学发展的技术路线和能源消费行为等与决策部门的宏观导向密切相关，这一学科在一定意义上也包括一些管理科学、经济学和社会科学的内涵。因此，能源科学应从学科交叉、耦合、渗透的角度出发，重点研究能源技术中的共性科学问题，揭示能源利用过程中的一般规律。

表1-10 部分关键能源技术的相关学科基础

主要技术	科学学科
电力供应	
地热	地质学、地球物理、地球化学、材料科学
海上风能海洋能	海岸学、海事学、海洋科学
光伏	化学、物理、材料科学
超超临界汽轮	材料科学、纳米科学
电力系统	化学、纳米科学
工业	
化学、石油化工 在基本材料生产流程中的工艺创新	农学、生物化学
建筑和家电	
发光二极管	化学、纳米科学
交叉领域	
生物和第二代生物燃料	基因学、环境科学
制氢	化学、生物化学、电化学、纳米和分子科学
氢储存	化学、生物化学、材料科学
轻质材料	化学、材料科学
碳捕集与封存	地质学
燃料电池和工业电解工艺	电化学、化学、材料科学

资料来源：（IEA，2008a）。

本报告集中阐述节能减排与提高能效，化石能源的转换利用，可再生能源与新能源，电能转换、输配、储存及利用，温室气体控制与无碳-低碳系统等领域中的基本内涵、定位、发展现状与趋势，并提出未来 10 年能源科学与技术的重点发展方向与相关建议。

能源科技还包括能源勘探开发技术、人文社会系统层面节能等内容，由于篇幅有限及学科限制，本报告没有涉及以上内容。

二、指导思想与发展目标

能源科学与技术在社会需求的强烈带动下快速发展，当前及未来几十年是我国经济社会发展的重要战略机遇期，也是能源科学技术发展的重要战略机遇期。能源科学技术发展要立足我国能源科学的现有基础与条件，着眼于能力建设和长远发展，通过基础科学的发展推动能源科学与技术的快速发展。

我国能源科学发展的指导思想是：从支撑国家可持续发展的高度出发，紧密结合我国能源资源特点和需求，关注全球气候变化，立足能源科学与能源技术的学科基础，丰富和发展能源科学的内涵，加强基础研究与人才培养，构筑面向未来的能源科学学科体系，形成布局合理的基础研究队伍，为我国社会、经济、环境的和谐发展提供能源科学技术的支撑。

我国能源科学技术发展的总体目标是：到 2020 年，突破能源科学与技术中的若干基础科学问题和关键技术，建立一支高水平的研究队伍，使我国能源科技自主创新能力显著增强，形成比较完善的能源科学体系。

为达成目标需要做好如下工作。①推进基础理论和技术应用的衔接，加强技术竞争力和制造业的协同发展，促进全社会能源科技资源的高效配置和综合集成。②加强人才队伍、科技平台及大科学装置的建设，保障科技投入的稳定增长，使能源科技保障经济社会发展和国家安全的能力显著增强，能源基础科学和前沿技术研究综合实力显著增强，能源开发、节能技术和清洁能源技术取得突破，赶上并在某些领域超过世界能源科技先进水平，促进能源结构优化，主要工业产品单位能耗指标达到或接近世界先进水平，进入能源科技先进型国家行列。

从现在开始到 2020 年，力争在我国能源科学技术的若干重要方面实现以下七个方面的目标。

1. 节能减排

坚持节能优先，降低能耗：攻克主要耗能领域的节能关键技术，大力提高一次能源利用效率和终端用能效率；重点研究开发电力、冶金、化工等流程工业，建筑业和交通运输业等主要高耗能领域的节能技术与装备，机电产品节能技术，高效节能、长寿命的半导体照明产品，能源梯级综合利用技术等。

2. 煤的清洁高效综合利用

大力发展煤炭清洁、高效、安全开发和利用技术，并力争达到国际先进水平：重点研究开发煤炭高效开采技术及配套装备、重型燃气轮机、整体煤气化联合循环、高参数超超临界机组、超临界大型循环流化床等高效发电技术与装备，大力开发煤液化，以及煤气化、煤化工等转化技术，以煤气化为基础的多联产系统技术，燃煤污染物综合控制和利用的技术与装备等。力争在 2020 年，突破新型煤炭高效清洁利用技术，初步形成煤基能源与化工的技术体系。

3. 可再生能源低成本规模化开发利用

风能、太阳能、生物质能等可再生能源技术取得突破并实现规模化应用：①重点研究开发大型风力发电设备，沿海与陆地风电场和西部风能资源密集区建设技术与装备，高性价比太阳光伏电池及利用技术，太阳能热发电技术，太阳能建筑一体化技术及其应用，生物质能和地热能等开发利用技术。②推动技术进步以克服可再生能源利用技术面临的规模化与经济性等障碍。力争在 2020 年突破太阳能热发电和光伏发电技术、风力发电技术，初步形成以可再生能源为主要能源的技术体系和能源制造业体系；力争在 2035 年突破生物质液体燃料技术并形成规模商业化应用。

4. 超大规模输配电和电网安全保障

提高能源区域优化配置的技术能力：重点开发安全可靠的先进电力输配技术，实现大容量、远距离、高效率的电力输配；重点研究开发大容量远距离直流输电技术和特高压交流输电技术与装备，间歇式电源并网及输配技术，电能质量监测与控制技术，大规模互联电网的安全保障技术，西电东输工程中的重大关键技术，电网调度自动化技术，高效配电和供电管理信息技术和系统。力争在 2020 年充分开发远距离超高压交/直流输电网技术；力争在 2035 年突破大容量、低损失电力输送技术，分散、不稳定的可再生能源发电并网，以及分布式电网技术，电力装备安全技术和电网安全新技术比重将达到 90%，初步形成以太阳能光伏技术、风能技术等为主的分布式、独立微网的新型电力系统。

5. 核能开发与利用

发展高效、安全、洁净的核裂变能技术，加强以快堆和钍资源利用为核心的先进核能系统与核燃料循环的研究开发与产业化，提高核反应堆安全性，发展快堆技术，进一步加大对核聚变能的基础科学研究。力争在 2020 年突破新一代核电技术和核废料处理技术（ADS），为形成有中国特色的核电工业提供科技支撑。

6. 研发碳捕集与封存技术

加大对燃烧前、燃烧后和富氧燃烧技术的研发力度，提高碳捕集与封存技术经济性；开拓化学链燃烧的先进联合循环系统等低能耗碳捕集的革新技术；启动 CO_2 封存技术的科学研究。

7. 能源科学交叉前沿研究

重视能源科学前沿理论探索及技术研发，包括节能减排的新理论和方法，可再生能源利用的新观念、新方式、新技术，以及氢能源体系、燃料电池实用化分布式电站等技术的基础科学研究。力争在 2050 年对天然气水合物开发与利用技术、氢能利用技术、燃料电池汽车技术、深层地热工程化技术、海上风能与海洋能联合发电技术等取得突破。

三、能源科学发展重点的遴选原则

为实现能源科学的发展目标，应该将系统布局和重点发展有效结合。重点发展领域的遴选应该遵循以下六个原则。

1）加强基础研究。能源科学研发周期长，任何能源科学技术的突破都是长期积累的结果，因此，基础性、前瞻性的布局更加重要。离开了基础科学的发展，就不可能有积累和创新，也就不可能改变被动跟踪的技术现状。因此，只有加强基础研究和应用基础研究，才能构筑强大的学科基础，增强创新能力，逐步实现能源科技进步和跨越式发展，缩短与发达国家的差距，并在某些领域实现突破和技术领先。

2）持续支持创新性高风险的研究。只要是创新的研究就具有不确定性，重点发展的领域应该向新的有风险的方向倾斜，鼓励创新，允许失败，营造勇攀能源科技高峰的氛围，使得少数创新的研究成果脱颖而出。

3）始终保持系统布局。能源科学的综合性和交叉性特点要求各学科领域的协调发展，在重要的学科领域不能有空白，因此我们应该始终将系统布局作为一项工作目标，在一些欠发达的领域要保证持续的支持和有计划的扶持。

4）把能力建设作为重中之重。基础研究能力是创新的基础，而人才、设施条件和机制体制是能力的载体。我们应该注重能源专业人才梯队的建设，培育集中的设备领先的能源科学重大研究设施和研究中心，建设开放共享的管理机制，切实提高能源科学技术的研究能力。

5）鼓励面向应用的集成研究。能源基础研究成果的转化也体现出很强的综合性，因此要提高集成创新的能力，鼓励面向应用的交叉研究，促进能源科学研究成果尽快地应用于生产实践，促进技术装备的进步和工艺水平的提高。

6）注重扶持具有特色的研究。对一些具有地域特点、资源特点的研究要注意扶持；对于与特定条件密切相关的分布式能源利用、转化、传输的研究，应该重点支持；稳定队伍，争取在一些特色方向上有所创新。

◇ 参 考 文 献 ◇

崔民选.2009.中国能源发展报告 2009.北京：社会科学文献出版社

范英，朱磊，张晓兵.2010.碳捕获和封存技术认知、政策现状与减排潜力分析.气候变化研究进展，6（5）：362～369

国家统计局.2010.2009 年国民经济和社会发展统计公报.http：//www. stats. gov. cn/tjgb/ndtjgb/qgndtjgb/t20100225 _ 402622945. htm ［2010-05-23］

国家统计局.2006. 中国经济景气统计月报.http：//www. stats. gov. cn/tjshujia/zgjjjqyb/［2010-05-23］

国家统计局能源统计司.2008.中国能源统计年鉴 2008.北京：中国统计出版社

国土资源部.2009.全国矿产资源规划（2008～2015 年）.http：//www. mlr. gov. cn/xwdt/zytz/200901/t20090107 _ 113776. htm ［2010-05-15］

国务院新闻办公室.2008.“中国应对气候变化的政策与行动”白皮书 .http：//news. xinhuanet. com/newscenter/2008-10/28/content _ 10271693. htm ［2010-05-25］

田书华.2008.2008 年煤炭市场的分析.中国煤炭市场网. http： // www. cctd. com. cn ［2010-04-20］

王毅.2009.2009 中国可持续发展战略报告.北京：科学出版社

魏一鸣，范英，韩智勇，等.2006.中国能源报告（2006）：战略与政策研究.北京：科学出版社

魏一鸣，刘兰翠，范英，等.2008.中国能源报告（2008）：碳排放研究.北京：科学出版社

徐华清，等.2006.中国能源环境发展报告.北京：中国环境科学出版社

张军，李小春.2008.国际能源战略与新能源技术进展.北京：科学出版社

中国科学技术协会.2008.2007～2008 能源科学技术学科发展报告.北京：中国科学技术出版社

中国能源发展战略与政策研究课题组.2004.中国能源发展战略与政策研究.北京：经济科学出版社

中国社会科学院工业经济研究所.2007.中国工业发展报告.北京：经济管理出版社

BTM Consult ApS.2008. International wind energy development：world market update 2007. BTM consult ApS，denmark. www. btm. dk［2010-05-23］

Bhuyan G S，Brito-Melo A. 2007. The strategy for the next five years：the international energy agency's ocean energy systems（IEA-OES）implementing agreement. Proceedings of the 7th European Wave and Tidal Energy Conference，Porto，Portugal

IAEA. 2008. Power reactor information system database. IAEA，Vienna. www. iaea. org/ programmes/a2/ [2010-05-23]

IAEA. 2007. Status of small reactor designs without on-site refuelling. TECDOC 1536. IAEA，Vienna

IEA. 2009. CO$_2$ Emissions from fuel combustion. OECD/IEA

IEA. 2008a. Energy technology perspectives 2008：scenarios and strategies to 2050. OECD/IEA

IEA. 2007. world energy outlook 2007. OECD/IEA

IAEA. 2005. Innovative small and medium sized reactors：design features，safety，approaches and R&D trends. TECDOC 1451. IAEA，Vienna

IEA. 2008b. Deploying renewables：principles for effective policies. OECD/IEA

IPCC. 2005. Carbon Dioxide Capture and Storage. Cambridge University Press

IPCC. 2007. Climate Change 2007：the Physical Science Basis. Cambridge University Press

Malcolm W. 2009. Energy security：a national challenge in a changing world

Vattenfall. 2007. Global mapping of greenhouse gas abatement opportunities up to 2050：power sector deep-dive. Vattenfall，Stockholm

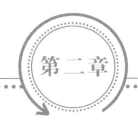

第二章

节能减排，提高能效

第一节　节能减排科技发展概述

节能减排，狭义上是指节约能源和减少环境有害物排放，广义上是指节约物质和能量资源，减少废弃物和环境有害物（包括三废和噪声）排放，科学合理用能。在一定意义上，节能减排也属于一种无形的能源形式，蕴藏着巨大能源潜力，直接关系着人类可持续发展，是目前国际社会呼声最高和最受关注的焦点问题。一方面，能源枯竭与分布不均、非科学利用等问题制约着社会和经济的发展；另一方面，以 CO_2 为典型代表的温室气体引起全球变暖，将给人类社会带来灾难性后果。因此，大力推广节能减排是实现全球可持续发展的根本途径。

回顾我国节能减排的科技发展历程（20 世纪 80 年代末至今），在能源科学家的积极倡导和推进作用下，我国在能源结构、规模及需求方面通过制定和发展了更符合我国基本国情的科研战略和规划，先后在能源梯级利用、洁净煤行动计划、科学用能、总量控制、低碳能源、分布式能源、温室气体减排等方面提出一系列新的方法和技术。为思考未来 10 年节能减排技术的基础性、前瞻性、交叉性的科学问题奠定了基础。

节能减排直接关系到我国经济社会的可持续发展及人民群众的切身利益。一方面，由于前期单纯追求 GDP 的高增长，我国高耗能高污染行业增长过快，当前节能减排面临的形势相当严峻。另一方面，我国单位 GDP 能耗的指标居高不下，由于能源过度不合理利用和没有严格的环境保护措施，工业生产过程中排出的废气、废渣、废水量相当大，所以迫切需要新技术和方案的介入，来实现经济社会的持续、稳定、和谐发展。"十一五"期间，国务院确定的节能减排约束性指标要求单位 GDP 能耗年平均降幅达到 4%～5%，同时需要承担国际上温室气体减排的责任。近期，美国拟对进口产品实施增收"碳税"的贸易保护措施，对我国节能减排和经济结构调整提出了更加迫切的要求。

分析目前有关节能减排的文献和 28 个行业[①]节能减排研究报告（南京市环境保护科学研究院，2008），可以得出如下四方面的结论：①各行业专门性问题的讨论和分析较透彻；②对能源节能的宏观分析内容较多；③对法规和政策介绍比较全，统计数据和归类总结比较多；④对新技术展望和远景规划期盼较迫切。但内容缺乏对节能减排基础科学研究问题的详细分析。目前，全球范围的经济危机对我国提出了新的挑战，依靠科学技术转变经济发展方式，实现我国中长期的可持续发展目标与节能减排的关联已成为共识。因此，必须增强科技自主创新能力和实力，在认识和发现科学规律的基础上，全面思考相关的基础性科学问题，为进一步解决节能减排实施过程中的问题提供强有力的科技支撑和奠定扎实的基础，这也是时代赋予广大能源科技工作者的历史使命和责任。

2009 年 4 月，美国总统奥巴马在美国国家科学院年会上发表了关于能源科技研究部署的演讲，阐述了基础研究、应用研究和教育计划的关系。在建立清洁能源经济、石油依赖度和 CO_2 减排方面宣布了：①成立能源高级研究计划局（ARPA-E）；②支持 46 个能源前沿中心研究计划；③培养新一代清洁能源创新人才。讲话具有如下特点：①鼓励高风险、高回报技术的研究；②以前沿性研究与基础性研究为主；③集中尖端科学家和工程师解决有引领性作用的科研问题；④科学问题主要集中在可再生能源、碳中性能源、能源效率、储能技术和学科交叉等方面；⑤人才培养方面十分注重能源交叉性学科的设置。在英国能源体系 2050 年远景分析和日本 2009 年能源技术战略路线图的报告中也反映出其对基础性和前瞻性研究的重视程度。与此同时，在 Elsevier Science Direct 数据库的 164 篇和 SCI（2000～2009 年）数据库 26 篇节能减排综述性论文检索分析的基础上，我们发现如下特点：①学科跨度大，基本囊括了能源链的所有过程；每一步都有节能空间可以挖掘；②系统用能体系优化措施分析和能量梯级利用的分析内容较丰富；③建筑节能和采光节能分析的内容较多；④节能与温室气体减排综合分析的内容较多。

自 2009 年 12 月哥本哈根联合国气候变化大会结束以来，《联合国气候变化框架公约》秘书处已收到 55 个国家递交的到 2020 年温室气体减排和控制承诺，这些国家温室气体总排放量占目前人类总排放量的 78%。其中美国承诺 2020 年温室气体比 2005 年减排 17%，欧盟在 1990 年基础上减排 20%，日本在 1990 年基础上减排 25%，俄罗斯较 1990 年降低 30%，印度比 2005 年减排 24%。在哥本哈根世界气候大会上，国务院总理温家宝发表了题为《凝聚共识，加强合作，推进应对气候变化历史进程》的重要讲话，全面阐述中国政府应对气候变化问

---

① 28 个行业为工程机械、化学制药、中药、医药、发电机、啤酒、建筑、新型建材、有色金属、水泥、汽车、焦炭、玻璃、电力、电网建设、白酒、纺织、船舶、造纸、钢铁、铅、铜、铝、锅炉、锌、陶瓷等行业。

题的立场、主张和举措，提出了到 2020 年单位 GDP CO_2 排放比 2005 年下降 40％～45％的减排目标。中国有 13 亿人口，人均 GDP 刚刚超过 3000 美元，按照联合国标准，还有 1.5 亿人生活在贫困线以下，发展经济、改善民生的任务十分艰巨。同时，中国正处在工业化、城镇化快速发展的关键阶段，能源结构以煤为主，降低排放存在特殊困难。在如此长时间内这样大规模降低 CO_2 排放，需要付出艰苦卓绝的努力。结合国内现状可以看到，如果不将大幅度降低温室气体的任务和指标与我国节能减排的基础性科学问题的认识和探索联系起来，是不可能实现上述目标的。

目前，国际上将全球气候变暖的主要原因归结为矿物燃料的使用，在近期乃至更长远时期内，寻找替代能源方面的努力还将继续。全世界都意识到温室气体一旦无约束地排放下去，则全球温度攀升、冰川融化加速、海平面上升趋势不可抑制、全球环境质量接近人类生存底线、气候变化无常等颠覆人类基本生存空间和条件等的现实将残酷地等待着我们。因此，节能减排是世界范围内面临的客观现实，已经引起全人类共同关注。客观地看，人类依靠化石能源提供支撑的现状还将持续很长一段时间。如果在能源使用方面不寻找新的出路并结合合理、高效、低污染的化石能源使用，全球范围温度一旦攀升到 37.5℃，则人类在地球上的生存条件就被人类自己破坏了。全球范围的有关科学家都在潜心探索。丹麦哥本哈根共识中心最近提出了一个很有原创性的方案，即在海洋上航行一支由 1900 艘船组成的"造云船"舰队，通过人为制造云层，反射掉 1％～2％的阳光以防止海洋温度升高。据估计足以抵消 CO_2 排放造成的温室效应，预算结果显示：25 年内"造云船"舰队测试与运行成本与目前全球主要国家计划用来减少 CO_2 排放的资金相比，近似可以忽略不计。该项研究启发我们，应积极探索和利用新型、非常规的节能减排措施。

节能减排覆盖的领域和范围几乎囊括了与人类活动相关的各个方面，依据目前通常的划分习惯，主要包括五个方面：①高能耗行业（冶金、化工、开矿、钢铁制造等）；②基础性工业（发电、管道输送、制药、造纸、玻璃、烟酒生产、水泥、陶瓷生产、轻工业等）；③建造业（建材生产和使用、建筑结构设计与规模规划、供电、供水、供气、空调、采暖、居民废弃物处理等）；④交通运输（陆运、水运、空运等）；⑤新型工业与生活基础（太阳能电池生产、燃料电池生产、新型储能装置、家用电器、计算机等）。可见节能减排问题涉及的领域和学科众多，几乎囊括了能源利用的所有空间和与其相关联学科的边界，从能源制备、能源输运和传递、能源转换、能源储备、能源动力、能源利用终结排放等各方面看，各节点都有节能技术发挥的空间，节能减排问题是一个跨学科、跨领域、交叉性很强的问题。因此，如果给节能下一个定义，可以称得上是"第五种能源"。

由于我国仍处在发展阶段，具有较大的市场潜力，国际上几家跨国公司均瞄准中国，先后独资或者合资成立了研发基地。例如，美国通用电气公司（GE）在上海成立了能源技术研发中心，BP与我国一些科研院所成立共同研发体，德国曼透平（MAN）公司在我国成立众多形式的共同体，丹麦风力机械试图垄断我国风力发电市场。美国GE、德国西门子、日本三菱分别与哈汽、上汽、东汽组建了外方控股的合资公司，并开始形成产业链，但这些产业链的高端核心技术不向中国转让。可见，我国尚未形成与本学科密切相关的具有自主知识产权的核心技术，既亟待开展基础性科学研究，又需兼顾高新尖端技术的研发。但是，基础研究是高新技术研发的基石，是国家发展的战略需求。

20世纪50年代末，吴仲华先生全面分析了气动力学、燃烧学、热力学、传热学之间的内在联系及未来发展趋势，提出了工程热物理这一新学科的概念，他所提出的叶轮机械三元流通用理论和"温度对口，梯级利用"的高效利用能原则一直引领着本学科的发展，在国际学术舞台上占据重要地位。但客观地说，目前我们在国际上一些方面已失去了领先的优势，未来怎样使我们在该领域的研究能够取得领先地位甚至发挥引领作用，是很值得我们去思考的问题。

"十一五"期间，通过本领域众多科学家的不懈努力和深入交流，在以下三方面形成了一定共识：①学科体系、研究范围和任务；②战略地位、国内外发展现状和趋势；③发展战略目标及重点研究领域。时隔5年，在总结和继承现有研究成果的基础上，为今后节能减排工作的统一部署和统筹安排，特制订下一阶段的基础性科学研究计划和指南，以期高屋建瓴，起到指导作用。未来10年节能减排基础性科学研究内容的建议，将充分考虑科学研究的基础性、前瞻性、挑战性、交叉性、引领性、共同性、同步性和需求性要求。研究重点应该放在：①节能领域共性科学问题的提炼和分析；②建立在能流、物流、能量梯级利用前提下的能源系统的优化理论和优化技术；③建立在新热力循环概念和各类不平衡势利用下的新途径研究和探索；④能源学科与其他学科交叉、渗透、兼容内涵的研究；⑤挖掘现有各类装置节能空间的技术途径。

科学研究的历程是艰辛漫长的，基础科学研究引军人物是十分关键的。在本领域未来的基础科学计划中，需要对年轻的科学家给予倾斜支持，尤其是对那些从事高风险、高回报、挑战传统理论体系、创新内涵显著的工作的年轻人要有持续性支持。从这个意义上看，基础研究面向人才培养和人才储备是本领域持续发展的客观需要。

综上所述，本研究领域未来10年的规划应该围绕学科建设、战略分析和战略目标、重点研究领域3个主题展开，基本原则是：①基础性与前瞻性兼顾的研究；②交叉性与共融性兼顾的研究；③在国际学术舞台上有引领雏形的研究；④挑战传统理论和概念的研究。

本章重点探索节能减排中的基础性和前瞻性问题，对形成核心关键技术前需解决的科学问题进行剖析。主要内容包括四个方面：①高耗能工业领域的节能减排；②建筑节能；③交通运输节能；④电器与照明节能。

第二节 高能耗及工业领域的节能减排

一、基本范畴、内涵和战略地位

工业，指从自然界获得物质资源和对原材料进行加工、再加工的社会物质生产部门，是社会分工发展的产物。工业过程一般经历手工业、机器大工业和现代工业 3 个发展阶段（图 2-1），目前处于以微电子技术为中心，包括生物工程、光导纤维、新能源、新材料和机器人等新兴技术和工业蓬勃发展的现代工业阶段。工业决定着国民经济现代化的速度、规模和水平，在国民经济中起着主导作用，并因此推动着全球的社会进步。一方面，工业为包括自身在内的国民经济各部门提供原材料、燃料和动力，为人民物质文化生活提供工业消费品；另一方面，它还是国家财政收入的主要源泉，是国家经济自主、政治独立和国防现代化的根本保证。

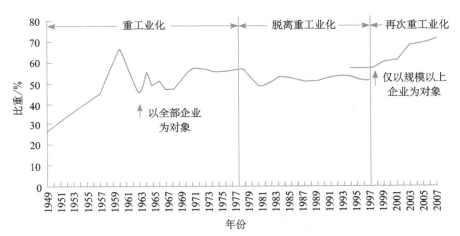

图 2-1　中国的重工业比重的变化

注：重工业比重＝重工业生产/工业生产。

根据产品性质的不同，通常将工业分为轻工业、重工业和化学工业三大部分，并将重工业和化学工业合并为重化工业，与轻工业相对。轻工业指主要提供生活消费品和制作手工工具的工业。重工业则指为国民经济各部门提供物质技术基础的主要生产资料的工业，是以能源原材料工业为基础，以高档耐用消费品、装备制造业、电子及电器工业、化学工业为主体的产业体系，包括冶金、机械、能源（电力、石油、煤炭、天然气等）、化学、建筑材料等行业。近年重工业迅速增长，再次成为经济增长的引擎。重工业在工业生产中所占比重（规模以上企业），从1998年的57.1%上升至2008年的71.1%（图2-1）。对于志在发展经济的中国来说，重工业化也是必由之路，这一阶段已经到来。从2008年的统计报告来看，当前我国工业中的高能耗行业的投资增长仍然比较快，钢铁、冶金、石油、化工、建材、电力等行业的主要高耗能产品的增加值都在20%以上，虽然这些行业在整个工业增加值中的份额只有20%多，却占整个工业能耗的近70%。可见在我国的能源消费结构中，高能耗行业消耗了能源消费总量的近50%。

从世界范围看，石油、煤炭和天然气作为主要的一次消费能源，所占比重分别为34.4%、24.4%和21.2%（图2-2）。美国能源信息署（Energy Information Administration，EIA）在《2008年国际能源展望》报告中指出：虽然可再生能源持续发展，但世界对化石能源的依赖仍将长期存在，在2030年以前可再生能源竞争力仍不及化石能源。《BP世界能源统计2006》的数据表明，以目前的开采速度，全球石油储量可供生产40年，天然气和煤炭则分别可以供应65年和162年。从中国国内情况来看，一次能源消费中煤炭、石油和天然气所占比重分别为67.7%、22.7%和2.6%。其中，煤炭作为主要的一次消费能源，占全球煤炭的36.9%，大部分产自中国本土。预计到2020年，煤炭、石油和天然气占能源消费总量的比重分别为54%、27%和9.8%，可见在今后相当长一段时期内，我国能源结构以煤炭为主的格局将不会改变。2009年国家发改委颁布数据，石油进口量占总消耗量的51.3%。社科院预测到2020年，进口量将占消耗总量的64.5%。而目前我国人均能源可采储量中，石油、天然气、煤炭仅为世界平均值的10%、5%和57%。

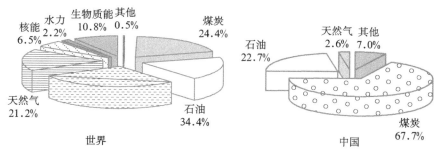

图2-2　一次能源总供应中各类能源所占比重

目前，我国工业能耗占全国总能耗的 70％以上，而美国的工业能耗占全国总能耗的比重不到 20％，日本则不到 30％。据测算，重工业每单位产出能耗约为轻工业能耗的 4 倍，重工业的快速增长，特别是高能耗行业的快速发展势必带来能源消耗速度的加快。能源缺乏将成为制约中国经济社会发展的主要瓶颈。化石能源的大量利用还会产生大量环境污染物，主要有悬浮颗粒物、氮氧化物、硫氧化物、碳氧化物和烃类物质等，从而成为大气污染的主要源头，直接后果是酸雨、温室效应和臭氧层破坏。目前，世界上最严重的大气污染来自化石能源燃烧生成的 CO_2，大气中 CO_2 含量的不断增加将会引起全球气候变暖。与此同时，工业发展所带来的水体污染和噪声污染问题也日益严峻，并呈现愈演愈烈之势，不断发生的沿江沿海地区藻类过度繁殖和附近居民中毒现象给我们以极大警醒。随着我国经济的快速发展，能源不足与生态恶化的矛盾日益突出，迫使我们必须走节约能源、保护环境的道路。当前，以钢铁、电力、冶金和化工为代表的工业部门是耗能大户，同时也是排污大户，因而成为当前节能减排的主要和重点行业。

当前，我国工业节能减排工作已取得一定成效，但我国能源利用效率普遍较低，与国外相比差距较大。此外，能源利用中间环节损失量大、浪费严重。无论是横向与国外先进水平比，还是从自身纵向发展看，我国高耗能行业节能潜力巨大，但同时也面临严峻挑战，其中最主要的原因是高能耗、高排放工业正以粗放式增长模式进行大规模低水平快速扩张，高耗能产品大量出口，工业技术设备较落后，节能技术进步缓慢，钢铁、化工、电力、冶金等高能耗行业产业结构重型化的格局没有得到根本改变，不仅增加了节能减排的压力，也加大了宏观调控的难度，最终使得工业生产表现出高资本投入、高资源消耗、高污染排放和低效率产出四大特征。

而这些高能耗行业仍是我国国民经济的重要支柱产业，在 GDP 和工业总产值中占有非常大的比重，是我国经济快速稳定发展的重要支撑，而且在较长一段时间内并不会改变。我国正面临着资源日益短缺、高消耗、高污染的严峻挑战。自 2006 年以来，全国上下加强节能减排工作，国务院发布加强节能工作的决定，制定了促进节能减排的一系列政策措施，各地区、各部门相继做出了工作部署，节能减排工作取得了积极进展。

目前，煤炭作为主要的一次消费能源，其清洁利用仍将是工业节能减排的重要任务之一，是我国节能减排目标能否实现的关键。与此同时，伴随化石能源需求量的增加，急需实施强制性减排措施，积极应对全球温室气体和其他污染物排放。为积极参与限制温室气体排放、抑制全球变暖的国际行动，我国于 1998 年 5 月签署并于 2002 年 8 月核准了《京都议定书》的内容。

分析我国节能减排针对的主要对象，由于相当长一段时期内我国能源结构以煤为主的格局不会改变，所以煤的清洁利用是我国节能减排目标能否实现的关键。依靠基础科学研究成果的积累，并将其与关键技术攻克相结合，对我国火力发电为主的装置（超/超超临界技术、燃气轮机技术）进行改造、升级，并在创新热力循环理论的支持下，形成新的能源动力技术是能源动力技术研究的主攻目标。因此，以节能减排为目标，在高效、低污染、洁净能源动力装置方面需解决的基础性科学问题仍是未来10年的主要研究内容之一。

当前，良好的国内和国际形势为我们走先进的工业化道路提供了优越的条件和环境，我们应该在借鉴国际发达国家先进经验的基础上，结合本国国情，通过调整经济结构、完善工业节能减排的体制和机制，积极推进工业节能减排技术进步，重点是高能耗行业的节能减排，以保证工业节能减排工作的顺利实施，从而保障我国经济和社会的快速可持续发展。

二、发展规律与发展态势

工业发展水平直接决定一个国家的技术水平和经济发展水平，在国民经济中占有主导地位。回顾发达国家的工业发展历程，经过三次工业革命的洗礼，建立了以高新技术产业为导向的现代工业体系，并以此引领世界经济发展的浪潮。先行工业化国家的经济发展实践表明，重工业的快速发展是工业化过程中后期阶段的必然现象。进入21世纪，能源、经济、社会、环境之间的密切关系日益彰显，为应对能源危机和全球环境变化，人类可能迎来第四次的绿色工业革命。其本质是要大幅度提高资源生产效率，降低污染排放，发展循环经济和低碳经济，甚至是非碳经济，使得经济增长、能源消费增长与碳排放或者温室气体排放逐步脱钩。

实现工业化是我国社会主义现代化进程中艰巨的历史性任务。目前，中国还处于工业化的中期阶段。为适应国际社会的发展趋势，在总结世界经济发展趋势和我国工业化阶段的基础上，我国正着力建设有中国特色的新兴工业化道路，即科技含量高、经济效益好、资源消耗低、环境污染少、人力资源优势得到充分发挥的工业化道路，坚持以信息化带动工业化，以工业化促进信息化。在绿色工业革命的发动时期，中国第一次和包括发达国家在内的其他国家成为这场伟大工业革命的发动者、领导者和创新者。随着我国工业化高潮的到来，我国将经历一段高能源消耗时期。因此，大力推行节能降耗和污染物控制，对缓解能源紧张、实现经济社会的可持续发展意义重大。

从世界范围看，工业节能减排研究领域具有如下四个方面的发展规律。

1）战略性和持续性。能源、经济、社会、环境是相互关联、相互制约、相互依存的矛盾对立统一体，谋求可持续发展是各国孜孜追求的发展目标。工业在各国国民经济中占据主导地位，而经济发展是社会进步的主要源泉和动力，工业节能减排已成为世界各国执政方略中的重要议题，处在经济和社会发展战略的首位。而可持续发展的目标要求世界各国长期持续不断推进节能减排工作，以实现资源、环境和人类社会的和谐发展。

2）全球性和统一性。我们只有一个地球，地球是我们共同的家园。工业节能减排已成为全世界共同关注的重大问题，在世界范围得到广泛响应。世界各国积极参与到这一伟大的国际活动中。通过缔结国际公约或协议，以及制定相应的法律法规，确保工业节能减排工作的实施和执行，国家、单位和个人从自身做起，积极倡导节能减排活动。

3）多样性和集成性。工业覆盖领域广泛、门类众多，涉及人类生活的各个方面。工业节能减排深入人类生活的各个环节（小到居民日常消费，大到工业生产），其施展空间无处不在。工业用能过程中，在不同的阶段或环节，能量的品质和存在形式不同，按照"温度对口、梯级利用"的原则，有效整合系统，将可实现各类能源的高效和清洁利用，这将是一个众多学科交叉运用的综合过程。开展资源综合利用，是转变经济增长方式、发展循环经济、建设资源节约型和环境友好型社会的重要途径和紧迫任务。

4）科学发展，因时、因地制宜。工业部门设置和区位选择一方面受原料、土地、水源等环境因素限制，另一方面也受到政府决策的影响。合理的工业布局是实现工业节能减排的前提条件，当地政府部门应该发挥科学引导作用，根据当地的自然条件科学规划和发展本地工业，为工业节能减排工作奠定良好的基础。同时，由于各个国家的经济发展水平和工业化进程不同，所以各国应在广泛开展国际合作基础上，结合本国国情，因时因地制定节能减排的具体方案措施。

目前，全球已进入低碳经济时代，这是一次伟大的经济模式创新。低碳经济以低能耗、低排放、低污染为基础，是人类社会继原始文明、农业文明和工业文明之后，创建绿色生态文明的又一巨大进步。发展低碳经济、建设低碳社会、推动中国经济发展由高碳经济向低碳无碳经济的根本转变，是实现科学发展和循环经济的迫切要求和战略选择。在各国应对经济危机、推动全球经济复苏的过程中，我们看到了以开发清洁能源、新能源和节能减排产业为基本内容的绿色产业革命正在悄然兴起。

纵观世界工业节能的研究方向和成果，工业节能减排的根本途径有三种，其一是调整和升级产业结构，转变经济增长方式；其二是积极开发能源清洁高效利用的新技术、新产品和新工艺，优化配置，开展资源综合利用；其三是积极开发绿色新能源和可替代能源。综合国内外工业节能减排领域的研究现状和发展趋势，目前，工业节能减排领域的主要发展趋势可总结为如下 11 个方面。

1. 资源综合优化利用

资源综合优化利用在国家层面包括优化区域配置和产业配置；在企业层面包括优化生产工艺和流程，使得资源利用达到紧凑化和高效化，最大程度实现清洁生产（资源消耗少、污染排放少、副产品综合利用），是建立和发展循环经济的重要组成部分。资源综合优化利用主要包括三个方面：①资源开采过程中共生伴生矿、低品位矿、尾矿的综合利用；②工业"三废"和余热、余压的综合利用；③再生资源（废旧物资）的综合利用。

胡锦涛总书记在党的十七大报告中指出，经济增长的资源环境代价过大，具体到工业节能和综合利用，主要体现为两个方面，首先是资源生产率低，我国的资源生产率与国外相差了大约 10 倍；其次是企业两极分化严重。由于我国工业占 GDP 的比重较大，而高消耗、高污染排放行业占工业的比重又太高，所以，开展资源的优化和综合利用势在必行，对发展循环经济的工业化进程意义重大。

2. 开发节能的专项新技术、新产品和新工艺

节能减排中长期目标的实现，需要将技术工艺设备创新、经济增长方式、产业结构调整及节能减排管理水平提高等方面密切结合实施来实现。促进多个层面的改革与创新，则要在新技术、新工艺、新设备、新能源的技术推广和商业运作模式上探索一条创新之路。我国大多数节能技术与国外先进技术存在较大差距，而且研发推广缺乏有效组织，节能环保技术发挥的作用相对不足。对此，一方面，要加强国际科技合作和项目合作，引导企业和科研单位积极引进和吸收国外先进节能减排技术、工艺和设备，促进节能减排短期目标的快速实现，并通过消化、吸收再创新，促进和加速形成具有自主知识产权的关键技术和装备；另一方面需要大力支持自主知识产权的节能技术的开发与研究，并在高能耗企业中强化节能环保先进技术的应用推广，注重挖掘、总结重点行业、重点企业节能减排工作的先进经验，在本产业和本行业中对高效节能的新技术、新工艺和新设备加以推广、示范和应用，逐步建立节能减排的技术创新推广和科技支撑体系，来推动和加速"十一五"期间和中长期的节能减排目标的实现。

加快工业技术进步，大力推广节能先进技术，大幅度降低单位产品能耗，是当前和今后相当长时期工业节能的主攻方向。当前，主要研究方向有燃料电池、膜分离技术、节能工业锅炉和窑炉、节能电力变压器、节能通用流体机械（电动机、泵、风机、压缩机等）等。

3. 开发新能源和可替代能源

新能源主要包括水能、太阳能、风能、生物质能、地热能、海洋能及核能。

水能和核能目前得到了一定程度的开发，主要用于发电，工程造价比较高，建设大型水电站对生态破坏的远期效应值得进一步观察和论证，核能则时刻面临核泄漏的危险，远期影响也值得商榷。太阳能、风能、生物质能、地热能、海洋能、潮汐能等都是清洁的可再生能源，目前或近期有望能够进行大规模产业开发的是太阳能、风能及生物质能，被认为是替代化石能源的重要选择，其规模应用的科学与技术是当前研究的热点。

4. 工业规模和装备大型化

国家《节能中长期专项规划》对八个高耗能行业明确规定，为优化行业结构、提高行业整体技术装备水平，促进节能减排工作的顺利实施，在电力、钢铁、有色金属、化学工业和煤炭工业等行业重点推行"以大代小"、"上大压小"和小机组淘汰政策，尽快实现行业整体水平的提升。以电力工业为例，今后我国新增火电机组将主要以 600 兆瓦及以上的超临界机组和超超临界机组为主。

重型燃气轮机是先进能源动力系统的核心装备，是复杂技术的集成，也是国家装备制造业水平的重要标志，我国至今没有掌握其设计技术。"十五"期间，国家发改委采用以市场换技术的策略，倾巨资引进了 54 台套燃气轮机联合循环机组，实现了 E 级和 F 级燃机的联合制造，但并未获得设计技术。结合国情发展燃气轮机先进动力循环系统不仅为我国燃气轮机技术和产业的确立创造了自主创新的空间，同时为实现跨越提供了机遇。

5. 煤的高效清洁利用

洁净煤技术是当前世界各国解决环境问题的主导技术之一，也是国际上高技术竞争日益激烈的重要领域之一。洁净煤技术涉及多行业、多领域、多学科，是一项庞大的系统工程。中国发展洁净煤技术的目标：一是减少环境污染，如 SO_2、氮氧化物、煤矸石、粉尘、煤泥水等；二是提高煤炭利用效率，减少煤炭消耗；三是通过加大结构转化，改善终端能源结构。目前，中国已成了世界上最大的洁净煤市场。原国家环保总局发布的《2006 年中国环境状况公报》显示，全国监测的 559 个城市中，空气质量达到一级标准的城市占 4.3%、达到二级标准的城市占 58.1%、达到三级标准的城市占 28.5%、劣于三级标准的城市占 9.1%。我国是典型的以煤为主要一次消费能源的国家，占一次能源消费的近 70%，开展煤的高效清洁利用成为防治和减少大气污染的重点内容。

以煤为燃料的能源动力系统目前沿着两条途径发展，一是以直接燃烧为特征的蒸汽轮机循环，主要依靠不断提高蒸汽初参数及改进燃烧方式，来提高系统效率、降低污染排放；二是以煤气化为特征的整体煤气化联合循环，兼有煤气化的洁净与联合循环的高效等优点。近期广泛开展应用与研究的技术包括超超临界燃煤发电技术、整体煤气化联合循环技术、热电联产、冷热电联产、热电煤气多联产、水煤浆技术、先进燃烧器、循环流化床燃烧技术、化工-动力多联产、煤气化技术、煤炭液化技术、脱硫技术、碳捕集和碳回收技术、煤层气的开发利用、工业锅炉和窑炉、中低热值燃料利用技术等。

6. 开展高能耗行业节能减排共性问题的研究

高能耗行业节能减排的一些关键科学问题和关键技术研究尚缺乏必要的理论支持，需要在诸学科的经典理论中寻求基于现代工程技术的关键科学问题的突破。以理论为支撑，发展新技术，研究新设备，逐步解决节能减排相关行业领域的关键问题和关键技术，以加速实现节能减排目标，提高能源利用效率。

我国需要开展高能耗行业节能减排共性问题的总结研究。以电力、钢铁、有色金属、建材、石油加工、化工等高能耗行业中共有的能量传递过程为背景，归纳共性应用技术，集成传热学、流体力学、振动力学、化学动力学、机械制造与设计等不同学科的研究，以能量传递和利用过程中一些也尚未解决的难题为切入点，发展具有自主知识产权的原创性节能新技术和低能耗新设备。

7. 工业废水处理技术

伴随经济发展和人口增长，水体污染和水资源短缺是我们面临的严峻问题。据统计，我国大约有70%的河流湖泊的水受到不同程度污染而不能使用，给我国的可持续发展战略带来了巨大压力。工业是水体污染的主要污染源之一，由于工业废水成分复杂、性质多变，至今仍有许多技术难题没有解决。工业废水处理的发展趋势是资源回收利用和实行闭路循环。在传统的物理处理方法和化学处理方法得到进一步完善的同时，新兴的高效微生物降解技术成为目前工业废水处理和净化的一大前沿课题。

8. 工业固体废弃物处理技术

工业固体废弃物处理技术在建材行业得到了大量应用，伴随近年房地产业的迅速发展而得到了较好的发展。随着工业固体废物排量的增加和房地产业的缩水，工业固体废弃物逐步走向循环利用的道路，其中生物处理技术、焚烧和热解技术成为当下研究的热点。

9. 工业降噪技术

工业噪声是环境噪声的主要污染源之一，直接危害职工的身心健康，干扰周围群众正常的学习和生活。各类工矿企业的机械运转噪声是主要的噪声辐射源，具有持续时间长、强度大的特点。噪声污染控制需从三方面入手，即噪声源、传播途径和接收者。而从噪声源入手是实现降噪目的的根本途径，对于广泛使用的风机、压缩机、泵、电机、机床等设备，在设备原始设计和系统运行方面，噪声辐射强度也是衡量其性能的重要指标。

10. 政策与法规的完善

我国急需出台遏制高耗能、高排放行业过快增长势头的政策，完善节能减排法规和标准。强化节能减排的政策导向，需要制定新的高能耗行业准入制度及相应发展规划，严格执行新开工项目管理规定，强化用地审查、节能评估审查、环境影响评价等工作，加强项目统计和信息管理工作，实行项目公告制度，加强对节能减排工作的监督检查和行政执法力度，加大对重点区域和行业节能减排的监督检查力度，充分发挥行政执法在促进节能减排工作中的监督作用，推动地方加快组建节能监察机构，为开展节能监督检查奠定坚实基础。健全能源节约利用及节能减排相关的法规与标准建设，加快制定和实施促进节能减排的市场准入标准、强制性能效标准和环保标准。以政策引导和促进节能环保技术的自主研发及在各行业尤其是高能耗行业的推广应用，促进节能环保的新技术、新工艺和新设备稳步快速地替代高能耗、高污染的落后生产工艺和设备。

11. 广泛的国际合作研究

随着工业化的发展，国际合作已成为高耗能行业发展的必然趋势。工程热物理学科是基于工程应用的学科，可以以全球环境问题的迫切需求为牵引，推进工程热物理学科的国际交流和合作工作，在现有国家自然科学基金委员会（简称基金委）与英国皇家学会、法国国家科研署、德国科学基金会开展的合作项目基础上，以建立合作基金为依托，与美国，以及亚洲、非洲的其他国家联合进行合作研究，提高本学科领域在世界领域的影响与学术地位，同时国家留学基金管理委员会也有多种项目资助我国研究学者赴国外进行合作交流研究。

我国作为后发型工业化国家，可以直接利用一些成熟的节能减排技术，但作为一项系统工程，工业节能节拍还面临一些难题，需要长期持续不断地推进该项工作。目前，在研和推广的一些工业节能减排技术包括超/超超临界技术、整体煤气化联合循环技术、区域热电联供、余热余压利用、节约和替代石油、工业窑炉改造、变频调节等，以及在全民推广和普及节能家电和节能灯等，为工业节能减排工作向深度和广度推广奠定良好的技术基础。

总之，为了实现工业领域，特别是高能耗行业的节能减排，需要在节能技术与节能制度两个方面同时开展相关基础研究工作。一方面，通过开展科学技术研究，充分挖掘高能耗行业节能减排的巨大潜力，做好基础研究、技术开发和政策保障一系列工作，推动节能的发展。另一方面，积极建立高能耗行业新的准入制度，以及相应发展规划和产业政策，使其发展符合国家节能减排的要求，并推动节能产品认证和能效标识管理制度的实施和完善。

三、发展现状与研究前沿

工业是我国经济的最大主体，也是最主要的能源消耗和污染排放行业，工业能耗占全国总能耗的 70% 以上，是国家节能减排工作的重点，其中 8 个高耗能行业又是节能减排的重中之重。

改革开放之初，我国单位 GDP 能耗为 16 吨标准煤，到 2005 年，下降到 1.22 吨标准煤，短短几十年，我国工业节能取得了很大的成效。目前，我国工业化进程已进入中后期，经济增长主要依赖工业的快速发展。重工业是工业基础，在工业内部所占比重较大，对整个经济具有正的外部性，优先发展重工业对整个经济是有利的，苏联早期发展重工业的成效证明了这一点。2005 年，重工业约占工业增加值的 69%，其中，钢铁、建材、电力等八个高耗能行业所占比重超过 40%。经过 30 年的改革，我们已经在重化工业领域积累了相当雄厚的生产实力和技术水平。钢产量跃居世界第一，造船业已崭露头角，石化工业也有了较好的基础，可以预见，在未来发展中，中国将大量消耗钢材、水泥、石油和输变电设备，巨大的市场为重工业的发展提供了广阔前景。

在看到取得的成绩时也应该清醒地意识到自身的不足，当前，我国经济的快速发展是以资源和环境的巨大牺牲为代价的。我国单位产值能耗大约是世界平均水平的两倍多，单位 GDP 的能耗是日本的 7 倍、美国的 6 倍，甚至是印度的 2.8 倍。以汽车生产过程为例，中国能耗为 1.6 吨油当量，而美国只有 0.9 吨油当量。数据分析表明，在工业化进程中随着人均 GDP 的增长，人均能源消费呈现相同的变化趋势，即开始缓慢，然后较快并达高峰，待完全进入后工业化阶段后不再增长（全周期 S 型增长规律性）。目前，我国石油、天然气、煤炭的人均能源可采储量仅为世界平均值的 10%、5% 和 57%。另外，据原国家环保总局估计，工业污染在全国总污染中所占份额在 70% 以上：其中废水占 70%，SO_2 排放占 72%，粉尘排放占 75%，固体废弃物排放占 87%。国内资源的相对缺乏和经济发展的粗放直接导致能源、主要矿产资源的对外依存度上升，加大了我国能源风险，同时也造成相当严重的环境污染，对经济社会的可持续发展构成很大威胁。通过科技进步实现节能减排和可持续发展，则是实现新型工业化目标的根本途径。随着《中华人民共和国循环经济促进法》的出台，工业节能减排的积极作用日益受到大家的认可和重视。

当前，我国处于全球经济一体化时期，迅速扩张的国际贸易和外商投资一方面促进了地区经济发展和产业结构调整，提高了地区生活水平；另一方面也增强了地区间、国家间经济活动、环境影响的相互依赖。由于我国实施的环境标准较低，对外资进入的环境管理不严，海外一些高污染企业为了逃避本国高额的污染处罚，在我国兴建污染密集型企业，主要涉及化工、电镀、印染、皮革、造纸和农药等行业，给当地资源使用和环境带来了巨大负担，引起严重的环境污染。与此同时，外资通过经济和技术封锁等手段，限制中国获得一些高新核心技术，特别是一些大型技术装备和工艺流程，如发电用重型燃气轮机、航空用发动机、高档数控机床等。鉴于当前国际和国内的政治和经济形势，我国"十一五"规划明确将大型装备制造业、能源工业和高新技术产业作为战略发展的重点，提出了建设资源节约型、环境友好型社会的奋斗目标，体现了我国独立自主走有中国特色新型工业化道路的决心和信心。《"十一五"十大重点节能工程实施意见》将燃煤工业锅炉（窑炉）改造工程、区域热电联产工程、余热余压利用工程、节约和替代石油工程、电机系统节能工程、能量系统优化（系统节能）工程作为节能减排的重点实施工程。

在过去的工业化进程中，大多西方国家都经历过能源短缺时期，为解决工业部门的合理高效用能和减少污染物排放，都进行了较长时间的探索和实践，积累了丰富的经验。通常，这些国家具有完善的工业节能相关的法律法规。以美国为例，进入 21 世纪后陆续出台了《21 世纪清洁能源的能源效率与可再生能源办公室战略计划》、《国家能源政策》等十多项政策来推动节能减排工作。美国能源部出台的《能源战略计划》更是把"提高能源利用率"上升到"能源安全战略"的高度。在节能新技术研发和新产品推广方面，美国大力发展节能新产品，广泛推广高效节能设备，其中，节能电机的效率提高了 7%，每年的损耗费用因此减少 37%。大力推广和使用洁净煤技术是美国工业节能的又一重要举措。在欧洲，德国政府努力推行热电联供，不断开发矿物能源发电技术，如高压煤尘焚烧技术、煤炭汽化技术等，从而使矿物能源发电效率不断提高，采用这项新技术后矿物能源的平均有效利用率达到 46%。2005 年 1 月，作为最大的多国、多行业的世界范围的温室气体排放贸易计划——《欧盟温室气体排放贸易计划》（EU ETS）开始运作，这是世界上第一个国际间的 CO_2 排放贸易系统，覆盖了 12 000 个装置，可以代表欧洲接近一半的 CO_2 排放量。欧盟 ETS 包含了所有的电厂、石油冶炼厂、钢铁厂，焦炭厂、水泥厂、玻璃和陶瓷厂，以及所有 20 兆瓦以上的装置。欧盟 ETS 的目的是帮助欧盟成员国实现《京都议定书》中对减排的承诺。邻国日本，由于其一次能源的 80% 依赖进口和水体污染事件的深刻教训，更是将工业节能减排做到极致。例如，在电力工业生产中，日本采取了以核电为中心，同时积极发展水电、火电、燃料电池；通过装备大容量化和提高蒸汽温度、压力来提高火电发电效率，其发电效率和输变电损失均居世界领先水平，所发展的整体煤气化联合循环和加压流化床锅炉联合发电进一步提高了发电效率；在供电、用电方面，鼓励用户多利用自然能源和余热的同时，努力作好负荷的削峰填谷。在其他方面，日本还推行低能级能源综合利用等。日本于 2000 年颁布实施了《资源循环型社会形成推进法》，推进资源的高效清洁利用和循环利用。

综合世界各国节能减排的历史经验和先进技术，工业节能减排领域的发展趋势可概括为三个方面：①优化和综合利用各类能源，提高能源利用率；②大力研发技能新技术和推广节能新产品；③积极寻求可再生能源和绿色无污染的替代能源。

在研究前沿方面，工业节能减排的重点是能量减量化和能量回收两个方面。在能量减量化方面，对工业耗能行业用能规律及特点进行总结分析，对生产工艺及过程进行优化设计，对关键节能设备进行开发研制，带动与行业相关的基础学科的研究，促进节能新技术和新材料的开发应用；在能量回收利用方面，发展高能耗工业生产过程能量回收利用技术，根据能量"梯级利用，高质高用"原则，推广生产过程余热、余压、余能的回收利用技术，因地制宜地选取发电、供热、制冷等能量梯级多功能资源化利用方式。

为了实现"十一五"所规划的发展循环经济，建立资源节约型、环境友好型的新型工业化国家的发展目标，在今后 10 年内，应该加大对工业领域中高能耗行业节能的基础理论、关键技术和重点发展领域的研究支持力度，鼓励原始创新和前沿创新，自力更生、兼收并蓄，系统深入地开展基础研究和专项研究。

四、近中期支持原则与重点

未来几年是我国工业化快速发展、经济和综合国力实现新突破的重要时期，为实现资源-经济-社会-环境的协调和可持续发展，系统深入开展工业节能减排工作，特别是高耗能行业的节能减排，是国家战略发展的重点，事关中华民族和人类社会的长远利益。根据国内外总体发展趋势，结合我国能源经济发展和环境保护的具体国情，要坚持"两手都要抓、两手都要硬"的原则：一是抓能源高效综合利用，二是加大力度治理污染排放。

工业节能减排领域的关键科学问题包括能源-经济-社会-环境复杂作用机理，能源高效清洁利用，能源综合梯级利用和系统集成，绿色新能源和可替代能源，节能新原理与技术，污染物处理新技术等。

在我国未来几年的工业化进程中，重工业仍会快速发展，带动整体能源需求增加，特别是钢铁、电力、冶金和化工等高能耗、高污染行业，围绕上述高能耗行业有效开展节能减排工作对实现整个工业行业节能减排任务具有决定性作用。钢铁行业的节能与冶金工艺密切相关，涉及过程工艺优化和工业废气物的综合资源化利用两个方面。因此在钢铁产业节能研究方面，发展重点主要集中在冶金工序过程节能，冶金可燃废气和冶金渣资源利用，余热余压回收相关基础和技术研究，与环境保护等相关学科交叉的研究上。在化工节能研究方面，发展重点主要集中在化工过程用能和系统用能优化，实用节能减排新技术的研发及推广，生产过程余热、余压、余能的回收利用，高效节能设备，高效分离、反应及催化技术研发，以及节能减排统计标准、监管体系和目标管理的建立和完善等。以煤为燃料的能源动力系统目前沿着两条途径发展，一是以直接燃烧为特征的蒸汽轮机循环，主要依靠不断提高蒸汽初参数及改进燃烧方式来提高系统效率、降低污染排放；二是以煤气化为特征的整体煤气化联合循环，兼有煤气化的洁净与联合循环的高效等优点。

因此，建议在"2011～2020 年"及中长期未来把下列工业节能减排的基础理论和关键技术作为发展重点，并予以政策及资金方面的优先资助。

1. 工业节能减排监管和评估软科学体系的发展和完善

1）制定符合我国工业化发展进程的工业节能和污染物排放标准，完善相应的法律、法规、管理和奖惩措施；

2）建立能源、经济、社会、环境关系的长效监测机制；

3）建立健全工业能耗、污染物排放基准数据库和统计分析体系；

4）优化能源和产业结构，建立全面完善的节能减排评估体系和方法。

2. 能量转换和传递过程基础理论和关键技术研究

1）燃料化学能释放基础理论；

2）高效热交换技术；

3）高效热-电转换技术；

4）高效光-电转换技术；

5）保温和隔热技术；

6）高效热能-机械能转换技术；

7）核聚变、核裂变技术；

8）先进燃烧技术。

3. 能量梯级综合利用和系统集成技术研究

1）煤基化工-动力多联产系统；

2）分布供能系统；

3）冷热电联供系统；

4）燃料化学能释放与热-功转换过程的集成；

5）余热、余压和可燃伴生气梯级释放与利用的优化研究；

6）工业"三废"的循环综合利用技术；

7）高炉炉顶压发电（TRT）理论及技术；

8）干熄焦发电（CDQ）理论及技术；

9）固体废渣、烧结机、干熄焦和转炉煤气显热回收系统理论及其技术。

4. 先进动力循环技术研究

1）先进空气湿化燃气轮机循环；

2）超/超超临界蒸汽轮机循环；

3）整体煤气化联合循环；

4）热泵循环；

5）先进内燃机循环；

6）中低热值富氢燃料贫预混燃烧不稳定性机理与调控；

7）压气机气动/结构的耦合机制与调控方法；

8）高温透平闭式蒸汽冷却叶片的流热固耦合机制；

9）广义能耗描述方法和全工况能耗评价准则研究；

10）能耗和过程可用能损失的时空分布研究；

11）机组运行关键状态参数的获取和运行状态表征研究；

12）临界水工质物性表征新理论和新方法研究；

13）机组锅炉全工况运行的热工水力学特性及优化设计研究；

14）变工况运行时机组关键设备和辅机特性与系统性能的耦合影响；

15）煤质特性与超/超超临界锅炉的优化匹配研究；

16）空冷系统的优化设计和高效运行研究；

17）外部负荷变化时机组变工况瞬态运行特性研究；

18）基于主动流动控制的高负荷压气机概念与流动机理；

19）基于非定常流动的透平压缩机械现代设计理论；

20）多联产与多联供技术的关键科学问题；

21）分布式燃气轮机联合循环发电技术。

5. 动力系统节能技术研究

1）泵、风机、压缩机变频调速和永磁调速技术；

2）电力、电子传动技术；

3）系统运行和控制优化研究；

4）高效泵、风机、压缩机高效设计技术；

5）交叉学科背景下的变工况自适应调节新技术。

6. 新能源和绿色可替代能源研究

1）叶片式风力发电技术和设备；
2）生物质能高效利用技术和设备；
3）燃料电池技术；
4）安全、可靠的核电技术；
5）太阳能发电、热水器、太阳能电池、太阳能照明和太阳能空调技术；
6）地热采暖和地热发电技术。

7. 节能新产品和新技术研究

1）高效燃煤工业锅炉和窑炉的设计和制造关键技术；
2）膜分离技术；
3）先进燃气轮机和蒸汽轮机设计技术。

8. 煤的高效清洁燃烧技术

1）水煤浆技术；
2）循环流化床燃烧技术；
3）煤气化技术；
4）煤炭液化技术；
5）先进燃烧器；
6）煤层气的开发利用。

9. 工业大气污染治理技术研究

1）烟气除尘技术；
2）脱硫、脱硝技术；
3）CO_2 回收和封存技术。

10. 工业固体废弃物处理技术研究

1）工业固体废弃物的热解和焚烧技术；
2）工业固体废弃物生物处理技术；
3）工业固体废弃物变建筑材料的加工技术。

11. 工业废水处理技术研究

1）工业废水高效微生物降解技术；

2) 工业废水的闭式循环多级利用技术。

12. 工业噪声治理技术研究

1) 高效低噪叶轮机械气动与声学一体化设计；
2) 高速喷流噪声的产生与抑制机理；
3) 先进的局域与非局域声衬吸声机理与声传播特性；
4) 基于仿生学原理的气动声学降噪机理与噪声控制；
5) 叶轮机械气动声学的宏观现象与微观机理。

第三节　建 筑 节 能

一、基本范畴、内涵和战略地位

建筑能耗，从狭义上讲是指建筑使用过程中暖通空调等建筑设备的耗能，从广义上讲还包括建筑材料生产耗能、建筑材料运输耗能和建筑建造过程耗能等部分。建筑节能是指在建筑过程中提高能源利用效率，用有限的资源和最小的能源消费代价取得最大的经济和社会效应。

工业能耗、交通能耗和建筑能耗是国际能源消耗的三大主要组成部分，尤其是建筑能耗随着建筑总量的不断增加和居住舒适度的提升，呈现急剧上升趋势，图 2-3 为中国和美国的能耗对比图。在资源方面，全球 50% 的土地、矿石、木材资源被用于建筑；45% 的能源被用于建筑的供暖、照明、通风，5% 的能源用于其设备的制造；40% 的水资源被用于建筑的维护，16% 的水资源用于建筑的建造；60% 的良田被用于建筑开发；70% 的木制品被用于建筑。因此，建筑能否实现可持续发展，不仅与人民群众生活水平的提高密切相关，而且也关系到国家能源战略和资源节约战略的实施，还关系到全球的气候变化与可持续发展。

目前全球建筑能耗约是工业能耗的 1.5 倍，全世界建筑物用能占能源消耗总量的比重大约是 32.9%，欧洲、北美等地的发达国家建筑能耗接近 40%，到 2050 年，使建筑物的能耗减少 60% 是实现全球气候目标的关键所在。我国作为建筑业大国，每年大约有 20 亿米² 的新建建筑面积，接近全球年建筑总量的一半，而且我国建筑能耗上升的趋势非常快。目前，我国建筑能耗占总能耗的 20%～25%，是相近气候国家的 2～3 倍，且污染严重。与发达国家相比，目前我国人均建筑运行能耗水平还比较低，仅为美国的 1/12，西欧、北欧国家的 1/6；城市人口的人均建筑运行能耗为美国的 1/7，西欧、北欧国家的 1/3.5；城

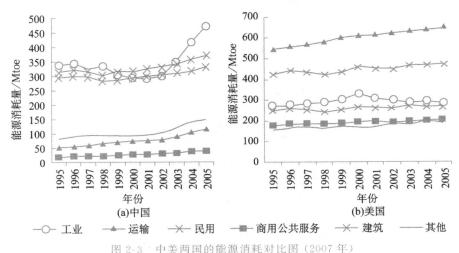

图 2-3 中美两国的能源消耗对比图（2007 年）
资料来源：根据 International Energy Agency 相关数据得出。

市建筑单位面积平均运行能耗为美国的 1/3，住宅单位面积平均能耗为美国的 1/3，欧洲的 1/2。然而，这并不表示我们的建筑节能水平高，而是由我国的经济发展水平还相对落后，尤其人均水平还很落后造成的。

目前，我国正处于工业化和城镇化快速发展阶段。经济的快速发展势必会导致我国建筑能耗消费处于高速增长期，"十一五"期间我国每年新建建筑面积 20 多亿米²，是世界上最大的建筑市场。据 2005 年统计，全国已有民用建筑面积约 420 亿米²，其中住宅面积 360 亿米²，公用建筑面积 55 亿米²，包括住房、办公用房、大型商厦、医院等。但我国既有建筑基本上都是不节能的，节能建筑所占比重较低。另外，随着人民生活水平的逐步提高，住宅舒适度要求也越来越高，将增加采暖和空调设施，建筑能耗必将大幅度增加，建筑能耗占总能耗的比重也会越来越大。尤其是我国北方城镇采暖能耗、大型公共建筑能耗及长江流域取暖能耗将使我国建筑节能形势更加严峻。预计到 2020 年年底，全国房屋建筑面积将新增 250 亿～300 亿米²，也就是说"我国有一半的存量建筑是在未来的 15 年内建成的"。如果延续目前的建筑能耗状况，每年将消耗 1.2 万亿度电和 4.1 亿吨标煤，接近目前全国建筑能耗的 3 倍。加之建材的生产能耗为 16.7%，约占全社会总能耗的 46.7%，如图 2-4 所示（参见宝钢股份有限公司，2004 年《环境报告》）。可见，在"十二五"这一关键时间段内，我国建筑能耗急速增长的趋势将非常明显，该领域能耗势必会成为我国经济发展的重大制约因素。因此，建筑节能是我国保证国家能源安全和建设节约型和环境友好型社会的重要举措。国务院发展研究中心的《中国能源综合发展战略与政策研究》报告中指出，未来 20 年中为适应全面建设小康社会的新形势，将节能战略重点调整为在继续推进工业节能的同时，把建筑、交通作为节能的重点领域。

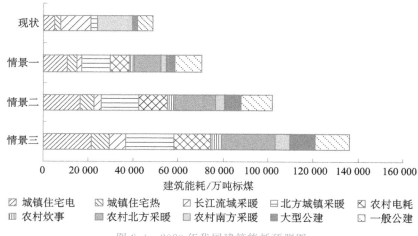

图 2-4　2020 年我国建筑能耗预测图

从国家已颁布的《节能中长期专项规划》、《中华人民共和国节约能源法》、《中华人民共和国可再生能源法》和《民用建筑节能条例》等可看出，国家对建筑节能已经给予了高度重视和支持，建筑节能已成为国家的重大战略问题。随着国家高度重视并采取可持续措施，我国建筑节能从理念不断地走向实践示范，并成为我国政府建设和实现建设资源节约型和环境友好型社会目标的重要举措与保障。但由于我国建筑节能起步较晚，而且目前我国正处于工业化和城镇化快速发展阶段，所以建筑节能面临着巨大的挑战。为此，我国应该在借鉴国际发达国家先进经验基础上，进一步完善和健全我国建筑节能的政策、制度、法律及标准，结合我国的国情和地区气候及文化特征，大力支持和发展先进的建筑节能和科学用能的理论和技术，引领节能减排与新能源领域的技术创新，提高我国整体节能水平，实现可持续发展。

二、发展规律与发展态势

建筑节能是世界性问题，也是中国改革和发展的迫切需要，是 21 世纪中国建筑事业发展的一个重点和热点。纵观近几十年来节能建筑的发展过程，可以看到，它经历了从最初的低能耗（low energy）建筑、零能耗建筑（zero energy）到能效建筑（energy efficient building）、环境友好建筑（environmental friendly building），再到今天的绿色建筑（green building）和生态建筑（ecological building）的发展历程。

目前，我国建筑节能正处于跨越式大发展的转折年代，面对着资源枯竭、环境恶化、生态破坏、气候变暖等一系列严峻问题，我国建筑节能工作者肩负着艰巨的历史重任。发达国家走的是建立在高资源消耗基础上的现代化道路，我国很难借鉴。我们应该坚持科学发展观，探索一条有中国特色的建筑节能新途径，扭转过去过度强调人自身的舒适要求、忽视能源消耗和环境影响的观念，坚持两者并重，达到"人与自然和谐发展"，从而实现我国现代化建设的可持续发展。

建筑节能研究领域的发展规律如下。

1）多学科特征。建筑节能是一个综合性的学科，涉及能源、环境、建筑、信息、材料、管理等多个学科门类，具备强烈的学科交叉特点；建筑节能又是一门实践科学与工程技术，从城市和小区的规划、供热系统的设计、建筑物的设计和施工、房屋开发建设，到物业管理与设备运行，从一个区域的建筑节能管理落实到居民的自觉节能行为，都是不可或缺的重要环节，需要多方面的通力合作、配合协调。

2）国际化和可持续特征。世界是千差万别的，建筑节能的发展也会各有其特殊性，会因气候、地区、国家、文化和技术而异，也会随着建筑类型、规模、功能、质量、材料与设备而不同。但是，提高能源利用效率、生态友好、可持续发展的道路却始终是一致的。在能源和资源得到充分有效利用的同时，建筑物的使用功能应更加符合人类生活的需要。创造健康、舒适、方便的生活环境是人类的共同愿望，也是建筑节能的基础和目标。

3）跨越式发展和地域气候特征。由于各地域的气候条件、物质基础、居住习惯以及文化理念都存在一定差异，建筑节能工作应当结合本地实际，根据不同地区的特点、不同功能建筑的需求，进行多种节能途径、方式的研究、比较、鉴别，因地制宜，循序渐进。例如，在长江流域提倡"部分时间、部分空间"的采暖方式，加强自然通风；农村建筑应发展以生物能源为主，辅之以其他可再生能源和部分商品能源的新农村能源方式。

建筑节能不能以牺牲人的舒适和健康为代价，否则节能便失去了意义。其解决途径有两种：一是通过开发利用可再生能源及节能建材等途径降低建筑能耗的需求；二是要提高能耗系统的效率，从而降低终端能源使用量。结合国内外建筑节能的研究现状和发展趋势，目前，建筑节能领域的主要发展趋势如下。

1. 优化建筑设计

建筑造型及围护结构形式对建筑物性能有决定性影响，它决定建筑物与外环境的换热量、建筑物的自然通风状况及建筑物的自然采光水平，不同的建筑设计形式会造成能耗的巨大差别。然而作为复杂系统的建筑物的各方面因素是相互影响的，需要开展建筑节能的优化设计研究。特别是我国不同地区气候差异很大，建筑设计必须充分考虑当地气候条件、资源状况，尽可能建设利用太阳能等自然能源的节能建筑。

2. 新型建筑围护结构材料和产品

新型建筑围护结构材料和产品，能更好地满足保温、隔热、透光、通风等各种需求，甚至其物理性能具有动态时变特征，能同时降低能源消耗，这是实现建筑节能的基础技术和产品。主要涉及的产品如下：保温和隔热外墙，保温与隔热屋顶，优异热物理性能的外窗和玻璃幕墙，智能外遮阳装置，以及基于相变材料的蓄热型围护结构和基于高分子吸湿材料的调湿型饰面材料。此研究方向对降低各类民用建筑能耗均有显著作用，尤其对降低采暖能耗和减少住宅与一般性非住宅民用建筑能耗起重要作用。

3. 各种热泵技术

通过热泵技术可以方便地对建筑物等进行加热和制冷。热泵可以消耗少量的功，实现从低品位热源（如空气源、水源、土壤源及太阳能热源等）吸取热能，为建筑物提供热量，其加热效率一般是电加热器件的 $2\sim5$ 倍，这是低密度建筑能源供应系统提高效率、降低能耗的重要途径，也是建筑设备节能技术发展的重点之一。热泵不仅可以解决建筑物空调和采暖，也可以利用其热能品位高效提升的功能，实现高效的热水供应，如热泵型热水器或家庭热水机组可以满足住宅或商业建筑的热水供应和采暖需求。热泵目前的难点问题是适应宽环境工况的大压比压缩机的研制、变工况热泵系统的流量控制和过热度调控、换热器的结霜机理与化霜智能控制技术、高效自除霜材料和热泵循环方式等。对于土壤源热泵还有土壤源夏季排热与冬季取热的热量平衡控制和调控规律等问题，太阳能热泵则有太阳能辐射和环境参数变化下热泵系统的高效调控等问题。

通过热泵技术提升低品位热能的温度，为建筑物提供热量，这是低密度建筑能源供应系统提高效率、降低能耗的重要途径，也是建筑设备节能技术发展的重点之一。通过热泵技术（如热泵型家庭热水机组、空气源热泵、水源热泵、土壤源热泵等）如能解决 1/3 建筑的采暖，将大大缓解目前采暖与能源消耗、采暖与环境保护之间的矛盾，实现高效的电驱动采暖。

4. 降低输配系统能源的消耗

在大型公共建筑采暖空调能耗中，$60\%\sim75\%$ 的能耗被输送和分配冷量热量的风机水泵所消耗，这是此类建筑能源消耗过高的主要原因之一。分析表明，这部分能量消耗可以降低 $50\%\sim70\%$，因此降低输配系统能源消耗应是建筑节能中尤其是大型公共建筑节能中潜力最大的部分。如何通过改变风机水泵工作状况，使其与现有管网相匹配，实现高效工作，是对风机水泵和管网技术的挑战。目前，该方向的难点是可调恒流风机水泵的研究、新的输配系统结构与设计方法、新的调节理论与调节方法、管道减阻新技术与功能热流体的制备等。冰浆流体由于热容量大，同等制冷量下的输送阻力小，所以近年来已经成为空调制冷领域的研究热点，但是目前尚没有成熟的商业化解决方案。

5. 建筑物冷热电联供系统

冷热电联供系统可实现建筑物的供电、制冷和采暖联合供应，对于一个或一组建筑物如果能采用天然气等一次能源完全实现建筑物的电、冷和热联供，只要负荷设计配置适当，应该是一次能源利用效率最高的方式。

建筑物采用燃气轮机或燃气内燃机自行发电，往往可以解决建筑物大部分用电负荷，提高用电的可靠性，同时还降低了输配电网的输配电负荷，减少了长途输电的输电损失（我国此损失约为输电量的 8%～10%），这类技术是分布式能源系统的主要载体，也是未来智能电网的重要分布式电源。但小型发动机往往存在发电效率较低和氮氧化合物排放等问题。目前的几十至几百千瓦的微燃机发电效率不足 30%，兆瓦级内燃机发电效率可接近 40%，但排放的氮氧化合物高于燃气锅炉，不符合环保要求。另外，冷热电联供系统设计必须与暖通空调负荷预测相结合，只有合适的电、热、冷负荷配置才有可能获得冷热电联供系统高效的一次能源利用效率。冷热电联供系统要攻克的难点：高发电效率、低排放的燃气发电动力装置；高密度高转换效率的蓄能装置和智能电网接口技术，高效率的热驱动空调等，此外还有与建筑物能量负荷相适应的动态调节和控制技术。

6. 可再生能源的开发及规模集成化

太阳能等可再生能源可以成为建筑用能的良好载体，建筑用能所涉及的采暖空调、热水、照明等原则上都可以由可再生能源来解决。以太阳能为核心的零碳排放建筑已经成为绿色建筑的发展方向。太阳能建筑一体化已经成为建筑节能的最主要抓手。

建筑节能中可再生能源往往涉及太阳能热利用（采暖、空调、供热水）、太阳能光伏供电、太阳能照明应用、分布式小型风电或风光互补系统、生物质沼气利用、热泵技术（空气源、土壤源、水源和太阳能源）等，某些地区还可以采用地热资源。目前太阳能建筑一体化和热泵技术在建筑物采暖空调和热水供应方面最易形成规模化，太阳能光伏技术在我国建筑规模化应用方面也具有一定前景。

7. 绿色照明技术

由于照明用电占建筑物用电量的 15%～30%，节约照明用电对建筑节能有重大意义。降低照明用电的途径包括发展高效光源、采用高效灯具和改进照明控制等。目前荧光类高效节能灯已广泛普及，国外普遍看好的发展方向是发光二极管（LED）光源，它可比目前的节能灯效率更高，发光光谱可在大范围内选择，使用寿命大大延长。目前 LED 的成本和效率都无法与荧光类节能灯相比，但在未来将有重大突破。

目前，在研究和推广的一些建筑节能技术包括真空超级隔热围护结构，高效泡沫隔热保温材料，先进的充气多层窗，低发射率和热反射窗玻璃，耐久反射涂层，先进的蓄热材料，太阳能热水、采暖和空调，太阳能光伏电池板，各类热泵系统，先进照明技术，阳光集光和分配系统等。此外以燃气冷热电联供系统为核心的分布式供能也是建筑节能领域重点推广的高新技术。

三、发展现状与研究前沿

2005 年 2 月 16 日《京都议定书》正式生效，签约国必须限制温室气体的排放，而建筑业是温室气体排放量最大的行业之一，该议定书的生效将推动新一轮的绿色建筑的实施。

IEA 曾组织主要发达国家，特别是欧洲、北美地区的国家、日本、澳大利亚等 26 个工业国家（日本、澳大利亚以及欧洲、北美地区的国家）对涉及建筑节能的 46 个专题进行了深入研究，内容包括建筑围护结构、建筑能源管理、室内空气品质、太阳能利用、住区环境调节、住宅建筑与公共建筑的能量利用、建筑环境的通风、湿热控制、先进的空调采暖系统等，为发达国家开展建筑节能工作奠定了研究基础。目前西方发达国家主要在节能机制、改进建筑设计方法、高效低渗围栏隔热材料、绿色建筑和生态建筑的建筑示范和研究工作、室内采暖温与湿度的科学调配、高效冷暖设备、建筑节能与系统工程等建筑节能领域开展了大量的基础理论研究。例如，英国的建筑能耗标准，在 1973 年能源危机前外墙传热系数为 $1.7W/（m^2·K）$，经过五次修订，至 2002 年已降至 $0.3W/（m^2·K）$。德国 20 世纪 70 年代前的老住宅，能耗水平为 $300～400kW·h/（m^2·a）$，通过限定建筑围护结构的最低保温隔热指标，到进一步控制建筑物的总能耗，使得现在的住宅能耗水平达到 $60kW·h/（m^2·a）$。美国从 2000 年起，建筑所耗能源已经超过了交通业和工业界的能源消耗，建筑耗能已经超过美国能源总供应的 1/3。近年来，为了节能和环保，美国能源部大力推广建筑节能技术，通过改进建筑设计和材料，美国房屋单位面积能耗已比 1980 年减少了 30%。目前建筑节能已被认为是最有潜力和最有效的节能途径。

据美国三大学会美国采暖制冷空调工程师协会（ASHRAE）、美国材料测试学会（ASTM）、建筑技术与环境委员会（BETEC）报道，越来越多的研究者将建筑节能、建筑结构与室内空气品质、被动调节和主动调节结合起来进行系统研究，例如，美国 Lawrence 国家实验室研究者进行了建筑节能与城市热岛效应的相互作用研究等。而太阳能等自然能源的利用则被认为是实现建筑用能可持续发展的重要内容，在实现建筑被动采暖、热水供应、自然采光、建筑热环境控制、辅助空调及部分电力供应方面能够发挥重要作用。中国、德国、日本，以及北欧等国家和地区的许多研究者都对太阳能在建筑能源结构中的利用问题进行了深入研究。

围绕推广绿色建筑的目标，国外近年来发展了一些绿色建筑评估体系，并且有相应的标准和模拟软件来评价。例如，美国 LEED 绿色建筑评估体系、德国的 LNB 评估体系、英国的 BREEM 评估体系、澳大利亚的 NABERS 评估体系、加拿大的 GBTools 评估体系、挪威的 Eco Profile 评估体系、法国的 ESCALE 评估体系等、中国的 GB 绿色建筑认定等。此外，日本和中国台湾也相继推出了针对绿色建筑设计的评价体系。这些评估体系的制定及推广应用对以上国家或地区在城市建设中倡导"绿色"概念，引导建造者在建设过程中注重绿色和可持续发展起了重要作用。

我国建筑节能研究工作起步较晚，近 20 年来在国家发改委、科技部和基金委等部门的大力支持下，开展了建筑节能的基础理论、关键技术与示范工程的建设等工作，取得了一系列研究成果。基金委也先后资助了一批与建筑节能相关的基础理论及应用技术研究的重大、重点项目，涉及相变建筑材料，建筑气候设计，新能源光、电、热建筑一体化，低品位能源驱动的绿色制冷技术，动态热环境与人体热舒适，温湿度独立控制等研究内容。此外，在加大基础研究的同时，在发改委、住房和城乡建设部、科技部等部委和高技术企业的支持下，将在建筑节能、建筑设计、新能源与建筑一体化等领域取得的研究成果逐步应用于绿色建筑示范工程中，取得了较为显著的成效。

虽然我国建筑节能取得了一定进展，但由于建筑节能本身就是一个融合结构、施工、制冷空调和可再生能源等诸多技术的综合平台，需要多学科交叉应用。同时，我国能源结构不同于欧美发达国家，地域辽阔导致热工分区较复杂，故国外的很多经验只具有一定的借鉴意义，国内很多研究领域仍处于空白状态，急需开展深层次的系统基础研究。

当前，国外建筑节能的发展趋势可以概括为两点：一是继续提高能源的利用效率，进一步降低能耗；二是将环境改善与能源开发相结合，大力研究、开发、利用可再生能源和自然能源。建筑节能经历了墙体保温、节能建材、节能设备、建筑性能模拟、可再生能源利用、绿色建筑的发展历程。结合建筑环境生产和生活要求，结合当地气候资源条件，合理结合建筑节能设计和自然能源利用，通过全寿命周期分析，以尽可能少的资源和能源消耗，实现建筑特定供能要求。目前，建筑节能领域更多从自然能源利用、高效能量利用系统、先进的能量管理和评估认证体系，以及室内环境、建筑结构与室外环境匹配、能源利用结构优化等方面进行综合建筑节能设计。

从学科和应用前沿出发，综合高新技术成果，发展新的建筑环境系统形式，今后主要的突破点有三个。①研究和建立符合绿色建筑要求的能源供应体系，保证能源梯级高效利用。②根据能源结构状况，发展新型的暖通空调系统及其设计、运行控制的新理念、新方法，研究城市能源供应的运行决策。③将暖通空调系统、冷热源与动力源、采光和照明系统、围护结构可调部件、内外活动遮阳、反光部件等建筑设备系统作为一个有机整体进行系统设计和运行控制，达到使健康、节能、环保的建筑可持续化的目的，实现智能化控制。

结合国际上建筑节能的技术需求和发展趋势，目前建筑节能领域研究前沿包括绿色建筑设计技术的开发，建筑节能技术与设备的高效化，可再生能源与建筑一体化技术，精致建造和绿色建筑施工技术与装备，节能建材与绿色建材、建筑节能的技术评估标准等。

为了实现到 2020 年，我国住宅建设的资源消耗水平接近或达到现阶段中等发达国家的水平的建筑节能规划目标，在今后 10 年，应该加大建筑节能领域的基础理论、关键技术和重点发展领域的研究支持力度，尤其是围绕着建筑节能的研究前沿开展深入系统的基础研究。

四、近中期支持原则与重点

未来 15 年是我国城镇化、新农村建设高速发展的重要时期，如何在满足人们不断提高的生活水平的条件下，通过建筑节能和科技进步实现建筑能耗环节的节能减排，是当务之急。依据建筑节能国内外发展的总体趋势，兼顾近中期和长远建筑节能发展的战略需求，提出坚持"一个中心，两个基本点"。

"一个中心"是节能，即在满足相同的室内环境舒适性要求的前提下，降低单位面积的建筑物终端能耗，这应该成为衡量建筑节能效果的根本指标。"两个基本点"是建筑物本体和建筑用能系统（设备）两手都要抓。一是对建筑物本体，要通过合理的建筑设计和采用节能建筑材料，在保持建筑室内舒适性环境的前提下降低供暖空调负荷（有用能）；二是对建筑用能系统（设备），尤其是供暖空调系统，通过合理的设备选型、系统设计及运行控制，提高能源利用效率，降低终端能耗。

需要围绕建筑节能领域的关键科学问题开展研究，主要包括五个方面：①建筑、气候、资源、环境等多因素之间的复杂作用新机理；②高效建筑节能材料的本征及可再生能源与建筑节能的一体化新技术；③高效建筑能源系统与设备；④建筑环境微气候的演变及作用；⑤建筑能量的梯级利用与系统集成技术；⑥建筑节能的软科学体系的构建，超低能耗建筑和绿色建筑的研发、示范和推广应用等。

因此，建议"2011～2020年"及中长期把下列建筑节能的基础理论和关键技术作为发展重点，并予以政策及资金方面的优先资助。

1. 绿色建筑及资源评估软科学体系的发展和完善

1）制定符合我国科学发展规律的建筑节能标准、法规和管理奖励机制；
2）绿色建筑方法与理论，全生命周期评价；
3）建立健全我国原始建筑气象基础数据库、建筑能耗基础数据统计体系；
4）优化能源结构，建立适合复杂气候条件的建筑节能效果评估体系与方法，构建建筑节能与未来"碳经济"的耦合关联性；
5）城市功能提升与合理布局的基础理论与关键技术研究；
6）城市"热岛"效应形成机制与人工调控技术。

2. 建筑物本体的关键节能基本理论与制备技术研究

1）建筑环境控制的环保节能建筑材料、主被动调温调湿材料、高效环保保温材料及采光新技术的制备与基础研究；
2）建筑低能耗围护结构组合优化设计方法与非线性传热反问题研究；
3）功能相变热流体的制备、热工时效与减阻特性研究；
4）建筑热环境全工况模拟分析软件的开发及应用；
5）建筑节能设计新理念，以及超低能耗建筑、绿色建筑的研发、示范；
6）建筑环境营造过程中复合能量系统转化、传递与耦合高效新机理研究；
7）智能无机温控材料的设计、制备、性能调控及其器件应用中关键基础问题。

3. 建筑设备的节能基础理论与关键技术研究

1）房间空调器的节能新理论与关键技术研究；
2）适合宽工况的系列动力机（压缩机、水泵、风机等）基础理论与关键技术；
3）新的输配系统结构、设计方法与新的调节理论与调节方法；
4）冷热电联供系统的高效能源转化利用、调峰与系统集成理论；
5）土壤源、水源、空气源热泵技术的基础理论与关键技术研究；
6）太阳能等自然能源建筑一体化技术与应用；
7）季节性能量蓄能新技术；
8）空调自然风模拟技术、新风处理及热湿回收技术；

9）小温差传热单元技术与建筑节能；

10）热泵热水器的性能提升与控制；

11）与健康、舒适、智能相结合，发展建筑科学用能的新概念与新技术。

4. 建筑热环境控制理论与关键技术研究

1）变制冷剂流量（VRV）、变水量（VWV）和变风量（VAV）控制新方法与技术；

2）温度湿度独立控制新方法研究；

3）建筑设备总系统的优化集成设计和控制技术；

4）建筑物热性能的检测新技术；

5）节能高效的室内空气质量控制原理和方法；

6）自然通风和蓄热之间的耦合关系和基本理论问题；

7）多参数耦合作用下的建筑物热控规律及高效供热系统；

8）智能建筑与智能化控制新技术；

9）建筑及建筑环境系统的能耗分析与节能优化设计技术；

10）空间热惰性（室外热作用波幅的延迟和衰减等）的控制原理及方法。

5. 绿色建筑新理念、建筑节能与材料学科交叉基础研究

1）绿色建筑的设计方法，以及建筑与能源、环境的多目标决策与设计理论；

2）可再生能源的高效利用及其与建筑的一体化技术；

3）建筑微气候的形成机理、优化与控制新方法；

4）建筑环境热、质、光、声学/振动的传递耦合的新机理和新方法；

5）人工环境智能控制理论与测试新方法；

6）局部空间、局部时间下的建筑环境调控机理、手段和策略；

7）与气候和资源条件相适应的建筑节能设计理论和方法研究；

8）节能降耗与环境友好建筑材料的基础研究。

第四节　交通运输节能

一、基本范畴、内涵和战略地位

交通运输行业是国民经济的重要基础行业，包括公路运输、铁路运输、水

运和航空运输等。从世界能源消耗情况来看，交通运输是最主要的能源消耗领域之一。根据 IEA 统计，交通运输能源消耗占世界能源消耗的 29.5％，且其能源消耗随着世界能源消耗增多而增加，如美国工业能源消耗在 20 世纪 70 年代后期基本没有增加甚至略有降低，但其交通运输能源消耗逐年增加，比例也逐步上升。我国交通运输能源消耗是能源消耗最快的领域之一。据 IEA 统计，20 世纪 70 年代以来，中国交通部门的能源消耗以 9.3％的速度增长，2005 年，交通运输部门消耗的能源达 2.1×10^{11} 千克标准煤，占总能耗的 16.3％。随着我国经济的快速增长和人们生活水平的提高，交通运输业对经济发展的贡献率将会进一步提高，能源比例也将持续上升。IEA 预测，2020 年中国用于交通的能耗将会占全社会总能耗的 20.4％。因此，交通运输节能是我国节能减排国策的主战场。

石油是交通运输的主要能源，交通运输是石油消耗大户。2000 年，全球约 50％的石油消耗在运输部门，到 2020 年，将超过 60％。2005 年，美国 97％的交通能源来源于石油，其中 44％为汽油，14％为柴油，8％为航空煤油。我国 93％以上的交通能源来源于石油，交通运输领域消耗了 40％以上的石油，其中 95％的汽油、60％的柴油和 80％的煤油被各类交通工具消耗。我国石油对外依存度逐年提高，2008 年进口石油超过了 2 亿吨，对外依存度超过了 50％，接近美国 58％的水平，预计到 2020 年，我国对外石油依存度将会超过 60％。因此，交通运输节能对保障我国能源安全具有十分重要的战略意义。

在整个交通运输业中，铁路和水路运输是最经济的运输方式，铁路运输是公路运输的成本的 1/10，航空运输的 1/100。公路运输是交通运输业能源消耗最多的运输方式，占交通运输业的 68.48％，水路运输是第二大能源消耗运输方式，其能耗比重为 14.29％，铁路运输和民航运输能耗分别占交通运输行业的 11.21％和 6.03％。公路运输也是交通运输能源消耗增长最快的领域，2005 年与 1990 年相比，我国公路运输机动车成品油消耗增长了近 4 倍，接近 1 亿吨。我国已进入快速机动化阶段，汽车保有量迅速增长，2009 年，我国已成为世界最大的汽车消费国，年末全国民用汽车保有量达到 7619 万辆（包括三轮汽车和低速货车 1331 万辆），保守预测 2020 年保有量将超过 1.5 亿辆，年耗油将突破 2.5 亿吨。此外，我国航空运输能耗增长也十分迅速，根据中国航空工业集团（AVIG）预测，到 2030 年，我国民航要发展 4000 架大飞机，需要 1 亿吨航空燃油煤油，接近 2006 年我国航空煤油消耗量（1000 万吨）的 10 倍。相对于公路运输和航空运输，铁路运输和水路运输燃油利用率近年来得到明显提高。

此外，交通运输对环境的影响日益严重，是造成环境污染的重要影响因素之一。交通运输造成的环境污染又以公路运输为主，如碳化氢、CO、氮氧化物、颗粒物及噪声等。从发达国家来看，一些主要污染物，如 CO、CO_2、氮氧化物、细小颗粒、挥发性有机化合物等的排放量，交通运输所占的比重仅次于工业，其中公路运输污染物排放量占交通运输污染物排放量的 60%～90%。近年来，随着我国汽车保有量的大幅增长，尤其在一些大城市，汽车已成为大气的主要污染源，城市大气污染物中 50% 以上来源于汽车排放。汽车面临节能与减排双重压力。

《国家中长期科学和技术发展规划纲要（2006—2020 年)》中有多个领域涉及未来交通领域节能减排的发展规划。在《国家中长期科学和技术发展规划纲要（2006—2020 年)》中，能源领域强调"坚持节能优先，降低能耗"及"推进能源结构的多元化"；在交通领域强调"促进交通运输向节能、环保和更加安全的方向发展，交通运输安全保障、资源节约与环境保护等方面的关键技术取得重大突破并得到广泛应用"和"加强统筹规划，发展交通系统信息化和智能化技术，安全高速的交通运输技术……发展综合交通运输"，并将"低能耗与新能源汽车"和"智能交通管理系统"作为优先主题，"重点研究开发混合动力汽车、替代燃料汽车和燃料电池汽车……研究高效低排放内燃机、燃料电池发动机、动力蓄电池、驱动电机等关键部件技术"……在重大专项中，将"大型飞机"作为重大专项之一。将氢能和燃料电池技术作为"先进能源技术"的前沿技术，"重点研究高效低成本的化石能源和可再生能源制氢技术，经济高效氢储存和输配技术，燃料电池基础关键部件制备和电堆集成技术，燃料电池发电及车用动力系统集成技术，形成氢能和燃料电池技术规范与标准"。可见，我国未来交通领域的节能减排发展趋势与国际是一致的。

交通运输的节能实质上是石油的高效清洁利用问题，发动机是交通运输的主要动力装置。本领域的研究重点仍是燃烧发动机的高效清洁燃烧理论、高效清洁燃烧技术，以及替代燃料燃烧理论和技术相关科学问题。此外，由于石油资源日益紧张，环境问题日益突出，寻找新的、高效清洁交通能源及其动力装置也是本领域的一个重要研究内容，交通能源多元化是一种趋势。

二、发展规律与发展态势

在未来 20～30 年，石油燃料仍是交通运输的主要能源，燃烧发动机仍是交通运输的主要动力装置。在工业发达国家，燃烧发动机的节能成为首要研究重点。2008 年，我国也确定了交通运输节能减排的主要目标，即到 2020 年，营运货车单位运输量能耗下降 16%、营运船舶单位运输量能耗下降 20%（其中海运船舶下降 20%，内河船舶下降 20%)、港口生产单位吞吐量综合能耗下降 10%。

交通运输节能可以概括为交通能源生产和交通能源高效清洁利用两个方面。在交通能源生产方面，包括传统石油燃料的高效生产、非传统石化燃料、煤的液化、生物质燃料生产制备及氢制造技术等，涉及多学科交叉领域，除工程热物理学科相关领域外，还涉及化工工艺、过程控制、煤化工、生物化工、电化学、光电化学、催化、燃料化学和农学等领域。

在交通能源高效清洁利用方面，包括了高效清洁燃烧技术、有害排放后处理技术、电池技术、控制技术、燃料电池技术等，涉及燃烧学、热力学、化学反应动力学、传热传质学、多相流体力学、化学催化、工业控制、材料学、电化学、环境科学和管理科学等多学科。交通运输能源使用过程中所产生的有害排放在大气中的扩散和运动规律还涉及大气科学，对人体的危害还涉及毒理学、生命科学等。交通领域的节能减排还涉及车辆的轻量化、运输管理、轮胎减阻等。因此，交通领域的节能减排是自然科学、工程科学、生命科学与管理科学等多学科领域的交叉集成。

交通领域是能源消耗最快的领域之一，交通领域节能减排的基础内涵包括交通能源生产和高效清洁利用等关键科学问题。当前交通节能领域的主要发展趋势如下。

1）先进的燃料技术。通过采用先进的燃料技术，在未来 $10\sim15$ 年，汽油机汽车发动机仍有 50% 以上的节油潜力，重型卡车柴油机仍有 25% 的节油潜力；通过采用新型燃烧技术和先进的耐温材料，航空发动机有 15% 的节油潜力，氮氧化物排放可以降低 70%。因此，开展传统燃烧发动机高效清洁燃烧基础理论研究，发展高效清洁燃烧新技术是交通运输节能领域发展趋势之一。

2）交通能源多元化。地球上探明的石油资源如果按目前的消耗水平，仅仅可以维持 $60\sim100$ 年的时间。因此，除石油外，以油砂、油页岩提取燃料、煤基（甲醇、二甲基醚）、天然气、生物质（醇类、生物柴油）为代表的替代燃料将越来越多地作为交通能源应用于交通领域。能源的多元化、减少石油能源的消耗是交通运输能源发展的另一个趋势。交通能源的多元化趋势还表现为交通动力系统的多元化，主要表现在以内燃机为基础的高效混合动力系统、插入式混合动力系统和纯电力驱动的交通运输装置进行商业化运营，以及未来有可能产生突破的燃料电池动力系统等方面。

3）电池技术。电池的能量密度仍是纯电动车的瓶颈，在电池技术没有重要突破之前，纯电动汽车只局限在一些固定线路、固定场所和城市交通中使用。对混合动力及燃料电池汽车，电池也是关键技术之一。高性能、低成本、低污染的电池技术是交通能源领域的一个重点研究课题，电池技术的突破将会给能源问题带来一场革命。从交通能源的长期发展趋势看，燃料电池仍是可能产生突破的车用动力系统之一。燃料电池的发展趋势可以归纳如下：更好的环境耐受性的高温质子交换膜燃料电池（PFMFC）技术；以光催化与光电化学分解制氢技术为代表的利用可再生能源制氢技术；开发新型燃料电池，减少贵金属催化剂使用量或不使用贵金属。

三、发展现状与研究前沿

交通运输是国民经济的命脉，是国民经济发展的基础和先导产业。在以经济建设为中心的时代，交通运输的发展必须具有一定的超前性。这对于维持国民经济的健康发展，保证人民生活质量及合理控制资源消耗与生态环境污染都具有举足轻重的作用。

目前，国内外对交通节能的现状可以概括为"节流"和"开源"两个方面，即一方面在未来相当一段时间内，燃烧发动机仍是交通领域的主要动力装置，石油仍是交通领域的主要能源，因此石油燃料的高效清洁利用仍是国内外研究重点；另一方面，即使对于传统的燃烧发动机装置，燃料的多元化仍是一个趋势，国内外都在探索适合传统燃烧发动机的清洁替代燃料；与此同时，近年来以混合动力、燃料电池和纯电动为代表的新型动力装置也十分活跃，是国内外的一个研究热点。

（一）内燃机动力技术发展现状

目前，内燃机是交通运输中主要动力装置，其消耗的石油占交通运输业消耗石油的90％以上。因此，内燃机仍是交通运输动力研究的重点。以内燃机为动力装置的交通运输装置（公路运输、水路运输和铁路运输）包括汽油机和柴油机。由于柴油机燃油消耗率比汽油机低20％～30％，寿命也比汽油机长，所以自20世纪90年代以来，欧洲轿车柴油机逐年增加，到2005年柴油轿车占50％，豪华轿车柴油机更高达70％以上，美国近年来也十分重视轿车柴油机，但我国几乎没有柴油轿车。

提高内燃机能量利用率、降低其有害排放是内燃机研究领域的两大目标。对于汽油机，重点是提高能量利用率，降低油耗；而对于柴油机，重点是降低其有害排放，使排放达到法规的要求，其面临的最大问题是降低排放与燃油经济性的矛盾。在工业发达国家，已分别实施了欧Ⅴ和美国2007年排放法规，完成了欧Ⅵ和美国2010年排放法规内燃机产品机开发，其研究重点是满足有可能的更加严格排放法规的燃烧技术路线、在满足排放法规条件下降低燃油消耗率和降低内燃机的成本。而我国内燃机排放法规比工业发达国家落后两个阶段，2010年实施相当于欧Ⅳ的排放法规。通过产学研的合作，我国基本掌握了欧Ⅳ和欧Ⅴ内燃机燃烧技术，但受制于跨国公司销售的高价格的关键零部件，在国内能否实施还是个未知数。

在内燃机燃烧基础理论研究方面，近年来，在科技部国家重点基础研究发展计划（973计划）、国家自然科学基金重点项目和面上项目的连续支持下，我国与国外几乎同步开展了以均质压燃、低温燃烧（LTC）为代表的新一代内燃机燃烧理论的研究，并取得了重大进展，已从基础理论研究向工程应用发展。在燃烧化学反应动力学研究中，仍主要使用正庚烷（C_7H_{16}）机理来替代柴油燃料，异辛烷机理（C_8H_{18}）替代汽油燃料，对内燃机燃烧机理的认识进一步加深，国内外也发展了不同的简化机理模型应用于多维数值模拟研究。近年来，用替代混合物来模拟实际的柴油、汽油，以及替代燃料动力学机理成为动力学研究的热点问题之一。在基础理论研究基础上，国内外提出了不同的高效清洁燃烧新技术，典型的柴油机燃烧系统通过缸内早喷方式、晚喷方式、多次喷油方式、多次喷油与缸内湍流耦合控制等方式实现柴油机均质压燃燃烧；典型的汽油机燃烧系统包括基于气道喷射的优化动力学过程（OKP）汽油机燃烧系统和基于可变气门定时和升程（4VVAS）燃烧系统，基于缸内直喷的压缩和火花点燃（CSI）汽油机均质压燃燃烧系统和火花点火辅助分层压燃（ASSCI）燃烧系统等，这些研究都取得了具有工程应用前景的成果。采用低温燃烧和均质压燃燃烧技术，可以简化柴油机后处理措施，满足欧Ⅵ或美国2010年排放法规，同时保持柴油机高热效率，也可以使汽油机热效率提高10％～20％。燃烧模式切换及瞬变工况控制是新一代内燃机燃烧技术应用的关键，近年来国内外在汽油机燃烧模式切换燃烧机理、燃烧过程控制、柴油机瞬变工况燃烧机理及有害排放生成等方面开展了广泛的研究，但仍需要进一步地认识瞬变工况燃烧机理。

随着石油资源的紧张，对替代燃料的研究更加广泛和深入，国际上十分重视对生物柴油的高效清洁燃烧的研究，并取得了进展，生物柴油已开始试运行。国内则广泛开展了醇类、二甲基醚、天然气、氢气、生物柴油、含氧燃料等替代燃料的基础理论和应用基础的研究，并且在燃料层流火焰结构、混合燃料（含氧混合燃料、天然气加氢气、石油燃料与生物燃料混合）燃烧与排放、醇醚燃料高效清洁利用、醇醚燃料动力学等方面取得重要进展；还开展了替代燃料的均质压燃、低温燃烧过程的研究。

缸内燃烧诊断技术是认识内燃机燃烧机理、发展燃烧数值模拟技术，从而指导工程应用的重要环节，内燃机燃烧学研究的突破都来源于燃烧诊断技术的进步。国际上十分重视燃烧诊断技术的研究及应用，主要包括喷雾测量、流场测量、火焰测量和燃烧过程产物测量等方面。近年来，国际上应用激光诊断技术在喷雾混合气液浓度分布、混合气浓度和成分分布、喷雾燃油粒径分布、缸内湍流结构（小气门升程）、燃烧反应中间产物、自由基生成及演化、炭烟生成等方面取得了较大进展，但缸内NO测量仍比较困难。国内在缸内燃烧诊断技术相对薄弱，一些先进的光学方法近几年才建立，目前主要使用的方法包括高速摄影和纹影技术、激光诱导荧光法（PLIF）、粒子图像测速（PIV）、光谱仪等，并且在层流火焰结构、火焰传播、喷雾混合气液浓度分布、混合气浓度和成分分布、缸内湍流等的测量方面取得了一定的进展。

内燃机燃烧在时间和空间上极为复杂，具有强瞬变、强涡流、强压缩和各相异性的特点，燃烧模型近几年最大的进展是化学反应动力学模型与计算流体力学（computational fluid dynamics，CFD）模型耦合，对燃烧机理有进一步的认识，尽管燃烧模型已开始应用于工程开发，但其预测的误差仍较大。

在内燃机有害排放物生成机理及控制技术研究方面，缸内微粒生成机理是重要的研究内容之一，尽管对微粒生成动力学机理、微粒氧化机理、湍流对缸内微粒生成与氧化机理的影响等的研究进展不大，仍需要进一步开展。但采用缸内全气缸取样技术对现代柴油机微粒形貌、微观结构、微粒成分、粒径分布特性、微粒理化特性和毒性的研究取得了进展。汽油缸内直喷技术（gasoline direct injection，GDI）汽油机缸内微粒生成机理基本空白，因此，对内燃机缸内炭烟生成机理的研究仍是内燃机燃烧研究的热点和重点问题之一。利用同步辐射技术结合飞行时间质谱仪研究火焰燃烧中间产物成分是一种新燃烧研究的方法，为燃烧化学反应动力学的数值模拟提供可靠的数据支持。

（二）汽车辅助设备的节能

通常开启汽车空调时，发动机的功率要降低 $10\%\sim12\%$，耗油增加 $10\%\sim20\%$，因此，加强节能型空调的研制开发也是汽车节能的重要方面。目前，汽车空调绝大多数采用蒸汽压缩式制冷，压缩机由发动机的轴驱动。需要新型高效压缩机取代传统的往复活塞式压缩机，如变排量斜盘式和涡旋式压缩机的输气量可无级调节，将是未来汽车空调压缩机的主机型。由于汽车空调冷媒 R134a 替代品的呼声越来越高，用 CO_2 做冷媒的汽车空调可能会成为未来热点。

汽车发动机及辅助设备的热管理技术是降低能耗的途径之一，主要体现在热效率的提高上。固体的导热系数比液体工质要大得多，通过在液体工质中加入固体颗粒应该可以强化液体的导热系数，随着纳米科学及技术的进步，将纳米颗粒分散到传统的工质中，并对这种悬浮液的传热特性进行系统研究成为可能，如今对纳米流体传热特性的研究得到国内外学者的广泛关注。国内对纳米流体的研究大多集中于其导热系数的测定及其强化机理的分析上，对纳米流体对流换热和沸腾换热、纳米流体的磨蚀特性和纳米流体黏度的改进等的研究还有待深入。未来的发动机冷却系统将会具有更大的热负荷，如何散热会成为高热流密度下的问题，新的冷却系统的研发将是重要内容之一。

汽车尾气的利用能够在一定程度上提高汽车整体的效率。在发动机高速运行状态下，大约 70％的燃料能量以废热的形式损失了，而其中 35％～40％以汽车尾气排放损失了，而另外的 30％～35％为发动机冷却介质所吸收。采用涡轮增压技术，可以利用发动机废气来增加汽车的动力性；利用尾气的热电转换发电来供给汽车中的辅助设备，整个系统的燃料利用效率有望提高 5％，该技术的研究主要涉及热电转换装置的大型化、制造技术及在极端的热环境和震动条件下设备的耐用性等方面。此外汽车发动机尾气余热空调制冷也是余热利用的研究热点，吸收和吸附制冷的技术突破可以为余热驱动汽车空调和制冷提供新的途径。

（三）新能源动力系统研究现状

在新能源动力研究方面，近年来，国际上广泛开展了两种不同技术路线的研究：其一是以美国为代表的燃料电池动力系统，经过几年的探索研究，尽管国际汽车公司纷纷推出了氢燃料电池汽车，但是目前燃料电池过分依赖于贵金属而导致成本过高，以及能量密度低等缺点，燃料电池汽车在近中期不会成为汽车的主流；其二是以日本为代表的油电混合动力汽车，该技术路线取得了较大的成功。2007 年，全球混合动力汽车销售量为 50 万辆左右，随着成本的降低，混合动力汽车占有量会迅速增加。根据机电混合度的不同，混合动力汽车与传统燃油汽车相比，能够实现 10％～40％的节油效果，常规排放物和 CO_2 排放也显著降低，并具有性能稳定、可靠性强、不依赖于新建配套设施等优点，因此被认为是近中期比较现实和有效的新能源汽车产品。

在新能源动力系统中，电池技术是其关键技术之一。满足汽车动力电源要求（电池高比功率和适当的比能量）的有锂离子蓄电池、金属氢化物镍蓄电池和高比能量电化学电容器等化学电源，其中高功率锂离子蓄电池因具有比能量大、单体电压高和自放电小的优点，是汽车动力电池的理想电源之一，所以成为研究热点。但是动力锂离子蓄电池也存在安全性低、成本高、长期循环和储存后功率性能下降的问题，这是制约其发展的主要原因。

国际上十分重视锂离子蓄电池的开发，如美国能源部支持的电动汽车（EV）、混合动力汽车（HEV）化学电源的研究工作，已支持了三代动力锂离子蓄电池的研发，美国先进电池联盟（USABC）在 2002 年启动了 Freedom Car & Vehicle Technologies Program，电池组的比功率目标为 625 瓦/千克。我国投入了大量财力、物力，动力锂离子蓄电池的研究发展也十分迅速。国家高技术研究发展计划（863 计划）设立了电动汽车重大专项，中国科学院物理研究所、北京有色金属研究总院、中国电子科技集团公司第十八研究所等单位参加了该项目，分别开发了电动汽车和混合动力汽车用两类动力电池。但是，我国目前锂离子蓄电池的性能仍有待于进一步提高，尤其是高温性能仍不理想。"十一五"期间，863计划电动车重大专项又对混合动力车、可外接充电式混合动力电动汽车（PHEV）和燃料电池车（FCV）用动力锂电池关键材料和电池的研发给予了大力支持，重点研究开发包括磷酸铁锂（LiFePO₄）正极活性材料的新型动力锂离子蓄电池。

在这些新型动力装置中，控制技术是另一项关键技术。纯电动汽车控制的主要目标是如何回收能量，实现电动车节能。对于混合动力汽车和燃料电池车，多能量源的混合动力系统增加了控制的难度，涉及如何进行多种工作模式的切换、如何实现多个能源间的能量流的优化控制及能量回收等问题。因此，混合动力汽车需要增加一个能量管理系统来控制多能量源之间能量流的协调和分配，控制策略是能量管理系统的核心，也是研究的重点。与国外相比，我国对混合动力控制策略的研究起步较晚，远没有达到成熟的程度，大多处于理论研究阶段，与国外混合动力汽车控制方面的技术水平有相当大的差距。

尽管基于发动机-蓄电池-机电混合动力系统可以实现最高的节油率，但是成本高，影响了它的推广应用。近年来，国内外也开展了其他混合动力系统的研究，如以液压装置储能方式的机/液混合动力、以压缩空气储能方式的压缩空气/燃油混合动力、以回收发动机余热低品位能为手段的热/电混合动力等新型混合动力装置。值得注意的是，国外重视内燃机废气能量的回收利用研究，认为通过废气余热回收利用，柴油机能量利用率可以提高50%，因此，发动机余热利用的热—电混合动力汽车节能潜力巨大。

20世纪70年代初，全球能源危机，对燃料电池的研究重点从航天转向地面发电装置，燃料电池根据所使用的电解质、燃料来源等的不同，可分为5种类型：碱性燃料电池（AFC）、磷酸燃料电池（PAFC）、熔融碳酸盐燃料电池、固体氧化物燃料电池和质子交换膜燃料电池。其中，质子交换膜燃料电池除了具有能源利用率高、零排放等优点外，还具有启动快、寿命长、比功率与比能量高等突出特点，是最有前途的汽车动力源之一，也是燃料电池的研究热点。

质子交换膜燃料电池的主要关键问题有三个。一是关键材料及部件的研究，包括电催化剂、质子交换膜、电极和双极板。质子交换膜是燃料电池的另一核心技术，研究的重点是提高膜的热稳定性、化学稳定性和机械强度。二是储氢技术，目前储氢技术有多种方法，包括玻璃/沸石储氢、制冷吸收储氢、液态储氢、不可逆金属储氢及可逆金属储氢等。三是大规模制氢技术，大规模、低能耗、低污染、低成本的制氢技术是制约燃料电池汽车商业化的另一个瓶颈，其中利用太阳能采用光催化与光电化学分解制氢是目前研究的重点，此外还包括生物制氢技术、低成本化石油燃料制氢技术。

近几年，我国各研究单位在质子交换膜燃料电池研究方面取得了巨大的成就，相继成功组装了质子交换膜燃料电池单体、电动车用质子交换膜燃料电池石墨电池堆和千瓦级质子交换膜燃料电池组。电池组的性能已达到国际先进水平，但一些关键材料和部件仍与国际先进水平有不少的差距，如催化剂、质子交换膜等。

（四）航空动力发展现状

航空运输发展十分迅速，航空运输的能源消耗和排放占交通运输能源的比重越来越大，目前，虽然航空运输的 CO_2 排放少于全球的 3％，但到 2050 年将增加到 15％，其能源消耗将占交通领域能源消耗的 25％ 以上，因此，航空运输节能日益受到重视。航空发动机的节能减排措施主要包括四项。①在现有发动机中安装先进的燃烧室、电子控制及非排气式附件，同时采用新材料及涂层来提高工作温度及压比，提高航空发动机能源利用率。②采用齿轮传动风扇方式。据报道，可省油 12％，降噪 31 分贝。但该方式仍存在设计上的难点，包括散热慢、复杂性及维修成本高等。③应用装有桨扇或无涵道风扇等的新型发动机。GE 在 20 世纪 80 年代末，就在 MD-80 上装上 GE36UDF，油耗降低 30％。但无涵道风扇技术，设计上也有突出的难题，在振动、叶片包容环及飞机机体的安装等方面存在设计上的突出难题。④使用新型替代燃料替代航空燃油，减少航空煤油的消耗。

在学科前沿方面，交通领域重点围绕"节流、开源、减排"三个方面展开研究。①在"节流"方面，现有交通能源的高效利用、传统燃烧发动机的高效清洁燃烧理论和技术仍是研究的重点和学科的前沿，包括传统石油燃料的高效清洁燃烧、替代燃料的高效清洁燃烧和生物质燃料的高效清洁燃烧。基于传统燃烧发动机的混合动力技术是"节流"的另一个前沿课题，包括电池技术、混合动力控制理论和技术等。②在"开源"方面，要减小交通能源对石油的过分依赖，形成交通能源多源化的格局。因此，非传统的石化燃料，如油砂、油页岩燃料提炼制备，煤基燃料（煤制燃油、甲醇、二甲基醚等）、非粮食作物和生物质废弃物等生物质燃料制备（乙醇、丁醇），生物柴油制备及标准，混合燃料与燃料设计，利用可再生能源（太阳能、生物）制氢技术，氢的储运和配送，燃料电池关键材料和部件、电堆、发动机的基础研究等都属该学科的前沿。③在"减排"方面，一方面是减少交通能源使用过程中温室气体 CO_2 的排放，另一方面是降低交通运输工具对环境、生态和人们健康的影响。因此，传统燃烧发动机有害排放控制技术及对大气环境的影响，大规模利用生物质燃料可能对生态环境的影响，替代燃料和新能源有可能带来的新的污染等问题也是学科的前沿。

四、近中期支持原则与重点

我国应依据国内外交通能源发展的总体趋势，兼顾近中期和长远交通能源发展的战略需求，遵循"节流、开源、减排"的原则，围绕交通能源领域的关键科学问题开展研究。基础理论层面的关键科学问题：新型替代燃料的制备、理化特性、标准，混合燃料设计；"极限"条件下燃料燃烧的物理化学过程及燃烧基础理论；可再生能源、生物质制氢理论；多能源动力系统控制策略；交通能源制备、输运和利用过程中的工程热物理问题；交通能源全生命周期及分析其对环境和生态的影响；动力蓄电池与燃料电池的基础理论与技术。

近中期重点支持的方向和课题包括如下八个方面。

1. 高效清洁内燃机燃烧理论与燃烧控制

1）燃料燃烧反应动力学机理；

2）高环境压力、高废气再循环（EGR）稀释、稀燃等"极限"条件下燃烧理论；

3）高功率密度、高强化条件下的燃烧理论；

4）高环境压力、超高喷油压力燃油喷雾混合；

5）内燃机燃烧诊断与数值模拟；

6）低温燃烧缸内炭黑生成与氧化机理，炭黑生成动力学；

7）瞬变工况、过渡工况燃烧机理及有害排放生成控制；

8）内燃机节能理论与关键技术、新型热力循环；

9）高温排气综合利用的基础研究；

10）氮氧化物生成化学反应动力学机理。

2. 替代燃料发动机、混合燃料发动机的燃烧与排放基础理论和关键技术

1）煤基合成燃料油的高效清洁燃烧基础理论及发动机关键技术；

2）醇类燃料的高效清洁燃烧基础理论及发动机关键技术；

3）油砂、油页岩提取燃料、生物柴油等的高效清洁燃烧基础理论及发动机关键技术；

4）燃料特性控制、清洁混合燃料设计及混合燃料燃烧基础理论；

5）灵活燃料发动机燃烧与控制技术。

3. 生物燃料制备技术及其对生态环境环境的影响

1）非粮食作物、农业废弃物制备乙醇、丁醇等燃料的基础理论和技术；
2）适合甲醇、乙醇燃烧的动力系统及相关设备的研究；
3）生物柴油制备理论和技术，高效清洁生物柴油标准和规范；
4）应用生物柴油的动力系统及相关设备的研究；
5）新型清洁燃料合成与制备的理论和技术。

4. 新能源交通动力系统共性关键技术

1）混合动力系统优化、新型混合动力系统研究；
2）新能源交通动力系统控制策略和技术；
3）高效、大容量电能存储基础理论。

5. 发动机余热利用与转化技术

1）发动机余热热工转化技术；
2）发动机余热热电转换技术；
3）发动机余热空调制冷技术。

6. 燃料电池基础理论与关键技术研究

1）新型高效制氢技术、氢气储运与输配送技术；
2）燃料电池质子交换膜材料、传热传质关键问题；
3）燃料电池关键材料和部件、电堆、发动机的基础研究。

7. 航空发动机燃烧基础理论与关键技术

1）脉冲爆震发动机波的形成、传播机理及控制方法；
2）脉冲爆震发动机中流动与燃烧的数值模拟技术；
3）超燃冲压发动机着火与燃烧稳定性研究。

8. 铁路运输节能技术研究

1）高速列车的表面流动、换热与空调负荷的相关问题；
2）电力机车动力装置及其配套装置研制；
3）高速列车在长时间运行条件下的设备散热及稳定性研究；
4）清洁能源在列车动力设备上应用的基础理论及相关技术。

第五节 新型节能技术（电器与照明节能）

一、基本范畴、内涵和战略地位

我国常用电器的基本种类有电冰箱、洗衣机、空调、热水器、微波炉、电视机，以及以计算机、手机为代表的电子器件等。

近30年，国民经济高速发展，人民生活水平不断提高，家用电器已经成为小康家庭的生活必需品，其中空调和电冰箱则已经成为住宅内用电最大的两类家电产品。美国、欧盟、日本等都制定了严格的能耗等级要求。中国于2003年11月1月正式实施了《家用电冰箱耗电量限定值及能源效率等级》标准，2004年开始则实施了《房间空气调节器能效限定值及能源效率等级》空调能效标识制度。提高空调和电冰箱的能效已经引起世界各国政府和生产企业的普遍重视。这其中涉及许多技术创新问题。

房间空调器种类较多，但是我国以分体式空调器产品为主，2004年实施的小型家用定频空调能效限定值（以4500瓦制冷量以下为例）以制冷能效比（COP）为2.6，2.8，3.0，3.2和3.4确定了空调能效分别为五级、四级、三级、二级和一级，其中一级和二级能效的空调被确认为节能空调。经过5年一轮的发展，2009年，小型家用定频空调的能效限定值则已经提高到3.2。这其中包含压缩机、换热器、节流元件等产品的进步，以及良好的系统匹配和控制设计。变频技术，以及与其相互适应的变排量压缩机技术和电子膨胀阀技术则进一步提高了家用空调能效。

家用电冰箱是一个绝热箱体，形式众多，但是其工作原理均是：消耗电能驱动制冷循环来制冷并达到规定的温度。因此降低电冰箱能耗必须从减少箱体漏热和提高循环效率两个方面来分析。在国民经济中，制冷空调行业已经成为支柱产业。随着城市化进程的加快，高楼大厦林立，家用电冰箱、家用空调获得广泛应用；食品、水产品等加工冷冻使得食品冷链（冷库、冷藏车、超市冷冻设备等）广泛应用；汽车工业的发展和普及，汽车空调的大量使用，使我国既是制冷空调设备的生产大国，也是制冷空调设备的使用大国。

制冷空调设备节能意义重大。

据统计，我国照明用电量已占总用量的10%～12%，随着我国经济的高速发展，照明用电持续增加，照明节电已成为节能的重要方面。首先，为了能够控制照明能源消耗的增加率，高效率、长寿命、低污染的照明光源成为发展趋势，因此选用新型省能光源替换传统高耗能光源，可以立即提升照明能源效益，也是节约照明能源最适当、整体效益最高的一种模式。

电器节能中，电冰箱和空调涉及的是制冷与低温技术，制冷工程是工程热物理学科的一个重要的分支，其主要任务是基于各种制冷效应的基本原理，综合应用工程热力学、传热传质学、多相流及热物性、材料学等各个分支学科的知识，通过合理的制冷循环，以人工的方法实现低温环境。制冷与低温技术在国民经济建设和国防建设中得到广泛应用，如食品业、建筑业、航空航天及空间探测开发、国防军事装备、信息技术、生命科学技术、交通和能源、工业及日常生活等方面。

电子器件冷却及大型器件冷却原理与基础涉及传热传质学科。传热传质学是以导热、对流传热和辐射传热过程为基础建立的理论。热质传递过程是物质运动的一种普遍形式，有着广泛的实际应用背景，尤其与当前的高科技发展形成紧密的交叉融合，在诸如航空航天、新能源、微纳米科技、生态环境等相关学科中发挥着重要的作用。

二、发展规律与发展态势

家用电器的节能问题一直备受国家重视，是我国《节能中长期专项规划》指出的"十一五"期间重点领域。我国发布的《能源效率标识管理办法》规定能效标识制度自 2005 年 3 月 1 日起正式实施，洗衣机、电冰箱、空调、燃气热水器、电热水器和电磁炉等产品的能效标识制度已经陆续出台，并且国家通过财政补贴的方式推广节能家电，每年实现节电 750 亿度，因而不断地加强新型节能技术的开发对提高家电的能效具有重要的意义。随着经济起飞，照明用电也持续增加，而且照明系统发热量会增加空调负荷，照明节能的可持续发展，研发高效率照明系统则尤为重要。主要家用电器与照明节能技术，以及电子器件散热技术的发展趋势如下。

(一) 家用电器节能

电冰箱是家庭常用设备之一，从技术角度分析，未来电冰箱节能的发展趋势一方面需要开发新型的更加节能环保的制冷模式，一方面针对电冰箱中主要的结构部件进行改造和革新以提高系统的运行效率。未来的研究需要不断地改进压缩机性能，同时寻求更加完善的隔热技术。在替代工质方面，将适当比例的混合物作为制冷剂有可能降低压缩机的能耗，但由于混合工质组分在冷凝和蒸发过程中的热力性能与单一制冷剂不同，所以需要对混合物的传热条件，以及换热器的结构和表面进行深入的研究。喷射器引入蒸汽压缩制冷循环，构成压缩喷射混合制冷循环并从理论上证实有较显著的节能效果。压缩喷射式混合制冷循环是降低双温冰箱冷藏室中过大的不可逆传热损失、提高冰箱制冷系统性能的一种有效方式。采用压缩喷射混合制冷循环可以回收制冷系统由节流而引起的节流损失，从而可以提高制冷循环的制冷系数。

开发节能、环保、舒适度较高的空调是当前家电领域的研究趋势之一，寻找环保性能更加优异的长期替代物，以及对新工质、混合工质的热物性研究依然是当前制冷领域的发展趋势。当前家用空调正在往更加高效、舒适和健康的方向发展，相应需要对热交换技术（冷媒侧和空气侧）、压缩机技术，系统变工况运行的调节和控制技术等展开深入研究。近年来新发展起来的家用空气源热泵热水器技术值得深入发展，其节能效果显著，在此基础上的热泵热水、采暖空调系统值得关注。采用 CO_2 天然工质的制冷系统、热泵热水系统和采暖空调系统在日本已经形成很大市场，具有很大的研究和开发潜力，这其中 CO_2 压缩机和膨胀机的研究开发，微小通道换热机理及换热器，超临界状态 CO_2 的管内流动等都是值得研究的课题。特别需要通过压缩机、工质及换热设备的性能优化来全面提高空调和热泵设备的工作效率。

（二）照明节能

通过调控 LED 半导体材料的微结构特征，使半导体材料的电子与空穴复合放出的辐射能量和所需要的发光波长相匹配，实现 LED 的光谱辐射选择控制功能，进而减小 LED 的能量损失，可以有效提高 LED 电光转换效率和单色性，这涉及微纳尺度热辐射传输的科学问题。

随着 LED 工作电流的加大，解决散热问题已成为大功率 LED 实现产业化的先决条件。LED 产生热量的多少取决于内量子效应。因而需要改进材料结构，优化生长参数，提高器件内量子效率，从根本上减少热量的产生，加快芯片结到外延层的热传导速度。开发新型导热性能好的材料做衬底，以加快热量从外延层向散热基板散发。通过优化金属基印刷电路板（MCPCB）的热设计，或将陶瓷直接绑定在金属基板上形成金属基低温烧结陶瓷（LTCC-M）基板，以获得热导性能好、热膨胀系数小的衬底。

为了使衬底上的热量更迅速地扩散到周围环境，通常选用铝、铜等导热性能好的金属材料作为散热器，再加装风扇和回路热管等强制制冷。LED 照明都不宜采用外部冷却装置，根据能量守恒定律，利用压电陶瓷作为散热器，把热量转化成振动方式直接消耗热能将成为未来研究的重点之一。对于大功率 LED 器件而言，其总热阻是 PN 结到外界环境热路上的几个热沉的热阻之和，其中包括 LED 本身的内部热沉热阻、内部热沉到印刷电路板（PCB）之间的导热胶的热阻、印刷电路板与外部热沉之间的导热胶的热阻、外部热沉的热阻等，传热回路中的每一个热沉都会对传热造成一定的阻碍，因此经过长期研究，专家认为，减少内部热沉数量，并采用薄膜工艺将必不可少的接口电极热沉、绝缘层直接制作在金属散热器上，能够大幅度降低总热阻，这种技术有可能成为今后大功率 LED 散热封装的主流方向。

（三）电子器件节能

电子器件热管理涉及热科学、材料科学、流体科学等诸多学科，发展新一代电子器件热管理技术将给热科学领域提出许多关键的科学问题，迫切需要热科学领域的新原理、新方法与新技术的支撑。突出表现在五个方面。

第一，电子器件热控制涉及复杂的流场、温度场、结构应力场耦合传递过程，这种多场耦合效应对电子器件热特征的影响非常大。因此，研究电子器件热控制方法必须考虑流场、温度场、结构应力场之间的耦合效应，揭示复杂与极端条件下的特殊流场、温度场、结构应力场耦合传递机制，探讨电子器件热物理量场分布及其动态特性与散热冷却效果的影响规律，建立提高电子器件温度分布均匀性、消除/减小热效应的热可靠性的理论与方法。

第二，大功率、高热流密度电子器件内部的传热过程强度高、时间短，将出现一系列与常规现象不同的传热特征。例如，经典傅里叶理论假设热量以无限大的速度在物体内传播，即从温度梯度产生到热流的建立所需的热松弛时间约等于零。对于常规电子设备内的导热过程，这一假设基本正确。但是对于大功率、高热流密度电子器件而言，由于传热过程十分剧烈，热松弛时间可能高达几秒到几十秒，热扰动传播速度为无限大的假设不能成立，呈现出由热扰动的有限传播速度所引起的非傅里叶效应。而且热流密度越大，非傅里叶效应越明显。因此，研究大功率、高热流密度电子器件热管理理论方法与控制技术，必须首先研究大功率、高热流密度电子器件条件下的超常传热现象与规律，揭示大功率、高热流密度电子器件的传热机理，从而为研究新一代、高散热强度的热管理技术提供关键理论支撑。

第三，由于微/纳尺度的电子器件在未来电子器件中越来越多的出现，发展此类电子器件的热控制技术依赖于微/纳尺度热科学理论与方法的支撑。目前，人们普遍认识到，当器件尺度和瞬态作用时间小于一定数值时，微尺度区域内的热行为将体现出强烈的尺度效应，那些广泛应用于连续介质体系中的物理量，如"温度"、"压力"、"内能"、"熵"、"焓"乃至热物性，如热导率、比热、黏度等在微尺度水平上均可能需要重新定义和解释。器件中的热行为将显著偏离经典热科学理论所描述的规律，传统的热科学理论将不再适用。例如，热传导中的各向异性现象、非均匀对流问题中的流体压缩性问题、介质物性的变化、边界效应更加明显等。显然，对这些科学问题的深入认识将成为发展微/纳尺度电子器件热控制技术的关键。

第四，传统的气体与液体冷却很难适用于大功率、高热流密度电子器件热控制领域，一些新型、高效热控制技术（如泵驱动相变换热技术、微通道相变冷却、喷雾冷却等）是非常有效的冷却方式，将在大功率、高热流密度电子器件热控制领域发挥重要作用。但迄今为止人们对这些散热冷却技术的流动与传热机理的认识还相当有限，同类现象或相近问题的实验结果甚至相互矛盾，没有统一认识，对工程设计和应用无法形成必要的技术指导依据。迫切需要对大功率、高热流密度电子器件方法进行更深入系统的研究，发展新型高效热可靠性方法以指导工程应用。

第五，此外，新一代电子器件热管理技术还给热科学领域提出了一些基础科学问题，亟待深入开展研究，如电子器件的热界面问题（接触热阻）、复杂流体（液、固两相功能流体）的流动与传热机理等。

三、发展现状与研究前沿

（一）电冰箱

随着我国经济的迅速发展和人民生活水平的不断提高，在过去十几年中，我国家用电冰箱的产量大幅增加，从 1990 年的 463 万台增长到近年的 1400 万台以上。电冰箱耗电量是消费者比较关心的指标之一。对于家用电冰箱，箱体的漏热和压缩机运行能耗对整机的能耗起着决定性作用。PU 发泡剂是流行的隔热材料之一，导热系数约为 $21\mathrm{mW/m \cdot K}$，比较广泛地用于制冷设备中。然而，由于用于发泡剂中的 HCFC-141b 将被限制使用并将最终被淘汰，所以必须研究其他更加理想的隔热材料。真空绝热材料是由铝合金薄膜和微细玻璃纤维芯材构成的，通过提高真空度来加强隔热效果。从环保和节能两方面来考虑，真空绝热材料不仅符合未来环保的要求，也具备了良好的隔热性能，导热系数约为 $6\mathrm{mW/m \cdot K}$，在日本电冰箱制造业中，日立、松下、东芝等著名品牌都采用了该技术，但该材料比较昂贵，同时如何长期稳定地保持真空度也是一个问题，因此我国电冰箱制造企业采用得比较少。

在替代制冷剂研究方面，各国学者和企业生产商做了大量的工作，目前碳氢化合物及其混合物在电冰箱中的应用取得了突破性进展，用适当比例的混合物作为制冷剂有可能降低压缩机的能耗。而由于组分在冷凝和蒸发过程中的热力性能与单一制冷剂不同，所以需要对混合物的传热条件及换热器的结构和表面进行研究。

在普通的双温冰箱中，经毛细管节流后的制冷剂依次进入冷冻室和冷藏室的蒸发器，通过同一蒸发温度约−29 ℃来分别维持冷冻室温度−18 ℃和冷藏室温度，因冷藏室中太大的传热温差会造成一定的可用能损失，这种情况对于大冷藏室的双温电冰箱则更严重，采用非共沸混合工质制冷剂是克服该缺点的一种方法，但因其严格的成分要求，采用这一方法还存在一定困难，另一种有效途径是采用双压缩机双路循环方案，这一方法收到了显著的节能效果，但冰箱的制冷系统变得复杂会导致成本增加，也没有解决两种不同回气温度直接混合造成的可用能损失问题，因此开发新的系统循环和研究其节能方式就显得很有必要。

（二）空调

能源形势日益严峻，由能源消耗带来的环境问题也成了不容忽视的难题，臭氧层破坏和全球变暖使环境保护的呼声越来越高。《蒙特利尔议定书》和《京都议定书》的签订，让制冷工业面临着巨大的挑战。中国家用空调主体上所采用的 HCFC22 正在面临逐步淘汰的压力，日本主导的 R410A 及欧洲主导的 R407C 则已经成为 HCFC22 的中间替代物。应该说未来家用空调的冷媒到底采用何种形式现在尚不明朗。作为世界上最大的家用空调生产国，中国应该在空调冷媒方面做深入研究，以掌握未来发展的先机。

从目前的研究和应用情况看，全球制冷剂替代主要存在两个发展方向：一个是采用 HFCs 等人工合成制冷剂，国际上已经对以 HFC-134a 为代表的新环保工质的热物性进行了研究，但总体而言人工合成制冷剂依然无法彻底解决工质的环境问题和安全问题；另一个是采用 R744（CO_2）、碳氢化合物做制冷剂，认为采用生态系统中现有的天然物质作为制冷剂，可以从根本上避免环境问题，其中呼声最高的是 R717、R744、R290 和 R600a 四种。尽管部分氢氟烃制和碳氢类冷剂已经获得了成功应用，但与社会经济和科技发展的要求相比依然有较大的差距。CO_2 制冷技术重新受到研究者的广泛关注，由于 CO_2 作为制冷工质的一些独特的优势，CO_2 作为工质被认为是氟利昂制冷剂的长期替代物，跨临界循环理论使得 CO_2 作为工质的研究再次成为研究热点。但是冷媒在保证环保的前提下，必须充分保障空调制冷系统的能效，同时实现 CO_2 温室气体的减排。

高效换热技术也是降低空调能耗的手段之一。制冷空调系统中的换热器，如蒸发器、冷凝器和风机盘管是进行空气调节的主要设备。其优化的依据是材料的选择、换热面积的增加和传热性能的改善。换热器材料的选择不仅要求其具有较好的传热性能，还要考虑实际成本问题，如何降低传热热阻也是当前的研究趋势之一。增加换热面积可以选择多种方法，如增加迎面换热面积、增加管排数、增加翅片密度、增加冷凝器的过冷度。改善传热性能的方法有采用各种强化换热管、改进翅片设计、改进管路设计、对翅片表面进行特殊处理、将空调凝结水喷至冷凝器表面蒸发等。

我国制冷相关领域的研究者在研究开发节能环保制冷技术和新型低温技术方面取得了显著的成绩，但在世界制冷领域，总体而言，我国的制冷技术和国外发达国家比较还是有一定差距的，特别是在创新性研究上显得不足。

（三）热水器

家用热水器分为四大类，主要是燃气热水器、电热水器、太阳能热水器和热泵热水器。

燃气热水器按照结构分为容积式、快速式和联合式，排气方式分为强排和自然排烟。冷凝式燃气热水器是当前的研究热点之一，燃气燃烧可供利用的热量包括烟气的显热和烟气中水蒸气的潜热两部分。冷凝式燃气快速热水器通过降低排烟温度来回收烟气中水蒸气的潜热，与普通热水器相比可提高热效率15％左右，节能效果显著。

电热水器将高品位的电能以1∶1转化为低品位的热能，这在能源利用角度是极不合理的。然而其结构简单，安装方便，在用电负荷低谷时段将水加热并贮存可以起到削峰填谷的作用。

太阳能热水器将太阳能热能传入热水中，可以方便利用自然能源，已经成为我国节能建筑的推荐或强制应用产品，我国太阳能热水器保有量占全世界的70％，在广大农村地区比较普及。近年来，太阳能热水器普遍进城，建筑一体化太阳能热水器成为市场新军。

热泵热水器常常采用空气源作为环境能源吸取热能，消耗少量的电能（功），两者合流的能量输送给热水，采用热泵原理工作其热效率总大于1，常见的热泵热水器一般加热效率可以达到3～4，因而通常讲热泵热水器的效率是电热水器的3～4倍。这类热水器极易与建筑物结合，如果与电热结合则可以在各种气候条件下工作，因而热泵热水器具有非常广阔的发展前途。热泵工质、能效、系统运行安全控制、系统优化设计等是该领域应该关注的热点。

（四）照明节能

进入21世纪，照明光环境受到更多的关注，创造优质的光环境与提升照明效率二者都需要兼顾。照明系统从过去追求发光效率，进入节能、环保、精致化时代，因而整体化的设计规划，以高效率、舒适光环境、安全、便利、低污染的照明，满足绿色照明的需求为技术发展的目标。

LED 光源与传统光源相比较，具有超长寿命、结构坚固、响应速度快、易实现调光和智能控制、耐开关冲击、高效节能、绿色环保等优点。与白炽灯相比，LED 在效率、节能、灯具设计等方面都有足够的优势。中国绿色照明工程促进项目办公室作过一专项调查，中国照明用电每年在 3000 亿度以上，用 LED 取代全部白炽灯或部分取代荧光灯，可节省 1/3 的照明用电。这对经济发展速度已经超过能源供给速度的中国来说，无疑具有十分重要的意义，有助于缓解能源紧张问题。因此，《国家中长期科学和技术发展规划纲要（2006—2020 年）》中将高效节能、长寿命的半导体照明产品列为工业节能领域的优先主题之一。

理论上 LED 的电光转换效率很高，发光效率可达 400 lm/W（每瓦特电能转变成光的通量流明）。但目前 LED 实际发光效率还不到 100lm/W，迫切需要进一步研究强化 LED 发光效率的方法与技术，减少和控制可见光波段以外的光谱发射功率。

LED 芯片的表面面积小，工作时电流密度大，照明往往要求多个 LED 组合而成，集度大，发热密度高。结温上升导致光输出减少，芯片加快蜕化，寿命缩短。LED 随结温的上升向长波方向漂移（橙红色的 LED 色漂移视觉效应更显著）。如果要考虑到实际应用中对色漂移的不良影响，也要对最高结温进行限制。LED 芯片输入功率的不断提高，对其封装技术提出了更高的要求，散热问题因为牵扯到光、电、色等问题，也成为必须解决的突出问题。

对于大功率 LED 照明而言，系统的热管理技术是至关重要的。研究者的主要研究方向：不同的封装材料，如陶瓷和塑料对系统热特性的影响；以硅半导体为基础的热电转换技术对 LED 的冷却效果；以电流体动力学的方法研究 LED 的强化换热；不同热环境下，LED 的光发射效率，通过考察、改变热边界条件对光发射效果的影响，从而探讨如何确定 LED 理想的运行条件，这对于设计 LED 封装系统是非常重要的。

（五）电子器件节能

随着电子及通信技术的迅速发展，高性能芯片和大规模及超大规模集成电路的使用越来越广泛。电子器件芯片的集成度、封装密度及工作频率不断提高，而体积却逐渐缩小，使得单位容积电子器件的发热量快速增长，这些都使芯片的热流密度迅速升高，过高的温度会危及半导体的结点，损伤电路的连接界面，增加导体的阻值等，从而对电子元器件的性能产生不利的影响。例如，电子器件的温度每增加 10℃，其化学反应率随之加倍，从而加速了诸如晶体接故障、金属化失效、腐蚀及电迁移扩散等问题的产生。而且，不均匀的温度分布还会在电子器件内部产生热应力和热变形，造成电子器件疲劳损坏、机械性断裂或永久变形。电子器件和设备的温度越高，其可靠性下降越大。在导致电子器件失效的几个主要因素中，由温度过高引起的电子器件失效占55％。

因此，如何有效排散电子器件的热量，维持电子器件的温度水平和温度均匀性，已成为保证电子器件工作性能和可靠性的关键因素。电子器件的热管理与热控制直接影响着其工作性能，决定了电子器件的工作效率与可靠性。

电子器件的热设计包括选择合适的冷却方式，布置冷却剂流型及方向，以及排列封装内的电子部件等。比较成熟的冷却方式主要有自然冷却技术、强迫空气冷却技术、液体冷却技术、相变冷却技术、热管等。

1）自然对流冷却。空气自然冷却是最经典、最方便的方法。其优点是结构简单，成本低而且可靠，不需要泵或风机，没有噪声和震动；其缺点是热阻大，传热性能差，已经不适应现代高性能电子器件的散热冷却。

2）强迫空气冷却。当电子器件的热流密度超过 0.8 瓦/厘米^2 时自然冷却已经不能解决。强迫空气冷却由于设计简单、使用方便及成本低等优点得到充分的发展。但是由于空气比热容小，风速受到噪声的限制又不能太大，所以空气冷却的冷却能力一般不超过 1.0 瓦/厘米^2。为了防止风冷时电子器件之间产生漩涡而降低冷却效果，有学者开展了布置抽气孔、加入扰流片等强化风冷效果的研究。

3）液体冷却。由于单纯的空冷技术已经不能满足电子器件散热冷却的要求，目前液体冷却技术在高热流密度器件方面应用得越来越普遍。液体冷却主要包括直接冷却、间接冷却、气液相变冷却等。其中，由于直接液体冷却存在热滞后引起的热激波现象及系统维护不方便等问题，正被间接液体冷却所取代。气液相变冷却由于利用了冷却剂的潜热，所以冷却效果更好。

4）热管技术。近年来，热管技术在电子器件散热冷却方面取得很多应用成果。其中最具发展潜力的有小型及微型热管、环路热管、毛细泵环路热管、脉动热管等。

5）喷雾或射流冲击冷却。喷雾冷却是借助高压气体或依赖工质本身压力使液体工质通过雾化喷嘴形成雾状气液两相流体，强制喷射到发热表面，从而实现有效换热的强化冷却技术。而射流冲击冷却是指流体通过喷嘴直接喷射到被冷却表面。喷雾或射流冲击冷却是很有发展前景的高热流冷却技术，具有冷却温度均匀和换热系数高的特点。美国肯塔基州大学 Jidong Yang 等通过实验证实喷雾冷却最高热流密度大于 100 瓦/厘米^2，而射流冲击冷却最高热流密度为 600 瓦/厘米^2。喷雾冷却是一个极为复杂的多相热流体系统，已有的研究主要是通过实验手段对其换热过程进行定性或半定量观测，相关理论分析也只是基于一些经验公式，形式差别很大，结果不尽人意。影响喷雾冷却的因素众多，其中关键因素有雾化压力、流体流速、液滴尺寸、喷射速度、喷射角、液体过冷度、雾化工质热特性等。而且雾化液体各参数间相互耦合，任何一个参数的改变都会引起其他参数的变化，这些都给喷雾冷却的实验与理论研究带来巨大困难，有待开展进一步深入系统的研究。射流冲击冷却应用于电子器件热控领域，依然存在一些关键技术亟待开展深入研究，如射流冲击冷却过程研究（射流流速、喷头形状、喷射角度对冷却过程的影响）、射流介质强化传热技术研究（射流冷却是靠介质带走热量，介质的传热性能对散热能力有决定性的影响）等。

6）微冷却器。微冷却器是利用微尺度换热的特殊性来达到高效冷却的目的，是目前各国研究的热点。研究表明，液体在微通道内被加热会迅速核态沸腾，此时液体处于一个高度不平衡状态，具有很大的换热能力，通道壁面过热度也比常规尺寸下的情况要小得多。而且实验证明冷却液体即使是单相流经微通道，其冷却效果也比常规尺寸下利用液体核态沸腾来冷却时要好得多。目前微通道传热仍有一些困难需要解决。由于微通道的截面积很小，单相液体流经微通道时会伴随较大的温升，这会引起热应力过高等严重的问题。通过提高压头、增大流速可以降低温升，但流速又受到噪声等因素的制约不能足够大，从而不能从根本上解决温升问题。利用气液相变可以解决温度梯度过高的问题，但这又会带来其他一些问题，比如结构复杂，流动需要更大的压降等。

7）热电制冷。热电制冷是建立在帕尔贴效应基础上的一种电制冷方法。它的优点是无噪声和震动，体积小，结构紧凑，操作维护方便，不需要制冷剂，制冷量和制冷速度可通过改变电流大小来调节。它在恒温和功率密度大的系统中得到广泛应用，同时还可以用来冷却低温超导电子器件。克服该制冷器冷量小和制冷系数低的不足，提高该制冷器能效比及其经济性，是热电制冷设计和使用的关键。

8）其他技术，如减小接触热阻的热表面材料、高导热材料等。

制冷研究领域的前沿问题主要有新工质的热物性研究、替代工质及蒸汽压缩制冷新循环的基础研究，以及热驱动制冷与热泵技术的基础研究。当前，各种提高能源利用效率、降低对环境影响的新型能量利用流程、新型热力循环、制冷技术等的发展，都是以掌握相关工质的热物理性质为重要前提的。各种新工质的实际工程应用同样要以可靠、精确的热物理数据为基础。目前热物性领域关注的前沿问题是研究新的可长久使用的替代工质的热物性和混合工质的热物性。

替代工质及蒸汽压缩制冷新循环的基础研究主要包括高效 CO_2 制冷循环的热力循环理论及流动传热问题，高效蒸汽压缩式制冷循环、热泵循环的创新及热力循环工作理论，蒸汽压缩式制冷技术分析和设计方法的发展。

热驱动制冷的基础研究主要包括吸收与吸附制冷技术，其中各种热源驱动条件与吸收、吸附工质对的配置和循环形式配置是值得深入研究的课题，基于吸收和吸附等的热致浓度差制冷原理也是需要深入分析的内容。特别是吸收和吸附过程伴随的传热传质与流动问题需要作深入的分析。此外，还应该重视热驱动其他制冷技术，如喷射制冷等。

电子器件冷却及大型器件冷却原理与基础涉及传热传质学科。传热传质学是以导热、对流传热和辐射传热过程为基础建立的理论。对于导热而言，微/纳尺度与极端条件下的导热理论、界面与接触热阻、非均价介质导热、新材料热物性等为当前研究的前沿。对流换热方面的研究前沿主要包括相变换热；多组分流动与反应传热；微尺度对流换热；针对各种新型能源系统的换热技术和换热器，如空调系统中的紧凑式蒸发与冷凝换热器的开发研究。

四、近中期支持原则与重点

近中期优先资助的原则：围绕我国能源科学发展的重大需求，解决能源利用效率、环境保护中的基础研究；瞄准节能技术中的前沿重大问题，发挥我国的优势和特色，体现相关学科的深化和交叉；有明确的目标，支持能源高效利用中的新概念、新构思和新途径等探索性研究，以利于相关节能技术的产业化利用和发展。

根据电器和照明节能，以及电子器件散热中所涉及的工程热物理学科的相关方向的研究现状和发展趋势，并结合我国的国民经济发展的需求，学科研究的基础和优势，以及技术发展，着眼于提高电器和照明的节能效果，建议近期拟优先考虑资助的有如下四个重点方向。

1. 新型替代工质制冷技术

1）新工质的热力学性质和输运特性的研究；
2）混合工质热物理理论模型和预测方法；
3）跨临界 CO_2 蒸汽压缩制冷技术及其应用；
4）CO_2 跨临界系统中微通道换热器的优化设计。

2. 热驱动制冷技术

1）热致浓度差制冷原理及热力学统一性描述；
2）吸收/吸附机理及小温差强化传热技术；
3）吸收/吸附制冷系统中能量调节与高效传热传质；
4）吸附制冷系统能量优化与特性研究；

5）热变温原理、工质与技术。

3. 热泵技术

1）热泵系统循环工质特性研究；
2）热泵系统动态和稳态运行特性分析；
3）低品位热能品位提升的热力学分析模型及系统性能优化；
4）高温热泵原理、技术及应用；
5）吸收和吸附热泵技术在工业节能中的应用形式研究。

4. 电器热管理理论与技术基础

1）高强度传热机理与控制方法；
2）微通道能量传递机理与强化传热机制；
3）接触热阻和界面热阻；
4）微冷却器及微结构热控方法；
5）微纳尺度热辐射传递及其在 LED 中的应用基础研究；
6）热离子热电制冷器研究；
7）高效紧凑换热器；
8）冲击射流与喷雾冷却机理与控制方法；
9）新型高导热机理与方法。

◇ 参考文献 ◇

陈清林，尹清华，王松平，等.2003.过程系统能量流结构模型及其应用.化工进展，22（3）：
    239～243

陈晓进.2006.国外二氧化碳减排研究及对我国的启示.国际技术经济研究，9（3）：21～25

陈燕平.2008-06-14.绿色建筑的挑战与潜力.人民日报，海外版

崔民选.2006.中国能源发展报告 2006.北京：社会科学文献出版社

崔民选.2009.中国能源发展报告 2009.北京：社会科学文献出版社

高重密，李五四，潘维强，等.2009.基于提高综合效益的化工行业碳减排的管理模式.现代化
    工，29（2）：5～9

国家发改委.2006.“十一五”十大重点节能工程实施意见.http：//www.sdpc.gov.cn/zcfb/
    zcfbtz/tz2006/t20060802 _ 78934.htm ［2010-05-15］

国家技术前瞻研究组.2005.中国技术前瞻报告 2004（能源、资源环境和先进制造）.北京：科
    学技术文献出版社

国家自然科学基金委员会工程与材料科学部.2006.工程热物理与能源利用（学科）.北京：科
    学出版社

贺延礼，陈清林.2008.石油化工企业节能工作思考.石化技术，15（4）：61～63

江亿.2006.我国建筑能耗趋势与节能重点.http：//g.tgnet.cn/REB/BBS/Detail/

200707251518585373/［2011-05-23］

康艳兵. 2003. 建筑节能关键技术回顾和展望（二）——国内外建筑节能关键技术的发展现状及趋势. 中国能源，25：25～29

南京市环境保护科学研究院. 2008. 中国与欧盟能源效率和企业排污标杆分析报告

渠时远. 2009. 我国工业节能形式及其对策. 中外能源，（1）：2～5

温家宝. 2009. 凝聚共识 加强合作 推进应对气候变化历史进程. http：//politics. people. com. cn/GB/1024/10612445. html［2011-05-23］

薛福连. 2002. 日本化工节能新技术. 冶金能源，21（4）：61，62

张锐. 2007. 中国水污染的沉重报告. 中外企业文化，16（7）：12～17

张新敬，谭春青，隋军，等. 2009. 我国工业节能现状调研和对策. 中国能源，30（11）：32～38

张志檀. 2006. 信息技术在石油化工节能降耗中的应用. 当代石油石化，14（10）：21～24

赵伟，王文堂. 2007. 石油和化工企业节能降耗面临的问题与对策. 中国石油和化工经济分析，16：46～51

中华人民共和国国务院. 2006. 国家中长期科学和技术发展规划纲要（2006—2020年）. http：//www. gov. cn/jrzg/2006-02/09/content_183787. htm［2010-03-05］

中华人民共和国国务院. 2006. 国民经济和社会发展第十一个五年规划纲要. http：//news. xinhuanet. com/misc/2006-03/16/content_4309517. htm［2010-03-05］

Cai W G，Wu Y，Zhong Y，et al. 2009. China building energy consumption：situation，challenges and corresponding measures. Energy Policy，37：2054～2059

Christensen A，Graham S. 2009. Thermal effects in packaging high power light emitting diode arrays. Applied Thermal Engineering，29：364～371

Department of Energy US. 2003. Basic research needs to assure a secure energy future. http：//www. er. doe. gov/bes/reports/abstracts. html♯SEF［2010-03-05］

Department of Energy US. 2007. Industry technologies program research plan for energy-intensive process industries. http：//www1. eere. energy. gov/industry/intensiveprocesses/［2010-03-05］

European Union. 2008. An EU energy security and solidarity action plan. http：//europa. eu/legislation_summaries/energy/european_energy_policy/en0003_en. htm［2010-03-05］

FengY P，Wu Y，Liu C B. 2009. Energy-efficiency supervision systems for energy management in large public buildings：necessary choice for China. Energy Policy，37：2060～2065

Herena T，Adriana A，Dietrich S. 2009. Exergy analysis of renewable energy-based climatisation systems for buildings：a critical view. Energy and Buildings，41：248～271

Lang S. 2004. Progress in energy-efficiency standards for residential buildings in China. Energy and Buildings，36：1191～1196

Liang J，Li B Z，Wu Y，et al. 2007. An investigation of the existing situation and trends in building energy efficiency management in China. Energy and Buildings，39：1098～1106

Li J. 2008. Towards a low-carbon future in China's building sector-a review of energy and climate models forecast. Energy Policy，36：1736～1747

Michael JH，Jacob NH. 2007. Climate change，thermal comfort and energy：meeting the design challenges of the 21st century. Energy and Buildings，39：802～814

New Energy and Industrial Technology Development Organization (NEDO). 2008. Global Warming Countermeasures 2008. Revised Edition. Japanese Technologies for Energy Savings/GHG Emissions Reduction. Japan

Rey FJ，Velasco E，Varela F. 2007. Building energy analysis (BEA)：a methodology to assess building energy labeling. Energy and Buildings，39：709～716

Smokers R，Vermeulen R，Mieghem R，et al. 2006. Review and analysis of the reduction potential and costs of technological and other measures to reduce CO_2-emissions from passenger cars. TNO. http：//www. penz. vni-mannheim. de/daten/edz-h/gdb/ob/repert-co_2-reduotion. pd5 [2011-05-04]

The Energy Conservation Center. 2008. Japan energy conservation handbook. Japan

Yao M F，Zheng Z L，Liu H F. 2009. Progress and recent trends in homogeneous charge compression ignition (HCCI) engines. Progress in Energy and Combustion Science，35：398～437

Yuan C Q，Liu S F，Fang Z G，et al. 2009. Research on the energy-saving effect of energy policies in China：1982-2006. Energy Policy，37：2475～2480

第三章

化 石 能 源

化石能源是一种碳氢化合物或其衍生物。化石能源所包含的天然资源有煤炭、石油和天然气。它是千百万年前埋在地下的动植物经过漫长的地质年代形成的。

化石能源在世界能源消费构成中占非常重要的地位，占比约达到 88%，如图 3-1 所示。而对于中国，化石能源在能源消费结构中占的比重更大，达 90% 以上，如图 3-2 所示。在可预见的将来，化石能源在世界一次能源中的地位依然不会改变，石油、煤炭和天然气仍将"三足鼎立"。因此必须通过化石能源清洁利用和高效转换的途径来应对当前能源消费的诸多挑战。

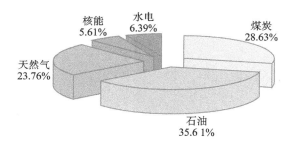

图 3-1 2007 年世界一次能源消费构成

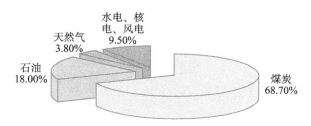

图 3-2 2008 年中国一次能源消费构成

第一节　洁净煤能源利用与转换

一、基本范畴、内涵和战略地位

煤炭对于中国来说具有特别意义。由于石油、天然气及水力资源等相对贫乏，我国是世界上最大的煤炭生产和消费国，是为数不多的以煤炭为主要一次能源的国家之一。煤炭提供了中国 76％的能源和 60％以上的化工原料。我国煤炭产量由 2002 年的 14.15 亿吨增加到 2007 年的 25.36 亿吨，年均增长 12.38％，2008 年我国煤炭产量达 27.16 亿吨，其中约 80％直接用于燃烧（中国煤炭工业协会，2009）。煤作为主要一次能源在我国"多煤贫油少气"的资源格局中短期不会改变。在以后数十年里，煤炭仍将作为中国比较现实的和不可替代的能源。

煤炭等化石燃料的储量有限，燃烧和利用过程会对环境造成污染。高效、洁净地进行煤的燃烧与利用是当今面临的紧迫问题，提高燃煤转换效率、控制燃煤污染是解决问题的关键所在。随着我国电力行业高能耗小机组的淘汰及新建机组的大型化，目前我国发电企业的供电煤耗已接近国外先进水平。据统计，2007 年，我国火电厂平均供电煤耗 334 克标准煤/千瓦时，部分超超临界机组已达到 290 克标准煤/千瓦时的世界先进水平。但是机组大型化未改变我国燃煤电站热效率偏低的现状。我国燃煤电站目前的平均热效率在 30％左右，与发达国家还存在较大差距。

燃煤污染是制约我国国民经济和社会可持续发展的一个重要因素，也已成为国际特别是周边国家和地区关注的热点。如不采取有力措施，还将会加速恶化，直接影响 13 亿人口的健康、自然生态保护以及国际关系等。煤的利用方式在我国主要是燃烧，燃煤所释放的 SO_2 占到全国总排放的 85％，CO_2 占 85％，氮氧化物占 60％，粉尘占 70％；大量的 SO_2、氮氧化物、CO_2、可吸入颗粒物和有毒重金属排放在我国已形成极大的危害。

煤是含碳高的燃料，在燃烧过程中要排放大量的 CO_2，在传统的认识中，CO_2 并不对人类健康构成威胁，也不是一种大气污染物，然而随着人们发现 CO_2 是导致地球变暖的最主要的温室效应气体，燃煤过程中 CO_2 排放的控制技术越来越引起人们的关注，逐渐成为洁净煤技术的新热点和主要发展方向。相对于其他燃煤污染物，目前 CO_2 的排放对全球气候变暖的影响则更为严重。在 19 世纪 70 年代以前，工业不发达，能源消耗不高，CO_2 的排放量只是随着人口的增长而小幅增加；19 世纪 70 年代以后，随着全球工业化的发展，大气中的 CO_2 浓度一路飙升，从 1870 年的 300ppm 升到了 1990 年的 355ppm，共增加了 55ppm。过去 100 年内地球表面温度约上升了 $0.3\sim0.6℃$，海平面升高 $10\sim20$ 厘米，这是能源利用与转换过程中温室气体排放的直接后果。温室气体中 CO_2 排放量大，占辐射强度的份额达 55% 以上，这显然与化石燃料的广泛使用分不开。作为耗能大国，我国 CO_2 排放量位居世界前列，如何实现燃煤 CO_2 的减排及其资源化利用已经成为近期的热点研究课题。因此对于 CO_2 排放的控制和全球气候变暖的防治，国际社会必须联合行动，同时必将引起人类思维方式、社会观念、经济结构及科学技术的巨大变革。目前来看，控制温室气体剧增的基本对策有调整现在的能源结构战略、加强保护森林植被、控制人口等，其中洁净煤技术作为清洁高效的煤炭利用技术，也已经将 CO_2 的控制问题摆在最重要的地位。

煤燃烧与利用技术的发展应用与国家的能源和经济发展状况是密切相关的。我国是发展中国家，虽然经济增长速度很快，但是总的水平仍较低。在可预见的很长时间内，如何协调经济发展和环境保护之间的关系，如何加快发展循环经济，建设资源节约型、环境友好型社会，洁净煤能源领域将肩负重大责任。在未来的洁净煤能源技术的发展中，既要提高能源的转换效率、减排常规污染物，也必须整合 CO_2 的减排、捕集与封存，需要考虑减排污染物与 CO_2 的经济性协调配合，形成以控制 CO_2 排放为基本出发点的未来洁净煤发电技术。

二、发展规律与发展态势

煤炭一直是电力工业的主要燃料，这种能源结构与结合传统的煤的利用方式导致了大量工业污染物的产生，如硫氧化物、氮氧化物、CO_2、重金属及颗粒物等，引发了严重的环境污染。近年来，发达国家通过一系列洁净煤技术的研究开发，形成了一批从煤的洗选、气化、液化、燃烧、烟气净化到煤气化联合循环发电、燃料电池发电等先进产业化技术。

洁净煤技术在世界范围内经过 20 年的研究、开发和应用，已经在转化、燃烧及污染控制方面取得了巨大的成就。目前先进的燃煤电站（如超超临界机组和整体煤气化联合循环机组等）都已达到了 40%～45% 的发电效率，采用低氮氧化物燃烧技术及一定的烟气污染控制设备后，相关大气污染物的排放水平已经可以降到 1/3NSPS（美国新污染源执行标准）。在工业应用方面，采用煤炭净化技术和先进的燃烧技术（如循环流化床燃烧）后，煤的利用效率和污染水平都有了极大的改善；先进的煤气化和液化技术在合成制备气体/液体燃料和化工品方面也得到了广泛的应用，在一定程度上缓解了油气资源的压力。同时洁净煤技术在投资和运行成本上的下降，促进了其在各国各个领域上的应用，目前美国已有 75％ 的燃煤电站安装了低氮氧化物燃烧器和烟气净化设备。

然而这些并不代表着洁净煤技术已经发展到可以解决所有问题的水平，随着煤炭需求的增长和环境保护意识的深入，洁净煤技术的发展还必须有效地解决以下两个问题。首先 CO_2 的排放对全球气候变化及生态系统的影响已经引起了越来越广泛的关注，煤是含碳量最高的化石燃料，在其转化和燃烧过程中不可避免地产生大量的 CO_2，而现有的污染控制设备对 CO_2 几乎毫无办法，仅仅通过提高效率来减少 CO_2 排放，能力非常有限，因此如何控制和减少煤在转化和燃烧过程中的 CO_2 排放，将是洁净煤技术在未来发展中所面临的首要环境问题。其次随着 21 世纪油气资源的渐趋匮乏，以煤气化和液化为核心的煤化工技术将在满足人们日益增长的燃料、化学品及化工制品的需求中发挥更大的作用。同时发展中国家飞速的工业化进程又将极大地增加电力行业的用煤需求。单独地在每个行业进行效率提高和污染控制，既带来了巨大的成本代价，而且取得的效果也不显著。因此如何跨越行业界限，从整体最优化的角度解决煤在转化和燃烧时所面临的效率和环境问题，将直接影响到洁净煤技术能否最大程限地实现煤炭资源的经济价值和社会价值。因此以解决以上问题为出发点的煤分级利用多联产技术正日益受到关注，洁净煤技术的发展前沿及最终目标是煤基近零排放系统（姚强，2005）。

近年来，发展迅猛的洁净煤技术有超超临界压力锅炉加烟气脱硫技术、循环流化床锅炉技术、整体式煤气化联合循环发电技术等。超超临界锅炉已发展近半个世纪，蒸汽参数有十余个等级：压力范围为 23.5～34.6 兆帕，温度范围为 538～649℃，热效率为 41％～47％，供电煤耗 290～329 克标准煤/千瓦时，氮氧化物、SO_2、CO_2 排放量相对较少，机组可用率和亚临界机组在同一水平（90％～99％），稳燃负荷范围为 40％～100％，负荷变化速度为 5％/分左右，调峰能力强，低负荷时也能保持较高热效率，投资比同容量亚临界机组造价高约 5％～20％。我国各大高校和科研院所也开展了相关的前期科研工作，建立了一批具有相当规模的试验研究基地和试验装置。

戴金星在"1998 年院士咨询报告"中指出，目前，我国发电设备制造装备水平已接近世界先进水平，通过加强与国外制造企业的技术合作，充分利用国外已开发的先进设计和成熟制造技术，实现了我国超超临界技术的跨越式发展。1995 年，根据国家经济贸易委员会（简称国家经贸委）的安排，国家电力公司和国家机械工业局开始着手进行有关"600 兆瓦超临界火电机组成套设备研制"项目的前期可行性研究和立项工作。2000 年，国家计委经报国务院批准，明确了将华能沁北电厂（2×600 兆瓦）作为 600 兆瓦超临界参数火电设备国产化的依托工程。同时，原国家经贸委将该项目列入了国家"十五"重点科技攻关计划。该项目由原国家电力公司、中国机械工业联合会主持实施，结合依托工程，组织有关科研院所、高等院校、制造厂、电厂等单位，在消化吸收引进技术基础上联合进行国产化技术攻关。该项目的最终目标是实现 600 兆瓦超临界火电机组成套设备国产化、优化、批量化，并形成系列产品，其综合技术经济指标达到同类型机组国际水平。该课题取得了多项研究成果，其中一些已经在依托工程上应用。依托工程华能沁北电厂创造了国产化超临界参数机组一年双投的好成绩。在机组设备安装、机组调试、试运等方面所积累的经验为国内建造、调试及运行超临界机组提供了宝贵经验。863 计划"超超临界燃煤发电技术"课题由电力企业牵头，三大动力设备制造企业和研究院所、设计院、高等院校等23 家国内权威单位参加，首次提出了当前我国发展超超临界火电机组的技术选型方案，完成了三种不同类型的 1000 兆瓦超超临界锅炉、汽轮机的设计开发，制造软件包研制和材料加工性能研究；自主设计了超超临界电站；应用所取得的运行技术自主调试了 1000 兆瓦机组；开发出配套大机组的选择性催化还原法烟气脱硝装置。在我国形成了完整的超超临界电站的开发基础课题采用科研和依托工程相互促进的研究方法，依托工程的成功建设又促进了科研成果的快速推广，课题研究成果已被后续发电工程广泛采用。

2006 年，华能玉环电厂 1000 兆瓦超超临界机组顺利投产，各项指标均达到预期效果。该项目的研发使我国仅用 5 年时间就走过了发达国家用十几年时间走过的路程。供电煤耗达到 286 克/千瓦时，比 2006 年全国平均供电煤耗 366 克/千瓦时低 80 克/千瓦时，CO_2、氮氧化物和烟尘的排放相应大幅减少，企业经济效益和社会环境效益良好。2006 年，国家发改委根据该项目成果，要求 600 兆瓦及以上燃煤机组采用超临界参数。863 计划"超超临界燃煤发电技术"的研究成果在工程中得到了迅速推广应用，有效地提高了发电设备制造厂的研发水平，以及大容量电厂的设计和运行水平。经历了半个多世纪，我国火力发电设备制造业走过了从无到有、从小到大、由弱变强的历程。现已建成以哈尔滨电气、上海电气和东方电气三大制造集团为主体，具有相当规模、水平和实力的技术开发与制造基地。20 世纪 80 年代以来，通过对 300 兆瓦、600 兆瓦亚临界火电机组技术的引进和消化吸收，国产化和优化，同时对相关制造业大规模的技术改造，目前已经具备了自主设计、制造大型发电机组的能力，300 兆瓦、600 兆瓦亚临界机组的产品水平和制造企业的装备水平已接近世界先进水平。国内企业通过加强与外商的合作，引进了国际上已有的先进和成熟技术，经过消化吸收再创新，实现了发电设备国产化的目标。截至 2006 年年底，我国已有超临界机组、超超临界机组共 47 台投入商业运行，容量 27 680 兆瓦，占火电装机容量的 5.7%。

2007 年 8 月，我国首台 600 兆瓦超超临界机组（参数为 25.0 兆帕/600℃/

600℃，保证热耗率为 7424 kJ/kW·h) 在华能营口电厂投入商业运行。截至 2007 年 11 月，我国共有 6 台 1000 兆瓦超超临界机组投入商业运行。至 2007 年 11 月，全球共有 16 台 1000 兆瓦超超临界机组运行（日本 9 台、德国 1 台、中国 6 台）。国内 1000 兆瓦超超临界机组是单轴机组，压力比日本高，温度比德国高，是当今国际上容量最大、参数最高、同比效率最高的超超临界机组，其总体技术水平居国际前列。在材料工业发展的支持下，超超临界燃煤发电技术正朝着更高参数、更高效率的方向发展。目前，我国已建成 1000 兆瓦级超/超超临界参数锅炉多台，部分机组的发电煤耗已达到世界先进水平（朱宝田和赵毅，2008；超超临界燃煤发电技术研究课题编写组，2005）。值得指出的是，1000 兆瓦级机组引进之后的消化吸收依然需要一定的过程；同时，是否继续增加机组容量，在学术界及工业界尚存在争论。

增压流化床联合循环发电技术是增压流化床气化与流化床燃烧联合循环相结合的技术，综合了二者的优点。其基本原理是：在增压流化床气化炉内，以空气/蒸汽为气化剂使得煤部分气化（950～1000℃）从而制得低热值煤气，剩余半焦则送去流化床锅炉燃烧以产生蒸汽。煤气净化后供顶置燃烧室燃烧，所得高温气体用于推动燃气轮机发电。从燃气轮机排出的高温烟气再去产生蒸汽，推动蒸汽轮机发电。与整体煤气化联合循环相比，该技术的一个突出优点是煤的部分气化或裂解相对容易实现，而且容易达到燃气循环和蒸汽循环的最佳匹配。

整体煤气联合循环发电是目前世界上最先进、效率高的燃煤发电方式之一，而且被认为是清洁煤燃烧先进技术。国外整体煤气化联合循环已走过近 50 年的历程。该技术的特点是发电热效率高，与超临界发电机组相当，在进一步改进工艺后，有望接近当前超超临界机组的发电热效率；环保性能出色，被誉为最清洁的煤电，而且煤炭中的硫可以资源化；节约淡水资源，单位发电水耗可降到常规燃煤发电水耗的 50% 以下；可以向大型化发展，已投产的整体煤气化联合循环机组达到 300 兆瓦级，正朝向 600 兆瓦、800 兆瓦、1000 兆瓦级别发展；单位千瓦投资下降潜力大，目前国际上已降到 1000 美元/千瓦。整体煤气化联合循环技术和工程项目的实施，可为煤炭的高效、清洁、综合利用提供示范，亦可为气体燃料供应不足地区及建成发电用燃气轮机机组的地区提供可行的替代燃料，以充分发挥它们的作用；也可为在役机组改造提供途径。整体煤气化联合循环的进一步发展，即把燃煤发电和煤化工结合，形成以煤气化为基础的煤化工、液体燃料、氢气和高效洁净发电系统为一体的真正意义上的多联产。我国在蒸汽燃气轮机联合循环发电技术上，已经基本具备了除燃用低热值合成气的燃气轮机、核心部件的制造技术以外设备的设计制造能力，如蒸汽轮机、余热锅炉、空压机、净化装置等；国内设计院已基本具备整体煤气化联合循环发电工程的总体设计能力，包括煤气化、净化和空分系统，以及 F 级燃气轮机联合循环的设计（黄其励，2008）。

然而增压流化床锅炉联合循环和整体煤气化联合循环示范机组由于系统复杂、技术难点多等因素，其热效率一般为 42% 左右，且容量一般小于常规煤粉发电机组，发电成本也是整体煤气化联合循环 > 增压流化床锅炉联合循环 > 超/超临界压力锅炉加烟气脱硫。综合来看，超/超临界压力锅炉加烟气脱硫是现今应优先发展的技术；增压流化床锅炉联合循环具有热效率高，氮氧化物、SO_2 排放低，燃料适应性广，灰渣活性好，脱硫脱硝成本低，负荷调节范围宽，投资省，适用热电和调峰机组等特点，近年来得到迅速发展，其中容量大型化和蒸汽参数进一步提高是其主要的发展方向；整体煤气化联合循环则由于在减排温室气体 CO_2 和 SO_2、氮氧化合物排放低等方面的优势，从长远、环保性角度而言具有潜在的发展优势。

大气烟尘、酸雨、温室效应、臭氧层破坏已被公认为全球性四大公害，煤的燃烧产物则是前三种公害的主要部分。燃煤火力发电厂排放的对人类生存环境构成直接危害的主要污染物有粉尘、硫氧化物（SO_2、SO_3）、氮氧化物及 CO_2。我国火电厂动力用煤的特点是：高灰分煤、高硫分煤的比重较大，而且几乎不经任何洗选等预处理过程，同时，火电厂污染物排放的总量大而且集中。因此，火电厂的污染物排放控制工作备受重视。长期以来，大部分燃煤电厂锅炉的粉尘排放控制已得到足够的重视，特别是现代化大型火力发电厂的静电除尘装备比较完善，大部分电厂的除尘效率已高达 98%～99%，在控制粉尘排放方面取得了较好的成效，我国火电厂的烟气粉尘排放浓度一般均能够满足国家排放标准。但是，现广泛装备的静电除尘设备均难以除去燃煤排烟中超细、超轻并易分散的粉尘。这种粉尘随风飘荡，可以长期滞留在大气中，对人身体存在的潜在危害极大。近年来，还发现烟气中的微有害化合物如汞、砷、氟等，对环境的影响也很大。目前，只有少数火电厂开始安装和投运烟气脱硫装置，但大部分电厂的燃烧设备没有采取任何减排氮氧化物的技术措施，我国火电厂烟气中 SO_2 和氮氧化物的排放浓度和总量普遍超出目前的国家排放标准，因此，与燃煤有关的环境污染问题已成为我国电力工业发展的一个主要制约因素。

SO_2 控制技术概括起来可分为燃烧前脱硫、燃烧中脱硫及燃烧后脱硫（烟气脱硫）。目前，烟气脱硫所占比重较大，是前景最为看好的一类。烟气脱硫技术根据吸收剂及脱硫产物在脱硫过程中的干湿状态将烟气脱硫技术分为湿法、干法、半干法三类。干法烟气脱硫技术，就是脱硫吸收和产物处理均在干的状态下进行，具有流程短、无污水废酸排出、净化后烟气温度高利于烟囱排气扩散、设备腐蚀小等优点，但存在脱硫效率低、设备庞大等问题。半干法烟气脱硫技术是结合了湿法和干法脱硫的部分特点，吸收剂在湿的状态下脱硫，在干燥状态下处理脱硫产物。也有在干状态下脱硫、在湿状态下处理脱硫产物的。湿法脱硫是采用液体吸收剂洗涤 SO_2 烟气以脱除 SO_2。常用方法为石灰石/石膏吸收法、钠碱法、铝法、催化氧化还原法等，湿法烟气脱硫技术以其脱硫效率高、适应范围广、钙硫比低、技术成熟、副产物石膏可做商品出售等优点成为世界上占统治地位的烟气脱硫方法。但湿法烟气脱硫技术具有投资大、动力消耗大、占地面积大、设备复杂、运行费用和技术要求高、易造成二次污染等缺点。火电厂烟气脱硫工艺选择应遵循经济有效、安全可靠、资源节约、综合利用的总原则，因地制宜选取最优工艺。目前，我国大型火电厂烟气脱硫主要采用国外应用较成熟、业绩较多的湿法（石灰石/石膏法）脱硫工艺。这是一种成熟的烟气脱硫技术，它的工作原理是：将石灰石粉加水制成浆液作为吸收剂，泵入吸收塔与烟气充分接触混合，烟气中的 SO_2 与浆液中的碳酸钙及从塔下部鼓入的空气进行氧化反应生成硫酸钙，硫酸钙达到一定饱和度后，结晶形成二水石膏。经吸收塔排出的石膏浆液经浓缩、脱水，使其含水量小于 10%，然后用输送机送至石膏贮仓堆放，脱硫后的烟气经过除雾器除去雾滴，再经过换热器加热升温后，由烟囱排入大气。由于吸收塔内吸收剂浆液通过循环泵反复循环与烟气接触，吸收剂利用率很高，钙硫比较低，脱硫效率可大于 95%。我国的脱硫技术在引进国外技术基础上，已进入消化吸收再创新阶段，总体上达到国外先进水平，但脱硫技术较为单一，石灰石-石膏法占在建和已建脱硫项目的 90% 以上，对其脱硫副产物——石膏的处置及综合利用尚需引起足够重视。若任其堆放或抛弃，既浪费了资源，占用了场地；又会产生新的二次污染。成套设备的制造、加工能力与发达国家相比还有较大差距，一些关键配套设备，如湿法脱硫工程中的搅拌器、除雾器、烟气换热器，干法脱硫工程中斜槽调节器，检测仪器中的传感件等制造技术，国内尚未完全掌握，个别的设备即使能生产，其产品质量、性能与国外同类产品相比也有一定差距。尤其是在保证脱硫系统连续稳定运行方面还需要进一步加强。

煤炭在燃烧过程中产生的氮氧化物的生成途径主要有三种：一是热力氮氧化物，系燃烧过程中空气中的 N_2 在高温下氧化而产生的；二是燃料氮氧化物，系燃料中含有的氮在燃烧过程中产生的；三是快速氮氧化物，系碳化氢燃料过浓时燃烧产生的。国外从 20 世纪 50 年代开始，通过对燃烧过程中氮氧化物生成机理和控制方法的研究，开发了低氮氧化物燃烧技术。该技术的特点是工艺成熟，投资和运行费用低，也可应用于现役发电锅炉的技术改造，并已形成低氮燃烧器、空气分级燃烧技术和燃料分级燃烧技术三大类型。近年来，我国主要电站锅炉生产企业在引进消化的基础上，开发了若干类低氮氧化物燃烧技术及装置，如开发的 PM 型燃烧器和高位风布置低氮氧化物燃烧装置和技术已应用于华能玉环发电厂的两台 1000 兆瓦超超临界锅炉上，在燃用烟煤时实测氮氧化物浓度分别为 270mg/Nm³ 和 280 mg/Nm³。目前，该类低氮燃烧技术不但已配用于新生产的电站锅炉，也应用于现有机组改造，可使氮氧化物排放降低 30%～50%，燃用烟煤时氮氧化物排放浓度可控制在 400mg/Nm³ 左右（中国环保产业协会，2008）。选择性催化还原技术是指在催化剂的作用下，利用还原剂（如氨气、尿素）"有选择性"地与烟气中的氮氧化物反应并生成无毒无污染的 N_2 和水。选择性催化还原技术目前已成为世界上应用最多、最为成熟且最有成效的主导烟气脱硝技术。该技术的主要特点是：对锅炉烟气氮氧化物控制效果十分显著，技术成熟、易于操作，可作为我国燃煤电厂控制氮氧化物污染的主要手段之一。福建后石电厂在 20 世纪 90 年代率先引进国外技术，并在该厂 600 兆瓦火电机组上建成投运。国华太仓发电有限公司 7 号机组 600 兆瓦机组采用具有自主知识产权的选择性催化还原核心技术，设计建成的脱硝工程已于 2006 年 1 月 20 日成功投入运行，氮氧化物去除率可达到 80% 以上。该技术当前存在的主要问题是：被广泛应用的 $V_2O_5 - TiO_2$ 催化剂国内尚不能生产，仍依赖进口且价格昂贵，服役期满后对催化剂的性能恢复和处置技术也有待于进一步研究开发。此外，非选择性催化还原技术是另一类具有代表性的烟气脱硝技术。由于工艺简单，无催化剂系统，在国内外有一定的工程应用。非选择性催化还原技术对氮氧化物的去除率为 25%～40%，适用于氮氧化物原始浓度低、排放要求不高的场合。我国的低氮氧化物燃烧技术和烟气脱硝技术的研发和工程应用尚处于起步阶段，投运的脱硝装置还不多，投运的机组还未经过长期稳定连续运行的考验。此外，选择性催化还原技术使用的催化剂目前仍主要依赖进口，是限制进一步工程化应用的关键所在。随着国家对氮氧化物控制的日趋严格，对脱硝技术的需求将会大大增加。

国际上有关煤燃烧污染物形成机理和控制的研究开展较早，已有的控制途径多是针对单一污染物分别进行的，如尾部烟气脱硫、选择性催化还原脱硝、选择性非催化还原脱硝等。近年来，燃煤污染物一体化脱除及控制技术的研究已日益受到重视，如脱硫除尘一体化、脱硫脱硝一体化等，并在发达国家得到应用，在我国一些中小型锅炉中得到应用。多种污染物同时脱除是燃煤装置污染物控制的发展方向。发展符合中国国情的低成本的污染物综合控制方法势在必行。

全球气候变暖越来越危及人类赖以生存的环境。研究表明，CO_2 造成的温室效应最为显著，同时由于 CO_2 在大气中存在的时间最长，所以引起社会各界的深切关注。电厂中煤粉燃烧会产生大量的 CO_2，由于 CO_2 的化学性质稳定且排气中 CO_2 常常被空气中的 N_2 稀释，使 CO_2 浓度变得很低。所以，需处理的量很大，其回收成本相当高。目前，燃煤电厂 CO_2 减排的技术主要有燃烧前、燃烧中和燃烧后减排三种。

1) 燃烧前 CO_2 减排技术路线。该方法的原理是在燃烧前将燃料先通过煤气化将煤转化为以 CO 和氢气为主要成分的燃料气，通过变换将 CO 转化为 CO_2，并采用物理吸收或化学膜分离等方法将 CO_2 分离出来，剩下的氢气再送入炉膛燃烧。燃烧前 CO_2 减排技术路线的主要缺点是 CO_2 分离能耗较高，这是由于分离时 CO_2 的浓度很低，提高了成本。采用这种技术路线可使 CO_2 减排 40％～50％。同时采取"碳闭路循环"、制取工业品或封存等办法可以实现零排放。

2) 燃烧中 CO_2 减排技术路线。燃烧中 CO_2 减排主要是指富氧燃烧技术，将燃烧气中纯净的 O_2 送入炉膛，并配以部分烟气再循环，使炉内 CO_2 浓度提高。CO_2 具有较高比热容和辐射性，从而可以强化传热，使燃烧效率有很大提高。富氧燃烧以纯氧代替空气与燃料进行燃烧反应，燃烧后无需脱硫脱硝，只需通过冷凝除去水即可分离出 CO_2。在纯氧中燃烧，可以避免 N_2 对燃烧产生的影响，如氮氧化物的生成等。利用富氧空气助燃可在点火时不用油或者少用油，以及在低负荷时仅用富氧空气助燃，效益是巨大的。这种技术可用于采用化石燃料燃烧的各种电厂（黄其励，2008），但需要对相应的燃烧、换热过程进行改进，同时要增加空气分离设备以制得纯净的 O_2。富氧燃烧系统与传统空气燃烧系统相比，具有以下优势：CO_2 浓度的提高使得从尾气中回收 CO_2 变得容易；通过减少烟气排放量，降低了排热损失，提高了锅炉效率；SO_2、氮氧化物排放量大幅度地减少；由于脱硫脱硝可在炉内控制，简化了烟气处理系统；部分烟气再循环，使锅炉运行过程对煤种的适应性增强。尽管富氧燃烧系统在锅炉入口需要附加空气分离装置，但在锅炉尾部 O_2/CO_2 煤粉燃烧系统的气体产物中 CO_2 浓度提高到 90％以上，很方便对 CO_2 的回收处理。技术经济可行性分析表明，富氧燃烧技术是切实可行的。

3) 燃烧后 CO_2 减排技术路线。采用燃烧后 CO_2 减排路线的能源系统产生的烟气并不直接排入大气中，而是先进入 CO_2 回收设备中，将大多数 CO_2 分离出来后再排入大气中。目前，工业上采用的 CO_2 回收技术有物理吸收法、化学吸收法、物理吸附法、膜分离法、低温分馏法。通过研究发现，燃烧后回收 CO_2 比较适合采用化学吸收 MEA 法。使用 MEA 具有回收率较高、选择性好、回收的 CO_2 纯度高等优点。但是，MEA 也有不足之处：成本较高、吸收率慢、吸收容量小。燃烧后 CO_2 回收过程的一个重要特征是回收能耗很高。一般来说，采用这种减排技术路线的能源动力系统效率会降低 9％～15％。

采取何种煤燃烧及利用技术实现温室气体 CO_2 的减排，国际上尚存在争论。一种观点认为新建电厂只应采用整体煤气化联合循环技术；另一种观点则偏重在未来 CO_2 排放税征收的条件下，逐步以超/超超临界压力锅炉加烟气脱硫技术为基础，完善并实现碳捕集与封存技术，使其成本最小化。氧/燃料燃烧方式和燃烧后碳捕集技术在后一观点中占有重要地位，且成为学术界研究热点。与传统燃烧方式相比，氧/燃料燃烧方式下炉内 N_2 被 CO_2 替代，煤粉着火、火焰传播及炉内换热产生较大差异，这也正是其成为学术界研究热点的原因；工程应用方面，氧/燃料燃烧方式的示范工程目前进展较慢，大型化更需要较长的时间。总体来看，在技术上实现碳捕集与封存难度不大，关键是经济上尚未找到可获利的模式，尤其是在征收 CO_2 排放税之前。

煤炭不仅是一种化石燃料，而且是很重要的化工原料，其直接燃烧并非唯一的利用方式。世界各发达国家均提出了煤气化、液化及多联产等煤资源化利用研究计划，力图开发新型煤的转换技术，实现以煤气化发电、车用燃料和化工产品合成为主要内容的多联产。中国也出台了一系列实现资源、环境与国民经济协调发展的规划，将煤的清洁高效开发利用、液化及多联产列为最优先的研究主题之一。

如前所述，煤燃烧是一个流动、化学反应、传热传质相互耦合的复杂物理、化学过程。相对较为简单的均相燃烧过程而言，煤粉的燃烧，由于涉及气-固两相甚至多相化学反应，其燃烧过程将经历更为复杂的物理变化和化学变化。近几十年来，实际燃烧装置内的流动、燃烧过程的数值模型研究取得了长足的发展，涉及湍流流动和详细反应机理的数值计算方法依然是学术界研究的热点、难点问题。目前湍流燃烧模拟的方法有直接数值模拟（DNS）、大涡模拟（LES）、格子 Boltzmann 方法（LBM）、随机涡模拟、概率密度函数输运方程模拟、条件矩模型、简化概率密度函数模型、关联矩模型、基于简单物理概念的一些唯象模型等（张会强等，1999）。到目前为止，已经研究和发展了不同的湍流燃烧模型，总的趋势是寻找更为合理的模拟有限速率的详细反应动力学与湍流相互作用的方法。直接模拟和大涡模拟仍然是计算量很大的模拟方法，离工程应用尚有相当的距离，但它们在揭示机理，检验和完善工程模型方面有十分重要的价值。概率密度函数输运方程因其对湍流关联矩的自封闭而具有极大的优势，但求解的复杂性和计算量之大给其广泛应用带来了很大的困难。层流小火焰模型、BML 模型、EBU 模型仍将是工程上广泛应用的模型，特别是预混燃烧的 EBU 模型和扩散燃烧的简化的 PDF 模型，关联矩与概率密度函数封闭方法相结合是工程应用能够接受并有潜力的研究方向。唯象湍流燃烧模型中的部分模型已经很少应用，不会再有进一步的发展。上述湍流模型在模拟精度、合理性和经济性上各有不同特点，但是如何寻找一种既合理而又经济的模型，是尚待解决的问题（Denis and Luc，2002；Parivz，2002）。另外，在详细反应机理的应用方面，由于机理中包含了大量的物质组分和众多的基元反应，加之各基元反应时间尺度的差别（$10^{-9} \sim 10^{-2}$ 秒）所导致的数值计算中的"刚性（stiffness）"问题（Miller and Kee，1990），使得详细反应机理应用于较复杂的流动、燃烧时，对计算机速度和存贮量的要求非常苛刻。此类燃烧计算过程会花费很长时间，限制了其工程应用。简单化学反应机理包含的物质组分和基元反应的个数都大大减少，通常只包含反应系统最主要的几种物质组分及它们相互间可能的反应，往往不涉及诸如污染物等含量较低的组分。这种计算的效率的提高是以牺牲化学精度为代价的，通常情况下不能全面、精确描述燃烧过程的某些特征，尤其在诸如含量较低的燃烧污染物排放的预报方面。尽管如此，因其计算效率高而得到较为广泛的应用；详细反应机理的化学精度高，虽然费时，但随着计算机技术的进一步发展，在实际数值模拟中的应用正逐渐成为可能。

煤是一种理化结构复杂、富含各种有机和无机杂质的非洁净燃料，且不同区域内煤种差异较大，导致煤粉火焰的燃烧、传热特性及其矿物成分的高温迁移行为极其复杂。近 20 年来，我国学者针对上述煤燃烧基础和应用基础问题开展了具有成效的研究，取得了令人瞩目的进展。例如，先进煤粉燃烧器（高效、稳燃、低污染、多煤种适应性），煤的优化配置，防结渣、防高温腐蚀煤粉燃烧技术等。在燃煤污染研究方面，不仅涉及常规的硫氧化物、氮氧化物，而且对痕量重金属、可吸入颗粒物、CO_2 等国际热点研究问题开展了系统研究，获得了国际同行的认同。尽管在上述基础理论和应用技术方面取得了大量成果，研究水平有了长足进步，但整体上与发达国家相比还有相当大的差距，尤其是对煤燃烧及利用技术前沿方向的把握，只能做到"紧跟国际前沿"，尚应紧密联系我国国情，自主提出涉及煤科学与技术的前瞻性研究方向，彻底解决总体能源利用效率低下的难题，这也是燃煤大国的重大需求。

我国高度重视资源节约和环境保护，"十一五"规划要把"节能"和"减排"作为约束性目标。近两年，又提出并实施节能减排综合性工作方案，建立节能减排指标体系、监测体系、考核体系和目标责任制，颁布了《中国应对气候变化国家方案》。依法淘汰一大批生产能力落后的火电厂，关停小火电 2157 万千瓦、小煤矿 1.12 万处，淘汰落后炼铁产能 4659 万吨、炼钢产能 3747 万吨、水泥产能 8700 万吨。启动了十大重点节能工程，燃煤电厂脱硫工程取得突破性的进展。经过各方面的努力，节能减排取得积极进展，2007 年单位国内生产总值能耗比上年下降 3.27%，化学需氧量、SO_2 排放总量近年来首次出现双下降，比上年分别下降 3.14% 和 4.66%。节约资源和保护环境从认识到实践都发生了重要转变。但是我国面临的问题依然严峻，面对我国燃煤利用过程中效率低、污染严重两大难题，需要积极开展煤的高效清洁利用过程中燃烧基础理论、污染物的生成、迁移与控制，环境友好的煤基多联产资源化利用、燃煤近零排放等方面的研究。新形势下，清洁煤能源技术的主要发展趋势：超/超临界压力锅炉加烟气脱硫技术、整体煤气化联合循环发电技术、煤气化/液化及多联产、氧/燃料燃烧等煤燃烧及利用技术；在保证经济增长的同时，逐步研究并应用新的碳捕集与封存技术及其他燃煤污染物排放及控制新技术，根本治理煤炭燃烧和利用过程中对环境的污染，实现能源与环境的可持续协调发展。

三、发展现状与研究前沿

洁净煤能源技术的含义：煤炭从开发到利用全过程中，旨在减少污染和提高效率的煤炭加工、燃烧、转化和污染控制等新技术的总称。当前已成为世界各国解决环境问题的主导技术之一，也是高技术国际竞争的一个重要领域。中国煤炭开采和利用的特点决定，中国洁净煤技术领域与国外洁净煤技术领域在燃烧发电技术上有所不同，涵盖从煤炭开采到利用的全过程，是煤炭开发和利用中旨在减少污染和提高效率的煤炭加工、燃烧、转化和污染控制等新技术的总称。洁净煤能源技术按其生产和利用的过程大致可分为三类。第一类是在燃烧前的煤炭加工和转化技术，如煤的物理和化学净化、配煤、型煤、水煤浆、煤炭液化、煤炭气化等。第二类是煤炭燃烧技术，主要是洁净煤发电技术，目前，国家确定的主要是循环流化床燃烧、增压流化床燃烧、整体煤气化联合循环、超临界机组加脱硫脱硝装置、低氮氧化物燃烧技术及未来的与燃料电池结合的联合循环系统。第三类是燃烧后的烟气净化技术。主要有烟气脱硫技术、烟气脱硝技术、颗粒物控制技术和以汞为主的痕量重金属控制技术等，同时以CO_2的分离、回收和填埋为核心的污染物近零排放燃煤技术也已成为洁净煤技术的主要发展方向。

20世纪80年代开始，发达国家从能源发展的长远利益考虑，相继开展洁净煤技术的研究工作，在一些主要领域已取得重大进展，许多科研成果已经进入商业化推广阶段，取得了巨大的经济效益。美国是世界上煤炭生产与消费大国，煤炭产量仅次于中国，美国非常重视洁净煤技术的研究，将其视为实现和保证能源稳定、安全和有力发展的关键。美国是最先提出洁净煤技术计划且组织最严密、成效最大的国家。1984年10月，美国政府率先提出《洁净煤技术示范计划》（CCTDP），旨在通过联邦政府、州政府和各私营企业的合作，开发和示范具有优良运行性能、环保性能和经济竞争力的先进的煤基技术。在美国，煤炭资源主要用于发电，洁净煤技术计划资助的重点是先进的发电系统及发电污染控制设备，以提高煤炭质量、降低煤炭灰分为主要措施，火力发电要求用煤灰分必须控制在9.23%。美国专家认为，通过洗选常规利用技术可解决除CO_2外的所有环保问题。美国还开展了四项相关技术的研究，即先进的选煤技术、替代燃料利用技术、烟气净化技术和废弃物处理技术，以及四种替代燃料技术的开发：煤的直接液化、煤的气化、氢气和合成气、温和气化。系统地、具有前瞻性地提出煤基近零排放多联产系统是以1999年美国能源部推出的"21世纪远景计划"（Vision 21）计划为标志的，该计划的提出基于以下思想：目前现有的洁净煤技术都无法单独满足 21 世纪对煤炭利用的效率、环保和经济性的要求，21 世纪的能源电站应该是对环境无任何影响的，传统的污染物都将被捕捉并转化为无污染的抛弃物或有市场的附产物，燃料中的碳将在电站的某个环节被高效地分离脱除，收集的 CO_2 将在未来的技术条件下实现填埋或是循环利用，其他温室气体的排放也将被有效控制，同时 21 世纪的电站还应该能够适应于不同的燃料（化石燃料、生物质、生活垃圾等），并能根据市场需要，经济、灵活地生产出多种产品，如电、热、燃料（液体燃料、氢）和化学品等。2002 年，在布什总统《国家能源政策》（NEP）"增加洁净煤技术投入"的指示下，美国推出了洁净煤电力提案 CCPI，旨在加快先进洁净煤技术的商业化，以保证美国具有清洁、可靠和经济的电力供应。2003 年初美国政府宣布开始执行 FutureGen 项目，计划投资 10 亿美元，10 年内建成一座以煤气化为基础，发电 275 兆瓦/制氢/液体燃料联产，并考虑与收集埋存 CO_2 相结合，实现 CO_2 的近零排放的新一代清洁能源示范厂。FutureGen 项目是在 Vision 21 概念的基础上，突出 CO_2 填埋技术和煤制氢技术的重要性，旨在真正意义上实现 CO_2 的零排放，以及促进氢能在发电及交通行业的作用，为美国最终实现氢能经济作准备。FutureGen 项目可以看做 Vision 21 计划的一次延伸，是煤基近零排放多联产系统的最终体现，同时结合煤制氢技术。它们是建立在已有先进洁净煤示范技术基础上的长期战略，旨在 2015 年左右开发出全方位利用煤炭资源，以满足电力、热、燃料和各类化学品的需求，并可以实现包括 CO_2 在内的污染物近零排放的煤基多联产系统，大力推进煤炭的高效洁净综合利用技术，最终实现含碳能源尤其是煤炭近零排放利用系统。

欧盟的洁净煤发展计划的主旨是促进欧洲能源利用新技术的开发，减少对石油的依赖和煤炭利用时所造成的环境污染，提高能源转换和利用效率，减少 CO_2 和其他温室气体排放，使燃煤发电更加洁净，通过提高效率减少煤炭消耗。20 世纪 90 年代，欧盟推出《未来能源计划》，其主旨是促进欧洲能源利用新技术的开发，减少对石油的依赖和煤炭利用造成的环境污染。欧盟发展洁净煤技术的主要目标是，减少各种燃煤污染物及温室气体排放，使燃煤发电更加洁净；通过提高效率，减少煤炭消费。目前研究开发的项目有整体煤气化联合循环发电；煤与生物质及工业、城市或农业废弃物共气化（或燃烧）；固体燃料气化和燃料电池联合循环；循环流化床燃烧技术等。

为摆脱对石油的过分依赖，日本早在 1980 年，就成立了新能源产业技术综合开发机构（NEDO），从事洁净煤技术和新能源的研究开发。1995 年，新能源工业技术综合开发机构组建了洁净煤技术中心（CCTC），推出了"新阳光计划"，1999 年又制定了"21 世纪煤炭技术战略"，计划在 2030 年前，实现煤作为燃料的完全洁净化。在新能源产业技术综合开发机构内组建了洁净煤技术中心，专门负责开发 21 世纪的煤炭利用技术，并以几千亿日元的投资与澳大利亚、美国、中国等国合作，用于褐煤炼油及煤炭液化、气化、水煤浆等的研究。日本目前正开发的项目有四个：①煤炭高效率利用技术，如整体煤气化联合循环、循环流化床和增压流化床锅炉联合循环等洁净煤发电技术；②煤炭预处理和烟气净化技术，如煤炭洗选技术、废烟处理技术、脱硫和脱氮技术等；③加压流化床锅炉的技术开发；④煤合成气燃料电池等。其目标是在 21 世纪大幅度提高燃煤发电的比重，同时不使环境污染程度加重。目前，致力于洁净煤技术研究的还有澳大利亚、加拿大、韩国、波兰等国家。

各国在洁净煤技术中取得了初步成果，促进了能源行业和煤炭加工利用的科学技术进步，并有实质性收益。对一些新开发的项目，如新型发电、气化、液化、水煤浆，由于市场经济的影响，暂时不能推行的作为技术储备，有不少是由国家支持建立商业性示范工程。从长远发展来看，21 世纪中期以后，这些技术会逐渐显现出优势（阎维平，2008；唐庆杰等，2007）。

我国一直重视洁净煤能源技术的研究开发和应用，在极其有限的条件下，经过努力在煤的燃烧、转化等关键技术装备及其系统方面取得了不小成果，尤其是水煤浆制备与燃烧技术、常压循环流化床锅炉技术持续的大型化和推广应用，多种形式的新型燃烧器，超临界机组的引进消化，增压流化床锅炉联合循环发电技术的中试，各种烟气脱硫装置的研究与应用，煤气化技术的引进和消化吸收，整体煤气化联合循环技术的攻关和煤炭液化关键技术的研究等。在 2001 年开始的新一轮 863 计划中洁净煤技术作为 14 个主题之一被列入，反映了国家对这一领域的高度重视。在进行技术研究与开发的同时，我们也培养和造就了一批研究开发与示范基地。根据我国资源与燃煤污染的状况，我国的洁净煤技术经过多年来的发展，具有了我国特有的构架，制定了以煤炭洗选为源头、以煤炭气化为先导、以煤炭洁净燃烧和发电为核心的技术体系。其基本内容包括煤炭加工与净化技术（洗煤、型煤、水煤浆和优化配煤技术）、煤炭高效清洁燃烧（循环流化床燃烧、高效低污染的粉煤燃烧、超超临界发电、燃煤联合循环发电等）、煤炭转化（气化、液化、制氢燃料电池）、污染控制（烟气脱硫、脱硝，高效除尘与颗粒物控制）、废弃物管理（粉煤灰综合利用，矿区污染控制，煤矸石、煤层气、煤泥等）。

近几年，我国通过引进、消化和自主开发，在洁净煤技术的研究开发、示范及推广应用三个层次上，均取得了较大进展，缩小了我国在洁净煤技术领域同发达国家之间的差距，具体体现为四个方面。

1）在煤炭洗选和加工方面。选煤设计能力大幅度提高，由 4142 亿吨/年提高至 5102 亿吨/年；干法洗选、重介质旋流器、细粒煤分选等技术迅猛发展；

水煤浆制浆生产能力达到 200 万吨/年 以上，工业燃烧水煤浆取得实质性进展；已建成较大规模的动力配煤生产线，配煤能力约 5000 万吨/年；型煤技术得到大力推广。

2）在煤炭转化方面。引进和自主开发了一些新的煤炭气化技术，如多喷嘴水煤浆新型气化炉、加压粉煤流化床气化炉、灰熔聚常压流化床气化炉，并进行了放大试验，目前工业应用以引进技术、装备为主等；百万吨级煤直接液化工业示范厂，已通过可行性研究，煤炭间接液化技术开发取得进展；成功研制了千瓦级燃料电池堆，完成了 30 千瓦燃料电池系统与电动汽车系统联合试验和试车系统。

3）在洁净燃烧与发电方面。220 吨/小时以下的循环流化床锅炉已实现国产化，410 吨/小时循环流化床锅炉燃煤发电工程示范正在组织实施。整体煤气化联合循环发电、干煤粉气化、热煤气净化、燃气轮机和余热系统等关键技术的研究已经启动。

4）在污染物治理与资源综合利用方面。开发了一系列烟气脱硫、除尘新技术，完成了多套电站烟气脱硫工程；煤矸石和煤泥等废物再资源化，已初步实现产业化，当年废物再资源化率达 50% 以上。

但是必须看到，由于我国科技体制的现存问题和能源技术所需的大投入，我们必须引入新的发展模式，才能加快洁净煤技术的发展，满足我国能源可持续发展的需求。全面实施洁净煤发展计划，不能简单地将煤炭作为污染的燃料排除在发展之外，而是要看到煤炭作为一种常规能源在近期具有不可替代的作用，同时也是可以做到清洁利用的。促进洁净煤技术的发展需要国家和各行各业的支持，公众的积极参与，配套的环保法规的完善，多渠道资金的筹措。国家应提供一定数量的引导洁净煤技术发展的资金，同时在金融、税收等方面制定鼓励发展应用洁净煤技术的相关政策等多方面的支撑条件是洁净煤技术发展所需要的外部环境。

我国已把洁净煤技术作为重大的战略措施，列入《中国二十一世纪议程》和国家重大基础研究和产业化领域，电力工业将洁净煤发电技术列为跨世纪的五大科技工程之一。大力开发和实施洁净煤发电技术，不仅关系到我国环境的保护和经济的可持续稳定增长，而且是未来能源技术市场激烈竞争的需要。

四、近中期支持原则与重点

结合我国洁净煤能源转换与利用的发展战略，建议近中期重点支持以下领域。

1. 燃煤污染物的形成机理和控制技术

1）基于常规燃煤方式，研究硫氧化物、氮氧化物、CO_2、重金属、颗粒物等燃煤污染物的形成机理及其相关作用、相互影响机制。

2）针对常规燃煤电站，以超/超临界压力锅炉烟气脱硫技术为基础，开展和完善多种污染物的一体化脱除和控制技术的基础研究。

3）开展燃煤污染物形成过程的化学动力学基础研究。

4）燃煤污染物及其健康效应研究。

2. 基于煤炭的高效清洁利用技术

1）针对氧/燃料燃烧、整体煤气化联合循环和增压流化床锅炉联合循环等先进燃煤方式，开展可行的包含煤气化、液化及多联产在内的煤资源化利用技术的基础研究。

2）开展经济、可行的碳捕集与封存技术的基础研究。

3）开展适合我国国情的煤基近零排放多联产系统的各项基础研究，实现氧/燃料燃烧下污染物生成规律及控制技术、煤及其他燃料的气化规律、多向催化反应的化学基础、经济高效的气体净化和膜分离技术基础等科学问题的突破，为大规模的工业应用提供理论基础和科学依据。

在未来的洁净煤能源技术的研究中，既要提高能源的转换效率，减排常规污染物，又必须整合 CO_2 的减排、捕集与封存，需要考虑减排污染物与 CO_2 的经济性协调配合，形成以控制 CO_2 排放为基本出发点的未来洁净煤能源利用与转换技术。

第二节　清洁石油化工与能源转化利用

一、基本范畴、内涵和战略地位

石油是重要能源，直接影响着各国经济和社会发展，关系着各国国家经济和政治安全。为此，我国不仅将石油安全供给作为国策，而且不断进行能源战略的调整。石油化工与能源转化利用是通过一系列的物理和化学过程将原油加工为汽油、煤油、柴油等其他能源难以取代的液体运输燃料，同时生产大量的润滑油、石蜡、沥青、石油焦等产品，并为三大合成材料及主要有机原料等石化产品的生产提供原料的过程工业，是国民经济的重要支柱产业。

全球石油资源供求状况及资源潜力直接关系到国际政治经济发展态势。进入 21 世纪以来，能源问题日益成为摆在各国政府面前的重要问题。近年来，伴随世界经济的复苏和发展，国际石油价格节节高攀，对能源化工的发展产生重大影响；同时，来自环境保护的压力及能源资源综合利用等方面的要求，也促使以石油、天然气、煤炭等资源为原料的能源化工发生深刻的变化。如何应对能源化工发展面临的挑战，发展适合我国资源特点和国情的能源化工，为全面建设小康社会提供清洁、充足的二次能源和化工产品，成为摆在我们面前的一个重大课题。

国际石油价格持续攀升、石油资源紧缺、石油资源劣质化趋势及环境保护不断增加的压力，成为目前我国以石油化工为核心的能源化工面临的严峻挑战。进入 21 世纪，我国石油化工与能源转化利用将向着产品清洁化、高性能化与生产过程清洁化方向发展，资源利用效率和一体化综合利用程度将不断提高，劣质资源的高效利用和原料范围的拓展将成为石油化工与能源转化利用发展需要突破的难点，将力求通过石油化工、煤化工、天然气化工的协调发展，实现二次能源与化工资源的接替。为了保障持续稳定的发展，我国石油化工与能源转化利用的发展要与国家石油安全战略相适应，与建设节约型企业、节约型社会相适应，与可持续发展相适应，充分利用有限的能源资源，持续推进技术进步和创新。

根据预测 2020 年国内汽油、煤油、柴油总需求量将达到 2.6 亿吨，用于生产乙烯的化工原料油需求量将达到 6200 万吨，石油总需求量将达到 4.3 亿吨。据此，按原油加工负荷 90% 计，2020 年原油加工能力将达到 4.8 亿吨。为此，在 21 世纪前 20 年，我国石油化工与能源转化利用工业必须持续快速发展。以最少的资源和能源消耗、最小的环境代价，最大限度地提高石油资源的利用率，把宝贵的石油资源用于生产，作为交通运输燃料和石油化工原料，满足经济社会发展和人民生活的需要，是我国石油工业为全面建设节约型社会和创新性国家必须承担的历史重任，是我国国民经济和社会发展的战略需求。在当前石油价格高位动荡的形势下，石油化工与清洁能源转化利用面临前所未有的严峻挑战。

（一）石油化工缺乏持续发展的有力保障

我国石油勘探尚属中等成熟阶段，2020 年原油产量将达 1.81 亿～2.01 亿吨。2008 年，中国原油表观消费量约为 3.42 亿吨，其中净进口原油 1.52 亿吨，原油对外依存度达到 44.44%，严重地影响到国家的能源安全。创新石油加工技术、提高石油资源的利用率并开拓新的非常规资源以弥补常规石油供应的不足，成为我国石油加工工业可持续发展面临的重大挑战之一。

在我国的能源资源结构中，煤炭、天然气的蕴藏量相对较为丰富，石油资源相对缺乏。近十多年来，我国石油消费量持续快速上升，1993 年我国重新成为石油净进口国；2004 年，我国实际生产原油 1.75 亿吨，消费原油 3.14 亿吨，进口量首次突破 1 亿吨，达到 1.22 亿吨，对外依存度高达 38.9%。根据国家发改委能源研究所的研究，2020 年中国石油的需求量将达到 4.5 亿～6.1 亿吨，届时石油进口量将达到 2.7 亿～4.3 亿吨，进口依存度将高达 60%～70%。面对这种情况，近年来我国采取一系列措施，积极拓宽原油资源来源渠道。从总体看，我国海外石油主要有三个来源。一是从中东、南美、非洲等地进口石油。2004 年我国从中东地区进口原油 6295 万吨，占全部进口量的 50% 以上；运输路线过度依赖马六甲海域，一旦国际形势发生变化，原油保障将会变得极为脆弱。二是从俄罗斯和中亚地区进口。2004 年中国-哈萨克斯坦原油管线正式开工建设，一期工程输油能力为 1000 万吨/年；另外，中-俄输油管线经过多次反复，最近俄罗斯基本确定首先保障中国支线的输油量，并承诺通过铁路加大对中国的原油出口。这个方向的油源相对较为稳定，但也存在诸多政治、经济的变数，而且受资源量的限制，预期总输油量不会超过 5000 万吨/年。三是我国石油公司在国外勘探开发获得的份额油。2004 年，我国三大石油公司在国外油田获得的份额油达到 1750 万吨。由于我国石油公司拥有权益的多数海外油田东道国处于国际政治、经济冲突的前沿，继续扩大产量将受到资源量、所在国家政治环境及国际形势的影响。国际、国内石油供应的严峻形势，使我国石油化工的持续发展面临重大的考验。石油资源的紧缺直接影响石油化工的发展。

石油资源主要用来炼制作为燃料使用的汽油、煤油、柴油和用来生产作为乙烯裂解原料的石脑油。根据现有规划，我国将建成若干个百万吨级以上的大型乙烯基地，加上原有乙烯基地的扩能改造，2010 年乙烯产能已达到 1000 万～1500 万吨，作为乙烯裂解原料的石脑油需求量已达到 3500 万～4500 万吨。同时，随着国民经济的快速发展和人民生活水平的提高，汽车保有量和客货交通运输量迅速上升，汽油、柴油、煤油等燃料油品消费量也将持续增长。因此，炼油工业面临保石化原料还是保运输燃料的问题，矛盾异常突出。资源的紧缺和供需之间的矛盾还将直接导致石脑油价格的上涨，使得乙烯和聚烯烃产业面临成本上升的巨大压力。鉴于上述情况，我们必须一方面通过技术进步，大力提高轻质油收率，提高石油资源的利用率；另一方面，大力开发替代能源和资源，采用新型车用燃料替代汽油、柴油，尽可能多地把轻质油用于乙烯裂解，同时要积极探索用重质油、煤或天然气生产低碳烯烃的新途径，有效降低能源化工的成本。

（二）迫切需要提高对能源的综合利用和清洁利用

能源消费在促进经济发展和人民生活水平提高的同时，也给环境带来污染，而且，在我国，能源浪费的现象和不合理利用现象仍比较严重。据统计，城市大气中 64％的 CO、69％的氮氧化合物、33％ 的 CO_2、40％ 的悬浮颗粒物和 80％ 的噪声都是由汽车交通产生的。我国能源消费总量中约有 70％为煤炭，其中 85％ 采用效率低、污染严重的直接燃烧方式。每年由于燃煤引发的 SO_2 污染和酸雨造成的经济损失已超过 1000 亿元，酸雨面积占到国土面积的三分之一。显然，提高资源的综合利用和清洁利用程度，大力开发能源的清洁利用途径，实现能源资源和环境的协调发展，已经成为当前经济和环境保护发展的迫切要求。生产符合环境保护要求的清洁汽油、柴油和煤油，是今后几年我国石油化工面临的重要任务。

近年来，随着我国汽车保有量的不断增加，汽车尾气排放已经成为我国大中城市大气污染物的主要来源，生产更为清洁的油品以实现能源和环境的和谐发展成为石油加工工业乃至我国国民经济和可持续发展面临的重大挑战。日本和欧美地区国家发达国家为降低汽车排放污染，已普遍使用硫含量低于 50 ppm 的符合欧Ⅳ标准的车用燃料，并即将采用旨在进一步降低碳氧化合物、氮氧化合物和颗粒物排放，并提高发动机效率的欧Ⅴ标准。

根据我国治理汽车尾气污染排放计划，北京从 2005 年 7 月 1 日起全面使用欧Ⅲ标准的汽油和柴油，2008 年，中国车用燃料要整体达到欧Ⅲ燃油标准，2010 年要与世界先进水平保持同步。当前，要大规模地满足硫含量低于 50 微克/克甚至 10 微克/克，以及低芳烃、烯烃等要求，炼厂还需要采取很多的技术措施和更多的资金投入。独特的石油资源特点，使得我国形成了一条不同于西方发达国家的石油加工工艺路线，特别是随着我国从石油净出口国向石油净进口国的转变，含硫、高硫原油，重质、劣质原油进口量逐年增加，使得石油产品质量升级的压力进一步加大。发展清洁燃料技术一方面要求改进原油加工工艺，另一方面还要不断开发新型替代能源，如不含硫的天然气合成油、醇类燃料、氢能等，以解决资源和环境对燃料日益增长的压力。

（三）对清洁能源转化利用与石油化工技术进步提出了更高的要求

当前，世界范围内原油变重、品质变差的趋势十分明显。我国石油资源普遍偏重，重油约占我国原油加工总量的 40％。与国外原油相比，我国主要油田所产常规原油中沸点高于 500℃的减压渣油的含量都较高，低于 200℃的汽油馏分少，大部分国产原油的减压渣油所占比重均在 50% 以上，这是我国原油馏分组成的一个重要特点。根据新一轮油气资源评价结果，我国陆上稠油、沥青资源约占石油资源总量的 20% 以上，预测资源量为 198 亿吨，其中最终可探明地质资源量为 79.5 亿吨，可采资源量为 19.1 亿吨；油砂沥青的预计地质资源量超过 60 亿吨，可采资源量超过 30 亿吨；页岩油地质资源量超过 470 亿吨，技术可采资源量超过 160 亿吨，可回收量超过 120 亿吨。随着以大庆油田为代表的常规油田原油产量的逐年递减，我国加大了对重油资源的勘探开发，已先后在全国 12 个盆地中发现了 70 多个重油油田，建立了五大开发生产区，重质原油的产量已占全国石油总产量的 10%。

2008 年，我国原油实际加工量为 3.42 亿吨，按重油占原油总消耗量约 40% 计算，当年我国至少有 1.368 亿吨的重油需要加工处理。根据 2007 年我国原油加工能力统计数据，作为我国目前最主要的重油轻质化加工过程的催化裂化装置的总能力为 11 886.5 万吨/年，假设加工性能较好，石蜡基大庆渣油（每年大约 2000 万吨）全部直接进入催化裂化装置进行加工，剩下的催化裂化能力（11 886.5－2000＝9886.5 万吨）按最高可掺炼 10% 的其他来源的劣质重油（9886.5×10%≈989 万吨）计算，加上焦化装置（2007 年的总处理能力为 4800 万吨）、加氢处理装置（2007 年的总处理能力为 860 万吨）的处理量和沥青年产量（约 800 万吨），理论上的最大重油加工能力为 9450 万吨/年，每年还剩下约 4200 万吨的重油只能作为其他低值产品。若发展适当的预处理技术，仅对这 4200 万吨/年重油的 1/3 进行预处理后作为催化裂化过程的原料，按预处理过程的收率为 60%、催化裂化过程的轻质产品收率为 70% 进行保守估算，每年可增产轻质产品约 590 万吨，相当于一个 800 万吨级的大中型油田生产的原油的轻质油产量。另外，在上述重油加工能力中，焦化约占 50%，其将重油的 20%～40% 转化成低价值的焦炭，不仅影响到炼厂的总体经济效益，也不符合我国轻质车用燃料十分缺乏的国情，如能研究开发出可替代焦化的劣质重油加工新过程，仅仅使轻质化过程的轻油收率提高 10%，那么每年又可增加约 480 万吨的轻质产品。两者相加，每年可增产的轻质产品将超过 1000 万吨。

原油资源品质的变化影响成品油的品质和乙烯裂解原料石脑油的品质，使得石脑油的收率降低，裂解性能变差。对于我国而言，石油资源品质的变化主要体现在三个方面。一是我国东部优质石蜡基原油的产量逐年递减，蒸汽裂解乙烯收率有下降趋势。这种变化使得必须采用更多的资源、更高的代价才能保障乙烯产量的提升。二是重质、高稠原油产量逐年上升，对这种劣质原油的加工已成为石化企业不得已的选择。这种原油轻油收率低，必须经过催化裂化、焦化、加氢等复杂过程才能生产出合格油品和石脑油。三是进口原油绝大部分是高硫原油。近年来，随着石油进口量的增加，来自中东地区、俄罗斯的高硫环烷基、中间基原油所占比重越来越大，这一方面导致原油加工流程更加复杂，现有设备需要改造才能适应高硫含量的变化；另一方面，与适用乙烯裂解的低硫石蜡基原油相比，用环烷基原油和中间基原油生产的石脑油，乙烯收率大约降低 2～4 个百分点。与原油资源品质劣质化趋势明显相反，成品油质量要求不断升级，乙烯产能迅速扩张对石脑油的品质也提出了更高的要求。在资源品质下降的情况下，汽油、煤油、柴油要达到新的排放标准需要付出更高的代价，尤其是硫含量要达到欧Ⅲ甚至以上标准，需要更多的高压加氢过程，加工成本大幅上升。在乙烯方面，乙烯产能的竞争在很大程度上将转化为对原料石脑油的竞争，原料的成本和品质将成为石化企业竞争力的关键，石脑油品质和数量的保障将成为乙烯市场的矛盾焦点。这种变化趋势将迫使能源化工企业通过技术进步降低劣质原料加工成本；或者采用替代资源，努力提升企业竞争力。

（四）石油化工原料供需矛盾突出，急需发展炼化一体化技术

据预测，2020 年我国乙烯当量需求量将达到 3700 万～4100 万吨，届时仅按满足国内需求的 50%～60% 计算，则乙烯产量将达到 2300 万吨，需化工原料油 6200 万吨，原油加工量和乙烯的生产比例将从 2003 年的 40：1 降到 20：1，炼油工业生产的化工原料油将难以满足乙烯产量增长的需求。发展炼化一体化技术，可将 10%～25% 的低价值石油加工产品转化为高价值的石油化工产品，不仅可以为石油化工产业的可持续发展提供原料支持，而且可以提高石油资源的利用率。

二、发展规律与发展态势

技术进步和技术创新是清洁石油化工与能源转化利用技术发展的永恒动力。进入 21 世纪以来，我国石油化工与清洁能源转化利用技术的发展步伐明显加快。面临资源紧缺和环境保护的双重压力，将向以下四个方面加快发展。

（一）产品清洁化、高性能化与生产过程清洁化

近年来，清洁燃料技术发展和应用十分迅速，燃油强制性标准不断提高。清洁汽油的生产发展方向是进一步降低汽油的烯烃含量、硫含量和苯含量，提高辛烷值和清净性。清洁柴油的总体目标是降低柴油的硫含量、芳烃含量特别是多环芳烃含量，提高十六烷值和抗磨性能。原油价格的不断上涨和品质劣质化趋势的加剧，使得单纯从原油加工过程生产超低硫清洁化燃油要付出过高的

代价。以天然气为原料生产合成油作为无硫、高清洁油品调和组分，无疑具有极大的经济吸引力和可行性。

产品的高性能化是能源化工发展的重要趋势。合成树脂、合成橡胶和合成纤维的新产品和新牌号不断涌现，特别是合成树脂专用料和差别化合成纤维的开发异常活跃，产品开发呈现出多样化、系列化、高附加值和高性能化的特点。同时，随着工艺技术和催化剂的发展，石化产品的综合性能增强，应用领域进一步拓展。

过程的清洁化是能源化工不懈追求的目标，而技术进步是实现这一目标的最重要手段。清洁化生产过程对能源化工的意义不仅仅在于降低污染物排放、降低处理成本，更重要的是提高资源利用效率，因为有些污染物本身也是可以利用的原料。近年来，新的清洁化生产过程不断替代传统工艺。例如，生产高辛烷值汽油调和组分的烷基化过程、离子液催化过程有替代氢氟酸工艺的趋势，天然气经绿色工艺生产聚碳酸酯的工艺将逐步取代光气法工艺，生产有机玻璃原料甲基丙烯酸甲酯的丙酮氰醇法极有可能被碳四直接氧化法所替代等。

在传统燃料油品生产过程和产品清洁化的同时，清洁化的替代燃料发展方兴未艾。近年来，乙醇汽油已经在我国开始大规模应用，2004年销售量接近80万吨，低碳醇类燃料、醚类燃料等都开始进入汽车应用，生物柴油、氢能开发也在积极进行当中。这些新型燃料具有相同的特点，即不含硫，现有燃料应用体系不需要经过大规模改造即可适应，成本可望与现有成品油相当，发展前景被看好。

（二）一体化综合利用

在石油化工领域，通过各环节联系更加紧密的炼油化工一体化技术来协调生产、降低成本以实现经济效益最大化，已成为炼化业发展的主要趋势。目前，炼油化工一体化技术的方向可以体现在三个方面：多产低碳烯烃、多产芳烃和多产化工轻油，使炼油厂、乙烯厂和芳烃厂紧密结合形成一体化。

首先，由炼油厂催化裂化装置增产丙烯将是未来炼油化工一体化发展的重点。为此，催化裂化工艺向短接触时间、快速分离、高剂油比、进料反应速率与催化剂活性匹配方向发展；催化剂向提高烯烃特别是丙烯收率方向发展。二是多产芳烃，除继续发展催化重整工艺和催化剂以提高芳烃产率外，正在发展轻烃芳构化、重质芳烃轻质化等技术。三是多产化工轻油，通过加氢裂化根据不同的目的产品选择不同的催化剂装填方案和工艺条件，以最大限度生产乙烯和重整原料，其中多产化工轻油技术在其中所起的作用正在加大。可以预见，利用重质油催化裂化或者催化裂解生产低碳烯烃具有极大的经济吸引力，将成为未来石脑油蒸汽裂解制乙烯的重要补充。

值得注意的是，石油化工与煤化工、天然气化工的一体化发展逐渐成为可能，具有成为能源化工未来发展新的增长点的潜力。对于天然气化工而言，造气是关键的环节，合成气可以通过费托合成油品，也可以生产甲醇，进而通过甲醇裂解（MTO）生产乙烯、丙烯等基本化工原料；对于煤化工而言，煤可以通过直接催化加氢生产油品，也可以通过造气过程生产合成气，然后经过与天然气化工相同的过程生产油品或乙烯、丙烯等基本化工原料。显然，天然气化工、煤化工通过大规模合成油或甲醇裂解过程可以实现与传统石油化工的有机结合，优势互补。例如，天然气化工过程合成油可以作为石油化工汽油的无硫、高辛烷值调和组分，而天然气、煤制烯烃则可以降低对石脑油的依赖。这种一体化过程将提高资源综合利用效率，拓宽优化调整的范围，实现石油、天然气和煤炭三种重要能源资源的一体化综合利用。

（三）高效利用劣质资源和拓展原料范围

前已述及，石油资源品质劣质化是当前石油化工面临的一大挑战，同时，石油资源的紧缺也是目前以石油化工为核心的能源化工不得不面对的现实。因此，劣质资源的高效利用和原料范围的拓展成为当前能源化工发展需要突破的难点。从保护资源的角度看，劣质资源的高效利用是节约资源的重要手段，而原料范围的拓展将使能源化工摆脱目前对石油资源过度依赖的现状，有利于能源化工的更大发展。

最大限度地把重油转化为高附加值的交通运输燃料和化工原料的重油深加工技术是炼油技术发展的主要方向。加氢裂化由于具有原料适应广泛、产品方案灵活、液体产品收率高等特点，已经成为重油深加工和生产清洁燃料的关键技术，得到了重点发展和更为广泛的应用。催化裂化装置具有投资少、见效快、操作成本低等优势，是我国重要的原油二次加工装置和提供车用燃料的主要装置。催化裂化技术今后的发展方向是在提高重油转化能力的同时，降低产品硫含量和烯烃含量并提高目的产物收率。根据原油变重的现状和适应油品轻质化的需要，需要提供更多的柴油和化工原料。延迟焦化技术朝着装置大型化、原料多元化、低压、低循环比、提高收率、降低能耗、采用先进控制、提高操作灵活性的方向发展。同时，与渣油加工相关的渣油/石油焦气化和焦化-气化-汽电联产组合工艺将继续发展并得到广泛应用，也是未来炼厂的发展方向。

在石油、天然气和煤炭三种资源中，煤炭的化工利用难度最大。由于煤炭的含氢量很低，无论是加工成油品还是通过甲醇裂解过程生产烯烃，其技术难度比天然气化工更高。但是，煤炭在我国能源资源中储量最为丰富，积极发展煤化工,对拓展能源化工原料来源具有全局性、战略性的重要意义。当前煤化工开发中有两个技术需要注意:一个是"煤变油"技术;另一个是煤通过造气技术制甲醇,甲醇可以催化裂解制乙烯、丙烯等基本有机原料。目前我国正在以内蒙古、陕西、山西和云南为基地,加快推进"煤变油"战略。由于我国煤资源丰富,"煤变油"可以进一步加工为车用燃料和优质的乙烯裂解原料,对于缓解传统石油化工原料的压力有积极的作用。

(四) 二次能源与化工资源接替

能源化工提供的产品主要是二次能源和化工产品。二次能源是除一次利用之外最主要的能源利用形式,也是能源资源实现清洁利用的有效途径之一。通过技术进步和技术创新,使石油化工、天然气化工和煤化工协调发展,实现清洁二次能源和化工资源的接替战略,是确保我国能源化工业长期稳定发展的必由之路。

技术的进步使得以天然气和煤炭为原料的醇类、醚类、烯烃、芳烃等重要中间品的大规模、低成本生产成为可能。因此,以天然气和煤炭为原料的清洁油品、醇类、醚类、氢能等完全有可能对现有油品体系形成二次能源的有效接替,而烯烃、芳烃等的生产则能够实现与石油化工的有机结合。把煤化工、天然气化工的发展上升到石油化工接替战略的高度,对我国石油安全战略和能源体系的不断完善具有深远和重大的影响。

三、发展现状与研究前沿

进入 21 世纪以来,人口、资源、环境的协调和可持续发展日益成为人类发展的共同主题。为此,中央明确提出要坚持以人为本,树立全面、协调、可持续的发展观,促进经济社会和人的全面发展。在经济发展上,必须坚持走科技含量高、经济效益好、资源消耗低、环境污染少、人力资源得到充分发挥的新型工业化道路。石油化工与清洁资源转化利用是国民经济的重要组成部分,石油化工与清洁资源转化利用的发展也必须走新型工业化道路,充分利用有限的能源资源,持续推进技术进步和技术创新,实现石油化工与清洁资源转化利用发展的新突破。

(一) 与国家石油安全战略相适应

为了保障我国石油化工与清洁资源转化利用的持续稳定发展,利用好宝贵的石油资源,需要从国家石油安全战略的高度统筹考虑。首先要提高石油资源的化工利用效率，用尽可能少的石油资源生产尽可能多的石油化工产品；同时面对世界石油供应偏紧的状况，要大力发展可替代资源，减少对石油资源的依存度。从石油加工角度看，要大力发展炼油化工一体化技术，一方面尽可能多地生产满足市场需求的合格油品，以及芳烃、乙烯裂解原料；另一方面还要统筹考虑成品油生产与芳烃、乙烯裂解原料生产的平衡，做到对石油资源的优化利用。

石油安全的保障，不仅仅是一个如何增加资源供应量的问题，更是一个各种形式能源协调发展和提高资源利用程度的问题。加快发展天然气和煤化工是解决我国能源化工中石油资源紧缺状况的有效手段。通过对天然气和煤的化工利用，可以生产清洁油品和新型替代燃料等二次清洁能源，减少对石油炼制油品的依赖；也可以生产低碳烯烃、含氧化合物等基本有机原料，作为石油化工产品的重要补充和替代。天然气化工和煤化工在提高资源品质和价值的同时，也将实现资源的清洁利用，在未来能源化工发展格局中占有重要地位。

（二）与建设节约型经济相适应

石油资源的紧缺是长期制约我国经济社会发展的瓶颈。节约利用石油资源是实现高效益、可持续发展的关键措施。据测算，我国大型企业平均能耗比国际水平高 40% 左右，降低能源、资源消耗方面有很大的潜力。因此，应坚持开发与节约并举、把节约放在首位的方针，提高能源、资源的利用效率，坚决扭转高能耗、高污染、低产出的状况，大力发展循环经济，努力建设节约型企业。

节约资源尤其是石油资源，需要做到资源的优化利用。从宏观上看，一方面，需要优化资源配置，提高资源综合利用水平，从国家石油安全战略的高度统筹考虑，加大对来自国内外的增量石油资源的宏观调控力度，进行整体优化。另一方面，应根据主要消费市场分布特点、各企业生产和布局特点，以及原油品质特点，作好总体布局和分类加工，使适合作为化工原料的优质原油向炼油化工一体化企业倾斜，稠油、超稠油集中加工用于产出高性能沥青等产品，总体资源配置向靠近主要消费市场的加工基地倾斜。做好整体和区域资源的优化利用，是节约资源的关键。

技术进步是节约石油资源的最重要手段。石油化工与清洁资源转化利用是资源消耗"大户"，也是能源消耗"大户"。节约能源和资源，不仅仅限于现有石油化工过程采用新技术、新设备、新材料，降低现有过程能源和资源的消耗，更重要的是石油化工与清洁资源转化利用工艺路线的革新。石油化工与清洁资源转化利用的发展，从技术角度，必须采取能源和资源消耗少的工艺路线。例如，以石脑油裂解生产乙烯然后生产醋酸的过程，在资源消耗和能源消耗上的节约程度远不如甲醇羰基合成生产醋酸的天然气化工路线，显然，后者更符合能源化工发展的新方向。

在石油化工与清洁资源转化利用发展方向上，应该综合比较石油化工、天然气化工和煤化工不同的工艺路线，选择最节约资源和能源的技术。在这方面还有很长的路要走，需要国家和企业不断加大投入，瞄准能源化工发展新方向，不断开发新技术、新工艺。

（三）与可持续发展相适应

石油化工与清洁资源转化利用关系到国民经济的运行和人民生活的几乎每一个环节。经济和社会的可持续发展，离不开石油化工与清洁资源转化利用的可持续发展。石油化工与清洁资源转化利用的可持续发展，应该包含三层含义。一是石油化工与清洁资源转化利用的发展与环境保护的协调。石油化工与清洁资源转化利用的很多过程污染很大，如何改造传统的石油化工与资源转化利用，降低污染程度，是石油化工与清洁资源转化利用发展过程中迫切需要解决的问题。二是石油化工与清洁资源转化利用的发展必须符合经济发展规律。发展替代能源、资源应该考察技术和项目的经济可行性，只有在经济上可行才可能进一步发展，不能为发展替代能源、资源而盲目发展。三是要形成石油化工与清洁资源转化利用发展的逐步替代战略。从长远看，预计石油价格在很长一段时间内将会处于高位震荡状态，资源的紧缺是必然的趋势，应该未雨绸缪，加快天然气化工利用、煤的清洁化化工利用等技术的发展步伐，把天然气、煤炭逐步作为石油化工原料的替代资源，为逐步形成石油化工、天然气化工、煤化工协调发展、互为补充奠定良好的基础，为国家石油安全、能源安全战略做出更大的贡献。

四、近中期支持原则与重点

针对我国石油资源日益重质化和劣质化、石油加工产品质量亟待升级、石油化工原料供需矛盾突出的严峻形势，在加强旨在提升现有石油化工与清洁资源转化利用过程转化效率和提高石油加工产品质量的基础研究的同时，重点围绕重质石油和非常规石油资源高效洁净转化技术、基于产品设计的清洁油品生产技术和炼油化工一体化技术进行基础研究布局，形成具有源头创新、适合我国资源特点和加工工艺流程特点的石油化工与清洁资源转化利用新理论、新方法和新工艺技术路线，为我国石油化工与清洁资源转化解决方案的形成提供基础支撑。

1) 重油高效洁净转化利用的基础研究。针对约占我国石油加工总量 50％ 的重质石油资源的高效洁净转化和优化利用问题，在分子水平上揭示重油组成-结构-性质之间的关系，深入了解重油分子的催化转化行为，发展甄别"可转化"与"不可转化"的重油分子的理论依据，根据重油催化转化性能的差异发展将其分离为适应不同加工过程原料的梯级分离新过程，创制重油催化转化新材料和催化剂，实现"可转化"组分的高效洁净转化，探索"不可转化"组分优化利用的新途径。

2) 非常规石油资源开发利用的基础科学问题研究。针对约为常规石油储量 16 倍的非常规石油资源（主要包括超重质油、油页岩及天然沥青等）开发利用的关键问题，研究非常规石油资源的形成演化、成藏机理，提供非常规石油资源勘探开发的理论基础；针对业已探明的国内外大型非常规石油资源，发展其高效开发的新理论和新方法，为非常规石油资源的有效开发奠定科学和技术基础；在分子水平上获得非常规石油资源组成-结构-性质及其转化行为的新认识，为发展非常规石油资源的高效转化利用提供新理论和新方法。

3) 清洁和超清洁车用燃料生产的基础科学问题研究。针对未来油品质量的不断升级，揭示燃料组成与尾气排放之间的对应关系，在分子水平上发展清洁车用燃料产品设计方法；深入认识石油加工过程中硫、氮等杂原子化合物和烯烃、芳烃等非理想组分的转化机理和动力学，发展新催化剂和催化反应过程，为提高石油加工产品的清洁性奠定科学基础和提供新的技术途径；从"产品设计"的观点变革车用燃料组成，发展旨在提高燃烧效率、降低污染物排放的清洁车用燃料添加组分及其生产新过程。

4) 支撑石油加工-石油化工一体化发展的基础科学问题研究。从"原子经济"角度重新审视现有大宗石油化工产品的原料组成和加工路线，从"基团反应规则"阐明不同品质的石油资源合理利用的新途径，发展实现石油资源"原子经济"或"基团经济"利用的新理论、新方法，为实现我国石油化工产业的可持续发展提供新理论、新方法和新技术路线。

第三节　燃油动力节约与洁净转换

一、基本范畴、内涵和战略地位

目前，自然界中的燃料绝大部分仍是以燃烧的方式转换成可用能或功而被人与社会利用，燃烧方式在今后可预测的一段时期内仍将是燃料能量转化与利用的一种重要技术途径，因此，燃烧在能源高效转化和洁净利用方面将继续扮演重要的角色和发挥重要的作用。在自然界和人类活动中，燃烧这一自然现象扮演着正反两方面的角色，通过燃料燃烧获取能量和通过抑制燃烧进行防火防灾，从而使燃烧的研究从利用和预防两个方面进行。

燃油动力节约与洁净转换涉及燃料燃烧及其燃烧动力装置，燃烧动力装置主要包括内燃机和涡轮发动机，内燃机燃烧是在缸盖、缸体和活塞所形成的封闭的燃烧室内进行的，是不连续的，由一个接一个的工作循环所构成。燃烧前空气的压缩是由活塞运动、燃烧室体积减小来实现的；燃烧放热后气体温度升高，使气缸压力升高，部分热能转化为气体的压力能，燃烧后活塞运动，燃烧室体积增大，缸内具有热能和压力能的气体膨胀对外做功。涡轮发动机的燃烧是在压气机下游开放的空间内连续发生的，燃烧所释放的热能使气体温度升高，气体在开放的空间膨胀，体积增加，造成气流流速的增高，使部分热能转化为气体流动的动能，具有热能和动能的燃气对外做功。涡轮发动机对外做功可以依靠高温高压气流使涡轮机轴旋转带动需要动力的机械，也可依靠燃烧气体温度升高、体积膨胀后的流速增加来做功，如喷气式发动机。燃料燃烧研究涉及混合气形成，着火特性，燃烧放热，化学反应动力学，燃烧速率，燃烧污染物生成及其控制，燃烧物种的识别与诊断，燃烧热物理场的描述和测量等方面。

二、发展规律与发展态势

高效低污染内燃机燃烧是国际内燃机的研究和发展趋势，是带动内燃机基础研究和先进技术开发的动力源。近年来，除继续提高汽油机和柴油机的燃油经济性、降低排放外，一些新型的燃烧方式得到内燃机研究者的广泛关注和重点研究，如在汽油机和柴油机基础上都可实现的均质压燃着火燃烧方式，稀混合气结合废气再循环的低温燃烧方式，以高压共轨多脉冲喷射为代表的先进柴油机技术，以燃油高压喷射和先进后处理技术结合的内燃机系统，以汽油机缸内直喷技术为代表的先进汽油机技术。以替代石油类的清洁燃料实现内燃机高效低污染的发动机理论与关键技术研究，基于光学诊断的内燃机缸内燃烧和污染物诊断技术，基于大涡模拟和直接数值计算的内燃机喷雾、流动和燃烧的数值模拟技术，内燃机排气能量回收与利用技术，特别是以内燃机燃烧为背景的基础燃烧研究得到了研究者们的重点关注。人们越来越认识到基础燃烧的深入研究对内燃机燃烧研究水平提升、基本现象阐明和理论发展的重要性，以及孕育先进技术的潜力。近期，美国能源部牵头汇集了全美有关专家对 21 世纪交通燃料和使用非石油类燃料的发动机技术进行了讨论，提出了对未来非石油燃料发动机对应的燃料燃烧的基础研究，包括燃烧速率、中间基物种鉴别、化学反应动力学、燃烧模拟技术等,为未来发动机燃烧优化控制提供基础数据,并阐明基本规律。多学科融合趋势越发明显,原来重视技术开发的内燃机研究越来越重视理论上的创新,从而促进了内燃机研究工作的深化和提升。美国能源部、汽车企业、国家实验室和高校在此方面都给予重点支持和研究,日本和欧洲国家也有很多政府计划和企业项目给予支持,我国政府也在科技计划和基金项目中给予了支持,从而大大提升了我国内燃机研究水平,缩短了与发达国家之间的差距。可以说,国内外内燃机研究又进入一个新的理论发展和技术进步的发展阶段,这既给内燃机研究者带来了机遇,也带来了挑战。

燃料的燃烧速率是认识燃料特性和进行燃烧数值模拟的基础数据。近年来,内燃机采用了多种新型燃料,但有关燃烧速率的数据还不齐全,需要开展基础性的研究和测量工作。特别是混合燃料,其燃烧速率的数据基本上是空白,急需测量和补充。内燃机燃料着火延迟期是内燃机燃烧控制的重要参数之一,也是均质压燃燃烧方式非常关键的参数。常规燃料的着火延迟期有一些实验数据和经验公式,但对大多数内燃机替代燃料来说,此部分还是空白,特别是混合燃料的着火延迟期,由于非线性关系的原因,不能简单地利用单质燃烧的着火延迟期来推算混合燃料的着火延迟期,必须通过实验方可获得不同当量比、混合比、温度和压力下混合燃料的着火延迟期。采用快速压缩装置(rapid compression machine)和激波管(shock tube)都可进行这方面的测量。分层和稀混合气湍流燃烧被应用到内燃机提高热效率和改善燃烧过程,混合气形成有预混合气和喷射分层混合气。可采用燃烧弹装置和光学发动机开展这方面的研究和测量,如研究分层混合气下火核形成与火焰发展,多次喷射条件下预混合分层组合燃烧,湍流强度对燃烧的影响等。另外,低温燃烧条件下炭黑生成规律也可借助激波管装置进行机理性研究。激波管也可用于燃料化学反应动力学方面的研究工作。

氢气可能是未来燃烧发动机最有前途的燃料,氢能在燃烧发动机上的规模利用将取决于氢能的规模化制备。燃氢发动机升功率下降,燃烧控制比较困难,目前燃料成本仍然较高,距离规模化使用还有一定的距离。天然气掺氢燃烧发动机将是氢能在燃烧发动机上应用最有前途和最具可行性的方式。天然气掺氢发动机虽开展了一些研究工作,但距离发动机推广使用还有很多研究工作要做,特别是在天然气-氢气-空气混合气燃烧基础研究方面和发动机燃烧与控制的基础性研究方面。掺混氢气还被用于提高传统柴油机和汽油机的热效率并降低排放,国内外近年也有相关的研究报导,是内燃机发展的一个新动向,应引起国内学者的关注。

美国动力燃料研究的重点主要布局在气液燃料的高效转化与利用方面。我国燃烧领域经过几十年的发展,形成了以若干国家重点实验室为中心的基础研究基地，以若干国家工程中心为主的技术应用研发基地，以企业为主的技术推广应用基地。我国高等院校、科研机构主要从事的研究包括燃烧理论发展，燃烧基本规律和现象阐明，能源和动力装置中燃烧基础问题和污染物控制问题，燃烧化学反应动力学和燃烧诊断方法探索等方面。

燃烧学是研究着火、熄火、燃烧的过程和机理的学科。燃烧是指燃料与氧化剂发生强烈化学反应，并伴有发光发热的现象，是化学反应、流动、传热传质并存、相互作用的复杂的物理化学现象。燃烧现象涉及很多领域，如热力学现象、传热传质现象、流动现象、多相流问题等，在此基础上伴有复杂的化学反应动力学现象，并涉及其他多门学科。研究内涵通常包括燃烧过程热力学，燃烧反应动力学，着火和熄火理论，预混合燃烧，扩散燃烧，气体和液体燃料燃烧，超音速燃烧，爆震燃烧，微尺度燃烧，燃烧诊断等。具体对象涉及内燃机燃烧、涡轮发动机燃烧等动力输出装置中的燃烧等。

动力燃料的节能与清洁转化涉及的基础问题有燃烧学、内燃机高效低污染燃烧、航空发动机燃烧及特种发动机燃烧，燃烧污染物排放和控制，燃烧先进诊断技术等。其进一步的发展将与湍流理论、多相流体力学、辐射传热学、燃料合成与制备、复杂反应的化学动力学等学科的发展相互渗透、相互促进。同时，随着计算机技术和计算方法的发展，燃烧过程数值模拟将朝多参数耦合和直接数值模拟方向发展。燃料燃烧化学反应动力学是认识燃烧过程本质的一条重要手段和途径，随着燃料种类的多样化和对燃烧污染物控制要求的提高，燃烧化学反应动力学也获得了迅速的发展和完善，为燃料高效利用提供了重要支撑。

燃烧领域的前沿问题主要围绕传统燃料的动力装置的高效清洁燃烧理论与技术，新型燃烧方式的探索和燃烧理论的发展，燃料化学机理和反应动力学的发展，燃烧过程和物种的诊断，燃烧模拟技术等。

三、发展现状与研究前沿

我国燃料结构目前仍以煤为主，但近年来随着汽车工业的快速发展和汽车保有量的迅猛增加，石油燃料在能源中的的比重不断增加，动力燃料的高效洁净利用已成为节能和环境保护中一个越来越重要的方面。此外，CO_2减排也是燃料燃烧需要解决的一个问题。与我国相比，美国、日本，以及欧盟等在燃料能源供应和使用方面主要是使用石油燃料，美国 97% 的交通燃料来自于石油，其中汽油机消耗了 65%，柴油机消耗了 20%，涡轮发动机消耗了 12%。美国的研究报告预测，动力装置的技术进步仍可使发动机热效率提高 25%～50%。我国93%以上的交通能源来源于石油，交通运输领域消耗了 40%以上的石油、95%的汽油、60%的柴油和80%的煤油。研究预测，我国 2020 年汽车消耗石油将占全国石油总消耗量的 67％。我国航空业的发展也使石油的消耗量呈每年迅速增长趋势，目前，我国年交通燃料的消耗总量仅次于美国，位居世界第二。因此，交通领域动力燃料的节能和清洁转换成为影响我国经济、社会可持续发展和环境保护的一个重要环节。

我国内燃机技术近年来得到了迅速的发展，在我国生产的国外品牌汽车其油耗指标达到先进水平，部分国内发动机油耗指标还有进一步提升的空间。

内燃机主要指柴油机和汽油机，使用的燃料有柴油、汽油和代用燃料。柴油机采用高压喷雾压燃着火燃烧方式，是非均相混合气燃烧，汽油机采用预混合气火花点火燃烧方式，是均相混合气燃烧。美国、日本两国交通燃料主要消耗在汽油机上，欧洲采取的策略是大力发展柴油轿车技术，我国轿车发动机主要是汽油机，商用车主要采用柴油机。

汽油机是一种比较成熟的技术，点燃式汽油机的发展经历了三个阶段。到 20 世纪 80 年代为止的 100 多年来，几乎所有的产品汽油机都依靠化油器来实现油气混合。从 20 世纪 80 年代以后，汽油进气道喷射或进气口喷射的电喷汽油机很快代替了化油器，成为汽油机的主流。电喷的应用和排气后处理的结合大幅度降低了燃油消耗率和有害气体排放，使汽油机在节能和降低排放两方面得到收益，由于电喷燃料控制精度的提高、发动机工况控制策略的完善及三效后处理催化装置的使用，基于进气管形成混合气的火花点火汽油机实现了节能和减排两个目标。汽油机稀燃技术在 20 世纪后期也得到了一些发展，稀燃技术对提高发动机燃油经济性十分有效，由于燃烧速率的减慢，稀燃技术需要配合速燃技术来实现快速燃烧，从而避免因燃烧速率减慢而降低发动机循环热效率，稀燃技术虽然可以降低燃油消耗率，但由于三效催化器不能净化氮氧化物排放物，同时，发动机输出功率会降低，需要采用增压方式来弥补，发动机成本和复杂性会提高，所以，汽油机稀燃技术没有得到实际应用。20 世纪 90 年代开始，汽油机缸内直接喷射技术引起人们的重视，并最终导致直喷汽油机产品的出现。汽油机直喷方式消除了进气道混合气形成方式汽油机在部分负荷工况下的进气道节流损失，采用分层燃烧缸内直喷点燃式汽油机后，汽车在规定的运行工况下的平均燃油效率可提高 8％以上，采用新的燃烧系统扩大分层燃烧的工作范围后，汽车平均燃油效率可提高 12％以上，汽油机节能效果得到大幅度提高，此技术还可提高汽油机压缩比，从而提高汽油机的热效率，同时稀混合气工作方式也可提高热效率。1996 年最先投入市场的缸内直喷汽油机是在部分负荷下采用分层燃烧方式，日本和欧洲的产品基本上都采用这种方式。但这类汽油机一直未能成为汽油车市场的主流，至今尚未能在美国市场销售，其主要原因包括氮氧化物后处理和炭烟生成等问题仍有待于更妥善解决。近年来，一种软喷射型缸内直喷汽油机较好地解决了燃油碰壁问题，发动机碳氢和炭烟排放问题得到解决，软喷射系统还有助于解决汽油机冷起动问题，但偏离当量燃空比下的氮氧化物问题仍然没能解决。2006年以来，又有两款新型分层燃烧缸内直喷汽油机上市，这种新型分层燃烧系统早在1994年就被提出，它克服了过去分层燃烧系统的很多缺点，达到了分层燃烧系统的最高水平。但它仍需要对稀燃排气中的氮氧化物进行后处理。根据目前的后处理技术，要求使用超低汽油，并需要周期性加浓混合气以清除后处理器所吸附的氮氧化物，因此其广泛应用仍有障碍。2003年年底，采用均匀混合气的缸内直喷汽油机开始上市，其后越来越多的缸内直喷汽油机改用均匀混合气。从2006年年初开始，市场上销售的所有缸内直喷汽油机汽车，基本上都采用均匀混合气燃烧方式。均匀混合燃烧汽油机利用了直喷技术的优点，采用可变气门定时来降低泵气损失或采用增压来减小发动机排量，在发动机节油的同时避免了氮氧化物后处理和炭烟生成等问题，成为汽油机节能和清洁利用的一条使用价值颇高的技术途径。

汽油机直喷技术的应用使进入气缸油量滞后问题得到彻底解决，采用缸内直喷减小空燃比变动的幅度，减小由于空燃比变动造成的油耗增加，汽油机节油效果得到提高。增压均质混合气直喷发动机解决了增压后温度高、汽油机容易爆燃的问题，发动机增压减小排量后，在同样转矩下的平均有效压力增加，进气节流损失减小，混合气比热比增大，汽油机热效率得到提高。采用增压均匀混合气缸内直喷点燃式汽油机并减小排放来降低汽车平均油耗近年来受到越来越多的重视，是汽油机节能的一个重要方向。

汽油机的指示热效率在现有的基础上还有8%的提高余地，达到41%，除改善燃烧外，发动机摩擦磨损还有降低25%的可能空间。实现目标的方法是综合性的，如采用直喷汽油机技术、采用可变配气相位技术、提高压缩比等。

近年来，一种新的内燃机燃烧方式，即均质压燃受到越来越多的关注。与其他燃烧方式不同，均质压燃的燃烧使缸内混合气几乎同时到达自燃温度而几乎同时发生放热反应，在理论上是一个非扩散的燃烧过程。均质压燃可以在非常稀的混合气中进行，因而可以大幅度降低氮氧化物和炭烟的生成。它不依赖点火和火焰传播，避免了点燃燃烧对空燃比和压缩比的要求，燃烧过程实现了低温燃烧和快速燃烧，发动机散热损失降低，使得发动机热效率得到大幅度提高。试验表明，采用均质压燃的汽油机，其部分负荷热效率可超过目前柴油机的水平，均质压燃解决了分层燃烧缸内直喷点燃式汽油机氮氧化物后处理的问题，是一种节能减排的燃烧方式。均质压燃可在进气道混合气形成方式汽油机和缸内直喷汽油机的基础上来实现，前者在部分负荷时需要采用可变配气技术，后者主要通过燃油喷射时刻的控制来实现，后一种方式实现起来对发动机硬件的改动很小，更容易在现有的汽油机上来实现。

汽油机采用均质压燃的主要目的是降低汽油机油耗，同时也降低较难进行后处理的氮氧化物排放。汽油机均质压燃遇到的关键问题是混合气着火时刻控制和运行工况范围的拓展，由于完全依靠混合气压缩自燃，所以着火时刻的控制比通过火花点火控制要困难，缸内混合气热状态和浓度决定了燃料燃烧的化学反应动力学过程，温度和浓度成为着火时刻控制的关键因素。浓混合气均质压燃容易发生汽油机爆震燃烧和生成高的氮氧化物，稀混合气均质压燃容易失火和生成高的碳氢排放，因此，汽油机均质压燃着火方式适合于工作在中等负荷范围，这也是汽油机均质压燃遇到的主要问题和技术瓶颈。目前，汽油机均质压燃的研究主要集中在实验室阶段，美国汽车公司已提出装有均质压燃汽油机汽车的市场推出计划，预计若干年后将有装载均质压燃汽油机的汽车上市。随着石油资源越来越缺乏和大气中 CO_2 含量越来越高并影响气候，汽油机热效率提高的问题将会受到越来越多的关注，由于均质压燃汽油机有大幅度提高发动机热效率的潜力，所以从 21 世纪初开始已成为汽油机燃烧系统研究最热门的方向，有望从根本上改变汽油机热效率低的状况。为了达到电喷汽油机的平均有效压力和避免爆燃问题，可采用均质压燃和点燃结合的双燃烧方式，即在低负荷工况下采用均质压燃，在高负荷工况下采用点燃，在超出均质压燃工作范围以外的工况下采用点燃。采用双燃料方式可以解决均质压燃汽油机的冷起动问题，在发动机冷起动和暖机过程中采用点燃方式。

CO_2 是燃油发动机所期待的最终燃烧产物，从提高燃烧效率的角度希望燃油中所有的碳都被氧化成 CO_2。但 CO_2 产生温室效应。对燃油发动机来说，降低 CO_2 等同于降低油耗，能源紧张、油价上涨和环境保护的需求等会使燃油汽车节油更加得到重视。

电喷汽油机的出现促使废气再循环得到更多的应用。由于三效催化反应器要求混合气的成分控制在当量燃空比，不能使用稀混合气，废气再循环就成为减少汽油机在部分负荷工况泵气损失和降低氮氧化物排放的一个有效的替代方法。

柴油机由于不存在汽油机爆震问题，可使用高的压缩比，其热效率比汽油机高 25%～30%，因此，柴油机在节能和减少 CO_2 排放方面具有更大的优势。目前，柴油机都采用直喷开式燃烧室，20 世纪后期主要通过合理组织混合气，提高其形成质量来提高柴油机的经济性和降低排放，主要追求燃油喷雾、空气运动和燃烧室的合理匹配，燃油喷射压力低于 100 兆帕，柴油机的主要排放物是氮氧化物和炭烟。在传统柴油机中，降低氮氧化物和炭烟是一对相互制约的矛盾，改善燃烧过程的措施对降低炭烟有力，但往往会增加氮氧化物排放，反之亦然。因此，难以通过缸内某一种措施来实现节能和降低氮氧化物排放，需要采用后处理装置来降低排放。20 世纪后期和 21 世纪初，柴油机燃油喷射压力不断提升，高压喷射达到 180～200 兆帕，高压共轨技术保证了这一技术的实现，高的喷射压力基本解决了燃油雾化问题，燃油与空气的混合速率大大提高，但柴油机炭烟的成因及控制仍需要进一步研究解决。柴油机采用电控高压喷射共轨燃油系统后，燃油喷射策略的灵活性得到大幅度提高，一个循环中的分段喷射和多段喷射得以实现，电控多段喷射可以控制燃烧放热速率，在提高燃油经济性的同时控制有害排放物的生成量。柴油机喷雾特性很大程度上影响到燃烧过程，继而影响到柴油机节能和有害污染物控制，对喷雾雾化、蒸发、混合的宏观物理过程已有一定的认识，但对喷雾的气相浓度场和液相浓度场的测量和认识才是近几年的事情，它对于认识雾化机理和改进喷雾十分重要，特别是需要对在不断提高的喷射压力和采用多段喷射方式下的喷雾特性给出定量的认识。高湍动能下的燃烧全历程混合对认识柴油机燃烧和节能可提供理论指导。柴油机增压技术特别是增压中冷技术是柴油机提高燃油经济性和降低排放的有效措施，目前先进柴油机都采用增压技术来提高其动力性能、经济性能，并降低排放。柴油机缸径小型化和性能指标强化是轿车用柴油机发展趋势，以实现轿车柴油机节能和低排放。

柴油车因其显著的节油效果并能够满足不断严格的尾气排放标准，而得到许多国家（主要包括欧盟、美国等）的高度重视，并采取措施鼓励发展柴油车。这些国家首先是明确柴油技术在汽车节能技术中的战略定位，比如欧盟一贯鼓励发展先进柴油技术和先进汽油技术，以提高传统燃料汽车的效率；美国政府2005年改变了以往对柴油技术的模糊态度，总统布什曾说，如果美国的柴油轿车比重提高到20%，每天可节省30万桶原油。

目前，我国柴油车在汽车保有量中的比重为23.7%，在轿车保有量的比重仅为0.2%；2005年第一季度柴油车占新注册乘用车的比重为1.3%，远低于欧盟50%的水平。预计2020年，我国的汽车保有量将达到1.5亿辆。如果2020年柴油车在乘用车保有量的比重假设为10%、20%和30%三种情景，相应的在汽车总保有量中的比重为21.6%、30.7%和39.7%。那么，三种情景在2020年当年可节约原油分别为936万吨、1887万吨和2837万吨；可减少汽车用油3.3%、6.7%和10.1%；可减少石油进口3.7%、7.5%和11.3%。如果应用的是高方案，减少汽车用油、降低石油的对外依存度均在10%以上，汽车节油效果十分显著。从动力燃料节能和CO_2减排角度出发，我国应大力发展柴油动力轿车。

柴油机具有40%～45%的能量转化率，而汽油机的能量转换效率只有30%～33%，柴油与汽油的这种能量转化率差异导致了燃料消耗的不同。与点燃式的汽油车相比，同种类型和排量的柴油车平均节油30%。先进柴油车的节油能力更强，可以节油30%～45%，CO_2的排放量可减少25%以上。

柴油机的指示热效率还有7%的提高余地，可以达到52%，发动机摩擦磨损还有降低 15％的可能，具体措施有增压、燃烧控制和采用均质压燃燃烧方式。柴油机 NO_x/PM 问题还没有解决，单凭控制燃烧还不够，需要配合后处理技术，如电控选择性催化还原法＋柴油机颗粒捕集器，选择性催化还原法中使用的尿素可减少粒径为 20～100 纳米的颗粒。

柴油机均质压燃着火燃烧自 20 世纪 90 年代后得到关注，它采用的是高喷射压力和高油气混合速率来形成近似均匀的混合气，与传统柴油机喷雾主导的扩散燃烧不同，它可实现低温燃烧和均质混合气燃烧，因此，在提高柴油机热效率的前提下，可以同时避免氮氧化物和炭烟的生成，被认为是柴油机实现高效低污染燃烧的新途径，目前实验室阶段的研究结果已预示了较好的燃油经济性和较低的氮氧化物与碳氧排放。控制燃油与空气混合速率是柴油机均质压燃的关键。在柴油机高效低污染途径探索上，国际上正在研究一种发动机新型燃烧方法，即柴油机低温燃烧方式，与低温燃烧技术和传统延长滞燃期以使局部混合气稀薄化，从而降低黑烟的方法不同，它是利用了至今从未利用过的特性，即通过大流量废气再循环大幅度降低燃烧温度，从而抑制黑烟生成反应的无烟化技术。该燃烧方式的混合气浓度和传统的柴油机燃烧一样，分布在包括较高当量比的宽广范围内，但由于大流量废气再循环的缘故，燃烧温度的分布范围从碳粒生成领域向低温侧移动，所以实现了同时降低碳粒和氮氧化物的目标。

均质压燃发动机的研究已从最初的柴油、汽油燃料扩展到天然气、二甲醚、醇类燃料和混合燃料，由于均质压燃发动机的燃烧过程还有很多现象和规律有待阐明，燃烧控制技术还有很多工作要做，因此，今后一段时间均质压燃发动机燃烧仍将是内燃机领域研究的重点和热点问题之一。以往的研究工作主要集中在均质充量压燃着火燃烧方式上，但最近有研究表明，非均质充量压燃着火燃烧方式在实现高效低污染同时最容易实现着火和燃烧过程的控制，且更易于在发动机上实现。因此，国内外已开始关注这方面的研究工作。此外，均质压燃发动机瞬态控制策略和方法也需要给予足够的关注和研究，它直接关系到均质压燃发动机在车用动力源上的应用。

低硫柴油将是我国今后低污染高品位柴油的研制目标，国际上的研究主要集中在柴油组成对燃烧、排放及排气后处理器等方面。生物乙醇在美国受到重视，由植物（速生灌木）通过微生物技术或生物化学技术来制备，属可再生燃料。美国已推广使用乙醇汽油（10％～15％生物乙醇加入汽油），其中生物乙醇既被作为辛烷值增强剂，又可减少石油类燃料消耗量。乙醇柴油（需要添加少量助溶剂）在美国部分州也在使用，以降低柴油机炭烟排放。我国西部地域广大，种植速生灌木既可提供原料，也可绿化环境，减少水土流失，实现能源、经济、社会的可持续发展。

柴油机排气后处理技术也得到迅速发展，后处理技术主要集中在降低氮氧化物和炭烟两种排放物，如柴油机氧化催化器（DOC）、柴油机颗粒捕集器、氮氧化物选择性催化还原和稀氮氧化物捕捉器（LNT），以及降低氮氧化物和PM的组合后处理系统等。柴油机后处理需要使用低硫柴油才能获得好的效果，后处理装置一般成本较高，目前主要用在商用大型柴油机和满足更高排放法规的柴油机上。柴油机降低排放的主要方法还是通过燃烧过程改善结合后处理装置。

柴油车提升燃油经济性的措施：采用四气门技术，将发动机的喷油器布置在气缸的中央，有利于增大柴油机的进气充量，改善混合气的形成质量，提高燃烧效率，降低柴油机的燃油消耗量；采用增压中冷技术，通过采用可变增压、高增压或多级增压技术，提高增压比，合理设计中冷器，控制进气温度从而提高燃油经济性；采用先进的燃油喷射系统，提高燃油喷射压力，由140兆帕逐渐提高到250兆帕，实现多段喷射，合理地设计喷油器，更好地雾化燃油，来提高燃烧效率；采用与进排气、燃烧控制策略及后处理技术相结合的发动机智能控制技术，实现燃烧的最优化；使用无级变速（CVT）传动技术或者应用六挡变速器，提高传动效率；采用整车与发动机的热管理技术，在冬季合理利用排气热量和发动机冷却水箱的热量给汽车驾驶室供暖，来替代空调工作，以节省燃油等。

替代燃料是内燃机实现高效低污染的一个重要途径，可实现燃料多样化，是缓解石油类燃料供需矛盾的一条途径。国内外在生物乙醇和生物柴油高效清洁燃烧方面已取得良好的进展，生物柴油已开始试运行。在二甲基醚、天然气、氢气、生物柴油、含氧燃料等替代燃料基础理论和应用方面也取得了进展。

液体火箭发动机和超燃冲压发动机燃烧过程的关键基础性问题是燃烧不稳定性，以往的研究避开了燃烧过程之间的物理联系来处理燃烧不稳定性问题，所取得的成效十分有限。国际上研究了带有声腔、隔板的液体火箭发动机，不稳定燃烧被动控制，改善了燃烧效果。目前从混沌、噪声、湍流和非线性声学的角度研究不稳定燃烧机理成为可能，燃烧不稳定性的非定常光学测量、非线性理论与主动控制等开始出现。

燃烧不稳定性实验重要进展是用非定常光学测量技术对燃烧区化学成分进行二维成像，用发射光谱和平面激光诱导荧光技术对液体推进剂脉动燃烧过程的CH、OH等组分瞬时分布进行测量。国内对液体火箭发动机燃烧不稳定性的控制主要是采用被动控制，内部布置隔板、声腔、声槽等，大都是经验性应用，基础机理方面的研究还不够深入，尤其是不稳定燃烧的非线性动力学理论研究。

脉冲爆震发动机利用周期性爆震波发出的冲量来产生推动力，主要用于飞行器推进和其他特殊用途。过去几年在工作稳定性、提高爆震频率、爆震波的传播规律、传热特性、气体动力学性能、喷油器和燃烧室设计、数值模拟等方面都取得了一定成果，如美国国家航空航天局（NASA）研发出高脉冲爆震频率

（＞60 赫兹）燃烧器，比传统的近等压燃烧器具有更好的热效率；空气和燃料的供给压力降低使燃烧室结构得到简化。脉冲爆震发动机可大幅度降低氮氧化物和 CO_2 排放，飞行速度可达到 5 马赫，有望成为未来航天快速交通工具的动力。

燃气轮机燃烧研究集中在改善燃油雾化质量和组织低氮氧化物燃烧，利用旋流喷嘴、燃油碰壁和空气辅助促进雾化已取得很好的效果。稀预混燃烧、扩散火焰燃烧和燃烧稳定性方面开展了较多的工作，对低氮氧化物扩散火焰燃烧器进行了重点研究。采用计算流体力学已能很好地把握燃料喷流和混合过程，建立了燃气轮机的两相流和燃烧模型，还利用详细化学反应动力学模型计算燃烧过程及燃烧污染物。催化燃烧技术被应用在燃气轮机燃烧中用以实现超低氮氧化物燃烧（＜9ppm）。热声效应也是近年的热点之一。燃气轮机内部两相流场和温度场的测量和数值模拟，燃用不同燃料和燃烧控制技术也取得一定进展。微型燃气轮机燃烧过程也开展了一定的前期性研究工作。

动力燃料的燃烧基础特性是燃烧机理和设计优化动力装置的前提，目前对小分子单质燃料的燃烧基本规律和化学反应动力学有较好的认识，但还缺乏对多主分的柴油和汽油化学反应动力学预测能力，主要采用的方法是用几种单质燃料的组合来模拟柴油或汽油燃料的燃烧和化学反应动力学，提供柴油和汽油的燃烧基本特性模拟。动力燃料的燃烧速率和着火延迟期是燃料燃烧的基本特征参数，对小分子燃料目前已获得比较全面的数据，但还缺乏大分子燃料和混合燃料方面的数据，需要开展测量工作。由于层流燃烧速率和着火延迟期是验证燃料燃烧化学反应动力学的指标性参数，所以，不断完善这方面的数据对发展动力燃料化学反应动力学至关重要。

认识动力燃料燃烧和清洁转换过程需要借助于先进的燃烧诊断技术，由于燃烧过程是高温高压，以非接触的、激光/光学技术为主的燃烧诊断技术，已成为国际上燃烧研究的基本手段。大部分用于燃烧诊断的激光/光学方法的研究始于 30 年以前，近 10 年来，更先进的光源、传感器及用于光学检测结果计算机分析技术的发展，使先进的燃烧诊断技术的应用变得越来越方便。采用这些方法，燃烧过程中原子和分子的光谱特性可在很高的光谱、时间和空间分辨率下加以观察。激光光谱技术对非稳定组分在线诊断的优势明显，对于稳态组分的检测也十分可靠。燃烧系统中速度矢量场与温度、组分等标量场的联合实验的测量和描述并不多见，但却代表了评价燃烧过程数值模拟精度、理解燃烧过程的显著进步。国际上燃烧诊断技术的一个重要发展趋势是将多种诊断技术同时应用于复杂燃烧对象的诊断研究之中。

发动机燃烧测量技术进展主要反映在喷雾测量、流场测量、火焰测量和燃烧过程产物测量等方面。采用粒子图像测速技术、粒子跟踪测速技术和激光多普勒技术，已能准确地测量缸内气体运动规律，相位多普勒粒径 PDA（PDPA）

和激光散射粒径（LDSA）测量技术能测量出喷雾粒径大小和分布规律，高速摄影和纹影技术能测量出火焰发展和火焰面形状，两色法能获得清晰的火焰图像，激光诱导荧光技术可获取混合气浓度场、燃烧过程中 NO 和 OH 的分布，激光技术通过对柴油喷雾的紫外光和可见光两次成像，获得了燃油喷雾的液态区分布和气态区分布。全息技术也被应用在喷雾特性的测量上，已开发出用于缸内辐射测量的传感器，利用燃烧过程离子信号检测发动机的失火和燃烧状况，红外测温系统可获取火焰的温度分布，根据光谱信息检测缸内 NO 浓度。柴油机颗粒物测量中采用了激光诱导发热法（LII），解决了颗粒质量和尺寸同时测量的问题。激光诱导荧光法的柴油喷雾两维成像技术，通过对火焰前锋面中间基 OH、CH 和 C_2 的发光光谱分析，较好地认识了火焰前锋面处的化学反应过程。一些新兴内燃机燃烧测量装置也已推出，如采用光纤探针的火焰测量装置、汽油机爆震光学测量装置、燃烧火焰断层扫描装置。

激光技术被广泛应用于发动机中混合物形成，液滴和喷雾特性，流场，温度和组分分布，氮氧化物和烟黑等污染物的生成过程，以及未燃尽碳氢化合物排放的研究。在混合物形成方面，基于中间基分子的发光特性，荧光诊断系统被用于进行燃料分布、混合、蒸发和流场可视化的平面激光诱导荧光技术测量的开发，已采用喇曼散射研究内燃机中混合物的形成，包括 O_2、燃料、N_2 和水分。从穿过燃烧系统的一条线上发射出的喇曼散射信号光谱分布，可得到主要组分的一维浓度分布，研究理想发动机中冷态启动特性、混合物形成及排气再循环。在燃用典型燃料的柴油机中，二维瑞利散射已经成功地用于燃料分布的定量测量。

目前，燃烧过程物种和中间基诊断方法主要归纳为两大类：一类是原位光谱诊断法，另一类是取样分析法。光谱法的优点是在测量过程中不扰动火焰的结构。但对于不同的测量对象，由于光谱的范围不同，必须重新调整激光的波长，这也是光谱法的缺点之一。光谱方法非常适合于测量小分子和自由基的浓度。然而，在典型的燃烧温度（500～3000 K）范围内，大分子具有较大的布居函数和较小的转动常数，导致光谱峰相互重叠而变得毫无规则，因此光谱诊断方法无法定量地测量大分子。

取样分析法通常结合气相色谱、质谱或色-质联用等仪器。取样法与质谱相结合被证明是一种有效的、普适的实验技术，已广泛应用于化学、物理和生物研究。取样法在燃烧研究中的应用，通常有两种：一种是利用毛细管取样，这种方法对火焰结构的扰动较小，但只能探测到一些稳定的分子；另一种方法是利用复杂的超声分子束进行原位取样，取样后分子无任何碰撞，可以有效地冷却分子和自由基，因此能准确地探测燃烧过程中产生的各种产物（稳定的和不稳定的），包括自由基及燃烧的中间产物，这种方法称之为分子束质谱法

（MBMS）。为了发展和测试燃烧过程的动力学模型，将分子束质谱法应用于低压层流预混火焰的研究已经有 30 多年的历史。传统的分子束质谱法仪器使用电子束轰击电离或激光光电离。电子束轰击电离具有简单、经济等优点，也存在能量分辨较差的缺点，因此无法分辨具有相同质量不同结构的分子。激光单光子电离和共振多光子电离也存在激光的调谐范围较窄，在真空紫外（VUV）波段不能连续、任意可调等缺点。近期，同步辐射已成功应用于燃烧诊断中。同步辐射是 20 世纪 50 年代以后兴起的先进光源，具有高亮度、高准直性和波长连续可调等特性，并且真空紫外光电离是单光子过程。因此，近年来基于同步辐射的特性而发展出的同步辐射-分子束质谱（SR-MBMS）技术，可以克服电子束轰击电离和激光光电离的很多缺点，是非常适合于燃烧研究的一种新方法，目前已经成功应用于预混层流火焰、非预混扩散火焰、流动反应器中燃料的高温热解、射流搅拌反应器中燃料的低温氧化等。另外，同步辐射 X 射线谱学和成像技术也成功应用于燃烧诊断，如探测发动机点火瞬间产物的空间分布。

内燃机燃烧在时间和空间上极为复杂，具有强瞬变、强涡流、强压缩和各相异性的特点，燃烧模型研究近年进展不大，最大障碍是湍流的描述很困难、湍流与化学反应的互动关系认识还不够深入。燃烧放热引起燃烧室内的密度差异使湍流结构复杂化，燃烧高温导致流体输运系数变大，大大增加了动量、质量与能量的交换速率，还要考虑反应的时空分布。燃烧过程的着火和火焰传播等过程还主要依靠经验和半经验模型，这已成为研究深化的瓶颈。国外正尝试通过直接模拟（DNS）分析内燃机燃烧过程。内燃机（柴油机）当量比和缸内气体温度分布的不准确，导致 NO 和炭黑预测的大偏差（温度为 50K，NO 占 10%～20%），Soot 模型和机理还不十分清楚，提出的各种模型只有对比价值。用 Chemkin 计算的内燃机化学反应过程只是一种近似方法，仅用于定性分析和比较。

尽管如此，内燃机数值模拟仍是过去 10 年间研究的主要内容，已发展到二维、三维湍流燃烧模型，最活跃的领域是在多维计算流体力学程序中引入湍流燃烧的研究，建立湍流燃烧模型，包括油束破碎、油滴碰撞、合并、蒸发、扩散混合等喷雾模型，自燃模型（柴油机）或点火模型（汽油机），预混燃烧模型，湍流扩散燃烧模型，爆震预测模型，排放模型。油束破碎模型、自燃模型等，对汽油机的预混湍流燃烧模型有化学反应动力学模型、特征时间尺度燃烧模型、火焰片燃烧模型和火焰传播燃烧模型等。对柴油机的湍流扩散燃烧模型有 EBU（eddy break up）燃烧模型、拟序火焰片燃烧模型等。采用 PDF 模型是求解湍流燃烧的新方法，通过求解反应产物质量分数的平均值及其变化量的输运方程分析湍流燃烧，但该方法要求采用精确的化学反应机理以描述湍流与化学反应间的强烈相互作用，对算法设计和计算机的要求很高。根据不同的气液燃料发动机和燃料种类，研究中选用相应的湍流燃烧模型。

大涡模拟在柴油喷雾、涡轮发动机燃烧方面进行了一些尝试，取得一定的预测效果，直接数值模拟目前才刚刚在内燃机和涡轮发动机燃烧模拟中尝试，预计会得到一定程度的应用。

四、近中期支持原则与重点

近中期支持重点应基于燃烧理论研究的国际发展趋势并围绕解决我国重大项目的先进清洁燃烧与诊断技术而进行布局。基础理论方面的研究要为认识燃烧基础问题和探索先进燃烧途径提供支撑，力争走在国际的前列。先进清洁燃烧与诊断技术要为节能与环保发挥重要作用，使燃烧研究工作能为我国科技实力的提升和技术进步发挥更大的作用，为国民经济和社会发展做出贡献。

1）燃料燃烧基础理论的研究，包括气、液燃料的层流和湍流燃烧，多相燃烧，炭黑（soot）和其他有害污染物的形成机理，火焰动力学及燃烧稳定性，燃料着火和熄火机理等。

2）先进的燃烧理论与技术研究，包括内燃机低温燃烧理论与技术，内燃机混合气分层燃烧理论与技术，航空发动机中的燃烧理论与技术，微动力装置中的燃烧理论与技术等。

3）先进的燃烧诊断原理与技术，包括燃烧物理场的诊断原理与技术，燃烧中间基和物种的鉴别与分析，燃烧污染物的测量技术等。

4）化学反应动力学研究，包括传统燃料和替代燃料的化学反应动力学机理，模拟发动机燃料的组构和化学反应动力学，验证化学反应机理的层流燃烧速率、着火延迟期测量及燃烧中间基测量。

5）先进燃烧模拟技术，包括大涡模拟技术和直接数值模拟技术，具有高时空分别率和高效的数值模拟技术。

6）替代燃料的燃烧原理及燃烧过程的机理研究，包括燃烧反应动力学、燃烧过程污染物的生成及控制机理。

第四节　天然气化工与能源利用

一、基本范畴、内涵和战略地位

天然气的主要成分甲烷是一种优质、清洁能源和高效碳氢资源。20 世纪中叶以来，全球天然气的生产和消费持续增长，在一次能源结构中的比重已由1950 年的 9.8％上升到 2003 年的 26％，而且呈继续增长的趋势，预计到 2025年将高于 40％，超过石油在能源结构中的比重。

我国是天然气和煤层气资源相对丰富的国家，天然气可采资源量达 47 万亿米³（折合原油约 470 亿吨）、煤层甲烷（煤层气）的储量亦与此相当。截至2002 年年底，我国陆地和海上探明的天然气储量为 3.37 万亿米³（折合原油约34 亿吨）。同时，为了充分利用国际资源，缓解我国能源紧张的状况，近年来我国几大石油公司纷纷走出国门，先后在俄罗斯，以及北非、南美、中亚、亚太等地区通过竞标购得了相当规模的油气开采地块，仅 2004 年，我国海外油气份额就达近 3000 万吨油当量，其中天然气占很大份额。2004 年，我国国内天然气的开采和消费量为 415 亿米³，比前年增长 18.5％[①]，目前，我国天然气的采储比约为 1∶80，大大低于原油 1∶14.5 的数值。随着国民经济的发展，我国天然气的需求呈增加趋势，2010 年国内天然气消费需求达 1120 亿米³，预计到 21 世纪上半叶，天然气与石油有可能各负担我国重要化工原料的一半。据此，国家有关部门明确提出：“十二五”期间，天然气在能源消费结构中所占比重将由目前的 4％提高到 8％。可以预料，与国际上其他发达国家一样，作为清洁、高效能源的天然气在未来的 10～20 年内将与煤和石油一起逐渐在我国能源结构中占据重要地位。

迄今为止，我国探明的气田主要集中在五大盆地和南部近海，并且体量偏小，相对分散。而且，可开采储量大都分布在能源需求相对较少的中西部和边远地区，除经长途输送（如西气东输等）用做城市燃气和少量用做合成氨生产原料外，大规模的利用尚不能与开采相配套，很大程度上限制了资源的开采和利用；同时，根据国际惯例，国外中标地块的开采必须油气并举，天然气和油田伴生气利用的滞后很大程度上影响了我国对国外油气资源的广泛利用；此外，原油及煤炭开采过程中大量产生的伴生天然气或煤层气如得不到充分利用而被迫点燃或放空，一方面会造成大量的资源浪费，另一方面将严重污染环境并加重全球的温室效应。因此，如何进一步高效利用这些气态碳氢资源已成为制约我国能源工业发展的重要环节，受到越来越多的关注。

除管输气外，全球液化天然气（LNG）贸易快速增长，尤其是现货贸易的增长使全球天然气市场流动性增强，液化天然气贸易在世界天然气贸易中的地位上升。受天然气价格的影响，近年来全球液化天然气贸易日趋活跃。2003～2009 年，液化天然气贸易量年均增长 9％，超过管输气增长速度。2009 年，全

---

① 参见中华人民共和国国家统计局，《中华人民共和国 2004 年国民经济和社会发展统计公告》，2005 年 2 月。

球液化天然气出口量达到 1.82 亿吨（2428 亿米³）。这一趋势仍将持续，液化天然气贸易增长预计快于全球天然气和能源需求量增长。

近年来，世界液化天然气现货贸易迅速发展。2009 年液化天然气短期及现货贸易达到近 2636 万吨（380 亿米³），占液化天然气贸易的 14.5% 左右。世界天然气市场的流动性不断增强，可以更灵活地平衡各地区市场供需，同时推动液化天然气市场全球化趋势进一步加强。

未来我国将建成"横跨东西、纵贯南北、连通海外"的天然气管网和多气源（国产陆地气、国产海洋气、进口液化天然气、进口管道气）联合供气的格局，管道天然气和液化天然气必将进入一个高速的发展期。

作为对管道天然气的有益补充，液化天然气产业的发展，不仅在优化国家能源结构、促进经济持续健康发展、实现节能减排和保护环境方面发挥着重要作用，而且在改善偏远地区居民生活燃料结构，提高居民生活质量、降低车辆燃料成本，缓解城市空气污染、保障城市能源安全稳定供应方面取得了立竿见影的效果。国际上，液化天然气还是远洋贸易输送的重要途径。经过近 10 年的加速发展，我国的液化天然气产业链也已不断完善，商业运营模式日趋成熟，应用领域不断扩大，市场需求快速增长，商业投资和商业推广应用活动日趋活跃，我国小型液化天然气在我国天然气供应格局中的地位日益提升。

与煤和石油等其他化石资源相比，天然气的主要成分甲烷具有最高的氢碳比（分子中氢原子与碳原子的数目之比）。天然气作为优质资源，除了直接燃烧发电外，通过化学、化工方法还能高效地转化为高品质液体燃料、氢气和高值化学品。由原油通过催化裂化方法得到的液体动力燃料含有相当量的烯烃，稳定性较差，特别是柴油，其含有较高浓度的氮、硫和重金属等杂质，以及芳烃等，燃烧后释放出大量对环境和人类健康有害的物质。而采用催化方法由天然气制备的液体燃料却不含上述有害的物质，它的开发和应用可以大大缓解日益严重的大气污染，从根本上改善人类的生存环境；同时，以乙烯和含氧化合物为代表的石油化工原料工业（产品上百种，总数量千万吨）与钢铁、建材等同为国民经济的重要支柱。今后几十年内，我国这些石化原料将会出现巨大的缺口，成为制约国民经济发展的主要瓶颈之一。从石油出发制备这些原料的潜力已接近枯竭，从煤出发在经济上难以与石油化工竞争，天然气的催化转化是弥补此缺口的最为现实和有效的途径（国际趋势亦是如此，中国尤为迫切）。因此，天然气及合成气的高效转化利用符合我国为优化能源结构、保护生态环境、缓解石油供应不足而提出的"油气并重，上下游并举"的发展战略，是贯彻我国能源战略方针、实施可持续发展战略的一项重要措施。

天然气的主要成分为甲烷和低碳烷烃，其高效转化所涉及的核心技术是催化。甲烷占天然气的 95% 以上，在煤层气和油田气中也占有相当高的比例，由于其分子结构的高度稳定性，其 C—H 键的活化特别是可控制活化和选择性转化蕴涵着重要的科学内容。甲烷在临氧选择转化过程中常需要苛刻的条件，才能使其活化，而在相同条件下，反应生成的产物或中间体又很不稳定，极易深度氧化产生 CO_2 等。迄今为止，甲烷高效转化的主要途径有间接法和直接法两种。前者是首先将甲烷在高温条件下通过重整或部分氧化，制成由一定比例 CO、氢气组成的合成气，然后在催化剂作用下进一步转化为烃类和含氧化合物等；间接转化在技术上比较成熟，早期工作主要是煤的间接转化技术。天然气转化在经济上可与石油化工竞争，而其决定因素为油/气价格比。近年来，原油价格急剧升高，国内外大石油公司都把注意力集中到天然气间接转化上来，预计近期可能会在合成油、含氧化合物及烯烃上取得重大突破。直接转化则是使用合适的催化剂，在临界或非氧条件下从甲烷一步合成烯烃、芳烃和含氧化合物等高值产品。由于甲烷和低碳烷烃是相当稳定的有机小分子，在转化过程中，一方面需要相当高的反应温度才能使其活化，另一方面，活化后形成的中间物在活化必需的苛刻条件下又很不稳定，如在氧化转化中，极易发生深度反应生成 CO_2。在已发展的工艺过程中，间接方法的关键在于降低造气过程能耗，在认识合成气催化转化机理的基本科学问题（如 CO 的吸附活化模式、控制链引发、链增长（C—C 键的形成）和链终止（产物形成）的关键因素等）的基础上，开发新的高效催化剂，使其经济上能与石油化工竞争。显然直接转化具有诱人的吸引力和重要的意义，但是在现今的研究中，甲烷的转化率和生成目的产物的选择性尚未达到经济生产的水平。因此，为使直接转化成为现实，迫切需要开拓新催化过程，创制新催化材料，发展表征技术和创新催化反应理论。

近年来，分布式能源成为天然气能量利用的一个重要方面。分布式能源系统（distributed energy system，DES），是指分布在用户端的能源综合利用系统。一次能源以气体燃料为主、可再生能源为辅，利用一切可以利用的资源；二次能源以分布在用户端的冷热电联供系统为主、其他中央能源供应系统为辅，实现以直接满足用户多种需求的能源梯级利用，并通过中央能源供应系统提供支持和补充；在环境保护上，将部分污染分散化、资源化，争取实现适度排放的目标。分布式能源的先进技术包括太阳能利用、风能利用、燃料电池和燃气冷热电联供系统等多种形式。

分布式能源系统的最主要的优点是冷热电联产，符合总能系统"温度对口、梯级利用"的准则，能源利用率很高，具有很大的发展前景。分布式能源系统可按需就近设置，尽可能与用户配合好，没有远距离输送冷、热能的问题，也不存在大电网的输电损失问题。另外，为了保证使用单位的各种二次能源能够充分供应，分布式能源系统还可以让使用单位本身有较大的调节、控制与保证能力，这也是一个很重要的优点。

分布式能源系统的主要不足在于，由于它是分散供能，单机功率很小，因而发电效率较低，且初投资较大。另外，分布式能源系统对当地使用单位的技术要求要比简单使用大电网供电来得高，要有相应的技术人员与合适的文化环境。

当前，我国正在由过去的用煤时代逐渐在向清洁能源时代转型。随着全国性天然气管网的即将建成，进入优质清洁的全民天然气时代也将可期。但我国能源消费巨大，转型任务十分艰巨，而短期内新能源还难以独当一面。因此，中国要实现 2020 年的节能减排计划，关键还是要靠提高能效。

如果用天然气直接供热，是将高品位的能源直接转化为低品位的热能，实际上是对能源的浪费。单纯天然气发电也只能达到 50% 的能效，而分布式能源系统能效可达 80% 甚至更高。从分布式能源在国际上 30 年发展的成熟经验看，当前中国在天然气大发展的起步阶段就应该提倡采用分布能源技术，广泛地建立分布式冷热电联供系统。

二、发展规律与发展态势

1. 天然气化工利用

石油作为重要的战略物资，其供应和价格受国际政治、经济和军事影响很大。几次世界性的石油危机以后，世界上很多国家都在花大气力寻找安全的替代能源来满足各种情况下经济发展的需要。在这一进程中，以天然气活化和合成气转化为代表的碳一化学化工发挥了非常重要的作用。追溯历史，碳一化学的发展始于 20 世纪 20 年代。1923 年，德国科学家 F. Fischer 和 H. Tropsh 用添加碱金属的铁基催化剂合成烃类产品，后来此过程被称为费托（FT）合成。经过发展，先后开发出了以此技术为基础生产烃类化合物的 Synthol 工艺，并在德国建设生产装置，1938 年德国有 4 个费托合成工厂投产，1944 年增加到 9 个，规模达 70 万吨/年。1938 年，O. Roelen 研究费托合成时发现氢甲酰化反应。1943 年，烯烃的氢甲酰化应用于工业生产。1966 年，英国帝国化学工业集团（ICI）使用铜-锌-铬催化剂建成低压合成甲醇工业装置，1973 年美国美孚（Mobil）公司用新发现的 ZSM—5 为催化剂由甲醇合成汽油，确立甲醇制汽油工艺，1985 年在新西兰建成 75 万吨/年工业装置。1978 年，日本宇部兴产公司由 CO 合成草酸建成 6000 吨/年工业装置。由于一些建立在以煤为基础上的过程在经济上不能与稍后发展起来的石油化工竞争，除个别地区，如南非的 SASOL 外，在其他地区未得到足够的重视。

20 世纪 60 年代以来，随着天然气的大量发现和开采，天然气为原料的 F-T

过程引起了人们的注意。各国政府及各大石油公司纷纷投资进行相关技术的研究，先后开发了用于合成气生产的流化床催化技术（AGC-21，埃克森公司（EXXON））和基于合成转化的浆态床蒸馏技术（SSPD，萨索尔公司（Sasol））、中间馏分技术（SMDS，英荷里家壳牌集团（Shell））等，并在工业过程上取得了部分成功。21世纪以来，英国石油采用全新的自热重整工艺将天然气高效转化为合成气，再与先进的费托合成技术集成，在美国的阿拉斯加州建成了一套千吨级的先进的气制油（GTL）示范装置，获得了成功，最近正在计划建设工业化生产厂。迄今为止被广泛采用的天然气间接转化制备液体燃料和化学品的工业涉及最重要的过程是将天然气转变为合成气（CO和氢气），该过程的成本和费用约占整个生产过程的60%以上，因此，长期以来该领域涉及的大量基础研究集中在创新和发展新的理论和过程，实现甲烷的直接活化和转化上。自20世纪初开始，大量的研究一直在致力于甲烷选择氧化制甲醇等含氧化合物，尽管在催化剂和工艺等各个方面都取得了较大的进展，但是，迄今为止得到公认、适合于工业生产（非强酸体系）催化过程的产品收率均未超过8%，远未达到经济生产的要求。自1982年美国联碳公司的Keller和Bhasin报道了甲烷氧化偶联直接制乙烯的开创性工作以来，相关的研究立即成为研究热点。经过20余年的努力，人们发现由于该过程中生成的C_2产物比原料甲烷更容易深度氧化，限制了C_2选择性和单程收率的提高。在催化科学和技术没有重大突破的情况下，该过程很难实现经济生产。

1993年，我国科学家发明了在Mo/ZSM-5催化剂上甲烷直接转化为芳烃的甲烷无氧芳构化工艺，受到了国内外同行的广泛关注。近年来，国内外已有十几个研究组从事该项研究，取得了重要进展。

综上所述，该领域国际发展的趋势是：工业部门正在认真消化已经获得的成果，优化现有的技术和工艺，同时，积极寻求与研究机构的合作，力争在新技术创新中占有知识产权；研究部门正在致力于创新思路，力争在基础理论和应用技术上有大的突破。这些研究的重点是对C—H键的选择活化机理、活性中间体定向转化的控制规律的研究，以及新催化剂体系和新催化过程的开拓。

2. 液化天然气技术

液化天然气工业的发展始于20世纪初。1910年，美国开始了工业规模的天然气液化研究和开发工作。1917年，卡波特（Cabot）获得了第一个有关天然气液化、储存和运输的美国专利，同年在美国的西弗吉利亚地区建起了世界上第一家液化甲烷工厂，进行甲烷液化生产。1937年，英国工程师埃吉汤（Egerton）提出用液化天然气调节城市供气中的高峰负荷，将天然气液化并储存，供冬季供气负荷和应急事故时使用。1959年，美国康斯托克国际甲烷公司建造了世界上第一艘液化天然气运输船——"甲烷先锋"号。1960 年 1 月，其运载了 2200 吨液化天然气从美国路易斯安那州的查理斯湖出发，航行至英国的坎威尔岛接收基地，标志着世界液化天然气工业的诞生。如今，液化天然气国际贸易已有 50 多年的历史，全球已有 17 个液化天然气出口国与 20 个液化天然气进口国或地区。自 1990 年以来，全球液化天然气贸易量以年均 12％以上的速度增长。2009 年，液化天然气贸易量达 1.8 亿吨，占全世界天然气消费量的 8.5％。随着世界液化天然气贸易量的增长，超大型的天然气液化装置成为液化天然气技术的一个重要发展方向。通过建设单线年产量 600 万吨以上的液化装置，从而实现更大的规模经济。

随着对边际气田、小的气井资源开发的重视，以及海上平台液化装置研究的进展，天然气液化技术也在向小规模发展，尤其在我国得到了广泛的应用。

此外，非常规天然气资源的利用和液化也是未来一个重要的发展方向。

3. 分布式能源

分布式能源是从 20 世纪 70 年代末开始最先在美国发展起来的。30 多年来，国际上已经积累了不少成熟的分布式能源发展经验，值得我国借鉴。

目前，美国已经有 6000 多座分布式能源站。美国政府计划到 2020 年，一半以上的新建办公或商用建筑采用分布式能源系统，同时将 15％的现有建筑改用分布式能源系统。此外，美国能源部和环境保护署还计划在 2010～2020 年将分布能源的装机容量增加 9500 万千瓦，使总装机容量占全国总用电量的 28％。

日本 2008 年就有多达 7800 个分布式能源系统投入运行，2010 年分布式能源供能达 1000 万千瓦。日本还大力发展低热值燃料、可再生能源利用、微网及控制、热电联产装置的小型化及家庭单元机组等一系列新技术，使节能减排收到明显效果。此外，日本还计划 2030 年前使分布能源发电量占总电力供应的 20％。

目前，丹麦和荷兰是分布式能源系统推广力度最大的两个国家，因此也成为各国效仿的对象。目前，丹麦分布式能源的占有率在整个能源系统中已经接近 60％，荷兰也超过 40％。由于推广分布式能源，这两个国家的废气排放量已经大大降低，CO_2 和氮氧化物的排放量已经比 20 世纪 90 年代分别降低了 30％和 20％，而且能源的可靠性大大提高，能源消费的价格也大大降低。这两个国家政府先后出台了一些鼓励分布式能源的法规和法律，如丹麦的《供热法》和《电力供应法》就对分布式能源明确提出：予以鼓励、保护和支持。政府也制定了分布式能源建设的一些补偿政策并给予优惠的贷款，如无息贷款等。

此外还有英国、芬兰、德国、捷克、印度等国也在积极地发展分布式能源。

事实上，从 20 世纪 90 年代开始，分布式能源的理念就已传入中国。20 世纪 90 年代初，上海黄浦中心医院就首次采用了冷热电联供系统为医院提供部分用电负荷、蒸汽和制冷负荷。据介绍，经过 20 年的发展，上海黄浦中心医院相继在北京、上海、南京、广州、成都等地建成冷热电联供示范项目。

三、发展现状与研究前沿

（一）天然气化工利用

近年来，在各国政府、化学公司和研究机构的大力支持下，相关的基础性研究取得了突破性的进展，如膜技术在合成气制备中的应用、甲烷部分氧化和甲烷低温选择氧化的理论和实践等。日本石油公司从 1990 年起开始进行为期七年的"天然气有效利用"特别研究计划，加拿大国家矿物能源和技术中心（CANMET）制订了从 1990 年起的长期天然气化学转化计划；美国能源部制订了天然气制液体化工产品的开发规划，简称 GTL 规划，包括甲烷部分氧化制合成气所用的无机透氧膜技术。与此同时，由美孚公司等大企业合作进行无机透氧膜及甲烷部分氧化的开发，将促进该技术在工业上的应用。此外，埃克森（EXXON）公司、环球油品公司（UOP）竞相研制和开发甲醇制烯烃的新技术。欧共体各国也相继制订了天然气利用和甲烷化学转化的联合计划，参加者有德国、荷兰、丹麦、法国、英国等国家的著名大学和研究所 10 余家。最近，美国国会又通过法案投资 0.4 亿美元用于新近发现的一种巨大的潜在能源——甲烷水合物的研究。作为国际能源领域领头企业的 BP，21 世纪以来，投入巨资，选择国际重要的研究结构和大学，实施皆在创新清洁能源过程的"大学研究计划"（*University Program*），先后在美国普林斯顿大学、Berkeley、Caltec 和我国的中国科学院大连化学物理研究所、清华大学等建立了为期 10 年的合作项目，从事以天然气转化和氢能源为主的清洁能源相关的基础研究和过程开发工作。

另外，以煤气化为基础的多联产技术近年来受到国内外越来越多的重视。多联产的基本过程是煤炭在临氧条件下经气化炉高温气化生成合成气（$CO+H_2$），高温脱硫后的洁净合成气一方面可直接推动燃气轮机，实现高效、无污染的发电（IGCC）；另一方面，采用以浆态床为主的化学化工技术，一次通过生产甲醇、乙醇、二甲醚或液体燃料等产品，未反应的高温、高热值尾气不再循环，直接送往燃气–蒸汽联合循环生产电力，该过程的能源效率可达到 55％～60％；进一步地与高温固体燃料电池配合，对发电过程进行优化，系统的总效率可达 70％以上。比迄今为止的采用煤直接燃烧发电的热电联产技术的能效提高一倍以上。煤气化产生的合成气经水煤气变换（WGS 技术），可大规模生产价格低廉的氢气和对温室气体 CO_2 进行大规模的捕捉和处理，以满足以氢能和燃料电池技术为标志的未来氢能社会的需求。该过程涉及的关键的碳-化学化工过程的优化和氢能源相关问题的研究受到很大的关注，发达国家政府和跨国公司先后设置了众多不同的研究计划，投入了大量的人力与物力进行研究和攻关。

我国政府对天然气和合成气的转化利用一直给予了充分的重视。"八五"期间采取了"攻关"和"基础研究"并举的方针："八五"国家计委国家重大科技项目"天然气（合成气）综合利用"和"九五"中国科学院特别支持项目"天然气、炼厂气转化利用新技术"研究开发取得了可喜的成绩。在基础研究方面，"八五"期间，国家科学技术委员会（简称国家科委）、基金委联合设置了"石油、煤炭、天然气资源优化利用的催化基础"作为"九五"攀登预选项目。特别是1999年以来，在973计划的支持下，组织国内优势队伍，围绕"煤炭、石油、天然气资源优化利用的催化基础"在基础科学问题的研究和创新过程的开发等方面进行了深入、广泛的研究和探索，取得了一批具有独创性和自有知识产权的研究成果。

由天然气和煤气化制得的合成气经甲醇和二甲醚制备低碳烯烃技术成功地实现了石油化工与天然气和煤化工的有机链接和转换，为实现不依赖石油的化工技术打下了基础。甲烷在催化剂作用下直接转变为重要化工原料芳烃和氢等研究创新了一种C—H键无氧活化的理论，开辟了一条由天然气制备化工原料和氢气的原子经济的新途径。在超临界方法用于甲醇合成的理论和过程，关于过氧物种激光诱导和甲烷部分氧化机理的普适性结论等方面研究以原创性发现和自有知识产权为基础，通过基础研究、技术创新和集成取得了突破性进展。紫外拉曼光谱在催化原位、动态表征中应用的理论和技术为国际首创，得到了国内外同行的广泛认可。这些催化过程的研究开发，大多具有创新意义，也形成了一系列专利知识产权。但由于国家科研投入相当偏低，我国产业部门迫于国内外竞争的强大压力，大多将科技开发的重点放在近期产生效益的技术的产业化和国外引进技术的消化、吸收等方面，所以原创性的研究很难得到及时有效的支持。

相反，近年来世界著名的大公司，如美国的 UOP、EXXON、UCC、CHEVRON 和德国 BASF、BAYER 等都先后与我国多家研究机构签订协议，共同进行包括甲烷活化基础研究在内的技术合作。这一方面标志着我国在该领域的研究水平已得到国际上的认可，也是国际上在能源优化利用方面激烈的科技竞争在我国科技开发上的反映；另一方面也对我国在该领域形成的知识产权造成威胁。

（二）液化天然气技术

天然气液化技术经过几十年的发展，已经相对成熟。近年来，国内外的研究主要集中在以下四个方面。

1. 超大型液化装置

目前，世界上已能建成年产 800 万吨的液化装置。挪威国家石油公司和林德公司共同开发了混合制冷剂复迭技术（MFC）。该种工艺结合了级联式流程和混合制冷剂流程，将三个制冷循环中的纯组分换成了混合制冷剂。这一工艺可以使换热器中的温差更为接近，优化了换热器的表面和功率，可用于年产量在 600 万～800 万吨液化天然气的液化生产线中。此外，2001 年，美国空气化工产品公司（APCI）注册了 AP-X™专利。AP-X™流程结合了级联式、混合制冷剂和氮膨胀三种流程，在三级制冷循环中分别使用丙烷、混合制冷剂和氮。利用该技术在不增加并联丙烷或混合制冷剂压缩机设备的前提下，单条液化天然气生产线的年产量提升到 500 万～800 万吨。这项新工艺已用在卡塔尔在建的项目中。

2. 小型天然气液化装置

在小型液化天然气装置方面，在经典流程的基础上开发出了各种整合式的结构和更为紧凑的流程，在我国得到了广泛的应用。此外，在撬装化装置方面也有了一定的进展。

3. 海上平台天然气液化技术

20 世纪 90 年代，随着新探明的海上大型气田数量的减少，边际气田的开发日益受到重视。浮式液化天然气生产储卸装置（FPSO）作为一种新型的边际气田开发技术，以其投资较低、建设周期短、便于迁移等优点备受青睐。该装置可看做一座浮动的液化天然气生产接收终端，直接系泊于气田上方进行作业，不需要先期进行海底输气管道、液化天然气工厂和码头的建设。

多年来，大量研究人员和组织机构一直致力于液化天然气-生产储卸装置项目的研究。其中液化工艺是液化天然气-生产储卸装置的关键技术。海上作业的特殊环境对液化流程提出了如下要求：①流程简单，设备紧凑，占地面积小，满足海上安装需要；②液化流程有制取制冷剂的能力；③流程对不同产地的天然气源适应性强，而且热效率高；④操作安全可靠，船体的晃动不会显著影响其性能。目前液化天然气-生产储卸装置还是停留在概念设计阶段，只有少数单位开始着手实际液化天然气-生产储卸装置装置的建造，至今这类装置还未投入实际使用。

目前世界各国在进行液化天然气-生产储卸装置的概念设计时对天然气的液化流程研究比较活跃，提出了很多流程，在传统液化流程中，主要推荐基于膨胀机的流程和混合制冷剂流程，包括 APCI 的双级混合制冷剂流程（DMR），BV 公司的单级混合制冷剂流程（PRICO）；BHP 的氮膨胀流程等。

除了这些传统的液化方法，一些研究机构还提出了一些新型的液化技术：①重液化气或加压液化天然气（HLG 或 PLNG），是指液化后在较高压力下（1~2 兆帕）储存的天然气，对应的液化温度为 $-120 \sim -100℃$。较高的液化温度不仅降低了液化流程的能耗，而且大大增加了液化天然气中 CO_2 的溶解度，从而使得天然气液化流程有可能去掉占地很大的预处理装置，这为场地极为有限的海上平台实施天然气液化提供了可能性。②LUSW，是指不经过预处理而直接液化。通过一种特殊的气固液分离器在液化过程中除去容易堵塞的 CO_2、水和重烃等杂物，其省去了预处理装置，可使液化装置大为简化。但这些新型技术还处于概念阶段，国内外一些研究机构已经开始开展研究。

4. 非常规天然气液化技术

随着世界各国能源需求的不断增长，非常规天然气资源及其利用越来越受到重视。非常规天然气资源是指尚未被充分认识、还没有可借鉴的成熟技术和经验进行开发的一类天然气资源，目前主要包括页岩气、煤层气、致密砂岩气、天然气水合物及浅层生物气等。据估算，目前全球非常规天然气产量每年约为 3242 亿米^3，约为常规天然气资源量的 4.56 倍。我国非常规天然气资源也十分丰富，总资源量 300 多万亿米^3，接近常规石油资源量的 3 倍，是常规天然气资源量的 5 倍多。

与常规天然气一样，液化同样使得非常规天然气能够更高效的储存和运输。目前，国内外已有针对致密砂岩气、煤层气和页岩气的液化技术和具体项目。澳大利亚已有五个煤层气液化项目正在计划中。美国也有了由致密砂岩气和页岩气生产的液化天然气供应。然而，国外进行液化的非常规天然气的组分和条件都与常规天然气相似，所以，液化技术可直接引用常规天然气的液化技术，针对非常规天然气的技术研究主要是勘探和开采方法，很少有液化技术的研究。而我国煤层气资源虽然非常丰富，但很大一部分是矿井气，由于混入了空气而含有较多的氮和氧，其液化技术与常规天然气液化技术有所差别。所以，我国有较多研究机构对低浓度煤层气的液化技术开展了研究。

（三）分布式能源

根据国家能源局规划，未来 10 年分布式能源装机容量将从目前的 500 万千瓦增至 5000 万千瓦，占中国总电力装机容量比重将增加到 4% 左右。天然气分布式能源为建在用户端的冷热电联供综合能源系统，具有能源转化效率高、装机容量小、可灵活开启关停和调峰功能的特点。该系统适用于能源消费量大且集中的地区或对供电安全要求较高的单位。目前在中国处于起步阶段，未来可能在上海、北京和广东等高负荷地区加速推广。

根据国家计划，天然气分布式能源和燃气电厂总装机容量可望在未来 10 年实现年均增长 11% 的目标。这一发展方向，将帮助中国提升天然气占一次能源消费的比重，实现从 2010 年 4% 到 2015 年 8% 的政府目标。在此期间，即便中国在目前基础上继续成功降低 GDP 对一次能源的消费强度 10% 以上，天然气仍可部分替代煤炭和石油消费，实现年均 18%～20% 的快速增长。假设 2015 年分布式装机容量达到 2500 万千瓦，年利用 4000 小时，五年累计新增用气需求将达到 250 亿米^3，创造年均需求增长 4% 以上。

分布式能源技术的相关研究主要体现在以下五个方面。

1) 动力与能源转换设备，主要是指一些基于传统技术的完善和新技术的发展。①微型燃气轮机的关键技术，如精密铸造和烧结金属陶瓷转子，空气或磁悬浮轴承，高效回热利用技术，永磁发电技术，可控硅变频控制技术等；②燃气内燃机方面，国外正在发展的预燃、回热、增压涡轮技术，以及电子变频等技术，都是发展的重要方向；③燃料电池，该技术应用极为广泛，污染极少，而且可以同燃气轮机技术整合，发电效率将可能达到 80%，是未来最具有发展价值的技术。

2) 相关的一次和二次能源技术。①煤层气和矿井瓦斯利用技术；②可燃冰开采技术；③煤地下气化技术，如何利用可控地下气化技术将其变为气体燃料回收利用是中国煤炭工业的重要课题；④利用和开发地热资源，将地下低品位热能转换为高品位的电能或冷能的关键技术；⑤深层海水冷能利用技术；⑥如何从水中低成本地制取氢气的技术。

3) 智能控制与群控优化技术。①分布式能源机组和系统自身的智能化控制，解决设备"无人值守"问题，能够根据需求进行调节，自动跟踪电、热、冷负荷；②远程遥控技术；③智能电网技术，必须建立电网信息化管理系统（对电网特别是近距离用户低压供电电网的信息化控制）、流量平衡控制，网内分布式能源智能管制系统，智能保护系统等；

4) 综合系统优化技术。①多种能源系统整合优化，将各种不同的能源系统进行联合优化，充分发挥各个系统的优势；②分布式能源系统电网接入研究，解决分布式能源与现有电网设施的兼容、整合和安全运行等问题；③蓄能技术；④网络式能源系统。

5) 资源深度利用技术，如利用民用设施污水、垃圾和大棚废弃生物质就地生产沼气的技术。

四、近中期支持原则与重点

（一）拟解决的关键科学问题

1. 天然气基础研究

本领域主要研究组成天然气的主要成分甲烷的高效活化和定向转化，由天然气或煤制备得到的合成气（CO_2和氢气）的选择转化，以及催化科学和技术发展涉及的重要基础问题。针对的关键科学问题拟集中在：高对称分子（如甲烷等）中 C—H 键的控制活化和选择转化规律，合成气转化的费托过程的控制规律和产物分布的调控机理，催化反应的耦合机理和工艺，结构导向的催化剂制备科学和技术，以及催化反应中间体的捕集、鉴定和催化过程的原位、动态表征等。

具有高度对称性的甲烷分子是自然界中最为稳定的有机分子之一，它的活化和转化需要非常苛刻的条件。研究表明，甲烷选择氧化最关键的问题不仅仅是活化，而更重要的是对生成的较活泼产物进一步氧化的有效抑制。从基础研究的角度看，目前人们对甲烷和轻烷活化和转化的催化活性位结构、活性位作用机理、活性氧物种、反应中间体及其转化动态学等科学问题的认识深度还很不够，远未达到能够控制活化和选择转化的要求。因此轻烷的选择氧化也被认为是 C—H 键活化的"圣杯"，被公认为催化乃至整个化学研究领域最具挑战性的研究方向之一。1997 年，美国化学会联合四家相关协会在所撰写的"2020 催化前瞻报告"（*Vision 2020 Catalysis Report*）中将烷烃活化和选择氧化列在"催化研究路线图——技术目标"（"Roadmap for Research on Catalysis—Technical Targets"）的前两位。合成气催化转化机理的基本科学问题，如 CO 的吸附活化模式、控制链引发、链增长（C—C 键的形成）和链终止（产物形成）的关键因素等仍然不明确或尚存在争议，急需深入研究。同时这些问题又与催化剂中的各组分，包括活性金属、载体及助剂的作用的本质密切相关。具体而言，活性金属粒子的类型、尺寸、分散度、可还原性对反应性能的影响，载体的孔道效应（限域效应、择形效应等），助剂的促进作用等都与上述有关反应机理的问题相关。这些因素对反应机理中的具体步骤产生影响，并从而影响反应活性，以及产物的类型和分布。因此这些问题的解决对于合理解释合成气催化转化过程的复杂影响因素，以及可控产物分布的高效催化剂的设计、研制具有重要的指导意义。众多的研究结果表明，催化材料的构筑，包括活性组分的分散程度、活性中心结构、微环境、落位、载体的孔道结构等，极大地影响其在甲烷和合成气转化反应中的活性和选择性。例如，最近的研究发现，催化材料中钴颗粒的大小不仅明显改变费托合成反应的活性，而且改变产物选择性。粒子大小有可能对链增长、链终止等基元反应步骤产生影响。例如，限域在分子筛孔道中的 1.3 纳米的钴，不仅反应活性高且不生成 C_{20} 以上产物，相反 10 纳米的钴的 C_{20} 以上产物占 20％。从反应机理层次上看，针对催化材料中活性中心结构及其所处环境是如何影响反应的基元步骤，主导反应途径并进而控制反应的活性和选择性的研究还不成熟。要开展该方面的深入研究，首先必须建立可控活性位结构、活性相大小和微环境的催化材料的制备方法。

图 3-3 为本领域的主要研究内容，包括天然气制备合成气、大规模制氢和碳捕集涉及的关键问题，合成气的高效转化制液体燃料和含氧化合物的科学问题，合成气直接转化及相关的催化基础等科学问题。

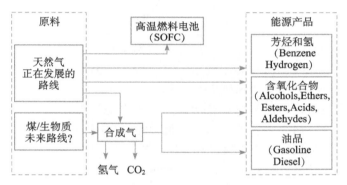

图 3-3　天然气相关研究的总体思路

2. 煤基燃气甲烷化中的关键科学问题研究

对主动制取（煤气化）和副产（如炼焦）的煤基燃气进行甲烷化是满足我国日益增长的天然气需求的重要措施。需要解决的关键基础科学问题包括新型煤基燃气甲烷化工艺流程，新型煤基燃气甲烷化催化剂研究开发，甲烷化过程产生的蒸汽等热量的高效综合利用，甲烷化过程节电、节水、减少 CO_2 排放的系统整体优化等。

3. 整体煤气化联合循环的多联产技术与碳捕集中的关键科学问题研究

整体煤气化联合循环是煤炭清洁利用的一种有前景的途径，但目前纯发电的整体煤气化联合循环技术在发电成本和可用率这两个重要指标上尚不能与燃煤蒸汽电站相竞争。整体煤气化联合循环可以很容易与煤基化工过程结合形成多联产系统，更好地综合利用煤炭资源，生产电、热、燃料气、化工产品和替代燃料（如 H_2、二甲醚），并减少 CO_2 的排放。从而既可解决纯发电整体煤气化联合循环电站中投资费用高但气化炉的可用率低的矛盾，还能兼收环保效应。由此带来的关键科学问题包括以整体煤气化联合循环为基础并将煤制氢、燃料电池发电、液体燃料生产、CO_2 分离和处理等过程集成的能源系统的整体优化，合成气中碳捕集分离过程中 CO_2 的冷凝或固化过程相关的热力与传热特性等。

4. 液化天然气技术相关关键科学问题

液化天然气是我国天然气资源的重要补充。液化天然气技术目前面临的关键科学问题包括适合于非常规天然气的液化流程，非常规天然气液化过程中的超临界传热、低温溶解特性、含较多其他组分的甲烷的传热及相变特性，高 CO_2 含量天然气液化与 CO_2 分离捕集相结合的液化流程，CO_2 气液、气固平衡特性等。

5. 与天然气分布式能源系统相关的关键科学问题

分布式能源系统作为一种高效的能源利用系统，应在一次能源的开采与供给技术、能源的高效转化与利用技术，以及智能化的控制技术等方面给予全方位的支持，另外还需要支持各种相关技术的多元化。

鉴于国内日益发达的天然气管网，天然气将是作为分布式能源系统的一次能源的很好选择。而由于我国天然气资源匮乏，所以需要大力支持非常规天然气（如煤层气、煤制气、焦炉煤气）的回收与综合利用技术。

而在能源的转换与利用方面，微型燃机轮机的核心制造技术，燃气内燃机的制造技术，燃料电池的相关技术等都需要不同程度的开发与提升，这也都需要一定的支持。另外，需要开发智能化的优化控制技术，以保持系统长时间安全、稳定、高效的运行。

（二）主要研究方向

1. 天然气直接转化制化学品

甲烷是自然界中最稳定的有机分子，组成甲烷分子的碳氢键的键能达 436.8 千焦/摩尔，其活化和转化一般需要十分苛刻的反应条件。早期的研究表明，甲烷主要通过高温（$>1773K$）气相均裂活化和在强酸介质中 C—H 键和酸中心相互作用及生成金属类碳烯（$Me=CH_2$）进行活化。近 10 年来的研究结果证实，在催化剂表面活性氧物种的帮助下，甲烷也可以均裂生成电中性的甲基自由基（$CH_3 \cdot$）。20 世纪 90 年代，我国科学家首先发现甲烷在固体酸催化剂（Mo/ZSM-5）表面能发生异裂而生成甲基正碳离子（CH_3^+），生成的中间体在多孔材料表面进一步发生聚合、脱氢和环化反应生成芳烃。这一发现具有重要的意义；

理论上发现了一种甲烷活化的新模式,应用上开辟了一种甲烷直接转化为高碳烃的新途径。自从1993年首次报道以后,立即引起国内外的重视,先后已有美国、匈牙利、英国、德国、日本和国内近10个研究组开始了这方面的工作。我国在"九五"项目和973计划项目的资助下先后进行了不同载体、不同活性组分及不同添加剂的基础研究工作,并始终处于国际领先地位。要从本质上进一步认识这一新反应过程需要从原子、分子水平上了解催化反应机理,特别是沿催化反应途径中生成的反应中间体的结构及其动态变化。本方向拟结合甲烷无氧芳构化过程和已有较好实验结果的CO加氢过程,发展适合于原位、动态催化表征的研究方法,研究催化反应过程中催化剂"活性中心"结构随反应过程的变化及催化剂表面结构变化对反应过程的反馈影响机理。认识C—H键酸助活化的科学规律,发展高温条件下的动态催化理论。主要研究内容:①催化反应体系的构效关系;②催化活性结构在反应条件下的动态变化;③酸性催化剂表面的积炭失活规律。

2. 天然气制合成气和氢

天然气间接转化为液体燃料和基本化工原料的关键一步是在催化剂作用下首先将天然气转化为由CO和氢气组成的合成气。制得的合成气中的CO亦可在催化作用下经水蒸气变换制氢。国际现有的生产合成气的方法是"甲烷水蒸气催化重整"($CH_4 + H_2O \longrightarrow CO + 3H_2$,$\Delta H0298 = 206$ 千焦/摩尔),这一过程是强吸热过程,需要消耗大量能量和水蒸气,造成成本约占合成液体燃料过程费用的65%。现在国内外正在研究的是用氧气代替水蒸气的"部分氧化法"($CH_4 + 1/2O_2 \longrightarrow CO + 2H_2$,$\Delta H0298 = -38$ 千焦/摩尔),这一过程是弱放热过程,不需要外界供能,但要实现工业化需要迫切解决下述关键问题:①催化剂材料必须同时具有高温抗氧化和还原性能;②反应所需温度一般大于1100K,要求催化剂活性相具有高稳定性和抗积碳性;③反应需要的纯氧。因此,本方向着重于高温催化材料的研制、用于产生纯氧的高效透氧膜材料的创制及膜反应器中天然气部分氧化过程的研究。本方向的研究目标是:进一步提高主产物的选择性,在进一步提高催化剂稳定性的同时,改善催化剂在高空速的机械强度,优化膜分离催化反应之间的耦合工艺条件与反应的设计和创造,为该过程的工业化完成实验室研究基础。这些研究中要解决的关键问题是具有高均一性和高稳定性功能材料的制备科学和技术,它们的成功将带动高温催化理论和科学,以及膜分离和膜催化技术的发展。

3. 天然气经合成气制高品质液体燃料

由于天然气经合成气制得的液体燃料不含硫、氮、重金属和芳烃,燃烧过

程中不产生 SO_2，氮氧化物和烟尘的排放量也大大降低，所以，这一方法受到越来越多的重视。目前在我国液体燃料生产中，柴汽比偏低，柴油缺口较大，不能满足迅速增长的柴油需求，而且目前生产的柴油十六烷值低，并含有一定量的硫与芳烃，造成严重的排气污染。根据我国的实际情况，该课题的重点在由天然气制备高品质柴油。国外有关的研究工作开展较早，20 世纪 30 年代德国就发明了以铁和钴为催化剂的费托合成反应（$nCO + (2n+1) H_2 \longrightarrow C_nH_{(2n+2)} + nH_2O$），根据 n 不同可以得到从汽油到柴油和石蜡的不同产品。应用研究早期主要集中在合成汽油（如美孚公司的 MTG，Sasol 的 SPD）方面，最近的基础和应用研究开始逐渐转向合成高品质柴油甚至石蜡。限制这一过程发展的最大问题是合成产物中不同链长分子的产率受 SFA（Schulz -Flory-Anderson）分布规律控制，即分子链越长，得到产率就越低。由于柴油的分子链较长（一般 11～18 个碳），合成的产率很低。除了改变反应器结构以外，克服这一问题的有效方法是调变催化剂。本方向的主要目标是：在认识反应机理和动力学的基础上，优化催化剂，提高合成产物中柴油馏分的产率需要解决的科学问题是催化剂表面修饰原理及反应选择性控制规律。具体内容：①在现有结果的基础上以钴为主要活性组分，通过表面修饰，实现多功能化以达到选择性控制的目的；②控制合成不同孔结构的载体，对产物进行形状选择性控制，提高合成产物中柴油馏分的产率；③进行动力学模拟，优化反应参数和反应器结构。

4. 天然气制乙烯

在现有"合成气经由二甲醚制取低碳烯烃新工艺方法"（SDTO 法）的工艺上创新结构可控的新型分子筛催化剂（小孔磷硅铝），进一步提高烯烃收率，发展更先进的方法，并在催化剂的关键技术方面形成自我知识产权覆盖。同时进行更为高效的两步法和一步法的基础和应用研究，争取近几年内推出新的方法和工艺，力争达到国际领先水平。具体研究内容如图 3-4 所示。

图 3-4 中路线①和②已有较好的积累，通过本领域实施拟达到：转化率 100%、乙烯选择性＞60%、乙烯＋丙烯选择性＞90%。路线③涉及甲烷的直接转化，在理论和技术上是一个巨大的挑战。这一方法自从 20 世纪 80 年代发现以来，国内外专家在催化剂的研制上已开展了大量的工作，我国中国科学院兰州化学物理研究所和厦门大学研制的催化剂被公认为处于国际领先地位。然而，由于该反应遵循固体表面活化、气相耦合机理，目标产物乙烯、乙烷在活性氧作用下将进一步深度氧化产生大量的 CO_2，限制了烯烃产率的提高。本方向推出催化耦合反应的新思路，通过反应耦合将生产的 CO_2 变为乙烷脱氢的反应物，从而移动化学平衡，提高烯烃产率。

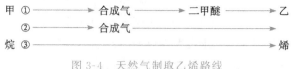

图 3-4　天然气制取乙烯路线

5. 天然气经合成气制甲醇和含氧化合物

天然气（煤）经合成气制取含氧化合物，特别是甲醇，是一个重要的工业过程，也是天然气优化利用的重要课题。传统的方法是采用含铜-锌-铝的三元催化剂在较高温度与压力下多相合成。近年来，美国布鲁克海文（Brookhaven）国家实验室和匹兹堡（Pittshurgh）大学先后发明了采用均相催化的"低温甲醇"合成工艺。然而，由于反应中热力学平衡的限制导致甲醇工艺过程较低的能源利用率和较差的选择性。所以，人们正在努力寻求突破热力学平衡限制的新过程。超临界技术已在化工萃取分离等领域获得了理论和应用上的很大成功。将超临界技术与催化技术耦合，实现催化反应分离一体化是一个创新的概念。中国科学院山西煤炭化学研究所在"八五"期间成功地进行了超临界多相催化的尝试，率先在国际上完成了热力学平衡限制的甲醇合成和超临界分离一体化原理实验，"九五"期间模拟放大取得了很好的效果。本方向拟以现有工作为基础，深入研究超临界合成甲醇和含氧化合物反应体系的物化特性，深化超临界催化分离一体化的概念，进一步将这一技术推广到其他催化体系，从而带动超临界催化化学和技术的发展。主要研究内容：①发展高压超临界条件下的原位动态表征方法，研究反应状态下超临界相的物理、化学性质及催化活性中心在超临界状态下的作用规律，逐步建立和发展超临界相催化作用理论；②结合计算机模拟，研究超临界状态下反应分子与介质的相互作用，以及相组成的热力学状态方程；③进一步优化超临界介质和催化剂，完成超临界甲醇合成中试和超临界合成高碳醇的实验室模拟。

6. 天然气经固体氧化物燃料电池高效发电

固体氧化物燃料电池不以昂贵的氢气为燃料，而以天然气等为燃料，以空气为氧化剂，将燃料氧化的化学能高效地转化为电能。由于固体氧化物燃料电池发电效率高（45%～60%），而且无噪声，氮氧化物和硫氧化物排放极低，CO_2 排放减半，所以，固体氧化物燃料电池是一种高效、洁清的发电技术，也被认为是未来电站的变革性技术，可应用于大型电站、分布式电站、家庭电站等，对国民经济和社会可持续发展有重要影响。天然气作为固体氧化物燃料电池燃料，一般需要内重整反应使天然气转化为合成气，然后合成气在阳极表面发生电化学反应而使化学能转化为电能。由于内重整不仅增加了成本，而且使系统更加复杂，所以，我们将重点研究天然气直接在固体氧化物燃料电池阳极表面进行电化学氧化反应（不经过内重整）而使化学能转化为电能。天然气直接氧化的主要问题是容易在电极表面形成积碳而降低电池寿命和效率。事实上，在电极表面所进行的电化学反应，本质上均是催化反应，因此，我们将针对天然气直接氧化容易积碳的特点，利用我们在催化研究方面的研究优势，开展如下研究内容。①新型抗积碳阳极催化材料：通过多元催化剂设计、表面修饰等技术，设计制备适用于以天然气作为燃料抗积碳阳极氧化催化剂。②膜电极积碳催化反应机理：利用催化研究方法和理论，研究燃料电池阳极表面上积碳形成过程、积碳迁移模式及如何消除积碳等。③管型催化膜电极结构的设计与制备：在深入了解膜电极催化反应机理的基础上，构建多尺度催化膜电极；控制催化膜电极孔结构及分布；研发催化膜电极—电解质界面结合技术和方法；创制具有互穿网络结构的一体化催化膜电极结构。④管型单电池性能研究：采用各种动态和暂态技术，研究热循环、氧化还原循环对以合成气为燃料的固体氧化物燃料电池运行性能的影响，奠定高可靠性电池微结构的设计基础。

◇ 参 考 文 献 ◇

超超临界燃煤发电技术研究课题编写组.2005.超超临界燃煤发电技术的研究.北京：国家电力公司，中国华能集团公司

陈辉，王文祥，严毅.2009.当前1000MW超超临界锅炉的主要技术特点.锅炉制造，213（1）：10～14

国家自然科学基金委员会工程与材料科学部.2006.工程热物理与能源利用（学科发展战略研究报告2006～2010年）.北京：科学技术出版社

黄其励.2008.我国清洁高效燃煤发电技术.华电技术，30（3）：1～8

黄佐华，蒋德明，王锡斌.2008.内燃机燃烧研究及面临的挑战.内燃机学报，26（增刊）：101～106

苏万华.2008.高密度-低温柴油机燃烧理论与技术的研究与进展.内燃机学报，26（增刊）：1～8

唐庆杰，王育华，吴文荣.2007.洁净煤技术中国能源发展的必然选择.中国矿业，16（11）：24～26

王建昕.2008.高效车用汽油机的技术进步.内燃机学报，26（增刊）：83～89

阎维平.2008.洁净煤发电技术的发展前景分析.华北电力大学学报，35（6）：67～71

姚强.2005.洁净煤技术.北京：化学工业出版社

张会强，陈兴隆，周力行，等.1999.湍流燃烧数值模拟研究的综述.力学进展，29（4）：567～575

中国环保产业协会.2008.火电厂氮氧化物排放控制技术方案研究.北京：中国环保产业协会

中国煤炭工业协会.2009.2008年全国煤炭工业统计快报发布.http://www.china5e.com/show.php? contentid=33599 ［2010-04-08］

朱宝田，赵毅.2008.我国超超临界燃煤发电技术的发展.华电技术，30（2）：1～5

Denis V，Luc V. 2002. Turbulent combustion modeling. Progress in Energy and Combustion Science，28：193～266

Department of Energy U S. 2006. Basic research needs for clean and efficient combustion of 21st century transportation fuels. http：//www. sc. doe. gov/bes/reports/files/CTF. rpt. pdf ［2010-03-02］

John E. 2009. Advanced compression-ignition engines-understanding the in-cylinder processes. Proceedings of the Combustion Institute，32（2）：2727～2742

Miller J A，Kee R J. 1990. Chemical kinetics and combustion modeling. Annu Rev in Phys Chem，41：345～387

Parivz M，2002. Advance in large eddy simulation methodology for complex flows. International Journal of Heat and Fluid Flow，23：710～720

Yao M F，Zheng Z L，Liu H F. 2009. Progress and recent trends in homogeneous charge compression ignition（HCCI）engines. Progress in Energy and Combustion Science，35（5）：398～437

第四章

可再生能源与新能源

　　我国正处于经济快速发展时期，能源需求持续增长，能源和环境对可持续发展的约束越来越严重，因而发展清洁能源技术、加速本地化清洁能源的开发是必然的选择。可再生能源主要是指太阳能、生物质能、风能、水能、地热能、海洋能等资源量丰富，且可循环往复使用的一类能源资源。可再生能源转化利用具有涉及领域广、研究对象复杂多变、交叉学科门类多、学科集成度高等特点。例如，太阳能利用形式多样，涉及物理学各个分支学科，具有多学科交叉与耦合的特点。在可再生能源工程领域中，工程热物理学科主要研究可再生能源利用过程中能量和物质转化、传递原理及规律等相关热物理问题。工程热物理、半导体物理学科及相关分支学科的发展将为可再生能源利用技术的研究和发展提供理论基础和技术保障，而可再生能源利用的研究又不断为工程热物理、半导体物理学科提出新的研究方向和发展目标，促进这些学科的发展。2006年开始实施的《中华人民共和国可再生能源法》将大大推进中国对可再生能源的研究、开发和应用。以太阳能、风能、生物质能为重点的可再生能源的开发利用已成为我国能源工业发展的重要战略目标，必须高度重视太阳能等可再生能源利用技术的基础研究。

第一节　太　阳　能

一、基本范畴、内涵和战略地位

　　太阳能是太阳内部连续不断的核聚变反应过程产生的能量。尽管太阳辐射到地球大气层的能量仅为其总辐射能量（约为 3.75×10^{26} 瓦）的二十二亿分之一，但已高达 173 000 太瓦，太阳每秒钟照射到地球上的能量就相当于 500 万吨标准煤。太阳能资源总量大，分布广泛，使用清洁，不存在枯竭问题。进入 21 世纪以来，太阳能利用有令人振奋的新进展，太阳能热水器、太阳电池等产品年产量一直保持 30％以上的增长速率，被称为"世界增长最快的能源"。

太阳能转换利用主要指利用太阳辐射实现采暖、采光、热水供应、发电、水质净化及空调制冷等能量转换过程，满足人们生活、工业应用及国防科技需求的专门研究领域，主要包括太阳能光热转换、光电转换和光化学转换等。

太阳能光热利用指将太阳能转换为热能加以利用，如供应热水、热力发电、驱动动力装置、驱动制冷循环、海水淡化、采暖和强化自然通风、半导体温差发电等，包括太阳光的收集、聚集与转换，热量的吸收与传递，热量的储存与交换，热-功（热-电）转换等物理过程。光热利用涉及的理论基础包括几乎所有工程热物理的分支学科及半导体物理学，关系最密切的是工程热力学、传热传质学、热物性学和流体力学；要构成有实用价值的太阳能利用系统，还需要进行热力系统动态学研究（中国可再生能源发展战略研究项目组，2008）。

光电利用是基于光伏效应，利用光伏材料构筑太阳电池，通过太阳电池将太阳光的能量直接转换为电能。光伏效应是指当物体受到光照时，物体内的电荷分布状态发生变化而产生电动势和电流的一种效应。当太阳光或其他光照射到半导体 PN 结上时，就会在 PN 结的两边出现电压（叫做光生电压），如果外接负载回路，就会在回路中产生电流。光电利用的基本范畴包括：与光吸收、光转换、载流子输运及载流子取出等相关的基本物理过程；基于这些物理过程的光伏材料与太阳电池构筑和性能优化；材料和器件的制备及表征技术；光伏发电系统；以提高光伏发电系统可靠性和经济性为目标的统筹规划、设计集成、运行控制及安全保护等。光电利用涉及与物理、化学、光学、电学、机械、热学等多学科相关的很多基本科学问题。

光化学利用则包括植物光合作用、太阳能光解水制氢、热解水制氢以及天然气重整等转换过程。

太阳能转换利用与物理、化学、光学、电学、机械、材料科学、建筑科学、生物科学、控制理论、数学规划理论、气象学等学科和理论有着密切联系，是综合性强、学科交叉特色鲜明的研究领域。需要着重研究与各种太阳能转换利用过程相关的能量利用系统动态特性以及与能量转换过程有关的热物理、半导体物理问题等。太阳能资源开发利用的关键是解决高效收集和转化过程中涉及的能量利用系统形式、能量蓄存和调节、材料研究和选择等问题。

太阳能直接转化利用是全球可再生能源发展战略的重要组成部分，太阳能热利用在可再生能源利用中是仅次于传统生物质、水力发电的第三大利用方式。《可再生能源中长期发展规划》中指出我国将在城市推广普及太阳能一体化建筑、太阳能集中供热水工程，并建设太阳能采暖和制冷示范工程。2010 年，全国太阳能热水器总集热面积达到 1.5 亿米²，加上其他太阳能热利用，年替代能源量达到 3000 万吨标准煤。到 2020 年，全国太阳能热水器总集热面积将达到约 3 亿米²，加上其他太阳能热利用，年替代能源量将达到 6000 万吨标准煤。2010 年，全国建成 1000 个屋顶光伏发电项目，总容量 5 万千瓦。到 2020 年，全国将建成 2 万个屋顶光伏发电项目，总容量达 100 万千瓦。我国将建设较大规模的太阳能光伏电站和太阳能热发电电站。2010 年，建成大型并网光伏电站总容量 2 万千瓦、太阳能热发电总容量 5 万千瓦。到 2020 年，全国太阳能光伏电站总容量将达到 20 万千瓦，太阳能热发电总容量将达到 20 万千瓦。另外，光伏发电在通讯、气象、长距离管线、铁路、公路等领域有良好的应用前景，2010 年这些商业领域的光伏应用累计达到 3 万千瓦，到 2020 年将达到 10 万千瓦。而随着金融风暴的发生和全球产业结构的调整，以太阳能、风能为重点的可再生能源产业已被认定为恢复经济的重要引擎，成为发展新兴产业、加大产业投资的重点方向。

太阳能利用是构成未来分布式可再生能源网的重要环节，利用太阳能可以在公共安全、电力供应、工业加热、建筑节能和规模化热水供应等领域发挥积极的作用。随着规模化开发利用太阳能资源步伐的加快，在太阳能转化利用过程中必将出现许多新的现象、新的问题，给能源利用学科提出了新的研究挑战。

二、发展规律与发展态势

当今世界各国都在大力开发利用太阳能资源。欧洲，以及澳大利亚、以色列和日本等，纷纷加大投入积极探索实现太阳能规模化利用的有效途径。德国等欧盟国家更是把太阳能、风能等可再生能源作为替代化石燃料的主要能源而加以大力扶植和发展。美国则掌握了光伏发电高效转化的技术，并已经在太阳能热发电方面实施了工程化，奥巴马的能源新政则强力推动了太阳能等可再生能源的深入研发和规模应用。太阳能转换利用研究已经成为当前国际上技术学科中十分活跃的一个领域，每年都有国际学术会议频繁地举行。最具代表性的有世界太阳能大会和世界可再生能源大会，都是两年举办一次，时间正好相隔一年。此外，有关专题分组、分地区学术讨论也非常之多。

世界各国，特别是欧美等发达国家纷纷制定政策规划推进太阳能利用（Aitken，2004）。较为著名的有欧盟的 20% 规划，即到 2020 年可再生能源要占到总能耗的 20%，其中太阳能热发电将达 15 吉瓦，发电量 43 太瓦时，2010～2020 年的年增长率为 31.1%；太阳能热利用 12 百万吨油当量，2010～2020 年的年增长率 23.1%。美国能源部于 2008 年 4 月制订了新的五年计划（2008～

2012 年），代表了联邦政府在太阳能利用方面的研究、开发、示范和推进的最新努力。特别是最近欧盟提出在北非沙漠地区建设太阳能热发电站，通过电网从海底送往欧洲大陆，项目规划预算达到 2000 亿欧元。

太阳能利用研究领域的发展规律为以下五个方面。

1）太阳能利用的多学科交叉特点。太阳能利用与物理、化学、光学、电学、机械、材料科学、建筑科学、生物科学、控制理论、数学规划理论、气象学等学科和理论有着密切联系，是综合性强、学科交叉特色鲜明的研究领域。在学科交叉过程中，还可能形成新的学科和研究方向。

2）太阳能利用向高效化和低成本化发展。由于太阳能能量密度低，且阴晴雨雪和昼夜、季节变化存在间歇性，同时能量转换设备复杂多样，只有通过提高效率才能实现太阳能的经济和规模利用，所以提高转换效率一直是研究的重点。而转换效率的提高与热力学第二定律的极限效率有关。另外，在现有技术条件下，通过采用廉价的材料、简便的工艺流程实现效率不降低的低成本化太阳能利用也是研究的重要方向。

3）太阳能利用研究存在多技术路径相互竞争，相互补充（Goswami et al.，2004）。从太阳能发电到太阳能制冷，都存在多种技术路径能够实现。以太阳能制冷为例，存在吸收、吸附、固体除湿、液体除湿等多条技术路径。它们存在一定的竞争关系，但不是简单的竞争关系，各有特点，应用场合各有不同，并存在一定的互补作用。因此，应鼓励多种技术路径的研究。

4）太阳能利用多个环节相互匹配、优化。从太阳能的收集到蓄存再到利用，存在时间上、空间上、容量上的差异。根据应用的不同，如使用量、能量使用品位、稳定性、经济性等不同，需要通过工作参数、技术路径、设备的选取，满足不同的需求，并获得尽量高的效益。

5）太阳能利用与其他可再生能源、化石能源互补、优化。由于太阳能供给受到气候的影响，并存在昼夜差异及季节性差异，需要与其他可再生能源或化石能源共同使用，实现可靠稳定的能源供给。所以，以太阳能为主要能源、多能互补的高效能源系统也是重要的研究领域，其目标往往是太阳能利用分数的最大化。

太阳能转换和利用经历了示范利用、特殊场合利用、局部利用、普及利用和规模化利用多个阶段。各国科研人员主要研究方向可以分为两大类：一是面向太阳能规模化利用的关键技术；二是探索太阳能利用新方法、新材料，发现和解决能量转化过程中的新现象、新问题，特别是开展基于太阳能转化利用现象的热力学优化、能量转换过程的高效化、能量利用装置的经济化等问题的研究解决活动。

（一）太阳能光热利用

太阳能光热利用是以热能转换为主的太阳能转化和利用过程，主要涉及太阳能中低温热利用，如太阳能热利用与建筑一体化、太阳能空调制冷、太阳能海水淡化等。太阳能常规利用是应用过程最经济、最直接，应用范围最广，应用量最大的太阳能利用方式。欧洲的"2020 路线图"（EREC，2008）中强调了太阳能采暖、太阳能辅助制冷、工业过程太阳能热利用、太阳能海水淡化的广阔应用前景。太阳能热发电也是太阳能光热利用的一种形式，但是主要涉及太阳能中高温热利用。

1. 太阳能常规热利用

利用太阳能集热器对水、空气或其他流体加热是目前应用广泛、相对成熟的太阳能技术。空气集热器直接以空气作为加热介质，比较适合空间采暖，在被动式太阳房中空气集热器已经获得一定应用。近年来随着太阳能空调研究的深入，空气集热器加热空气直接用于除湿循环和除湿空调中除湿剂的再生已经获得重视。但是目前市场上占主导地位的是以水为介质的太阳能集热器，此类集热器在大面积、高温位太阳能加热系统中，存在气液相变造成的汽阻、管道阻力分配不均匀等问题。此外，提高经济性和研究适合的蓄能转换问题是实现规模工业化应用太阳能的关键。约旦、马来西亚等国家利用当地丰富的太阳能资源和特殊的蜂窝透明材料对输油管道进行加热以减少稠油的黏性，我国西藏等地区推广应用的太阳灶等也具有鲜明的特色。常规集热器的低成本化、模块化、高效化是重要研究方向。常规太阳能集热还在农业种植、农产品干燥与处理、畜牧鱼养殖、工业过程处理等场合有广泛的应用潜力。

2. 太阳能热利用与建筑一体化

各类建筑是利用太阳能资源的良好载体，如生活热水供应、采暖空调、自然通风、采光照明以及部分电力供应等，太阳能利用与建筑一体化技术在我国受到高度重视并取得长足发展。在传统被动式太阳房热性能分析基础之上，从建筑物复合能量利用系统角度开展基于提高太阳能利用分数与充分利用建筑物结构为目的的太阳能采暖、热水供应、采光、通风、空调以及发电等系统分析，是建筑节能和绿色建筑技术中的重要方面。太阳能蓄存、储能材料及装置、太阳能储放能规律的研究等也是太阳能利用与建筑节能结合的重要发展方向。

太阳能在建筑中的应用途径如图 4-1 所示。通过合理设计、充分利用建筑物维护结构和选择适合的能源转换形式，可实现利用太阳能进行采暖、采光、热水供应、空调制冷、强化自然通风、部分电力供应以及水质净化等功能，组成太阳能复合能量系统，极大地降低建筑使用能耗。

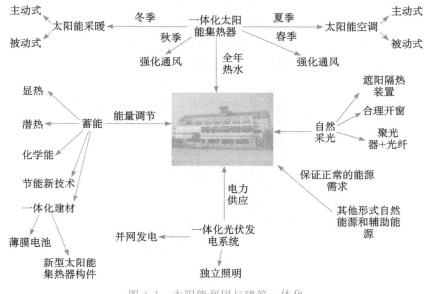

图 4-1　太阳能利用与建筑一体化

3. 太阳能空调制冷

　　我国从 20 世纪 70 年代开始对太阳能制冷技术进行研究，主要有氨-水吸收式制冷和溴化锂吸收式制冷，此外还有活性炭-甲醇工质对固体吸附式制冷系统等，对于太阳能低温干燥储粮技术、太阳能住宅用空调制冷/供热系统研究也有涉足。太阳能制冷的一个方向是开发研究中温聚焦式太阳能集热器，和现有制冷机组进行有机组合；另一个重要方向是研究与现有普通太阳能集热技术结合的低温热源驱动空调制冷方法，特别是以太阳能为主，构成具有经济性的多能源复合能量系统。得益于我国在太阳能集热器领域的制造优势和在热驱动制冷领域的技术优势，太阳能空调制冷工作某些方面走在了世界的前列，但是对合适的复合能量利用系统的构建、对太阳能能量传递过程的传热传质的强化、对太阳能系统热力学的优化分析等工作有待进一步深入（王如竹和代彦军，2007）。

　　太阳能与燃气结合的太阳能空调制冷系统如图 4-2 所示。太阳能空调制冷的最大特点是与季节的匹配性好，夏季太阳越好，天气越热，太阳能空调系统制冷量也越大。太阳能制冷技术包括主动制冷和被动制冷两种方式。主动式太阳能制冷通过太阳能来驱动能量转换装置实现制冷，包括太阳能光伏系统驱动的蒸汽压缩制冷，太阳能吸收式制冷，太阳能蒸汽喷射式制冷，太阳能固体吸附式制冷，太阳能干燥冷却系统等。被动式制冷不需要能量转换装置，利用自然方式实现制冷，包括夜间自然通风、屋顶池式蒸发冷却以及辐射冷却等。目前主要发展主动式太阳能制冷。研究工作主要集中在四个方面：①常规太阳能集热器低成本化和高效化，以及与之相适应的热驱动制冷技术；②集热效率高、性能可靠的中温太阳能集热器，这种集热器可以产生 150 ℃以上的蒸汽，从而直接驱动双效吸收式制冷机；③换热器的传热传质强化和新的利用低温位热能的制冷（循环）流程；④太阳能空调制冷的气候适应性及其与建筑热负荷的匹配调节特性。

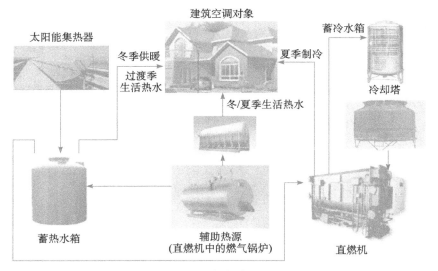

图 4-2　太阳能复合空调系统

4. 太阳能海水淡化

利用太阳能等可再生能源进行海水或苦咸水淡化是实现淡水资源可持续供应的重要途径。太阳能海水淡化领域研究在中东、北非以及欧洲地中海地区非常活跃，美国、日本等国家也投入大量的人力物力进行淡化技术的开发示范等。以色列 IDE 技术公司的太阳能海水淡化系统将太阳能热发电和海水淡化相结合，实现了太阳能的多目标利用。

太阳能海水淡化技术领域的基础研究集中在三个方面。①完全靠太阳能和环境条件自然变化驱动的被动式淡化水方法，如传统的太阳能蒸馏池，多效太阳能蒸馏器等。②主动式淡化水方法，制备淡水需要少量的动力消耗，同时还要求配备风机、水泵等额外装置，强化传热传质效果，提高系统性能。③为实现能源梯级利用，将上述技术与其他相关技术综合应用的复合系统等。例如，和太阳能温室相结合，与压气蒸馏及闪蒸法等工艺相结合等。主动式海水淡化方法由于改善了淡化装置的传热传质效果，蒸发温度和冷凝温度可以分开调控，因而备受重视。海水淡化过程中的能量、水分、盐分回收，传热传质过程的强化，部件中的结垢特性，能源利用效率和产水率的提高等是研究的重点。太阳能转换利用环节主要是中低温位的太阳能集热器，与蒸馏、闪蒸、压气蒸馏等工艺及各种传热传质过程相关的设备结合。

我国在太阳能海水淡化领域总体上缺乏系统性和规模效应，主要技术和工艺方面研究不够深入，特别是在一些代表性装置的性能指标方面与国际水平有较大差距。基于太阳能热能转换实现海水淡化过程仍是研究重点，能量回收、盐分回收和水分回收等许多环节有待进一步优化，制造工艺等急需进一步提高。

5. 太阳能用于半导体温差发电

半导体温差发电基于塞贝克效应，通过在温差电偶两端维持一个温差，形成一个塞贝克电压，从而产生电功率输出。半导体温差发电是一种利用温度差直接将热能转化为电能的能量转化过程。温差热电转换效率仍很低，目前一般不超过 10%，远低于普通发动机 30%～40% 的效率，所以在相当长的时间里温差发电还不能取代后者。但它可在很宽温度范围内利用热能（300～1400K），无需化学反应且无机械移动部分，具有无噪声、无污染、无磨损、重量轻、使用寿命长等优点，在太阳能利用，工业余热、废热的回收利用，航天辅助电力系统等方面得到广泛应用。

20 世纪五六十年代，以约飞（Iofe）为代表的苏联科学家提出了关于半导体材料的温差电理论，并为半导体温差电（包括半导体制冷和半导体发电）技术的应用做了大量的工作。20 世纪 50 年代末期，约飞及其同事从理论和实验上证明，通过利用两种以上的半导体形成固溶体可以使材料的热导率和电导率之比大大减小，从而使半导件温差电材料的研究取得了重要的突破。一些性能较好的常规热电材料相继被发现，如适合室温以下使用的铋锑合金（BiSb），室温附近使用的三碲化二铋（Bi_2Te_3）基热电材料，中温区（500～700K）使用的铅碲（PbTe）合金，用于高温发电的硅锗（SiGe）合金（1000～1200K），高温区（>1000K）下使用的碳化硅（SiC）等。

当前，发达国家已先后将发展温差发电技术列入中长期能源开发计划。美国在军事、航天和高科技领域的应用研究较多；日本在废热利用，特别是陶瓷热电转换材料的研究方面居于世界领先地位；欧盟着重于对小功率电源、传感器和应用纳米技术进行产品开发。基础研究主要从分析发电机理、寻求更高优值材料、优化发电器结构方面努力提高发电效率及降低成本。提高材料优值性能的方式主要有控制材料的载流子浓度，降低材料声子热导率，实现热电材料的梯度化等。通用化和模块化已经成为温差发电器结构的发展趋势。

太阳能利用方面，已有学者研究了将温差发电器集成到无聚光及低聚焦比集热器中的可行性，并提出采用热电屋顶集热器，利用温差发电使得房顶得热量减小，而且驱动风扇可以显著增强室内通风。

国内关于热电材料的研究出现于 20 世纪 50 年代。早在 1950 年，中国科学院半导体研究所就已开始对其进行研究，浙江大学的胭端麟院士曾成功地研制了示范性热电装置。1965 年，天津能源研究所成立了一个能源研究小组。1974 年，该所在四川峨眉山山顶首次安装了 15 瓦、50 瓦和 125 瓦的以天然气作为燃料的热电发电机，用以提供气体管道线负极保护站和微波中继站所需的电能，并成功试运行。但与发达国家相比，发电材料和发电器结构等方面的研究均存在一定差距。

由于温差发电技术发电功率很小，一般不列在太阳能热发电范畴内，而是作为太阳能热利用的一个小的应用。

（二）太阳能热发电

太阳能发电包括热发电、光伏发电两种技术，太阳能热发电主要采用聚焦集热技术，产生驱动热力机需要的高温液体或蒸汽发电。根据聚焦技术的不同，可分为槽式、塔式、碟式、菲涅尔式发电技术。实现太阳能热发电的技术途径如图 4-3 所示。槽式发电已有多年商业运行经验，塔式发电已证明有商业运行的可行性。太阳能热发电具有技术相对成熟、发电成本低及对电网冲击小等优点。太阳能热发电热-功转换部分与常规火力发电机组相同，有成熟的技术可资利用，因此特别适宜于大规模化使用。目前国际上已签订购电协议的太阳能热发电站已经达到 3200 兆瓦，已投入电网运行的达 500 兆瓦，在建设中的达到 1200 兆瓦。我国第一座 50 兆瓦槽式太阳能热发电商业电站于 2010 年完成招标，并将很快启动建设。

太阳能热发电中包括聚光与转换，热量的吸收与传递，热量储存与交换，热-功转换等关键技术，下面就分别描述这些技术的发展情况。

1. 聚光与转换技术

槽式热发电系统结构简单、成本较低，并可将多个聚光-吸热装置经串、并联排列，构成较大容量的热发电系统，因此较早实现了商业化应用。最典型的是美国与以色列联合成立的鲁兹（LUZ）公司 1985～1991 年在美国加利福尼亚州建成的 9 座槽式太阳能热电站（SEGS），总容量 354 兆瓦，其中有 1/4 能源依

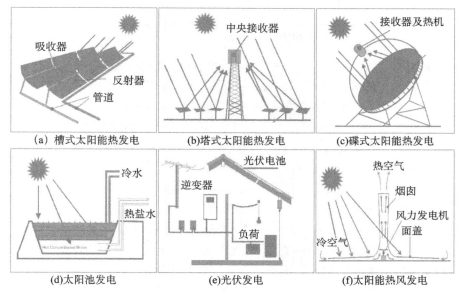

图 4-3　太阳能发电的技术途径

靠的是天然气，年发电总量 10.8 亿度，运营至今。随后西班牙、日本、澳大利亚也相继建成了槽式电站。随着技术不断发展，系统效率已由初始的 11.5％ 提高到 13.6％，建造费用已由 5976 美元/kWe 下降到 3011 美元/kWe，发电成本已由 26.3 美分/千瓦时降低到 9.1 美分/千瓦时。采用大平面双轴跟踪式日光反射镜、两次反射以获得更好的能量聚集的塔式太阳能电厂目前已经开始商业化运行。南非的单塔装机容量为 100 兆瓦 的 Eskom 大型塔式电站项目正在建设。以色列和美国正在考虑建设单塔装机容量为 20 兆瓦、基于分布式发电的 100～200 兆瓦电厂。采用斯特林发动机（stirling engine）的碟式太阳能发电技术装机容量达到 25 千瓦。

目前，研发可靠、耐久、高效的耐高温真空吸热管是推广槽式发电技术的关键，研究内容包括真空形成与保持技术、金属与玻璃封接技术、高温选择性吸收涂层技术、质量检验技术等。在"十一五"的 863 计划项目中，我国布点研究的高效耐高温真空吸热管，已经初步取得成功，下一步需要长时间的运行测试和小规模中试。

近年来研究者在原有抛物槽技术的基础上开发了各种新概念聚焦发电系统，包括菲涅尔系统和太阳能直接产生蒸汽发电（DSG）技术等。菲涅尔系统分为透射式和反射式两种。蒸汽发电技术是一个重要的发展方向，用蒸汽可替代昂贵的热载体，如矿物油可降低投资和运营成本，提高效率，但过热蒸汽可能超出承受压力的范围。

塔式太阳能热发电主要由定日镜系统、吸热与热能传递系统（热流体系统）、发电系统三部分组成。1981年在意大利西西里岛建造了额定功率为1MWe的世界首座并网运行的塔式太阳能热电站。1982年，美国建成了10MWe大规模塔式太阳能电站Solar One。从1994年开始，欧洲框架IV、V、VI计划连续支持了塔式聚光技术的研究，如Solgas计划，Colón Solar计划等。目前世界上已经建成的塔式电站主要有美国的Solar Two（为Solar One的改建，增添了高温的相变储热设施）、MSEE，法国的Themis，西班牙的PS10、PS20、CESA-1、Solar Tres，日本的Sunshine，俄罗斯的SES-5等。我国的1MWe太阳能塔式电站实验装置也将于2011年年底建成。

由于可实现高聚光比，吸热器能够在$500 \sim 1500$ ℃的温度范围内运行，所以有很大的提高发电效率的潜力。随着技术的进步，塔式系统从光到电的年平均效率由1995年Solar Two的7.6%提高到2005年Solar Three的13.7%，系统建造费用由4510欧元/kWe降低到2270欧元/kWe。塔式技术已经完成了实验室探索与大容量示范阶段，正在向大规模商业化迈进。

塔式发电领域需要研究基于非成像光学理论以设计聚光器及镜场，实现能流的高效聚集与传输，研究低能流太阳辐射的高效聚集及光热转换过程与吸热结构的相关性，揭示能流矢量的时空分布对吸热效率的影响机理，使聚光能流的时空分布满足吸热要求；建立镜场的时空协同设计理论，探讨非成像光学在太阳能跟踪系统中的应用，实现对太阳辐射高精度低成本的跟踪预测。

碟式太阳能热发电系统主要由聚光器、接收器和斯特林发动机三部分组成。聚光器是由许多镜子或者整体镜面组成的旋转抛物面反射镜，接收器在抛物面的焦点上，当接收器内的传热工质被加热到750℃左右时，便驱动斯特林发动机进行发电，典型的碟式太阳能热发电示范系统发电功率为$7.5 \sim 25$千瓦。碟式聚光太阳能热发电系统投资省、建设周期短、容量可大可小，可以独立运行并用于分散式供电，也可以并网运行，不仅适合发达国家，更适合发展中国家使用。我国西部地区尤其是青藏高原适宜建立碟式太阳能热发电站，但斯特林发动机是需要攻克的难关。

我国在中高温太阳能集热器、太阳能聚能技术领域与国际先进水平存在一定差距，特别是在太阳能热发电、太阳能高温利用等领域取得的成果很少。聚焦式太阳能集热技术既可用于发电，也可用来驱动热化学反应和光催化、光电效应等。由于能够以低成本获得较高的能量转换效率，聚焦式太阳能集热技术已受到越来越多的重视，正在成为国际太阳能利用领域的重要研究方向。

2. 热量的吸收与传递

吸热器吸收太阳辐射并将其转化为热能，是太阳能热发电系统的关键部件。

吸热器的传热具有以下四个特点：①能量分布时间和空间的高度不均匀性；②较高的工作温度；③极高的热流密度；④辐射-传导-对流相互耦合的能量传递过程。

线聚焦的太阳能集热器，通常采用同轴太阳光接收器，商业上一般都使用直通式的真空管或者金属管作为吸收器。真空管吸热器的优点为无对流损失，选择性涂层吸收率高，在工作温度下的发射率很低。其缺点是为保持长期高真空及选择性涂层的稳定性，工艺复杂，成本高，从管壁至流体的换热系数较低，热损失大。

腔式吸热器为一槽形腔体，外表面包有隔热材料。由于腔体的黑体效应，其能充分吸收聚焦后的太阳光。腔式吸收器无需抽真空，也不需要光谱选择性涂层，只需要传统的材料和制造技术便可生产，热性能容易长期维持稳定。对于点聚焦的太阳能集热器，一般都是采用腔式吸热器。对于集热温度不是很高的中温太阳能集热式，也可采用腔式吸热器。

塔式太阳能热发电系统可以实现多种集成模式。在现有的各类塔式太阳能热发电站中，定日镜系统和发电系统都基本相同，不同的只是吸热与热能传递系统。在各类吸热与热能传递系统中，最具商业化潜力且研究得最多的是熔融盐系统、空气系统和饱和蒸汽系统。熔融盐吸热传热系统最早应用于美国的MSEE/CatB试验电站（1983年建成）。以空气作为塔式太阳能热发电系统的吸热与传热介质有以下优点：①直接来源于环境，取之不尽，用之不竭；②全过程无相变；③工作温度高；④易于运行和维护；⑤启动快，无需附加保温和冷启动加热系统；⑥可无水运行，适合沙漠地区使用。缺点是空气热容低，系统结构大，技术风险高。空气吸热系统一般采用容积式吸热器，多以蜂窝状和密织网状结构材料为吸热体。空气吸热系统一般可以分为开路和闭路两种系统。容积式开路吸热器一般用于全太阳能热发电系统，模块式蜂窝陶瓷吸热器是现阶段正在研究的技术。容积式闭路空气吸热器一般用于太阳能-化石燃料联合系统。以多孔陶瓷为吸热体是目前空气吸热器的主要研究方向，最可靠的吸热体是泡沫陶瓷和陶瓷纤维，因为它们具有大的比表面积和较好的压降特性。以水作为吸热器的传热介质具有其他工质难以替代的优点。水的导热率高、无毒、无腐蚀、易于输运等优点使其在太阳能热发电站中得到了广泛的应用。

在碟式太阳能热发电系统中，热量的传递主要有三种方式，即直接照射型传热、回热型传热和带有蓄热系统的传热方式。直接照射型传热方式结构简单、易于实现，但也存在缺陷：聚集太阳光的不均匀性，使吸热管的表面产生极大的温度梯度，降低了发动机的效率；不均匀的太阳光分布将在某些小范围内产生极高的温度，即所谓的"热斑"，热斑处的温度将超过材料的极限温度，对系统造成破坏；为了尽量减小由于"热斑"所带来的破坏，系统聚光器要求设计得尽量精密,这大大提高了系统的造型和设计难度。

3. 热量储存与交换

蓄热技术的核心和基础是蓄热材料。它主要包括显热蓄热材料、潜热(相变)蓄热材料、化学反应蓄热材料和复合蓄热材料四大类。利用显热蓄热材料时,蓄热材料温度会发生连续变化,不能维持在一定的温度下释放所有能量,无法达到控制温度的目的,并且装置体积庞大,因此它在工业上的应用价值不是很高。常用的显热蓄热介质有水、砂石、导热油、熔融盐、耐高温混凝土和陶瓷等。

潜热(相变)蓄热材料与显热蓄热材料相比,其蓄热密度至少高出一个数量级,能够通过相变在恒温条件下吸收或释放大量的热能。化学反应蓄热是利用可逆化学反应的反应热来进行储热。例如,正反应吸热,则热被储存起来;逆反应放热,则热被释放出来。这种方式的储能密度虽然较大,但是技术复杂并且使用不便,离实际应用尚远。化学反应系统与潜热系统同样具有在必要的恒温下产生的优点。

蓄热参数对太阳能热发电系统运行参数有很大影响,它与蓄热材料及蓄热器传热结构有关。由于高温传热过程的换热器温差大,所以在热发电的传热过程中,介质发生相的变化和热物性变化是这种过程的基本特征,具有多尺度结构、多相多场驱动的耦合传热传质现象。高性能蓄热材料和传热系数的设计实际上涉及热力学、传热学、流体力学和材料学等多学科的相互渗透,理论研究难度很大。

4. 热-功转换

在槽式和塔式太阳能电站中,其主要热-功转换是通过工质的朗肯循环或有机工质的有机朗肯循环来实现的。在碟式太阳能热电站中,直接通过斯特林发动机实现热-功转换,因此斯特林发动机是此系统中的关键部件。

目前主要关注能与太阳能能量转换过程匹配的新型热动力循环、热力机械以及高效可靠的聚焦集热装置和技术。目前最大的太阳能热发电站在美国加州南部,其太阳能热力发电成本约是光伏发电的1/2。全球对太阳能热力发电的兴趣与日俱增。例如,美国在新的五年计划中,将聚焦太阳能发电增加到"太阳美国计划"中,并加强了太阳能高温蓄热技术的研究;美国、西班牙、以色列和南非等正加快建设新的太阳能热发电站;印度、埃及、摩洛哥等国家也极有兴趣。基于烟囱效应的以太阳能集热和风力透平为核心的太阳能热风发电已在西班牙等国家运行示范。这种系统虽然效率很低,但是可以和农业温室利用相结合,显示出良好的应用前景,目前澳大利亚、南非等国都在兴建新的太阳能热风发电站。

此外还可以利用太阳池盐水浓度差进行蓄能发电，在以色列等国家已有研究和示范。高效、可靠的中、高温集热器是未来太阳能热发电、空调制冷、热化学转化利用的关键，与其相对应的蓄热技术也是需要加强研究的重点方向。

（三）太阳能光伏发电

光伏发电系统以其安装简单、维护廉价、适应性强而受到广泛青睐。2008年全球太阳电池产量为 $6.85\,GW_p$，$2000\sim2008$ 年全球光伏系统年装机增长率达到 45%。欧洲光伏协会曾预计，全球光伏安装总量 2020 年将达到 $350\,GW_p$。我国近期将建设多座 $10\sim100\,MW_p$ 并网光伏电站，并且将在青海玉树和西藏阿里分别建设百千瓦级和 $10MW_p$ 级的光/水互补微电网，预计我国 2020 年光伏系统容量可达到 $20\,GW_p$。

民用领域的太阳电池主要是晶体硅太阳电池，其在产量上占近 90% 的优势地位，在研究开发方面也是较为活跃的领域。据日本专利局（JPO）统计，在2006 年，在日本、美国、欧洲、中国、韩国五个国家和地区的太阳电池专利申请总量中，来自日本的申请量为 5449 件，占 68.4%，其中目前最普及的硅太阳电池的申请量达 $75\%\sim81\%$，遥遥领先于欧洲（$8\%\sim11\%$）和美国（$5\%\sim7\%$）。现阶段太阳电池市场和研发仍以硅基太阳电池为主。

进入 21 世纪以来，太阳电池组件成本不断降低，加快了光伏发电的规模化利用。据德意志银行股份公司估计，光伏发电成本与常规电价将于 2016 年达到一致，届时将实现光伏发电的平价上网。光伏发电规模化利用形式主要有大型及超大型并网光伏电站、用户侧并网的与建筑结合光伏系统、光伏微网发电系统和离网型光伏发电系统，与这些系统相关的科技问题是世界光伏系统领域的研究热点。

1. 太阳电池基本物理过程研究进展

传统太阳电池原理建立在半导体物理 PN 结的基础之上。基于能带理论对半导体的性质进行分析，半导体的能带中存在导带和价带，在导带和价带之间有带隙。当光入射到太阳电池上时，大于带隙的光会被电池吸收，将电子从价带激发到导带上，成为可以自由移动的电子，同时在价带留下空穴。这是半导体的本征吸收，又叫带间吸收，是太阳电池中最重要的吸收形式，也是太阳电池起作用的基础。能量小于带隙的光子不能发生带间吸收，但有可能发生自由载流子吸收、缺陷吸收，这取决于光伏材料的掺杂程度和材料质量。这些吸收通常对太阳电池光伏转换没有贡献，有时还会使电池性能下降，比如因自由载流子吸收发热而使电池性能下降等。

为实现太阳电池对能量小于带隙的光子的吸收，并使其对光伏转换有贡献，人们提出了双光子或多光子吸收机制。利用这种效应需要解决的主要问题是如何设计和实现带间能级的合理分布，以及如何在增大光利用率的同时，保证电池的开路电压。此外，还有上转换机制，即利用上转换材料吸收能量小于带隙的光子，发出可以被太阳电池吸收的能量大于带隙的光子。目前的研究多集中在利用掺加稀土发光材料实现上转换发光的工作上，这方面研究的问题是如何提高转换效率。

为减少载流子热弛豫而产生的能量损失，近来提出了叫做多激子产生（multiple exciton generation，MEG）的机制，并已对其进行了初步研究。在多激子产生方面进一步做深入研究，有极大地提高太阳电池转换效率的潜力。

减少载流子热弛豫能量损失的另一种机制是下转换机制，即利用下转换材料吸收能量远大于带隙的光子，发出可以被太阳电池吸收的能量略大于带隙的光子。在下转换方面的研究基本仍停留在概念性研究上，亟待解决的问题很多。

减少载流子在输运过程中的复合是提高转换效率的关键。目前的研究结论将复合分为三种，即在禁带中的陷阱（缺陷）复合、辐射（带间）复合及俄歇复合。对常规电池来讲，对限制电池性能起主要作用的是缺陷陷阱复合。因此提高光伏材料质量，减少其中的缺陷，包括体内缺陷和表面缺陷（悬挂键），是获得高效率光伏转换的关键。

被 PN 结分离的光生载流子需要优良的电极取出机制，才能保证光伏转换效率。在这方面，重点研究了电极材料与电池间接触势垒对载流子输运的影响，以及电极栅线电阻、遮光比等所带来的电池能量损失。此外，在载流子取出方面也提出了一种热载流子电池概念来减少热弛豫损失。

2. 光伏材料研究进展

近年来，光伏材料的研究主要集中在以晶硅材料为代表的体材料、薄膜材料及低维纳米材料等方面。

第一，晶硅材料。制备晶硅材料成熟的方法是西门子法，冶金级硅与氯化氢反应生成三氯氢硅，然后用氢气还原得到 9N 的高纯硅，这种方法耗能很高。实际上，用于太阳电池的硅材料并不需要如此高的纯度，6N 就可以保证获得较高效率。为此，世界范围内都在研究低成本获得 6N 纯度硅的方法。一方面是化学法的改进。例如，德国瓦克（Waker）公司开发的流化床法，采用硅颗粒代替西门子法中的硅棒，提高了气源利用率，从而降低了耗能；日本德山株式会社（Tokuyama）开发了液态硅表面淀积技术；挪威 REC 则开发了热分解硅烷技术；日本智索（Chisso）公司开发了锌还原四氯化硅技术。尽管这些技术耗能有所下降，但仍然较高。另一方面是物理法的改进，其进展主要如下：挪威埃尔肯姆（Elkem）公司采用多次精炼加酸洗的方法，可以将耗能降低到 25～30 千瓦时/千克；日本川崎（Kawasaki）重工业株式会社采用区熔定向凝固，然后去除头尾料，再用电子束熔融去硼，之后再次区熔定向凝固，最后采用等离子体熔融去磷和碳。但是，到目前为止，尽管物理法取得了一些进展，但最高纯度也只做到了 5N，利用这些材料制备的电池光致衰退严重。物理法制备 6N 硅具有吸引人的广阔前景，但仍有很多问题没有解决，最关键的是没有找到低成本除磷硼的有效方法。

高纯硅料获得后，有两种途径来制备硅片：一种是通过直拉或区熔等工艺制成单晶硅棒，然后处理切片；另一种是通过铸锭工艺制成多晶硅锭，然后处理切片。由于铸锭工艺步骤简单，能量消耗少，并且由此所获得的多晶硅太阳电池的转换效率并不会比单晶低很多，具有更高的性价比，所以多晶硅太阳电池已经逐渐取代单晶硅电池成为光伏市场的主导。但是，多晶硅铸锭工艺仍然很不完善，如何有效防止铸锭过程中的杂质污染、如何控制多晶硅晶粒的垂直定向生长及如何进一步降低成本都是迫切要解决的问题。在后续的切片过程中，如何减少硅料的损失量、如何实现薄硅片切割、如何减少硅片表面的损伤等也是光伏领域关注的重要方面。

第二，薄膜材料。薄膜化是降低电池成本的有效手段。薄膜材料的研究是和电池同步进行的。目前发展的薄膜电池主要有硅基薄膜电池，多元化合物薄膜电池，光电化学电池（如染料敏化太阳电池），有机薄膜电池等。

硅薄膜电池是薄膜电池中最成功的薄膜电池。最初采用的是氢化非晶硅（a-Si：H）材料，但与体硅相比氢化非晶硅电池效率较低。而且，氢化非晶硅材料微结构的亚稳态属性决定了其具有光致不稳定性，即光致衰退（S-W）效应。为了克服这种负面效应，发展了 nc-Si，μc-Si 和 poly-Si 薄膜电池及多叠层电池。如何高速生长均匀稳定的晶化硅薄膜成为国际上研究的热点和难点。此外，为了实现带隙调节，还往里引入了碳组分或者锗组分。目前，初始效率达到 15％以上的高效硅薄膜电池就是 a-Si/a-SiGe/a-SiGe 三叠层电池。在材料研究方面，硅基薄膜材料引入的界面缺陷会限制性能的提高，因而成为需要解决的重点问题。此外，研究气源分解、淀积、成膜机制，提高气源利用率也是亟待解决的重要方向。

多元化合物薄膜太阳电池主要包括砷化镓等Ⅲ～Ⅴ族化合物、硫化镉、碲化镉及铜铟镓硒（CIGS）系薄膜电池等。比如砷化镓的能量转换效率通常都比较高，但由于这种高效电池采用金属有机化合物化学气相沉积（MOCVD）外延工艺制造，成本高，所以主要用在聚光系统中。人们一直致力于解决各种不同组分层之间的晶格匹配及热力学匹配等问题，并已经取得很大进展，小面积多结砷化镓电池的效率已超过40％。目前碲化镉系电池实验室效率达到16％以上，但如果作为大规模生产与应用的光伏器件，则必须考虑环境污染问题。铜铟镓硒是极具潜力的制备低成本电池的薄膜材料，其能量转换效率、使用寿命和抗辐射性能力均超过当今多晶及非晶薄膜太阳电池研究的最高纪录。如何提高光伏材料性能和稳定性是铜铟镓硒研究的重点；另外，要将其推向大规模生产应用的光伏市场，还必须要深入研究贵金属铟的供给是否会发生短缺等问题。

光电化学电池面临的问题是对太阳光吸收大的窄带半导体在电解液中稳定性差。解决这个问题的一种有效途径是染料敏化太阳电池（DSSC），即利用可以有效吸收太阳光的染料来对宽带隙的氧化物半导体进行敏化。1991年瑞士洛桑高等工业学院Gratzel教授等首次将纳米晶多孔二氧化钛膜作为半导体电极引入染料敏化电极中，在AM1.5条件下的光电转换率可达7.1％。染料敏化太阳电池制作工艺简单，成本低廉，引起了各国科研工作者的广泛关注，但这种电池的效率和稳定性仍然需要进一步提高。

有机物太阳电池生产成本极低，容易制作，材料来源广泛，同时具有柔性，可以大大拓宽太阳电池的应用范围。在材料研究方面，主要是改善有机材料对太阳光谱的吸收、调节吸收材料的带隙、提高其载流子迁移率。如何获得最高已占轨道（HOMO）能级低的窄带隙有机材料是一大难题。目前，有机太阳电池的实验室效率已经达到了6％以上，提高效率和稳定性是以后的研究重点，还需要进一步开发高性能的光电新材料以及电池新结构。

除此之外，光伏材料的研究还包括氧化物体系，比如氧化亚铜（Cu_2O），氧化锌（ZnO）等，无机纳米晶材料，比如碲化镉（CdTe）纳米晶等，以及有机无机杂化材料等。在这些材料的制备和性能改进方面都有进展，但仍然都不成熟。

第三，低维纳米材料。纳米微结构材料的晶粒尺寸与载流子的散射长度是同数量级的，散射速率减小，增长了载流子的收集效率；微结构可以调节能带结构，控制微结构尺寸可以吸收特定能量范围的光子；利用纳米微结构开发叠层电池，可以实现对太阳光谱的全谱吸收；量子阱超晶格中的微带效应，可大大提高光电转换效率；低维材料热载流子辐射收集时间比能量弛豫时间短，可以以此开发热载流子电池；量子点阵列的量子隧道效应，可以避免很多材料性能对载流子输运产生的限制，抑制载流子复合，提高载流子输运效率。正因如此，低维纳米材料，特别是量子点材料被认为可以用来开发超高效太阳电池。前面提到的多激子产生效应，更是指出了量子点材料在高效太阳电池制备中的巨大潜力。但是，这方面的研究仍然属于前沿技术，尽管近年来已经成为了研究热点，但还没有真正开发出具有实用价值的器件。

3. 光伏器件结构设计与性能优化进展

为了提高电池的转换效率，在光伏器件结构设计上需要保证：让太阳光谱中的光尽可能多地进入太阳电池中并被吸收，尽可能减少光生载流子的复合以及提高光生载流子的取出效率。

为了让尽可能多的太阳光进入太阳电池中，首先要对光吸收材料进行选择，利用带隙小的材料作为吸收区，可以制备出大短路电流的光伏器件，却不能得到高的能量转换效率。为克服这个问题，可采用分光谱技术，发展叠层太阳电池结构。最近又出现了另外一种思路，先将太阳光谱分光，然后将不同波段的光照射到不同带隙的太阳电池上。这种思路没有从电池结构入手，更多涉及的是分光器件与光伏器件的系统集成。目前大多数电池的吸收区厚度都不足以对光充分吸收，为此需要开发陷光结构。陷光结构主要包括两个方面，一个是光伏器件迎光面上的减反射结构，另一个则是背光面上的反射器。减反射结构方面最近又有光栅织绒、亚波长结构织绒、纳米线、纳米棒减反射等，其中亚波长结构可以获得很低的反射率。近来，采用光子晶体结构作为反射器是研究的热点，这种光子晶体的反射率和衍射率都很高，因此可以获得极高的陷光效果。

在减少光生载流子的复合方面，对单晶硅电池来讲是提高硅片的纯度，对多晶硅来讲，除了提高纯度外，还要对晶界缺陷进行钝化，目前常用的工艺是磷铝吸杂工艺和氢钝化。此外，更主要的是减小表面复合速率。为此，开发的结构包括表面氧化物钝化、氮化物钝化、氢钝化等。研究表明，金属接触区是复合速率极高的区域，必须减小金属接触区在表面上的占有面积，为此，已经发展了细栅结构、选择性发射极结构、局域背接触结构等。细栅结构、选择性发射极结构等的另外一个好处是还可以让光尽可能多地透射进光吸收区中。

在载流子取出方面，为了减小串联电阻，提高取出效率，首先是选择合适的电极材料，减小电极与电池间的接触势垒；其次是需要减小电极栅线电阻。为此，开发了如刻槽埋栅结构等。

4. 材料和器件的制备与表征技术研究进展

晶硅电池硅片来源涉及硅提纯、拉单晶、切片等技术，硅提纯目前以化学法（改良西门子法）为主，但这种技术耗能高，为了降低成本，物理法提纯硅已经成为了研究热点。由于拉单晶工艺也是高耗能高成本的，所以又开发了多晶硅铸锭技术；而切片技术在朝着更薄、更节省材料的方向发展，以前的硅片厚度一般在200微米以上，目前已经发展到了180微米，有些甚至做到了150微米。晶硅电池制备工艺建立在半导体工艺的基础之上，包括硅片清洗、化学腐蚀、扩散、钝化、丝印、烧结等技术，随着技术进步，每种工艺都在不断革新。

近来，又有激光技术、化学镀、电镀等技术被引入到了晶硅电池的制备过程中，具有较大的降低成本和提高效率的大潜力。

薄膜硅材料中重要的是硅材料、透明导电电极材料及高度透明的白玻璃材料等。目前一般采用硅烷、乙硅烷作为硅材料来源；透明导电电极以纳米铟锡金属氧化物（ITO）、偶氮化合物（AZO）、掺氟氧化锡（SnO_2：F）等为研究重点，目标是开发低成本、高电导和高透过率的透明导电电极材料，其通常采用的制备工艺有磁控溅射、热蒸发、溶胶凝胶等。对白玻璃材料的研究集中在精确控制玻璃组分，实现其高度透光性和性能稳定性上，一般采用的制备方法是浮法玻璃法。薄膜硅电池制备涉及多种化学气相沉积（CVD）技术，如等离子体增强化学气相沉积法（PECVD）、热丝化学气相沉积法（HWCVD）、电子回旋共振化学气相沉积法（ECRCVD）等，其中以射频等离子增强化学气相沉积法（RF-PECVD）为主流。为了提高制备微晶硅的速率，又有甚高频等离子增强化学气相沉积（VHF-PECVD）技术被开发。这些制备技术的不断提升，促进了薄膜硅电池性能的不断提高。

另外，单晶薄膜类化合物电池的关键制备技术是金属有机化合物化学气相沉积技术，更多的其他低成本电池多采用溅射、蒸发、湿化学淀积、溶胶凝胶、旋涂等技术制备。这些制备技术，针对特定的材料体系，仍然有一些根本问题没有解决，开发真正能够低成本制备出高质量光伏材料的技术是研究关键。

光伏材料表征技术涉及微结构表征、光学性能表征、电学性能表征、光电性能表征等多个方面，几乎包含了所有材料研究过程中所需要的测试技术。在光伏材料表征方面，近年来的发展有很多，如专门针对光伏材料织绒表面的椭偏仪测量技术，针对载流子寿命测量的电致荧光及光荧光技术，以及针对硅片内部缺陷和漏电通道的红外热成像技术等。

而太阳电池的性能表征技术主要包括电流与电压曲线测量技术和光谱响应测量技术，此外，还有各种组件性能和稳定性检测技术。近年来，这些技术在具体测量系统架构、测量精度、不确定性分析等方面都有长足进步。随着光伏科学与技术的发展，逐渐涌现出的新的研究方向也会对测试表征新技术提出新的需求。

（四）太阳能制氢

从太阳能等间歇性可再生能源中获得能源储备，最有可能的途径就是制氢，将太阳能转换为燃料。如图4-4所示，实现太阳能-氢能转换途径有太阳能光催化制氢、太阳能电解制氢和太阳能热分解制氢等。

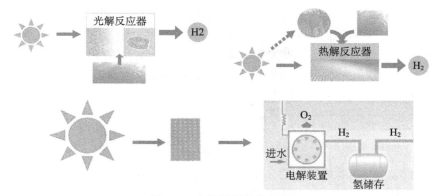

图 4-4　太阳能制氢的途径

光催化制氢领域重点在于提高太阳光谱全波段能源利用率，特别是拓展可见光范围相应光催化剂的开发应用，提高能垒和太阳能利用率等。

太阳能电解水制氢主要通过太阳能发电以电解水制氢。电解水制氢相对比较成熟，与太阳能光电转换环节密切相关，关键是降低太阳能发电成本及充分利用海水等资源。

太阳能热分解制氢则主要包括太阳能热解水、生物质和化石燃料制氢等，通常需要与聚焦式高温太阳能集热装置结合产生高温，通过化学循环反应分解水、生物质以及化石燃料等制氢。

由于技术工艺反应温度等要求较严格，目前太阳能热化学分解水制氢尚处于研究和示范阶段。此外，基于太阳能综合利用的热发电、化学能与光热利用结合的复合能量转换系统也在研究之中。

太阳能-氢能转换在我国研究较早，特别是与化工等领域结合研究。随着高性能燃料电池技术的快速发展，制氢、储氢和利用氢能成为我国许多研究机构的热门研究课题，相应太阳能电解制氢、光催化制氢等研究也得到发展。该领域的差距主要在连续稳定制氢反应体系的构建原则、新型微多相反应体系的创新及反应动力学、多相连续制氢中催化剂及其他助剂的活性形成机理与测量、表征等研究方面。太阳能全波段利用及高效、低成本制氢规模化理论也有待攻关突破。

三、研究前沿

太阳能转换利用的研究内容主要是：针对太阳能规模化利用期待解决的太阳能能量转换各个环节及不断出现的新设备、新循环、新工艺、新材料等方面的基础科学问题的研究，结合应用技术的开发，不断提高太阳能转换利用效率；

中期应该进一步丰富和发展太阳能转换利用研究体系，特别是将热力学、热经济学和强化传热学的思想深入贯穿到太阳能转化利用现象的分析中，解决太阳辐射-热能、太阳辐射-电能和太阳辐射-制冷等转换中涉及的光伏效应热力学、能量转换蓄存和传递等过程的强化问题，在实现能源结构多元化、提高太阳能利用程度和水平方面发挥积极作用。

太阳能转换利用中的基础前沿包括四个方面。

1. 太阳能光热利用

太阳能光热转换规模化利用需要实现太阳光能的高效收集、传递与利用，涉及的前沿内容有太阳能光谱频率的分频分质利用、真空管和平板集热器件的设计优化、空气集热器的热分析和性能提升、中高温集热器件的热效率与集热温度特性及太阳能集热器件阵列化和规模化带来的流体热输配优化问题。在此基础上，需要研究多种形式的太阳能空调制冷系统与集热器件的匹配特性以及太阳能空调系统的运行优化与动态特性，研究太阳能海水淡化系统中的传递过程强化，研究太阳能热利用与建筑节能的耦合特性，研究太阳能热储存问题，进而实现太阳能热利用的热经济性，为产业大规模应用提供指导依据。太阳能真空管中温（150℃）集热技术可以带动太阳能在工业过程中的应用和太阳能空调技术的规模化发展，使太阳能热利用具备更为广阔的途径，因而应该重点突破。

2. 太阳能热发电系统特性及其运行优化

太阳能热发电领域重点解决高温太阳能集热器与热机的匹配耦合问题、可靠性问题和热机循环工质问题；进行高温蓄能材料合成，稳定性与传热传质特性，不同气候条件下系统性能优化、动态特性等研究；研究太阳能"光—热—功"转换过程传递、转化及系统运行规律，研究基于系统运行特征的聚光材料、吸热材料与工质、蓄热材料及发电工质等材料的设计与制备。

3. 太阳能光伏发电材料、器件、系统特性及其运行优化

光伏发电领域的主要研究前沿包括光伏转换物理机制，光伏材料开发与性能改善，光伏器件结构设计，光伏材料和器件的制备与表征技术。研究高穿透光伏发电影响电网稳定性的机理，大规模并网光伏发电系统的规划设计理论与方法，大型光伏电站与电网协调配合的机理问题，水/光互补微电网稳定性机理与稳定控制问题，新型光伏电力电子变换设备及控制策略，大规模光伏电站对局部地区生态、环境与气候的影响。

4. 太阳能-氢能转化过程的热物理问题

太阳能-氢能转化包括太阳能电解制氢、光解制氢和热分解制氢等，重点研

究解决太阳能光解制氢中的太阳能全波段利用问题，关键催化剂的研制与筛选问题，太阳能制氢和储氢过程中的热物理问题等。

四、近中期支持原则与重点

（一）太阳能光热利用的基础问题

太阳能光热利用重点研究太阳能光热转换规模化利用过程中出现的新问题、新现象等。例如，对真空管集热器热传递过程的解析可以优化真空管的几何设计；对于聚光型中、高温集热器则涉及太阳能热辐射的高效俘获和集热体散热的热抑制问题；对于空气集热器则涉及集热器构件流动与换热耦合问题；对于太阳能热利用系统还需要深入开展太阳能热利用系统热力学分析方法研究，及太阳能光谱分析与太阳能吸收应用的分质利用问题；针对多种太阳能集热系统提出合适的太阳能热能高效储存转换方法，开展太阳能采暖与空调复合能量利用系统的能量传递优化等；需要研究解决太阳辐射存在间歇性造成的能量利用系统运转波动性问题，解决能量系统中太阳能与其他能源的耦合匹配问题，从而获得基于太阳能利用分数最大化的热力学和能量利用系统优化；应该鼓励开展太阳能集热器的低成本化结构与材料研究。

利用太阳能制冷技术季节匹配性好的特点，结合太阳能热水系统规模化利用的趋势，重点研究：① 低温位热能驱动的太阳能制冷循环，特别是能与常规太阳能集热器结合使用的制冷系统；②从能源结构多元化角度出发，研究有辅助能源的各类太阳能制冷空调系统，以太阳能利用分数最大化为目标，考虑太阳辐射的波动性，解决不同能源结构之间的耦合匹配问题；③从能源利用最优化角度出发，研究新型适用太阳能高效集热装置，进行高效太阳能制冷系统研究；④太阳能变热源驱动系统的动态特性与传递过程强化等；⑤太阳能热能/冷能长期蓄存材料与循环特性；⑥高效中高温热源驱动制冷循环。

太阳能海水淡化方面主要研究太阳能热方法实现海水淡化的途径，不断提高海水淡化装置的产水率和能源利用效率，特别是与中低温太阳能集热装置结合的海水淡化方法，解决其中的能量回收、水分回收和盐分回收等问题；以热质传递过程强化为重要手段，改进多效闪蒸、多效蒸馏以及有辅助能源情况下的复合淡化系统等的性能，使太阳能海水淡化、水质净化技术在资源环境可持续发展中发挥更大的作用。

太阳光能的高效收集、传递与利用方面则重点研究太阳能聚光系统，进行光学创新设计，以获得较高的聚光效率，实现低密度太阳能向高密度太阳能的转化（聚焦比达到千倍）；研究聚光太阳能，尤其是光导纤维的传递特性；研究太阳能聚光光能的转化利用，如太阳能光伏发电（聚光太阳电池）能量转化中涉及的散热问题、聚光太阳能的热吸收问题。此外还有太阳能光热与半导体温差发电的结合、与蒸汽喷射制冷的结合、与有机郎肯循环发电的结合等，也是太阳能热利用方面值得关注的问题。

（二）太阳能热发电

太阳能热发电涉及太阳能聚能、吸收、储存，以及与热发电机器相互联系的热媒体流动与换热等多个方面。近期主要重点包括以下四个方面。

1）太阳能聚集方式的新理论与新方法：高聚光比、高效率的非成像太阳能聚集机理，聚光场与接收面间能流高效传输的动态分配理论模型；聚光器运行姿态的精确测量方法，建立聚光器跟踪系统的自主纠偏机制。

2）高效热能吸收过程与材料研究：吸热表面能流均匀化机理，设计与之相适应的吸热结构；太阳能吸热器的水力热力不稳定特性；吸热过程单相和相变工质的强化传热和温度控制原理；吸热表面热应力分布规律及其运行的安全可靠性；吸热器动态模型与吸热器运行的实时控制；柔性高反射材料和高温选择性吸收材料；轻质高强聚光器用高分子复合薄膜设计及复合结构模拟；有机-无机纳米复合效应、高分子复合薄膜耐候机制；透明高分子复合薄膜的多尺度结构与聚光器环境适应性的关联规律；干涉滤波型涂层；体吸收型涂层；表面涂黑型涂层；凸凹表面型涂层。

3）高温蓄热过程、蓄热介质与高温材料：蓄热系统在长期循环高热载荷和循环交变热应力工况下的化学及力学稳定性；变物性传热及蓄热介质管内流动传热的规律与强化机理；表面和界面区粒子传递现象、微观相界面瞬态变化规律；多尺度结构中传热及蓄热介质的多相耦合传递机理；强化蓄热过程的传热传质机理与方法；多孔介质内部传递现象和微弱效应的准确实验技术和测试手段；以液态/固体蓄热介质为高温热源的超临界水产生机理与技术；多孔蓄热材料微结构形成规律与控制原理；液态蓄热介质的流动传热规律与强化机理；固体蓄热介质相关的流动传热规律与强化机理；低成本蓄热材料和高温相变传热蓄热材料体系的构建规律与界面效应；传热蓄热材料热物性计算与测试方法；适合于高温空气发电系统、满足大密封面积、可耐受1600℃、承受压力2兆帕以上的密封材料，从材料设计、制备方法、工程化实现等方面开展研究。

4）新型传热工质、新热功转换工质与热力循环：低成本油品制备方法；低腐蚀性、宽使用温度熔融盐工质制备；低沸点工质，尤其是有机工质制备与性能评价；多发电工质组合热力循环；宽使用温度传热工质，如铅-铋共晶（LBE）合金，应用于太阳能热发电系统的适应性；新型熔融盐材料设计与制备；离子液体；磁流变导热油、磁流变熔融盐强化传热机理；太阳能热发电用高效热-功转换机械的热力学原理与设计技术，规模化太阳能热发电系统节水型热力循环；冷却水再利用的复合热力循环和太阳能空气多级预热新型燃气轮机布雷顿热力循环；适合于非稳态光-热-功能量转化系统的新型工质和新型动力循环。

（三）太阳能光伏发电

太阳能光伏发电主要涉及光伏转换物理机制的深入研究，光伏材料开发与性能改善，光伏器件结构设计，光伏材料和器件的制备与表征技术，以及规模化光伏系统的稳定性。具体来说包括五方面内容。

1）提高太阳电池能量转换效率的新概念、新机制研究：上转换、下转换材料体系构筑与性能优化；多光子吸收产生的物理基础；热载流子的输运与抽取；量子限制效应对材料光伏转换特性的影响；量子隧穿效应对载流子输运的贡献机制；高效陷光结构构筑；宽谱吸收太阳电池结构设计；其他可能提高太阳电池转换效率的新概念、新机制。

2）光伏材料开发与性能改善：研究材料合成机制，原子、分子间相互作用，物质合成与聚集状态，功能团的复合、组装与杂化，材料组分与电子态的关系，能带结构中的能级分布。研究材料中的缺陷类型、分布、迁移、聚集和消除机理；材料表面、界面的成键状态与活性；界面钝化，物理化学修饰改性，钝化原子在界面上的吸附、脱附机制。优化制备技术，促进晶粒长大。研究材料掺杂机制，找到激活能足够低的掺杂元素，提高元素掺杂浓度，开发出足够有效的 P 型和 N 型掺杂材料。针对异质结太阳电池，采用能带人工剪裁，实现能带匹配，消除异质结界面能带失配对载流子输运的影响。研究开发低维纳米材料，包括量子点、量子阱、超晶格等。对相对成熟的光伏材料，如硅材料、碲化镉材料、铜铟镓硒材料，以及高质量外延化合物半导体材料等，进一步进行制备革新和性能优化。开发低成本制备新技术，研究工艺过程中蕴含的物理化学机制，获得技术参数对性能的影响规律等。

3）光伏器件结构设计：进行光伏器件结构构筑，对各种能量子（光子、声子、载流子等）的性能进行调控，提升太阳电池的能量转换效率。主要研究高效陷光结构构筑，宽谱吸收电池结构设计，载流子复合抑制及载流子的高效取出等。具体涉及陷光结构设计调控光子带隙，微结构参数与光学性能间的关系，光在微结构界面上的相互作用与传输特性，光与物质的相互作用，电池带隙的能带工程设计，实现与太阳光谱的宽谱匹配，载流子复合产生过程与机制，低维系统量子效应，电极结构设计与性能优化以及太阳电池新结构的实用制备技术和制备过程中的基本科学问题，如微纳加工中所涉及的高分辨、高精度、低成本技术等。解决极端温度条件下的光伏器件工作可靠性问题，基于半导体和光伏效应热力学的系统优化问题，光伏系统的发电和集热效应综合利用问题；聚焦光伏热特性与强化散热问题。

4）光伏材料和器件的制备与表征技术：制备与表征技术中的基本物理问题，高质量材料与器件的低成本制备技术，制备过程中的物理化学机制分析，微纳结构或界面的低成本表征技术，晶体完整性和晶间缺陷及杂质剖析技术，材料微区组分与分布分析技术，光学电学小信号采集与放大技术，数据检测精度分析及制备与表征技术的新原理等。

5）光伏系统及规模化利用相关的原理性、基础性、前瞻性问题：高穿透光伏发电影响电网稳定性的机理研究，包括光伏发电系统动态数学模型、光伏发电对电网静态安全与动态安全性影响、电力系统大扰动与小扰动下的稳定性、光伏发电扰动情况下的电力系统稳定性、不同电网结构和负荷水平下的高穿透光伏发电影响。

水/光互补微电网稳定性机理与稳定控制研究，包括支持水/光互补微电网拓扑研究、多种电源并联过渡过程的稳定性与控制、故障条件下微电网的稳定性及控制、太阳辐射突变条件下微电网的稳定性及控制、微电网黑启动控制策略、微电网安全保护系统。

新型光伏电力电子变换设备及控制策略研究，包括支持兆瓦级光伏并网逆变的控制策略、有功功率与无功功率的控制方法、自同步电压源型光伏电力变换控制、大功率储能设备均衡充放电的智能控制、光伏组件最大功率跟踪、电力电子设备的谐波抑制，比较研究不同光伏电力电子变换设备及控制策略的性能。

中期重点支持大规模并网光伏发电系统的规划设计理论与方法研究，包括多种光伏发电系统可靠性模型，光伏电站整体可靠性模型，光伏发电可靠性分析的指标评价体系，复杂地形地貌、不同光伏发电技术的大型光伏电站优化设计方法，大型光伏电站效益评估方法，综合技术经济因素的大型并网光伏电站多目标规划方法。

大型光伏电站与电网协调控制研究，包括高精度光伏电站输出功率预测模型与方法、可调度光伏电站拓扑研究、大型光伏电站与电网协调调度策略、光伏电站参与电网调度的影响与评估、光伏电站与电网继电保护及其他自动设备的协调配合机制。

大规模光伏电站对局部地区生态、环境与气候的影响研究，支持研究光伏电站对土壤影响、光伏电站对局部地区水循环影响、光伏电站对地表风力分布影响、光伏电站对地表植物生长影响、光伏电站对动物生长与迁徙影响。

第二节　生　物　质　能

一、基本范畴、内涵和战略地位

所有含有内在化学能的非化石有机物质都称为生物质，包括各类植物和城市生活垃圾、城市下水道淤泥、动物排泄物、林业和农业废弃物以及某些类型的工业有机废弃物。从广义上讲，生物质能是直接或间接来源于太阳能，并以有机物形式存储的能量，是一种可再生、天然可用、富含能量、可替代化石燃料的含碳资源。由于生物质的产生和转化利用构成了碳的封闭循环（图 4-5），其含有的碳的中性的特点将对减缓全球气候变化问题具有重要作用。此外，生物质还有污染物质少（含硫、含氮量较小），燃烧相对清洁、廉价，将有机物转化为燃料可减少环境污染等优点。

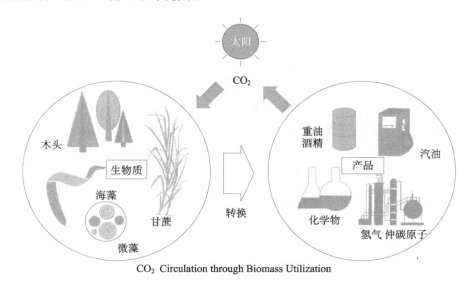

CO₂ Circulation through Biomass Utilization

图 4-5　生物质利用过程的碳循环

地球每年通过绿色植物光合作用产生的生物质总量约为 1400 亿～1800 亿吨（干重）（Matti，2004），含有的能量相当于目前世界总能耗的 10 倍。中国作为世界上最大农业国，具有丰富的生物质能资源，其主要来源有农林废弃物、粮食加工废弃物、木材加工废弃物和城市生活垃圾等。农林业废弃物是我国生物质资源的主体，我国每年产生大约 6.5 亿吨农业秸秆，加上薪柴及林业废弃物等，折合能量 4.6 亿吨标准煤，预计到 2050 年将增加到 9.04 亿吨，相当于 6 亿多吨标准煤。我国每年的森林耗材达到 2.1 亿米^3，折合 1.2 亿吨标准煤的能量。另外，全国城市生活垃圾年产量已超过 1.5 亿吨，到 2020 年年产生量将达 2.1 亿吨，如果将这些垃圾焚烧发电或填埋气化发电，可产生相当于 500 万吨标准煤的能源，还能有效地减轻环境污染。

作为一种传统能源，生物质能源在人类发展历史上占有重要地位。目前从全球角度看，生物质能源依然占可再生能源消费总量的 35% 以上，占一次能源消耗的 15% 左右，但是主要还是通过传统的低效燃烧模式利用，如能全面利用现代的先进高效生物质能转化利用技术，将可大大提升生物质能在可再生能源以及一次能源中所占的份额和地位。鉴于生物质巨大的资源潜力及大多数生物质资源客观上属于未能被完全开发利用的废弃物，可以预计短期内生物质能源最有可能成为率先实现大规模利用的新能源品种。

生物质转化成有用的能量有多种不同的途径或方式，当前主要采用两种技术：热化学技术和生物化学技术。此外机械提取（包括酯化）也是从生物质中获得能量的一种形式。常见的热化学技术包括三种方式：燃烧、气化和液化。常见的生物化学技术包括乙醇发酵、沼气发酵和微生物制氢等技术。通过以上方式，生物质能被转化成热能或动力、燃料和化学物质。

生物质能利用的研究范围主要包括作为一次能源的高效清洁燃烧技术；转换为二次能源的生物质热解液化和气化技术，生物质催化液化和超临界液化技术，微生物转化技术以及生物质燃料改良技术等。上述技术涉及工程热物理与能源利用、化学工程及工业化学、微生物学、植物学、电工科学、信息科学等多个学科领域及广泛而深入的学科间交叉，很多重要技术转化途径涉及的基础问题又尚未得到充分理解和认识，因而有待从技术的科学内涵层面进行研究和探索。

二、发展规律与发展态势

生物质能源是人类用火以来最早直接应用的能源。人类以柴薪为能源的历史长达百万年。随着人类文明的进步，生物质能利用向柴薪直接燃烧之外的沼气生产、酒精制取、木制石油、生物质能发电等诸多方面拓展。全球性的能源危机、化石能源的日益枯竭及其大规模的使用所导致的环境污染，促使国际社会对生物质能等可再生能源的开发利用给予了极大的重视，这促进了生物质能利用技术的快速发展，生物质能利用的范围及内涵也得到了很大的拓展。目前，美国各种形式的生物质能源占可再生能源的 45%，占全国消耗能源的 4%。美国有 350 多座生物质发电站，主要分布在纸浆、纸产品加工厂和其他林产品加工厂，2005 年装机容量达 10 100 兆瓦，2010 年生物质发电约达到 13 000 兆瓦装机容量；美国近年来还在纤维素制取乙醇方面投入了大量的研发经费，力求取得突破以缓解其未来对进口石油的依赖。欧盟生物质能源约占总能源消耗的 4%，15 年后预计可达 15%。欧洲各国的发展路线各有特色，丹麦主要利用秸秆资源发电，可再生能源占全国能源消费总量的 24%；芬兰和瑞典的木质系生物质能已分别占本国总能耗的 16% 和 19%；英国除了大力发展生物质直燃发电外，还致力于生物质热化学转化制取液体燃料的技术开发。

我国政府及有关部门对生物质能源利用也极为重视，已连续在 4 个国家的五年计划中将生物质能利用技术的研究与应用列为重点科技攻关项目，开展了生物质能利用新技术的研究与开发，如生物质压块成型、气化与气化发电、大中型沼气工程、生物质液体燃料等，取得了多项优秀成果。随着《中华人民共和国可再生能源法》的实施及相关纲领性文件《可再生能源中长期发展规划》的颁布，生物质能转化利用技术的开发和研究进入了一个崭新的阶段。以国家社会需求为导向，以产业化应用为目标，着眼于原始创新且基于对相关过程基础科学问题深入理解的生物质能源科技发展观成为国内广大科研工作者的共识。

目前，生物质能利用呈现出朝多样化、合理化、高效、节能、环保等方向发展的态势，可以根据不同的原料特性和能源用途，采用不同的工艺技术，通过不同工艺技术途径转换为不同的能源形式，如液体、气体和固体燃料，以及热能和电力等（图 4-6）。多联产、多能互补的分布式生物质能综合利用系统技术得到重视。利用可持续发展的理论为指导，科学地利用生物质能源，加强应用基础和应用技术的研究，特别是高效直接燃烧技术和设备的开发，生物质气化和发电，生物质液化，生物质能源合成新产品、新材料技术，能源植物的选育，生物质能源林栽培、经营和管理技术等几个方面的研究，将是今后生物质能利用研究的重点。

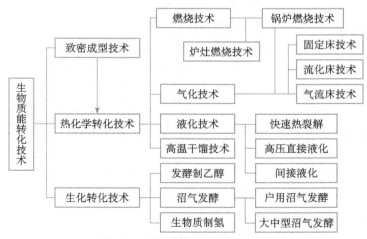

图 4-6　生物质能利用途径示意图

资料来源：（Peter，2002）。

三、发展现状与研究前沿

（一）热化学转化技术

1. 生物质直接燃烧技术

生物质直接燃烧是人类利用生物质能历史最悠久、应用范围最广的一种基本能量转化利用方式，主要技术有炉灶燃烧、锅炉燃烧、致密成型燃料燃烧等，最终产物为热或者电。

随着技术的发展，燃用生物质的设施和方法在不断改进和提高，现在已达到工业化规模利用的程度。为了解决环境问题或实现 CO_2 减排，生物质-煤混合燃烧技术得到发展，目前国外生物质发电工程大多采用这种技术。另外，针对本国生物质资源情况，欧美等国家和地区也开发了单一燃烧木质生物质或者秸秆类生物质的直燃技术，具有较高的技术水平，并有较多的工程应用。其中丹麦BWE 公司率先研发秸秆生物燃烧发电技术，于 1988 年建成了世界上第一座秸秆燃烧发电厂，迄今在这一领域仍是世界最高水平的保持者。丹麦的秸秆燃烧发电技术现已走向世界，被联合国列为重点推广项目。瑞典、芬兰、西班牙等多个欧洲国家由 BWE 公司提供技术设备建成了秸秆发电厂。

我国初期的生物质发电项目大多走直接引进国外先进技术和经验的道路。考虑到我国生物质资源以秸秆为主的现状，主要是引进了丹麦 BWE 公司的水冷振动炉排秸秆直燃技术。与此同时，国内各科研单位和锅炉生产企业在学习理解国外秸秆锅炉设计经验的基础上，也推出了不同技术途径的秸秆直燃发电方案，并对秸秆-煤粉混合燃烧发电和热电联产进行了探索。随着各个技术路线示范项目的建立和运行经验的积累，拥有自主知识产权的自主研发的生物质直燃技术也正逐步走向成熟，浙江大学研发的循环流态化生物质直燃技术，以及由华西能源工业股份有限公司、无锡华光锅炉股份有限公司等锅炉制造企业开发的生物质炉排直燃技术就是其中的典型代表。图 4-7 为我国自主研发的燃用秸秆的循环流化床生物质直燃电厂示范工程实景图。近年来，在《中华人民共和国可再生能源法》和相关可再生能源电价补贴政策的激励下，我国生物质发电产业呈现全面加速发展态势。至 2008 年 9 月，我国已建、在建及拟建的生物质直燃发电项目已有 105 项，容量近 3000 兆瓦。

但我国在生物质燃烧发电技术方面的发展还相对落后，主要体现在大规模、高效率生物质直燃项目起步晚，在规模和数量上还存在较大差距；生物质大规模燃烧必需的各种配套技术和产业的发展还处于起步阶段；作为我国生物质资源主体的农业秸秆长期仅仅作为农村生活用能资源使用或就地焚烧，利用率极低，燃烧产生了烟尘、氮氧化物和硫氧化物等污染物。研究借鉴国外开发利用生物质发电的成功经验，立足自主创新，积极探索我国生物质发电产业化之路，具有重要的现实意义。目前，我国生物质直接燃烧技术要解决的主要问题是开发适合我国生物质资源情况的先进高效燃烧技术，对过程中的基础科学问题深入认识并力争有所创新突破。

图 4-7　燃用秸秆的循环流化床生物质直燃电厂示范工程

2. 生物质气化（热解气化）

生物质气化是指将生物质在高温下（800～900℃）部分氧化，产生低热值燃气的一种技术，燃气可直接燃烧或用做燃气轮机的燃料发电，也可以用来合成化学燃料。气化过程仅仅产生燃气和灰烬残余物、少量的氮氧化物和硫氧化物等有害气体，经济性高，是生物质清洁利用的一种主要形式。生物质气化技术起源于 18 世纪末，经历了上吸式固定床气化器、下吸式固定床气化器、流化床气化器等发展过程。

生物质气化发电是目前发展最为成熟、应用也最广的生物质气化利用技术。小型生物质气化发电系统一般指采用固定气化设备，发电规模在 200 千瓦以下的气化发电系统，主要集中在发展中国家，特别是非洲，以及印度和中国等。美国、欧洲等发达国家和地区虽然小型生物质气化发电技术非常成熟，但由于成本偏高，所以应用非常少。中型生物质气化发电系统一般指采用流化床气化工艺，发电规模在 400～3000 千瓦的气化发电系统，在发达国家应用较早，技术较成熟，但由于设备造价很高，发电成本居高不下，所以在发达国家应用极少，目前仅在欧洲有少量的几个项目。大型气化发电系统一般是采用生物质整体气化联合循环技术（BIG/CC）两级发电，即在燃气轮机/发电机机组发电后，利用高温烟气再生产蒸汽，供汽轮机/发电机机组二次发电，之后再利用其余热，可使大型发电机组的系统效率达到30%～50%。采用生物质高压气化和燃气高温净化技术是提高生物质整体气化联合循环技术总体效率的关键（Franco and Giannini，2005）。目前，国际上有很多先进国家在开展提高生物质气化发电效率方面的研究，主要的应用仍停留在示范阶段，如美国 Battelle（63兆瓦）和夏威夷（6兆瓦）项目，英国（8兆瓦）和芬兰（6兆瓦）的示范工程等。此外，自1990年以来，热空气汽轮机循环（HATC）作为另一种先进的大型生物质气化发电技术获得了极大的关注，已在世界上不同地区（如巴西、美国和欧洲联盟）建成示范装置，规模为0.5～3兆瓦，发电效率达35%～40%。由于通过气化过程产生的可燃气体热值越高，发电效率越高，而燃气发电设备对燃气杂质又有严格的要求，所以生物质气化炉和燃气净化装置是生物质气化发电的关键设备。现在生物质热解气化所产生的气体均是低热值气体，一般发热量为5000千焦/米^3。寻找低成本和高热值的生物质热解气化技术是生物质热解气化技术发展的一个重要方向。同时，为解决生物质气化过程中气化不完全产生的焦油、颗粒、碱金属、含氮化合物等不同浓度的污染物，人们正研究采用催化剂来提高气化率和消除气化中的焦油。此外，生物质气化后会获得含有杂质的 CO 和氢气混合物，经净化、组分调变会获得高质量的合成气，再经增压后采用催化合成技术即可获得不同形式的液体燃料。由于该技术具有原料适应性广、产品纯度高、燃烧后无氮氧化物和硫氧化物排放的特点，所以成为理想的化学品和交通运输动力燃料生产技术，但其基础工作尚有待开展。

我国生物质气化技术正日趋成熟，从单一固定床气化炉发展到流化床、循环流化床、双循环流化床和氧化气化流化床等高新技术；由低热值气化装置发展到中热值气化装置；由户用燃气炉发展到工业烘干、集中供气和发电系统等工程应用，建立了各种类型的试验示范系统，某些方面已居国际领先水平。例如，浙江大学研发的中热值生物质气化集中供气技术已经成功进行80户规模示范。此外，中国科学院广州能源研究所已在江苏兴化建成的5.5兆瓦生物质气化联合循环发电示范工程是目前亚洲最大的农业废弃物气化发电厂（图4-8），它也是国际上第一个可以实现商业运行的中型农业废弃物气化联合循环电厂。

虽然我国在生物质气化技术开发方面取得了一些成绩，然而与发达国家相比技术水平仍存在一定差距，如规模小，投资回报率低，难以形成规模效益；缺少技术规范研究，不能成系列开发与发展；自动化程度低，系统运行强度和效率低；工艺简单、设备简陋，设备利用率低，转换效率低下；科研投入过少，技术含量低，多为低水平重复研究；尤其是针对生物质整体煤气化联合循环技

图 4-8　江苏兴化 5.5 兆瓦生物质气化-蒸汽联合循环发电厂

术，在稳定运行、焦油清除、气体净化等技术上还需要提高。如何利用已较成熟的技术，研制开发在经济上可行而效率又有较大提高的系统，是目前发展生物质气化及气化发电的一个主要课题，也是发展中国家今后能否有效利用生物质能的关键。

3. 高温分解（热解液化）

　　热解液化是指在隔绝空气条件和 500℃ 左右的高温条件下将生物质热分解，产生液体燃料油（又称生物油）或化学物质的一种技术。产生的液体是水和有机物的混合物，经过进一步的分离和提纯，可得到生物质燃用油或用做其他工业原料。生物质热解工艺可分为慢速、快速和反应性热裂解三种类型。在这三种工艺中以快速热解反应的研究和应用较广，如果采用快速热解反应技术，干生物质转化为生物油的产油率可达 75％。快速热解反应要求原料被快速加热到 500℃ 左右的温度，高温分解产生的蒸汽需被快速冷凝以减少二次反应。反应器普遍采用流动床构造，多数是鼓泡床、循环流化床等形式（Goyal et al.，2008）。此外还有真空高温裂解法，可获得高达 60％ 的液化率。

　　许多国家都先后开展了热解液化方面的研究工作，开发了很多不同的热解工艺，已有商业化生产生物质油的快速热解装置。具有代表性的快速热解工艺包括美国乔治亚理工学院（GIT）开发的携带床反应器；加拿大因森公司（ENSYN）开发的循环流化床反应器；加拿大拉瓦尔大学开发的多层真空热解磨；加拿大达茂能源公司（Dynamotive）开发的大型流化床反应器；美国国家可再生能源实验室（NREL）开发的涡旋反应器；荷兰乔特（Twente）大学开发的旋转锥反应器工艺等。虽然欧美等发达国家和地区在生物质快速裂解的工业化方面研究较多（图4-9），但生物质快速热解液化理论研究始终严重滞后，这在很大程度上制约了该技术水平的提高与发展。

图 4-9　英国 Wellman 的 250 千克/小时生物质热解液化装置

目前，欧美等国家和地区虽已建成各种生物质液化示范装置，但至今还没有产业化。根本原因是，生物油组成十分复杂，为水、焦油及含氧有机化合物等组成的不稳定混合物，包括羧酸、醇、醛、烃、酚类等，直接作为燃料油热值低、腐蚀性强。因此，生物油需要经过精制加工才可以替代石油燃料在现有热力设备尤其是内燃机中使用。生物油精制提质方法主要包括乳化技术、催化加氢和催化裂解三种。乳化技术存在着乳化剂成本和乳化过程能耗高、乳化液对内燃机的腐蚀性高、内燃机运行稳定性差等缺点；催化加氢和催化裂解的主要研究工作仍然集中在高效催化剂的探索阶段，需要在相关基础科学问题上有所突破。

近年来，我国陆续开展了生物质热解液化的研究。但是总体而言，该方向的工作尚处于研究起步阶段，以实验室探索为主，有待尽快走向产业化。

4. 直接液化技术

直接液化技术采用机械压榨或化学提取等工艺，从生物质中直接提取生物柴油。化学方法液化可分为催化液化和超临界液化。催化液化过程中，溶剂和催化剂的选择是影响产物产率和质量的重要因素，常用的溶剂包括水、苯酚、高沸点的杂环烃和芳香烃混合物。超临界液化是利用超临界流体良好的渗透能力、溶解能力和传递特性而进行的生物质液化。近来欧美等国家和地区正积极开展这方面的研究工作，包括超临界水液化纤维生物质、超临界水和超临界甲醇液化木质素生物质等技术。很多研究者还致力于煤与废弃生物质共液化的研究，实验结果表明，与煤单独液化相比，煤与生物质共液化所得到的液化产品质量得到改善，液相产物中低分子量的戊烷可溶物有所增加。但该研究工作尚处在起步阶段，生物质对煤的作用机理也未能完全了解。

近年来，华东理工大学分别进行了生物质（包括稻壳、木屑和木屑的水解残渣）的单独液化和煤与生物质的共液化。结果表明生物质的加入确实促进了煤的裂解，减缓了液化条件，从而可在较温和的条件下得到较高的转化率和油产率。但我国在该领域的研究还很少，与国际先进研究水平有较大差距。

（二）生物化学转化技术

1. 乙醇发酵技术

生物质转化乙醇技术主要有两种方式：液体基质发酵和固体可消解性基质发酵。液体基质发酵为传统的乙醇发酵方式，主要有序批式、连续式和半连续式等；固体可消解性基质发酵（或称固态发酵）是指培养基底物为固态的不溶于水的可消解性多孔介质材料，微生物从半饱和的固态多孔基质中吸收营养物。由于世界粮食供应紧张及纤维素资源丰富，所以国内外主要利用各种非粮食类的纤维素进行生物乙醇的厌氧发酵。纤维素物质乙醇转化主要包括两步：纤维素预处理、纤维素厌氧发酵。纤维素预处理方法有物理法、化学法和生物法三类。纤维素物质的厌氧发酵工艺分为分步水解发酵法、同步水解发酵法和复合水解发酵法。

国外在生物质乙醇转化方面开展了大量的研究，特别是加拿大在纤维素乙醇转化技术方面取得了领先优势（Solomon et al.，2007），而美国新泽西州则建成了年生产能力达到 20 万米^3 纤维素乙醇转化工厂。此外日本、西班牙等国也积极地开展了这方面的研究。由于构成木质纤维素类生物质的纤维素、半纤维素和木质素互相缠绕，形成晶体结构，会阻止酶接近纤维素表面，故生物质直接酶水解的效率很低，所以，必须采用预处理的方式，降低纤维素结晶度和聚合度，使纤维素酶等催化剂能够更充分地与纤维素分子接触，增加反应表面积，加速酶促反应。首先，寻找能耗低、易于规模化的高效、经济的预处理技术是该领域需要攻克的关键之一。同时，高效、低成本的纤维素酶工业化的开发也是需要关注的问题。其次，生物质半纤维素水解产物主要是木糖，普通酵母不能将其发酵，因此，可发酵五碳糖菌种的开发尤为重要。此外，由于木质纤维素水解过程中伴随着乙酸的生成，所以开发可消除底物抑制工艺或者耐受性强的菌种也应引起广泛的重视。

我国早在"十五"期间已将纤维乙醇研究工作提上日程，在国家863计划中列为研究课题进行重点攻关。2006年，河南天冠企业集团有限公司开始建设年产3000吨的纤维素乙醇项目，使利用农作物秸秆类纤维质原料生产乙醇成为现实；中粮集团有限公司正在建设以玉米秸秆为原料，年产燃料酒精5000吨的中间试验厂。总体上，我国对高效厌氧发酵反应器研制以及高效纤维素降解酶和纤维素预处理技术等方面的研究同国外相比差距较大。

2. 沼气发酵技术

沼气发酵生产技术在污水处理、堆肥制造、人畜粪便、农作物秸秆和食品废物处理等方面得到广泛利用。沼气发酵装置称为厌氧消化器，俗称沼气池，是指各种有机质在微生物作用下通过厌氧发酵制取沼气的密闭装置，是沼气发酵的核心设备。沼气厌氧发酵需要的条件复杂，但其中影响较大的环境因素包括发酵温度、搅拌传质等。当前国内外运行的沼气池类型较多，主要有常规厌氧反应器、全混式反应器、塞流式反应器、上流式厌氧污泥床反应器、内循环厌氧反应器、膨胀颗粒污泥反应器、厌氧生物滤床等。图4-10为厌氧消化器实例。目前沼气发酵生产技术已发展了将产气与发电相结合的综合技术，如日本的朝日、麒麟等几个大啤酒厂都已配套建成了200千瓦的燃料电池发电机组；京都市将6个宾馆每天产生的6吨食物废渣集中发酵，并从所产沼气中提取氢气供100千瓦燃料电池发电；明电舍株式会社等则成功地利用下水污泥生产沼气，或者直供燃气轮机发电，或者提取氢气供燃料电池发电。

图4-10　厌氧消化器

我国沼气技术发展较快，截至 2006 年年底，全国户用沼气池累计达到 2200 万户，大中型沼气工程 1500 余处。农业部沼气科学研究所已成功研制了利用沼气发酵技术处理酒精废醪液工艺，并在全国广泛推广，取得巨大的经济、社会和环保效益。2010 年，全国农村户用沼气池保有量达到 4000 万户，适宜地区沼气普及率达到 35%，并建设大中型畜禽养殖场沼气工程 4000 余处。我国开展沼气发电领域的研究始于 20 世纪 80 年代初，1998 年，我国在浙江杭州天子岭废弃物处理总场建成首家垃圾沼气发电厂，装机总容量为 1940 千瓦，其发电已并入华东电网有限公司。目前，国内沼气发电工程知名的有内蒙古蒙牛澳亚示范牧场大型沼气发电工程（1 兆瓦），北京德青源生态园的沼气发电工程（2 兆瓦），山东民和牧业沼气发电工程（3 兆瓦）等。

目前，我国大中型沼气工程普遍存在的问题是沼气发酵原料转化率低、产气率低、运行稳定性差、厌氧发酵后的深度处理技术落后、沼气内燃机发电效率低和余热利用率低等。沼气高效制备如多元原料混合发酵、厌氧干发酵、沼气燃料电池、生物质利用后 CO_2 的固定及回用等技术以及沼气净化和相关设备的防腐蚀机理的研究有待进一步深入。此外，沼气发酵技术中的微生物代谢能量学、悬浮污泥系统与生化反应器内的非均相反应动力学、热力学、热质传递方面的基础研究也均有待加强。

3. 微生物制氢技术

微生物制氢技术主要是利用有机废弃物获得清洁的氢气，具有废弃物资源化利用和减少环境污染的双重功效。根据产氢细菌种类的不同，生物制氢可分为三大类，即发酵细菌制氢、藻类光合制氢和光合细菌制氢。发酵型细菌产氢，指直接将有机底物（包括梭菌、肠杆菌和芽孢杆菌等）转化为氢气和 CO_2，其优点是不需消耗光能、设备简单；微藻光合生物制氢指光合藻类（包括蓝细菌）利用太阳光通过光合作用将水分解为氢气和 O_2，其生产过程无任何有机废物的排除，不污染环境；光合细菌产氢是指在光能驱动下，光合微生物通过消耗有机物产生氢气，其优点是光合细菌能以各种有机酸为底物，具有较高的底物转化率，可吸收广范围的光能。研究表明将厌氧光合细菌产氢与发酵型细菌产氢结合起来，能充分利用发酵型细菌产生的有机酸，可有效地提高产氢率和降低污染物化学需氧量（COD）。

由于微生物制氢技术在当前的能源多元化战略和环境保护中具有重要的地位，国际上经济发达国家正大力开展这方面的研究工作，图 4-11、图 4-12 为厌氧发酵制氢和光生物制氢工厂的典型实例。但由于生物代谢形式的多样性和复杂性，还没有完全认识产氢的机理，特别是对代谢途径缺乏深入的了解。生物制氢反应器的传输性能对产氢率和能量转化效率具有很大的影响，但目前对于制氢反应器的研究大多为操作条件和反应器结构形式等影响因素的实验研究，且大部分集中于厌氧发酵制氢反应器。从研究生物制氢反应器的传输特性入手以提高反应器的产氢率和能量转化效率正逐渐得到重视。

图 4-11　日本厌氧发酵制氢工厂　　　　图 4-12　日本光生物制氢工厂

我国已分别在厌氧发酵产氢技术和光合细菌生物制氢方面开展了相应的研究。但同国外相比，我国在微生物制氢的基础性研究方面差距很大，工作偏于产氢菌生理生态学等机理研究和工程应用研究，对生物制氢反应器内传输机理与特性、反应器最优设计与控制、高效产氢菌群构建、分子生态学诊断、代谢调控机理、底物和光能转化效率等研究仍然不足。

四、近中期支持原则与重点

生物质能转换利用的研究领域涉及面广，学科交叉性强，研究问题复杂。从能源科学发展的角度，着重研究的应该是生物质能源转换利用过程机理及能满足我国发展需求的有产业化前景的技术。

生物质热化学转化技术应开展高效生物质热解液化和生物质气化发电、秸秆先进燃烧发电、混烧发电技术、生物质燃气和燃油的精制、生物质气化合成液体燃料等研究；生物化学技术方面应开展生物质厌氧发酵产沼气及发电和综合利用、纤维素物质乙醇转化、生物制氢、微生物燃料电池、水生植物利用等相关领域的基础科学和应用技术研究。

生物质能转换利用中的重点研究领域和科学问题包括十个方面。

1. 生物质热解液化技术及基础

开展生物质热解过程机理和热解动力学模型研究；进一步研究生物质快速热解装置内生物质快速热解过程中的热化学反应机理及特性、热质传输规律及对生物质热解性能的影响；对含不凝性气体多组分热裂解气态生物油快速凝结换热特性及强化传热技术进行研究。依据基础研究成果，开发高效生物质快速热解液化技术及装置；研究生物油的品质提升和液体产品反应器内提质的方法；提高设备长周期连续运转的稳定性和关键部件的耐腐蚀性。

2. 生物质高效气化工艺

探讨中热值气化反应器内气化反应机理、气化反应动力学、碳燃烧、热质传输规律及对气化过程的影响；研究生物质催化气化和焦油催化裂解的反应机理和传热传质规律。在此基础上，开发中热值和联合气化高效气化器，以及生物质气化制氢技术，发展高热值气化技术；开展高效气化燃气净化、合成液体燃料的基础研究；研究基于催化、控制反应条件或复合气化、高温空气气化、气流床气化等先进气化工艺的定向气化技术；积累中试或工业化放大的经验，加强研究各单元技术及系统间的集成；开展催化和等离子体技术及除尘除焦的基础科学问题研究。

3. 先进生物质气化发电技术和系统

开展生物质整体气化联合循环、生物质能的多联产（热、电、冷、燃料）、生物质气固体氧化物燃料电池技术研究；提高生物质循环流化床气化、炉气化效率及其自动化控制水平；研究焦油热裂解和催化裂解的机理，开发新型燃气净化系统；开发高温过滤除尘装置，减少焦油污水处理量；研究生物质燃气发电过程的腐蚀和排放特点，开发灰渣的再利用技术和工艺，实现气化发电过程副产物的循环使用；解决生物质制氢系统与燃料电池配接过程中的技术集成和系统整体可靠性提高等问题；开展系统集成研究，对气化、净化、内燃机、蒸汽轮机及余热锅炉各系统的匹配性能进行研究，以获得最优的操作运行条件，建立并优化生物质气化联合循环电站的数学模型。

4. 生物质燃气和燃油精制技术及相关基础

开展生物质燃气净化及组分调整的过程机理、催化剂、催化反应动力学及反应器内热质传输规律的研究；探索和研究生物质气化合成气催化合成液体燃料技术中的基础科学问题。在生物油改质及品位提升方面，开展生物质油精制新技术机理、反应动力学、重整器内流动及传输规律等基础研究，并对催化加氢和催化裂解技术中的基础科学问题以及生物油制氢新方法进行研究。

5. 秸秆先进燃烧发电、生物质混烧技术及相关基础

开展秸秆类农业废弃物燃烧过程机理研究，探索秸秆燃烧过程的燃烧特性

和灰相关问题；研究秸秆的流动规律、燃烧组织模式、燃烧侧灰熔融和腐蚀等重要基础问题。从产业化的角度，对秸秆直燃发电产业发展中具有重要意义的秸秆收储、预处理以及给料技术进行研究，寻找适合中国国情的解决方案和途径。对燃用不同种生物质燃料情况下的炉内燃烧份额、气固相流动、各级受热面吸热情况开展深入研究，提出针对性的优化运行方案以保证锅炉效率，同时最大限度抑制燃烧过程的碱金属危害，减轻气相污染物的排放，保证灰渣等燃烧固相残余物的有效利用。研究混烧过程中的燃料处理、氮氧化物形成机理、沉积、腐蚀、碳转化、流动均匀性、灰渣特性和利用、对 SCR 的影响等关键技术环节中的科学问题。

6. 沼气发电技术及相关基础

开展沼气发酵的微生物菌群微生态特性、沼气发酵关键添加因子、沼气发酵过程中能质传输与反应特性的研究；开展多元料共发酵机理、固体废弃物厌氧干发酵技术和氢甲烷联产技术以及新型沼气反应器的研究，揭示其内部多相流动、热质传输与沼气生产间的相互耦合关系；研究沼气的净化和脱硫剂脱硫机理、原位再生及使用寿命，开发适用高效的脱硫剂；研究生物脱硫机理，人工模拟酶脱硫系统，脱水、脱 CO_2 机理；对沼气运输、储藏、输配关键技术和设备开展系统的研究，开发针对不同沼气成分条件下输送系统的耐腐蚀技术以及相关耐腐蚀设备的生产工艺；研发成套沼气发电预处理设备；研究沼气发电机组进气精确控制、稀薄燃烧技术和新型高效烟道气、缸套水余热回收装置；研究大型低热值燃气内燃机的运行特性及其提高效率的关键技术，开发 1000 千瓦以上大型低热值燃气内燃机；研究沼气发电过程的排放特点和 CO_2 的固定方法及机理；开展沼气燃料电池发电机理及技术的研究。

7. 纤维素转化乙醇相关基础问题

开展纤维素发酵过程中生物转化中的代谢途径及代谢调控机制、高效产乙醇菌群的构建、能质转换和传递机理及规律研究；开展固体发酵反应器内生化反应动力学及反应过程多尺度耦合机理、多相流动、热质传输规律的研究工作；开展纤维素乙醇转化中固定化细胞技术应用的研究；结合现代生物工程技术筛选能高效合成纤维素酶的优良菌种，提高纤维素转化效率；开发纤维素同步固态发酵生产乙醇技术，研制高效乙醇发酵反应器；开发可消除乙酸等副产物底物抑制工艺及耐受性强的菌种；针对半纤维素水解产物——木糖，开发可发酵五碳糖菌种；寻求能耗低、易于规模化的高效、经济的木质纤维素类生物质预处理技术。

8. 微生物制氢技术基础

探索实现微生物大规模制氢的关键技术；开展微生物制氢过程中生物转化的代谢途径及代谢调控机制、能质转换和传递机理及规律研究；开展生物制氢反应器内生化反应动力学及反应过程中流动和传输规律研究；利用基因工程技术实现高效产氢新菌种的构建，研究分子生态型诊断技术，探索微藻在有氧环境下的大量产氢技术；从治理工业废水并转化为氢气的目的出发，研究混合菌的固定化制氢技术，利用共固定化后混合多菌种微生物的自身系统进行筛选，构建高效、廉价、抗逆性强、具有高产氢性能的微生物菌群，达到治理有机废水并获得氢能的目的；探索有机废水处理工艺与固定化微生物制氢有机结合的新技术，研制高效的固定化细胞生物制氢反应器。

9. 微生物燃料电池以及水生植物利用相关基础问题

在微生物燃料电池方面，利用高通量筛选和基因工程改造方法进行高效产电菌株选育，并优化产电微生物群落；开展微生物燃料电池中微生物导电机理的研究，寻求对微生物燃料电池内生物膜产电性能产生影响和进行控制的方法；开展微生物燃料电池中能质转化及传递过程的研究，构建高性能、中至弱碱性微生物燃料电池阴极体系；开展微生物燃料电池组结构设计与开发以及微生物燃料电池应用研究。在水生能源植物能源化方面，应重点开展高淀粉品种的选育，水生能源植物的高效乙醇转化，水生能源植物污水处理工艺，水生能源植物的生长特性、生理生化特征，氮磷等物质的循环和去除，生物体内相关物质的累积和代谢等方面的研究。研究培育 CO_2 吸收效率高、抗低温、抗敌害生物污染能力强、生长快、胞内油含量高的能源微藻和油脂提取工艺。

10. 微藻能源

研究筛检生长速率快、油脂含量高、固碳能力强的优势藻种，探索我国能源微藻的天然筛选和诱变改造，构建优质藻种资源库体系。探索解决微藻生长速率与富集油脂之间矛盾的控制机理和改良方法。规模化养殖微藻，高效降解不同流量和成分浓度的有机废水，促进微藻的高密度快速生长。对微藻生物柴油的成分组成进行定向调控，获得适合交通车辆和航空动力直接燃用的高品位液体燃料。揭示能源微藻光合作用、吸收固定 CO_2、合成积累油脂等的生物能量代谢网络、环境适应机制和共性规律。设计微藻光合生长和减排 CO_2 的生物反应器，实现微藻对燃烧烟气中的 CO_2 进行高效减排。研究微藻生物质的采收、提取油脂、转化制取生物柴油等清洁燃料的高效低成本方法和能量转化规律，解决微藻能源规模化的关键科学技术问题。

第三节 风 能

一、基本范畴、内涵和战略地位

风能利用主要以风力发电为主，即通过风力机捕集风能并将其转换成电能后并网传输供电力需求用户使用。风力发电是一个多学科交叉领域，涉及工程热物理与能源利用、空气动力学、结构力学、大气物理学、机械学、电力系统学、电力电子学、材料科学、电机学及自动化学等学科。该领域的基础研究对象大体包括风资源评估研究、风电机组研究、风电并网研究以及近海风电研究等。

进入 21 世纪以来，能源和环境问题日益突出，成为当前国际政治经济领域的热点问题，也是我国社会经济发展的基础性重大问题。我国能源结构中煤电比例过高的问题十分严重，燃煤发电对环境、气候、水资源、交通运输等造成了很大压力。国家"十一五"规划制定了 2010 年单位 GDP 能耗降低 20％、主要污染物排放总量减少 10％的目标。可是，2006 年与 2007 年，我国已经连续两年没有实现预期的节能降耗和污染减排目标。因此，能源结构的调整势在必行，大力发展可再生能源迫在眉睫。

风能是可再生能源中发展最快的清洁能源，也是最具有大规模开发和商业化发展前景的发电方式。我国是风能资源大国，据初步估算，就 50 米高度而言，陆地可利用的风能资源为 60～100 吉瓦，海上风能资源为 10～20 吉瓦，位居世界第三。到 2009 年年底，全国风电机组累计装机容量达到 1215.28 万千瓦，位列全球第四，这标志着我国风电产业进入高速发展时期。根据中国工程院对我国可再生能源发展策略的研究结果，在 2010～2020 年，可再生能源将占总能源需求的 10％（不包括水能），其中并网的风能预期达到 3％，即到 2020 年风电装机总容量将达到 80 吉瓦。由此可见，以风力发电为龙头的清洁电源形式对于改善我国电源结构，实现能源开发对环境友好、可持续发展及 CO_2 减排具有重要的战略地位。

二、发展规律与发展态势

（一）风能资源评估研究方面

风能资源分布范围广、能量密度相对较低且具有一定的不稳定性，我国风电场主要集中在风能资源丰富的三北（西北地区、华北地区、东北地区）、东南沿海等地形复杂地区。由于现有的欧美商业软件在建模时考虑的地形与我国差别很大，造成风电场储能分析及微观选址不准，所以建立反映中国复杂地形，特别是山地地形特点的评估体系是未来发展趋势，这需要从两方面入手。

首先，要采用有效的湍流数值模拟方法开展风场模拟研究。目前存在的湍流模拟方法有 3 种，即直接数值模拟、雷诺平均模拟和大涡数值模拟。对比前两者，大涡数值模拟对空间分辨率的要求远小于直接数值模拟方法；在现有的计算机条件下，可以模拟较复杂的湍流运动，获得比雷诺平均模拟更多的湍流信息。因而，大涡数值模拟方法为复杂山地地形的风场模拟研究开辟了新的途径。

其次，在风能资源评估的一个重要相关领域——风电场风机选型方面，过去研究大都依据风电场多年风能资源平均数据来计算最优匹配机型，并没有考虑每个机组安装位置地形对这种统一选型可能造成的影响。一种值得尝试的方案是结合经济性分析，根据风机具体安装位置的风气候进行优化选型研究。从技术上讲，该方案将有助于捕获更多的风能。从经济上讲，在保证高效利用风能的前提下，也可避免由于选型不当而导致造价上升。

（二）风电机组研究方面

1. 单机容量不断增加导致叶片长度迅速增大

随着风机单机容量的不断增大，叶片的长度也从 20 米左右发展到 50 米以上，使得整体发电机组结构非常庞大。风电叶片大型化造成了叶片表面流动的三维分离特性及非定常特性更加复杂，给叶表的流动控制带来了更高的难度；风电叶片的气动弹性问题会诱发风力机稳定性下降，因此风电叶片的气动设计以及结构设计成为风力机大型化需要解决的首要问题（Bossanyi，2003）。

2. 风电机组大型化使叶片设计制造技术日益提高

随着新的复合材料的研制成功，以及真空吸注、高温固化等更先进的加工工艺的采用，更长、更轻的叶片产品快速推向市场，推动了风力机整机大型化的进程。由于采用了计算流体力学和有限元的数值模拟方法，设计体系更加完善，新的设计思想和设计手段得到了进一步加强，所以风电叶片的风能利用系数进一步提高（Manwell et al.，2002）。

3. 采用变桨距技术

兆瓦级以上叶片在功率控制方面目前主要采用变桨距技术。这种技术允许风电机组的桨距可以调节，能将风能的利用效率提高 1%～2%。匹配变桨型风力机的叶片结构更加简单，适用于变桨变速型风力机的专业翼型得到了成功的设计及应用，变桨变速型风力机叶片功率系数更高，生产成本更低。

4. 采用变速恒频技术和直驱技术

变速恒频技术允许风电机组的风轮转速可以调节，使叶尖速比始终保持在最佳速比的附近，能较大幅度地提高风轮的转换效率，风能利用效率可提高3%～4%。直驱技术即风轮与低速永磁电机直接连接，省略齿轮箱，从国际上的趋势看，直驱式风力机由于具有传动链能量损失小、维护费用低、可靠性好等优点（Heier，2006），在市场上正在占有越来越大的份额。

5. 智能化控制技术的应用加速提高了风电机组的可靠性和寿命

智能控制可充分利用其非线性、变结构、自寻优等各种功能来克服系统的参数时变与非线性因素，并根据风况的变化自动调整控制策略和参数值，使风电机组始终处于最佳运行状态之下，这些可以提高风电机组的可靠性和寿命。

6. 考虑风场气候及地形条件下的风电机组设计已成趋势

我国版图内地形复杂，气候多样。例如，三北地区的高风沙现象；沿海地区台风频繁；风场野外环境使风机叶片经常黏附沙尘，冰霜，昆虫尸体及盐粒等；我国复杂山区地形占总面积70%，低风速地区约占全国陆地总面积的67%。这些风场特点与国外区别较大，这就要求进行风机叶片乃至整机设计时，需改变原有的国外设计思路与标准，开发针对中国风场风气候特点的机组设计新方法或新标准，真正使我国的风力机发挥最大发电功效，同时有效降低成本。

7. 风电机组大型化的发展对安全性、稳定性和维护等提出了更高的要求

风况多变极易造成风电设备的运行故障，这一方面需要研发高精度快速度的风况预测系统和自动检测保护措施，并且要将地形、风况等诸多因素考虑在内，以提高大型风电机组的安全性、稳定性和维护性能；另一方面，要不断采用新技术改进大型风机的设计，提高电机的功率密度，减少体积重量，提高运行维护性。

8. 新型风电机组的研发值得重视

在传统风力机蓬勃发展的同时，一些突破原有概念的新型风力机也如雨后春笋般涌现，在风电舞台上即将占有一席之地。比较有代表性的如美国

Flodesign 公司最近推出的基于航空喷气发动机原理的新型概念风力机。与传统风机相比，它们具有许多优点，如功效高、成本低、尺度小及运输方便。尽管目前还处于研制阶段，但发展势头不容忽视。

（三）风电并网研究方面

1. 大型风电场对电网稳定性及环境的影响得到重视

风电机组装机容量不断增大，大型风电场风电装机容量占并入电网容量的比重增加。当风电装机容量在电网中的比例达到一定程度时，风力发电对电网的影响就不能忽略，风力发电会给电力系统带来安全性问题。国外电力公司已经制定新的风电并网规则，对大型风电并网提出了严格的要求。我国也即将出台类似的风电并网规则，对并网风电机组的电能质量提出了较为规范的要求。大型风电场对环境的影响（包括噪声、生态、污染等）也逐渐得到重视。

2. 大型风电场调度技术及网架结构的相关技术问题需要研究

大规模的风电波动对电网调度运行有不利的影响，需要开展风能功率预测技术的研究，开发风能功率预测系统，使风能对电网而言是可观可测的，以降低风电场运行对电力系统调度运行的压力，并通过电网调度对风电场输出功率进行控制。需要建立一种既能反映风电场内部机组的联系、又能降低复杂性的综合模型，以保证对风电场模拟分析的有效性。通过风电场模型的建立及对具体电网接入风电情况的分析，为大规模风电场并网规划、运行、调度和控制提供理论依据与指导。

（四）近海风电研究

目前，陆地上风电场设备和建设技术基本成熟，今后风电技术发展的主要驱动力来自蓬勃崛起的海上风电，特别是近海区域。相比陆上风力机，近海风机无论是叶片还是整机尺寸都显著增大；由于海上环境更加复杂，需要同时考虑风、浪、冰、水波等对叶片及整机气动、结构及材料等方面的影响；海洋潮湿的环境和周围的盐雾容易引起结构和部件的腐蚀问题也值得重视；海上风电场电能传输问题需要研究。另外，近海风机的优化形式，如横/竖轴、叶片数量（两叶或三叶）及支撑塔结构等，也是风电业界的研究热点。

2010 年 4 月，上海东海近海 100MWe 级风电正式并网发电，该近海风电由 32 台 3MWe 风力机组构成，标志了我国近海风电逐步获得实际应用。

三、发展现状与研究前沿

(一) 发展现状

1. 风资源评估

我国目前风资源评估研究大都依靠购买国外商业软件，如 WAsP、Meteodyn WT 及 Numeca 等。然而，与国外不同，中国地形中山区占 70%，且风资源相当丰富。因此，处于复杂山地地形的风场风资源研究对开发中国风资源评估技术非常重要。进一步讲，地形差别造成采用国外技术后许多国内风场设计不准确，致使风机选型不合适，有的风电场投产后实际年平均发电量比理论预测低达 40%，严重制约我国风电行业的快速发展。由此可见，开展反映我国地形特点，特别是复杂山地地形特点的风场模拟计算流体力学研究，对将来打破国外垄断，自主开发有中国风场特色的风资源评估技术是非常有意义的。

2. 风电机组

(1) 风电叶片

首先，一方面，目前，国际上在叶片设计方面正在开发风力机叶片专用翼型以优化风机捕风能力，然而，有关国外翼型的各种数据多数是不公开的，这严重影响了我国自主研发风电叶片的设计技术。另一方面，中国存在地域广阔和气候复杂的特点。例如，三北地区的高风沙现象和沿海地区台风频繁，中国风场低风速情况普遍，因此国外翼型族对于我国风场具有不适应性，这也是我国风电机组有效利用小时数远低于国外机组的重要原因。基于我国实际风资源情况开展自主研究风力机专用翼型，有助于使我国的风力机发挥最大发电功效，高效利用风资源。

其次，由于风力机的野外工作环境，叶片容易黏附冰、霜、雪、沙尘、昆虫尸体及盐粒等，而使表面粗糙度增大，摩擦阻力显著提高，从而严重影响机组发电功效，缩短叶片疲劳寿命。例如，据统计，在严寒和潮湿地区，风电机组由于叶片结冰和昆虫尸体堆积造成的年发电量损失高达 50%；受叶片粗糙度增大影响，年发电量损失也会达 10%～30%。另外，随着风电机组单机容量增大，叶片长度和重量越来越大，这就要求叶片要通过气动外形的设计提供更大的升阻比，以进一步增加转矩，提高发电功效，但是实践表明单靠叶片本身的气动设计越来越难以实现这一目的。显而易见，解决前述风电叶片存在的减阻、增升等问题势在必行。

再次，目前风电叶片疲劳破坏在机组损坏中所占的比例很高。风电机组在非定常或随机动态载荷作用下的运行特性使其易发生疲劳破坏，严重影响风电机组安全运行的可靠性和使用寿命。而风电叶片恶劣的工作环境、特殊的材料性质以及结构与工艺所带来的问题，给叶片寿命评估带来相当大的难度。只有开展全尺寸叶片的疲劳测试技术的研究，将疲劳试验与疲劳分析相结合，才能提供对设计的可靠确认，并改进结构设计。

此外，随着叶片尺度的不断增大，如仍采用玻纤材料，叶片重量将显著增加。为此，人们目前大多尝试采用碳纤材料，但价格昂贵，这限制了它的应用范围。一种值得尝试的方案是片层结构材料，即三明治式材料，该材料由两种以上薄、硬、坚固而且相当密实的单一复合材料片（如玻璃或碳纤维增强聚合体）经较厚但重量轻的芯材料（如聚合泡沫）隔离构成。对比以前的叶片材料，该种新材料具有重量轻、刚度高，以及抵抗弯曲、扭曲强度大等优点。开展该新型材料的研发对叶片大型化意义重大。

（2）风电机组控制

目前风力发电机组控制亟待研究解决的两个问题是提高发电效率和发电质量。目前大型风电机组都是变桨变速类型。其主要特点是：低于额定风速时，它能跟踪最佳功率曲线，使风力发电机组具有最高的风能转换效率；高于额定风速时，它增加了传动系统的柔性，使功率输出更加稳定。特别是在解决了高次谐波与功率因数等问题后，变桨变速型风电机组的供电效率、质量有所提高。目前的控制方法是：当风速变化时，通过调节发电机电磁转矩或风力机桨距角，使叶尖速比保持最佳值，实现风能的最大捕集。此外，一些新的控制策略及控制理论的研究也有所开展，如独立变桨控制、伺服电机优化控制策略及交流电机的无速度与位置传感器控制等。

对于一些控制关键部件（如变流器）的研究，目前已广泛开展。变流器是变速恒频风电机组的核心控制单元，可实现能量的转换与电能质量的控制。目前 1.5 兆瓦双馈式风电机组基本可以满足国产化的需求，更大功率等级的变流器系统设计需要开展一系列关于拓扑结构设计、矢量控制、协调控制、电能质量控制及低电压穿越等的研究。

（3）风电机组设计

风电机组设计技术主要包括环境条件确定、组合工况载荷计算、结构设计计算分析、机组动态稳定性及形变分析计算、零部件设计、材料选取与制造、各子系统性能优化设计等。目前，我国机组设计遇到的主要问题有四个。①对于复杂地区不同环境条件下的风电机组设计缺乏技术和经验，使风电机组 20 年寿命的设计置信度大大降低。②虽然将风电机组各子系统结构和工作性能组合起来，进行协调优化设计，使风电机组达到整体输出性能最优是总体设计的一个重要目标，但是，就目前各设计部门的技术力量而言，还不可能实现真正意义上的协调优化设计。③在风电机组设计时，没有对各系统的载荷工况进行认真的分析和计算，更没有对风电机组结构部件的动态特性和静态特性进行有限元分析与计算。总体设计的工作仅仅是基于各系统的功能设计和加工图纸设计。④缺乏风电机组设计公共技术服务平台。目前，国内风电设备制造企业都备有一些试验装置，但多数只能用于产品基本性能的检测，不能满足产品研发的需要。

3. 风电并网

与欧洲的发达国家不同，我国的风电具有远离负荷中心大规模集中开发的特点，因而如何通过电网高电压等级远距离将风电传送至负荷中心，没有国外的经验可以借鉴，急需开展超大规模风电输电模式的研究。为了提高输电系统运行的安全稳定性以及输电通道运行的经济性，对千万个千瓦级风电基地进行科学合理开发，必须要坚持风电、火电、水电等电源以及输电网的统一规划，并统筹考虑受端电网的接纳能力，研究确定风电、火电、水电等电源开发容量的配比及输电线路的输电规模，科学提出风电开发时序和规模，做到风电基地的科学有序开发。同时开展适应风电接入后对系统维持供需平衡能力的影响及电网的调峰特性与电网的负荷特性研究也是非常有意义的。

此外，国内外对双馈和直驱式变速恒频风电机组在电网故障时的应对措施，已经有较多研究，包括改进变流器控制策略提高系统的动态特性，使其具备一定的低电压穿越能力。但在电网电压跌落幅度较大时，仅依靠控制策略作用有限，因此需要增加硬件保护电路，实现风电机组低电压穿越并对变流器进行保护。通常电压跌落的持续时间较短，属于暂态故障，当电压跌落持续时间较长时，需要风电机组控制系统的配合以限制机组捕获的风能。

4. 近海风电

我国海上风能资源丰富，具有广阔的开发应用前景，但是其开发难度却远远大于陆地风力发电系统建设（中国科学院能源战略研究组，2006）。目前国内对于海上风电机组中关键部件及关键技术的自主研发日益重视，并已经着手研究大型海上风电叶片及风力发电整机、海上风电场输配电及电控系统、安装及支撑、特殊应用场合应对措施及风电机组可靠性等多方面的问题，并且已经取得了一定进展，但与国际风能强国之间相比仍有较大差距。海上风力发电对于我国的风电产业而言，是一个新课题。

（二）研究前沿

1. 风能资源评估研究

采用先进的风场模拟方法对中国复杂山地地形进行风场模拟研究。并在此基础上，研究风速、风向、表面粗糙度等对复杂地形不同高度与不同地理位置处风能分布产生的影响。开展相应风机微观选址研究。开展风场中风机具体安装位置风气候特点与备选机型容量最优匹配研究。考虑备选机型设备本身、施工及维护费用对风机投资成本的影响，开展选型经济性分析研究，真正做到在高效利用风资源的同时，有效降低风机投资成本。

2. 风电机组研究

（1）风电叶片研究

1）适合中国风场气候特点的风机叶片翼型优化设计研究。根据我国风资源特征，如北方风沙较大的特点、低风速特点及沿海台风频发地区风资源的不同特点及需求，开展大型风力机专用翼型族、叶片设计技术、相关设计标准、先进计算方法和软件等研究，使我国的风力机发挥最大发电功效，达到高效利用风资源的目的。

2）基于仿生学原理的风电叶片减阻增升气动控制研究。受运行环境影响，如结冰、黏附沙尘、昆虫尸骸堆积及盐粒等，风机叶片表面粗糙度会增大而使摩擦阻力增大，气动性能恶化，升阻比下降，最终导致机组发电功效降低，叶片疲劳、寿命缩短。针对这些问题，根据自然界某些动物及植物表皮及翼翅的特有功能，通过优化流体流动状态，开展仿生学为基础的叶片减阻、增升研究，包括机理研究、仿生结构与气动参数影响研究、叶片外形优化设计研究以及叶片自适应气动控制研究。

3）大型风机叶片噪声研究。大型风电叶片的气动噪声主要是由非定常来流经过叶片，在叶片表面产生的非定常涡，以及尾迹脱落涡和叶片相互作用产生的。另外，由于风电叶片的大柔性使其产生挥舞摆振等运动，加上振动边界的影响，涡声和叶片的相互作用也随之复杂。为此，需要开展叶片的气弹振动对涡声的影响研究及非定常流场下弹性振动边界涡诱导发声研究，为进一步研究风电叶片的降噪机理奠定基础。

4）风机叶片新型复合材料研究。除进一步开展原有玻璃纤维及碳纤维材料的特性研究外，还需开展新的轻型高强度、高疲劳寿命片层材料及结构的研究，以满足由于风电机组单机容量日益增大而造成的对叶片高强度、轻质量的苛刻要求。研究包括叶片纤维材料比例选取、铺层结构方案、尺度以及叶片关键位置材料处理等。

5）风机叶片疲劳损伤关键问题的研究。主要在疲劳载荷及载荷谱、风电叶片结构分析理论与方法、叶片材料疲劳特性、试验研究、环境要素的影响等方面开展研究工作。

（2）大型风力发电机系统研究与优化

第一，研究大功率无刷双馈风电机组技术。变速恒频双馈型风力发电机是风力发电机中的主流机型，这类机型的滑环电刷结构限制了电机功率的提高，同时增加电机的故障率和维护工作量。要解决这一问题，必须研究新型的无刷双馈电机结构，同时对电机转子感应绕组结构、电机内部电磁场问题进行深入的研究。第二，对高压型大功率风力发电机进行研究。传统的 690 伏低压电缆的输送方式，对于分布极为分散、传输距离较远的海上风电不适用。因而研究6～10 千伏高压风力发电机将是一种值得关注的方向。第三，研究新型风力发电机组系统设计，重点针对特殊应用场合的特种电机的设计进行研究，可能会产生性能更为优越的新型主流风力发电机机型。主要有半直驱式风力发电机、垂直轴风力发电机、分散多轴风力发电机、轴向磁场风力发电机等。第四，研究大型风力发电机蒸发冷却技术。蒸发冷却技术能够满足大型风力发电机冷却要求，冷却迅速均匀，能大大提高电机的功率密度，减小电机体积重量，且不存在防冻问题。第五，对适用于大型风力发电机的超导技术进行研究，重点研究利用超导技术降低电机重量、提高电机的可靠性。超导电机技术将为大型风力发电机提供终极解决办法。

（3）大型风电机组关键控制技术及其可靠性、稳定性问题的研究

1）要开展大型风电机组变流器关键技术的研究。变流器是变速恒频风电机组的核心控制单元，能实现能量的转换与电能质量的控制，并且能够满足现场比较恶劣的环境。大功率等级变流器设计的关键技术包括拓扑结构、调制方法、控制方法以及低电压穿越等。要研究大型风电机组变桨距控制系统及控制理论，主要包括独立变桨距控制及高性能伺服运动控制，交流电机无速度与位置传感器控制也是一个研究重点。要研究大型风电机组整机控制系统的关键技术。整机控制系统贯穿每个部分，整机控制系统的好坏直接关系到风力发电机工作状态的好坏、发电量的多少以及设备的安全与否，主要研究如何增加传动系统的柔性，优化整机系统载荷，使功率输出更加稳定，使供电效率、质量有所提高。

2）研究大型风电机组运行可靠性问题。大型风力发电机组所采用的技术越来越先进，结构越来越复杂，同时机组控制系统的可靠性和安全性的评价越来越趋向于复杂化和综合化。对于系统的每个元件都要选择可靠度高的器件，对于成本低、可靠度高、敏感度大的部件采用双路并联使用。系统的安全设计要

提高可靠度，还要进行控制系统失效时的安全系统设计。要对大型风电机组关键部件的使用寿命及抗疲劳特性进行研究。风电机组在非定常或随机动态载荷作用下的运行特性使其易发生疲劳破坏，进而严重影响风电机组安全运行的可靠性和使用寿命。

3）对先进控制理论在大型风电机组中的应用进行研究。目前有大量的与先进控制器设计方法相关的理论。在这些先进的控制器设计方法中，一些已经被研究用于风电机组的控制并取得了良好的控制效果，例如，自调整控制器、LQG/最优化反馈和 H∞控制方法、模糊控制器、神经网络方法等。

（4）新型风力发电机组研究

目前风力机主流机型为上风向三叶片水平轴风机，随着人们对风电技术的逐步了解，一些突破传统观念的新型风机也相继出现，如美国 FloDesign 公司开发的新型引射—混合风力机。试验表明，与两倍直径的传统风机相比，该新型风力机发电功效高出 50％，且价格低达 25％～35％；结构牢固，具有更高的疲劳寿命；可拆卸，安装、维护及运输方便；低风速下性能较好。为进一步开发该极具应用潜力的新型风力机，需要开展相应的基础性研究工作，包括系统性研究风机工作机理、内流流体气动影响因素与优化、结构布局优化、材料优化、风机疲劳强度影响因素和优化以及风机系统优化集成等。

3. 风电并网研究

第一，研究大规模风电场对电力系统电压稳定性和电能质量的影响，对风电场容量可信度进行评估。需要研究风电场并网运行可能给电网带来的稳定性及电能质量问题，以为风电场及电力系统采取应对措施提供依据；随着风电装机容量的不断增大，需要对风电场输出功率进行预测，并对风电场容量的可信度进行评估。

第二，研究大型风电场并网运行后对电力系统的影响，研究风电场并网运行可能给电网带来的局部电压稳定性问题及机理分析，以提出防止发生电压失稳的对策；根据不同类型风电机组的暂态特性，开展风电场并网运行对电力系统暂态稳定性、频率稳定性和小干扰稳定性的影响分析及其机理研究，为提高风电场的并网稳定性提供理论基础。

第三，根据风力发电对电力系统稳定性影响的研究，提出风电场及电力系统的稳定控制措施，以改善风电并网后电力系统的稳定性。既需要风电场根据风电机组类型增加设备、改进控制技术，能够参与电网的调压调频等功能，还需要电力系统在输配电、安全及监控等方面进行配合及改进，为大规模风电场并网提供技术支持。

第四，建立风电场可靠性分析模型，分析不同类型风电机组在不同接入方式下对电力系统可靠性的影响，提出进行风电场可靠性分析的方法及提高可靠性的措施，为风电场规划和运行提供重要的参考价值；提高建模分析的准确度，能够结合具体的电网情况，为风电场规划、调度和安全运行提供理论依据和参考。

4. 近海风电关键技术研究

除了要考虑与陆地机组的共性问题之外，还要研究近海风电机组功率特性优化，研究风、浪、海流联合作用下风电机组运行的可靠性、易维护性和防腐蚀性等，以减少故障率、提高可利用率、降低运行成本。同时也须研究近海风电机组系统优化及加工新材料和新工艺，研究水动力载荷和空气动力载荷联合作用下的复杂海上环境中风电机组设计的支撑结构优化，研究大型近海风电场集中与远程监控技术，研究海上风场风电机组安装、维护及可靠性，研究海上风力发电远程集中输电技术等。

另外，海上风机的其他形式，如下风向两叶片风机，也值得研究。与三叶风机相比，下风向两叶片风机质量更轻，吊装和后期维护成本也明显下降；因为处于下风向，不需要考虑塔架间隙问题，但需研究风向自适应控制。同时，还需开展风机可靠性、防台风及防腐技术等研究。

四、近中期支持原则与重点

近中期的支持原则为，支持对高效利用风资源、改善风力发电机性能、降低风电对并网产生的负面影响等方面有重大推动作用的相关基础科学问题进行研究。近中期支持的重点研究方向有七个。

1. 反映中国复杂地形特点的风电场模拟研究

风电场投资成败取决于风资源评估的好坏，而风电场模拟是最为关键的一环，它也将为后续的风机微观选址、风机选型及风机气动与结构设计提供重要的理论依据。有别于其他国家，我国风电场不但具有不同的气候特点，而且绝大多数地形相当复杂。因而，结合我国风场实际特点，基于先进的湍流模型，开展复杂地形风电场计算流体力学模拟研究，对我国自主建立完善的风资源评估体系、降低风电场投资成本及实现高效利用风资源具有重要意义。

2. 适合中国风电场实际工况特点的风电叶片气动优化设计研究

风电叶片是风力机系统中最关键的部件之一，对能否实现最大风能捕集起到决定性作用。我国风电场气候具有许多独有的特征，如北方风沙较大、南方沿海台风频繁、占领土面积约 70％ 的为低风速区等。此外，风力机野外恶劣的工作环境使叶片表面容易因结冰霜，附着沙尘、昆虫尸骸及盐粒等而粗糙度变大，严重影响叶片气动性能。这些都对叶片气动设计提出了新的挑战。针对不同风场的实际工况特点，开展相应的叶片优化设计研究是唯一途径，包括基于仿生原理的风沙与野外环境叶片减阻与增升气动优化设计研究、抗台风型钝尾缘叶片优化设计研究、低风速条件下叶片专用翼型优化设计研究以及适合中国风场气候特点的先进风力机翼型族研究等。

3. 风电机组空气动力与结构动力特性及优化设计理论研究

现代大型风力机设计是一个涉及多学科交叉的复杂问题，风速与风向的不稳定性和随机性，使得桨叶经常运行在失速工况下、传动系统的动力输入异常不规则、疲劳负载高于通常旋转机械。此外，还要能够承受低温、冰雪、台风等恶劣气候的考验。因此，在考虑其能量转换性能的优化的同时，还必须综合考虑整机的结构布局和结构动力学优化、系统可靠性及各因素间的相互作用。因此，应研究其动态气动理论及气动优化方法，确定其载荷计算的气动弹性模型，建立极端条件下整机稳定性及可靠性理论，研究整机结构优化设计理论及方法，从而建立适应我国自然环境和社会条件要求的、系统的风电机组总体设计理论体系。

4. 大型风电机组优化控制研究

利用风力发电的过程是由风能到机械能再到电磁能这样一个具有多种形态和特征的能量流的转换过程。要高效可靠地利用风能，必须对大型风电机组全时域能量流转换的暂态过程有科学清晰的认识，并应用先进控制理论对大型风电机组能量转换系统实现能量流实时优化控制进行研究，实现风能最大转换效率与风电机组动态负荷的最佳平衡。大型风电机组系统优化设计包括适用于大型风力发电机的新型结构及其作用机理的研究，提高大型风力发电机功率密度的关键技术研究，大功率变频器技术的研究，新型控制技术及变桨距控制技术研究等。

5. 大型风电场同电力系统相互影响的分析研究

对风电场并网对电力系统的影响进行深入的理论分析，提出风电场和电网应采取的对策，降低大型风电场并网可能对电力系统造成的不良影响，使风电场承担类似于火力发电的功能；通过风电场建模及可靠性分析，能够针对不同的风电机组和具体的电网情况，给出风电场的并网方案，为风电并网的规划、优化控制及安全运行提供理论依据和重要参考。

6. 近海风电机组关键技术研究

开展适合近海风电场采用的新型风电机组（如两叶片下风向机组）的优化设计研究，实现在高效利用海上风资源的同时，降低机组成本；研究在海上包括盐雾、潮湿、台风等特殊的复杂运行环境下的控制变流设计技术及可靠性；开展大规模风电场集群监控技术和异地远程监管技术，特别是高可靠性、多节点的网络通信应用技术的研究；开展风电机组主要组件的状态检测和故障诊断研究及带有预检测机制的智能化控制技术研究，以实现在线监测功能。

7. 非电利用技术研究

围绕非电利用系统的基本构成和运行规律研究、大规模风能储存的有效途径的基础研究、大规模风能海水淡化研究和风能提水系统及控制的基础理论等进行研究。

第四节　水　　能

一、基本范畴、内涵和战略地位

水能资源是水体中的动能、势能和压力能资源的总称。广义的水能资源包括河流水能、潮汐能、波浪能、海流能等资源；狭义的水能资源是指河流水能资源。水轮机将河流中蕴藏的水能转化成旋转机械能，通过主轴带动发电机将旋转机械能转换成电能。水能开发对江河的综合治理和综合利用具有积极作用，对促进国民经济发展，改善能源消费结构，缓解由于消耗煤炭、石油资源所带来的环境污染具有重要意义，因此世界各国都把开发水能放在能源发展战略的优先地位。

水能科学是关于水能资源合理规划开发、综合高效利用、优化运行管理以及水—机—电—磁高效转换的综合性交叉学科，涉及水电能源科学、水利工程、水文学、数学、经济学、系统科学与工程、控制理论、信息科学等多个学科领域，主要研究内容包括流域及跨流域水能资源规划与开发、水能资源综合利用、水电能源优化运行、水电能源与其他能源联合补偿运行、基于安全和风险约束的水火电系统协调理论、市场竞争条件下水电能源均衡博弈理论与方法、巨型水力发电机组设计制造及智能控制策略、新型水能蓄能与综合储能技术等。

水能作为一种清洁的可再生能源，其综合开发与利用是国际学术前沿和我国可持续发展研究的重要战略方向，关系到政治、经济、社会以及生态环境可持续发展等诸多方面。能源短缺与供需矛盾、水电能源和洁净新能源可持续发展问题已经成为影响世界政治经济格局、主导国家关系、影响国家竞争力和能源安全、制约国家国民经济发展的重大问题，同时也一直是全世界关注的焦点问题。尤其是在我国，随着流域及跨流域大规模巨型水电站群的建设和投运，水火互济和全国互联大电网格局已逐步形成，复杂水电能源系统运行、控制和管理所涉及的理论与技术，代表了当今世界水电工程建设科学技术的最高水平，备受国际学术和工程界的关注，形成了一系列国际学术前沿和热点研究问题（钱正英和张光斗，2001）。

《国家中长期科学和技术发展规划纲要（2006—2020年）》明确指出："今后15年，满足持续快速增长的能源需求和能源的清洁高效利用，对能源科技发展提出重大挑战。"这为水电开发提供了前所未有的有利条件，为水电发展创造了重要的历史机遇，凸显了我国水能科学的战略地位。

复杂条件下与水电能源安全、高效、经济运行及其效益相应的综合研究是国民经济中的重要内容，是水电能源科学领域的一个前瞻研究方向，具有很强的多学科交叉特征，是现代流域尺度复杂水资源与生态环境、社会环境以及经济环境耦合系统跨学科研究的前沿领域。面向国家重大工程需求，针对水电能源系统优化运行中的重大科学与关键技术问题开展研究，发展和完善基础理论和方法体系，实现水电能源联合优化运行和现代化管理，不仅可以显著提高社会、经济、生态、航运等方面的综合效益，而且对缓解电网丰枯、峰谷矛盾，改善电网电能质量，提高电力系统调峰、调频和事故备用能力，保证电力系统安全稳定运行，促进国民经济发展和社会进步具有重大战略意义。

二、发展规律与发展态势

（一）流域及跨流域水能综合规划

随着河流梯级、流域及跨流域、跨地区水能开发的逐步实施，仅为单一地点制订的水能规划方案明显不能满足水能开发的综合性、整体性和协调性要求，迫切需要规划理论和方法上的突破。为满足防洪、发电、灌溉、航运、供水、生态等多方面综合利用要求，水能规划研究重点转向了流域及跨流域空间尺度的一体化开发方面。同时，为更好地反映水能开发中水能利用、社会经济效益、生态环境等因素间的相互影响，在单电源点规划模型的基础上发展了多目标模型。随着研究的深入，多目标水能规划模型逐步涵盖了参数优选、径流调节、效益分析、环境评估等多个方面，较好地满足了工程实际需求。为高效地求解各种水能规划模型，各种系统工程方法和现代智能优化方法被广泛引入，并获得了良好的应用效果。

（二）复杂环境下水电能源优化运行

水电能源优化运行是水能学科的重点研究方向之一。近年来，随着我国水电开发规模逐步扩大、水电能源运行环境日益复杂，调度对象已从单一水电站发展到流域及跨流域巨型水电站群；调度方式从单纯水电能源优化调度发展到以水火电为主的多元能源联合优化调度；调度目标从发电或防洪等单目标发展到兼顾防洪、生态、航运、供水等方面的多目标；调度模型求解方法从常规运筹学方法发展到现代智能优化方法；运营环境从垂直垄断阶段发展到发电侧市场竞争阶段。

水电能源优化运行理论始于20世纪50年代的水库优化调度研究，该研究应用系统分析理论与方法研究和解决水库调度问题。20世纪90年代以前，是国外工业发达国家水电工程建设的蓬勃发展时期，我国的水电开发规模则相对较小。针对这一时期的水电调度问题，国内外不少学者得到了大量研究成果，建立了显随机性优化调度、确定性优化调度、最优控制、多目标优化调度等多种模型，提出了动态规划、非线性规划、网络流规划算法、大系统分解协调方法等单目标优化方法和权重法、约束扰动法等多目标优化算法等。20世纪80年代，我国著名学者张勇传院士曾创造性地提出了凸动态规划理论，并证明了凸性在递推计算中的传递定理，建立了调度函数和余留效益统计迭代算法，论证了其收敛性，从而有效地解决了多库问题中的维数灾难题。20世纪90年代以来，随着我国水电开发规模的不断扩大和水库群优化调度理论研究的不断深入，水库群优化调度研究逐渐由理论研究转向实际应用，由单一方法转向多技术综合（Liu and Jiang，2008）。

（三）水电机组安全稳定运行

水力发电机组是集水—机—电—磁于一体复杂的非线性动力系统，是水力发电系统中极为关键的动力设备。近年来，不少学者根据水电机组的复杂时变非线性特性，建立了准确可靠的仿真模型，并借助转速试验、负荷试验和励磁试验等手段进行模拟仿真，以此监测和判别机组状态，取得了丰硕成果。然而，由于机组故障具有复杂性、渐变性和耦合性特点，传统方法只是针对机组某一部件和部位的故障进行研究，存在一定的局限性，所以需将机组部件作为耦联体来研究，逐步揭示其故障机理。

针对水力发电机组运行条件复杂、工况恶劣的特点，研究巨型机组的优化控制策略并使之达到最佳稳定运行状态一直被国内外学者视为水力发电机组安全稳定运行的前沿问题之一，其众多分支的产生、发展与壮大是状态检修技术、机组控制和系统辨识理论与其他学科交叉渗透的结果。可以预见的是，水力发电机组安全稳定运行研究与当代前沿科学的融合仍然是其未来一段时间的发展方向。特别是信息诊断和智能诊断的相互融合、相互渗透并趋于集成，使下述发展趋势日趋明显：传感器的精密化、灵敏化、多维化，诊断理论和诊断模型的多元化、智能化，监测诊断技术的快捷化、自动化，诊断方式的远程化、网络化，系统功能中监测—诊断—预报治理和管理的一体化（《中国水力发电工程》编审委员会，2000）。

（四）巨型水力发电机组与大型抽水蓄能机组

我国大江大河众多，水能资源极其丰富，水电开发处于高峰阶段，并规划了大量装有 700 兆瓦以上水轮发电机组的水力发电站。由于水力发电站装机容量巨大，同时大多处于深山峡谷，如果采用 700 兆瓦级机组，电站装机台数较多，往往会造成枢纽布置困难，工程经济效益难以进一步提高。所以，工程建设中迫切需要更大单机容量的水轮发电机组，通过增大机组容量减少装机台数，从而提高工程效益。百万千瓦级超大容量水力发电机组具有广泛的应用前景。水内冷技术是随着三峡工程的建设引入我国的，运行经验还有待进一步积累。随着发电机容量的继续增大以及水内冷技术逐渐暴露出的问题，蒸发冷却的免维护技术将逐渐成为未来实现机组大型化、高功率密度的最佳选择。

目前，电网维护、电网安全稳定运行方面所面临的矛盾和困难越来越大，而抽水蓄能电站将成为保证电网安全、稳定、经济运行的有效手段之一。西电东送和全国联网工程是实现我国能源资源优化配置的重大战略举措，有利于实现电力系统的电源互补、备用共享、东西错峰和经济运行，因而大型抽水蓄能机组的技术攻关亦是未来水能科学的重要研究内容。

三、发展现状与研究前沿

（一）气候变化条件下流域水能开发的长期生态学效应

虽然现代流域规划理论解决了大规模水电开发面临的问题，但随着水能开发规模的扩大和水能资源综合利用要求的提高，水能规划在规划的综合性和对国家能源战略的响应方面的不足逐步凸显。在水能与新能源协调开发、政治影响因素分析、全球气候变暖应对以及决策模式转变等方面，当前水能规划理论与方法难以满足相应的需求，针对这些问题开展的研究极可能会形成新的学科增长点。

近年来，水能开发中生态和环境问题日趋凸显，环境保护和生态平衡在水能规划中得到了重视，梯级开发对河流生态和环境的影响评价成为研究热点，目前已开展了水能开发对河流长期生态学效应等方面的研究。由于全球气候变暖及其影响已不可避免，而水能受降雨和径流的影响又极为显著，因此，也开展了针对全球气候变暖对水能规划的影响以及水能开发应对措施的探索性研究（《中国电力百科全书》编审委员会，2001）。

（二）复杂水电能源多维广义耦合系统优化决策理论与方法

大规模复杂水电能源系统优化与决策涉及防洪、发电、灌溉、航运、社会经济、生态环境等诸多方面，是一类随机、时变、非线性极强的复杂耦合系统。为实现水利枢纽工程综合效益的持久发挥，国内外开展了大量的理论研究和工程实践工作，一些新理论、新学科、新技术的不断发展，极大地推动了水能学科的发展。尤其是针对实际应用中水库调度的复杂性和水资源系统的"非结构化"特点，为寻求多目标水库群调度决策方法和多目标之间协调、统一的发展模式，近年来又涌现出了进化算法，形成了水库调度的智能优化方法，这些方法具有研究模型简单、求解迅速、便于决策者参与、能根据实际情况快速给出"满意解"等特点，极大地丰富了水电能源优化运行的研究理论与方法。近年来，我国电力市场改革的实施使水电能源系统的运行环境发生了根本性变化，市场环境下水电能源优化运行相关理论和方法受到了广泛的关注，市场竞争条件下水电能源优化运行的先进理论与方法也成为学术和工程界研究的前沿和热点问题。

目前，随着我国西南水电的大规模开发，流域及跨流域巨型水电站群将逐步形成（陆佑楣，2005）。针对流域及跨流域超大规模巨型水电站群联合优化调度的多层次、多目标、多约束、多功能、多阶段等复杂特性，急需在理论上对新时空背景场下流域梯级水电联合优化调度模型的描述与表达、流域及跨流域水库群的补偿调节问题、不同体制下补偿效益的获取与分配问题、大规模非线性规划问题、全局搜索与局部搜索的协调问题、求解时间限制与求解精度的协调问题、流域和跨流域库群复杂水力电力拓扑关系的描述以及基于安全和风险约束的水火电系统协调问题开展前瞻性研究（Labadie，2004）。

（三）巨型水力发电机组的在线状态监测与故障诊断

水电机组是水电厂的关键设备，机组运行状态的好坏直接影响水电厂安全运行。当前，随着监测技术和管理模式不断发展和完善，现代化电厂的设备维修方式正在逐渐从过去以时间为基础的定期"预防性维修"向今天以状态监测为基础的"预测性维修"方式过渡，而国内大中型水电厂也逐渐向着"无人值班，少人值守"的管理模式发展。目前，国内外较为成熟和实用的水电机组状态监测技术包括机组振动稳定性在线监测技术、水轮机效率在线监测技术、绝缘局放监测技术、发电机气隙和磁场强度监测技术等。水轮机的空化监测技术经过多年的研究和试验，也逐步走向成熟和实用。另外，随着近些年红外测温技术的迅速进展，水轮机组转子温度的监测技术也得到了快速的发展和应用。然而，巨型水力发电机组故障诊断的基础研究才刚刚起步，其理论研究和工程应用是一个非常诱人的领域。

（四） 巨型水力发电机组设计与制造

巨型发电机的冷却技术，关系到水轮发电机的参数选择、结构设计、重量和造价，是保证发电机的绝缘寿命、提高发电机效率、保证发电机长期安全稳定运行的关键技术之一，也是突破发电机极限容量的关键。目前现有建成的单机容量在 400 兆瓦以上的水电站，其发电机的冷却方式多数为空冷模式。但有一个明显的趋势就是槽电流在 7000 安以上的发电机都需要采用内冷模式，所以，随着单机容量的进一步提高，特别是百万千瓦机组的研发制造，机组对内冷技术的需要也愈加迫切。

推力轴承是水力发电机的关键部件，支撑着机组的全部轴向负荷，其性能的优劣对机组性能的发挥起着极其重要的作用。随着水轮发电机组制造水平的提高，单机容量越来越大，推力轴承已成为制约机组制造水平提高的主要因素。1970 年，苏联古比雪夫航空学院研制成功了弹性金属塑料瓦推力轴承，此后，弹性金属塑料瓦推力轴承一直成为各国研究的重点。

发电机单机容量的增大和技术的提高，都是以发电机绝缘水平的提高为前提的。多年来，国内外的研究人员把改进定子绝缘技术的重点放在主绝缘材料的开发上。绝缘材料性能的提升使发电机的主绝缘厚度不断地减薄，同时也推动着发电机容量随着绝缘水平的提高而不断增大，但人们感到主绝缘在材料上的开发越来越有限。

四、近中期支持原则与重点

优先发展水电是我国的重要战略方针，提高水电能源在我国能源供给中的份额对解决能源供需矛盾，实现经济社会可持续发展具有重大的战略意义。

按照学科均衡、协调、可持续发展的总体要求，结合水能科学国际发展趋势、国家科技发展需求和人才队伍建设需求分析，针对我国当前水能学科的研究现状，提出了水能科学学科发展布局的思路，力争使水能学科达到国际领先水平。

（一）优先资助领域

优先资助领域是流域及跨流域水电能转换系统的安全高效经济运行。

三峡水电站的全面投产运行和西南地区超大规模水电站群的开发，标志着我国水能利用迈入巨型水电站群时代。流域及跨流域多维广义耦合水电能源系统是一个开放的复杂巨大系统，其安全、高效、经济运行不是孤立的，而是处在一定的自然、社会、经济环境之中，系统演化过程对参数极端敏感，具有高度非线性、时变、随机、不确定和强耦合等特性。同时，由于水资源系统受水文循环、用水边际效益、水力发电控制、水电能源运行方式、市场竞价博弈、电能需求及其与用户效应匹配程度等随机性条件的约束，所以系统呈现高度广义耦合特性。研究工作旨在揭示流域及跨流域水能资源在多重环境下的内在关联机理、演化规律及多维最优调控策略，为我国流域及跨流域水能资源的规划设计、综合优化运行提供理论和技术支撑。主要科学问题：①流域及跨流域水能综合规划；②流域及跨流域水电能源联合优化调度；③电力市场环境下水电能源优化运行的先进理论与方法；④巨型水力发电机组复杂动力学特性与系统辨识及参数优化理论。

（二）重点研究方向

1. 多维广义耦合水电能源系统时空背景场演化机理

1）气候变化条件下具有物理机制的分布式陆气耦合水文模型研究；
2）水电能源多维广义耦合复杂系统随机动力学演化机理研究；
3）跨流域尺度水电能源系统空间背景场混沌特性描述与表达研究；
4）水电能源复杂耦合系统高维问题低维化重构的理论与方法研究。

2. 复杂水电能高效转换动力学机理及其安全调控的理论与方法

1）巨型水力发电机组非线性动力学响应及其模型辨识和参数优化；
2）大型水电站水—机—电—磁耦合系统动态响应与稳定性控制；
3）复杂水电能源系统状态分析和故障诊断的先进理论与方法；
4）流域梯级动力灾变机理及其防御。

3. 水电能源混联系统可变时空尺度多目标联合优化运行理论与方法

1) 大规模水电能源系统可变时空尺度联合优化调度理论；
2) 流域及跨流域巨型水电站群多目标联合优化调度理论与方法；
3) 流域及跨流域水电站群生态调度理论与方法；
4) 基于安全和风险约束的水火电系统动力学过程；
5) 水电能源与新型能源联合优化运行模式；
6) 节能调度模式下水电能源混联系统优化运行理论与方法；
7) 流域及跨流域水电站群联合调度评估分析关键技术。

4. 市场环境下复杂水电能源系统动态均衡博弈的理论与方法

1) 多级市场下流域及跨流域梯级发电竞价模式及组合竞价策略；
2) 基于动态演化博弈的混联水电站群协调竞争与有效多赢模式；
3) 基于发电权交易的梯级水电系统调度模式；
4) 多级市场模式下梯级电站最优组合交易决策及风险管理机制。

5. 多元能源结构下战略资源储备与新型水能蓄能及综合储能技术

1) 集中储能系统与分布式新能源联合优化运行模式；
2) 大规模高效综合储能系统效益评估及结算机制。

6. 百万千瓦级巨型水力发电机电磁设计、结构刚度、冷却方式

1) 24 千伏及以上电压等级定子绕组结缘技术及仿真模拟试验研究；
2) 不同冷却方式下发电机定子线棒和磁极绕组温升及其温度分布理论；
3) 和实验对比研究；
4) 百万千瓦级机组推力轴承不同材料下的结构设计和热弹性理论计算；
5) 绝缘材料选取的基础研究；
6) 大型水轮发电机转子动力学研究。

7. 大容量抽水蓄能发电机组循环冷却系统、结构设计计算研究

1) 抽水蓄能发电机组采用蒸发冷却循环原理研究；
2) 推力轴承的润滑冷却。

8. 水力发电机多物理场耦合仿真计算

1) 蒸发冷却水轮发电机定子线棒温度场和流体场耦合计算；
2) 发电机定子机座结构、热耦合分析；

3）电机定子以及定转子耦合动力学振动模态分析。

9. 巨型水电机组状态监测技术

1）巨型水力发电机组在线监测技术；
2）水电机组智能故障诊断的先进理论与方法。

10. 长江上游巨型水电站群联合优化调度的重大工程科技问题

1）长江上游复杂水系网络拓扑化描述的理论与方法；
2）巨型水电站群运行管理中物质流、能量流、信息流的映射关系；
3）复杂梯级巨型水电站群重要控制节点基于资源预定模式的水量战略；
4）分配模型；
5）汛末梯级各水库蓄水秩序及蓄满率研究。

第五节 氢 能

一、基本范畴、内涵和战略地位

氢能是指以氢及其同位素为主导的反应中或氢在状态变化过程中所释放的能量。它可以产生于氢的热核反应，也可来自氢与氧化剂发生的化学反应。前者称为热核能或聚变能，其能量非常巨大，通常属核能范畴；后者称为燃料反应的化学能，就是人们通常所说的氢能。氢能和电能一样，没有直接的资源蕴藏，都需要从别的一次能源转化得到，因此，氢能是一种二次能源。与电和热等载能体相比，氢最大的特点是可以大规模地以化学能形式储存。在有用能需求时，氢能可以转化为电能等能量形式。作为一种二次能源，氢能具有的优势和对能源可持续发展的支持的潜力是多方面的。氢能不仅对未来长远的能源系统（聚变核能和可再生能源为主）具有巨大意义，而且对人类仍将长期依赖的化石能源系统也具有重要的现实意义。

氢作为能源，具有许多优点：① 所有元素中，氢的质量最轻，它是除核燃料外发热量最大的燃料，它的高位发热量为 142.35 千焦/千克，是汽油发热值的 3 倍；② 氢是自然界中存在的最丰富的元素，据估算它构成了宇宙质量的 75%，在地球上，自然氢存在量极其稀少，但氢元素却非常丰富，水是最丰富的含氢物质，其次是各种化石燃料（天然气、煤和石油等）及各种生物质等；③ 氢本身无毒，与其他燃料相比，H_2 和大气中的 O_2 燃烧或反应后，只生成水，因而清洁无污染；④ 氢的燃烧性能好，点燃快，与空气混合时有广泛的可燃范围，而且燃点高，燃烧速度快；⑤ 氢能利用形式多样，既可通过燃烧产生热能，在燃气轮机、内燃机等热力发动机中产生机械功，又可以作为燃料用于燃料电池；⑥ 氢可以气态、液态、固态、金属氢化物和吸附氢等形式存在，因此能适应储运及各种应用环境的不同需求。

氢能体系的内涵可理解为建立在氢能制备、储存、运输、转换及终端利用基础上的能源体系。在这样的体系中，氢作为能源载体，成为能源流通的货币或商品，氢能既是与电力并重而又互补的优质二次能源，又可以直接应用于各种动力或转化装置的终端燃料能源，渗透并服务于社会经济的各个方面。

鉴于氢能在未来能源格局中的重要作用，许多国家都在加紧部署、实施氢能战略，如美国针对运输机械的 "*Freedom CAR*" 计划和针对规模制氢的 "*FutureGen*" 计划，日本的 "*New Sunshine*" 计划及 "*We-NET*" 系统，欧洲的 "*Framework*" 计划中关于氢能科技的投入也呈现指数式上升的趋势。

氢能系统建立的源头可依赖于化石资源，也可依赖于可再生能源。而在化石资源向可再生能源过渡的过程中，除源头改变以外，其他环节包括氢的分离、输运、分配、储存、转化和应用等均不需要改变。所以，借助氢能可实现化石能源体系向可再生能源体系的平稳过渡，而不对能源体系产生太大的波动。可以认为，氢能是化石能源向可再生能源过渡的重要桥梁，必将从根本上为解决国家未来能源供给和环境问题发挥重要作用。然而要真正实现氢作为能源的广泛使用，还需要解决氢的规模生产、储存、输运及高效转化利用等一系列关键科学技术问题。

二、发展规律与发展态势

国际上氢能发展的热潮，始于 20 世纪末燃料电池的加速发展。随着氢能研究的逐步深入，人们对氢能解决人类能源问题寄予了更高的期望。最近，氢能被赋予了摆脱对石油资源的依赖、CO_2 减排等重要使命，并正在形成 "氢能经济" 构想，加速了向 "氢能经济" 过渡的努力。

近年来，美国、欧洲和日本等发达国家和地区的政府及国际组织从本国及本地区能源供应角度出发，纷纷制订有关氢能发展的规划。

IEA 的氢能项目战略目标为，通过国际合作和信息分享，推动、协调并保持氢能领域的创新性研究、开发和示范活动，主要关注技术、能源安全、环境、经济性、市场、部署以及拓展等七个方面的内容。

IEA 氢能项目自 1977 年以来，已经实施和正在部署的实施项目达到 28 个，20 多个国家承担了氢能利用和制备方面的项目。这些项目针对的前景：氢能在未来经济中的各个方面发挥重要作用，形成清洁的、可持续发展的全球能源供应体系。项目实施的目标为：加快氢能实施和推广应用。项目实施的战略为：加强国际合作和信息交流，促进、协调并维持创新研究、发展和示范活动。1990年4月2日，7个国家在巴黎签署了IEA针对先进燃料电池研究、开发和示范的实施协议，目标在于推动所有签约国对先进燃料电池过程的认识，主要针对熔融碳酸盐燃料电池，固体氧化物燃料电池和磷酸型燃料电池系统的合作研究、开发和系统分析展开。

2005年12月，IEA发布了《氢能与燃料电池前景展望》（*Prospects for Hydrogen and Fuel Cells*），对氢能在未来能源供给多样性及限制 CO_2 排放方面的作用给予期待，同时，探究了氢能发展潜力和燃料电池在未来能源市场的地位。但从真正进入市场方面来看，报告认为氢能和燃料电池还需要实现重大的技术突破，在降低成本的同时还需要政府的政策扶持。报告认为，基于氢能的特点，用于车辆系统的氢能与燃料电池研发最为热门。而在众多车用能源可选技术方案中，氢能源燃料电池可能是最难实现的方案，这也吸引了全球政府和公司最大的关注兴趣及空前的研发投入。目前，全球范围内有约400项的车用氢能与燃料电池示范项目在进行过程中，在最有利的条件得以满足的情况下，到2050年，全球30％的车辆将会以氢能燃料电池驱动，即有大约7亿辆汽车的保有量。

美国从本国能源供应安全角度出发，为了能够逐渐减少对国外进口石油的依赖，较早开始了氢能和燃料电池的研发，并从立法、政策和国家重大研究项目的立项三个层面来确保美国氢能和燃料电池技术的国际领先地位。在立法方面，2001年，美国政府再次通过《2001氢能法案》（*Hydrogen Energy Act of 2001*），主要涉及氢能商业化应用的研究和演示，开发氢能生产的方法，减少环境影响，降低从可再生能源和非可再生能源制氢的成本和能耗。2004年，美国能源部发布了《氢能源计划》（*Hydrogen Posture Plan*），将美国能源部现有及未来氢能发展的规划整合在一起，集研究、开发和示范于一体，以保证研发在向氢经济过渡道路上的领先地位。重大研究项目方面，迄今为止，美国已经启动实施了三项氢能重大研究计划。首先是2002年开始实施的"自由汽车合作研究和燃料行动计划"（*Freedom CAR and Fuel Initiative*）；其次是2003年2月美国政府宣布启动的"未来一代计划"（*FutureGen*）；最后就是美国能源部为了配合美国能源政策的实施，提出一个庞大的、全面涉及氢能生产、储存、运输和燃料电池应用的氢能计划（*Hydrogen, Fuel Cell & Infrastructure Technologies Program*）。美国能源部提出的氢能计划的近期、中期、长期和最终目标是：近期目标为以化石能源和电解水提供氢气，从而使氢气以具有竞争力的价格提供给终端应用；中期目标为发展分布式的燃料电池发电系统和燃料电池汽车在交通运输上的广泛应用；长期目标是以可再生能源系统生产氢，从而为社会提供洁净的、丰富的能源；最终目标是以可再生能源生产廉价氢，使得氢能够广泛用做洁净能源的载体和燃料。

鉴于世界各国纷纷开展氢能研究，为了统一行动，2003 年 11 月，在美国能源部的倡导下，16 个国家和区域联盟签署成立了"国际氢能经济伙伴计划"（International Partnership for Hydrogen Economic，IPHE）。该计划旨在加强法规技术合作，特别是在标准和法规方面，以期分享知识和经验，参与国必须承诺在氢能和燃料电池方面有持续的高投入。印度和中国是签署参加该计划的两个发展中国家。

2002 年，欧盟委员会主席普罗迪在 15 个成员国会议上表示，欧洲已确定新能源使用目标，即到 2010 年，欧洲电力需求的 22%、所有能源需求的 12% 必须来自新能源，到 2020 年所有可替代能源的 5% 来自氢。为了新能源目标的实现，欧盟还给出了氢能发展路线图，预计到 2050 年，欧洲将实现可再生能源对化石能源的全面替代。欧洲路线图的要点为：近中期阶段（至 2010 年），扩大使用可再生能源发电，提高燃料的质量和效率，增加以天然气和生物质为原料的合成油的生产和使用，推广氢和燃料电池的早期应用、市场刺激和公众接受度以获得经验，在不增加 CO_2 排放的前提下，开发氢燃料的内燃机引擎；中期阶段（2010～2020 年），持续增加以生物质为原料的液体燃料的使用，持续使用燃料电池，确保向氢经济过渡和对 CO_2 的封存，开发和完成可再生能源制氢系统，进行如太阳能和核能等无碳能源的研究和开发；中远期阶段（2020 年以后），通过使用可再生能源和核能，电和氢将成为共存的能源载体，逐步取代碳基能源，扩大氢的分配网络，保持环境友好。

目前，欧盟正在实施 2007～2013 年的第七个研究、技术发展与示范活动框架计划（简称 FP7），总预算为 505.21 亿欧元，其中能源领域的预算总额为 23.50 亿欧元。研究目标是优化目前能源结构，以可再生、无污染的多样化能源为基础，减少对进口燃料的依赖；提高能源效率，包括能源的合理利用及储存；在应对能源供应安全和气候变化问题的同时，提高欧洲工业的竞争力。该计划中设立了专门的氢能和燃料电池专题。

日本从自身资源贫瘠的国情特点出发，非常重视新能源的开发，也是最早系统制定氢能发展规划的国家。早在 20 世纪 80 年代，日本政府就成立了 NEDO，负责日本燃料电池的技术开发。NEDO 在 2002 年启动了为期三年的氢能与燃料电池示范项目（Japan Hydrogen & Fuel Cell Demonstration Project，JHFC），以期对氢能基础设施、燃料电池车等进行全面的测试和评估。

加拿大在氢的生产、储存和运输以及燃料电池方面已有非常重要的进展，特别是巴拉德公司的燃料电池研究处于国际领先地位。德国的氢和燃料电池汽车、加氢站技术最为先进，氢能计划亦实施较早。英国在氢能方面起步比较晚，2002 年实行了《伦敦氢能伙伴计划》（London Hydrogen Partnership），其核心内容是《伦敦氢能行动计划》（London Hydrogen Action Plan），目的：①支持英国的氢能经济发展；②通过氢和燃料电池的发展，为伦敦的绿色经济作贡献；③在伦敦地区提高空气质量，减少温室气体排放和噪声；④确保能源安全。

除各国政府积极制定氢能和燃料电池发展规划外，各大汽车制造商和石油公司也通力合作，投入巨资进行一系列的研究和测试，努力将氢能和燃料电池技术推入市场。

当前，国际上氢能及燃料电池技术又进入了新一轮研发，与早些年的热血沸腾、踌躇满志相比，现在人们对氢能特别是氢燃料电池车的研究持更加冷静的态度。氢能研究重点也转向应用基础研究和关键技术突破，美国能源部也指出将集中全国科学工作者的智慧和技能来追求科学突破，以实现替代能源和可再生能源真正大规模替代化石燃料。美国能源部也相应地宣布建立 46 个能源前沿研究中心，其中用于可再生能源与碳零排放能源（太阳能、先进核能系统、生物燃料、CO_2 地质封存）的有 20 个，储能研究（氢能、电能储存）的有 6 个。国际上氢能及燃料电池技术的新一轮研发行动具有以下四个明显的特征。

1. 发达国家依然对氢能技术给予高额投入

自 20 世纪末氢能研发热潮兴起以来，各国政府及各大汽车公司为抢占这一技术制高点，纷纷投入巨资开发氢燃料电池汽车并进行示范展示。然而时至今日，在 2004 年左右实现产业化的预测并没有实现，但世界各国对燃料电池汽车研究的热情有增无减。世界范围内已经"烧"掉了几百亿美元，但由于市场潜力又十分巨大，谁也不愿意就此停顿下来。当前，国际上氢能及燃料电池又进入了第二轮研究，发达国家依然对氢能研究给予高额投入。2008 年 10 月，欧盟委员会、欧盟工业界和科研机构宣布，将在今后 6 年内投资约 10 亿欧元用于燃料电池和氢能源的研究和发展。日本 2006 年的氢能燃料电池研发投入是 2.88 亿美元，略少于 2005 年（3 亿美元），其新增项目有三个：①氢能燃料电池研究；②创建世界第一个真正固定式燃料电池市场；③燃料电池应用的拓展及移动式应用市场和微型燃料电池市场的研发。

2. 氢能研究重点转向应用基础研究和关键技术突破

2000 年之前，各国主要是投入造车和示范，从 2001 年到现在，各国在继续进行示范的同时，都将重点重新转向应用基础研究及氢能应用各环节关键技术的突破，希望通过研究氢能及燃料电池技术的各种基础性问题，如研究氢能本身的技术问题、制氢和储氢技术、高效的氢能转换技术等，找到高效制氢、储氢、提高燃料电池寿命以及降低成本的根本办法。

3. 氢燃料电池汽车时有展示，全球加氢站数量稳步增长

尽管混合动力汽车对氢燃料电池汽车造成了巨大冲击，但国际上氢燃料电池汽车的示范展示仍时有进行。GE 在 2008 年的日内瓦车展上通过展示凯迪拉克 PROVOQ 燃料电池概念车显示了其在燃料电池技术领域的领先优势。2008年 6 月，丰田汽车公司宣布新一代燃料电池车取得重大技术突破，与上一代车型相比，新一代 FCHV-adv 采用全新设计的 FC Stack 燃料电池组，提升了燃料电池车在行驶里程上的限制。

在加氢站基础建设方面，2005 年全球新增氢能燃料站 30 个，其中大部分位于美国加利福尼亚州，该州在其燃料电池同业会（CaFCP）及南海岸空气质量管理区（AQMD）已经投放了 90 多辆由燃料电池驱动的公共汽车，目前已超过300 辆。

4. 燃料电池应用领域不断拓展，小型固定式燃料电池系统产量稳步增长

从近两年的燃料电池研发示范中可以看出，燃料电池应用的领域正不断扩大，市场突破口从追求零排放汽车悄然转向除轻型机动车以外的其他运输领域及固定式电源系统。根据今日燃料电池（Fuel Cell Today）最新发布的燃料电池系统全球调查显示，2008 年燃料电池在航空、火车、机器人、断裂迁移车和双轮车以及航海和辅助动力装置等运输领域的应用形势看好，大量公司正在迈出真正的商业步伐。

作为世界上最大的发展中国家，我国政府重视发展氢能及其应用技术。目前，在氢能及燃料电池领域，已经初步形成了从基础研究、应用研究到示范演示的全方位格局。

在基础研究方面，科技部 973 计划已资助了多个氢能项目。在氢能与燃料电池技术应用示范研究方面，科技部 863 计划也给予了重点资助，包括制氢技术、储氢技术、输氢和氢安全技术、质子交换膜燃料电池技术、高温燃料电池技术、新型燃料电池技术等。

2007 年 1 月，科技部 863 计划继续投资 2 亿元开展电动汽车专项燃料电池客车和轿车的研究。基金委和中国科学院也投入了大量资金开展氢能相关技术的研究。中央政府的投资带动了地方政府和民营企业家对氢能研究的投入，据不完全统计，这些投入累计达到约 24 亿元人民币。

2008 年北京奥运会期间，我国自主开发的多辆氢燃料电池城市客车和燃料电池轿车首次投入运行。燃料电池城市客车在北京公交 801 路（区间）上示范运行，全天平均行程约 85 千米。本次燃料电池城市客车的示范运行不仅是科技

奥运的"明星工程"之一，同时也是燃料电池公共汽车（Fuel Cell Bus，FCB）项目的一部分，示范运行时间为期 1 年，即持续至 2009 年 7 月。燃料电池轿车作为公务 VIP 用车在奥运中心投入示范运营，与近 500 辆各类电动汽车一道，实现了奥运核心区污染零排放。

经过几年的努力，我国在氢能领域取得了较大成绩：一是形成了一支专业研究队伍，目前，包括中国科学院、高等院校在内的十几个科研机构在氢能领域开展研究工作；二是在氢能领域形成了一大批具有自主知识产权的新技术、新材料和新工艺；三是多家单位联合、成功开发了燃料电池公交车和燃料电池轿车，并进入演示阶段，以上海神力科技有限公司、中国科学院大连化学物理研究所及武汉理工大学为代表的研究团体初步建立了车用燃料电池自主知识产权体系，积累了燃料电池的车用经验。

尽管如今国际社会对氢能特别是氢燃料电池车的研究持更加冷静和务实的态度，但在氢能及燃料电池技术研发与示范方面的努力一刻也没有停止。发达国家依然投入大量的人力、物力开展研究，开发各种高效率、高可靠性和低成本的新一代氢能利用新技术，以期推动氢能及燃料电池的技术进步，促进其商业化进程。

三、发展现状与研究前沿

未来的氢能系统应包括氢能的生产、储存、运输、转化、应用及 CO_2 处理等环节。为实现氢能在燃料电池平台的大规模应用，氢的制备和储存是必须首先解决的关键问题。

（一）氢能制备技术的现状与前沿

在人类生存的地球上，氢是最丰富的元素，但自然氢存在极少，必须消耗大量的能量将含氢物质分解后才能得到氢气，因此寻找低能耗、高效率的制氢方法是大势所趋。最丰富的含氢物质是水，其次是各种化石燃料（煤、石油、天然气）及各种生物质等。目前的氢能制备技术大致可分为以下三类。

1. 化石燃料制氢

以煤、石油和天然气为原料制取氢气是当今制取氢气最主要的方法，包括含氢气体的制造、气体中 CO 变换反应及氢气提纯等步骤。制得的氢气主要作为化工原料，如生产合成氨、合成甲醇、进行石油加工等。当前主要采用的工艺可分为：①天然气水蒸气重整（SMR）；②碳氢化合物或煤的部分氧化或自热重整（POX 或 ATR）；③天然气裂解；④煤制氢。目前，天然气水蒸气重整制氢是大规模工业制氢中效率最高、成本最低的一项工艺路线。在美国，大约有95％的氢气是通过该方法制得的。

目前，对于化石燃料制氢的研究热点包括三个方面。

1）传统工艺的小型化。随着燃料电池技术的发展，使用氢燃料电池作为汽车动力源代替化石燃料已成为大势所趋。为了给燃料电池提供氢源，移动制氢技术受到极大的重视，该项研究工作又可分为现场制氢和车载制氢两大类。

2）新型重整器的开发。已见报道的包括板翅式反应器、膜反应器、等离子重整器、微通道重整反应器、太阳能气雾反应器等多种。

3）新型制氢工艺研究。其包括硫化氢超绝热分解制氢和热化学分解水制氢等。

化石燃料制氢研究急需解决的关键问题：①如何通过技术创新与集成降低制氢成本；②如何进行移动制氢技术的集成、过程强化与耦合；③如何消除微量 CO；④如何进行 CO_2 的回收与处理。

2. 生物质制氢

生物质资源丰富，具有易挥发组分高，碳活性高，硫、氮含量低等优点，极有可能成为未来可持续能源系统的重要组成部分。但是生物质的能量密度低，资源分散，将生物质转化为高能量密度的氢气是利用生物质和解决氢源问题的一条重要途径。

目前生物质制氢主要分为生物质法制氢和生物法制氢两大类。

生物质法制氢是将生物质通过热化学方式转化为合成气。其所用原料可以是含碳有机物、城市生活垃圾和一些难降解的高聚物等。目前国际上重点关注的方法主要包括三类。

1）生物质裂解催化重整（catalytic reforming of biomass pyrolysis vapor）。该过程分为两个步骤：先将生物质高温分解为生物油，然后对生物油进行重整反应获得氢气。

2）生物质超临界水气化（supercritical water gasification）。利用水在临界点附近的特殊性质，可使生物质气化率达到100％，产物中氢气的体积百分含量超过50％，且不易生成焦油、焦炭等污染物，不造成二次污染。对含水量较高的湿生物质可直接气化；含水量达70％～90％的有机物浆料可直接作为反应原料，无须干燥，具有原料适应性强、反应迅速、气化率高、气化产物含氢量高、热值高等独特优势，显示出良好的开发前景，在美国、日本及欧盟均受到高度重视（Levin et al.，2004）。

3）热压载气化（thermally ballasted gasifier）。使用一个反应器进行燃烧和高温分解的反应。在反应过程中，合成气没有 N_2 或燃烧产物稀释，850℃燃烧放出的热量以潜热形式存储于熔融盐中，这些熔融盐装在流动的密封小管中；在 600～850℃分解阶段，存储在相变材料中的潜热释放供分解反应进行。因为没有 N_2，所以能够获得高浓度氢气和 CO，CO 在随后的水汽变换反应中转换为 CO_2 和氢气。

生物法制氢主要可分为厌氧发酵法制氢和光合生物法制氢。

1）厌氧发酵制氢。它是利用多种底物在氮化酶或氢化酶的作用下，将底物分解制取氢气的过程。底物通常包括甲酸、丙酮酸、CO 和各种短链脂肪酸等有机物、硫化物，淀粉、纤维素等糖类。这些物质广泛存在于工农业生产的污水和废弃物中。整个厌氧过程大致可分为三个阶段：水解、产氢产酸和产甲烷，产氢处于第二阶段。由于多种因素的影响，厌氧发酵制氢的产率一般比较低。为了提高氢气产量，需要选育优良的耐氧菌种，进行多菌种的共同培养，多菌种细胞固定化成为主要技术手段。微生物细胞固定化后，其氢氧酶系统稳定性提高，可连续产氢。厌氧发酵制氢过程的能量转化率一般只有 33%，如果考虑将底物转化成甲烷，则其能量转化率可达 85%。

2）光合细菌与藻类产氢。它是在光照条件下将底物分解产生氢气的过程。参与光合细菌制氢的酶有三种：固氮酶、吸氢酶和双向产氢酶，其机制一般认为是光子被捕获到光合反应中心进行电荷分离，形成三磷酸腺苷（ATP），另外经电荷分离的高能电子产生还原型铁氢还原蛋白（Fedred）；固氮酶利用三磷酸腺苷和还原型铁氢还原蛋白进行氢离子还原生成氢气。其研究对象目前主要为蓝藻类细菌和蓝绿藻，藻类制氢主要指绿藻通过产氢酶制氢。绿藻在有光和无光条件下都能产氢，但是 O_2 存在时，氢化酶的活性下降很快，而绿藻的光合作用必定产生 O_2，因此这一过程的产氢量很低。

生物制氢不仅能给人们提供清洁能源，还能处理有机废物，保护环境，是替代化石燃料的理想方式。目前，生物质制氢尚处于研究阶段，要想推广使用，未来的研究开发应关注以下四个方面的问题：①从实现工业化生产的可能性来看，生物质制氢的技术难点是最小的，而生物法中发酵法又比光合法具有更大优势。②细胞固定化技术虽可使氢气产率得到提高，但其工艺过于复杂，要求有与之相适应的菌种生产及菌种固定材料的加工工艺，这使得制氢成本大幅提高；固定化技术形成的颗粒内部对生物产生反馈抑制和阻碍作用，使生物产氢能力降低，因此，对生物法制氢来说，筛选有较高固氮酶或产氢酶活性的菌株，并对这些菌株进行基因表达，优化培养条件仍将是今后的工作重点。③利用光合细菌产氢，今后的课题是如何提高光能的利用效率，据美国太阳能研究中心估算，如果太阳能转换效率达到 10%左右，就可以同其他能源竞争，但迄今为止光合细菌转换效率最高仅有 7%，一般是 3%。④研制用于工业化生产的生物制氢反应器。

3. 水解制氢

从热力学上讲，水作为一种化合物是十分稳定的，要使水分解需要外加很高的能量，由于受到热力学的限制，采用热催化方法很难实现。但是水作为一种电解质又是不稳定的，理论计算表明，在电解池中将一分子水电解为氢和氧仅需要 1.23 电子伏特，因此水解制氢主要是通过电解完成的。现在水解制氢的方法主要有电解水制氢和光解水制氢两大类。

1）电解水制氢。该技术经过 200 年的发展已相当成熟，目前世界氢产量中有 4％来源于电解水。但由于目前的电能还主要来自化石能源等，发电效率较低，为 35％～40％，而工业电解水的效率在 75％左右，因而总的电解水产氢效率为 26％～30％，最高不超过 40％。要想使电解水成为未来主要产氢途径，降低电解水的能量消耗以及降低电价是两种重要方法。目前，这方面的研究包括利用天然气协助水蒸气电解、添加离子活化剂的电解水以及利用可再生能源发电电解水等。

2）光解水制氢。太阳能是最为清洁而又取之不尽的自然能源，光解水制氢是太阳能光化学转化与储存的最佳途径，意义十分重大。然而，利用太阳能光解水制氢却是一个十分困难的研究课题，有大量的理论与工程技术问题需要解决。太阳能分解水制氢可以通过两种途径来进行，即光电化学电池法和半导体光催化法，都是近年来的国际研究热点。美国能源部为太阳能光解水制氢研究提出的效率目标为 15％，成本目标为 10～15 美元/百万英制热量单位（MBTU），目前的研究尽管已取得很大进展，但是太阳能的利用率仍低于美国能源部提出的商业化可行的 10％的转化效率基准点，研制高效、稳定、廉价的光催化材料及反应体系是突破的关键。

从长远来看，水解制氢是化石燃料制氢的理想替代技术（Manish and Banerjee，2008）。利用太阳能进行光解水制氢和电解水制氢的关键因素是光能转换效率和成本问题。今后的研究主要着眼于：设计和研制高效、稳定的催化材料和半导体材料；深入探讨光催化过程中的电荷分离、传输及光电转化等机理问题；大力开展可再生能源发电的研究，不断降低发电成本。

总之，目前国际上氢能制备技术的发展趋势是：提供更为先进的廉价小规模现场制氢与纯化技术是建立加氢站和提供分散氢源的重要需求；提供先进的氢能制备技术并实现 CO_2 近零排放是氢能制备环节未来的发展重点；从更长远角度考虑，以可再生能源制氢，最终替代化石能源，是解决能源和环境问题的根本出路。充分利用各种资源（包括化石能源、核能和可再生能源），不断研究出低成本、高效率的制氢方法是制氢技术的发展趋势。

（二）储氢技术的现状与前沿

在整个氢能系统中，储氢是较为关键的环节。要想实现氢能的广泛应用，尤其是实现燃料电池车的商业化，必须提高储氢系统的能量密度并降低其成本。各国对储氢技术的开发尤为重视，并已取得较大进展。

总体来说，氢气的储存分为物理法和化学法两大类。物理法储氢主要有高压氢气储存、液氢储存、活性炭吸附、纳米碳管吸附、玻璃微球储存等。化学储存方法主要有金属氢化物储存、有机液态氢化物储存等。

1）高压气瓶储存。目前工业上常用的高压气瓶储氢压力为 15 兆帕，质量储氢容量不到 1%，体积储氢容量约为 $0.008kgH_2/L$，远不能满足为燃料电池车供氢的要求。急需研制更高压力水平的储氢容器，同时需要解决由此带来的 H_2 压缩和运输成本上升问题；

2）液氢储存。氢气经过压缩以后，深冷到 $-252℃$ 以下变为液氢，必须封存在特制的绝热真空容器中。液氢的体积储氢容量很大，远高于其他的储氢方法。由于液氢储存的质量比高，体积小，现已成为燃料电池车的最优配置。但是 H_2 液化需要消耗很多的能量，液化 1 千克氢气需耗电 4～10 度；液氢的热漏损问题使得对液氢的生产、储存、运输和加注的要求很高，目前其成本和能量的消耗都是无法承受的，也是燃料电池商业化的重要障碍。

3）金属氢化物储存。金属氢化物储氢是某些金属或合金与氢形成氢化物的储氢方法，通过加热后释放出氢气，为氢的储存和运输开辟了一条新的途径。采用金属氢化物储氢罐供氢具有氢纯度高、安全可靠和长寿命等优点。但也存在质量比、容量比低的明显缺点，如要在轿车上使用尚需进一步提高其质量比、容量比。从 20 世纪 50 年代开始，国外不断推出有实际利用价值的储氢合金系列。经过半个世纪的研究，储氢合金的储氢容量不断提高，吸放氢的循环稳定性不断改进。日本、德国和美国在这方面居于国际领先地位。金属氢化物中，以氢化镁（MgH_2）的储氢能力最强，达到 7%（质量百分数），但需要在较苛刻的条件下才能释放氢气。目前，研究的重点是可以吸附氢的轻金属合金材料和金属氢化物（如 Mg_2NiH_4）的改进。金属氢化物的储氢目标是储氢量高于 5%（质量百分数），且在与燃料电池相关的废热温度 100℃ 以下氢气即可脱附。

4）纳米材料储氢。纳米储氢是近十多年才发展起来的。由于纳米碳中独特的晶体排列结构，其储氢数量大大超过了传统的储氢系统，被认为是一种非常有潜力的高容量储氢材料，但存在技术上的不确定性，仍需要进一步验证并解决纳米碳管的规模制备问题。

储氢技术研究的发展趋势有两个：①提供安全、高效、高密度、轻质量、低成本的氢能储存与运输技术是将氢能推向实用化和规模化的关键。储氢材料要达到实用的目标，其质量储氢量要达到 5 兆焦/千克以上，体积储氢量要达到 6 兆焦/升以上，真正商业化的要求更高，其质量储氢量和体积储氢量都要达到 10 兆焦/千克和 10 兆焦/升以上。② 今后的研究工作一方面要力争在现有基础上取得重要突破，另一方面，通过开展储氢机理的研究和理论上的原始创新，以期发现新的储氢机制，带动储氢新材料的研发，探索新的储存-释放系统。

（三）燃料电池技术及其他氢能利用技术的研究现状与前沿

作为新一代能量转换装置，燃料电池将燃料化学能直接转化为电能，反应产物为水，具有能量转换效率高、接近于零排放、噪声低和可靠性高等优点，是推动氢能发展的关键所在。根据电解液的不同，燃料电池主要可分为四类：固体氧化物燃料电池、熔融碳酸盐燃料电池、聚合物电解质膜燃料电池和磷酸型燃料电池。

固体氧化物燃料电池燃料选择范围广，运行温度高，与燃气轮机组成的联合循环系统发电效率可达 70%～80%；熔融碳酸盐燃料电池可使用净化煤气或天然气作燃料，如将余热发电和利用均考虑在内，燃料的总热电利用率可达 60%～70%；聚合物电解质膜燃料电池运行温度低、启动快，发电效率高，最适宜用于住宅用小型电站和燃料电池汽车；磷酸型燃料电池已有兆瓦级的电池堆在商业化运行，积累了丰富的运行经验。

出于对 Nafion 膜的耐久性考虑，目前聚合物电解质膜燃料电池的工作温度为 80℃或更低，更高的操作温度将有助于散热，降低燃料电池的重量，并增加电池堆对 CO 的抵抗力。车用的燃料电池将在短期内实现 120℃的操作温度，而不需要变动目前使用的冷却剂。分布式发电用的燃料电池将可实现 150℃以上，并可以连续提高到接近 300℃的操作温度，在热点联产方面提高整体效率。

聚合物电解质膜燃料电池的催化剂目前采用昂贵的贵重金属。燃料电池的大规模制造需要考虑对国际上铂的价格、生产和储存的影响，需要寻求可降低系统成本并保证性能和寿命的非铂型催化剂。在保证燃料电池系统性能和寿命的条件下，寻求能极大降低成本的非贵金属催化剂或减少贵金属在催化剂中用量的催化剂。

固体氧化物燃料电池技术近年来引起人们的极大关注并取得显著进展，面临的困难主要是降低成本、提高功率密度。该类燃料电池不需要使用贵重金属催化剂，寿命长，效率高。由于工作温度高，有望实现热点联产，世界上许多大公司都在开发这种燃料电池技术。固体氧化物燃料电池技术为分布式热电联产市场提供燃料电池，在氢能经济进程中必将扮演重要角色。该技术发展的主要障碍与材料有关，如材料界面化学和机械稳定性、密封完整性及热循环性能等。虽然固体氧化物燃料电池在几种燃料电池中对于燃料杂质和污染物的抵抗性能最好，但仍需在这方面进行加强。

熔融碳酸盐燃料电池目前被用与针对天然气和煤基的发电系统进行开发，以实现在发电、工业和军事等方面的应用，属于高温燃料电池。电解液采用熔融碳酸盐混合物，熔融碳酸盐混合物浮在多孔的、化学惰性的铝酸锂（$LiAlO_2$）载体上。由于工作温度相当高，达到 650℃ 甚至更高，可采用非贵金属作为阳极和阴极催化剂的材料，降低成本。主要的发展障碍也与材料相关，碳酸盐电解液具有很强的腐蚀性，对有些杂质（如硫与氯化氢）的防护能力也很低。在一些操作条件下，阴极被腐蚀，导致一些阳极成分会发生蠕变，操作上要求涂上一层不锈钢电池的硬件材料，电池的剥蚀比预想要大一倍，热循环也存在问题。

燃气轮机是目前重要的动力转化装置，采用氢作为燃料可显著提高循环效率。据估算，氢氧联合循环的燃气轮机效率可达 70%，但富氢燃料的使用要求燃烧室有挑战极高的反应速度，不利于预混火焰的稳定；高的燃烧温度不利于扩散火焰的污染物控制，必须发展富氧多组分燃料的燃烧技术。

燃氢内燃机的效率比现有的汽油内燃机提高 20%～25%，达到 50%。燃气轮机和内燃机也极易配置成冷热电联供系统，使总的能量利用效率进一步提高，有望在未来实现分布式供能。汽车的气体代用燃料天然气加氢可显著改善动力特性并实现低污染排放，是近期受到人们较多关注的研究工作。

四、近中期支持原则与重点

根据国内外氢能技术发展现状及我国实际情况，近中期应重点支持下列研究工作。

（一）氢能制备领域

氢能制备领域的研究工作主要包括如下六方面。

1）支持新技术的创新与集成。目前，各种制氢技术所提供的氢源的实际价格均明显高于燃料电池应用所能接受的目标价格，在氢能制备上，开展新技术的创新与集成是降低制氢成本的根本出路。

2）廉价氧的分离技术。高性能透氧膜材料是实现廉价制氢技术集成的关键技术之一。

3）高效氢分离与纯化技术。研发适用于小规模现场制氢的分离与纯化技术，如高透量、高选择性和长期稳定的透氢或透 CO_2 膜材料，是降低氢分离与纯化成本的关键。

4）移动制氢技术集成、过程强化与耦合、系统集成。通过采用先进的微通道反应器和移动制氢技术的集成，实现制氢系统小型化和具有高的比能量和比功率是移动氢源系统必须解决的关键问题。通过过程强化与耦合，实现能量的合理利用，满足移动制氢系统的频繁快速启动与响应。

5）微量 CO 消除技术。微量 CO 会使燃料电池电极催化剂中毒，是移动氢源必须解决的关键问题。可通过高效制氢过程催化剂的研发，使 CO 含量降低到满足燃料电池要求的水平。

6）可再生能源制氢效率的提高和生产能力的提高。对可再生能源制氢，尽管还有很多科学与工程问题尚需进一步解决，但限制其应用的最大障碍是制氢成本问题。因此，持续开展基础研究，通过提高可再生能源制氢的效率和生产能力，从而降低制氢成本，是未来相当长一段时间需要解决的关键问题。

应充分利用各种资源（包括化石能源、核能和可再生能源），不断开发出低成本、高效率的制氢方法，这也是制氢技术发展的总趋势。重点研究领域和核心科技问题包括：小型高效低成本的化石燃料制氢系统；可再生能源制氢技术的基础研究；带碳封存的大规模煤制氢技术的初步应用；小型制氢系统的示范运行；成本可控的可再生能源制氢技术示范；化石燃料制氢技术与可再生能源制氢技术的合理衔接。具体有四个方面。①以化石燃料为基础的氢能集成系统。主要研究新型纳米催化材料设计、多反应耦合与过程强化技术、集成系统能量梯级利用及能量效率提升技术、新型膜分离技术。②太阳能光解水制氢。主要研究稳定高效的催化材料或半导体材料新体系，光催化过程电荷分离、电荷传输机理以及光催化分解水的机理，新的光利用和光子转化理论。③核能制氢。主要研究热解水循环过程模型建立、高效化学转化催化剂和化学循环介质分离膜。④生物质制氢。主要研究藻种优化及微藻代谢途径调控技术、酶催化剂及其催化机理、新型高效反应器、酶催化的能量耦合系统、系统的建模和模拟。

（二）氢能存储与输运领域

研究与发展高性能的储氢材料：广泛探索新的储氢材料，以物理和化学两方面的知识积累，发展新的高效储氢材料，同时为新材料的制备奠定基础。

开展氢的储存机理研究：从化学的角度理解储氢的本质，为新材料的发展提供理论依据。

氢的储存/释放系统研究：将氢的储存与释放作为整体，发展实用的储氢系统。通过理论上的原始创新，借助数学和物理机理方程的描述，以期发现新的储氢机制，借助材料科学的进展，探索新的储存/释放系统付诸实践的可能。

开展防氢脆新材料的研究：保证管道和其他材料的使用安全。

研究液氢的热漏损问题：通过技术创新，缓解液氢输运过程中氢的热漏损。

（三）氢能转化与利用领域

质子交换膜燃料电池系统的可靠性与性价比提升技术：长寿命质子交换膜的技术突破；使用能降低贵金属用量的催化剂或使用非贵金属替代铂催化剂；通过研究，寻找新的廉价气体扩散层；发展新颖的膜电极三合一组件；优化系统集成和控制逻辑程序；发展燃料处理和燃料电池系统集成技术。

第六节　海洋能及其利用

一、基本范畴、内涵和战略地位

海洋能是一种蕴藏在海洋中的可再生能源，可分为波浪能、潮汐能、海流能、温差能、盐差能五种。其中，波浪能、海流能、潮汐能属于流体机械能，温差能属于热能，盐差能属于化学势能，该化学势能可以转换成机械势能（反渗透压势能），也可以转换成电势能（反电渗析势能）。海洋能利用指海洋能装置在海洋能驱动下做功，从而得到所需的动力或电力（孙丽萍和聂武，2000）。

从海洋能中直接获取所需的动力，明显比海洋能发电后，再通过电力转换成动力的过程优越，应优先考虑。目前成功的例子有，提供粉碎饲料的动力的我国果子山潮汐能动力站，提供海水淡化动力的英国波浪能装置 McCabe Wave Pump 以及我国振荡浮子波浪能独立发电与制淡系统，为水下滑翔机提供势能的美国及我国的温差能势能利用装置。

海洋能发电是常见的海洋能利用过程。其中，盐差能中的反电渗析势能则可以直接转换成电势能；波浪能、海流能、潮汐能及盐差能反渗透势能发电装置利用机械能驱动线圈切割磁力线，获得电能；温差能发电装置首先需要由工质的蒸发和冷凝，造成工质蒸汽的流动，将热能转换成流体机械能，再实现上述流体机械能到电能的转换。

海洋能利用的技术问题涵盖波浪能、潮汐能、海流能、温差能利用过程中的所有科学问题，包括能量吸收、转换（获取动力）、发电、电力变换等问题。基本研究问题有资源分布、功率特性、能量俘获、转换过程、储存与利用等。

我国大陆海岸线长达 18 000 多千米，拥有 6500 多个大小岛屿，海岛的岸线总长为 14 000 多千米，海域面积 470 多万千米²，海洋能资源十分丰富（王传崑和卢苇，2009）。海洋能工程是以海洋可再生能源合理开发、高效利用和蓄能再利用为目标的学科，涉及海洋工程、流体力学、工程力学、机械工程、电力工程、控制工程以及环境科学等多学科领域，其主要研究对象为各种海洋能源开发利用的理论和技术。海洋能工程虽然是一门新兴学科，但科学问题研究意义的重大性、应用领域的关键性、多学科的交叉性及国家需求的紧迫性，使其在众多学科中具有不可或缺的战略地位。海洋能的开发和大规模应用对维护国家权益和安全、实现社会经济发展具有重要的战略意义。

二、研究现状与发展态势

（一）波浪能

波浪能发电是通过波浪能装置将波浪能首先转换为往复机械能，然后再通过动力摄取系统转换成所需的动力或电能。

1. 技术现状

目前已经研究开发了多种波量能技术，实现波浪能转换。根据国际上最新的分类方式，波浪能技术被分为振荡水柱技术、振荡浮子技术和越浪技术。

振荡水柱技术是利用一个水下开口的气室吸收波能的技术。波浪驱动气室内水柱往复运动，再通过水柱驱动气室内的空气，进而由空气驱动叶轮，得到旋转机械能，或进一步驱动发电装置，得到电能。其优点是转换装置不与海水接触，可靠性较高，工作于水面，便于研究，容易实施；缺点是效率低。已经建成的振荡水柱装置包括挪威的 500 千瓦岸式装置、英国的 500 千瓦岸式装置 LIMPET、澳大利亚的 500 千瓦离岸装置 Uisce Beatha、中国的 100 千瓦岸式装置、中国和日本的航标灯用 10 瓦发电装置等。其中，中国和日本的航标灯用 10 瓦发电装置处于商业运行阶段，其余处于示范阶段。

振荡浮子技术包括了鸭式、筏式、浮子式、摆式、蛙式等诸多技术。振荡浮子技术是利用波浪的运动推动装置的活动部分——鸭体、筏体、浮子等产生往复运动，驱动机械系统或油、水等中间介质的液压系统，再推动发电装置发电。研制成的振荡浮子装置包括英国的 Pelamis、Archimedes Wave Swing（AWS）、美国的 PowerBuoy 和我国的 50 千瓦岸式振荡浮子波能电站、30 千瓦沿岸固定式摆式电站等。其中英国的 Pelamis 装置效率较低，可靠性较高，处于商业运行阶段；其余装置效率较高，但可靠性较低，尚处于示范阶段。

越浪技术是利用水道将波浪引入高位水库形成水位差（水头），再利用水头直接驱动水轮发电机组发电。越浪式技术包括了收缩波道技术（tapered channel）和槽式技术（sea slot-cone generator）。优点是具有较好的输出稳定性、效率以及可靠性；缺点是尺寸巨大，建造存在困难。研制成的装置有挪威的 350 千瓦收缩波道式电站、丹麦的 Wave Dragon 波力装置、挪威的槽式技术装置等，均处于示范或试验阶段。

2. 主要科学问题

波浪能转换过程是海洋能转换中最复杂的过程。其主要科学问题在于：①波浪具有的随机性造成能流不稳定，设计者难以确定波浪能装置各级转换的设计点；②波浪的多向往复性运动，使设计者难以设计出合理的能量俘获系统和动力摄取系统；③波浪能装置工作在波浪最大的地方，波浪的随机性和不稳定性导致波浪能装置的各种突发性波浪载荷；恶劣的海洋环境造成的腐蚀、海生物附着又可能造成装置某些环节的失效。因此，提高波浪能装置的转换效率和可靠性是波浪能发电技术的难题。未解决低效率、低可靠性问题，波浪能技术目前还处于摸索阶段，无法形成设备生产规模，进而导致高昂的制造费用问题。低效率、低可靠性、高造价这三个问题是波浪能利用的主要障碍。

此外，波浪能技术还面临着各种技术问题相互交织的局面。例如，为提高转换效率，往往会增加被波浪破坏的可能；反之，现有的可靠性较高的装置却效率较低。上述问题的交织，导致各有侧重的不同方案，造成了波浪能技术的多样性和发散局面。但到现在为止，各种技术或效率低、或可靠性低，并没有令人满意的方案。

（二）潮汐能

潮汐能是由引力场变化导致的潮汐运动的势能部分。在潮汐能资源丰富的区域（往往为 100 千米宽度的河口），潮汐的长波通过港口效应放大，再通过建造大坝将能流集中在水轮机处，最后采用低水头水轮机发电技术将潮汐能转换成电能。

1. 技术现状

潮汐能技术根据水轮机类型，有灯泡贯流式和全贯流式；按水库利用形式划分，有单向单库式、单向双库式、双库单向式等。目前世界上最大的三个潮汐电站是法国的朗斯潮汐电站（总装机容量 240 兆瓦，共 24 台 10 兆瓦灯泡贯流机组）、加拿大安纳波利斯潮汐试验电站（单台 20 兆瓦全贯流机组）及我国江厦潮汐实验电站（总装机容量 3.9 兆瓦，共 6 台灯泡贯流机组），目前均处于商业运行阶段。

2. 主要科学问题

潮汐能是目前最成熟的海洋能利用技术。潮汐能的主要科学问题之一在于大坝导致的海洋动力学效应带来的生态、水质、泥沙运动、鱼类繁殖、船只进出不便等环境问题。另外还存在着建造成本高、建造技术落后以及非优化运行问题。降低建造成本可以从改善制造工艺、扩大单机容量和潮汐电站的总装机容量着手；建造技术可以通过开展如无围堰施工法，水下基础处理，大型沉箱结构的设计、制造、拖运、沉放等相应问题的研究而得到提高；非优化运行问题可以通过科学的运行管理得到解决。

（三）海流能

海流能的主要部分是潮流能，属于引力场变化导致的潮汐运动的动能部分。海流能资源主要集中于海岛周围、海峡以及岬角处。

1. 技术现状

海流能技术有多种形式：从约束形式上分，有打桩固定式、坐底固定式、水面漂浮式、水下悬浮式等；从能量俘获系统来分，可分为转轴平行于水流方向的水轮机，简称平行轴式；转轴垂直于水流方向的水轮机，简称垂直轴式；通过控制攻角使水翼在水流通过时获得流体压力，从而驱动能量转换设备，获得电能或液压能的水翼摆式。目前国外海流能技术的主流方向为平行轴式，包括英国的 MCT 打桩固定式平行轴装置、挪威的 300 千瓦坐底固定式平行轴装置和英国的悬浮式平行轴装置等；垂直轴装置有加拿大的 Blue Energy 装置、意大利的 Kobold 漂浮式海流能电站、我国的"万向 I" 70 千瓦漂浮式海流实验电站、"万向 II" 40 千瓦坐底固定式海流实验电站等。其中英国的 MCT 打桩固定式平行轴装置以及挪威的 300 千瓦坐底固定式平行轴装置处于商业运行阶段。

2. 主要科学问题

与波浪能装置一样，海流能装置存在的主要问题也是效率、建造成本和可靠性等。打桩固定的海流能装置效率最高，但建造难度大、成本高；漂浮式海流能装置效率比较高，而且建造成本也比较低，但可靠性较差，经常被大浪打坏；水下悬浮式装置受波浪影响较小，可靠性和效率较高，造价较低，但处于水下，给研发带来不便。此外，海流能装置除了存在大浪破坏的问题外，在可靠性方面还存在着锈蚀和海生物附着等问题。

（四）温差能

海洋温差能利用目前有两类技术，一类是利用海洋表层温水与底层冷水间温度差，用热机组成热力循环系统进行发电的温差能发电技术；另一类是利用温敏材料热胀冷缩形成势能的温差能势能技术。

1. 技术现状

温差能发电技术主要有四种：开式循环、闭式循环、混合式循环和雾滴提升。采用闭式循环技术的有美国的 Mini-OTEC 装置等，采用开式循环技术的有美国夏威夷的开式循环装置等，均处于样机试验阶段。

温差能势能技术主要为需要在海洋不断上下运动的设备提供动力。目前采用此技术的有美国和中国的水下滑翔机，均处于商业运行阶段。

2. 学科存在的问题

现阶段温差能发电技术的最大问题是提高效率和降低能耗。温差能的能流密度极低，千米左右的水深只有 20°C 左右的温差，造成海水热能利用效率为 $1.5\% \sim 3\%$；从深海提取冷海水、运送工质、维持系统负压及各种控制动作均需要消耗大量能量，在这些条件下，转换效率稍低或能耗稍大就会导致系统总效率出现负值。因此，提高效率、降低能耗是温差能发电技术的关键问题。

温差能势能利用技术不存在效率问题，关键是与应用对象的适用性问题。

三、发展趋势与研究前沿

（一）发展趋势

波浪能和海流能技术目前还处于发散状态，存在各种技术的不同发展方向，但发展趋势是不断地向高效率、高可靠性、低造价方向发展，以形成低成本的成熟技术，最后通过规模化生产和应用，可大幅降低发电成本。

潮汐能在技术上已经成熟，面临的问题是成本较高以及大坝造成的各种环境危害，因此，技术发展方向集中在各种低成本建造技术、低成本规模、优化运行和降低环境危害等方面的研究。

温差能发电技术目前还处于实海况小试样机阶段，美国、日本两国实现了温差能发电的净输出，但大部分国家还处于耗能功率大于发电功率状态。因此，提高转换效率、降低能耗仍是现阶段温差能发电研究的关键。

温差能势能技术目前已小量应用于水下滑翔机，其发展趋势是，根据海洋观测的需求开展相应的应用研究。

（二）研究前沿

海洋能利用的基础内涵包括海洋能的资源评估、高效转换、可靠性、稳定性、电力变换、并网、并流、控制、优化运行、环境冲击等。

1. 资源评估数学模型

海洋能利用项目成功与否在很大程度上取决于研究者对海洋能站址的海况和能流特点的了解与否。因此，正确评估海洋能资源是海洋能利用技术发展的重要支撑条件，具有非常重要的意义。

资源评估数学模型是正确进行资源评估的理论基础，由此可以给出正确的测量和分析数据，获得海洋能资源评估的方法。海洋能资源评估需要从海洋能能流密度的物理定义出发，建立物理参数与能流密度的数学关系，然后给出资源评估的数学模型。主要研究方向有三个：①随机波浪下的能流密度计算；②现有技术基础上的海洋能可利用资源评估；③空间信息科学背景下海洋能和海上风能资源评价、监测与预报。

2. 海洋能高效转换机理

高效转换机理目前仍然是海洋能利用技术的前沿问题。海洋能利用存在着诸多不确定因素，对转换效率有很大影响。有针对性地开展研究，掌握海洋能高效转换机理，对海洋能利用技术十分重要。主要研究方向有六个：①随机波下波浪能装置的高效转换；②波浪扰动下海流能装置的高效转换；③潮汐能电站的优化运行；④往复、不稳定机械能到电能的高效转换；⑤低温差系统的高效传热原理与工质；⑥盐差能转换膜研究。

3. 海洋能利用的可靠性

海洋能装置工作在恶劣的海洋环境中，存在着高腐蚀、海生物附着、台风（大浪）破坏等多种不利因素，这些都是海洋能利用运行成本高的直接原因。因此，海洋能装置可靠性研究是海洋能利用技术的关键。主要研究方向有三个：①海洋能装置在大浪中的载荷研究；②防海生物附着和抗海水腐蚀涂料研究；③海洋能装置的自动保护。

4. 海洋能利用的稳定性

海洋能装置工作于不稳定能流下，故存在着发电的不稳定性，在面对小用户时不稳定发电可能会造成对用户系统的破坏；在大规模利用时可能造成电网的不稳定。因此，解决海洋能利用的稳定性，对海洋能利用技术的应用十分重要。主要研究方向有两个：①海洋能装置的稳定发电技术基础研究；②海洋能发电系统的控制。

5. 海洋能利用技术的环境影响效应

海洋能利用技术的环境影响效应方面的研究内容是：研究并给出海洋能利用对包括地理、气候、海洋生物等在内的生态环境构成的冲击，以及电站开发对当地的社区生活、经济发展等方面造成的各种影响的数学模型，进而实现海洋能利用的客观评估。主要研究方向有两个：①潮汐能大坝对库区水质、泥沙淤积和潮间带生态等方面环境影响的水动力学研究；②环境友好的潮汐能发电机组优化设计及生态学响应机理。

6. 海洋能装置建造和下水过程力学问题研究

海洋能装置一般具有较大的体积，其建造和下水容易存在严重的工程问题，这加大了海洋能装置的造价，阻碍了海洋能利用进程。因此，需要开展海洋能装置建造和下水过程的力学问题研究。主要研究方向有三个：①海洋能建造、下水过程结构运动和载荷；②海洋能装置多维动力学运动机理及动力特性；③海洋能装置的结构及其基础工程。

四、近中期支持原则与重点

（一）支持原则

海洋能工程学科的发展需要长远和整体的规划。根据国家海洋能资源分布和特点、社会经济发展对海洋能利用的需求，以及海洋能开发利用的理论、技术和人才储备现状，分析并制定海洋能工程未来 10 年发展战略；针对我国海洋能基础理论研究的重点和薄弱环节，确定近中期支持的重点。

（二）近期支持的重点

海洋能研究近期支持重点如下。

1）潮汐能发电成本较低，技术最成熟，具有很好的经济效益，是近中期海洋能利用的主力。开展潮汐能发电的环境问题和低成本建造问题的研究，有利于潮汐能利用技术的推广。

2）波浪能能流密度高、储量巨大且分布广泛，是未来海洋能利用发展的主要方向，在海洋开发和海防方面将起到关键作用。开展对波浪能转换过程的研究，可以有效地提高波浪能装置的转换效率及可靠性，是波浪能利用技术发展的关键。

3）海流能的能流密度高、稳定性好，有望在近期获得较大的发展。针对海流能发电技术开展基础研究，有利于促进海流能技术的进步。

（三）中期支持的重点

近中期应开展海洋能大规模发电技术研究，主要包括波浪能装置最优阵列研究、并网发电基础研究、水下电力远距离传输以及海洋能利用场电网可靠性等问题。

此外，我国南海南部是全球温差能最丰富的区域，开发温差能可以为南海开发提供稳定的电力和淡水，有利于海洋经济的发展和海权维护。因此，应在近中期重点支持海洋温差能研究。

盐差能富集区是各大江河入海口，多为经济发展较快的区域，其能源缺口大，而开发盐差能，可以缓解能源的缺乏。因此，应在中期开始布置盐差能研究。

（四）重点研究方向

1. 漂浮式波浪能装置高效稳定发电技术

相对于固定式波浪能装置来说，漂浮式波浪能装置成本低廉，易于批量建造、投放，是降低波浪能发电成本的必由之路。然而，漂浮式波浪能装置在能量俘获和转换过程中面临着力学过程复杂难题；存在着非线性随机波浪与波浪能装置相互作用的运动耦合问题；力与热、电转换造成的非线性弹簧、非线性阻尼效应在建模上尚未得到圆满解决；强烈的非线性与随机性导致模型求解困难。主要研究内容是：波浪能高效俘获的最优阻尼在动力摄取系统中的实现研究；波浪能转换中的非线性力学问题研究；波浪能装置的抗台风研究；波浪能装置下水过程的力学问题研究。

2. 波浪能直驱发电系统的基础问题研究

波浪能直驱发电系统采用与波浪运动特性相耦合的发电方式，取消了传统波浪能发电系统的中间转换环节，具有转换效率高、系统简单可靠的特点，符合波浪能发电的趋势和方向。波浪能直驱发电系统的动力摄取技术有液态金属磁流体和直线电机两种技术。研制高效的、与波浪能俘获装置特性相匹配的直驱发电系统，有望在转换效率高、功率密度大、结构紧凑、成本低廉、移动性好并易于商业化推广的波浪能发电新技术上取得突破。主要内容是：直驱发电新概念研究；往复运动下直驱发电机基础问题研究；直驱式波浪能发电系统中波浪采集器的响应特性研究等。

3. 海流能高效转换过程的基础问题研究

在海洋能中，海流能具有能流密度高且稳定的优点，有可能率先实现大规模商业利用。目前海流能装置还存在着效率低、可靠性差等问题，需要针对性地开展下列研究：叶片水动力学计算和优化设计；与叶片特性相匹配的动力摄取系统设计，漂浮式、悬浮式装置在波流作用下的运动和载荷，装置摇动对效率的影响，装置下水过程的力学问题研究等。

4. 潮汐能发电中的环境和低成本建造问题研究

潮汐能是目前最成熟的海洋能利用技术，已经实现商业运行多年。潮汐能利用存在的主要问题是环境问题、建造成本问题和优化运行问题。研究内容如下：潮汐能大坝对库区水质、泥沙淤积和潮间带生态等环境方面影响的水动力学研究；潮汐电站建造的大型沉箱结构在拖运、沉放过程中的运动和受力研究，以及相应的设计、制造问题研究；潮汐电站的优化运行研究。

5. 温差能关键技术研究

我国在海洋温差能动力学过程方面，存在着大量需要解决的基础研究问题，主要内容如下：热力循环基础研究，包括热力循环工质研究，过程建模以及求解研究；低压蒸汽透平的数值计算和优化设计研究；换热器性能及结构优化研究。在温差能势能利用方面，也需要进一步解决针对应用对象的系统适用性问题和过程优化问题。

第七节 核 能

一、基本范畴、内涵和战略地位

核能技术是人类可控地利用原子核裂变或聚变产生巨大能量的技术，在20世纪50年代开始兴起，一些成熟堆型（如压水堆等）已大规模商业应用，成为主流能源技术之一。近年来，为解决能源短缺及环境污染问题，全世界核能技术研究进入前所未有的快速发展时期。

核能的最主要应用是发电，压水堆电站是最成熟的核电技术，核岛和常规岛均以水为传热工质，由于受气水参数的制约，其能量转换效率低于大型火力发电机组效率。到目前为止，人类还未完全掌握聚变堆技术，但其可能是未来有前途的前瞻性能源技术之一。

核能也有其他利用模式，如低温核供热堆供暖、热电联供核能利用、核能海水淡化及核能制氢等。理论上，核能利用与其他能源利用类似，最主要的区别是热源采用原子核的裂变或聚变能，温度水平依靠控制棒等功率调节手段调节。按能的梯级利用原理，可以对核能系统进行优化，以提高核能的利用效率，这对于节省核燃料等具有重要意义。除此之外，还可采用放射性核素进行非接触式测量、医用治疗等。核能及相关核技术在能源、工农业生产、环境、人口与健康、国家安全等领域发挥越来越大的作用。

核能及核技术的发展史是典型的多学科综合交叉利用的发展史，涉及的主要学科有原子核物理、材料、工程热物理与能源利用、控制、化学、辐射防护及乏燃料处理等。核能的发展为相关学科提出了更高的要求，同时，其他学科的发展也为核能的发展提供了新的技术手段和方法，两者相辅相成，共同促进。

本书主要侧重于讨论核电技术。鉴于核电在优化能源结构、缓解我国当前经济社会发展过程中所面临的资源和环境等突出问题，实现我国经济社会的科学发展方面具有特殊重要的地位，我国把积极发展核电提到了一个十分重要的高度，"先进核能技术"被列为能源领域的战略重点和优先主题之一，"大型先进压水堆及高温气冷堆核电站"也被列为能源领域的重大专项。国家能源局已经明确：到2020年，要使我国的核电装机容量从现在的1000万千瓦增加到6000万千瓦。根据对国家中长期能源发展前景和形势的分析，中国科学院报告《中国至2050年能源科技发展路线图》（中国科学院能源领域战略研究组，2009）中指出，2050年我国的核电占一次能源总量的比重要提高到12.5%（占电力装机容量的 20％），这意味着届时总装机容量将达到 32 亿千瓦。

二、发展规律与发展态势

1942 年 12 月 2 日 15 点 20 分，著名物理学家艾立科·费米点燃了世界上第一座原子反应堆，为人类打开了原子世界的大门。半个多世纪以来，世界上已有商业核反应堆近 500 座，约占世界总发电量的 16％。目前世界核能技术的总体状况是改进第二代核能技术、开始实施并商业化运行第三代核能技术，同时积极研究攻克第四代核电技术难关。由于大量使用核能发电带来大量核废料处理等问题，所以世界正在积极研究乏燃料处理技术及工艺等。以下从国际上四代核电技术的状况剖析核电领域的发展规律和态势，并分析我国核电领域与国际上的差异。

（一）第二代核能改进技术

20 世纪 60 年代后期，在试验性和原型核电机组基础上，陆续建成电功率在 30 万千瓦以上的压水堆（PWR）、沸水堆（BWR）、重水堆（CANDU），以及苏联设计的压水堆（VVER）和石墨水冷堆（RBMK）等核电机组，在进一步证明核能发电技术可行性的同时，也使核电的经济性得到证明。20 世纪 70 年代，因石油涨价引发的能源危机促进了核电的发展，目前世界上商业运行的 400 多座核电机组绝大部分是在这段时期建成的，称为第二代核能改进技术。第二代核能改进技术符合核能安全、先进、成熟和经济的原则，部分满足"先进轻水堆用户要求"文件（URD）和"欧洲用户对轻水堆核电站的要求"文件（EUR）提出 的能动（安全系统）压水堆核电站的要求，但对目前尚不成熟或清楚的严重事故现象及预防措施没有给予足够重视。特别是 2011 年 3 月日本福岛核电厂事故，更凸显了第二代反应堆在严重事故预防和缓解方面存在较大缺陷。

（二）第三代核电技术

20 世纪 90 年代，为消除三里岛和切尔诺贝利核电站严重事故的负面影响，世界核电界集中力量对严重事故的预防及缓解措施进行了研究和攻关，美国和欧洲先后出台"先进轻水堆用户要求"文件和"欧洲用户对轻水堆核电站的要求"文件，进一步明确了防范与缓解严重事故、提高安全可靠性和改善人因工程等方面的要求。国际上通常把满足这两份文件之一的核电机组称为第三代核电机组。第三代反应堆派生于目前运行中的反应堆。2006 年年底，中国与美国签署了《中华人民共和国和美利坚合众国政府关于在中国合作建设先进压水堆核电项目及相关技术转让的谅解备忘录》，2008 年，基于 AP1000 技术的浙江三门、山东海阳两个自主化依托项目核岛工程相继动工，预计 2013 年建成并投入商业运行。韩国也正在建造两个新的基于 System 80＋技术经过改进的 APR1400 核电站。

（三）第四代核能技术

第四代核能技术具有良好的经济性、更高的安全性、核燃料资源的持久性、核废物的最小化和可靠的防扩散性等优点。目前入选的 6 种方案中的 3 种是快中子堆，5 种堆型可以采取闭式燃料循环，并对乏燃料中所含全部锕系元素进行整体再循环。第四代反应堆概念与前几代完全不同，必须以大量的技术进步为前提，目前对这些技术的研究才刚刚开始。据估计，工业上成熟的第四代核能系统可能在 2035 年左右开始首批应用。第四代核能技术多数考虑能量的综合利用，采用先进的热循环生产电力，同时生产氢气、淡化海水等。第四代反应堆的出口温度为 550～1000℃，靠近范围低端的超临界水堆（SCWR）和钠冷快堆（SFR）主要用于发电，高端的超高温反应堆（VHTR）用于氢气生产，中间的气冷快堆（GFR）、铅冷快堆（LFR）、熔盐反应堆（MSR）既可发电又可生产氢。如果实现第四代核能的目标，在成本上具有强的竞争力，在安全性上被公众接受，那么未来的能源供应格局将会发生根本性的变化。

（四）核聚变技术

聚变研究的重要里程碑是 2005 年 6 月国际热核反应堆（ITER）参与各方（欧盟、美国、俄罗斯、日本、韩国和中国）签订了联合声明，同意在法国 Cadarache 共同建设 ITER。ITER 项目金额达百亿美元。建设时间从 2005 年开始，预期 2018 年完成，然后运行 21 年。ITER 计划的成功实施，将全面验证聚变能源开发利用的科学可行性和工程可行性，是人类受控热核聚变研究走向实用的关键一步。经过半个多世纪的不懈努力，聚变研究取得了显著进展，目前国际上聚变堆电站的设计目标是基于高参数的、获得较好经济性能的纯聚变商业应用。

（五）燃料循环技术

燃料循环技术包括铀矿的生产和储备、核燃料增殖和再循环、乏燃料的后处理和放射性废物的最终处置技术等。采用一次通过循环，目前的铀资源还能够使用300年；如果采用适当的燃料循环（如闭式循环），通过增殖和再循环最大限度地提取铀中蕴涵的能量，那么同样数量的资源能够使用上万年。美国2002年提出实施先进核燃料循环启动计划（AFCI），使美国从目前的燃料循环过渡到一个稳定、长期、环保、经济和政治上可接受的先进燃料循环。日本提出了OMEGA计划，即从高放废液中分离锕系元素，减少高放废物的毒性，并与欧盟、美国、俄罗斯合作研究"分离–嬗变"技术。法国研究了多种分离流程，完成了多次热实验，开展了快堆嬗变研究，并提出未来第四代燃料循环概念：一次通过，钚的部分再循环，锕系完全再循环，目标是核废物最少化处置、核资源最大化利用及核不扩散。由加拿大、韩国、美国和IEA合作的在坎杜（CANDU）堆直接使用压水堆乏燃料计划已取得了很大进展，已经制成了坎杜堆用的回收铀燃料棒束，结果表明坎杜堆可以装载回收铀燃料。

基于以上四代核能技术的发展历程及目前的研究前沿，可将核能领域的发展规律和态势总结为以下五个方面。

1）向同时考虑经济性和安全性的方向发展。第二代核能改进技术基本成熟并已经大规模应用，但在核电站固有安全性及严重事故方面考虑不足。第三代核电技术的主要特征是强调并考虑严重事故及预防，提高核能设施的固有安全性，增强公众对核能和平利用的信心和可接受程度。

2）向高参数发展。普通压水堆的气水参数较低，机组效率远低于大型火力发电机组的效率。发展超临界水堆，提高气水参数，以提高能量利用循环效率。

3）核能由单一发电向能的梯级利用发展。为进一步提高核燃料的能量利用效率，核能利用从以前单一的以发电为主向能的梯级利用模式发展。例如，发展核能热电联供机组、核能驱动的发电和制氢联合循环、发电和海水淡化联合循环等。

4）向核燃料的再循环方向发展。为最大限度地利用地球上的核燃料资源，核能未来利用将向核燃料的再循环方向发展。

5）加快聚变堆的研究开发。

三、发展现状与研究前沿

一方面我国制订了核电长期发展规划和政策，另一方面我国的核电发展也面临着许多制约因素。首先，我国缺乏自主的核心技术。现在运行的和近期内将要投入运行的核电站，其关键技术是以引进为主，因而仍受制于他人。为了保证我国核电持续稳定的发展，首要任务是尽快实现核电技术自主化。我国的策略是围绕开发、建设第三代核电技术，采用引进、吸收、掌握和再改进的方法，实现我国第三代核电技术自主化。从长期战略目标出发，我国必须同时加强创新型反应堆（第四代反应堆和嬗变堆）以及聚变堆的研究，掌握创新型反应堆和聚变堆的核心技术，以成为真正的核电技术大国。

其次，我国不是铀资源丰富的国家。现在运行的和近、中期将要投入运行的核反应堆，燃料利用率仍比较低。提高燃料利用率，保证核电长期发展的燃料供应，是我国必须加倍重视的问题。在发展创新型核电技术的过程中，必须把提高燃料利用率摆到重要的战略位置。

再次，核电的高速发展同样会使我国面临着如何妥善处置核废物的挑战。从国际上已有的研究成果可以看到，嬗变可能是我国核废料处置的极为有效可行的选择。所以，加大力度开展嬗变堆的研究，对保证我国核电长期持续发展具有重要意义。另外，第三代水冷堆核电站在提高安全性的同时，提高了对系统结构和性能的要求。但是现有水冷堆核电站仍然运行在亚临界压力条件下，它的热效率几十年来得不到提高，远远低于新投入运行的火力发电系统。所以提高核电系统的经济性必然成为未来创新型核电技术领域研究的一个重点。

最后，国际上（包括我国）已经明确了未来聚变能发展的三个阶段：第一阶段是 ITER 的建设与运行，第二阶段是示范堆（DEMO）的建设，最后是工业化聚变电站的实现和大规模投入运行。ITER 实验堆与 DEMO 示范堆在目标、要求和构造等方面均有极大的区别，由此衍生了它们各自独特的科学问题。我国作为 ITER 项目的国际成员国之一，对 ITER 的工程实现和相应基础研究投入了大量人力和财力。为了将 ITER 的研究成果有效地应用于后续的 DEMO 示范堆，实现二者有效的衔接过渡，我国必须适度地开展与示范堆有关的基础研究。核能领域的研究前沿总结为四个方面。

（一）实现核电可持续发展三个层次关键技术的突破

三个层次关键技术改进和提高热堆核能系统水平，从"第二代"向"第三代"技术发展和过渡；发展快堆核能系统及燃料闭合循环技术，实现铀资源利用的最优化；发展次锕系核素和长寿命裂变产物焚烧（嬗变）技术，实现核废物最少化。三个层次的先进核能技术与核燃料循环技术的协调、配套发展，必须作为一个完整的系统工程统筹安排。

（二）实现第四代核能发展目标

第四代核能开发的目标是要在 2030 年左右开发出新一代核能系统，使其在安全性、经济性、可持续发展性、防核扩散、防恐怖袭击等方面都有显著的先进性和竞争力。不仅要考虑用于发电或制氢等的核反应堆装置，还应把燃料循环也包括在内，组成完整的核能利用系统。第四代核能利用系统选定了六种反应堆型作为优先研发对象，有三种是热中子堆，包括超临界水冷堆、高温气冷堆、熔盐堆。另外三种是快中子堆，包括带有先进燃料循环的钠冷快堆、铅冷快堆、气冷快堆。第四代核能发展的目标是在 2020 年前后选定一种或几种堆型，于 2025 年前后建成创新的原型示范机组，大约从 2030 年起就可广泛采用第四代核电机组。

（三）加速器驱动次临界反应堆

核电站乏燃料中含有次量锕系核素（统称 MA），它们要数百万年才能达到与天然铀相当的放射性毒性水平。这些核素在快中子谱下都能裂变，因此可以用快堆将它们嬗变成一般的裂变产物。但在快堆中嬗变 MAs 时会使快堆安全性下降，另外，更重要的是，快堆如兼顾嬗变将会牺牲快堆的增殖能力，增加快堆的倍增时间。因此，从我国能源需求压力和大规模发展核电带来的资源压力看，快堆应侧重于核燃料的增殖，加速器驱动次临界反应堆（ADS）应侧重于核燃料的嬗变。加速器驱动次临界反应堆是目前嬗变核燃料的最强有力工具，IEA 把它列入新型核能系统中，并称之为"新出现的核废物嬗变及能量产生的核能系统"。研究成果将具有良好的资源效益、安全效益、环境效益，是我国核裂变能可持续发展值得探索的新技术途径。加速器驱动次临界反应堆系统的研发过程对相关领域的技术发展有很强的推动作用，也提供了隐蔽的生产核材料的可能性，并为钍资源的利用开辟一个有前景的途径。

（四）核聚变

聚变能虽然经过 50 年的发展，但等离子体燃烧连续运行这一科学问题尚未得到彻底验证，通过 ITER 计划和平台探究等离子体平衡及控制、磁流体不稳定性、约束及输运、等离子体与波相互作用、等离子体与壁相互作用、高性能稳态燃烧等离子体的集成、高能粒子物理等科学问题，在于研究开发锡化铌（Nb_3Sn）超导磁体、低活化第一壁材料、氚工艺、远程控制、高功率稳态中性注入和微波加热、先进诊断、持续燃烧、氚自持及闭循环、低活化及抗辐照损伤材料、远程控制等关键技术。

我国十分重视核能的开发利用，在国家各层面的规划中都强调了核能的战略地位。《国家中长期科学和技术发展规划纲要（2006—2020 年）》明确提出"大力发展核能技术，形成核电系统技术自主开发能力"，并将快中子堆技术和核聚变技术作为先进能源的前沿技术，将大规模核能基本技术列为能源可持续发展中的关键科学问题。国家《核电中长期发展规划（2005—2020年）》明确提出了"积极推进核电建设"的电力发展基本方针；提出了坚持热中子反应堆—快中子反应堆—受控核聚变堆"三步走"的长期发展战略。2006在党中央国务院批准发布的《国家中长期科学和技术发展规划纲要（2006—2020年）》中，大型先进压水堆及高温气冷堆核电站被列入16个重大专项之一。在863计划中，能源领域研制开发了三种先进反应堆，它们是快中子堆、高温气冷堆、聚变—裂变混合堆。"核燃料循环与核安全技术"也于2009年列入国家863计划先进能源技术领域重点项目。在973计划中，"加速器驱动洁净核能系统的物理技术基础研究"（1999年）、"嬗变核废料的加速器驱动次临界系统关键技术研究"（2007年）、"超临界水堆关键科学问题的基础研究"（2007年）、"磁约束核聚变若干基础科学问题的研究"（2008年）被列入计划。在核聚变方面，我国参加了ITER国际合作计划，与此同时，科技部从2009年开始组织实施了ITER计划专项国内配套研究计划。国家国防科技工业局从2010年开始组织中国科研院所和高校参与欧盟第七框架合作协议的核能开发项目。

四、近中期支持原则与重点

国家《核电中长期发展规划（2005—2020年）》明确提出了核电发展的指导思想和方针，即在核电发展战略方面，坚持发展百万千瓦级先进压水堆核电技术路线，目前按照热中子反应堆—快中子反应堆—受控核聚变堆"三步走"的步骤开展工作。积极跟踪世界核电技术发展趋势，自主研究开发高温气冷堆、固有安全压水堆和快中子增殖反应堆技术，根据各项技术研发的进展情况，及时启动试验或示范工程建设。与此同时，自主开发与国际合作相结合，积极探索聚变反应堆技术。在国家大政方针指引下，可将核能领域支持原则总结为五个方面。

1）近期研究与长远目标相结合。目前国际上比较成熟的商业化堆型是压水堆，我国应抓住国内外大力发展核能的大好时机，切实掌握先进压水堆关键技术，增加自主创新成分，开展先进压水堆固有安全性及非能动技术研究。同时，兼顾我国核能技术在国际上的地位，重视前瞻性核聚变研究，使我国成为真正的核电大国。

2）有所为有所不为。遵循有所为、有所不为的原则。对于国际上不断出现的新堆型、新方向，我国应作客观分析，优先支持有一定前期工作基础、能够产生标志性成果的项目，避免盲目跟风的现象。

3）基础研究与关键技术相结合。未来先进的核能系统中存在着大量目前人类未知的现象和机理，应积极开展基础研究。基础研究是技术创新的源泉，坚持基础研究与关键技术相结合，避免两者分离研究的局面。

4）重视学科交叉研究。核能是典型的多学科交叉领域，优先支持能够实际体现学科交叉的项目，从而为研究成果的实际应用奠定基础。

5）自主研究与引进吸收相结合。自主创新是一个国家研发实力及国际地位的象征。同时要积极引进、消化、吸收国际上先进的核能技术，避免重复研究，把有限的资源投入到有意义的研究中。

核能领域的重点支持方向为以下八个方面。

（一）高参数水冷反应堆基础理论及关键技术

相对来说，水冷反应堆已发展多年，相对成熟。但对水冷反应堆也提出了更高要求，主要体现在提高反应堆及核电站的固有安全性，进一步提高气水参数，提高能量转换效率等，故分为两个子方向。

1. 先进压水堆

结合大型先进压水堆核电站《国家中长期科学和技术发展规划纲要（2006—2020年）》重大科技专项，自主研发出中国品牌的第三代大型先进压水堆核电站，包括CAP1400、CAP1700高功率大型先进压水堆核电站，建立完善的拥有自主知识产权的核电综合设计研发平台，具备自主创新能力；通过实施示范工程，为中国品牌的大型先进压水堆核电站的标准化、批量化生产奠定坚实基础。先进压水堆与普通压水堆最大的区别在于固有安全性的考虑，包括对严重事故的预防和缓解措施及对非能动安全概念的采用。相关研究方向为反应堆堆芯设计关键技术研究、先进反应堆非能动系统设计技术研究、反应堆严重事故发生机理及预防和缓解技术研究、压水堆核电材料环境相容性研究、压水堆核电站冷却剂水化学基础研究、核电站寿命管理技术研究、核电站关键材料性能研究等。

2. 超临界水堆

作为"国际第四代核能系统论坛"所推崇的六种第四代未来堆型中唯一的水冷堆，超临界水堆（supercritical water reactor，SCWR）具有资源环境可持续性、技术经验可延续性及经济性等诸多综合优势，是我国大型压水堆核电技术路线进一步发展的自然选择，是大功率压水堆技术发展的必然趋势，也是清洁能源科学和技术领域的基础研究在国际竞争与合作中重要的前沿与热点之一。超临界水堆结合了两种成熟技术：轻水反应堆技术和超临界燃煤电厂技术。超临界水堆主要是用于发电，也可用于锕系元素管理。其堆芯设计有两种：热谱和快谱，后者采用快堆的闭式燃料循环。围绕基于提高超临界水堆的转换比（或增殖比）和嬗变核废料性能，而衍生出来的一系列有关燃料、材料及安全等方面的关键科学问题及研究内容如下。

1）超临界水堆的安全及其控制特性研究：①能动安全系统的设计，如克服堆芯再淹没时出现的正反应性；②运行稳定性和控制（理论上有可能出现密度波，以及中子动力学、热工水力学相耦合的不稳定性）；③反应堆功率、温度及汽轮机节流压力控制特性等。

2）堆物理内在安全性能、嬗变性能和转换比的相互影响规律与优化方法。

3）高性能堆使用钍燃料的基础研究。

4）高热力参数、高中子能谱下材料辐照、化学与力学性能及其相互作用。

5）复杂流道、高热力参数下的流动传热机理。

6）高热力参数下非能动安全系统设计及严重事故缓解措施的相关机理研究。

7）新型反应堆（新燃料、新能谱、新结构）堆物理分析方法和截面数据库。

8）三维热工程序的模型改进，特别是强物性变化、强浮力作用下湍流行为的数值模型。

9）超临界水堆安全评估分析研究（确定论法、概率论法、最佳估算法等）。

10）多尺度、多物理场数值分析耦合方法，耦合程序的验证和可靠性评估。

11）超临界水堆关键材料的腐蚀行为研究，包括腐蚀问题和应力腐蚀断裂问题，辐解作用和水化学作用，强度、脆变和蠕变强度，燃料结构材料和包壳结构材料所需的先进高强度金属合金材料的研制，材料辐照和腐蚀性能的先进数值模拟方法。

12）超临界水堆特定条件下堆芯物理特性的基础研究以及堆芯核热耦合特性研究，强核热耦合系统稳定性及相关模化理论研究。

（二）快堆技术

快中子反应堆是由快中子引发原子核裂变的核反应堆。发展快堆可以有效利用铀资源，嬗变长寿命放射性废物，并具有潜在的军事用途。快堆是核能实现可持续发展的重要环节，是先进核能系统的主要堆型之一。鉴于我国在钠冷快堆方面有较好的前期工作基础，建议我国以发展钠冷快堆为主。

我国快堆研究从 20 世纪 60 年代中期起步，目前已进入 65MWt 中国实验快堆（CEFR）的工程实践阶段。我国与国外几个发展快堆的主要国家相比有较大差距，从技术水平看，国外有快堆的国家都具备自主研发、设计、建造和运行维护能力，而且都建立了完整的研究体系；我国虽具有一定的研究能力和基础条件，但设计还处于学习和实践阶段，我国快堆技术还处于掌握阶段，关键设备自主设计和制造能力低。快堆是整个闭式燃料循环体系中的一个环节，需要后处理、燃料制造等环节的技术和条件配套。因此我国应加大对快堆技术的研发投入，在 CEFR 基础上形成全面的快堆技术设计和建造能力，并适时提出下一步工程目标和产业化发展目标。

我国快堆技术研究的总体目标是研究并掌握快堆设计及核心技术、运行和维护技术和突破燃料循环等关键技术，实现快堆核电站技术的自主化。快堆技术的研究内容如下：①快堆标准规范、数据库和发展规划等研究；②快堆运行维护技术与 CEFR 试验研究；③堆芯物理和实验研究；④液钠单相及两相冷却剂流动、换热及不稳定性等基础热工水力实验研究；⑤快堆系统热工安全研究；⑥快堆堆芯组件、燃料及后处理技术研究；⑦快堆结构材料研制与材料辐照后检验；⑧快堆结构完整性研究；⑨快堆先进探测与控制技术研究；⑩快堆冷却剂化学工艺研究；⑪快堆关键设备研究。

（三）熔盐堆

熔盐堆内的燃料是氟化铍、氟化钠和氟化锂盐及溶解在其中的钍和铀的氟化物的融合物，不需专门制作固体燃料组件，在固有安全性、经济性、核资源的可持续发展性及防核扩散等方面具有独特优势。尤其是其闭式燃料循环和突出的核废料嬗变和焚化特性，是目前反应堆中可持续发展等级最高的，契合了我国核电可持续发展目标和"分离-嬗变"的核燃料循环技术路线。因此，开展熔盐堆的研究工作对保障我国核电事业的可持续发展具有重要的现实意义。在熔盐堆中，核反应是在高温熔盐中进行的，整个堆芯的高温溶液，既是载热剂，又是核反应的热源，且没有控制组件等，是完全不同于其他固体燃料的一种全新的核反应堆燃料利用技术，尚无其他反应堆设计理论可以借鉴。新概念熔盐堆熔盐的研究内容和方向如下。

1）熔盐组分和成分的选择及其物理化学特性，包括次锕系和镧系元素在熔盐中的溶解度问题，熔盐在反应堆运行寿命期内的特性变化问题，新鲜熔盐与放射性熔盐与结构材料的相容性问题等。

2）熔盐堆的运行控制，包括熔盐的化学控制问题，熔盐的净化问题，REDOX 控制问题。

3）详细的熔盐堆概念设计方法和工具，包括熔盐堆物理分析方法和截面数据库的建立，热工分析、堆物理及安全分析方法和工具。

4）钍基熔盐堆概念设计研究，包括核数据库建立、堆芯物理热工耦合设计、热力循环系统设计和安全分析、熔盐材料服役性能分析、化学控制系统设计等。

（四）超高温气冷堆

超高温气冷堆（VHTR）是高温气冷堆的进一步发展，采用石墨慢化、氦气冷却、铀燃料一次通过循环方式，其燃料温度达 1800℃，冷却剂出口温度可达 1500℃。超高温气冷堆具有良好的非能动安全特性，热效率超过 50％，易于模块化，经济上竞争力强。超高温气冷堆以 1000℃ 的堆芯出口温度供热，这种热能可用于制氢或为石化和其他工业提供工艺热。超高温气冷堆制氢能有效地向碘−硫热化学工艺供热。超高温气冷堆保持了高温气冷堆具有的良好安全特性，同时又是一个高效系统。它可以向高温、高耗能和不使用电能的工艺过程提供热量，还可以与发电设备组合以满足热电联产的需要。该系统还具有采用铀/钍燃料循环的灵活性，产生的核废料极少。

超高温气冷堆有待解决的关键科学技术问题包括三个。①超常高温下，铯和银迁徙能力的增加可能会使碳化硅包覆层不足以限制它们，所以需要进行新的燃料和材料设计，以满足下述条件：堆芯出口温度可达 1000℃ 以上，事故时燃料温度最高可达 1800℃，最大燃耗可达 150～200 GWD/MTHM；高温合金和包覆质量；使用碘—硫工艺过程制氢，能避免堆芯中的功率峰和温度梯度，以及冷却气体中的热冲击；石墨在高温下的稳定性和寿命。②超高温气冷堆安全系统是能动的，而不是非能动的，因而降低了其安全性，需对安全系统进行深入分析和评估。③开发高性能的氦气汽轮机及其相关部件。

（五）核聚变堆

1. 磁约束核聚变技术

磁约束核聚变研究在世界上已有 60 年左右的发展历史，由国际上主要核国家参与的、历时十多年、耗资近 15 亿美元启动的 ITER 项目，是世界上最大的磁约束托卡马克实验装置，也是迄今为止人类历史上自然科学研究领域中最大的一项国际合作项目，其研究目标是建造商用聚变堆，最终解决人类能源问题。ITER 项目将集成当今国际受控磁约束核聚变研究的主要科学和技术成果，第一次在地球上实现能与未来实用聚变堆规模相比拟的受控热核聚变实验堆，解决通向聚变电站的关键问题。ITER 计划的成功实施，将全面验证聚变能源开发利用的科学性和工程可行性，是人类受控热核聚变研究走向实用的关键一步。经过半个多世纪的不懈努力，聚变研究取得了显著进展，目前国际上主要的聚变堆电站的设计目标是，基于高参数基础获得经济性能较好的纯聚变商业应用，如欧洲的 PPCS（Power Plant Conceptual Study）概念电站计划获得 5 吉瓦的聚变功率，美国 ARIES（Advanced Reactor Innovation and Evaluation Study）系列聚变堆概念均设计为吉瓦级电站。尽管目标非常诱人，但聚变能的商业应用却是人类在科学技术上所遇到的最具挑战性的难题之一，其原因是其参数设计非常高，目前实验装置上获得的最好结果（如欧洲的 JET、美国的 DIII-D 和 TFTR、日本的 JT-60 等）与之还有很大的距离。在人类追求聚变的漫漫征程中，还有许多基础科学和工程问题有待解决。要进行聚变裂变混合实验堆的关键技术研发，并主导我国聚变实验堆设计、建造及运行规范制定，从而为建造中国聚变实验堆奠定坚实的理论和工程技术基础，使我国在聚变能应用研究领域保持世界先进水平，待解决的科学问题主要有五个。①托卡马克稳态运行的工程和理论问题；②高辐照场下的材料辐照效应特性研究；③实现纯聚变前期应用相关稳态或长脉冲运行的聚变中子源技术和多功能包层技术研究；④高参数、长脉冲工况下连续运行的自持燃烧等离子体的关键技术研究；⑤包层材料及包层设计理论研究。

2. 惯性约束核聚变技术

惯性约束核聚变电站可分为激光、轻离子、重离子、Z 箍缩驱动四种类型。Z 箍缩驱动惯性约束核聚变能源（IFE）被公认为是一条非常有竞争力的能源路线。随着 ITER 项目、激光点火工程的稳步实施和 Z-Pinch 聚变点火研究的快速进展（Matzen et al.，2005；McBride et al.，2009），实现受控热核聚变的人类世纪梦想越来越趋近现实。利用聚变装置、尤其是重复运行的 Z 箍缩点火装置驱动次临界裂变包层的混合堆设计，可实现聚变-裂变混合供能及核电站乏燃料处理（Coverdale et al.，2008；Cuneo et al.，2005）。聚变-裂变混合堆利用聚变堆芯释放的不连续发射（DT）高能中子驱动以天然铀、232 钍或经后处理的乏燃料为燃料的次临界裂变包层，以实现能量 10 倍以上的放大，并利用反应中子生产氚以维持聚变堆芯的氚自持。混合堆设计从原理上回避了聚变堆高功率运行的高通量 14MeV 中子辐照、大量氚消耗等技术难题，并利用快中子谱将可裂变核素转换为易裂变核素，再利用热中子谱将转换得到的易裂变核素就地燃耗。使用的裂变燃料，无论是天然铀、钍还是乏燃料，都无须进行同位素分离，可满足核不扩散的要求，并且在次临界状态运行，具有极好的固有安全性。混合堆的成功实现，将打破稀缺资源的束缚，大幅度提高燃料的利用效率，把人类能源的供给时间延续数千年。

1996 年以来，美国 Sandia 实验室的快 Z 箍缩技术研究取得重大进展：达到 1.8 兆焦的 X 光辐射产额，15% 的能量转化效率，动态黑腔实验获得 14～21 的靶丸压缩比，中子产额超过了 8×10^{10} 个，显示了其作为聚变点火新途径的巨大潜力。俄罗斯、英国、法国等也都加大了 Z 箍缩研究力度。国内研究开始于 2000 年，主要研究机构是西北核技术研究所、中国工程物理研究院和清华大学等（华欣生和彭先觉，2009）。美国最新提出了 Z 箍缩驱动的惯性约束聚变能源发展计划，设想在 2010 年之前，建立 Z 箍缩原理验证装置；2026 年之前，研制高产额 Z 箍缩 IFE 工程试验装置，实现由单发到重复频率的过渡，建立短期发电的全尺寸 Z 箍缩惯性约束聚变能演示电站；在 2025～2035 年建立 Z 箍缩驱动的聚变能商用电站。Z 箍缩 IFE 的长期目标是在低重复频率（0.1 赫兹）的靶室内，利用高产额的 Z 箍缩驱动靶（3 吉焦）制造一个在经济上具有吸引力的电站。根据上述 Z 箍缩驱动聚变能源堆发展面临的问题，建议近中期开展的研究如下：①重复频率脉冲功率驱动器技术；②Z 箍缩惯性约束聚变靶技术；③可循环利用传输线（RTL）技术；④次临界脉冲堆技术；⑤燃料循环与后处理技术；⑥混合堆相关支撑技术；⑦Z 箍缩聚变能原理性验证实验。

Z 箍缩聚变能的基础问题研究包括重复频率高、功率快的放电线性脉冲变压器及高功率密度的电脉冲在传输和汇聚中有关的物理和基础技术问题；Z 箍缩内爆辐射动力学、能量转换机制、聚变靶物理与数值模拟以及精确诊断理论和技术；在高电流密度、高电场强度、强脉冲磁场和重复频率脉冲条件下的材料（金属、非金属）特性及制备。

（六）核能的综合利用

核能的综合利用技术主要指核能的工艺热利用技术，如核能制氢、海水淡化、石油炼制、油页岩加工、天然气重整、煤的液化和气化等。目前最受关注的是核能制氢和海水淡化。

（七）核安全及管理技术

2011 年 3 月的日本福岛核电厂事故再次向世人展示了核安全的重要性，因此必须针对我国现有运行的、在建及待建的反应堆进行深入的严重事故安全分析评估，提高核反应堆严重事故防御能力和固有安全性能。建议尽快开展的研究如下：①概率安全分析评估方法在反应堆严重事故管理中的应用研究；②反应堆堆芯再淹没过程堆芯冷却及氢气产生分析；③堆芯碎片床形成及冷却机理分析；④严重事故 IVR 策略研究；⑤严重事故蒸汽爆炸特性研究；⑥严重事故安全壳内气体混合及氢气燃烧爆炸特性研究；⑦严重事故放射性源项迁移以及管理策略研究。

第八节 天然气水合物

一、基本范畴、内涵和战略地位

天然气水合物（natural gas hydrate，NGH）是天然气在一定温度和压力下与水作用生成的非固定化学计量的笼型晶体化合物，1 米^3 的 NGH 可储存 150～180 米^3 的天然气（标准状态下），因其遇火可燃烧，俗称"可燃冰"。自然界中的 NGH 均蕴藏于陆地永冻土下和水深大于 300 米的海底沉积物中，储量大、分布广、能量密度高，因此 NGH 以资源丰富、优质、洁净等特点，被视为 21 世纪的新能源。全球 NGH 中有机碳约占全球有机碳的 53.3%，蕴藏量约为现有地球化石燃料（石油、天然气和煤）总碳量的 2 倍，可缓解能源危机，是石油、天然气的最有力替代能源（Sloan，2008）。

NGH 作为新能源，其基本范畴包含资源勘探、资源评价、成藏机制、基础物性、开采、储运、环境影响以及应用等。NGH 不仅能够解决世界能源需求的压力，而且可为很多行业提供丰富的资源，主要涉及储运、气体分离、发电、制造业、公共建筑、公共交通等方面，是一个综合、交叉的能源资源。

为缓解能源供需矛盾，NGH 资源的勘探、开发和利用是全球新世纪的重要战略选择。NGH 资源开采与应用将为世界提供可持续发展能源资源，可建立低成本、洁净的能源系统，对确保世界能源安全、减少温室气体排放、降低污染、保护环境具有重要的战略地位。美国、日本、印度、韩国、俄罗斯、加拿大、德国、墨西哥等国家从国家能源安全角度考虑，将 NGH 列入国家重点发展战略，先后制订了 NGH 的国家研究和发展计划，纷纷投入巨资开展 NGH 的理论基础和应用基础研究。美国和日本分别制定了 2015 年和 2016 年进行商业试开采的时间表。我国南海及青藏高原永冻土带富藏 NGH 资源，现已成功取样，其资源的商业开采已势在必行。

二、发展规律与发展态势

世界能源消费将来将继续持续增加，据预测，2004～2030 年，全球一次能源需求年增长 1.6%，到 2030 年将达到 173 亿吨油当量，增加量等于现状消费总量的 53%，其中 70% 增长来自发展中国家。2004 年，全世界一次能源供应中，天然气占 20.9%，终端能源消费占 16.0%。2003~2030 年，天然气将在预测期内增长 92%，年均增长速度达 2.4%。IEA 氢能计划网站指出，天然气在全球一次能源中的比重将从 2003 年的 24% 上升到 2030 年的 26%，占工业中的消费增长总量的 50%，年增长率为 2.8%。由于天然气资源限制，目前探明天然气可开采储量大约为 64 年，其年产量也不高，因此天然气价格一直制约着燃气能源的发展。而 NGH 资源丰富，纯度高，为燃气能源提供了发展空间。NGH 能源应用广泛，技术灵活，高效率，无污染，投资少，将成为 21 世纪的新能源。目前，NGH 资源勘探评价以高效、准确为发展趋势，将利用新一代地球观测信息寻找 NGH，同时新一代卫星遥感数据能提供固态 NGH 的特殊标志信息，为 NGH 的勘探分析提供保障。NGH 的开采与应用发展规律和发展态势表现为三个方面。

（一）经济、高效、安全的 NGH 资源开采方法

NGH 资源开采方法研究在天然气水合物能源利用中占有突出位置，NGH 开采方法主要有热激法、降压法、化学试剂法等，各有其优缺点，综合进行多种开采方式联合开采，将有可能提高开采效率并节约成本。同时新型开采方式也在不断探索之中，包括天然气原位燃烧开采、利用水合物技术原位开采以及 CO_2 置换开采等。基础实验与理论研究在 NGH 资源开采中占有重要作用，将为开采方法的发展提供有效的指导，包括 NGH 原位基础物性、理论模型、分子动力学模拟、数值模拟开发等。NGH 开采方法的研究在不断探索和改进中，更加经济、高效、安全的 NGH 资源开采方法为人们所期待。

（二）全面、综合的 NGH 环境影响评估

NGH 开采对环境的影响包含地质影响、气候影响及海洋构件影响。NGH 以沉积物的胶结物存在，其开采将导致 NGH 分解，从而影响沉积物强度，有可能引起海底滑坡、浅层构造变动，诱发海啸、地震等地质灾害，并对 NGH 开采钻井平台、井筒、海底管道等海洋构件产生影响。另外，甲烷气体的温室效应明显高于 CO_2，如果大量泄漏将会引起温度上升，影响全球气候变化。因此应探索水合物沉积层及开采井周边的基础特性，分析沉积层稳定性及海底结构物安全性，确立海底滑坡及气体泄漏的判别标准，开发相关数学模型及安全评价方法。总之，NGH 的资源开发必须对其环境影响进行全面、综合的评估，做好开采的环境保护措施。

（三）清洁、高效的 NGH 应用技术

NGH 资源主要应用于发电、化工及城市工业、居民燃气等，水合物应用技术还包括 CO_2 分离和封存、气体储运、煤层气分离与储运等。NGH 发电应用是 NGH 资源转化的最有效方式，其中燃气–蒸汽联合循环发电技术具有发电热效率高、"三废"排放少、资源消耗少、运行维护方便等特点，成为 NGH 采出气能源转化的首选应用。化工、城市工业与居民燃气应用消耗量大，NGH 发挥了资源丰富、能持续稳定供气的特点，同时 NGH 应用可减少其他燃气所带来的污染。将水合物特有的技术全面发展到储运、煤、石油等工业生产中，促进水合物生成、分解的化学试剂的筛选是水合物技术应用的关键，主要以减少反应时间、增加储气量为发展趋势。CO_2 分离和封存主要以提高分离效率、减少中间环节、降低操作条件，从而减少成本为发展趋势。水合物法气体储运技术以提高储气量、降低操作条件为发展方向。水合物法煤层气分离与储运，综合水合物法气体分离和储运技术，以提高效率、降低成本为发展方向。NGH 应用技术在发展传统能源的应用基础上，主要发展具有自身特色的资源应用，最终将向清洁、高效发展。

三、发展现状与研究前沿

随着世界经济的发展，能源呈现以化石能源为主，新能源、可再生能源并存的格局。由于全球一次能源需求年增长 1.6%，所以能源供需矛盾成为人类面临的重大问题。从长远的时间来看，传统能源毕竟资源有限，而且传统能源消费的增加将带动 CO_2 排放的增长，导致环境问题日益严峻。因此，为解决能源消耗增加问题，维持能源生产的可持续发展，避免大量能源消耗带来的环境问题，新型洁净的能源将成为未来能源需求的发展方向。

NGH 资源的主要特点：①资源丰富，其储量约为现有地球化石燃料总碳量的 2 倍；②品质高，NGH 采出气纯度高，能提供高热值的能源；③应用广泛，NGH 应用于气体储运、CO_2 分离和封存、发电、化工、城市工业用气和居民用气等；④经济性好，NGH 资源丰富，随着开采技术的发展，其成本将降低，资源利用技术灵活简单，投资小，更经济；⑤环境友好，NGH 资源含杂质较少，燃烧后基本无残留，温室气体 CO_2 排放少。水合物法 CO_2 分离封存技术的应用，也可减少发电等相关行业 CO_2 的排放，减少环境污染。目前 NGH 资源的主要发展现状与研究前沿从三个角度展开。

（一）NGH 资源开采

1. 开采技术

NGH 开采涉及 NGH 分解技术、采出气收集等。NGH 采出气的收集采用采气井筒收集分解气，用常规天然气的输气管道输送到地面，NGH 分解技术主要包含热激法、降压法和化学试剂法（Sloan，2008）。

热激法通常采用蒸汽注入、热水注入、热盐水注入、火驱及电磁加热、微波加热等技术，对 NGH 稳定层进行加热，促使 NGH 发生分解，从而释放出天然气。目前，注热开采法应用较广泛，其注入热流体主要为蒸汽、热水、热盐水等，以提高 NGH 储层的局部温度，破坏水合物相平衡条件，促使 NGH 分解，并用采气井收集分解的天然气。

降压分解技术通过降低压力引起 NGH 相平衡曲线移动促使 NGH 分解。一般通过抽取 NGH 层下方游离气或抽取裂隙流体来降低储层压力，使得在储层温度下储层压力低于水合物相平衡压力，水合物分解，分解气由井筒采出，分解水留在储层。

化学试剂法是通过注入化学试剂（盐水、甲醇、乙二醇和丙三醇等）改变 NGH 相平衡条件，促使 NGH 分解。在化学试剂的促进下，NGH 的热力学性质受到改变，在不与化学试剂发生反应的情况下，NGH 的晶体结构被破坏，发生分解，天然气溢出，化学试剂可以重复回收使用；同时化学试剂可以防止开采过程中管道因形成水合物而产生堵塞。

加拿大 Mallik 进行 NGH 热激法开采试验，在 2L-38 井中约 17 米厚的高饱和 NGH 层，通过 5 天热水循环，水合物天然气开采速率最大流量达 1500 米^3/天（郭平等，2006）。Prudhoe Bey 油田的北—西 Eileen Stete 构造 2 号探井，在 1972 年使用降压开采水合物储层，试生产期间，产出量为 110.4 米^3/天。Messoyakha 气田通过向含气体水合物的岩层注入诸如甲醇和氯化钙一类可扰动并阻止气体水合物形成的物质，得出天然气产量有显著提高、产量增加 6 倍这一结果，表明水合物分解速率得到提高。

新型开采方式也在不断探索之中。天然气原位燃烧开采是通过在水合物中开采部分 NGH，原地进行天然气的燃烧，由燃烧产生的热量使得 NGH 层水合物分解，释放出天然气（陆佑楣，2005）。CO_2 置换开采是通过将 CO_2 气体注入水合物储层，利用 CO_2 与天然气形成水合物的相平衡条件差别，由 CO_2 将晶格中甲烷气体置换出来，形成 CO_2 水合物，既储存温室气体，又开采出天然气（美国能源部氢能计划网站）。但新型开采方式还不完善和成熟，还处于实验室研究阶段。

目前已经提出的 NGH 开采方案有单井生产法、单井双层管连续生产法、多井生产法和复合法。单井生产法是用水压破裂法在井内形成人工断面，开采时单井内利用各种开采方法使得水合物分解，关闭井，待分解到一定量天然气时采出。单井双层管连续生产法是采用双层管井筒，内管管口较深，通过开采方法使得 NGH 分解，从内外管间采出气。多井生产法是在开采井周围设置多个采出气的生产井。复合法是开采下层游离天然气，使用降压法使得上层 NGH 分解，继续从下层采出。各种方案都有优缺点，还在不断完善改进中。

2. 冻土与海洋开采

NGH 主要分布在地球上 27% 的陆地面积（主要在多年冻土区）和 90% 的海域（主要在水深大约 200 米的大陆斜坡地带和深海盆地）。估计全球冻土带天然气水合物为（$1.42 \times 10^{10} \sim 3.4 \times 10^{13}$）米^3，海洋沉积为（$3.11 \times 10^{12} \sim 7.65 \times 10^{15}$）米^3（"十五"国家高技术发展计划能源技术领域专家委员会，2004）。二者水合物储层环境不同，因此开采方式也有所区别。

海洋中水合物大多储存于多孔的沉积物中，其温度大约为 $0 \sim 10$℃，压力大于 10 兆帕，盖层大多也为沉积物，上面是海水，下面多伴有下伏的游离气。因此 NGH 的海洋开采可以与常规油气开采结合同时进行，充分继承利用现有油气开采的技术装备，同时结合自身开采特性开发新技术。由于深海钻探面临的特殊困难，以及海洋环境特别是深海生态系统的脆弱性，大规模商业化开采存在一定困难。

冻土地带多年冻土层中水合物藏的深度较海洋储层浅，俄罗斯西伯利亚、美国阿拉斯加及加拿大的麦肯齐三角洲等多年冻土区，均发现有天然气水合物，其埋藏深度为 $130 \sim 2000$ 米（孙丽萍和聂武，2000）。冻土带水合物储层多为砂岩，较为坚硬，储层附近存在油气资源，可与其开发同步。冻土地带具有便利的交通条件和后勤保障措施，为大面积冻土带 NGH 开采提供了有力支持。因此冻土地带 NGH 的开采较海洋开采便利，是 NGH 开采研究的首选之地，目前俄罗斯西伯利亚冻土地区 Messoyakha 气田是全世界研究程度最高的 NGH 气藏。

3. 开采发展

NGH 资源开采按其技术发展可分为实验室模拟开采、矿场试验开采和商业开采三个阶段。美国、日本等国已基本完成第一阶段实验室模拟开采，进入第二阶段 NGH 矿场试验开采研究阶段，美国和日本分别制定了 2015 年和 2016 年进行商业试开采的时间表。俄罗斯、美国和加拿大已分别在麦索哈雅、阿拉斯加北坡和麦肯齐三角洲进行陆上永冻土地带 NGH 的试开采研究；美国还在墨西哥湾成功进行了钻井实验，日本除成功参加了加拿大麦肯齐三角洲永冻土 NGH

试开采外，还成功进行了南海海槽的钻井实验；国际性的二"陆"三"海"5 个大的 NGH 研究和开发试验区（加拿大麦肯齐三角洲和美国阿拉斯加北坡永久冻土区、日本南海海槽、美国墨西哥湾和水合物脊）已基本形成。

我国 2007 年 5 月在南海北部神狐海域的首次采样成功，使我国成为继美国、日本、印度之后第 4 个通过国家级研发计划采到水合物实物样品的国家。NGH 样品取自海底以下 183～201 米，水深 1245 米，水合物丰度约 20%，含水合物沉积层厚度 18 米，气体中甲烷含量 99.7%。2008 年 11 月，我国国土资源部在青海省祁连山南缘永久冻土带（青海省天峻县木里镇，海拔 4062 米）成功钻获天然气水合物（可燃冰）实物样品，据科学家粗略估算，远景资源量至少有 350 亿吨油当量。目前，我国有关海域天然气水合物的 863 项目、973 项目已经启动，相关调查及开发技术研究也已纳入国土资源部"十二五"规划，与加拿大、德国等国的国际合作正在推进，NGH 三维实验模拟开采平台正在研制中。但我国的 NGH 资源开发仍然处于实验室研究阶段，试开采阶段还刚起步。

NGH 资源开采的前沿：含 NGH 天然沉积层的基础物性，NGH 成藏热力学与动力学机制，NGH 采出样品分析，天然介质中 NGH 高效分解方法，分解动力学机理及分解过程热、质传递规律，NGH 开采分子动力学模拟、物理模拟及数值模拟，热激法、降压法和化学试剂法等开采方法的实验室、中试及试验场实验，NGH 开采过程深水钻探、基础建设、钻井、固井等关键技术的实验和模拟等。

（二）NGH 环境影响

NGH 具有显著的环境效应。甲烷的温室效应比 CO_2 强 21 倍，NGH 中甲烷总量大致是大气中甲烷数量的 3000 倍，如果 NGH 资源开采引起气体泄漏，将在短时期内快速增加温室气体。同时 NGH 的分解将降低沉积物的强度，有可能引起海底滑坡及浅层构造变动，诱发海啸、地震等地质灾害。20 世纪 90 年代，Nisbet 认为 13 500 年前末次冰期的结束与 NGH 分解大量甲烷进入大气圈有关。专家估计美国大西洋大陆边缘发生多次滑坡都与 NGH 分解及断裂活动有关，海底 NGH 分解产生的甲烷气体还可造成海水密度降低，这也可能是导致百慕大三角区海难和空难事故的原因之一。NGH 的分解对海洋生物也有一定影响：一方面，分解出的甲烷与海水中 O_2 反应，会使海水中 O_2 含量降低，一些喜氧生物群落会萎缩，甚至出现物种灭绝；另一方面会使海水中的 CO_2 含量增加，造成生物礁退化，海洋生态平衡遭到破坏。目前，世界各国在开展 NGH 国家研究和发展计划的同时，均把 NGH 环境影响放在重要的位置，因为其不仅关系 NGH 的开采，还关系海洋石油勘探、海底输油管线、海底电缆、海洋周边地区安全及全球气候问题等，是 NGH 安全开采的必要条件。

NGH 环境影响的前沿：NGH 矿藏沉积物的物理力学性质分析；NGH 开采对海底地质的影响及地质变化引起的滑坡、海啸、地震分析；NGH 开采对钻井平台、井筒、海底管道等海洋构件的影响分析；海底滑坡及气体泄漏的判别标准；沉积物中甲烷厌氧氧化作用和生物地球化学作用的过程；海水中甲烷氧化效应、缺氧对海底生物的影响；NGH 开采对环境的综合评价。

（三）NGH 资源应用

NGH 资源应用前景广阔，主要涉及发电、化工、城市工业用气和居民用气，以及气体储运、CO_2 分离和封存等领域。

1. 发电应用

NGH 采出气纯度较高，杂质少，燃烧热值高，推动燃气透平机将化学能转化为机械能，从而转化为电能进行发电。美国发电用燃气轮机的功率已经超过6000 万千瓦，占美国火电站总装机的 12% 以上，到 2015 年美国将投入使用的发电机功率为 2.52 亿千瓦。从 20 世纪 80 年代以后，由于燃气轮机的单机功率和热效率都有了很大的提高，特别是燃气-蒸汽联合循环渐趋成熟，再加上世界范围内天然气资源的进一步开发及为了减轻对环境的影响，燃气轮机及其联合循环在世界电力工业中的地位发生了明显的变化。我国燃气轮机发电近年来有所发展，但与国外发达国家相比还有很大差距。目前我国采用引进方式与国外合作，拥有自主知识产权的技术正在研发之中。NGH 发电中开采系统、气体净化系统、气体储运系统和发电尾气处理（CO_2 分离和封存）系统的技术将随着NGH 资源的开发而得到发展。

2. 化工应用

NGH 主要成分为天然气，通过化学转化可得到工业化工产品，因其资源丰富、纯度高而将成为稳定而廉价的化工原料。NGH 可为生产合成氨、尿素、甲醇及其加工产品、乙烯（丙烯）及其衍生产品、乙炔及炔属精细化学品、合成气（$CO+H_2$）及羰基合成产品等大宗化工产品，并为生产甲烷氮化物、二硫化碳、氢氰酸、硝基烷烃、氦气等产品提供稳定持续的原料和先进技术。

3. 汽车工业应用

NGH 采出气含高纯度天然气，杂质少，应用于汽车工业将减少汽车尾气的排放，降低环境污染。目前天然气汽车已得到较大发展，已有 60 个国家拥有天然气汽车，总数近 600 万辆，共建加气站近 3 万座。近年来，我国天然气汽车产业发展迅速，在成都、天津、南京、无锡、哈尔滨、深圳、海口、广州、上海等地已使用了大量天然气汽车。

4. 城市工业和居民用气

目前大气污染物部分由城市工业和居民燃煤所致，因此采用燃烧值高、污染小的能源将改善地球环境。NGH 采出气富含烷烃、热值高，是理想的城市工业和民用燃气。NGH 采出气通过管道或 NGH 储运方式输送到用气终端，它不是简单的燃料替换，而是充分利用 NGH 的综合开发利用技术，提升能源利用率，降低成本，对保护环境具有积极作用。

5. 气体储运

水合物法气体储运是指在一定的压力和温度下，将气体和水进行水合反应，固化成水合物后进行储运的方法。美国国家天然气水合物中心（SCGH）、英国天然气集团（BG）公司、日本三井造船公司等的水合物储运技术已进入应用试验阶段。我国对 NGH 储运已有了一定的研究，促进水合物生成和分解的化学试剂正在研制中。水合物储运方式储气量高，操作条件低，灵活性高，成本较低，安全性好，是具有发展潜力的新技术，在未来 NGH 资源开发利用中将有很好的应用前景。

6. 气体分离和 CO_2 减排

水合物法分离混合物气体利用易生成水合物的气体组分发生相态转移，实现混合气体的分离，具有方法简单、操作条件低等特点，是发电等 CO_2 高排放工业中的新型 CO_2 分离方法。将 CO_2 注入海洋中 NGH 储层，不仅封存了 CO_2，同时还置换开采了 NGH，因而被认为是 CO_2 永久封存的有力选择。水合物法分离还应用于其他混合气体中的气体提纯、提浓等。例如，氢气的提浓，含硫化氢混合气的脱硫等。

另外，在煤层气分离与储运、海水淡化、油气输送管道防堵解堵、空调蓄冷等方面，水合物技术均有广阔的利用前景。

NGH 资源应用前沿：NGH 发电中提升效率和容量、降低氮氧化物排放技术，燃气-蒸汽联合循环发电技术，以及压气机、燃气透平、高效燃烧系统、叶片材料和冷却方法及设备，采出气净化等；NGH 采出气分解、催化裂解、合成转化化工产品及副产品；NGH 燃料电池、NGH 汽车研制；NGH 输送、燃烧技术；NGH 储运中气体水合物快速形成、分解方法与技术；水合物生成促进剂、分解促进剂筛选研制；CO_2 分离操作条件研究；气体分离机理的分子动力学研究；CO_2 置换开采海底 NGH 的方法、动力学机理及影响机制研究等。

四、近中期支持原则与重点

NGH 以其资源丰富、纯度高、洁净环保而成为 21 世纪的新能源。经济、高效、安全的 NGH 开采技术是实现 NGH 开发的决定性因素，是 NGH 新能源利用的前提。目前还没有一种公认的技术可实现对天然气水合物的经济、高效、安全开采，因此应加大气力对 NGH 开采技术进行基础研究。我国 NGH 相关技术尚处于研究、实验阶段，实地开采研究尚存在一定困难，因此需要实验室对 NGH 开采进行模拟理论和实验研究，为试剂矿场开采提供基础数据和操作条件。NGH 的资源开发必须对其环境影响进行全面、综合的评估，做好开采的环境保护措施。NGH 资源必须与其他能源应用结合，如发电、化工应用等。同时 NGH 包含自身特点的能源应用，如 NGH 储运、CO_2 分离和封存等。洁净、高效的 NGH 应用技术是 NGH 资源实现商业化的决定因素，其核心在于各应用技术的改进。

NGH 研究近中期支持的重点包括四个方面。

（一）NGH 开采方法研究

经济、高效、安全的 NGH 开采技术是实现高储量 NGH 能源开发的决定性因素，是替代化石能源的新型能源利用的前提。目前国内外对 NGH 能源的开采研究还处于探索阶段，因此应重点对 NGH 开采技术进行基础研究包括 NGH 成藏热力学与动力学机制，NGH 基础物化性质、分析表征技术；NGH 高效分解方法，气体收集方法，开采化学试剂的筛选与研制，NGH 开采井网分布，NGH 开采过程多相渗流、传热、传质机理，新型原位开采方法等。

（二）NGH 开采实验模拟

开采实验模拟包括 NGH 开采样品分析、样品实验室开采模拟、NGH 分解动力学机理、NGH 开采机理的分子动力学模拟、NGH 开采过程数值模型建立和数值模拟、三维模拟实验平台建立等。

（三）NGH 环境影响评价

环境影响的评价是 NGH 资源开采的必备条件，只有保障不对人类生存及世界可持续发展产生影响，才能开发应用资源。评价方面包括 NGH 矿藏的稳定性分析、NGH 开采对沉积物结构的影响、NGH 开采对海洋构件的影响、NGH 采出气在海水中溢出以及进入大气的影响、海底喜氧生物群种群变化等。

（四）NGH 应用技术

NGH 资源与其他能源应用结合，如发电、化工应用等。同时 NGH 包含自身特点的能源应用，如 NGH 储运、CO_2 分离和封存等。洁净、高效的 NGH 应用技术是 NGH 资源实现商业化的决定因素，其核心在于各应用技术的改进，实验室机理研究是实现应用的基础。因此研究重点在于：烟气、整气煤气化联合循环合成气等 CO_2 分离实验研究；水合物生成促进剂、分解促进剂筛选研制；气体水合物快速生成、分解方法研究；气体分离机理、化学试剂筛选分子动力学模拟研究；水合物法煤层气分离与储运实验室研究；CO_2 置换甲烷实验研究；发电技术中燃气轮机的设计加工，耐高温叶片材料，蒸汽冷却技术，高效燃烧系统等；化工应用中 NGH 采出气分解、裂化、催化转化等技术；新型燃料电池技术、新型燃料发动机技术；NGH 储运技术；NGH 采出气燃烧技术。

第九节　地热与其他

一、基本范畴、内涵和战略地位

地热能是蕴藏在地球内部巨大的自然能源，已成为 21 世纪能源发展中不可忽视的可再生能源之一，也是可再生能源大家庭中最现实和最具竞争力的资源之一。根据开发深度的不同，地热资源可划分为浅层地热（200 米以浅）、水热型地热（200～3000 米）以及增强型地热（3000 米以深）三种。据估算，我国 2000 米以浅的地热资源所含的热能相当于 2500 亿吨标准煤，保守估计可以开发其中的 500 亿吨（汪集暘等，2005）。

地热资源的可再生性是建立在合理开发和循环利用的科学规律之上的，地热能利用涵盖以下五个方面的科学问题：资源评价、资源开采、能量转换、环境效应以及资源再生等。过去，各国对水热型地热资源的利用已形成了一定的研究基础，对一些共性问题已开展了基础研究；现在，各国把目光更多地集中在浅层地热资源，热泵技术也成为利用浅层地热的一种有效途径，科学问题需要进一步凝练；不久的将来，增强型地热资源的开发将成为研究热点，更多的科学问题需要凝练。总之，地热能利用的基本科学问题离不开上述五个方面，或许会衍生出一些学科交叉性的科学问题。

相对于其他可再生能源，地热能的最大优势体现在它的稳定性和连续性上，地热能用来发电全年可供应 8000 小时，而提供冷、热负荷也非常稳定。因此，地热能在未来能源结构中发挥的最重要作用就是提供基础负荷，尤其是未来增强型地热资源的大量开发，可以供应稳定、连续的基础负荷，将在能源结构中占据重要位置。

二、发展规律与发展态势

地热能的利用始于水热型地热资源，世界各国对水热型地热资源的利用已有相当长的历史，据记载至少距今已有 3000～2000 年之久，最早主要用于温泉洗浴和医疗；而具有一定规模的工农业应用则始于 20 世纪初，水热型地热资源被用来发电、供热、干燥、温室以及其他工农业，并一直发展至今，已形成了资源勘探、地热发电以及地热综合利用为主导的较为成熟的产业群。就学科发展来看，水热型地热利用已进入技术的完善期，目前的研究热点主要集中在资源的梯级综合利用、高效能量转换技术、高效回灌技术以及地热防腐防垢技术。

20 世纪后期以来，地热能开始展现出了全新的发展趋势，人们把目光投向了地表浅层这部分能源，它是深层地热能和太阳能综合作用的结果，国际上通称为浅层地热能。浅层地热能的温度一般低于 25℃，如果直接利用则没有太大的价值，这也是过去人们忽视它的一个原因；然而热泵技术的应用使得浅层地热能的利用价值迅速提升，已形成了系统施工、设备生产和系统集成为主导的产业群。就学科发展来看，浅层地热利用还有一些技术需要进一步完善，科研进展明显滞后于工程应用的发展，目前的研究热点集中在浅层地热资源的评价方法、土壤的多孔介质传热传质机理、土壤热物性动态模拟方法、高效热泵技术以及系统高效集成技术等方面。

2005 年以来，国际上以美国为代表的一些欧美国家对地热能的应用前景展开了新一轮的深入探讨，在总结过去 30 年间干热岩地热资源的研究和现场试验的基础上，提出了"增强型地热系统"的概念。其概念涵盖了目前未开发的 3000～10 000 米的深层地热资源，需要采用人工激发的方式来获取。目前国际上对于这部分资源也仅仅是做了一些前期的探索试验，而对于我国来说研究基本处于空白状态。在美国能源部组织 18 位专家发布《地热能的未来——21 世纪增强地热系统对美国的影响》的报告之后，国内外地热界已开始重新审视这一科学领域，并且在资源评估、资源开采以及能量转换等领域展开了相关课题的研究部署。

三、发展现状与研究前沿

（一）地热发电技术发展现状

地热发电至今已有百余年历史，世界上最早的地热发电起源于意大利拉德瑞罗（1904），20 世纪 60 年代，新西兰、美国、墨西哥也开始进行地热发电，至今地热发电国家已增加至 27 个。从地热发电的历史数据来看，全世界地热发电装机容量 1980 年为 3887MWe，1990 年为 5832MWe，2000 年为 7974MWe，2005 年为 8933MWe，截至 2007 年为 9732MWe。可见，地热发电增长速度非常平稳，基本控制在 12%～15%（郑克棪等，2009）。

分析各国 2000～2005 年的地热发电装机容量可以发现，有 11 个国家的地热电站规模没有增加，一些新的增长点主要集中在一些高温地热资源较好的国家，虽然这五年地热发电装机容量变化幅度有所下降，然而期间有 11 项在建项目，因此地热发电前景仍然被看好。就各国地热勘探现状来看，墨西哥走在最前列，勘探深度总计 150 千米，而我国的勘探深度仅为 2 千米。就地热发电技术来看，呈现多元化的发展态势，全球不同资源类型的地热发电的装机容量比重为：干蒸汽发电占 29%、单级闪蒸 37%、二级闪蒸 25%、双工质循环 8%、背压式 1%；而从机组数量来看，双工质循环系统占了 41%，而且涵盖国家最多，已成为各国研究的热点（中国能源研究会地热专业委员会，2008）。

我国的工业性地热电站均分布在西藏自治区，其中西藏羊八井是目前规模最大的高温地热电站，装机容量达到 25.18MWe。此外，在西藏朗久、那曲也分别建造了 2MWe 和 1MWe 的地热电站。据 2005 年地热大会统计，我国大陆地区发电装机容量为 28.18MWe，在世界 27 个地热发电国家中排名第 15 位。从发电技术来看，我国地热发电主要采用闪蒸式地热发电系统，目前双工质循环系统仅在西藏那曲使用。从地热资源来看，我国西藏使用的是浅层地热储，地热井深度仅为 200 米，对于上千米的深层热储资源，存在很大的开发潜力。

（二）地热直接利用技术发展现状

相对于高温地热资源，中低温地热直接利用更为广泛。由于地热资源的多功能性，地热直接热利用形式多种多样，主要包括地源热泵、供热采暖、洗浴与疗养、温室、工业应用、养殖、农业干燥以及地热旅游等。根据 2005 年世界地热会议数据，目前世界地热直接热利用装机容量已达到 27 825MWt，几乎是

2000 年统计数据的两倍，这其中地源热泵技术的推广应用起了重要的作用。地源热泵应用开辟了地热能利用的新领域，即蕴藏在地表浅层（土壤、地下水、地表水等）的丰富的地热能资源，成为 2005 年土耳其地热大会的热点话题。据统计，地源热泵技术的崛起主要源于欧美国家的大力推动，2008 年欧美个人家庭使用的 12kWt 的小型地源热泵机组已达 130 万台，大约是 2000 年统计数据的两倍。可见，在地热能直接利用技术中，地源热泵将是全世界未来几年最主要的关注点。

我国的地热资源以中低温为主，遍布全国各处。在中低温地热的直接利用方面，我国从 20 世纪 90 年代开始，逐步加大了开发力度。到 2005 年，我国直接利用地热资源的热能达到 45 373 TJ/yr，设备容量 3687MWt，分别居世界第一和第三位，地热开采利用量以每年 10% 的速度增长。我国中低温地热直接利用主要在地热供暖、地源热泵、洗浴和旅游度假、工业应用、养殖、温室、农业干燥、矿泉水生产等方面，其中地源热泵技术自 21 世纪以来展示了非常好的发展势头，每年增长速度在 25% 左右（徐伟，2008）。

（三）增强型地热系统技术发展现状

欧美等发达国家和地区已经完成了为期 30 年的研发，在现场试验研究和钻井技术等方面做了大量的工作，初步验证了提取增强型地热资源的可行性。之后，美国、法国、德国、英国、日本、澳大利亚等国家对增强型地热系统（EGS）开发对于人类未来能源的贡献给予了充分的肯定，认为其技术上可行、资源分布广泛、高温油田区开发潜能巨大，目前开采条件最好的是埋藏较浅的地热异常区。随着技术的发展，增强型地热系统开发成本将继续下降，可能降至当前成本的四分之一。美国政府对于增强型地热系统技术的研发投入大幅度增加，2009 年 5 月美国总统奥巴马宣布将从"再投资及（经济）恢复法案"中拨付 4.67 亿美元专项资金用于支持太阳能与地热能产业，其中 3.5 亿美元用于支持地热示范工程、增强型地热系统技术研发、勘探技术革新以及全国地热资源评估分类等。美国谷歌公司（Google）也投资 1000 万美元用于增强型地热系统的研究开发。澳大利亚政府在 2004 年发布的《保证澳大利亚未来能源安全》的白皮书中将增强型地热系统列为以澳大利亚为市场领导的技术，并承诺对地热勘探（研究）、评估（概念验证）、示范工程进行支持。截至 2008 年 4 月，澳大利亚政府已经向地热工程及其研究投入了 3200 万美元，已有 33 家公司通过审批，加入到可再生、零排放的地热能开发行动中来，取得的项目投资达 8.32 亿美元。

我国在增强型地热系统方面的研究开发基本处于空白状态，据记载，

1993～1995 年，国家地震局地壳应力研究所和日本电力中央研究所开展合作，在北京房山区进行了干热岩发电的研究试验工作。近几年对增强型地热系统技术开始密切关注，尤其是在《地热能的未来——21 世纪增强地热系统对美国的影响》的报告之后，国内地热界和石油勘探行业开始宣传增强型地热系统技术。中国科学院已把增强型地热系统技术列为影响我国可持续发展能力的七个战略性科技问题之一，并进行了战略重点部署。中国能源研究会地热专业委员会和澳大利亚特里特姆股份有限公司就中澳合作项目"中国干热岩地热资源潜力研究"进行洽谈，目前正在进行项目选址工作。此外，中国地质调查局也正在考虑启动增强型地热系统项目计划。

（四）地热能学科研究前沿

1. 热水型地热资源利用过程的共性问题

1）地热热储层模拟及传热传质机理研究。
2）新型高效中低温发电工质及传热传质机理研究。
3）新型地热热泵技术及热力过程特性研究。
4）高效地热梯级综合利用技术及其模型构建。
5）基于三维动态模拟的地热回灌技术研究。
6）地热腐蚀机理及防腐防垢方法研究。

2. 浅层地热资源利用过程的共性问题

1）浅层地热资源评价方法研究。
2）多孔介质土壤传热传质耦合机理研究。
3）结合现场试验的土壤热物性动态模拟技术研究。
4）地源热泵循环过程强化传热研究。
5）地源热泵系统高效集成模拟仿真技术研究。

3. 增强型地热资源利用过程的共性问题

1）增强型地热资源界定与储量评估方法研究。
2）增强型地热资源地质特性与热特性模拟研究。
3）人工热储层激发及传热过程动态模拟研究。
4）增强型地热资源开采的热经济模型构建与模拟研究。
5）新型载热介质的传热机理研究。
6）新型高效能量转换系统热力循环特性研究。
7）增强型地热开发过程中的环境效应评价研究。

四、近中期支持原则与重点

(一) 近期 ("十二五") 支持重点领域

对于水热型地热资源和浅层地热资源,近期可考虑一些共性的基础科学问题;而对于增强型地热系统,近期则应该开展资源和热储层方面的基础性科学问题。支持的重点领域可包括三个方面。

1. 地热资源估计技术领域的基础性科学问题

无论是哪种地热资源,在开发之前都要对其进行资源评估,对于资源的评估主要通过理论模拟和现场勘查两种途径来解决。因此,资源评估技术领域的前沿课题可以包括资源的界定方法研究、资源的评估模型研究、资源的热特性研究、资源的地质特性研究以及资源的可用性评估研究。

2. 地热资源开发过程的基础性科学问题

地热资源的开发需要面临很多技术问题,不同的地热资源需要采用不同的热储模拟方法,浅层地热资源更多关注土壤的传热传质过程,热水型地热资源则具有天然的热储层,同时还面临回灌的问题,而增强型地热资源的热储层则需要通过人工激发的方法来获得。一个好的热储层的前提是:较好的渗透性、较好的连通性、较好的热传递,最终体现在生产出来流体的流量和温度两个指标上。因此,对于地热资源开发过程的前沿课题可以包括地热热储层模型研究、土壤热物性及传热特性模拟研究、热储层人工激发模拟研究以及地热回灌动态模拟研究。

3. 地热资源能量转换技术领域的基础性科学问题

地热资源的能量转换技术主要涵盖热-电、热-热、热-冷三个层次,不同的地热资源可采用不同的能量转换技术,浅层地热资源主要是解决冷热联供的问题,热水型地热资源可以解决分布式电、热、冷联供问题,增强型地热资源首先考虑的是电力供应,在条件允许的情况下考虑供热、供冷。因此,能量转换技术领域的前沿课题可包括新型发电工质及传热传质机理研究、高效双工质发电技术研究、新型高效发电技术研究、地热资源梯级综合利用模型研究以及新型热泵技术研究。

(二) 中期 ("十三五") 支持重点领域

中期 ("十三五") 的支持重点应放在解决增强型地热资源利用过程的基础

科学问题上，中期也可进一步考虑增强型地热资源的选址、开采以及高效能量转换方面部署等基础性课题。支持的重点领域包括三个方面。

1. 增强型地热资源选址技术领域的基础性科学问题

对增强型地热资源进行了较为准确的评估之后，就要开始对一些高等级的增强型地热资源进行选址方面的研究，为之后的现场试验作好铺垫。在资源选址过程中，不仅要对资源的品质进行考察，更为重要的是能够找到深度和温度都很合理的理想位置，这样可以节省大量的资金。资源选址技术领域的前沿课题主要包括：高等级资源的选址技术研究、先进的勘查技术研究、选址过程测试方法研究、先进的地质评估模型研究以及评估增强型地热裂隙带的先进地球物理学方法研究。

2. 增强型地热资源高效开采技术领域的基础性科学问题

对增强型地热资源的开采首先就是要对其进行现场试验，解决开采过程中存在的若干技术难题。现场试验是以高质量的人工热储层为前提的，故前期人工热储层技术的研究对资源的高效开采至关重要。因此，增强型地热资源高效开采技术领域的前沿课题主要包括降低钻井成本的模型研究、低成本钻井技术研究、现场试验方法研究、现场试验动态模型研究及资源开采过程的经济模型研究。

3. 增强型地热资源高效能量转换技术领域的基础性科学问题

在近期研究的基础上，对于高等级的增强型地热资源所采取的能量转换技术进行深入研究，研究温度可拓展到 $200\sim400℃$。因此开展高效能量转换技术领域的前沿课题主要包括高效发电工质研究、超临界发电技术研究、新型高效发电技术研究、增强型地热系统热电冷联供技术研究及增强型地热系统发电过程的环境效应研究。

第十节　可再生能源储存、转换与多能互补系统

一、基本范畴、内涵和战略地位

可再生能源包括水能、生物质能、风能、太阳能、地热能和海洋能等，资源潜力大，环境污染低，可永续利用，是有利于人与自然和谐发展的重要能源。

可再生能源是我国重要的能源资源，在满足能源需求、改善能源结构、减少环境污染、促进经济发展等方面已发挥了重要作用。但能流密度低，不稳定、不连续，随时间、季节和气候等变化等特点，使得可再生能源转化与利用系统存在转换效率、安全性及稳定性低等一系列先天性缺点，阻碍了可再生能源的高效、低成本和大规模开发利用。因此，急需开发相关配套的储能装置及多能互补系统技术来保证可再生能源供能系统的连续性和稳定性。

储能是指在能量富余的时候，利用特殊技术与装置把能量储存起来，并在能量不足时释放出来，从而调节能量供求在时间和强度上的不匹配问题。根据储存能量的形态，储能技术主要包括机械储能、蓄热、化学储能和电磁储能等四大类。多能互补则是指按照不同资源条件和用能对象，采取多种能源互相补充，尤其是采用如水电、太阳能、风能、海洋能、生物质能、地热能和氢能等新能源和可再生能源进行多能互补，以缓解能源供需矛盾，合理保护自然资源，促进生态环境良性循环（IEA，2005）。

目前，可再生能源消费占我国能源消费总量的比重还很低，技术进步缓慢，产业基础薄弱，不能适应可持续发展的需要。通过大力研发高效、低成本、大规模的可再生能源储存、转换与多能互补系统与技术，推动可再生能源的更快发展具有重要的战略意义。

二、可再生能源储存、转换的发展态势、现状与研究前沿

（一）可再生能源储能技术的发展态势、现状

目前已知的储能技术如下：①机械能储存，如飞轮蓄能、压缩空气蓄能及抽水蓄能等；②蓄热，如显热蓄热与潜热蓄热等；③电磁能储存，如超导磁体蓄能等；④化学能储存，如常规的蓄电池技术以及将可再生能源转化为二次能源甲醇或氢等。几种主要储能技术的发展现状如下。

1. 机械能储存

1）飞轮蓄能。飞轮蓄能利用电动机带动飞轮高速旋转，将电能转化成机械能储存起来，在需要时通过飞轮带动发电机发电。飞轮系统运行于真空度较高的环境中，其特点是没有摩擦损耗、风阻小、寿命长、对环境没有影响、几乎不需要维护，适用于电网调频和电能质量保障；缺点是能量密度比较低，保证系统安全性方面的费用很高，在小型场合还无法体现其优势，目前主要应用于为蓄电池系统作补充。

2）压缩空气蓄能。压缩空气技术是在电网负荷低谷期将电能用于压缩空

气，将空气高压密封在报废矿井、沉降的海底储气罐、山洞、过期油气井或新建储气井中，在电网负荷高峰期释放压缩的空气推动汽轮机发电。压缩空气储能电站的建设受地形制约，对地质结构有特殊要求。目前随着分布式电力系统的发展，人们开始关注 8～12 兆瓦的微型压缩空气储能系统（micro-CAES）。

3）抽水蓄能。抽水蓄能技术是在电网负荷低谷期将水从下池水库抽到上池水库，将电能转化成重力势能储存起来，在电网负荷高峰期释放上池水库中的水发电。抽水储能的释放时间可以从几个小时到几天，综合效率在 70%～85%，主要用于电力系统的调峰填谷、调频、调相、紧急事故备用等。抽水蓄能电站的建设受地形制约，当电站距离用电区域较远时输电损耗较大。

2. 热能储存

1）显热蓄能。显热蓄能由于其简单及经济性，在太阳能热利用中得到广泛研究与应用。目前对于太阳能显热蓄能的研究，主要集中于太阳能供热系统，包括水箱蓄热和卵石蓄热等，用于昼夜、季节性蓄能以及系统能量调节。

2）相变蓄能。相变蓄能材料蓄能密度高，相对于显热蓄能来说，仍然具有很大的研究发展空间，也一直是热能、冷能存储研究的热点。除了研究蓄能密度高、性能稳定、相变温度能满足不同用能温位要求的能量系统以外，通过强化换热改善蓄热和放热速率也是改善蓄能系统性能的重要方向。

3. 化学储能

化学储能是在正向化学反应中吸收能量，把能量储存在化学反应的产品中；在逆向反应中则释放出能量。利用不同的化学反应可将能量以电能及热能等不同形式释放出来。前者主要有铅酸电池、镍镉电池、氧化还原液流电池、钠硫电池、超级电容器、二次电池（镍氢电池、锂离子电池）和各种燃料电池等；后者则包括种类繁多的热化学反应（张华民，2007）。

1）铅酸蓄电池是用二氧化铅和绒状铅分别作为电池的正极和负极的一种酸性蓄电池。其主要特点是采用稀硫酸作为电解液，具有成本低、技术成熟、储能容量大等优点，主要应用于电力系统的备载容量、频率控制和不断电系统；缺点是储存能量密度低、可充放电次数少、制造过程中存在一定污染等。

2）镍镉电池可重复 500 次以上的充放电，经济耐用，寿命比铅酸电池更长。其内阻很小，可实现快速充电，又可为负载提供大电流，而且放电时电压变化很小，是一种比较理想的直流供电电池；缺点在于其记忆效应，而且镉材料资源短缺，价格较为昂贵。

3）钠硫电池在 300℃ 的高温环境下工作，其正极活性物质是液态硫（S），负极活性物质是液态金属钠（Na），中间是多孔性陶瓷隔板（程时杰等，2009）。

钠硫电池的主要特点是能量密度大（是铅蓄电池的 3 倍）、充电效率高（可达到80％）、循环寿命比铅蓄电池长等；然而钠硫电池在工作过程中需要保持高温，有一定安全隐患。

4）液流电池的活性物质可溶解分装在两大储存槽中，溶液流经液流电池，在离子交换膜两侧的电极上分别发生还原与氧化反应。此化学反应是可逆的，因此可达到多次充放电的能力。此系统之储能容量由储存槽中的电解液容积决定，而输出功率则取决于电池的反应面积。由于两者可以独立设计，所以系统设计的灵活性大而且受设置场地限制小。液流电池已有全钒、钒溴、多硫化钠/溴等多个体系，液流电池电化学极化小。其中全钒液流电池具有能量效率高、蓄电容量大、能够100％深度放电、可实现快速充放电且寿命长等优点，已经实现商业化运作，能够有效平滑风能发电功率。

5）超级电容器根据电化学双电层理论研制而成，可提供强大的脉冲功率。充电时处于理想极化状态的电极表面上的电荷将吸引周围电解质溶液中的异性离子，使其附于电极表面，形成双电荷层，构成双电层电容。超级电容器历经三代及数十年的发展，已形成系列产品，储能系统最大储能量达 30 兆焦。但超级电容器价格较为昂贵，在电力系统中多用于短时间、大功率的负载平滑和电能质量峰值功率场合，如大功率直流电机的启动支撑、动态电压恢复器等，在电压跌落和瞬态干扰期间提高供电水平。

6）锂离子电池的阴极材料为锂金属氧化物，具有高效率、高能量密度的特点，并具有放电电压稳定、工作温度范围宽、自放电率低、储存寿命长、无记忆效应及无公害等优点。但目前锂离子电池在大尺寸制造方面存在一定问题，过充控制的特殊封装要求高，价格昂贵，所以尚不能普遍应用。

7）燃料电池是一种在等温状态下直接将化学能转变为直流电能的电化学装置。其工作原理为氢基燃料和氧化剂分别在两极发生电化学反应，电解质和外电路构成回路，从而将化学能直接转化为电能。燃料电池的种类很多，其中用于车载动力的质子交换膜燃料电池、用于分布式发电的固体氧化物燃料电池、熔融碳酸盐燃料电池是当前研究的热点。要实现燃料电池的广泛应用，除了需要解决燃料电池技术本身存在的一系列难题外，还需要着力实现氢能的可再生、高效、低成本、规模化制备及高密度存储等一系列关键问题。

氢能具有无污染、可储存、可运输的特点，将可再生能源转化为氢能，并与先进的氢能动力系统相结合，可为解决可再生能源利用中所遇到的困难提供理想途径。目前已知的可再生能源制氢方法：①利用可再生能源发电与富余电力电解水制氢；②太阳能光电化学直接分解水制氢；③太阳能高温集热及热化学复合方法分解水制氢；④生物质的热化学或生物化学气化制氢；⑤利用生理代谢过程产生分子氢的微生物制氢。目前利用太阳能热化学分解生物质制氢与利用太阳能光催化分解水制氢成为这一领域的研究热点。

4. 电磁储能

电磁储能是指把能量保存在电场、磁场或交变等电磁场内的储能技术，主要技术发展方向为超导电磁蓄能等。

超导磁储能系统（SMES）利用超导体制成线圈储存磁场能量，在功率输送时无须能源形式的转换，具有响应速度快（毫秒级）、转换效率高（≥96%）、比容量（1～10 Wh/kg）/比功率（104～105kW/kg）大等优点，可以实现与电力系统的实时大容量能量交换和功率补偿。与其他储能技术相比，超导电磁储能仍很昂贵，除了超导本身的费用外，维持系统低温所导致的维修频率提高产生的费用也相当可观。目前，在世界范围内有许多超导磁储能工程正在进行或者处于研制阶段。

（二）可再生能源热（冷）能存储的研究前沿

1. 低成本、高效显热蓄能系统及运行控制规律

重点是研究蓄热的具体应用以及蓄热水箱的结构参数对于蓄能系统及整个能量利用系统性能的影响。今后蓄热水箱的发展趋势，仍将是更加精确的温度分层、更加准确的系统匹配以及更加智能的运行控制。结合建筑结构以卵石层等建筑材料蓄热也是实现低成本、规模化显热太阳能蓄存的重要应用方式之一。此外，还要重点研究与气候环境特点和供热要求匹配的蓄能方法和运行策略、传热和流动规律等。

2. 基于用能温度水平的相变蓄能材料及其储放热特性

目前，相变蓄能材料主要侧重于几种用能水平的开展，一是太阳能供热采暖，通过相变蓄能材料蓄能可使系统更加紧凑，减少占地空间，提高系统运行稳定性，通常温度水平在40～80℃，采用纳米技术以及复合材料技术等可改善、提高蓄热和放热速度、蓄能运行控制以及蓄能单元研究；二是太阳能热发电，主要是高温熔融盐相变及储放热规律、传热与流动特性、与热发电集热及热交换环节匹配耦合研究等，通常温度水平在300℃以上；此外，还有针对工业用热以及太阳能制冷空调需求的蓄能材料和蓄能单元研究，通常温度水平在120～250℃，用于储存热量，实现能量调节作用。

3. 季节性蓄能及其应用

围绕建筑供热和供冷，欧洲等一些机构进行了利用显热及相变蓄能进行季

节性蓄能的研究，包括夏季热量用于冬季采暖，以及冬季环境冷量蓄存用于夏季供冷和冷藏保鲜等。季节性蓄能与气候环境条件、蓄能装置围护结构及材料特性有较大关系。利用土壤、大气、地表水源、地下水源以及地下含水岩层等蓄热也是实现季节性、周期性蓄能的重要措施。

4. 吸附势能、化学潜能蓄存、转移及其影响规律

利用一些特定材料的化学反应热可以实现高效热能和冷能蓄存（吸热或放热反应），特点是能量密度高，不存在由于环境温差导致的热损失、易长期保存等，如利用氯化锂溶液的吸湿效应，依靠浓度变化实现除湿能力的蓄存；利用吸附工质对吸附及脱附现象实现制冷能力或制热能力的蓄存等。

5. 低品位热能品位的提升

研究采用可逆气固化学反应，结合新型气固反应材料，构建高效热力循环，建立新型热变温系统，实现对低品位热能的高效回收与储存，并对其品位进行有效提升，实现高效利用。

6. 水合物浆体储能

针对水合物浆体储能所涉及的热物理过程，对水合物浆体的生成过程和优化生成条件及水合物浆体的相关热物理性质进行详细研究；采用水合物浆体对重要工业气体进行储放实验，以实现其作为能源载体和减排 CO_2 的功能；同时对水合物浆体作为储能和输送介质在系统中的节能效果进行系统性评价。

（三）可再生能源用于电力系统储能的研究前沿

1. 储能系统的优化拓扑结构与控制方法

用于可再生能源发电的储能系统在很多情况下功率等级都超过兆瓦，有时会达到几十兆瓦甚至上百兆瓦，而储能系统与可再生能源发电系统的集成是通过大功率能量转换装置实现的。大功率能量转换装置包括电力变换电路、检测电路、通信系统、控制系统、并网单元等组成部分。这样的大功率能量转换装置与通常的电力电子变流装置有很大不同，它由多个电力变换模块组成，系统结构复杂；需要采集和通信的数据量大；能量转换效率要求高。其前沿基础问题包括：新型电力变换结构、高效率电力变换控制方法、由多电力变换模块组成的新型能量转换系统结构、新型数据采集与通信控制冗余算法等。

2. 储能与可再生能源发电系统的协调控制

储能的作用是改良可再生能源发电的性能，使其具有可调度性，并具有较高的电能质量。因此，储能与风电场、光伏电站之间需要进行协调控制，它们的协调控制还应满足电网的稳定性和调度需求。特别是在未来的智能电网中，含有储能的风电场和光伏电站、含有储能和可再生能源发电的分布式微网、配置储能的可再生能源发电系统，都应具有完备的通信和监控能力，通过通信检测实现优化的控制，使可再生能源发电在电网中尽可能发挥积极作用。其前沿基础问题包括可再生能源发电特性的实时检测方法、储能对可再生能源发电输出功率波动的实时补偿控制方法、可再生能源发电和储能与大电网或分布式微网的协调控制方法等。

3. 储能与可再生能源发电系统联合规划

多种储能技术综合应用往往会带来更加经济、性能更加优良等好处，而储能与可再生能源发电系统集成的作用也有多方面，综合的储能与可再生能源发电系统的优化配置是节省建设成本和实现高效、经济运行的基础。其前沿基础问题包括：基于各种储能技术的储能单元建模方法、光伏和风力等可再生能源发电与储能综合系统建模方法、含有储能装置的可再生能源发电系统能量平衡模型、含有储能装置的可再生能源发电系统规划方法等。

（四）可再生能源化学存储的研究前沿

1. 可再生能源高效、低成本化学与生物转化规模制氢的研究

在直接太阳能热化学分解生物质制氢方面，主要包括四个方面：①实现太阳能的高效、低成本聚集；②解决太阳能的时空间歇性，实现能量的有效存储和持续稳定释放；③研究并掌握生物质超临界水气化系统中多相流动力学、传热传质规律、生物质催化气化规律与反应动力学及机理；④建立各子系统匹配原则及总系统稳定运行的基本理论，优化并集成氢气分离和 CO_2 集中处理的过程和系统等。

在直接太阳能光催化分解水制氢方面，可从整个系统的角度研究能量传递与转换规律。其核心就是如何有效地解决光子到催化剂活性中心的传递限制和反应物到催化剂活性中心的传质限制。因此除了需要大力研究高效、长寿命光催化剂以外，还必须对与催化剂相匹配的各类高效光催化体系以及高效利用太阳能的光催化反应系统进行深入研究。要真正实现太阳能高效、低成本直接光催化分解水制氢，并最终使该技术走向实用化，需要很好地解决以下三个

关键科学问题：①光能在多相光催化反应体系内的最大化吸收；②催化剂及反应体系对所吸收光能的最大化利用；③反应体系中所产氢气的高效原位微尺度分离。

2. 储氢与燃料电池技术研究

重点研究经济高效氢储存和输配技术，燃料电池基础关键部件制备和电堆集成技术，燃料电池发电及车用动力系统集成技术，形成氢能和燃料电池技术规范与标准。

燃料电池的关键技术涉及电池性能、寿命、大型化、价格等与商业化有关的项目，主要涉及新的电解质材料和催化剂。

对于电池化学储能技术，铅酸蓄电池、小型二次电池早已普遍实用化，液流储能电池由于具有成本低、效率高、寿命长的优势，所以有着广阔的市场前景。从实用化的角度考虑，液流储能电池的研究今后将主要集中在高性能、低成本、耐久性好的离子交换膜材料、电极材料等关键材料和部件及高浓度、高导电性、高稳定性的电解液方面。

三、多能互补系统的发展态势、现状与研究前沿

(一) 多能互补类型

目前，我国应用的多能互补系统类型主要有风能-水能互补、风能-太阳能互补、太阳能-水能互补等，应用地域范围包括五个。

1）在我国西北、华北、东北等内陆风区，风资源的季节分布特色大多为冬春季风大、夏秋季风小，与水能资源的夏秋季丰水、冬春季枯水分布正好形成互补特性，具备构建风能-水能互补系统的基础条件。

2）在我国很多地区，太阳能和风能也具有天然互补性，即太阳能夏季大、冬季小，而风能夏季小、冬季大，适合采用风能-太阳能互补发电系统。一些边远农村地区不仅风能资源丰富，而且有丰富的太阳能资源，风力与太阳能发电并联运行也是解决这些地区供电问题的有效途径。

3）在我国西藏等地区，太阳能和水能充沛，适合采用太阳能-水能互补为主，其他能源为辅的多能互补系统。

4）在我国广阔的海岛上，具有丰富的潮汐能和波浪能资源，结合海上风能等能源，形成以波浪能为主的多能互补系统，能够解决岛上用户的供电、海水淡化等一系列生活资源短缺问题。

5）在我国内陆广大农村地区，尤其是干热河谷地区的农村，能源资源较少

而且人口密集，较适合采用秸秆、沼气等生物质能，适当结合风能、太阳能、水能等方式，解决用户供电、取暖等问题。

（二）多能互补的运行和控制

为提高可再生能源的利用率及稳定性，需对多能互补系统进行合理的控制，多能互补的运行和控制形式主要包括六种。

风-光互补运行与控制：通过光伏电池及风力发电机分别将光能、风能转化为电能，再将电能转化为化学能贮存于蓄电池中，通过蓄电池放电提供电能。其优点是可以利用风能和光能在时间分布上的互补性，其供电可靠性较之光伏电站有所提高。其缺点是蓄电池贮电能力有限，使用寿命短，从而使电力成本加大。

风-水互补运行与控制：主要采用风-水互补抽水蓄能开发方式，先采用风力发电机将风能转化成电能直接将水从低处抽到高处的水库，将风能转化为水的势能，再根据供电需要通过水轮发电机放水发电。这种开发方式的优点是充分利用了水库的调节能力，一定程度上可克服风能密度小的缺点，并有效地降低了电能成本；其缺点是不能完全克服风能在时间分布上的不均衡性（如季节差异），供电可靠性不高。

光-水互补运行与控制：主要采用光-水互补抽水蓄能开发方式，先采用光伏电池将光能转化成电能直接将水从低处抽到高处的水库，将光能转化为水的势能，再根据供电需要通过水轮发电机放水发电。这种开发方式的特点是以抽水蓄能电站替代了化学蓄电池，提高了供电可靠性。其缺点是电站建设投资较大。

风-光-水互补运行与控制：主要采用风-光-水互补抽水蓄能开发方式。风-光-水互补抽水蓄能电站先利用光能或风能发出的电，不经蓄电池而直接带动抽水机实行不定时的抽水蓄能，而后再利用储存的水能，实现稳定的发电供电。风、光、水互补抽水蓄能发电方式可以有效地克服风力密度小、光能开发成本高、水能资源不足等问题，可以降低电能成本，提高供电可靠性。

风-光-波浪能运行与控制：在能量合并与转换上，常采用交流-直流-交流的方式。风力和波浪发电系统的输出经整流器进行交流-直流转换后，由直流斩波电路进行升压或降压，使不同发电系统的输出调整到同样电压范围内；需并流的三路直流输入再经直流变换器的升压整合后，即可并流成单路输出，实现能量合并；变换器的直流输出在充放电控制器的管理下，根据实际用户负载的需要将能量送至稳压器，再经逆变器转换成交流输出，最终提供给用户使用。

风-光-生物质能运行与控制：对于风能，采用风力发电机将风能转化成电能；对于太阳能，根据地区的不同，可以采用光伏转化为电能或是通过热利用转化为热能等多种形式；对于生物质能，通常采用秸秆发电、沼气发电等形式转化为电能，也可以直接供给家庭，提供燃气能源。

以上几种总体结构较为松散，运行控制灵活性也较强。

(三) 多能互补的研究前沿

1. 多能互补系统的运行特性与多元能量建模

1) 多能互补系统的运行特性。多能互补系统的输入能源可能既包含可再生能源、天然气、生物质能等一次能源，也包含氢能、余热、废热等二次能源；能量转换包括太阳电池、风力发电机、微小型燃气轮机、内燃机、燃料电池等多种形式；热利用通常采用余热锅炉、热泵、溴化锂空调等形式。不同的组成和结构具有不同的输入输出特性，同时储能单元和用户也具有各自的特性，需要不同分布式的供能单元及其典型组合的供能特性，包括输入-输出特性、耗量特性等。

2) 多元能量建模。根据不同的组成和结构建立分布式供能系统多元能量流动模型，包括输入-输出模型、静态模型、动态模型、各种类型负荷的详细模型和特性，尤其是与温度之间的敏感度关系等。

2. 考虑时空分布特性的多能互补系统规划和设计原理

合理地设计匹配不同用户能源需求的多能互补系统是实现系统与用户间能量匹配的首要环节和基础，其包括能源组合、结构设计、容量配比等部分。在能源组合上，充分考虑不同能源的时空分布特性，构成合理优化组合形式；在结构设计和容量配比上，利用各种能源转换关系，充分考虑负荷类型、用户经济、环境需求以及用户时空分布特性，尽量在结构上提高能源转换效率，并合理配置各类能源容量，同时能够提供调节的灵活性。

3. 多能互补系统中能量的耦合和匹配

对于多能互补系统，既有针对海岛等偏远地区的孤岛运行，也有针对农村等场合的联网运行，因此能量的耦合和匹配应分为两种不同情况。

1) 联网模式下的能量匹配运行与控制。针对全年变化的负荷，需要合理的运行模式和运行方案。同时由于一天中可再生能源的随机性和间歇性、不同时段的电价以及电力、热（冷）负荷的峰谷变化，仅仅固定各种能源输出功率或是简单分时段固定输出功率，都难以保证达到整个系统的能量匹配及最优化运行，无法实现理想的能源利用效率和经济效益。需要研究在多元能量耦合约束条件的情况下，在线协调多种能源供应，以维持整个系统的能量传输始终处于最佳状态，从而达到理想能效和经济性。

2）能源岛模式下的能量匹配运行与控制。在能源岛模式下，能量匹配和平衡是维持能源岛系统稳定性的重要因素。因此，在能源岛模式下需要更加灵活的负荷和储能控制，以保证在维持系统稳定性的前提下，实现对多元能量流的在线控制。需要明确能源岛模式下能量匹配与系统稳定的关系，探索针对海水淡化等一些负荷进行管理的手段和方法，实现在稳定约束和负荷松弛条件下的能量最优匹配运行与控制。

（四）多能互补的发展趋势

从未来能源走向来看，多能互补将成为未来能源利用的主要方式，目前主要应用于偏远地区，其将逐渐扩大应用种类和范围，形成规模化应用，主要有以下三方面趋势。

1）不同层次、不同规模的多能互补：将逐渐建立以常规能源为主、新能源为辅，各种常规能源之间、新能源之间、常规能源和新能源之间不同层次、不同规模的多能互补系统。

2）在很多地区仅将多种能源转化为电能提供给用户，这会造成能源间来回转化，降低了多能互补效率。多能输入仅电能输出的模式将逐渐转向优质优配、梯级利用、分级用能、形成多能互补系统的多能输入、多能输出。优先提供电能-机械能转换用电，尽量采用低品位能源，如余热、废热、地热等方式，减低电能-热能型耗电。

3）分散化、网络化。可再生能源等较为分散，多能互补系统宜靠近用户、就地互补，同时各类互补能源间往往有一定地理距离，需要形成网络化的互补系统。

四、近中期支持原则与重点

（一）储能技术

储能技术方向的近中期支持原则是：适合我国资源特点和能源利用体系的蓄能材料、蓄能系统及其蓄能、放能规律性，蓄能与能量转换利用过程的集成、匹配、优化及控制等。

近中期支持重点有三个方面。

1）用于可再生能源供热（冷）系统的储能技术。①适合低成本、规模化中低温热利用的高效分层、分区水箱蓄能、释能规律及运行特性和优化规律研究。②适合工业加热和热驱动制冷的相变蓄能储放热规律及其传热流动规律研究。③基于中高温热发电熔融盐相变蓄能材料及传热流动特性研究。④与环境条件匹配的季节性蓄能材料、方法及应用研究。⑤吸附势能、化学潜力蓄存转移及其影响规律研究。⑥水合物浆体蓄能规律及系统研究。

2）用于可再生能源电力系统的储能技术。①压缩空气储能和飞轮储能与风电场集成的综合发电系统规划设计、优化结构和控制方法。②飞轮储能或超级电容器储能用于风电场分布式储能的规划设计、优化结构和控制方法。③大型光伏电站与抽水蓄能电站或压缩空气储能电站联合运行的技术经济分析及规划设计方法。

3）可再生能源制氢系统及储氢技术。①直接太阳能热化学分解生物质制氢及配套固体氧化物燃料电池技术。②直接太阳能光催化分解水制氢及配套质子交换膜燃料电池技术。③各种高性能储氢技术，包括储氢合金、金属化合物储氢材料、非金属储氢材料及新型膜材料、高压碳纤维瓶储氢技术、新型催化剂、新型极板材料、半导体材料、新型密封技术、催化剂、控制与集成技术等。

（二）多能互补

多能互补方向近中期支持原则是与适合我国地理资源条件的、多层次、高效的多能互补系统相关的新结构、新原理以及优化运行控制方法。

近中期支持重点包括三个方面。

1）风-光-水互补系统设计、运行与控制。合理地规划风能、水能、太阳能资源，提出科学的配置方法；结合电网研究风-光-水互补系统的特性，提出优化的运行与控制方法，实现风能、水能、太阳能的绿色能源互补，充分发挥三种能源的优势，克服太阳能和风能供应的间歇性和不稳定问题，避免水能在枯水季节满足不了系统供电需求的问题。

2）以生物质能太阳能为基础的农村多能互补系统设计、运行与控制。提出创新性地利用生物质能-太阳能互补转化的方法，寻找合适的储能方法，并实现发电-热-储能动态优化组合，探索灵活的运行控制方法，提高多能互补系统的整体效率，增强用户能源供给的可靠性。

3）多能互补网络。可再生能源较为分散，各类互补能源间往往有一定地理距离，需要形成网络化的互补系统，构建多层次、多种能量互补流动、可自愈和重构的系统网络拓扑；研究大扰动、严重故障等情况下的系统自愈恢复策略；研究可再生能源发电过低或停运时，主要供电源转移的网络重构条件和策略。

◇ 参 考 文 献 ◇

程时杰，李刚，孙海顺，等.2009.储能技术在电气工程领域中的应用与展望.电网与清洁能源，25（2）：1～8

郭平，刘士鑫，杜建芬.2006.天然气水合物气藏开发.北京：石油工业出版社

华欣生，彭先觉.2009.快 Z 箍缩等离子体研究与能源前景.强激光与粒子束，21（6）：801～807

陆佑楣.2005.我国水电开发与可持续发展.水力发电，31（2）：2～4

吕新刚，乔方利.2008.海洋潮流能资源估算方法研究进展.海洋科学进展，26（1）：98～108

钱正英，张光斗.2001.中国可持续发展水资源战略研究综合报告及各专题报告.北京：中国水利水电出版社

盛松伟，游亚戈，马玉久.2006.一种波浪能实验装置水动力学分析与优化设计.海洋工程，24（3）：107～112

"十五"国家高技术发展计划能源技术领域专家委员会.2004.能源发展战略研究.北京：化学工业出版社

孙丽萍，聂武.2000.海洋工程概论.哈尔滨：哈尔滨工程大学出版社

汪集旸，马伟斌，龚宇烈，等.2005.地热利用技术.北京：化学工业出版社

王传崑，卢苇.2009.海洋能资源分析方法及储量评估.北京：海洋出版社

王大中.2007.21世纪中国能源科技发展展望.北京：清华大学出版社

王如竹，代彦军.2007.太阳能制冷.北京：化学工业出版社

吴治坚.2006.新能源和可再生能源的利用.北京：机械工业出版社

徐伟.2008.中国地源热泵发展研究报告（2008）.北京：中国建筑工业出版社

张华民.2007.高效大规模化学储能技术研究开发现状及展望.电源技术，131（8）：587～591

郑克棪，劳莱士J，田延山，等.2009.地热能的战略开发.北京：地质出版社

《中国电力百科全书》编审委员会.2001.中国电力百科全书（水力发电卷）.北京：中国电力出版社

中国科学院能源领域战略研究组.2009.中国至2050年能源科技发展路线图.北京：科学出版社

中国科学院能源战略研究组.2006.中国能源可持续发展战略专题研究.北京：科学出版社

中国可再生能源发展战略研究项目组.2008.中国工程院重大咨询项目：中国可再生能源发展战略研究丛书（太阳能卷）.北京：中国电力出版社

中国能源研究会地热专业委员.2008.科学开发中国地热资源高层探讨会文集.北京：中国电力出版社

《中国水力发电工程》编审委员会.2000.中国水力发电工程（运行管理卷）.北京：中国电力出版社

中华人民共和国国家发展计划委员会基础产业发展司.2000.中国新能源与可再生能源1999白皮书.北京：中国计划出版社

朱家玲.2006.地热能开发与应用技术.北京：化学工业出版社

Aitken D W.2004.走向拥有更多可再生能源的未来，国际太阳能协会白皮书.http://whitepaper.ises.org[2010-03-02]

Bossanyi E A. 2003. Wind turbine control for load reduction. Wind Energy，6（3）：229～244

Coverdale C A，Deeney C，LePell P D. 2008. Large diameter 45-80 mm nested stainless steel wire arrays at the Z accelerator. Physics of Plasmas，15，023107：01～12

Cuneo M E，Waisman E M，Lebedev S V，et al. 2005. Characteristics and scaling of tungsten-wire-array z-pinch implosion dynamics at 20 MA. Physical Review E，71，046406：1～43

European Renewable Energy Council（EREC）. 2008. Renewable energy technology roadmap 20% by 2020

Franco A，Giannini N. 2005. Perspectives for the use of biomass as fuel in combined cycle power plants. International Journal of Thermal Sciences，（44）：163～177

Goswami D Y，Vijayaraghavan S，Lu S，et al. 2004. New and emerging developments in solar energy. Solar Energy，76（1-3）：33～43

Goyal H B，Seal D，Saxena R C. 2008. Bio-fuels from thermochemical conversion of renewable resources：a review. Renewable and Sustainable Energy Reviews，12：504～517

Heier S. 2006 Wind energy conversion systems. Wind Engineering，30（4）：357～360

Ida A，Marcel J，Jorge R，et al. 2002. Photobiological hydrogen production：photochemical efficiency and bioreactor design. International Journal of Hydrogen Energy，（27）：1195～1208

IEA. 2005. Implementing agreement energy conservation through energy storage-strategy plan 2006～2010

Jason I G，Mark A G. 2001. A simple model for heave-induced dynamic tension in catenary moorings. Applied Ocean Research，23：159～174

Kalogirou S A. 2004. Solar thermal collectors and applications. Progress in Energy and Combustion Science，（30）：231～295

Khan A A，de Jong W.，Jansens P J，et al. 2009. Biomass combustion in fluidized bed boilers：potential problems and remedies. Fuel Processing Technology，90：21～50

Labadie J W. 2004. Optimal operation of multireservoir systems：state-of-the-art review. Water Resour Plan Manage，130（2）：93～111

Levin D B，Pitt L，Love M. 2004. Biohydrogen production：prospects and limitations to practical application. International Journal of Hydrogen Energy，29：173～185

Liu H L，Jiang C W. 2008. A review on risk-constrained hydropower scheduling in deregulated power market. Renewable & Sustainable Energy Reviews，12（5）：1465～1475

Manish S，Banerjee R. 2008. Comparison of biohydrogen production processes. International Journal of Hydrogen Energy，33：279-286

Manwell J F，McGowan J G，Rogers A L. 2002. Wind Energy Explained-Theory，Design and Application. John Wiley & A. L. Rogers

Matti P. 2004. Global biomass fuel resources. Biomass and Bioenergy，（27）：613～620

Matzen M K，Sweeney M A，Adams R G，et al. 2005. Pulsed-power-driven high energy density physics and inertial confinement fusion research. Physics of Plasmas，12，055503：1～16

Mawire A，McPherson M，Heetkamp R R J，et al. 2009. Simulated performance of storage materials for pebble bed thermal energy storage (TES) systems. Applied Energy，86（7-8）：

1246～1252

Mazarakis M G, Cuneo M E, Stygar W A, et al. 2009. X-ray emission current scaling experiments for compact single-tungsten-wire arrays at 80-nanosecond implosion times. Physical Review E, 79, 016412: 1～15

McBride R D, Shelkovenko TA, Pikuz S A, et al. 2009. Implosion dynamics and radiation characteristics of wire-array Z pinches on the cornell beam research accelerator. Physics of Plasmas, 16: 1～15

Mneller M, Baker N L. 2002. A low speed reciprocating permanent magnet generator for direct drive wave energy converters. Power Electronics, Machines and Drives, 23: 128～134

Nash T J, Cuneo M E, Spielman R B, et al. 2004. Current scaling of radiated power for 40-mm diameter single wire arrays on Z. Physics of Plasmas, 11 (11): 5156～5161

Peter M. 2002. Energy production from biomass (part 2): conversion technologies. Bioresource Technology, (83): 47～54

Saxena R C, Adhikari D K, Goyal H B. 2009. Biomass-based energy fuel through biochemical routes: a review. Renewable and Sustainable Energy Reviews, 13: 167～178

Sempreviva A M, Barthelmie R J, Pryor S C. 2008. Review of methodologies for offshore wind resource assessment in European seas. Surv. Geophys, 29: 471～497

Sloan E D. 2008. Clathrate Hydrates of Natural Gases. 3rd ed. New York: CRC Press: 669

Solomon B D, Barnes J R, Halvorsen K E. 2007. Grain and cellulosic ethanol: history, economics, and energy policy. Biomass and Bioenergy, 31: 416～425

Stygar W A, Cuneo M E, Vesey R A, et al. 2005. Theoretical z-pinch scaling relations for thermonuclear-fusion experiments. Physical Review E, 72, 026404: 1～21

Waisman E M, Came M E, Camke R W, et al. 2008. Lower bounds for the kinetic energy and resistance of wire array Z pinches on the Z pulsed-power accelerator. Physics of Plasmas, 15: 01～13

第五章

电能转换、输配、储存及利用

第一节　大规模可再生能源电力输送及接入

一、基本范畴、内涵和战略地位

可再生能源发电主要指利用水能、风能、太阳能、生物质能、海洋能、潮汐能等可循环利用的天然能源进行发电。在这些可再生能源中，风能和太阳能发电与并网在最近几年得到了空前的发展，世界各国风力发电装机容量如图 5-1 所示。随着光伏发电成本的降低，规模性的太阳能并网发电在未来 20 年内也将会在世界范围内迅速发展。勘探结果表明，我国陆上风能资源主要分布在内蒙古，以及西北和东北地区，如图 5-2 所示，而我国的电力负荷中心主要分布在珠江三角洲、长江三角洲和京津唐地区，因此我国的风力发电必将走大规模开发、远距离输送和并网的发展之路。但是由风能和太阳能产生的电力与常规能源产生的电力相比具有随机性和分散性等特点，风能和太阳能发电设备与常规发电设备在结构和原理上有较大的差别。为高效利用可再生能源产生的电力，必须研究大规模可再生能源电力输送及接入系统的理论，并解决与此相关的关键技术问题。

可再生能源产生的电力与常规能源产生的电力相比，具有以下三个基本特征。①发电的随机性：在大自然环境中，风速及太阳光辐射强度受到包括天气、地势、云彩等多种不可抗拒的自然因素的影响，这些因素就决定了风能和太阳能发电的随机性，主要表现在输出功率的间歇性、波动性及不可准确预测性上，这样大规模的随机性电源接入将对电力系统的安全稳定和电能质量等造成不利的影响。②发电的分散性：尽管风能资源分布相对集中，但太阳能的分布却相对分散，这些分散的可再生能源产生的电力可能在配电网内实现分散接入，也将影响电力系统的电能质量、安全运行及调度运行等。③发电设备的特殊性：

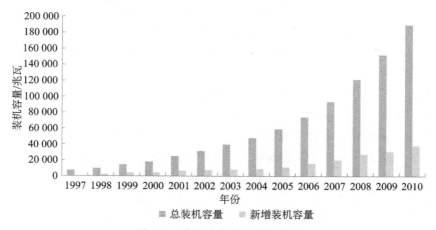

图 5-1 世界风力发电装机容量

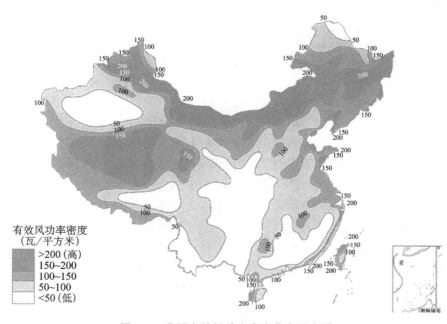

图 5-2 我国有效风功率密度分布示意图

可再生能源发电设备从原动机结构、发电机结构及发电控制设备等多个方面都
与常规电力系统发电设备有较大区别，其中，典型的风力发电设备包括风轮
机、变速箱、异步电动机、变桨和偏航控制及大容量的交流变频控制设备等，
太阳能发电也通过使用大容量的交流变频控制设备接入电网。这些系统不仅
有机电系统的慢动态耦合过程，也有快速的大功率电力电子系统的快动态耦
合过程。

石油、煤炭等目前大量使用的传统化石能源开发难度加大和成本飙升，同时利用传统化石能源所带来的环境污染和生态破坏是世界能源环境恶化的主要问题，因此大规模开发可再生能源电力是有效解决能源危机和改善环境质量的最主要途径。我国可再生能源资源和负荷中心呈逆向分布，可再生能源丰富地区远离经济发达地区，分布极不均匀。风能资源主要分布在内蒙古、新疆和甘肃河西走廊，华北和青藏高原的部分地区，以及东南沿海及附近岛屿。虽然太阳能资源在我国较为丰富且分布广泛，但最适合实现规模化并网发电的太阳能分布地区主要集中在西藏、新疆、甘肃和青海的部分地区，亦和我国主要的经济发达地区有着较远的距离。总体来看，可再生能源电力与用电负荷中心分布不匹配是不争的客观事实。因此，建设适合可再生能源电力大规模传输的通道是保证我国的电力能源供应、贯彻我国"西电东输"战略的重要体现，亦是促进区域经济协调发展，推动我国国民经济整体发展的重要途径。

二、发展规律与发展态势

(一) 发展规律

1. 大规模可再生能源电力远距离输送是我国利用可再生能源的主要途径

我国可再生能源资源和负荷中心呈逆向分布，利用超高压输电网络远距离传输大规模可再生能源电力是我国开发可再生能源发电的必然趋势，这也和世界其他国家的可再生能源的发展道路截然不同。以大规模并网型风力发电为例，欧洲风力发电的开发模式是分散式的，单个风电场规模不是很大，主要的风电功率都在低压配网中就地消耗，不会对电网的传输能力提出更高的要求。而我国风电却是上千万千瓦级地集中开发，按照国家的相关规划，我国将建成数个"风电三峡"，风电将以每年 1000 万千瓦的速度增加，到 2020 年将达到 1.5 亿千瓦的总装机规模。

2. 大规模可再生能源电力的功率波动性对电网的影响将成为研究重点

虽然《电网企业全额收购可再生能源电量监管办法》在初期有利于可再生能源发电事业的发展，但随着可再生能源的大规模开发，可再生能源电力生产的随机性和功率波动性将不可避免地影响电网的电能质量、安全稳定运行和实时调度。可以预见，评估并消除大规模的功率随机波动对系统所造成的负面影响将成为我国大规模可再生能源的电力输送及并网需要解决的重大课题。结合国外的相关经验，我国在治理可再生能源随机性波动方面，应从基础理论、关键技术和政策层面出发，从理论上研究控制可再生能源电力随机波动性的机理，从技术上寻找以最小的代价抑制功率波动的方法，在政策上研究相应的可再生能源电力的接入标准，以保证把可再生能源电力的功率波动限制在安全可控的范围以内。

3. 大规模可再生能源电力输送及接入将体现学科强交叉的格局

可再生能源并网发电领域与多门基础学科有着重大的交叉。从宏观上看，可再生能源发电厂的勘测、评估及预测等相关技术，与气象学、地质学、海洋学、流体力学、随机数学等基础学科紧密相关；从微观上看，可再生能源还和材料学、结构力学、化学等学科有着密切联系。为了满足可再生能源对于学科交叉的要求，世界各国相继成立了由政府支持的国家级风能研究中心，如丹麦瑞索国家实验室、美国国家可再生能源实验室等，都以可再生能源的开发为导向，形成了跨学科、综合性的研究机构，为本国的可再生能源的发展开展了基础理论和关键技术的研究。我国大规模可再生能源电力输送及接入系统领域的研究工作，也应该充分借鉴世界发达国家的经验，鼓励研究工作中的学科交叉与人才交流，促进整体研究水平的提高，并取得具有自主知识产权的核心研究成果。

4. 大规模可再生能源电力与电工学科新兴研究方向的进展密切相关

可再生能源的开发和利用的研究工作，是世界上近 20 年快速发展起来的。推动该领域快速发展的一个重要支柱，就是新兴电力电子及电机变频控制领域在近 20 年中取得的突破。电力电子及电机变频控制技术的引入，使可再生能源的并网能够实现与常规电网协调互动，改善了电网的整体稳定性水平与运行效率；灵活交流输电（flexible AC transmission system，FACTS）设备及先进输电技术也使得再生能源的远距离、大规模的输送成为可能。因此在可再生能源大规模电力输送及接入系统研究领域中，不仅需要充分继承传统电力系统的研究基础，还应当积极关注并充分借鉴诸如电力电子及电机变频控制等新兴研究方向的最新成果。应该清醒地认识到，一些新的研究成果与概念，将可能对可再生能源的并网利用产生实质且长远的影响。

（二）主要发展趋势

可再生能源产生的电力具有随机性和分散性的突出特征，当大规模接入电力系统后，如果不解决电能质量、安全运行、实时调度等方面的问题，可再生能源产生的电力将难以达到高效利用的目标。结合国外可再生能源电力接入系统的研究现状，及我国可再生能源大规模集中开发的特点，大规模可再生能源电力输送及接入系统领域的主要发展趋势有以下九个方面。

1. 大规模风电的预测技术

风速预测技术主要包括短期预测、中期预测及长期预测三个方面，其中短期风速预测具有更为重要的研究价值。在短期风速预测的基础上，预测整个风电场的功率输出，对保证电力系统的安全稳定运行和经济调度都具有极其重要的意义。

2. 风电设备动态模型与发电场的等效建模

一个风电场由几十甚至上百台风电机组组成，针对典型风机类型，建立适用于电力系统计算、稳定性分析和控制的风电机组的动态模型及风电场群的动态等值模型，对研究大规模风力发电及其对电力系统安全运行的影响具有重要意义。

3. 大规模可再生能源电力输送方式的研究

针对风能和太阳能的随机性及产生电能的波动性特征，需要研究大规模风力和太阳能发电接入电网的规划评估指标体系和电网规划策略，研究大规模风能和太阳能发电接入的可靠性和经济性，大规模风能和太阳能发电接入电网电压等级和最大穿越比例（节点穿越比例和系统穿越比例），研究大规模风力发电经基于电压源型换流器的高压直流输电（VSC-HVDC）接入电力系统的新型方式。

4. 可再生能源电力的波动性对系统备用容量及机组调度方法的研究

大规模风电并网使得传统以火力发电、水力发电为主的电力系统成为多种能源电力混合系统。风电的波动性、难以预测和控制性，在接入电网后在调度运行、多能源发电协调、备用容量、调频及负荷跟踪等安全可靠运行方面给电网带来了新问题。研究多种并网能源之间的协调控制问题，提出风电、常规电源及各种备用电源的优化调度运行方式，促进智能电网、环境友好和可再生能源发电的长效发展，都迫切需要研究电网接纳大规模可再生能源发电的科学的调度机制和协调方法。

5. 大规模可再生能源发电与电网安全稳定性的相互影响

大规模风电远距离输送、机网间薄弱联系是我国并网型大规模风电开发所面临的基本状况，在我国原有的超大规模同步电网互联的问题上，加上大规模风电接入所引入的随机性功率波动的相关问题，大大增加了问题的复杂性与困难度。建立能够描述波动性出力的风机、风电场及风电场群的静态、动态模型，并建立相应的大规模电网安全稳定分析新理论及算法，研究风电机组和风电场的有功和无功控制特性及低电压穿越能力，是解决我国风电大开发的关键问题。

6. 大规模可再生能源电力输送条件下电网运行可靠性分析理论和方法

可再生能源电力具有波动性和分散性特征，因此需要研究不同风电场之间功率输出的关联性，及每个大型风电场的多态等效可靠性模型，从而提出更为准确的可再生能源发电可靠性模型。大规模随机性的可再生能源注入电网，将改变电力系统的潮流分布，进而影响输电网络的充裕度。在全国互联的超大型同步电网的发展背景下，大规模可再生能源注入的不确定性可能产生电力系统安全隐患。因此，深入开展研究对大规模可再生能源电力输送及并网的电力系统输电充裕水平和电网可靠性水平做出更为准确的评估具有重要的现实意义。

7. 可再生能源发电电能质量的评估与控制技术

大功率电力电子技术被广泛应用于可再生能源发电及并网。虽然这些技术大幅提升了可再生能源发电的可控性与灵活性，但也给电网造成了较严重的谐波污染。另外，由于可再生能源的功率波动性，大规模可再生能源电力的接入将会引起系统的频率波动，及电网中部分节点电压的闪变，从而降低电能质量，危害电网中其他设备的安全。新型可再生能源发电设备的开发与应用，需要新的控制理论和方法，以降低可再生能源发电设备的谐波并抑制由功率波动引起的频率和电压闪变。

8. 大规模可再生能源接入系统的市场机制与运营技术

随着大规模可再生能源的接入，其功率波动性与不确定性对电力市场的交易产生了冲击。随着我国电力市场化程度的进一步深入，电价改革甚至是整个电力市场的改革都将逐渐实施。结合我国电力系统与可再生能源的实际情况，研究适合于我国国情的大规模可再生能源接入电力市场机制与运营技术，以促进我国电力改革的开展，并刺激可再生能源发输电事业的发展。

9. 可再生能源电力接入电网的准则和测试方法

可再生能源是环境友好型的清洁能源，风电和太阳能发电机组也应该是电网友好型的电力能源。研究风电和太阳能发电机组的功率（有功和无功）调节能力和故障穿越能力，从电力系统运行角度对风电和太阳能发电机组并网技术和风电场控制方案研究并网准则，以确保大电网的安全、经济和清洁运行，同时有效提升可再生能源发电机组的故障穿越能力，是大规模可再生能源电力接入系统的研究重点。

三、发展现状分析与前沿

世界各国在大规模可再生能源并网方面的研究进展日新月异，都在政府的支持之下，建立了综合性的研究基地，产出了很多新的研究结果。在大规模风电并网方面，欧盟是世界上风力并网发电技术水平最高的地区，欧盟议会及各国政府均设立了与风力并网相关的大型研究课题，以推动风电技术整体水平的不断提高。例如，丹麦瑞索国家实验室，在欧盟第六框架项目 SUPWIND（decision support for large scale integration of wind power，SUPWIND）资金的支持下，研制并开发了名为 WILMAR 的含风力发电的电力系统调度计划制定软件。该软件能够通过风电预测的结果及日前电力市场的交易情况，制订详细的机组调度日前计划。该实验室在欧盟的 Anemos 及 Nightwind 项目的支持下还将进一步研究主动式的负荷管理及储能技术，以提高可再生能源电力接入电网的灵活性和稳定性。德国的 ISET 实验室是德国可再生能源研究方面的主要领导者。ISET 实验室结合风机模型与短期功率预测的研究，帮助德国的电力运营商实现风电的区域间的交换与平衡。ISET 实验室联合了电网运营商 ENE 和 VE-T，风机制造商 Enercon，德国气象预报服务和卡塞尔大学，合作开展了名为"大型海上风电场的并网运行"的重大研究课题，在保证电网经济性与安全性的前提下，对陆地及海上风电场接入电网的安全运行、控制及调度开展了深入研究。荷兰在大规模风电并网方面有 we@sea 研究计划和 EOS 研究计划。we@sea 计划针对大型海上风力发电及其商业利用展开研究，EOS 研究计划主要研究包含多种可再生大规模分布式能源的电网设计。

在大规模太阳能发电及接入系统方面，美国是太阳能发电技术领先的国家。为推动太阳能发电并网技术的发展，2007 年由美国能源部牵头，发布了名为《可再生能源的系统接入》的研究课题，组织了包括 GE 全球研究中心及美国可再生能源实验室的专家参与该项课题。研究大规模太阳能光伏发电并网主要从两个方面开展研究。从系统的角度，大规模的太阳能光伏发电接入将降低传统发电机组的比例，从而降低系统的总惯量和频率控制能力。同时，关停了部分常规发电机组，系统的无功支撑能力也进一步下降，这将导致系统需要更长的时间恢复系统故障所造成的电压下降。太阳能光伏发电的接入，引入了大规模的不确定能源，这要求系统增加二次备用以补偿其功率波动。为了实现光伏最大功率的跟踪，太阳能光伏系统寻找光照度对应的 VI 曲线周期很长（秒级），这时如果电压发生突变就会使太阳能输出功率在 0 和最大功率之间变化，将严重影响接入系统的电能质量。大规模光伏发电还会显著降低系统的可靠性，这要求电网制定更为严格细致的光伏发电设备故障穿越标准，以降低电网连锁故障发生的可能性。从光伏发电设备的角度，光伏发电设备的故障穿越能力不足会降低系统的可靠性，但过于严格的穿越标准将增加光伏发电系统的复杂性，从而提升系统的整体成本。即使强行要求光伏发电设备在故障时及故障期间在网运行，但电网电压的骤然下降也将显著降低光伏设备的功率输出能力，这是由变频控制器的控制机理与电网电压恢复时间所共同决定的。

虽然国际上在可再生能源电力输送及接入系统方面的研究取得了一定成就，但由于可再生能源发电和并网本身就是一个融合气象学、地质学、海洋学、流体力学、材料学、结构力学、化学、电力电子、电机等诸多技术的综合平台，所以需要多学科交叉应用。另外，我国可再生能源开发不同于欧美发达国家的开发模式，风能和太阳能走集中开发、大规模电力输送的模式，故国外的很多研究成果只具有一定的借鉴意义，国内很多研究领域仍处于空白，急需开展深层次的系统基础研究。

从学科和应用前沿出发，借鉴可再生能源发电与并网的研究成果，结合我国大规模可再生能源电力输送及接入系统的特点，今后主要的突破点有以下六点。①大规模风电场输出功率预测理论和方法研究，不断提高我国风电功率预测水平和能力；②大型风电场和太阳能发电系统动态等值模型和参数研究，为电力系统分析、仿真和控制奠定基础；③大规模风电和光伏电站输电方式及优化接入点和接入容量的研究，为大规模可再生能源发电系统及海上风电接入电网的规划设计提供理论基础和关键技术支撑；④大规模风电场和光伏电站随机功率波动特性的研究，研究随机功率波动特性对电力系统小干扰稳定、暂态稳定、电压稳定、频率稳定的影响；⑤多种能源电力混合系统的优化调度研究，研究多种并网能源之间的协调控制问题，提出风电、光伏发电与常规电源及各种备用电源的优化调度运行方式；⑥可再生能源电力接入电网的准则和测试方法研究，研究风电和太阳能发电机组的功率（有功和无功）调节能力和故障穿越能力，从电力系统运行角度对风电和光伏发电机组并网技术和控制方案研究并网准则。

为了实现到 2020 年，我国规划的 1.5 亿千瓦风力发电能顺利接入电网，并能保证电力系统实现安全稳定、经济和清洁运行的目标，在今后 10 年的时间里，应该尽快投入人力和财力，加大大规模可再生能源电力输送及接入系统的基础理论、关键技术和重点发展方向的研究支持力度，尤其是围绕着可再生能源电力的随机性和分散性的研究前沿开展深入系统的基础研究。

四、近中期支持原则与重点

我国的可再生能源发电装机容量的发展速度快，2008 年装机容量增长

106%，仅次于美国列世界第二位。然而我国在可再生能源大规模电力输送及接入方面的基础研究和关键技术方面，与国际先进水平还有较大的差距，这将严重制约我国可再生能源发电行业的进一步发展。为实现2020年的发展目标，我国应优先开展并重点资助基础研究课题，力争在较短的时间内，取得具有自主知识产权的核心成果，缩小与世界先进水平的差距。

因此，建议2011～2020年及中长期内把下列五个大规模可再生能源电力输送及接入的基础理论和关键技术作为发展重点，并予以政策及资金方面的优先资助。

1) 风能和太阳能预测。①基于微气象学的风电场和太阳能发电场预测技术；②考虑地理相关性的大区风电和太阳能发电预测技术；③大型风电场和太阳能发电场功率输出预测；④风电、太阳能发电功率预测与负荷预测的综合预测。

2) 大型风电场和光伏发电站动态等值模型和参数。①大规模风电场的动态等值建模；②大规模光伏电站的动态等值建模；③动态等值模型的可信度测试方法。

3) 大规模风电和光伏发电输电方式及接入。①陆上和海上风电输电方式的研究；②接入点和接入容量（穿透比）的优化；③大规模风力和光伏发电接入系统的可靠性研究；④大规模风力和光伏发电接入电网规划及评估指标体系的建立；⑤大规模风力和光伏发电的新型输电方式的研究。

4) 大规模风电场和光伏电站随机功率波动特性的研究。①随机功率波动对电网低频振荡的影响；②随机功率波动对电网暂态稳定的影响；③随机功率波动对电网电压稳定的影响；④随机功率波动对电网频率稳定的影响；⑤随机功率波动对电网电能质量的影响；⑥随机功率波动对系统备用容量和调度模式的影响；⑦多种能源电力协调对可再生能源电力的随机功率波动抑制。

5) 大规模可再生能源电力并网准则与检测技术。①可再生能源产生谐波污染和电压闪变机理研究；②减少风电和光伏电力谐波污染和电压闪变控制；③风电和光伏发电机组的功率调节能力和故障穿越能力的研究；④大规模风电和光伏电力并网的技术条件。

第二节 智能电网

一、基本范畴、内涵和战略地位

在当前世界能源短缺危机日益严重的大背景下，鉴于电力基础设施是全球最大价值的物质设施，也是可以最大限度实现能源效率提高的平台，建设坚强高效的电网是关系到国家安全、经济发展和环境保护的重要举措。

统计表明，"十五"期间全国电网投资仅为电力总投资的38%，到2005年年底，电网资产占电力总资产比重为38%，明显低于发达国家55%～60%的水平。"十一五"期间，我国的电网投资和建设步伐明显加快，并将在建成投产特高压交流试验示范工程的基础上验证性能、积累经验，为下一步推广使用特高压打好基础。为了配合金沙江水电送出，开工建设的±800千伏特高压直流工程是业内关注的焦点之一。"十一五"期间，我国的输配电网网架结构将进一步加强，输配电能力显著提高，将基本满足电源送出和用电增长的需要。跨区资源配置输电容量从2005年的1100万千瓦提高到2010年的7000万千瓦，输电量从2005年的774亿千瓦时提高到2010年的3200亿千瓦时。

随着我国经济的快速发展，对电力的需求日益增强，而国内能源结构不合理、能源分布不均衡严重制约着电力行业的发展。特高压电网解决了远距离、大容量输电问题，但"重电源轻电网"导致供电可靠性降低，同时网架结构薄弱则限制了新能源有效利用。为了解决这些问题，国内电网企业开始寻求利用信息技术提高电网运营能力的方法。

我国正处于加强节能减排、建设"资源节约型、环境友好型"社会，实现能源与经济社会和谐发展的关键时期。相应的，对作为重要基础产业的电力工业的发展，尤其是电网的发展提出了更高、更多的要求。着重体现在以下四个方面。

1）我国大范围能源资源配置和可再生能源的大规模集中接入，要求电网结构更加坚强合理，控制管理更加灵活便利。

2）"资源节约型、环境友好型"社会建设要求电网在确保安全可靠的前提下，着重提升其运行效率和灵活管理能力，推动新型电能利用模式，提高电能在终端能源消费中的比重。

3）随着我国经济社会不断发展，需要增强现有电网的输送能力、改善电能质量，提升电网运行的安全可靠性、灵活性与互动能力，并提供优质服务。

4）国际社会对气候变化问题的高度关注，需要优化能源结构和提高能源效率，减少温室气体排放，作为我国获得国际话语权、彰显国际竞争力和实现可持续发展的重要内容。

进入21世纪以来，国内外电力企业、研究机构和学者对未来电网的发展模式开展了一系列研究与实践，逐步形成了智能电网理念，并开展了广泛的研究实践。根据2009年1月25日美国白宫最新发布的《复兴计划进度报告》，美国政府宣布未来几年内将为美国家庭安装4000万个智能电表，它预示着美国已经强行启动了智能电网改造计划，将可能推动智能电网的革命性发展。

针对上述需求和国际国内电力行业的发展趋势，通过全面改造现有的电力系统，将有望构建高效、自愈、经济、兼容、集成和安全的智能电网。有了智能电网的支撑：①在发电领域，可接入更多分布式新能源发电和远距离大规模可再生能源发电，减少对以化石能源为主的传统能源的依赖；②在输配电领域，新型输配电设备的使用将降低输电损耗，提升跨大区经济调度和资源优化配置能力及增强电网的抗攻击、快速反应和自愈能力；③在用电领域，动态电价和智能用电设备将使用户更充分地利用新能源，提高资源利用效率并实现引导负荷跟随发电能力波动的功能，增强电网运行的安全性。

智能电网的实施将优化能源结构、转变能源供给方式、提高能源利用效率，并为国家能源安全提供保障。同时，智能电网的建设和运行，将带来大量新的工业、商业增长点，在我国产业结构调整、升级的大背景下，智能电网是继新能源汽车之后的又一重量级新兴产业。另外，发展智能电网将在多个相关领域推动科技创新，提高我国科技实力。最后，以智能电网为平台所组成的分散决策机制将为电力市场的良性运作提供保证，并推动电力市场改革的进一步深入。

二、发展规律与发展态势

智能电网描绘了未来电网的宏伟图景，是社会经济和科学技术发展的必然结果。根据美国能源部国家能源技术实验室发布的《现代电网展望》（*A vision for the modern grid*），智能电网应该具备以下功能：①自愈（self-heals）；②互动（motivates & includes the consumer）；③安全（resists attack）；④高质量（provides power quality for 21st century needs）；⑤容纳所有的电源种类和储能方式（accommodates all generation and storage options）；⑥市场化（enables markets）；⑦资产优化和高效运行（optimizes assets and operates efficiently）。但是，由于电力工业的基础性和历史上的长期垄断性等原因，电网的发展规划与管理体制、能源发展战略和社会经济发展状况密切相关，所以不同国家、不同机构、不同个人对智能电网的理解是不同的。目前，许多国家根据自身能源资源禀赋、社会经济发展规划、科学技术水平及电力市场的发展阶段制定了各具特色的智能电网发展重点和远期规划。较突出的差异是：美国的智能电网将以超导输电和新能源分散发电为主要技术突破口，而欧洲的智能电网则将以多点落地的特高压直流输电和大规模可再生能源为主要技术突破口。我国必须在充分吸取国外先进经验的同时，根据国情确定智能电网的发展模式，制定长远目标和分阶段实施计划，以此引导科研机构和高等院校开展相关科学研究和技术开发。另外，智能电网涉及能源、环境、社会和经济等多个方面，智能电网是一个广泛联系的、开放的有机系统，其发展需要多学科、多领域的共同支持。

从发展规律来看，智能电网是电力系统发展到一定阶段后必然形成的，体现如下：电力系统与信息系统的耦合性增强；复杂大系统的理论框架和理论（控制学科）与电力系统运行控制的结合空间增大；输配电领域与发电、用电侧的互动性增强。

从研究特点上看，在信息的捕捉和应用上，要体现信息感知的敏锐化、信息筛选的精细化、信息记忆的仿生化、信息预测的精确化。在智能理论和方法与电力系统技术的结合上，要体现决策模型建模的高效化、优化计算的并行、记忆和模式辨识的拟人化、优化决策的全局化和全景化、控制决策的过程化和闭环化、计算过程的可视化、结果展示的可知化，及自动、科学的后评估和自学习能力。

我国智能电网的研究应以国内科研创新为主，并开展广泛的国际合作与交流，拓展科研思路和空间，加快科技进步的步伐。

三、发展现状与研究前沿

欧美各国对智能电网的研究开展较早，而且已经形成了强大的研究群体。由于各国的具体情况不同，其智能电网的建设动因和关注点也存在着一定差异。

美国主要关注电力网络基础架构的升级更新，同时最大限度地利用信息技术，实现系统智能对人工的替代。主要实施项目有美国能源部和电网智能化联盟主导的 GridWise 项目和 EPRI 发起的 Intelligrid 项目。

欧洲则重点关注可再生能源和分布式能源的发展，并带动整个行业发展模式的转变。欧盟第五次框架计划（FP5）（1998～2002 年）中的"欧洲电网中的可再生能源和分布式发电整合"专题下包含了 50 多个项目，分为分布式发电、输电、储能、高温超导体和其他整合项目 5 大类，而且多数项目于 2001 年开始实施并达到了预期目的，被认为是发展智能电网第一代构成元件和新结构的起点，其主要项目有 Dispower、CRISP 和 Microgrids。

近年来，国际上非常重视电网的智能化运行和控制，自美国提出 2030 年智能电网规划后，掀起了智能电网的研究热潮。可视化技术、智能调度技术、快速建模仿真技术在美国的电网运行控制中得到了较为深入的应用。2006 年，美国 IBM 公司与全球电力专业研究机构、电力企业合作开发了"智能电网"解决方案。电力公司可以通过使用传感器、计量表、数字控件和分析工具，自动监控电网，优化电网性能、防止断电、更快地恢复供电，消费者对电力使用的管理也可细化到每个联网的装置。

2008 年，在全面努力下，Xcel 能源公司开始引进智能电网技术，并使美国科罗拉多州的博德市成为第一座智能电网城市，此项目获得了社会的广泛关注。

该城市中的每户家庭都安装了智能电表，人们可以很直观地了解当时的电价，从而把一些事情如洗衣服、熨衣服等安排在电价低的时间段。电表还可以帮助人们优先使用风电和太阳能等清洁能源。与此同时，美国另一家清洁技术公司网点公司研发了智能电网平台，该平台使用数字电网技术，向电力公司提供一种关于分布式能源的智能化网络系统，从而能够控制电力负荷、能源存储和电力生产，并能兼顾电力公司、消费者和环境三方利益。

2008年9月Google与GE联合发表声明对外宣布，他们正在共同开发清洁能源业务，核心是为美国打造国家智能电网。

2009年1月25日美国白宫最新发布的《复苏计划尺度报告》宣布：将铺设或更新3000英里①输电线路，并为4000万美国家庭安装智能电表——美国行将推动智能电网的整体革命。

2009年2月4日，美国IBM公司与地中海岛国马耳他签署协议——双方将建立一个"智能公用系统"，以实现该国电网和供水系统的数字化。IBM公司及其合作伙伴将会把马耳他2万个普通电表替换成互动式电表，这样马耳他的电厂就能实时监控用电，并制定不同的电价来奖励节约用电的用户。

2009年2月10日，Google表示已开始测试名为谷歌电表（PowerMeter）的用电监测软件，这是一个测试版在线仪表盘，目标是使Google成为信息时代的公用基础设施。该公司还向美国议会进言，要求在建设智能电网时采用非垄断性标准。

意大利埃奈尔能源公司（EnelSpA）与凯捷咨询（Capgemini）合作启动了世界上最大的智能电表安装项目。整个项目投入21亿欧元，预期的回报是每年5亿欧元。大约2700万用户安装了智能电表，这些电表具有双向通信、高级计量和管理的能力，并通过低压电力线和IP实现数据的分层传输控制。这个由智能电表组成的系统具有以下功能：遥控用户电力的启停，记录用户用电信息，检测故障和窃电，采用分时电价来改变用户的用电计划等。

2006年欧盟理事会的能源绿皮书《欧洲可持续的、竞争的和安全的电能策略》明确强调，智能电网技术是保证欧盟电网电能质量的一个关键技术和发展方向。目前英国、法国、意大利等国都在加快推动智能电网的应用和变革步伐。

法国电力公司已经同意与瑞士ABB公司之间的交易，即使用ABB公司SVC Light的"聪明电网"技术，该系统通过高技术的锂离子电池和超导体电力晶体管均衡连接风电场的配电网络负荷，并将储存的风电的多余电力应用于高峰时期。

日本将根据自身国情，主要围绕大规模开发太阳能等新能源，确保电网系

---

① 1英里=1.609 344千米。

统稳定，构建智能电网。日本政府计划在与电力公司协商后，从 2010 年开始在孤岛进行大规模的构建智能电网试验，主要验证在大规模利用太阳能发电的情况下，如何统一控制剩余电力和频率波动，及规模化储存等课题。目前，日本东京电力公司的电网被认为是世界上唯一的接近于智能电网的系统。通过光纤通信网络，它正在逐步实现对系统范围的 6000 伏中压馈线（已呈网络拓扑）的实时量测和自动控制（采样率每分钟一次）。

日本政府期待智能电网试验获得成功并大规模实施，这样可以通过增加电力设备投资拉动内需，创造更多就业机会。为配合企业技术研究，东京工业大学于 2009 年 3 月初成立"综合研究院"，其中，赤木泰文教授主持的关于可再生能源如何与电力系统相融合的"智能电网项目"备受瞩目。除东京电力公司外，东芝、日立等 8 家电力相关企业也积极参与到该项目研究中。该项目计划用 3 年时间开发出高可靠性系统技术，使可再生能源与现有电力系统有机融合的智能电网模式得以实现。

在我国，电力工业界提出的中国未来智能电网发展趋势应为以坚强网架为基础、以信息平台为支撑，构建高度一体化的智能电网结构体系。特别是"十二五"期间，我国将建成以特高压电网为骨干网架、各级电网协调发展的统一坚强电网。为此我国在电网的安全、可靠、经济运行等方面开展了大量基础研究和技术应用活动。例如，基于广域动态监测、安全预警、安全协调防御系统的电力系统在线分析的优化算法等。

我国在数字电网关键技术等方面已经取得了大量的研究与实践成果。已建成的国家电网调度数据网，为电网生产控制系统提供了高质量的专网数据传输服务，为坚强智能电网建设提供了可靠的网络数据传输平台。自主研发的能量管理系统（EMS）在省级以上调度机构得到了广泛的应用，电网调度自动化系统总体技术达到国际先进水平。与国外相比，我国在自动电压控制、继电保护和安稳控制装置、在线稳定分析和预警、动态稳定控制等方面有着深厚积累和明显技术优势。

我国国家电网公司于 2008 年全面启动资产全寿命周期管理，目标是建立设备状态数字化评价体系和具有自诊断功能的智能设备技术体系，实现设备定期检修向状态检修的转变。重点研究状态评估方法、设备可靠性预测技术、设备故障模式及风险评估模型（FMECA）、设备寿命周期成本管理、设备可靠性数值预报和预警系统和输变电设备自诊断与自愈技术等，最大限度地提升设备的可用率、可靠性和经济运行水平。

华东电网有限公司于 2007 年在国内率先开展了智能电网可行性研究，并设计了 2008～2030 年"三步走"的行动计划，在 2008 年全面启动了以高级调度中心项目群为突破的第一阶段工作，以整合提升调度系统、建设数字化变电站、完善电网规划体系、建设企业统一信息平台为 4 条主线，将全面建成华东电网高级调度中心，使电网安全控制水平、经营管理水平得到全面提升。

2009 年 2 月 28 日，作为华北电网有限公司智能化电网建设的一部分——华北电网稳态、动态、暂态三位一体安全防御及全过程发电控制系统在北京通过专家组验收。这套系统首次将以往分散的能量管理系统、电网广域动态监测系统、在线稳定分析预警系统高度集成，调度人员无需在不同系统和平台间频繁切换，便可实现对电网综合运行情况的全景监视并获取辅助决策支持。此外，该系统通过搭建并网电厂管理考核和辅助服务市场品质分析平台，能有效提升调度部门对并网电厂管理的标准化和流程化水平。

在输电网建设方面，2006 年年底交流特高压示范工程奠基，2008 年 8 月正式建成投运，表明我国电网优化配置资源的能力明显增强。

在控制系统新技术方面，由中国电力科学研究院等单位承担、周孝信院士担任首席科学家的 973 计划项目旨在开展"提高大型互联电网运行可靠性的基础研究"。研究人员开展了基于智能和专家系统的电力系统故障诊断和恢复控制技术研究，为智能型的电力系统动态调度与控制提供了基本的分析工具，成功开发了电网在线运行可靠性评估、预警和决策支持系统平台，为新的智能化电网运行控制开发提供了系统的研发平台。

天津大学在国内较早开展智能配网方面的研究工作，包括高级量测体系（advanced metering infrastructure，AMI）、高级配电运行（advanced distribution operations，ADO）、高级输电运行（advanced transmission operations，ATO）。

高级资产管理（advanced asset management，AAM）的框架设计为实现智能电网顺序做了前瞻性工作，并于 2009 年 6 月召开了智能电网学术研讨会。

华北电力大学以智能调度为目标，开展了数据挖掘、电力系统在线分析、故障辨识和诊断及 Agent 的理论和技术研究，取得了显著的成果。国家电网公司推行了 SG186 一体化平台建设，山东、浙江、江苏、上海等各省（市）电力公司都在积极推动用电信息采集系统、营销业务系统信息化建设等项目，并取得了突出成果。

在可再生能源发电方面，国家也启动了多项 863 计划项目，"十一五"期间，在三大先进能源技术领域设立重大项目和重点项目，包括以煤气化为基础的多联产示范工程，兆瓦级并网光伏电站系统，太阳能热发电技术及系统示范等项目。

2009 年 5 月 21 日，国家电网公司公布了"智能电网"的发展计划，智能电网在中国的发展将分三个阶段逐步推进，到 2020 年可全面建成统一的"坚强智能电网"。

四、近中期支持原则与重点

智能电网涉及多个学科，需要多学科、多领域的协同研究。不但要融合旧三论（系统论、信息论和控制论）的确定性、最优化和唯一性思想，而且要吸收新三论（耗散结构论、协同论、突变论）的思想，关注不确定性，强调差异化和多元化。

在智能电网相关理论和发展布局当中，按照智能电网建设和运行的基本特点，建议"2011～2020 年"期间及中长期把下列智能电网的基础理论和关键技术作为发展重点，并予以政策及资金方面的优先资助。

（一）智能电网自愈及其支撑技术的理论与方法

1. 智能电网自愈技术

智能电网自愈技术包括数据采集与监控系统（supervisory control and data acquisition，SCADA）、精密测量单元（precision measurement unit，PMU）、TGIS、DGIS、智能电表的信息整合在线监测技术，基于预想事故、预设专家系统的快速分析诊断技术，网络最优重构，电压与无功控制策略调整，隔离与恢复供电技术，电网故障在线智能诊断的电网故障快速辨识理论和算法，不同时间尺度下的智能配网自愈技术，快速自愈对负荷影响的敏感性分析，快速自愈条件下系统恢复的机理，快速自愈条件下系统稳定性分析，快速自愈条件下系统电能质量分析，故障预测，快速故障定位算法，速快故障隔离和系统恢复算法，故障中断停电损失分析，故障限流技术，故障快速遮断技术，短时电力支撑技术，故障和缺陷快速实时检测技术，快速通信体系和故障自愈的评价体系。

2. 分布式、异构的多控制中心协调计算和决策的信息支持平台技术

分布式、异构的多控制中心协调计算和决策的信息支持平台技术包括适应各种系统应用的统一网络体系结构和通信协议，通信可靠性分析，适用于各级用户和实时性要求的通信服务质量（QoS）分析，通信网络的安全性分析，多控制中心协调计算和决策的信息模型，多控制中心协调计算和决策支持平台的软件架构，多控制中心协调计算和决策支持平台的通信机制，多控制中心协调计算和决策支持平台的标准化，基于 IEC61968 和面向服务架构（service-oriented architecture，SOA）的电网信息集成服务，基于网格的电力系统海量计算引擎服务，考虑电网、用户、能源服务商等多主体的高级量测体系架构下的通信。

3. 智能电网可视化技术

智能电网可视化技术包括基于背景＋焦点技术的知识可视化技术，电力系统运行状态可视化技术，从单纯状态可视化过渡到机器智能与人工智能相结合的监控可视化技术，信息自动分类的电网信息可视化分层展现技术，智能电网在虚拟地球系统中进行动态多维虚拟化的综合性地理信息平台。

4. 智能电网中的储能技术

智能电网中的储能技术包括各种储能系统的静态和动态建模，考虑各种储能介质特性的储能系统的最优充放电模型，剩余电量预测和能量管理模式，储能系统在并网和孤立运行模式切换下的工作机理和控制策略，储能系统与随机能源（太阳能、风能）的协调运行理论，储能系统对电能质量的影响及评价，储能系统的合理容量比例及优化规划，各种不同功能储能系统的协调运行与控制，储能系统与配网的电力电子接口及大容量逆变技术，分布式储能参与电力市场和作为需求侧管理手段的经济评价方法，新型低成本、大容量储能材料与装置的基础性研究，储能电站容量占电力系统的合理比例，储能电站静态（能量转换）效益定量评价理论与方法，储能电站动态（辅助服务）效益定量评价理论与方法，含多种储能电站的复杂电力系统经济调度理论，储能电站与大型随机能源（如风电场）协调调度理论，含储能电站的复杂电力系统可靠性与安全性评价理论，电力市场环境下储能电站的优化调度理论。

（二）智能电网互动及其支撑技术的理论与方法

智能电网互动及其支撑技术的理论与方法包括基于高级量测体系架构下的配电网与用户的电能双向互动及交易，系统、终端和电能表的统一功能规范，标准数据模型，可满足需求侧管理要求的数据支撑平台，用电信息实时查询和用电实时管理平台。

（三）智能电网安全及其支撑技术的理论与方法

1. 智能电网调度技术

智能电网调度技术包括智能变电站的高级应用基础理论和方法，互联电网分层分区实时建模理论和方法，智能大电网的调度机制，智能化决策技术，调度运行模拟系统，考虑安全裕度的输电网与配电网协同调度，考虑孤岛电气特性的发电优化调度，提高配电网供蓄能力的统一调度，大电网运行知识的智能发现，配电网智能能量管理系统，智能电网综合负荷整体等值建模及其在线辨识理论与方法，考虑大容量储能的电网安全裕度计算，在线电压稳定裕度监测方法，可实现提供系统（能量、需求功率、效率、可靠性、电能质量……）连续优化的最优化技术，智能电网超实时仿真技术，大风电基地接入电网后的在线调度的时空协调机理与优化模型，基于概率风险，整合政策、市场、气象、环境、灾害因素的动态、暂态、静态安全评估技术。

2. 智能电网保护技术

智能电网保护技术包括电网结构参数非连续和随机变化、多信息融合的智能继电保护基础理论；广域继电保护，自适应保护，基于本地信息的系统保护、继电保护智能再整定技术；故障定位、间歇式能源接入的并网控制和保护系统。

3. 智能电网控制技术

智能电网控制技术包括基于广域测量系统（wide area measurement system，WAMS）的电网稳定紧急控制，基于复杂随机电力网络的能量系统延迟智能控制，电网实时动态监控系统新架构，实现电力系统运行在线快速协调控制的智能电网的协调控制理论，极端条件下地区电网的特性与控制方法，考虑分散性参数的地区电网状态特征识别与控制方法，大规模间歇电源接入系统有功/频率协同控制理论，大型电网电压无功智能控制系统，微网内的自动切负荷和恢复方案，发电机励磁调节器、发电机调速器、FACTS装置、直流系统等传统元件分散协调控制，分布式电源如光伏发电、风电、先进的电池系统、即插式混合动力汽车、燃料电池、智能电表、智能家电等新兴元件分散协调控制，基于智能化方法的分层控制与协调的理论与方法，替代传统的发电机旋转备用的负荷控制技术，替代低频减载和低压减载功能的负荷控制技术，解决新能源的并网问题的负荷控制技术，特高压投运后多控制中心间的协调控制模型研究，考虑空间耦合的运行风险评估与预防控制，基于AGC的广域潮流控制，考虑特高压联网后的多级协调自动电压控制，多时间尺度的高精度快速仿真技术。

4. 面向智能电网的状态估计技术

面向智能电网的状态估计技术包括分层协调的实时状态估计与建模技术，测点未知情况下状态估计结果合理性评价标准，可使状态估计结果合理性达到最高的状态估计理论和方法，包括精密测量单元量测数据的混合状态估计方法和全PMU的状态估计方法，以测点合格率最大为目标的状态估计求解算法，供安全监视、评估与优化使用的实时配网状态估计技术，智能电网关键节点（机组）在线识别及其群类划分，智能电网在线整体建模和在线降阶等值与模型参数在线快速辨识的系统的理论方法体系，智能电网模型性能的在线评价与选择的系统方法，智能电网节点群类广义综合负荷模型类和降阶等值模型类，智能电网模型适应性评价的定量指标，在线整体建模平台。

5. 智能预警技术

智能预警技术包括基于风险识别、评估和管理新理论的数据挖掘、事故预想、安全评估、预警指标的智能预警理论与方法，基于数据挖掘技术电网隐患和风险辨识；智能化的事故预想集生成方法；研究全面评价气象灾害、可再生能源发电的不确定性、负荷预测的偏差、系统故障等对电网安全稳定的影响安全评估方法，以及智能电网新型预警指标。

6. 智能电网决策支持系统

智能电网决策支持系统包括各种决策方法（个体决策方法和群体决策方法），影响决策结果稳定性的参数灵敏度分析，决策结果的可靠性分析，决策的一致性分析。

7. 数字化变电站与数字化电网技术

数字化变电站与数字化电网技术包括数字化变电站的 IEC61850 及相关应用技术；数字式电流和电压互感器；智能高压电器；基于 IEC61850 规范的标准化信息模型和网络化的信息处理，广域全景分布式一体化电网调度技术支持系统。

（四）智能电网高质量及其支撑技术的理论与方法

1. 定制电力技术

定制电力技术包括配电系统静止无功补偿器技术（DSTATCOM）、有源电力滤波器（APF）技术、动态电压恢复器技术（DVR）、固态切换开关技术（SSTS）等。

2. 电能质量技术

电能质量技术包括基于电力电子技术的动态电压补偿、有源滤波技术等电能质量控制技术，分布式发电孤立运行时的电能质量问题，间歇式电源并网后对系统电能质量的影响及对策，系统发生极端情况后紧急输电网络中的供能质量问题，配电系统和终端用户电气系统的智能化改进和电能质量的提高措施。

（五）智能电网兼容及其支撑技术的理论与方法

1. 适应特高压直流大功率馈入的受端电网规划

适应特高压直流大功率馈入的受端电网规划包括能对智能电网的安全性、经济性和可靠性进行统一评价的规划理论、规划模型和设计数据平台，大规模直流注入的落点位置、注入功率大小等因素对受端电网安全的影响，能为特高压、超高压电网规划和各级电网协调发展提供指导性技术准则和评价方法的大电网规划技术原则。

2. 考虑可再生能源的电力系统规划

可再生能源的电力系统规划包括有助于可再生能源接入的配电系统结构设计方法，含可再生能源配电系统的综合性能评价指标体系，新型配电系统优化规划理论和方法，具有空间负荷预测、分布式电源（微网）容量与位置优化、配电网络优化、分布式能源结构优化等功能，适用于微网发展的电网规划决策支持系统，分布式电源、分布式储能装置及微网的优化配置，适合于大规模可再生能源接入的配电网规划技术原则、评价方法，风电等间歇性可再生能源消纳能力分析评估。

3. 考虑不确定因素的电网灵活规划

能考虑典型地区的风灾、冰灾等严重自然灾害概率分布数据的坚强智能电网设计方法和技术标准，规划成本最小化条件下未来电力需求增长、元件故障等不确定因素对电网运行造成的负面影响分析，提高转移能力的配电网架优化，考虑资产全生命周期的电网运行与规划。

4. 新能源的接入及评价问题

新能源的接入及评价问题包括运用随机数学的理论模拟新能源的随机特性，新能源发电接入对电能质量的影响，新能源接入对系统的发电计划、调频、调峰、备用的影响，有功调度、调频、备用、安全校核一体化；考虑新能源随机波动和负荷需求弹性化的模型和相应的计算方法，新能源接入对电网电压的影响，新能源接入对系统稳定性的影响；考虑新能源的电网稳定计算模型；考虑风电、太阳能并网发电模型的电网暂态模拟仿真平台，从系统安全方面测试和评估新的分布式发电技术的软件平台，大容量间歇性电源接入电网的评价标准和方法，受端结构适应性，接入规模，基于新技术的注入成本和减少网络扩建的成本之间平衡的成本效益分析，可再生能源发电的额外成本与增加系统稳定性和安全性的经济效益，减少和暂缓的网络扩建投入成本之间的成本效益分析，最大化配电网络可靠性的分布式电源最优选址，降低网络损耗，减少相关的温室气体排放的分布式电源最优配置，健全清晰的分布式发电评估模型，智能电网的社会影响问题。

（六）智能电网市场化及其支撑技术的理论与方法

智能电网市场化及其支撑技术的理论与方法包括用户需求实时弹性化后的电力市场结构、交易方式、价格机制、交易品种、市场规则、交易理论与方法；包括智能电网中用户的用电模型与辨识方法，新能源市场交易理论和方法，金融储能的理论与方法，基于用户互动、微电网控制的日前电力市场理论与方法，适应新能源、用户参与的辅助服务市场的理论与方法，基于负荷控制的阻塞理论与方法。

（七）智能电网资产优化及高效运行的理论与方法

1. 面向智能电网的高级管理

面向智能电网的高级管理包括智能电网环境下的标准化规划技术与体系，状态检修（CBM）和可靠性检修（RCB），以全寿命周期（LCC）为核心的资产管理建模，分析与评价体系。

2. 业务优化与市场运营

业务优化与市场运营包括业务流程的整合与优化，电力衍生产品与增值服务的开发，新环境下市场的设计与运营问题以全寿命周期为核心的资产管理。

3. 风险评估与管理体系

风险评估与管理体系包括符合智能电网实际的标准化资产运行风险评估与管理体系，资产经营风险规避体系，电网安全与可靠供电的风险应对体系，电力市场的风险防范体系及突发事件的应急管理体系。

4. 智能电网评估模型和体系

建立能从策略、管理和监管、组织结构、技术、社会与环境、电网运行、人员及资产管理、产业链的整合、用户的体验与管理等 9 个方面衡量中国智能电网的发展；建立适合中国国情的智能电网成熟度模型。

第三节　特高压输变电

一、基本范畴、内涵和战略地位

特高压是表述电力系统电压等级的一个基本概念。对于三相交流系统，一般将线电压为 35～220 千伏的电压等级称为高压、330～750 千伏的电压等级称为超高压、1000 千伏及以上的电压等级称为特高压；对于直流系统，一般将极导线对地电压为 660 千伏及以下的电压等级称为高压、800 千伏及以上的电压等级称为特高压。特高压输变电技术是指与电压等级为特高压的输变电系统相关的技术，与电气科学与工程学科中的几乎所有分支学科密切相关，还涉及机械和材料等其他学科的许多分支学科。

随着我国经济社会持续快速发展，电力需求将长期保持快速增长。电能作为二次能源在能源消费中所占的比例直接反映了社会的文明水平。截至 2008 年年底，我国发电设备装机容量已达到 7.9 亿千瓦。预计到 2020 年，我国发电设备装机容量将达到 16 亿千瓦，为现有水平的 2 倍以上。提高电能在我国能源消费中的比重，对我国的经济与社会发展具有重要的战略意义。

我国一次能源分布极不均衡，在用于发电的一次能源中，目前仍以煤为主，水为辅。煤炭资源保有储量的 76% 分布在山西、内蒙古、陕西、新疆等地，可开发的水力资源约 67% 分布在西部的四川、云南、西藏，西部地区大型水电开发和中东部地区核电开发将继续加快。大量使用化石能源造成的温室气体排放及全球气候变化，给人类带来了巨大挑战。开发利用清洁能源已成为国际能源发展的新趋势，也成为各国应对气候变化、解决能源和环保问题的共同选择。我国高度重视清洁能源的发展问题，制定了《中国应对气候变化国家方案》。目前，我国风能和太阳能等可再生能源开发迅猛，在内蒙古、甘肃、河北、吉林、新疆等省区计划建设七个装机达到上千万千瓦级的大型风电基地，在西北部地区计划建设大规模太阳能发电基地。预计到 2020 年，我国清洁能源的装机将达到 5.7 亿千瓦，占总装机容量的 35%，其中风电装机将达到 1.5 亿千瓦，太阳能光伏发电装机将达到 0.2 亿千瓦。届时非化石能源占一次能源消费比重将达到 15%。我国无论是煤炭、水力还是风能和太阳能等资源，均具有规模大、分布集中的特点，所在地区负荷需求水平较低，远离能源需求地区，因此，需要走集中开发、规模外送、大范围消纳的发展道路。

我国能源需求主要集中在经济较为发达的中东部地区。中东部地区受土地、环保、运输等因素的制约，已不适宜大规模发展煤电。同时中东部地区的输电走廊越来越紧张，必须提高单位输电走廊的使用效益。随着我国能源开发西移和北移的速度加快，能源资源分布与能源需求之间的距离越来越远。除我国西北部地区正在建设的 750 千伏交流电网外，现有电网主要以 500 千伏交流电网和 ±500 千伏直流输电系统为主，严重制约了电能输送能力和电能规模，无法满足未来电能大规模、远距离的输送要求。

从全球范围看，现在和未来可以大规模开发的风能、太阳能、水能等可再生能源地区及未来的核电站几乎都远离负荷中心。例如，美国中西部的风能、北非的太阳能、欧洲北海和波罗的海的风能等。对于巴西、印度、南非、中东地区等发展中国家或新兴经济体，其经济的快速发展也迫切需要电力快速增长的支撑，面临着与我国类似的大规模、远距离的电能输送需求。

为了实现大煤电、大水电、大核电等能源基地的电能输送，为了不浪费可以大规模开发的风能、太阳能、水能等可再生能源，需要开展特高压输变电技术的基础研究。开展特高压输变电技术的基础研究，还可以促进我国电网和输变电制造业的技术创新，提高我国整体技术水平和综合竞争实力，符合我国能源发展的战略需求。

二、发展规律与发展态势

（一）发展规律

输变电系统的电压呈现出分阶段不断提高的发展规律。经济的快速发展，不断对输变电系统的输送距离和规模提出新的要求，从而促进输变电技术的不断进步、电压等级的不断提高。

对于远距离输电线路，最关心的是线路的输送能力和损耗。对交流输电线路而言，自然功率是评价输送能力的重要指标。对直流输电线路来讲，换流系统晶闸管的工作电流是制约输送能力的关键因素。传输线理论指出，交流输电线路的自然功率与线路的电压平方成正比，与线路的特性阻抗成反比。因此，有三个提高交流输电线路自然功率的基本途径。第一，提高线路的电压，这是最有效的途径，已被广泛采用；第二，减小线路的特性阻抗，即通过减小线路导线之间的距离来增加导线之间的电容，从而减小线路的特性阻抗，这就是所谓的输电线路的紧凑化技术；第三，在线路中串联电容来减小线路的等效电感，从而减小线路的特性阻抗，即所谓的输电线路的串联补偿技术。对于输电线路的损耗，无论是交流输电线路还是直流输电线路，线路的损耗与线路的电阻成正比，与流过线路的电流平方成正比。当输送功率一定时，线路的电流与线路的电压成反比，线路的损耗与线路的电压平方成反比。因此，有两个基本途径可以减小线路的损耗。第一，提高线路电压，这是最有效的途径；第二，降低线路的电阻，最理想的就是使用超导体线路，这也是超导体线路受到广泛关注的原因，但是，现有的超导体技术尚不能达到远距离输电的技术要求。因此，无论是提高交流输电线路的自然功率还是降低交、直流输电线路的损耗，无论是交流输电线路还是直流输电线路，提高线路的电压是最有效的途径，这也是输变电系统的电压不断提高这一发展规律的根本原因。随着电网规模的日益扩大、输送距离的不断增长，输变电系统的电压呈现出分阶段不断提高的发展规律。特高压电压等级的出现就是这一规律在我国电网发展过程中的阶段性体现。

特高压输变电系统具有传输容量大、距离远、损耗低、占地少等优势，一直受到国际电气工程领域的广泛关注。发展特高压输变电技术，不仅有利于解决我国能源资源与能源需求分布极不均衡的问题，还将为大规模开发利用清洁能源提供技术保障。目前，我国已建成投运了一个 1000 千伏特高压交流试验示范工程、两个 ±800 千伏特高压直流输电示范工程。为满足我国未来 10 年特高压输变电工程的建设需要，应结合未来工程面临的复杂地理和气候环境等恶劣条件，继续深化特高压输变电技术的基础科学和关键技术的研究，不断完善特高压输变电技术，实现工程造价与可靠性之间的最优化，确保未来建设的特高压输变电工程达到"环境友好、资源节约、安全可靠"的目标。

（二）主要发展趋势

未来 10 年，我国特高压输变电技术的主要发展趋势有四个方面：第一，掌握高海拔、复杂气候和环境条件下的特高压绝缘和电磁环境特性，确保特高压输电工程"环境友好、资源节约、安全可靠"的目标；第二，进一步提高特高压输变电设备的容量，适应大容量、远距离、更经济、更高效的电能输送要求；第三，发展 ±800 千伏以上的特高压直流输电技术，将输送距离从现有的 1500～2500 千米提高到 4000 千米以上，满足更大范围、更远距离能源资源的开发和利用；第四，开发特高压柔性交直流输电技术和紧凑化输电技术，一方面解决大规模、远距离、随机波动电源的接入问题，另一方面提高单位走廊的输电效益，将输电线路的输送能力提高 30%～50%。

具体地说，特高压输变电技术的主要相关研究领域呈现出如下七个发展趋势。

1. 特高压输电线路的电磁环境特性

采用现代测试技术，并结合计算技术，对电晕放电的起始、自持等过程进行仿真建模，研究揭示电晕放电的内在机理和数学物理描述。考虑空间电荷和电场的共同作用及风场、电荷扩散、迁移、复合、绝缘体吸附等因素，研究提出高海拔、复杂气候和环境条件下特高压输电线路电晕电场和电晕损失的有效计算方法和海拔修正方法等。

借助于我国已经建成的几个不同海拔高度的特高压试验基地、试验线段和电晕笼，采用各种先进的测量方法和实验技术，深入研究特高压交、直流输电线路的无线电干扰、可听噪声、地面合成电场、离子流密度等电磁环境特性，提出电磁环境特性的物理模型、计算方法及海拔修正方法等。

结合缩比模型试验，利用电磁场数值计算方法，研究特高压输电线路对邻近输油输气金属管道、无线电台站、地震观测台站等电磁敏感系统的电磁影响机理、影响因素和限值、计算模型、等效实验方法、避让距离、测试方法与防护技术等，提出特高压输电线路与邻近电磁敏感系统的防护间距和防护措施。

2. 特高压输电线路的绝缘特性

进一步深化长空气间隙放电特性的研究，采用先进的测量技术尤其是光电、超高速摄影等测量技术，通过实验研究长空气间隙放电的特性，并深入研究其物理过程的数值仿真，获取长空气间隙的放电特征参数。

深入研究线路和设备外绝缘在典型环境中的积污机理与特性、不同积污特性下绝缘子沿面闪络机理与特性。采用先进的电学与光学等诊断技术，获得绝缘子污秽过程的动力学特性、绝缘子闪络过程的电弧起始与发展的动力学特性和特征参数，建立外绝缘污秽与闪络特性的数值计算方法。

针对特高压输电线路交流同塔多回、交直流同走廊并行、交直流同塔混架、半波长输电等情况，综合考虑故障电流大小、气象条件、绝缘子串长度、故障点位置等因素及不同的系统运行状态和线路结构，深入研究潜供电弧的物理机制、运动特性与熄灭机理，探索潜供电弧的等效实验方法和准确计算模型、抑制方法与补偿技术等。

3. 特高压输电线路的气动力学特性

深入开展特高压输电线路的非线性气动力学特性及导线与塔之间的相互耦合机理研究，通过实验和计算建立特高压输电线路导线舞动的分析方法，揭示导线舞动的基本规律，研究各种动力减振装置对导线舞动的抑制作用等。

4. 特高压输变电设备的材料特性

深入系统地研究各种电工材料的参数特性，构建完备的材料性能数据系统，精细模拟电工材料和部件在复杂工作环境和极端条件下的性能，获得多种物理场综合作用下的参数特性。关注和借鉴国外有效模拟技术，实现材料的标准模拟和产品级模型实验相结合、数学建模方法研究与大规模数值仿真系统相结合。

更加关注高海拔及复杂环境条件下绝缘材料的老化特性、击穿理论和寿命评估方法。深入研究绝缘材料的老化规律，探索不同环境对绝缘击穿的影响机制。发展绝缘材料击穿测试和寿命评估技术，研究有效预防绝缘击穿方案，提高绝缘材料在复杂环境下使用的安全性。

5. 特高压输变电设备的绝缘特性

通过实验测量和仿真相结合的研究方法，深入研究隔离开关电弧模型，极快速瞬态过电压对各类绝缘系统的击穿特性和对保护与控制系统的耦合机理以及极快速瞬态过电压的抑制方法等，掌握气体绝缘组合电器中极快速瞬态过电压的仿真方法和运行抑制技术。

从特高压断路器的灭弧机理、绝缘性能、操动特性、材料选择等方面开展一系列的研究。针对气体绝缘组合电器断路器电弧瞬态非线性开断过程，深入研究电、磁、热、气流等多因素间的相互作用及耦合特性。研究大开断能力断路器开断过程中电弧的物理和化学特性，提出新型操动原理及满足电弧开断要求的操动机构等。

深入研究交直流及谐波作用下的复合电场和极性反转电场的分布规律、对绝缘材料和绝缘系统的作用机理和响应特性，研究绝缘结构优化设计方法、各种物理场的计算分析方法、可靠性与寿命评估方法等。

更加关注特高压和柔性直流输电换流阀在不同运行工况下的电压分布特性、关键部位和零部件的电气绝缘特性及与长期运行可靠性密切相关的基础性问题的研究。

6. 特高压输变电设备的多物理场耦合特性

深入研究硅钢片的磁致伸缩特性，以及磁场与应力场、声场的耦合特性，建立考虑谐波电流及直流偏磁电流影响的变压器电磁振动的多物理场耦合模型，掌握谐波电流及直流偏磁情况下变压器的动力学特性，提出抑制噪声的有效方法。

研究特高压和柔性直流输电换流阀塔的电磁力及其对阀塔作用的动力学特性、水冷却系统绝缘材料的绝缘和电腐蚀特性，提出减缓阀塔振动和水冷却系统电腐蚀的方法。

研究特高压柔性交流输变电设备的电磁特性，建立用于电力系统动态仿真的柔性交流输变电设备的电磁暂态模型等。

7. 特高压输变电系统的风险评估技术

应用先进的传感和物联网技术，深入开展线路和设备的特征参数和检测方法的研究，利用数字信号处理、信息融合和人工智能等技术，准确可靠地提取和识别线路和设备的电气、物理、化学等运行状态的特征信息，建立状态维修的理论体系和以可靠性与经济性为中心的状态维修决策系统，实现对不同气候条件和不同地理环境下线路和设备运行状态的就地或远程在线监测、评估、缺陷诊断、故障识别、运行风险控制与安全预警等。

基于可靠性理论和运行风险理论，建立特高压输变电系统的可靠性标准和准则、可靠性指标体系等。考虑设备随机故障、备用、安装和接线模式等因素，提出特高压输变电系统的可靠性和风险评估模型、风险跟踪模型，提出最优控制策略和最优检修策略等。

深入研究太阳风暴等空间灾害条件下地球表面的电磁场特性、建模方法及我国不同地域的大地电磁特性。研究空间灾害诱发的电磁场对特高压输变电系统的电磁耦合机理、特高压输变电设备的响应特性、致灾机理、致灾评估、预测方法及抑制空间灾害影响的方法等。

三、发展现状与研究前沿

改革开放以来，我国电网发展取得了令人瞩目的成就。在交流输变电技术方面，经历了 220 千伏、500 千伏（330 千伏）、750 千伏、1000 千伏的发展历程，全面掌握了超、特高压交流输变电技术。500 千伏电网已成为目前我国的主力电网，750 千伏电网在我国西北地区已初具规模，即将成为西北地区的主力电网。500 千伏紧凑型输电线路及同塔多回线路已得到广泛应用，500 千伏可控串补和可控电抗器也已得到工程示范应用。1000 千伏特高压交流试验示范工程已建成投运，并基本实现了输变电设备的国产化。在直流输电技术方面，已完成 7 个 ±500 千伏高压直流输电工程和灵宝等背靠背直流联网工程，并全面掌握了 ±500 千伏直流输电系统成套技术，直流输电线路总长度达 7085 千米，输送容量达 18 560 兆瓦。2010 年又先后建成投运两个 ±800 千伏的特高压直流输电示范工程。目前，我国直流输电线路总长度、输送容量和电压等级均居世界第一。

特高压输变电技术研究始于 20 世纪六七十年代的苏联、美国、日本、加拿大、意大利等国。我国 1986 年以后，开始将特高压输变电技术研究连续列入国家"七五"至"十五"科技攻关计划，"十一五"又将其列入国家科技支撑计划重大项目、《国家中长期科学和技术发展规划纲要（2006—2020 年）》、《中国应对气候变化国家方案》、《国家自主创新基础能力建设"十一五"规划》等。

2006 年国家核准建设晋东南-南阳-荆门 1000 千伏特高压交流试验示范工程、云南-广东±800 千伏特高压直流输电示范工程、向家坝-上海±800 千伏特高压直流输电示范工程。从此，我国开始快速推进特高压输变电的技术研究和工程建设。

依据"立足自主创新、实现国产化"的原则，依托特高压试验示范工程，我国系统地开展了特高压输变电技术研究。在特高压输电线路方面，通过对中、低海拔气候环境下的试验和理论研究，获得了特高压外绝缘的放电电压特性曲线和海拔修正系数，确定了特高压空气间隙，提出了限制特高压线路过电压的措施，提出了特高压线路无线电干扰、可听噪声、工频电场与磁场、地面合成电场与离子流密度等电磁环境指标限值和控制措施，提出了特高压线路导线和金具表面起晕场强的控制措施，提出了特高压输电线路对各类无线电台站、输油输气管线的电磁影响防护距离和防护措施等。在特高压输变电设备方面，通过对电场、磁场、涡流场和温度场等物理场的研究，解决了特高压设备内外的均压或均场、绝缘、局部过热、温升、损耗、振动与噪声等一系列关键问题，研制出世界上单相容量最大的 1000 千伏/1000 兆伏安自耦变压器和 1100 千伏/320Mvar 并联电抗器、世界上遮断容量最大的 1100 千伏开关设备及 1000 千伏瓷外套避雷器和用于变压器、电抗器、气体绝缘组合电器的 1100 千伏出线套管等特高压交流输变电成套设备。在特高压试验设施方面，分别在北京、武汉、昆明等地建设了不同海拔高度的特高压交、直流试验基地，综合试验研究能力居国际领先水平。

2009 年 1 月 6 日，我国晋东南-南阳-荆门 1000 千伏特高压交流试验示范工程投入商业化运营，这是世界上电压等级最高的商业化运营的输变电工程。截至 2010 年 10 月 6 日，已经安全稳定运行 21 个月，初步验证了特高压输变电工程的技术可行性、系统安全性、设备可靠性、经济合理性和环境友好性，表明我国已基本掌握了特高压输变电技术及输变电设备制造的核心技术，具备了规划、设计、制造、建设和运行特高压输变电工程的能力，整体达到国际先进水平。

然而，随着我国未来能源基地大容量、远距离输电及更大范围的集约化开发配置，我国现有的特高压输变电技术尚不能完全满足我国未来电网发展的需求。第一，还没有掌握高海拔、复杂气候和环境条件下的特高压绝缘和电磁环境特性；第二，现有特高压变压器、断路器的容量有待提高，出线装置、套管等关键组部件还没有实现国产化，与国外存在一定的差距；第三，特高压直流输电系统的高端直流设备的研制能力相对薄弱，目前主要依赖国外进口；第四，尚未开展特高压柔性交直流输电技术和紧凑化输电技术的研究，尚不适应大规模、远距离、随机波动电源的接入要求，单位走廊的输电效益相对较低。

通过特高压输变电技术的科技攻关，我国已经建立了以产学研合作为核心的高效科技创新体系，培养和建立起了一支适应特高压输变电技术研究的高水平专业人才队伍，开发和装备了一批先进的计算软件和计算平台，建立了不同海拔高度、设施功能完备、综合实验能力强的特高压交、直流试验基地，制造企业也新建或改造了满足特高压试验或测试要求的实验室。科研院所在基础性、战略性、综合性等重大关键技术问题方面实力雄厚，高等学校在重大基础理论、前瞻性技术等研究开发领域优势显著，电网企业在技术研究配套工程方面具备成熟条件，制造企业在输变电设备制造领域具有研发实力和丰富经验。所有这些为我国推进特高压输变电技术的研究奠定了良好的基础。

未来 10 年，特高压输变电技术的研究前沿包括四个方面：第一，研究高海拔、复杂气候和环境条件下的特高压绝缘和电磁环境特性，以满足未来我国西部高海拔、复杂气候和环境地区建设"环境友好、资源节约、安全可靠"的特高压输电工程的要求；第二，研究提升特高压输变电设备容量制约因素的基础科学和关键技术，以满足未来对特高压输变电设备容量的提升要求；第三，研究±800 千伏以上的特高压直流输电技术的基础科学和关键技术，以满足未来更大容量、更远距离电力输送的要求；第四，研究特高压柔性交直流输电技术和紧凑化输电技术的基础科学和关键技术，以满足未来电网接入大规模、远距离、随机波动电源和提高单位走廊输电效益的要求。

四、近中期支持原则与重点

未来 10 年，特高压输变电技术发展战略要以《国家中长期科学和技术发展规划纲要（2006—2020 年）》为依据，要坚持基础性、战略性和前瞻性原则，结合我国"十二五"和中长期能源发展的战略需求，立足我国电网发展现状与未来发展需求，紧密围绕推进能源资源优化配置、发展清洁能源、建设资源节约和环境友好的特高压输变电系统、保证更远距离和更大容量的电能输送等方面的关键技术需求，开展基础科学和关键技术研究。

因此，建议 2011～2020 年及中长期未来把下列特高压输变电技术的基础理论和关键技术作为发展重点，并予以政策及资金方面的优先资助。

（一）特高压输电线路

1）交直流电晕放电的数学物理模型、电晕电场的宏观等值物理模型、海拔高度及气候环境的影响与修正方法。

2）无线电干扰和可听噪声的本质特性、地面合成电场和混合电场的计算方法、海拔高度及气候环境的影响与修正方法。

3）对邻近敏感物理系统的电磁耦合机理、计算方法和防护技术。

4）长空气间隙放电过程的演化规律、建模与计算方法，空间电荷和高能射线等因素的影响。

5）绝缘结构和环境因素对外绝缘闪络过程、电弧起始与发展的影响特性，绝缘子积污特性和外绝缘闪络特性的建模与计算方法。

6）潜供电弧的熄灭与重燃的机理，抑制潜供电弧的非线性方法。

7）导线与塔的非线性气动力学耦合模型与分析方法，抑制线路导线舞动的新技术。

（二）特高压输变电设备

1）频率、温度、磁偏置等因素对磁性材料的磁滞与损耗特性的影响规律，磁性材料的非线性、各向异性、叠积结构的建模和计算方法。

2）交直流复合电场和极性反转电场作用下绝缘材料的介电、理化和力学性能及界面与空间电荷效应对其性能的影响机理，绝缘材料在多物理场作用下的建模和计算方法。

3）复杂绝缘系统的老化过程、机理和寿命评估方法，复合介质绝缘结构的击穿和放电特性及影响因素。

4）硅钢片在谐波和直流偏置下交流磁场的磁致伸缩及其与应力场和声场的耦合机理，变压器电磁振动的多物理场耦合模型、动力学特性和抑制噪声的有效方法。

5）大开断能力断路器开断过程的电弧动态特性、弧后介质恢复特性及电、磁、热、气流等多因素间的相互作用与耦合特性。

6）隔离开关的电弧模型，极快速瞬态过电压对各类绝缘系统的击穿特性，以及对保护与控制系统的耦合机理与抑制方法。

7）换流阀的宽频电路模型与瞬态过电压计算方法，换流阀水冷却系统绝缘材料的电腐蚀特性，电磁力对换流阀作用的动力学特性。

8）柔性交流设备的电磁特性与电磁暂态模型。

（三）特高压输变电系统

1）线路运行状态监测、故障准确定位、缺陷诊断和寿命评估方法。

2）基于物联网的设备综合检测技术，开放的信息化与评估决策支持技术及可靠性检修理论，运行风险控制与安全预警技术。

3）特高压直流设备和输电系统可靠性指标体系、标准及风险跟踪和风险评估模型，薄弱环节的辨识和风险跟踪理论。

4）太阳风暴等空间灾害条件下地球表面的电磁场与建模方法，对特高压输变电系统的电磁耦合与致灾机理、致灾评估与预测方法及抑制技术。

第四节 储能储电系统

一、基本范畴、内涵和战略地位

储能储电系统的作用是将电能转化成其他形式的能量存储起来，需要时再将其转化成电能释放出去。电能是目前最便于生产、输送、分配和利用的一种能量形式，在现代生产和生活中获得了广泛的应用。但与其他的能量形式相比，电能不便于大规模存储，这就要求电能生产与消费之间必须保持瞬时的平衡，否则将出现负载不能正常运行、供电系统不稳定等严重事故。储能储电技术能够解决上述的电能供需之间的矛盾，因而储能储电技术的不断发展和应用，必将对现代化的电能生产、输送、分配和利用产生深刻影响。对于目前国内外正在积极研究的智能电网，储能储电技术更是其最重要的支撑技术之一。

煤、石油、天然气等化石能源终将枯竭，加上环保的需求，可再生能源的大规模应用势在必行。对我国而言，风电主要是集中开发、远距离输送，太阳能是分散开发分布式接入和集中开发远距离输送并举。以风能和太阳能等为代表的可再生能源的特点是随机性强，波动性大，由此对电网稳定性造成很大冲击。储能储电技术与可再生能源发电技术相结合，不仅可以提高系统的稳定性、改善电能品质，还可以提高资源的利用率。因此，可再生能源的大规模利用需要储能储电技术的支持。

我国各大中型城市中，汽车尾气已经成为大气污染的首要污染源。统计数据表明：广州市的空气污染源中，机动车尾气占22%，工业污染源占20.4%，建筑工地扬尘污染占19.2%。汽车的内燃机消耗了全球1/3产量的汽油，汽车的频繁怠速、低速、加速和减速使尾气排放成倍增加。目前，节能环保型汽车已成为行业发展趋势。"十五"期间，我国完成了首个863计划电动汽车重大专项，重点研究、开发了燃料电池电动汽车、混合动力电动汽车和纯电动汽车。"十一五"期间，在863计划中继续安排了节能和新能源汽车重大科技专项研究。电动汽车中的核心技术之一是先进的电池技术，将储能储电技术应用于新型电池的开发，能够有效地促进电动汽车行业的发展。

当前，船舶动力系统正经历一场变革，推进系统正从以柴油机、燃气轮机或蒸汽轮机为主的机械推进系统过渡到电力推进系统，电能网络从传统的发配电网逐渐过渡到综合电力系统，各型原动机与发电机一起构成综合电力系统的发电模块。另外综合电力系统还包括输配电、电力推进、武备供电、日常供电和电能存储模块。电能存储模块可以提高综合电力系统的稳定性和电能品质，满足用电负载短时大功率需求。

储能储电技术不仅在上述各领域中存在巨大的应用价值，而且在科研或军事领域的短时大功率放电场合中必不可少，如同步加速器或托卡马克实验装置所需的短时大容量电源，粒子束武器或轨道炮等电磁发射武器所需的瞬时大功率电源。

二、发展规律与发展态势

电能储存时能量的储存和释放是周期性地进行的，即在电能供应充足时将其储存起来，而在负荷需求量大供应不足时或有特殊需要时再释放出来。尽管电能不易储存，但可以通过能量转换的方式，转换为机械能、化学能、热能等多种方式储存起来，如利用抽水蓄能水库的水能储存（液体-势能）；利用飞轮的惯性储能（固体-动能）和压缩空气储能（气体-动能）的机械能储存；向超导储能线圈和超级电容器等充电的电磁储能；向各种蓄电池充电及采用燃料电池的化学能储存；利用电加热蓄热砖或蓄热水的蓄热储能和制冰及冷水的蓄冷储能等。

尽管各种电能储存技术的种类繁多，但决定某种电能储存方式是否切实可行，主要考虑以下六个要素和指标，储能技术的发展规律就是不断地增强提高这些要素和指标。①储能密度，即单位质量或单位体积所储存能量的大小，反映了材料和空间的利用率；②储能功率及能量输入输出的响应时间，包括能量储存时的输入功率和能量释放时的输出功率，输出功率大小决定了能量能否在短时间内释放出来；③储能效率，即储能系统输出能量和输入能量之比，反映了能量转换和传递过程中的损失情况；④储能期限，即储存设备的寿命和反复利用的次数，反映了设备的耐久性；⑤储能设备经济性，包括投资成本和运行费用等，某种储能方式能否最终被采用，与其经济性密不可分；⑥安全性和环保性等。

三、发展现状与研究前沿

（一）抽水蓄能

抽水蓄能是目前唯一切实可行的大规模、集中式储能手段。抽水蓄能机组是一种兼具水轮机和水泵两种功能的能双向运转的水轮机组，它需要高低两个水库，负荷低谷时，以水泵方式运行，用电动机带动水泵把低水库的水通过管道抽到高水库以水能的方式储存起来；高峰负荷时，以水轮机的方式运行，将高水库的水通过管道放下来，以水轮发电机的形式发出电能供给用户，起到削峰填谷的作用。这种蓄能方式在技术上完全成熟可靠，且容量可以做得很大，但受水库库容的限制，且抽水蓄能电站的建设受地理条件的约束，必须有合适的高低两个水库，一般建在远离电力负荷的山区，主要配合整个电力系统工作。目前许多抽水蓄能机组与按基荷方式运行的核电机组配合，而不适合用做分布式发电的储能手段。

(二) 压缩空气储能

压缩空气储能的设想是 20 世纪 50 年代提出的，目的为用做电力系统的削峰填谷。压缩空气储能系统主要由两部分组成。一是充气压缩循环，二是排气膨胀循环。压缩时，电动机/发电机作为电动机工作，利用夜间低谷负荷时多余的电力驱动压缩机（一般有低、中、高压三级），将高压空气压入地下储气洞里；白天峰荷时，电动机/发电机作为发电机工作，储存的压缩空气先经过回热器预热，再使燃料在燃烧室里燃烧，进入膨胀系统中做功（如驱动燃气轮机）发电。

到目前为止世界上只有德国、美国、日本和以色列建成过示范性电站。德国在 1978 年建成了世界上第一个压缩空气储能电站（Huntorf 电站），压缩时输入功率约 60 兆瓦，发电时的输出功率为 290 兆瓦。压缩时间与发电时间之比为 4，即压缩机每 4 小时的压缩空气量可供 1 小时发电用，它可连续发电 2 小时，燃料采用天然气。1979～1991 年，曾启动过 5000 多次，平均可靠率达 97.6%。美国的压缩空气储能电站由阿拉巴马（Alabama）电力公司承建，建在阿拉巴马州的 Mcintosh。该电站于 1991 年投入运行，额定功率为 110 兆瓦，压缩时间与发电时间之比为 1.6，能在 100 兆瓦负荷下连续工作 26 小时。发电时从启动到带满负荷仅需 10 分钟。压缩机组和膨胀机组通过联轴器与电动机/发电机连接，高压膨胀器设计成可用天然气和 2 号燃料油的双燃料式。它采用三段式压缩机，总功率约为 50 兆瓦。由于地下储气室很大，因此曾因地质不稳定而发生过坍塌事故。日本由北海道（Hokkaido）电力公司于 1997 年建成了 Sunagawa 压缩空气储能电站，发电额定容量为 35 兆瓦，压缩时间与发电时间之比为 1.17，可连续发电 6 小时，燃料采用天然气。

尽管压缩空气储能的储存效率略高于抽水蓄能（>70%），但它需要相当巨大的地下储气洞（3 万～50 万米³），受到地质条件的限制，还需要配以天然气或油等非可再生一次能源，此外技术上也较复杂，因而至今无大的进展。就目前的技术而言，压缩空气储能方式也不太适合用做分布式发电的储能手段。

（三）超临界空气储能系统

超临界空气储能系统是一种新型空气储能系统，如图 5-3 所示。它利用超临界状态下空气的特殊特性，解决传统压缩空气储能系统的依赖大型储气洞穴和化石燃料两个主要问题；拥有能量密度高、不需要大的储存装置、储能效率高、储能周期不受限制、适用各种类型电站、对环境友好、可有效回收废热等潜在优点，在常规电力系统削峰填谷、可再生能源智能电网和分布式能源系统有广泛的应用前景。开展相关研究具有较大的市场需求、明确的工程背景和重要的研究价值。

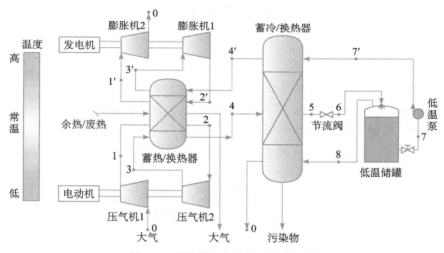

图 5-3　超临界空气储能系统原理图

超临界空气储能系统是以低温、高压为特征的工作过程，包含大量超临界条件下、气液、液固两相/多相流动、传热等复杂现象；系统中的液泵、压缩机和透平膨胀机等内部为全三维、黏性、非定常流动，研究起来本来已非常复杂；而本项目中低温泵需要工作在 80K 以下，将涉及低温两相流动、超临界空气流动与传热耦合、汽蚀（cavitation）等复杂现象；同时，压缩机和膨胀机的压比（或膨胀比）很高，膨胀机的膨胀比甚至达到 200 以上，这将涉及高负荷压缩机和超高负荷透平的研究与设计；而且，为了提高系统效率和能量密度，压缩机和透平膨胀机的工作过程应尽量接近等温过程，还要充分考虑流动与传热耦合、附面层特性等的影响；不仅如此，由于高/超高负荷压缩机和多级透平膨胀机的转速将达到 105rpm 以上，还将涉及高速转子动力学问题。因此，超临界空气储能系统的研究将涉及工程热物理学科的多个分支学科，包括工程热力学、传热传质与多相流动、气动热力学、制冷与低温工程等，研究起来非常复杂。经过几年的努力，中国科学院工程热物理所已在超临界压缩储能系统热力分析、高负荷压缩机和超临界空气传热方面取得了重要进展。当前的研究前沿为超临界压缩储能系统的总体设计与优化、超临界空气流体动力学、超宽负荷多级压缩机研究、超高负荷多级透平膨胀机研究、高速转子动力学研究、超临界空气储能实验系统及测量技术。通过以上研究，将在超临界流体工程热力学、超临界流体动力学与传热、超临界蓄热（冷）/换热器、压缩空气储能系统理论与实验、超宽负荷压气机和高负荷膨胀机等领域取得较大进展，建立超临界空气储能系统实验装置，为超临界空气储能系统工程示范建立基础和提供依据。并有可能为超临界蒸汽透平、超临界 CO_2 技术、压缩空气汽车发动机、液氮/液态空气汽车发动机、液态空气储能系统等研究提供技术参考。

（四）惯性储能

以飞轮储能为代表的惯性储能与其他形式的储能技术相比具有以下特点：①储能密度高，采用复合材料、磁悬浮和抽真空等技术的飞轮储能模块，其质量能量和功率密度分别达 1000 W·h/kg 和 10 000W/kg 级；②功率等级覆盖千瓦至吉瓦范围、充放电时间覆盖毫秒到几十分钟范围，且充放电过程可控；③充放电次数与充放电深度无关，寿命长，可达几十年；④能量转换效率高，一般可达 85%～96%；⑤可靠性高、易维护；⑥使用环境条件要求低，无污染。

现有飞轮储能技术主要有两大分支：第一个分支是以接触式机械轴承为代表的大容量飞轮储能技术，其主要特点是储存动能、释放功率大，一般用于短时大功率放电和电力调峰场合；第二个分支是以磁悬浮轴承为代表的中小容量飞轮储能技术，其主要特点是结构紧凑、效率更高，一般用做飞轮电池、不间断电源等。

法国、日本、德国、美国和俄罗斯均有大容量储能机组应用，其制造和装配技术已比较成熟，单台储能从几十至数千兆焦范围，释放峰值功率从几十兆瓦至数千兆瓦范围，多由分立的电动机、发电机、储能飞轮采用的联轴器连接构成；电动机多为感应电动机，采用变频器驱动；发电机多为隐极同步发电机，电枢绕组采用三相或六相交流绕组形式，采用数字励磁控制；飞轮多采用超高强度合金钢制作，有的也采用高强度复合材料，外形多为圆柱状或纺锤状；机组均采用机械接触式轴承。这类储能机组主要应用于短时大功率放电场合和电力系统调峰领域，如美国德州大学机电中心研制的补偿脉冲发电机，其峰值功率达 10 吉瓦，用做轨道炮的毫秒级大功率脉冲电源。目前，大功率储能本体的研究热点主要是提高储能机组的集成度、改进轴系的支承方式和降低系统的损耗等方面；应用方面的研究热点主要是储能机组与负载或电网构成全系统后的运行稳定性研究和励磁控制研究等方面。

在中小容量的飞轮储能系统方面，这类系统以磁悬浮飞轮储能系统为典型代表，在国外已经部分实现了产业化。国内在中小容量的飞轮储能系统研究方面的研究单位主要有清华大学、华北电力大学、北京飞轮储能柔性研究所、北京航空航天大学、南京航空航天大学、中国科学技术大学、浙江大学、中国科学院力学研究所、合肥工业大学、华中科技大学、海军工程大学等，但多处于探索性科研研究阶段，仅在航天领域有少量的应用。

在大容量飞轮储能机组方面，用于秒级功率释放的机组在国内虽已有多套系统在运行，如核工业西南物理研究院的三套大型交流脉冲发电机组、中国科学院等离子体物理研究所的 100 兆瓦交流脉冲发电机组，但大多为进口产品。国内海军工程大学从 2004 年开始，致力于中大容量集成化飞轮储能模块的研发，以满足舰船综合电力系统调峰和高能武器的需求，有望于 2010 年研制出 50 兆瓦/120 兆焦储能样机；在毫秒级脉冲大功率释放方面，从事这类系统研究的单位主要有华中科技大学、中国科学院等离子体物理研究所等，目前也均处于研发阶段。

（五）超导磁储能

超导磁储能（superconducting magnetic energy storage，SMES）是利用超导体制成的线圈，由电网供电励磁而产生的磁场储存能量，这是一种不需要经过能量转换而直接储存电能的方式。目前超导线圈大多由常规的铌钛（NbTi）或铌三锡（Nb_3Sn）等材料组成的导线绕制而成，它们都要运行在液氦的低温区（4.2 K），储能容量较大；也有采用 Bi 系等高温超导材料绕制储能线圈的，但这种高温超导材料在液氮温区的磁场特性很差，即其临界电流随磁场强度的增大而迅速减小，因而无法在液氮温区产生很强的磁场，储能容量难以做大。除核心部件超导线圈外，为保持超导线圈的低温超导态，必须将超导线圈放在存有液氦（低温超导 4.2K）和液氮（高温超导 77K）的低温容器（杜瓦）内，为此还必须有制冷机等制冷系统。一般而言，超导线圈是一个直流装置，电网中的电流经整流装置将交流变直流后给超导线圈充电励磁，超导线圈放电时也须经逆变装置向电网或负载供电，变流装置是实现能量在超导线圈和电网及负载间交换的不可缺少的环节。此外还需要一些测量、控制、保护装置和系统。

超导磁储能的特点为，其所需要的技术相对较为简单；没有旋转机械部件和动密封问题，因此设备寿命较长；导线生产也较容易；储能密度高，可以做成较大功率的系统；响应速度快，约几毫秒至几十毫秒，主要受与电网连接的电力电子装置响应速度的限制，因而可快速、容易地调节电网的电压和频率；损耗小，其能量转换效率可高达95%。从理论上讲，超导储能的容量可在大范围内选取，建成所需的大功率和大能量系统，用于大规模储能和负荷调峰，但负荷调峰获得的经济效益不足以抵消超导储能装置的成本。所以目前实际的超导储能装置的容量都不是很大，大多为小型超导储能装置，主要用于补偿负荷波动，提高系统电能质量，稳定电力系统的电压和频率，提高系统稳定性和功率输送能力，消除系统低频振荡等，这些特点对分布式电源系统的孤岛运行方式十分有用，但基于其昂贵的价格，目前尚未见用于分布式电源系统。

至今已有美国、日本、德国、西班牙、意大利、俄罗斯、芬兰、以色列、韩国、中国等国家开发出各种容量的超导储能装置，其中绝大部分为低温超导储能装置。中国华中科技大学成功研制了35千焦/7千瓦的移动组件式直接冷却高温超导磁储能系统，并且进行了用于抑制线路功率振荡的现场试运行试验，试验效果良好。而开发出商业性产品的只有美国等少数几个国家。

（六）超级电容器储能

电容器是一种利用电场来直接储存电能量的器件，因而比利用化学反应储能的电池充放电效率要高。由于它的充放电时间很快，所以被广泛地应用于脉冲功率设备中，包括脉冲电源、医疗器件、电磁武器、粒子加速器等多个领域。

超级电容器具有超级储电能力，它是根据电化学双电层理论研制而成的，所以又称双电层电容器。其基本原理为，当向电极充电时，处于理想极化电极状态的电极表面电荷将吸引周围电解质溶液中的异性离子，使这些离子附于电极表面上形成双电荷层，构成双电层电容。两电荷层的距离非常小（一般0.5毫米以下），加之采用特殊电极结构，使电极表面积成万倍的增加，从而产生极大的电容量。超级电容器的问世实现了电容器的电容量由微法级向法拉级的飞跃。目前已实现电容量0.5～1000法、工作电压12～400伏、最大放电电流400～2000安的超级电容器系列产品。

但超级电容器的电介质耐压很低，制成的电容器一般耐压仅有几伏，如果能把电压提高，则储能将以平方的关系增长。另外，由于它的工作电压低，所以在实用上必须将多个电容器串联使用，这就要求增加充放电的控制回路，使每个电容器能在最佳条件下工作。所以相对于储存相同能量的电池来说，超级电容器的体积要大得多。尽管20世纪60年代就有超级电容器了，但是一直非常昂贵，直到最近才能生产出一些在价格上有竞争力的产品。超级电容器已经在计算机、汽车等领域得到了广泛的应用。目前国内也已有产品供应。由于目前超级电容器的容量还较小，往往将其与其他储能技术结合起来应用（如与蓄电池储能技术相结合），以改善电能质量。超级电容器技术作为未来分布式发电储能技术之一，具有广阔的应用前景。

（七）电池储能

电池储能属于化学电源储能，常用的电池有许多种，如锌-锰电池、铅酸电池、镍-镉电池、镍-氢电池、锂系电池、电化学超级电容器等，目前太阳能光伏发电常用铅酸电池，国内外研究和开发的最新蓄电池技术包括钠硫电池和液流电池，这些正在开发的高性能蓄电池在不久的将来很可能获得成功的应用。

铅酸蓄电池经过 100 多年的发展，因其具有采用铅和硫酸等较低廉原料、无记忆效应、大电流放电性能好、技术成熟可靠等优点，常用于电动车、电站备用电源、小型太阳能发电的电能储存、不间断电源等多个场合。它在蓄电池市场上占有很大的份额，目前总产值为全部化学电源总产值的一半左右，预计这种状态在未来 20～30 年仍将继续保持下去。

钠硫电池（NAS）是一种新型的蓄电池，它的储能密度高达 140 千瓦时/米^3，系统效率可达 80％，单电池的寿命已能达 15 年，且其充放电循环寿命也可达 6000 次，很适用于城市变电站及特殊负荷，但目前价格较贵。近年来日本在钠硫电池的研究和开发中处于领先地位，并已有较成熟的商业化产品，在电力系统中和负荷侧已推广应用了 100 多套，总容量已超过 100 兆瓦，其中近 2/3 用做负荷调峰，它的储能密度很高，使它的体积减少到普通铅酸蓄电池的 1/5，不自放电，且硫和钠的资源储量丰富，所以这是一种非常有发展前途的储能电池。2004 年 7 月，目前世界上最大的钠硫电池系统由日本东京电力公司（TEPCO）安装在 Hitachi 的自动化系统工厂里，容量为 9.6 兆瓦/57.6 兆瓦时。由于蓄电池是单元式组件，便于模块化制造、运输和安装，建设周期短，所以可根据不同用途和建设规模，分期分批地安装。目前我国上海电力公司等有关单位也正在研究和开发采用以 50 千瓦为基本模块单元的钠硫电池作为蓄电池储能，以改善供电的电能质量、负荷调峰、提高供电可靠性。

液流电池是电池的正负极活性物质都为液态流体氧化还原电对的一种电池。这种电池具有以下特点：①额定功率和额定容量是独立的，功率大小取决于电池堆，容量大小取决于电解液，可通过增加电解液的量或提高电解质的浓度，达到增加电池容量的目的；②充放电期间电池只发生液相反应，不发生普通电池的复杂的固相变化，因而电化学极化较小；③电池的理论保存期无限，储存寿命长，因为电池只有在使用时电解液才是循环的，电池不用时电解液分别在两个不同的储罐中密封存放，没有普通电池常存在的自放电及电解液变质问题，但电池长期使用后，电池隔膜电阻有所增大，隔膜的离子选择性有所降低，这些对电池的充放电及电池性能有不良影响；④能100%深度放电而不会损坏电池；⑤电池结构简单，材料价格相对便宜，更换和维修费用低；⑥通过更换荷电的电解液，可实现"瞬间再充电"；⑦电池工作时正负极活性物质电解液是循环流动的，因而浓差极化很小。

国际上液流电池代表品种主要有三种，即铁铬电池、多硫化钠/溴电池及全钒电池（vanadium redox battery，VRB）。目前国内液流电池研究已经开展且有一定研究成果，但在电池实用性方面还需更进一步；铁铬电池研究进展缓慢；多硫化钠/溴电池虽刚刚兴起，但进展迅速，正在试验百瓦级和千瓦级的电堆。

全钒氧化还原液流电池，简称钒电池，其工作原理是通过采用不同价态的钒离子溶液分别作为正负极活性物质，通过外接泵把溶液从储液槽压入电池堆体内完成电化学反应，之后溶液又回到储液槽，液态的活性物质不断循环流动。钒电池的活性物质以液态形式贮存在电堆外部的储液罐中，流动的活性物质可使浓差极化减至最小，且电池容量取决于外部活性溶液的多少，易于调整。另外储液罐可灵活放置在电池下层的地下室中，无需占用太多空间。由于不存在复杂的固相反应，电池寿命长，能耐受大电流充放。并且各个单体电池的均匀性好，利于维护。通过更换溶液即可实现电池的"即时充电"，具备快速响应和超负荷工作能力。此外，活性溶液可重复循环使用，不污染环境。钒电池作为储能电源主要应用在电厂（电站）调峰以平衡负荷，大规模光电转换、风能发电的储能电源及作为边远地区储能系统、不间断电源或应急电源系统。该电池极有可能部分取代铅酸蓄能电池。

四、近中期支持原则与重点

（一）储能系统工作特性

如前所述，储能技术的发展就是不断地增强和提高储能密度、储能功率、响应时间、储能效率、设备寿命、经济性、安全性和环保性等要素和指标。从储能技术现状来看，目前还没有一种储能技术能够完全胜任各种应用领域的需求，因此，应大力开展储能元件自身特性的研究与改善提升。应支持多元发展，鼓励原始创新，掌握自主知识产权。

储能系统自身特性的研究是储能系统在电力系统中应用的基础，如电池电极材料，飞轮轮体，超导磁储能系统等。通过分析储能元件工作特性、运行范围、自身能量吸收与释放特点等问题，发展储能系统的建模理论并建立相应的模型，提出相应的运行特性分析方法，对各种储能系统的典型运行特性进行详细的分析，为研究储能系统对电力系统安全稳定运行分析打下基础。要充分分析储能系统在电力系统中的作用，需要建立储能系统模型，即根据各种储能元件的稳态储能特性及安全运行范围，建立其静态电能吸收/释放模型和电能预测模型，研究储能系统稳态运行特性；根据各种储能元件的暂态储能特性及控制特点，建立其暂态电能吸收/释放模型，研究储能系统动态响应特性。储能元件自身性能提升对储能系统性能的提升至关重要，影响各种储能元件性能的主要因素是各类电池的电极材料和电解液、超级电容器的电极材料和电解液、飞轮储能的轮体、超导磁储能的磁体。对以上因素进行研究和分析，研制和选择具有更大等效表面积的电极材料，更适宜的电解液，具有更高机械强度的飞轮轮体、磁悬浮轴承和更先进的磁体，以提升储能本体的性能。

目前除抽水蓄能和压缩空气储能可以应用于大电力系统外，其他如超级电容器储能、飞轮储能、超导储能、超临界空气储能、各种先进电池储能（液流电池，锂离子电池，镍氢电池，铅酸电池，燃料电池等），由于容量问题直接应用于大电力系统还有难度。而这些储能技术具有分布灵活、占地小、效率高、环境影响小等优点，更能满足电力系统越来越多的需要。大力开展这些储能技术规模化、模块化的研究，使之可以应用于大电力系统以满足电力系统中不同的需求和应用场合。

目前很多储能体的单个容量难以扩大，另外实际应用中要求分布式储能既能提高传输效率，也能有效降低成本。在同一系统中采用多个储能体也能使各储能体的优势得到充分发挥。需要研究分布式储能体的优化布局、优化组合及优化协调控制等。

其他形式储能技术（储热，储氢等）及其与电能高效相互转换技术也是需要重点研究的内容。除常规电能存储技术外，储氢储热也是能量存储的重要手段。储热技术通过采集储存的热量再发电提高了能量的利用效率。氢气储存有物理和化学法两大类。物理法主要有液氢储存、高压氢气储存、玻璃微球储存、地下岩洞储存、活性炭吸附储存、碳纳米管储存（也包含部分的化学吸附储存）。化学法主要有金属氢化物储存、有机液态氢化物储存、无机物储存、氧化铁吸附储存。选用何种方式需综合考虑氢的产销量、产销场所等诸多因素。高储氢量合金，开发易吸氢的储氢合金，储氢合金的抗粉末化和高效储氢吸附剂的研究是重点。储存的 H_2 转化为电能，最普遍的方法是燃料电池，要对各种高效燃料电池进行研究已达到能量转化的高效率。

（二）储能技术的应用研究

任何一种技术的发展都需要应用的牵引，尽管储能技术有众多的优点，但是由于技术、成本等原因，其在电力系统中的大规模应用一直没有进展。目前的情况有了一些变化，随着以风能和太阳能为代表的可再生能源大规模并网利用，这些能源所固有的随机性和间歇性使电力系统的安全性和经济性面临着巨大的挑战，急需储能技术的支持。如果能够抓住这一发展机遇，储能技术将可能取得重要进展，形成新的储能产业。

美国在储能技术应用研究领域走在了世界的前列。美国能源部制订的关于智能电网资助计划中，储能技术项目超过了其他所有项目，达 19 个，资金力度也最大；2009 年美国通过《储能法案》，对大容量储能投资提供 20％的投资税抵扣，对家庭、工厂、商业中心的分布式可再生能源应用中的储能部分，也提供 20％的投资税抵扣；加利福尼亚州还对符合技术要求、与风电或燃料电池配套建设的储能系统提供 2 美元/瓦的额外补贴。

可以看出，美国的储能研究已不仅限于科研的资助，而是通过市场的培育来牵引储能技术的发展。我国应抓住新能源发展的机遇，做好储能技术发展规划。

储能系统在大电网中的应用。应用储能技术可以达到削峰填谷减少系统备用需求的作用，应用于电力系统稳定控制可以实现一种更有效的电力系统稳定控制装置。当电力系统接入大量储能系统后，储能系统的工作必然会影响到电力系统的工作状态，对储能系统与大电网的相互作用机理需要仔细研究。在研究中不断挖掘储能系统在大电力系统中的作用，深化对储能系统的了解，结合我国电力系统实际情况，明确储能系统在大电网中的定位，深化储能系统的功能。

储能系统在微电网中的应用，揭示出储能系统对微网安全稳定的综合作用，提出保证微网安全稳定运行的分布式储能系统综合控制策略。了解储能系统对微网安全稳定的影响机制，可以为微网规划设计及运行控制提供参考，也可为储能系统的推广运用提供相应的技术支持。

在分布式电源（风，光）中的应用。在分布式发电装置与电网之间接入储能系统，可以减轻发电波动对电网的影响，降低并网难度。

复合储能技术。不同储能技术具有不同的优势和适用环境，电力系统的实际工作情况使得单一储能技术往往难以满足所有要求，复合储能技术是将两种或两种以上具有性能互补的储能元件协调地统一在一个控制系统之下，如超级电容器和蓄电池复合储能系统，具有高能量密度和高功率密度，也兼具了经济性。在复合储能系统的研究中，要根据使用场合，确定复合储能系统的组成形式，不同储能本体间容量的分配方法及分配原则，确定不同储能本体间的协调控制策略，以达到优势最大化。

储能系统能量管理。对储能系统的充放电过程进行控制，实现能量的高效转换，储能系统的寿命延长；多个储能系统之间、储能系统与常规能源之间的协调控制策略，使储能系统发挥的作用最大化。

储能系统用于建立极端电磁物理条件。利用储能系统，如超级电容器和超导磁储能等瞬间释放大量能量来建立强磁场等极端物理条件，为其他科学研究提供支持。

国防建设和高性能的武器装备。研制高性能的储能系统，为我国新武器冲击电源、士兵电源、移动能源等提供技术支撑，并探索储能系统在科学研究、航空航天、工农业生产和人民生活等领域的一些新应用。

第五节　智能高压电力装备

一、基本范畴、内涵和战略地位

高压电力装备包括发电、输电和配电过程中的高压电力设备及相关设备组成的电力设备系统。按照目前我国电力网的现状，电力装备的电压等级范围主要涵盖了从交流 6 千伏、10 千伏、35 千伏、110 千伏、220 千伏、330 千伏、500 千伏、750 千伏到 1000 千伏交流特高压，从 ±500 千伏到 ±800 千伏的直流特高压。高压电力装备主要包括发电机、电力变压器、换流变压器、高压电抗器、高压断路器、气体绝缘组合电器、高压开关柜、金属氧化物避雷器（MOA）、高压电容型设备、高压电力线路、高压电力电缆等。智能高压电力装备指电力装备的智能化，它根据装备自身运行状态信息和外界多种信息的综合，采用模式识别、专家系统等智能分析、智能决策与控制手段，实现对装备运行状态的适时、适当调整与改变。

智能高压电力装备涉及高压电力装备故障理论、故障的智能感知、智能分析、智能决策与控制等方面，目的是通过对高压电力装备故障的机理、规律和特性的认识，为故障的智能识别提供理论指导，采用先进的神经网络、专家系统等智能分析技术，实现对故障特征信息的辨识与故障定位，实现高压电力装备的状态智能评估、寿命预测、管理及控制，从而提高装备故障的防御能力。智能高压电力装备也涉及高压开关电器的智能化操作，目的是通过感知电网运行过程中的故障类型，使电器具备思维、判断和基于故障特征的智能操作等功能，实现不同运行工况下的最佳分、合闸特性操作，从而进一步提高电网的安全运行水平。为了有效实现高压电力装备的智能化，还需要建立高压电力装备的通讯与信息平台，研究设备信息的网络化共享，实现控制中心、变电站、设备端分层次的有效信息交互，实现远程诊断、远程控制、故障就地及远程恢复等功能；研究设备信息与电力地理信息系统等的信息交互，实现设备信息在电子地图上动态显示、进行时空分析及远程控制等功能。

由高压电力装备为主体构成的电力网发生大面积停电事故的情况并不鲜见，事故的发生，不仅会给国民经济发展带来重大影响，而且会使城市群迅速陷入瘫痪并引发危及公共安全的重大灾害。2003 年相继发生的美加"8.14"大停电、英国伦敦"8.28"大停电，2005 年的莫斯科"5.25"大停电，以及 2006 年的美国纽约市电网"7.17"停电和欧洲电网"11.4"停电等灾难性大停电事故都造成了恶劣影响。2001 年 2 月的中国北方，2005 年春节前后中国华东、华中等地大面积停电，2008 年初中国南方冰灾造成的 13 省电网特大灾难性停电，不但给国民经济造成了重大损失，并且导致城市公共安全秩序的严重混乱，震惊世界！这些事故产生的原因主要有两方面：一方面是由覆冰、大气污染、雷击等自然灾害导致的输电线路故障；另一方面是因高压电力装备内绝缘时效老化或各种潜伏性缺陷在运行中逐渐扩展而导致的装备故障。国家电网公司 2004～2008 年运行统计数据表明，自然灾害引起的电网事故占全部事故的 30%；设备自身故障引起的电网事故占全部事故的 46%，两者之和高达 76%。高压电力装备是引发电网事故的主要源头，研究解决高压电力装备智能化的基础理论和关键技术难题，只有从引发电网大面积事故的源头上建立第一道防御系统，才能大幅度减少电网大面积停电事故给国民经济和社会公共安全带来的突发性灾难，提高电网可靠安全运行水平。

同时，高压电力装备的智能化，使实时掌控装备的运行状态，及时发现、快速诊断和消除故障隐患成为可能；在尽量少的人工干预下，快速隔离故障、自我恢复，使电网具有自适应和自愈能力，促进了"智能电网"建设中自适应和自愈目标的实现。

研究实现高压电力装备智能化，不但使电网具备了事故防御尤其是大面积事故防御能力，提高了电网的自适应和自愈能力，而且为大规模可再生能源利用提供优质电能平台奠定了重要技术基础，对实现节能减排、减少温室效应的目标具有重要战略意义。

二、发展规律与发展态势

高压电力装备的安全可靠运行直接关系着整个电力网的安全，除不断提高制造水平、制造质量，采取必要的适时维修手段（如定期停电预防性维修或者状态维修）外，国内外广泛开展的高压电力装备状态在线监测与故障诊断技术，为高压电力装备的智能化奠定了良好技术基础。总结高压电力装备状态在线监测与故障诊断技术几十年的发展过程，并结合未来的发展趋势，可以得到智能化高压电力装备的发展规律。

(一) 发展规律

1. 技术基础性特点

高压电力装备的故障主要是电性故障，目前放电理论研究取得的定性成果难以从理论上指导分析故障机理、过程和特性，在高压电场、热、机械力等多种因素的作用下，具有固-液或固-气两相绝缘结构的高压电力装备，要及时、准确地发现装备在运行中产生的潜伏性故障是十分困难的，必须结合对空间电荷的认识，从微观、介观、宏观相结合角度深入研究故障产生机理、特性，深入分析反映故障的特征量，来提高故障监测的准确性。例如，装备内部的局部放电监测，经历了放电的超声特性、脉冲放电特性、超高频电特性的发展过程，也因而促进了局部放电从超声监测、电脉冲监测到超高频监测的不断发展过程。只有从放电机理、特性等技术基础性工作开始，促进故障特征量的发现、监测新原理的发明，才能不断推动设备智能化的发展。

2. 学科交叉性特点

要实现高压电力装备的智能化，传感器技术是获取故障信息的基础，各种宽频带、高灵敏度、高准确度、快速响应性能的电压、电流传感器，微量气体信号、振动信号、温度、超声信号等传感器是支撑智能高压电力装备的关键技术；大量高速、高精度的数据采集与处理，离不开性能优异的计算机技术支持；运行于强大、复杂电磁背景下的智能化分析、处理系统，需要光纤技术来实现有效的电磁隔离，降低干扰；获得的设备信息，需要大量复杂、有效的数字化信号处理、模式识别、故障诊断、智能操作控制等信号处理、人工智能技术来进行有效处理，达到降低干扰、获取特征量、得到故障信息等目的。因此，传感器、计算机、光纤、信号处理、人工智能技术与电气工程的交叉与融合是智能高压电力装备快速进步的重要保障。

3. 网络化特点

在信息时代，设备信息的网络化共享是高压电力装备安全运行的必然选择，做到设备间信息的相互通信，设备端信息与变电站、信息中心间分层次的有效信息交互，设备信息与智能电网其他信息平台的共享与交互等，是实现电力网中各设备之间的相互通信、远程控制、远程诊断、故障就地及远程恢复等的必然要求。

（二）主要发展趋势

1. 设备故障信息的感知技术

传统的停电预防性试验获取的设备信息，由于与实际运行状态不一致和不能连续、及时获取信息，难以满足设备智能化的要求，所以，采用在线的传感器获取实时信息成为必然选择。研究适于现场运行要求的传感器是制约设备智能化的关键技术之一。目前的一些传感器（如油中微量气体监测传感器）在灵敏度、长期稳定性、选择性等方面还不能满足要求，需要从新材料、新工艺入手，探索新型传感结构与测量原理，利用光、化学等多种物理效应，研究开发新型传感器；需要研究智能化的传感器技术，以自动满足宽量程的测量信号需要；传感器的小型化与高压设备的一体化、集成化也是研究的重要内容；深入研究设备故障尤其是潜伏性故障机理、过程与特性，发现反映故障的新特征量，创新研究新的测量原理和传感方法。上述研究要达到对高压电力装备运行状态的更灵敏、更准确、更快速、更稳定、更可靠地实时监测的目的。

2. 与设备一体化的监测与故障智能诊断

来自于传感器的信号需要进行信号预处理、数据采集、数据分析与处理及故障诊断工作。信号预处理、数据采集主要对传感器变送来的信号进行幅值调理、干扰抑制，提高信噪比，A/D 转换和数据采集、记录；数据分析与处理主要进行数字化滤波、小波分析等智能滤波以提高信噪比，时频域分析等获取特征值；故障诊断主要进行模糊诊断、神经网络分析、专家系统等先进智能故障诊断及故障定位。其中，寻求有效的智能分析与故障诊断及定位方法是难点和重点。根据监测种类和参量的不同（如局部放电、介损、油中溶解气体含量等），研究模块化组合的软件模块，集成化、小型化的硬件组件，提高运行的稳定性、可靠性，实现监测、诊断系统与高压电力设备一体化。

3. 智能决策与管理

提高高压电力装备的故障防御能力及故障的自愈能力（如外部雷电闪络故障），需要根据获得的设备状态信息、变化发展过程及设备本身的特性，采用智能方法预测故障发生的可能性，达到提前预警和故障控制的目的。需要研究基于模糊数学等人工智能方法的装备运行状态综合评估技术，结合可靠性和经济性分析，决定装备的维修策略。需要研究多参量综合诊断的电力装备寿命评估方法及剩余寿命预测理论，结合经济性分析，开展装备的寿命预测及管理研究。

4. 多功能多参数集中式综合监测与诊断

对于已经投运的众多高压电力设备，采用与设备一体化的监测与故障智能诊断技术方法，从变电站现场和经济性上看，未必符合实际需要，因此需要根据变电站或者输电线路实际情况，研究发展多功能多参数集中式综合监测与诊断技术。所需要的智能分析与故障诊断及定位方法研究仍然与前述 2. 中内容相同，但是，需要重视低成本的分布式设备组网技术及设备信息的可靠传输技术。在控制成本的基础上，研究提高整个监测诊断系统运行的稳定性、可靠性是实际推广的关键问题。

5. 高压开关电器的智能操作

高压开关电器不仅作为电网的开断、闭合元件需要考虑，而且要具有基于运行状态和开关电弧特征的智能操作能力也需要考虑。不同运行工况下（空载变压器、空载线路、故障电流特性不同等）开关电器需要采用不同的操作特性，要实现绝缘介质恢复的综合调控，还需要考虑开关电器运动对电弧形态及弧后介质恢复过程的影响，以满足快速限流分断、低操作过电压等要求。因此，需要深入研究不同介质中开关电弧发生和熄灭机理、弧后介质恢复过程，开关电器智能操作的控制理论与方法及新型操作机构，开关电器操作过程中的电磁兼容特性等。

三、发展现状与研究前沿

智能化高压电力装备的技术基础来自于电气设备状态监测与故障诊断。国际上从 20 世纪 60 年代开始研究开发电气设备绝缘在线监测技术，但直到 20 世纪七八十年代，随着传感器、计算机、光纤等高新技术的发展和应用，在线监测技术才得到快速发展，尤其进入 20 世纪 90 年代人工智能技术在抗干扰、模式识别、故障诊断方面的应用，推进了在线监测技术的进步。国际上，设备状态监测与诊断国际会议（CMD）每两年对该方面研究成果和动向进行专题交流讨论，高电压工程国际会议（ISH）等国际会议也设有设备状态监测与诊断的主题交流活动。目前，英国和德国等欧洲国家、加拿大、日本、韩国等研制了变压器油中溶解气体、变压器、发电机、气体绝缘组合电器、交链聚乙烯电力电缆（XLPE）等的局部放电，电容型设备的介质损耗因素（tgs）、金属氧化物避雷器（MOA）的阻性电流、交链聚乙烯，电力电缆的泄漏电流等特性的监测装置。其中少数已发展为产品，多数处于试用阶段。

由于用电紧张，部分高压电力设备故障率高，我国的在线监测技术在 20 世纪 80 年代得到重视和快速发展，1985 年以来，电力部门先后三次主持了"全国电力设备绝缘带电测试、诊断技术交流会"，开展学术交流和推广应用讨论。基金委、原电力部、国家电网公司也先后以重点、重大项目形式资助了该方面研究。目前，我国的在线监测和故障诊断技术的研究，与国际同步发展，处于几乎相同的水平，并且在设备信息处理、故障诊断方面的研究居于前列。

主要高压电力装备状态监测与故障诊断的发展研究现状如下。

1. 高压电力变压器

高压电力变压器（含电抗器、换流变）的在线监测方法主要有油中溶解气体、局部放电、绕组变形、油中微水、绕组热点温度等监测方法。重点在油中溶解气体和局部放电在线监测。对油中溶解气体的监测，有传感器阵列法、傅里叶变换红外光谱法、光声光谱法，但这些方法在现场环境下的准确、稳定测量方面还有待提高，而对传统气相色谱分析改进的小型智能化方法，也存在运行维护工作量较大等问题；基于油中溶解气体分析的充油设备故障诊断技术主要有 IEC 三比值法、改良电协研法、Rogers 法及德国的四比值法等比值诊断法，近年来的智能诊断技术，如模糊推理、人工神经网络等多种智能技术大量应用于设备的故障诊断，尤以国内的智能诊断研究较多，提高了故障类型诊断的准确性，但尚不能给出故障的严重程度及发展趋势。

对局部放电监测，主要有超声、脉冲电流、超高频电信号监测法，其中，由于良好的抗干扰性能，超高频法逐步成为研究的热点。局部放电监测中的抗干扰技术研究经历了从以定向耦合差动平衡法等为基础的电子电路，到结合数字化信号处理技术的过程，各种数字滤波器、自适应技术、小波分析技术等已能较好地去除白噪声及载波和无线电干扰，但对脉冲干扰抑制技术的研究还有待进一步深入。基于局部放电统计谱图和脉冲波形的特征提取和模式分类器等技术的局部放电模式识别技术已在局部放电特性分析和绝缘缺陷诊断中得到研究，并已成为分析绝缘缺陷的重要工具，但还需提高绝缘缺陷诊断的准确性。

2. 发电机

对发电机的在线监测主要有定子绕组局部放电、中性点电压、定子铁心温度、转子震动和气隙磁密、转子匝间短路、定子环流判别、机内氢气湿度、漏氢量等监测方法。其中局部放电监测为研究的重点。由于干扰水平相对于变压器较低，发电机的局部放电监测主要以脉冲电流法为主，同样采用了数字滤波、小波分析技术等去除白噪声及载波和无线电干扰，人工神经网络，模糊数学，混沌分型几何等多种模式识别方法已经用于放电模式的识别研究和试运行，但尚待进一步提高抗干扰能力和对多故障综合的识别能力。

发电机的故障诊断和运行状态评估依据于预防性试验和在线监测数据，诊断和评估的结果仅供运行人员参考，尚未用于发电机的自动控制。

3. 气体绝缘组合电器

气体绝缘组合电器（含气体绝缘线路 GIL）在线监测主要有局部放电、超声波、泄漏电流、断路器机械特性、六氟化硫气体组分等在线监测方法，但六氟化硫气体组分检测研究尚处于起步阶段。其中局部放电是研究的重点，主要有脉冲电流、超高频监测方法，近年的重点在后者。对局部放电监测，采用了类似于变压器的数字化智能去噪技术，统计特征、分形特征、波形特征、基于距离的模式分类器、线性及非线性分类器等技术也用于研究气体绝缘组合电器的放电特征提取和模式识别，但离指导实际应用尚有距离。目前，虽然气体绝缘组合电器局部放电在线监测技术已得到试运行，但提升监测灵敏度、实现故障定位与定量检测等难题仍是需要研究的应用基础和关键问题。

4. 输电线路及电力电缆

输电线路在线监测主要有线路绝缘子泄漏电流、导线温度及动态增容、覆冰、导线舞动、红外图像和视频监测等方法，这些方法均得到挂网试运行；虽然雷电的测量与定位、线路故障与定位还存在提高测量精度等问题，但已得到应用。基于线路覆冰雪、污秽和导线舞动等参量的线路故障诊断也开展了模糊理论、神经网络和数据挖掘技术等智能诊断方法的研究，但输电线路风险预测与预警还需深入研究，尤其需要研究结合线路微气象条件、环境通道状态和导线监测结果综合评估导线及铁塔状态并预测、预警倒塌和断线事故的技术和方法。

电力电缆在线监测主要有温度与局部放电监测方法。温度的监测主要有分布式光纤温度传感测量电缆温度、半导体温度传感器测量电缆联结头及终端温度方法，均在电力网得到初步应用；电缆的局部放电监测与气体绝缘组合电器类似。

5. 高压电容型设备

电容型设备主要有电流互感器、电容式电压互感器、耦合电容器、高压套管等，主要监测电容量 C 及介质损耗，监测方法有快速傅里叶（FFT）谐波分析、正弦波参数法、加窗插值快速傅里叶、小波变换方法等，较好地解决了频率波动、谐波干扰、硬件零漂等影响，但是环境温度、湿度变化的影响尚需进一步研究解决。采用类似的原理研究成功了金属氧化物避雷器阻性电流分量及功率损失监测。

总结上述成果，结合智能高压电力装备所涉及的设备故障理论、故障的智能感知、智能分析、智能决策与控制、信息网络化等方面，宏观地分析，国内外在智能电力装备研究方面已具有良好研究基础。在涉及电力装备潜伏性故障的基础方面，对电力变压器、发电机、气体绝缘组合电器、电力电缆等电力装备的局部放电产生的潜伏性故障发生、发展过程及特性方面的研究取得了一定成绩，对局部放电的物理模型、频谱特性、空间电荷的影响有了正确的认识，但还需要从微观、介观、宏观相结合角度深入研究。在涉及电力装备故障信息感知方面，对设备局部放电的超高频传感、油中溶解多种微量气体的传感、微电流传感等研究取得了一定成绩，但在提高监测灵敏度、抗干扰能力和长期稳定性方面需要新原理、新技术的支持。在电力装备状态分析与故障诊断方面，开展了大量的数字信号处理和模式识别研究，各种数字滤波器、小波分析技术、神经网络、模糊聚类、混沌分形等先进智能方法均得到研究，我国的研究居于国际前列。在设备状态的评估、决策方面，对评估方法、评估模型、评估算法等开展了基于模糊数学、证据理论等的研究，但尚未进入实际应用。在高压开关的智能操作方面，研究制定了与智能电器所服役环境和自身性能相适应的智能操作模式，建立了智能电器的多体动力学模型和基于专用集成电路实现智能电器功能的通用拓扑结构，研究成功了满足不同操作功能需求的智能电器专用芯片及永磁操作机构；但是理论和关键技术研究还需深入，同时，开关电器如何更好适应电网及智能操作与电器性能优化的研究也显不足。同时，在设备监测信息通讯和网络化方面尚未得到重视，没有建立统一的标准、规范及进行与其他信息网络的互联。

通过上述分析可知，智能高压电力装备的研究前沿主要在于以下五方面。深入认识高压电力装备潜伏性和突发性故障及绝缘老化的机理及特性，为发现反映故障性质和程度的特征量奠定技术基础；新原理、新工艺、新材料的传感器技术及与设备的一体化；故障特征信息辨识与特征量提取及故障定位；装备运行状态评价与风险评估及寿命预测、管理；高压开关电器智能操作的理论和关键技术；装备的信息通信及网络化。

四、近中期支持原则与重点

高压电力装备故障是引发电网大面积停电事故的主要源头，高压电力装备安全是电网安全的重要技术保障。未来 10 年，要依据《国家中长期科学和技术发展规划纲要（2006—2020 年）》中研究开发"大规模互联电网的安全保障技术"的要求，坚持战略性、前瞻性原则，紧密围绕通过实现高压电力装备智能化来大力提升电力网故障防御能力、抵御自然灾害能力、提高电网对故障的自适应与自愈能力等方面的需求，开展基础科学和关键技术研究。

因此，建议 2011～2020 年及中长期把下列智能高压电力装备技术的基础理论和关键技术作为发展重点，并予以政策及资金方面的优先资助。

1）高压电力装备故障产生机理及故障特征信息：变压器、发电机、气体绝缘组合电器等潜伏性和突发性故障产生机理、过程及故障特征信息，各种影响故障的因素；输电线路故障产生机理、发展过程及规律、故障模型及影响因素；变压器绝缘老化机理、过程及特征信息；故障信息的传播特性。

2）高压电力装备故障信息传感理论和传感器研究：变压器油中多种溶解气体监测新原理及方法，气体传感新原理及传感器研究；输电线路状态监测的新原理及方法，采用新材料、新工艺、新结构的新型传感器；高灵敏、高稳定性、超宽带宽的电流传感器；传感器内置及与装备一体化研究。

3）高压电力装备故障辨识与定位理论及技术：变压器、发电机、气体绝缘组合电器等绝缘局部缺陷的智能辨识及缺陷定位方法研究；输电线路故障定位；故障特征信息提取方法、数学物理建模；局部放电监测的在线定量化；变压器绕组机械状态（变形）在线分析方法。

4）高压电力装备状态评估及寿命管理：高压电力装备状态评估模型及方法，提高输电线路输送容量的技术及方法；高压电力装备故障预测、预警理论及方法；高压电力装备可靠性评估、设计及运行风险控制；高压电力装备寿命预测理论及方法；高压电力装备数字化管理技术及系统，高压电力装备全寿命周期管理。

5）高压开关电器智能操作理论及技术：适应于智能电网的高压开关电器电弧特性；开关电器智能操作的控制理论与方法及新型操作机构；智能电器电磁兼容特性研究。

6）高压电力装备的通信与信息平台技术：剖析 IEC61850 实质，研究适于智能电网的设备信息流建模方法；研究提出通信物理层和数据链路层的解决方案；研究终端接入方案和安全策略；研究电力地理信息及其他信息网的接入、传输及融合方法；研究智能电网通信平台的设备间的信息共享与交互策略。

第六节　电力电子器件和系统

一、基本范畴、内涵和战略地位

电力电子器件又称为功率半导体器件，用于电能变换和电能控制电路中的大功率（通常指电流为数安培至数千安培，电压为数十伏至上万伏）电子器件，也称功率电子器件。

1957 年，GE 研制第一个工业用的晶闸管，标志着电力电子技术的诞生，电能的变换和控制从旋转的变流机组进入到以电力电子器件为核心的静止变流器时代。

节能和可再生能源的利用是全球应对环境问题的一个重要举措，在几乎所有的可再生能源发电和节能系统中，都涉及一系列的大功率、高效、高质量的能量转换和控制，而电力电子技术在可再生能源和节能减排领域起着至关重要的作用，是 21 世纪应用最广泛的技术之一。我国也还面临常规能源资源的有限性和环保的巨大压力，能源建设必须走节能和开发利用可再生能源之路，这就决定了在今后相当长的一段时期内，我国国民经济的发展和巨大的用户市场对电力电子技术具有巨大的、持久的需求。谁拥有电力电子这种先进的高新科技产品，谁就掌握竞争的优势。电力电子技术在改造传统产业（电力、机械、矿冶、交通、化工、轻纺等）、发展高新技术（航天、激光、通信、机器人等）和高效利用能源中也具有极其重要的作用，它是当今任何高新技术系统中不可缺少的关键技术之一。

电力电子器件是电力电子技术的基础。2005～2008 年我国电力电子器件市场的增长率平均为 23%，2008 年电力电子器件的市场销售额达 1016.2 亿人民币，并带动着比它大 5～10 倍的相关电子市场的发展。然而，因为我国在这方面的技术和先进国家具有大的差距，给我国的国民经济的发展和国家安全带来了严重的威胁。

电力电子器件的种类很多，如图 5-4 所示。高压大电流功率器件一般指电压等级在千伏乃至万伏以上，电流容量在上百或几百安倍以上的功率半导体器件。主要包括晶闸管、集成门极换流晶闸管（IGCT）、电子注入增强型栅极晶体管（IEGT）、绝缘栅极双极型晶体管等。

可靠性是高压大容量电力电子器件与系统中的突出问题，主要包括故障及其保护、安全工作运行、极限运行条件等涉及器件及其装置内部机理方面的内容，如驱动技术、保护技术及安全工作区（safe operating area，SOA，是指电力电子器件能够安全运行的范围）。当单个器件本身无法满足应用需求时，电力电子器件和系统还涵盖了器件的串联、并联等应用方式。

中、小功率电力电子器件主要涵盖器件、模块和集成功率芯片等各种形式，主要包括功率 MOSFET、绝缘栅极双极型晶体管、电力电子智能模块（IPM）、功率集成芯片（PIC）及器件、模块的封装、热管理和可靠性。

功率无源元件是电力电子装置的重要组成部分，主要包括变压器、电流互感器、电感器和电容器等。与工频磁性元件不同，它们工作在开关高频激励下或工作在工频和开关高频的叠加激励下。功率无源器件在功率变换系统中对效率、体积及各种电气性能和电磁兼容都有很大的影响。因此，针对无源元件的研究，意义重大。

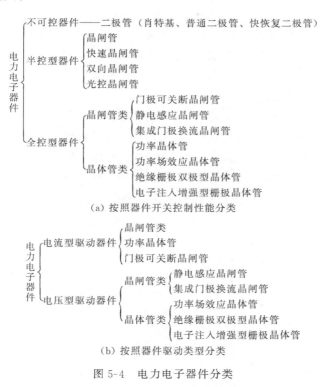

（a）按照器件开关控制性能分类

（b）按照器件驱动类型分类

图 5-4　电力电子器件分类

二、发展规律与发展态势

普通二极管是最为简单、应用最为广泛的一种电力电子器件。普通二极管通常应用在开关频率较低的场合（1000 赫兹以下），正向电流可达数千安，反向阻断电压可达数千伏。基于硅材料的肖特基二极管具备正向压降低、反向恢复极短的优点，但其漏电流较大，且耐压一般在 150 伏（200 伏）以下。快恢复二极管耐压一般在 2000 伏以下，恢复时间及恢复电荷相对较少，适用于需要快速开关的场合。

对于半控型、全控型电力电子器件，晶闸管类器件功率等级最大，适用于低频场合，通常小于 1000 赫兹，一般应用于超大功率电力电子装置（兆瓦级以上），如高压直流输电（HVDC）、大功率静止无功补偿超（SVC）等电力系统应用。

绝缘栅极双极型晶体管可以看成一个由 MOSFET 驱动的双极性晶体管，它综合了双极性晶体管和 MOSFET 的优点，自 1985 年进入实用以来，已经涵盖了 600～6500 伏的电压范围和 1～3500 安的电流范围，并且在低功耗、高可控性方面取得了巨大进步。已经被广泛应用于各种中大功率电力电子装置（数十千瓦至数兆瓦等级），是应用最为广泛的全控型电力电子器件。

功率场效应晶体管由于单一载流子导电，是开关速度最快的全控器件之一，其耐压一般在 1000 伏以下，电流在数百安培以下，其正温度系数特点，易于并联扩充容量，通常应用于低压小功率高频化电力电子装置场合，如各类小功率开关电源（数十千瓦以下）。

在电力电子器件的发展过程中，功率频率乘积（the power frequency product）这个指标可以很好地反映器件水平的进展和状态，如图 5-5 所示。目前电力电子器件的水平基本达到 109～1010 瓦·赫兹的水平。目前，传统的功率器件已经逼近了由寄生二极管制约而能达到的材料极限，为突破目前的器件极限，有两大技术发展方向：一是采用新的器件结构，二是采用宽能带间隙的新材料的半导体器件。

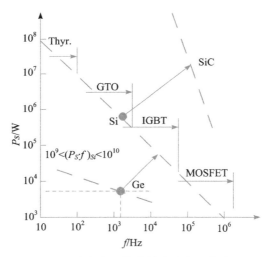

图 5-5　功率半导体器件的功率频率乘积

注：$P_S = U_M I_M$

（一）高压、大电流功率器件

高压大电流功率器件的发展引导了高压大容量电力电子装置的进步，其发展重点除进一步提高器件容量和电压等级外，还要降低开关损耗、提高开关频率和简化驱动电路等。

高压绝缘栅极双极型晶体管对新型电力电子装置而言，无疑是最重要和最关键的基础件之一，发展绝缘栅极双极型晶体管对提升一个国家电力电子装置技术水平和竞争力具有十分深远的意义。绝缘栅极双极型晶体管以高耐压、大电流、高速度、低饱和压降、高可靠性、低成本为目标，结合器件的设计和制造工艺，绝缘栅极双极型晶体管未来发展趋势有两个方向，一是超快速绝缘栅极双极型晶体管，二是超大功率绝缘栅极双极型晶体管模块。将结合市场需求在满足多样化应用中继续发展。

（二）高压、大电流功率器件系统工作可靠性

驱动电路和保护电路在高压大电流功率器件应用中的可靠性十分关键。目前驱动电路的主要形式是磁隔离集成驱动器和光耦隔离厚膜驱动电路等。随着技术的进步，驱动电路的发展趋势包括电流型驱动、比例驱动、有源箝位驱动等。

在一些高压、大功率应用场合中，单个器件本身无法满足应用的需要，必须采用串联、并联或者电路本身结构的创新（如多电平、级联技术等），来满足应用的需求，其本质就是利用低压、低电流耐量的器件实现高压、大电流的应用。综合器件、电路的串并联结构进行电力电子组件的研究，是目前大功率应用中的一个重要研究方向，类似于电力电子系统集成的标准模块的概念。

（三）中小功率电力电子器件

功率 MOSFET 是低压（＜100 伏）范围内最好的功率开关器件，但在高压应用时，一个有效的办法就是增加单位面积内的元胞数量，即增加元胞密度。因此，高密度成为当今制造高性能功率 MOSFET 的技术关键。

随着航天技术、核能等高技术领域的迅速发展，越来越多的高性能商用半导体器件需要在太空或核辐照环境中工作。此外，除天然辐射环境外，核武器爆炸也会对各种电子系统及元器件构成严重威胁。需特殊版图设计和工艺加固的抗辐照功率，MOS 器件研制已成为功率半导体器件的重要领域。

电力电子智能模块是一种将智能功能和功率器件芯片集成在一个功率模块中的元件，被集成的智能功能可以包括过流保护、过压保护、过热保护、短路保护、欠压保护、栅极驱动电路等，其重要的优点在于很大程度上提高了元件的可靠性、减低了后期设计成本、减少了元件的体积。

功率集成芯片是和智能模块类似的一类元件，但是它将所有的控制电路、智能功能和功率器件等都在单个半导体芯片上实现，以达到最大限度的集成。

模块的封装、功率集成化涉及两个方面的内容，一是半导体器件的封装，主要内容为高密度、低寄生参数的封装工艺和结构，以及高温封装工艺；二是元器件的集成化，主要内容涉及单片集成（功率集成芯片）、多芯片混合封装，以及有源、无源元器件的高密度混合封装。

（四）基于新材料的电力电子器件

基于硅材料的功率器件已经发展了 60 多年，宽能带间隙半导体的出现突破了硅半导体器件原有的局限。功率器件领域的专家在多年以前就充分认识到硅材料的物理特性本身对功率器件产生的局限性。近些年，可再生能源、节能环保等新领域飞速发展，快速的发展对电力电子技术的核心元件——功率器件提出了越来越高的要求，硅功率器件的局限性也体现得越来越明显，突破硅材料局限性的需求因此越来越迫切。

基于新型宽带隙半导体材料（碳化硅和氮化镓）的功率器件也应运而生，初步的计算表明，这些功率器件的特性指数将比同类的硅器件优越 500～1000 倍，根据材料特性，碳化硅器件与硅器件相比有如下优势：碳化硅的耐压强度是硅的 10 倍，碳化硅的饱和速率是硅的 2 倍，碳化硅的导热性是硅的 3 倍。可以预见，它们将对发展了 60 年的电力电子器件及装置领域带来革命性的变化。在今后的 5～10 年中，各种碳化硅和氮化镓功率器件必将得到飞速的发展。

（五）高频功率无源元件

1. 高频磁芯材料和导体材料

磁性元件是电力电子变流器的重要组成部分，其关键是磁芯材料和导体绕组。在绕组导体材料上，铝导线或敷铜铝导线具有重量轻的显著优点，大功率应用潜力大，但存在铜铝连接可靠性的问题。考虑高频效应的绕组优化设计方法值得关注。复合材料开发和材料组合设计也是目前解决磁材料瓶颈的发展方向。

2. 大功率高压高频高压磁性元件的绝缘和热设计

几万伏以上、几十千瓦以上的高频变压器的设计和制作是一个难点，其研究基础也很薄弱。

3. 大容量、无感电容器

目前，电力电子装置中大量使用铝电解电容器。电解电容器有寿命短、损耗大、等效串联电感大等缺点。而金属膜电容器具有寿命长、损耗小、等效串联电感小等优点。目前，金属膜电容器的缺点在于体积偏大，研究新的薄膜材料是提高电容器密度的最佳途径。

4. 功率无源元件的分布式参数建模和损耗计算

构造完整的高频磁性元件仿真模型，高频分布参数模型，高频损耗模型、电磁场近场泄漏模型、热模型及电磁兼容模型，并用于电气分析、损耗分析，电、热应力分析及电磁兼容分析是功率变换系统实现完整性能仿真分析的发展趋势。

5. 功率无源元件集成化方法

在集成结构上，目前比较成熟的主要是输出隔离变压器与逆变滤波电感器的集成。无源元件集成中，如何将多种无源元件集成是一个新的研究方向。

三、发展现状与研究前沿

电力电子器件和集成电路是我国的国民经济和国防的重大支撑技术，新一代的产品在我国的市场也有着良好的发展。

（一）高压大电流功率器件

半导体功率开关器件中，晶闸管（thyristor，SCR）是目前具有最高耐压容量与最大电流容量的器件，其最大电流额定值达到 8 千安，电压额定值可达 12 千伏。

集成门极换流晶闸管，是集成门极驱动电路和门极换流晶闸管的总称，其中门极换流晶闸管部分是在门极可关断晶闸管基础上作了重大改进形成的，是一种较理想的兆瓦级中高压半导体开关器件。目前集成门极换流晶闸管的发展是向更高电压（＞10 千伏）、更大电流（＞10 千安）的方向发展。

电子注入增强型栅极晶体管，是电压驱动 MOS 栅极来控制大电流的大容量电力电子新器件。其基本结构与绝缘栅双极晶体管非常形似，但是栅极宽度大大增加，从该角度出发，可以认为电子注入增强型栅极晶体管是采用了新技术的绝缘栅双极晶体管，在产品分类中也常常将绝缘栅双极晶体管和电子注入增强型栅极晶体管归在一起。

绝缘栅双极晶体管对新型电力电子装置而言，无疑是最重要和最关键的基础件之一，发展绝缘栅双极晶体管对提升一个国家电力电子装置技术水平和竞争力具有十分深远的意义。目前国内虽然可以封装绝缘栅双极晶体管模块，但所用芯片全部来自进口，国内虽有能力设计和小批量试制绝缘栅双极晶体管芯片，但技术水平为 NPT 型，目前电压等级只能达到 1700 伏。

同时，绝缘栅双极晶体管的仿真模型是器件进行结构参数设计并指导其优化使用的一个重要工具，需要开展绝缘栅双极晶体管模型参数提取研究，采用多种手段对绝缘栅双极晶体管的内部物理参数进行建模。具体应以低功耗、高耐压、大功率为发展方向，以高性能绝缘栅双极晶体管器件及其相关应用背景为突破口。

（二）高压、大电流功率器件系统工作可靠性

当单个器件本身无法满足应用的需要时，必须采用串联、并联或者电路本身结构的创新（如多电平、级联技术等），来满足应用的需求。多电平结构通过电路拓扑自身的特性，电路中的开关器件承受一部分的直流母线电压，可以采用较低耐压的器件的组合来实现高压大功率输出，且无需动态均压电路，目前已经被广泛研究，部分技术已经在实际产品中得到应用。

与之相对应是电力电子器件自身直接的串联及并联技术，实现等效的高压大电流器件功能，简化线路及控制。串联应用中一个主要问题是旁路问题，与整个器件的冗余可靠性设计密切相关，目前尚未有良好的解决方案。器件的并联使用的主要问题是器件的均流，如何实现器件电流的自动均分是主要问题。与串联均压为对偶关系，可以分为静态均流与动态均流两大类。

针对各种故障类型的保护原理及措施的研究也是提高可靠性的关键技术问题，包括六个方面内容。

1）温度上升对半导体功率器件参数的影响。

2）过流机理及其保护。

3）过压机理及其保护。

4）驱动功率不够，脉冲宽度调制（PWM）脉冲失效。

5）电流变化率（di/dt）与电压变化率（dv/dt）过大导致器件失效。

6）功率半导体并联带来的问题。

（三）中小功率器件

功率 MOSFET 器件的发展和整个微电子产业的发展紧密相连，微电子产业中 MOS 技术的成熟对功率 MOSFET 和绝缘栅双极晶体管的研发起到了重要的作用。基于超级结（super junction）结构的高压 CoolMOS 器件，大大降低了高压功率 MOS 器件的通态电阻。至今，CoolMOS 器件已经逐步趋于成熟，其产品覆盖了 500～900 伏、1～60 安的范围。

在单个芯片上实现复杂的集成电路和功率器件共存涉及一系列器件隔离、

载流子互扰、电磁干扰等难题，这些问题在低压功率集成芯片中已有明显的体现，在高压及较大功率的应用中尤其突出，只有少数几个公司拥有功率集成技术，能够制造 600 伏以上的功率集成芯片。

在中高压集成电路中，研究的关键技术难题在于如何提高集成电路中功率器件的阻断电压、降低高压器件的通态压降、妥善地解决电路之间的隔离及互扰问题、寻找合适的高端（high-side）功率器件集成技术及解决多个高压器件在芯片上的连接问题。工艺技术的发展趋势包括新型的高压 BCD 工艺研发及新型的 SOI 工艺平台研发等。

模块的封装最常见是用于大功率器件和电路之中，欧美国家的公司都具有功率模块封装、测试和产业化技术，其电流额度覆盖从几十安到 2000 多安，电压覆盖从几十伏到 6500 伏的一个广阔的范围。这些功率模块及功率集成电路研发和产业化的关键是其热管理和可靠性的测试和提高。

短期到中期内，我国在新型功率半导体器件方面的发展趋势将主要集中在绝缘栅双极晶体管和新型功率 MOSFET 的研发和产业化上，功率集成电路也将出现从低压芯片到高压芯片全面发展，芯片主要基于硅材料。我国的功率模块的封装技术在近年也打下了一定的基础，而功率绝缘栅双极晶体管芯片的研发将必定进一步推动功率模块的同步发展。

基于硅材料的功率器件和集成电路的发展基础主要在两个方面：第一是用于功率器件的特种硅工艺的创新；第二是各种功率器件和集成电路新结构和概念的创新。与微电子技术的结合是电力电子器件的发展方向，更多功能的集成是电力电子器件的发展趋势。硅基和 SOI 基 BCD 工艺是目前功率集成的主流技术，高压、高功率和高密度 BCD 工艺正不断发展并走向市场。

（四）新材料电力电子器件

宽带隙半导体器件的巨大优势源自其半导体材料优异的物理特性，因此，其电力电子器件和集成电路研发的前提条件是具有良好质量的半导体单晶晶圆材料。

早在十几年前，美国就开始对碳化硅的单晶晶圆研发进行了大量的、持续的研发支持，经过十几年的努力，美国的 Cree 公司已经拥有了高质量的 4 英寸碳化硅单晶晶圆片产品，为碳化硅功率器件的发展提供了良好的基础。

对功率器件而言，氮化镓是一种各方面物理性能和碳化硅非常类似的半导体材料。最近，也有研究团队将氮化镓生长在大尺寸的硅单晶衬底上面，为氮化镓功率器件带来了新的机遇。在半导体照明产业的推动下，氮化镓材料在性能不断完善的同时价格不断降低。

碳化硅和氮化镓功率器件及集成电路的研发在国际上尚属早期阶段。在拥有良好碳化硅单晶晶圆片的基础上，世界各国研究机构和大型公司的功率器件研发团队都纷纷投入了大量的人力物力，对碳化硅功率器件的工艺和设计进行了广泛的研究。到现在为止，已经做出了一系列不同电压、不同电流、不同类型的碳化硅功率器件和集成电路。

（1）碳化硅二极管类

碳化硅肖特基势垒二极管凭借碳化硅材料优异的材料性能和不断完善的碳化硅材料制备工艺和器件制造技术，成为目前唯一商业化的宽禁带功率二极管。最近几年，许多公司已在 Si-IGBT 变频或逆变装置中用碳化硅肖特基势垒二极管替换硅快恢复二极管，显著提高了工作频率、大幅度降低了开关损耗，总体效益远远超过碳化硅器件与硅器件的价差。碳化硅肖特基势垒二极管的出现将肖特基势垒二极管的应用范围从 250 伏提高到了 1200 伏。同时，其高温特性好，从室温到由管壳限定的 175℃，反向漏电流几乎没有增加。对于 3 千伏以上的整流器应用领域，SiCPiN 二极管由于比 SiCPiN 具有更高的击穿电压、更快的开关速度及更小的体积和更轻的重量而备受关注。

（2）碳化硅开关器件类

在三端元件方面，诸多欧美日团队分别对碳化硅双极型晶体管、静态感应晶体管（SIT）、结型场效应晶体管（JFET）、MOSFET 和绝缘栅双极晶体管进行了广泛的研究和开发，已经报道了高达 1 万伏的结型场效应晶体管、MOSFET 和双极型晶体管样品，有的单芯片额度电流能力也达到了 50 安。此外，美国 Rutgers 大学还成功地研发了第一片碳化硅功率集成电路，使超高密度电力电子电路成为可能。

与硅双极型晶体管相比，碳化硅双极型晶体管具有低 20～50 倍的开关损耗及更低的导通压降。碳化硅双极型晶体管功率器件由于二次击穿的临界电流密度大约是硅的 100 倍，碳化硅临界击穿电场大，碳化硅双极型晶体管的基极和集电极可以很薄，从而提高了器件的电流增益和开关速度。

碳化硅基的 SIT 近年成为碳化硅功率开关器件的一个热点研究方向，并成为目前市场上唯一销售的碳化硅开关元件。Cree 公司和 Infineon 公司分别研制出 2300 伏/5 安、导通电阻 0.45 欧和 1200 伏/10 安、导通电阻 0.27 欧的碳化硅功率 MOSFET。2007 年，普渡大学研制了阻断电压高达 20 千伏的 SiC P-IGBT，同年 Cree 公司也报道了 12 千伏的碳化硅 N-IGBT。

除高阻断电压、低通态电阻之外，碳化硅器件一个很大的优点就是它可以在非常高的温度下稳定工作。比如，美国航天航空局就报道了碳化硅结型场效应晶体管可以在 500℃ 下稳定工作几千个小时。这为电力电子技术的发展带来了全新的生命力。

（3）氮化镓器件

随着氮化镓材料的迅速发展，基于氮化镓的功率开关器件也得到迅速发展。因为氮化镓材料基本以薄膜的形式存在，氮化镓功率器件都是以平面型薄膜器件的形式存在。

美国的 Velox Semiconductor Corporation 推出的氮化镓肖特基势垒二极管具备了碳化硅肖特基势垒二极管类似性能但价格更低。2006 年，意法半导体（ST）和 Velox 联合推出电源用氮化镓功率肖特基势垒二极管，其击穿电压为600 伏，电流能力分别为 2 安、4 安和 6 安，正向开启电压为 1.9 伏。

基于氮化镓的三端元件大多采用异质结上的高迁移率场效应晶体管（HEMT），利用异质结界面上电子的高迁移率，得到良好的通态电阻。其中AlGaN/GaN 高迁移率场效应晶体管具有工艺简单、技术成熟、优良的正向导通特性和高的工作频率等优点，成为氮化镓功率开关器件中最受关注的结构。

近年来，我国在碳化硅单晶材料方面的研究有了明显的发展，国内的多个研发机构拥有了一定的晶圆研发能力，研发成果已经转化成了 2～3 英寸的碳化硅晶圆产品；同时对碳化硅外延材料进行了研究，为我国自主的碳化硅功率器件发展奠定了重要的基础。

我国对碳化硅器件工艺及器件进行了跟踪研究。但是，总体上我国碳化硅功率器件和集成电路的研发尚属空白。在氮化镓方面，我国也有多个团队拥有氮化镓薄膜及其异质结的生长工艺，但是，尚未有基于氮化镓的功率器件和集成电路的研究。

在今后的 5～10 年，各种碳化硅和氮化镓功率器件必将得到飞速的发展。

（五）高频功率无源元件

在磁性元件结构上，目前主要采用 E 形、U 形、I 柱形和 T 环形磁芯形式，且磁芯是单一材质，存在局限性。

在绕组设计上，传统设计方法由于没有全面考虑到高频涡流效应，达不到优化设计的结果。电感器，绕组窗口内的磁场分布复杂，传统的设计方法已完全难以胜任。但电磁场数值分析方法由于软件系统需要对电磁场比较专业的人员，因此还难以被业界广泛接受。

除开关功率器件仿真模型和控制芯片仿真模型外，仿真技术被业界接受和得到认可的主要瓶颈在于高频磁性元件的仿真模型还很不全面和完善，只能用于简单的电气特性仿真分析。

无源滤波器的设计包括参数设计、电感器线圈结构、磁设计和热设计，在设计中的建模、数据处理和计算过程中常用的数学工具是非线性最优化。

四、近中期支持原则与重点

由于我国在电力电子器件方面的众所周知的落后，可以预计在相当长的一段时间内我国将仍然会在电力电子器件方面落后于西方发达国家。大力发展硅基的核心器件对我国仍有很大的现实意义。美国等西方发达国家于 20 世纪 90 年代开始大力投入的宽带隙半导体（碳化硅）器件技术研究主要是为下一代航母、驱逐舰、潜艇及飞行器等军用装备的电力系统、电力推进等分系统做技术积累，不太可能会对中国进行开放。因此，在积极布局我国自身的宽带隙电力电子器件研究战略的同时，也应注重发挥基于现有商用硅基电力电子器件的潜力，改变现有的粗放、低效应用的电路及系统级设计方法（主要指大量的电压和电流裕量的浪费及非精准的估算设计方法），开展基于多学科耦合优化的精准的大容量电路级和系统级电力电子设计方法的研究，同时考虑器件自身的电气性能、拓扑选择、布局方式、附属的母排设计、结构设计、散热设计、电磁兼容设计等方面，充分发挥现有器件的开关容量，改善其应用可靠性，尽力弥补和减小由于我们所使用的硅基电力电子器件和宽带隙半导体器件性能差别而造成的电力电子设备或系统性能的巨大差别，避免西方国家出现基于宽带隙半导体器件的高性能大容量电力电子装备时，我们一时无法应对的尴尬局面。

宽带隙半导体器件将在今后逐步取代日趋成熟的硅器件，成为下一代电力电子技术的关键核心技术，它们的影响力将持续 20～30 年的时间，宽带隙半导体器件是一个对于我国的长期发展具有重要战略意义的研究方向，启动相关研发的任务刻不容缓。

因此，建议 2011～2020 年及中长期未来把下列电力电子器件和系统的关键技术作为发展重点，以研发拥有自主知识产权和能够自主制造的技术为原则，予以政策及资金方面的优先资助。

（1）以绝缘栅双极晶体管为核心的高压大电流功率器件及集成技术研究

1）3.3 千伏和 6.5 千伏高压绝缘栅双极晶体管关键技术；

2）沟槽栅、场终止型（FS）结构原胞的设计技术；

3）高性能的器件驱动技术及器件的保护原理和算法；

4）与大功率器件相适应的系统集成技术，具备标准接口类型的智能化模块/组件的关键技术；

5）研究电力电子器件的串并联可靠运行的机理，以及与之相对应的同步驱动技术、保护技术、可靠性设计理论等。

（2）宽带隙半导体功率器件核心技术研究

1）碳化硅单晶晶圆和硅衬底上氮化镓薄膜材料；

2）碳化硅二极管、MOSFET、双极型晶体管、结型场效应晶体管器件；

3）硅衬底上氮化镓高迁移率场效应晶体管器件的研发及可靠性；

4）宽禁带电力电子器件特性；

5）与新材料电力电子器件相匹配的高温电子技术，如高温高可靠的驱动技术、高温电感、高温电容设计和制造技术；

6）建立器件静态和动态特性仿真模型；

7）优化器件的导通电阻和耐压的关系；

8）优化器件通态特性和开关特性的关系；

9）关键工艺模型的建立。

（3）高性能、集成化中小功率电力电子器件及系统技术研究

1）新型电力电子器件芯片技术的研发（包括新型绝缘栅双极晶体管结构的实用化理论与技术研究，超低功耗超结功率 MOS 器件实现方法研究等）；

2）在第一点的基础上支持大功率模块、智能模块的研发；

3）支持高压功率集成电路技术的研发；

4）高工作温度和环境温度条件下应用的器件和集成模块的封装技术研究；

5）有源、无源混合封装技术的研究，主要涉及高功率密度、高工作频率的混合封装理论、结构等的研究。

（4）高频功率无源元件研究

1）磁性元件的高频特性与损耗特性的建模与参数提取，先期解决高频损耗模型建立及 10 兆赫兹以下高频特性的建模与参数提取技术；

2）无源滤波器及其电磁元件的优化设计及其算法，尤其是高阶、多目标诸约束条件下的程式化寻优算法；

3）高功率密度的自愈式大容量金属膜电容器的研究，包括新的薄膜材料的研究；

4）与大功率器件应用相适应的混合集成技术，尤其是二次封装技术，包括半导体器件、电容器、复合母排、散热器或冷板、结构件等的高密度一体化集成技术。

第七节　电能高效利用与节电

一、基本范畴、现状和战略地位

按照电能生产和消耗的过程，电能高效利用与节电，主要包括发电与输电

系统节电、工业节电、建筑节电和照明节电等。

目前全国电能6.9％消耗在电能的生产和传输上（图5-6）；57.92％消耗在电动机负载上；10.00％消耗在电化学加工上；12.00％消耗在照明系统上；剩余的13.18％消耗在建筑和其他各种用电设备上，其中电动机负载为最大的耗能大户。

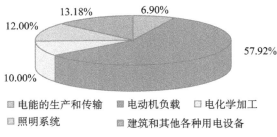

图 5-6　全国电能消耗分布

发电与输电系统是节电的第一环节，国内发电与输电损耗比国外发达国家一般要高出2％～2.5％，相当于一年要多损失电量450亿千瓦时，等于我国中部地区一个省全年的用电量。发电与输电损耗中除调度损耗、一般线损外，还有电能质量、电气设备引起的损耗。电能质量的损耗主要是较差电能质量导致电源利用率降低和附加损耗加大；电气设备的损耗则是由制造技术的制约产生的，其中电力变压器是最主要的损耗大户，损耗占发电量2％～3％，虽然从1998年开始，我国先后经过两次大规模的更新换代，变压器新产品比老产品空载损耗降低了8％～15％，但主要还是靠增加消耗原材料换取，导致价格增加，且以小型、配电型变压器为主，大型变压器的节能在技术上还无法有效实现。

电机系统节能一直是国家节能重点关注的对象，作为工业用电的主要负载，"十一五"期间被列为国家发改委在国家十大重点节能工程，规划每年改造500万千瓦，形成年节电能力50亿千瓦时。

目前，我国电动机平均效率比发达国家低2～3个百分点；电动机系统运行效率比国外先进水平低10～20个百分点，相当于每年浪费电能超过1500亿千瓦时；电动机拖动系统效率比发达国家低10～30个百分点，相当于国际上20世纪七八十年代的水平，且在使用寿命、可靠性、耗材、噪声及振动方面都还有一定差距。分析表明，当前制约电动机系统节能的关键在于电机制造技术、电机控制技术及相应的电力电子技术，我国总体水平与国际上相差5～10年。在中小功率电动机方面，基本是通用常规类型，还没能形成变频调速电动机系列，变频器电动机集成、智能电动机、机电一体化技术与国际相比差距更大，远远不适应电机高效节能的发展，采用变频调速的电动机系统，不到总量的10％。

而国产中小功率变频器多为 U/f 比控制方式，采用矢量控制及直接转矩控制方式的不多，导致其控制性能、保护技术、可靠性等方面难以与国际产品抗衡，只能采取低成本、低价格的市场策略，占据低端市场。在大功率电动机方面，技术比国外更加落后，具有完全自主知识产权的兆瓦级电动机技术还没有完全掌握。目前较为成熟的是应用在钢铁工业的普通晶闸管的交交变频同步电动机传动系统，但适应范围较窄，无法大面积推广。采用新型可关断电力电子器件的高性能交直交大功率变频调速系统基本上被国外产品占据，国产大功率高性能变频调速系统基本还处于起步阶段，且绝缘栅双极晶体管/集成门极换向晶闸管电力电子器件及电容等配套部件完全依赖进口，进一步制约了发展。此外，值得注意的是国内电动机系统节能还缺少科学的评估手段，电动机变频调速系统还没有完善的技术标准及测试规范和测试手段。

电化学加工是工业用电的另一个大户，它包括电解、电镀、电泳、着色、冶炼等，其电能消耗超过生产总成本的一半以上。该行业用电量约占我国总发电量的 1/10，每年耗电约 2000 亿千瓦时，是重点的耗能大户，是国家节能降耗审计的重点。其能量损耗的主要环节包括电能变换过程和工艺实施过程。传统电源装备存在能耗高、效率低、控制精度低、体积大、笨重等缺陷；电化学工艺过程缺乏合理科学的控制手段，电能在整个工艺过程处于非控状态，也造成大量的电能损耗，是一个必须加大力度研发的节电领域。

若不包括照明节电，建筑节电主要是空调和电梯节电。据不完全统计，截至 2008 年 11 月底，我国在用电梯约 91.7 万台，全国电梯年耗电量约为 262.9 亿千瓦时。目前，我国真正采用节能技术的电梯的普及率依然很低，如可节电 30％ 以上的永磁同步无齿轮电梯普及率不及 10％，能量回馈型电梯普及率不及 2％。受房地产业、城市公共建设快速发展等因素的推动，预计未来 10 年，我国的电梯市场将保持每年 20％ 的递增速度。如果到 2015 年能全部采用节能电梯，将节电 800 亿千瓦时，几乎等于三峡大坝一年的发电量。据统计，我国城市空调的用电负荷已占到城市电力负荷的 30％ 以上。而其中作为建筑内部重点耗能设备，空调系统的耗电一般要占整座建筑电耗的 60％ 以上，空调节能还有很大的空间。

照明用电量约占全国用电量的 12％，约为 4 个三峡电站的发电量，达到 3600 亿度。目前我国节能灯具还不普及，主要在于技术上的制约，首先是各种节能的气体放电灯，电子镇流器产品质量还不过关，导致灯具整体可靠性和寿命下降，无法发挥节电的效果。其次是新型光源 LED，虽然它与白炽灯相比，将省电 90％，寿命长 50 倍，但从现阶段看，许多技术问题远没有彻底解决，要大范围的普及和推广还有较长的路要走。但 LED 是目前最节电的光源，据测算全国的照明系统若能都用 LED 替代，我国的照明用电量将只占全国用电量的

2%，一年可节电 3000 亿千瓦时，因而现阶段要把 LED 的发展作为照明节电的主要方向。

综上所述，未来的 10 年里，欲达到节约、高效地利用电能，应着重进行发电与输电系统节能、高效电机系统、建筑节能系统、绿色照明系统等方向的研究，确定正确的节电发展战略。正如 2007 年国务院发表的《中国的能源状况与政策》白皮书提出的中国能源发展战略那样：坚持节约优先、立足国内、多元发展、依靠科技、保护环境、加强国际互利合作，努力构筑稳定、经济、清洁、安全的能源供应体系，以能源的可持续发展支持经济社会的可持续发展。由此我国的节电发展战略可以定位如下：一是节约优先，就是鼓励节电技术研发，普及节电产品；二是提高电能管理水平，完善节电法规和标准，不断提高发电和用电效率。显然按照这一战略思想，根据国内电能消耗状况和实际，实现电能高效利用与节电将指日可待。

二、发展趋势与研究前沿

电能高效利用与节电多年来是一直沿着技术和管理两个层面开展研究和发展的。从节电调度到最优用电规划和分配；从提高发电设备、用电设备效率到发电过程和工业过程节电控制。结合国内外电能高效利用与节电研究现状和发展趋势，未来国内电能高效利用与节电的研究前沿有以下九点。

（一）节电调度

节电调度是从管理层面来减少发电输电的损耗。根据目前电力系统的经济性与节能目标不尽一致的现状，开展经济调度与效率优先相结合、节能与减排相结合的节能调度技术的深入研究是调度节电的一个主要发展方向。国内各大电力公司正在通过电力市场模式和节能减排、可再生能源利用的调度方式尝试实现它们的统一，从而达到减少电能管理造成的损失的目的。

（二）电能质量控制

恶化的电能质量给电网带来了谐波、无功、三相不平衡等问题，由此产生了大量的附加电能损耗。据统计，2005 年全国配电网因电能质量问题损失电能 1831 亿千瓦小时；2006 年损失电能 2051 亿千瓦小时；2007 年损失电能 2367 亿千瓦小时，每年呈现不断增加的趋势。为此，提高和控制电能质量是减少电网电能损失的重要途径之一。

目前，提高电能质量最有效的途径就是通过电力电子技术、信息技术对电网的电能质量进行控制。

（三） 终端用户能源消费管理

终端能源消费管理从用户侧入手，研究电能供给侧与消费侧的最优配合问题，从而将终端能源消费用户作为一个节点，放在整个电力系统供给与消费的网络中考虑，从电力规划、建设、运行与调度等多方面综合优化，提高电网整体电能利用效率与节电。这已成为当前世界发达国家实现电能高效利用与节电的重要手段与途径之一。

（四） 变压器节电

配电变压器损耗约占发电量2‰～3‰，达到300亿～500亿千瓦时。变压器节能降损可采取的措施主要有四项。一是采用高导磁率材料制作铁心，减少磁滞和涡流损耗，从而减少变压器的空载损耗。二是选择合理的、可变的变压器容量，变压器的短路损耗与负荷率的平方成正比，在选择变压器容量时一般按照经济运行方式确定，即在变电站投运初期，负荷远小于变压器容量，将会造成很大的能量损失，所以在变压器结构设计中，应研究容量可变的变压器，大幅减少能量损耗。三是采用合理的绕组结构和材料，设计合理的绕组结构，选择高导电率绕组导线材料，减少导线的发热损耗和绕组的附加损耗。四是研究新型的变压器原理，采用电力电子变流技术和高频脉宽调制技术变换电压原理，以便大量减少变压器的体积和铁、铜材料的消耗，同时相应的减少功率损耗。

（五） 电机节电

电机及其控制系统是各种机械装备的动力，广泛应用在石油钻探机械、矿山机械、电力机械、冶金轧钢、船舶推进、电力机车牵引、水泥磨机及城市给排水等行业的机械装备中。高效的电机及其控制系统将依赖以下技术实现：一是提高电机效率，研究先进高效的电机制造工艺和技术，并以永磁材料的高效率电机，适合于变频运行的电机为未来发展重点；二是根据生产机械的要求，研究高可靠性的变频技术，尤其是具有高性能控制策略的变频技术，并加快大功率等级的变频调速技术的开发研究，最终实现变频系统与电机集成一体化设计的目标。

（六）高耗能电气设备节电

高耗能电气设备包括在电化学加工、钢铁工业、运载系统、矿山工业等中应用的大容量电气设备。目前最有效的技术途径有两种：一是采用电力电子技术研发具有高效节能、体小量轻、稳定环保、数字化大功率高性能电气设备；二是针对行业特点并对工艺过程进行智能监控，实现电能的合理配置，达到节能增效并改善工艺质量的目的。此外还要首先解决这些大容量电气设备电能计量这一长期未解决的基础问题。

（七）电梯节电

电梯还有较大的节电空间，单机可节电空间预测在 30％左右，若实现节电，全国每年可减少 11 亿千瓦时以上的用电幅度。例如，对现有的 91.7 万台电梯采用能量反馈技术进行改造，又可节能 16％～42％，旧梯改造后全国每年还可减少耗电 79.23 亿千瓦时。此外，若今后我国新装的电梯都采用能源再生技术，预计到 2017 年年底，电能总共将节省 40.7 亿千瓦时。

电梯节电的技术归纳起来有以下四种：一是采用变频调速技术，普及变频调速电梯；二是采用节能效果及效率较高的永磁同步无齿曳引机作为电梯的驱动电机；三是采用实时控制及电能回馈电网技术；四是将再生能源技术应用到电梯中。

（八）空调节电

中央空调用电量占了空调用电的六成多，但它的节电空间大。一是存在大马拉小车现象。中央空调机组设计功率一般是按峰值冷负荷对应功率的 1.2 倍选配。然而，冷热负荷是变化的，一般与最大设计供冷热量存在着很大的差异，系统各部分 90％以上运行在非满载额定状态，电能效率低。二是负荷变化，靠牺牲阻力能耗来适应末端负荷要求，水、风系统控制阀门上存在着很大的能量损失。无论负荷大小，水系统设备却几乎满负荷运转，造成运行成本居高不下。而对一般空调，也有一定的节电空间，但节电难度较大，主要有赖于空调技术的进步。

空调的节电目前最有效的技术有两个：一是采用变频技术根据负荷大小，实现对电能的动态调节；二是通过控制技术使空调始终工作在最节能状态。

（九）照明节电

降低照明用电的途径包括发展高效光源，采用高效灯具和改进照明控制等。目前荧光类高效节能灯已广泛普及，但国内节能电子镇流器技术，制约了节能灯稳定可靠的工作，还有待发展。国内外普遍看好的发展方向是 LED 光源，它可比目前的节能灯效率更高，发光光谱可在大范围选择，使用寿命大大延长。但目前 LED 的成本及与之配套的驱动和控制技术还不成熟，制约了 LED 的广泛应用。

三、近中期支持方向、重点及交叉研究方向

（一）考虑多能源情况下的节电调度

多能源情况下的节电调度研究：①电力市场竞争对电网节能的影响；②节能调度与电力交易的比例问题；③地区电网发电特性、节电减排理论模型与评估方法；④风、水、火电站群优化调度理论模型与评估方法；⑤建立多目标规划的机组组合及经济调度模型，实现电力系统的整体经济性与环境保护的动态协调；⑥建立考虑系统整体经济效益与环境保护的消除输电阻塞管理模型；⑦研究核能、风能、太阳能等新能源发电的优化调度；⑧研究交易与调度分离的节能发电市场体系结构；⑨节能和多能源竞争形势下的电力负荷分析预测技术研究。

（二）动态电能质量控制技术与设备

动态电能质量控制技术与装备研究：①高压大容量动态无功补偿技术；②无功补偿与有源谐波综合系统；③新型储能系统；④大容量电力电子变压器；⑤电网与用户侧电能质量综合控制基础问题研究；⑥新型供用电节电设备的原理、结构和材料等基础问题；⑦电网和用户侧动态有载调压基础问题研究；⑧电网和用户侧的电能质量的监测、监控与监管等关键技术研究；⑨基于功率因数、电压质量、谐波和电能利用效率考核机制的节电政策研究。

（三）电能供给侧与消费侧的最优配合

电能供给侧与消费侧的最优配合：①研究电能及其他形式的终端能源消费

规律；②研究城市区域综合供能系统的优化方法；③研究终端用户能源管理与供给侧的互动形式。

（四） 高性能电机及新型电机控制系统

高性能电机及新型电机控制系统研究：①中高压交流电机变频调速系统及工业节能应用；②复杂负载工况下电机设计及控制系统；③交流电机高性能控制策略及系统集成。

（五） 大功率工业负载的开关电源技术及其非线性电能计量

大功率工业负载的开关电源技术及其非线性电能计量研究：①大功率高频开关电源技术；②各种输出波形要求的多电源模块并联技术；③电源装置、工艺参数及节电效果之间的定量分析；④大容量开关电源设备电流、功率的计量原理及可行性、可靠性和标准。

（六） 电梯控制技术及新型节电空调

电梯控制技术及新型节电空调研究：①可再生能源的电梯控制技术；②多台电梯的群控技术；③空调系统的节能优化控制技术（变频——VRF、变水量——VWV、变风量——VAV）；④高效节电的空调器。

第八节　电气交通与运载系统

我国交通运输已经形成了由航空、轨道交通、航运和公路运输构成的立体交通构架，包括飞机、火车、轮船和汽车在内的运输工具均依靠燃油作为动力。我国交通运输存在能源效率低下的问题，其中机动车燃油经济性水平比欧洲低5%，比日本低20%，比美国低10%，内河运输船舶油耗比国外先进水平高10%～20%。随着我国交通运输业的迅速发展，需要大力发展电气交通来实现节能减排。

统计资料表明，铁路、公路、航空单位运输量平均能耗比约为 1∶8∶11。各种运输方式的客运能耗统计如下：每百人千米消耗标准煤，公路大客车约为 1.5千克，小轿车为 3.8～4.8 千克，航空约为 6.8 千克，高速铁路约为 1.0 千克。

电动汽车的节能减排效果十分明显，现有内燃机全循环效率（from well to wheel 从油井到车轮）为 14％，电动汽车（包括纯电动汽车、混合动力电动汽车和燃料电池电动汽车）的全循环效率可达 28％～42％。

城市轨道交通的节能优势更为明显，地铁的综合能耗仅约为燃油汽车的 5％，运送相同数量的乘客，轨道交通与汽车相比节省能耗 90％以上。城市大气中 90％～95％的铅和 CO，60％～70％的氮氧化物、氮氢化合物来自交通尾气，轨道交通是零排放。

船舶采用综合电力系统能够使原动机工作在额定转速附近，提高了原动机的效率，降低了燃料消耗，在舰船推进系统 30 年工作寿命期间将节省 16％以上的燃料费。

在我国经济社会高速发展的同时，为保卫经济发展成果和人民的幸福生活，我国提出以维护国家主权、安全、发展利益为根本出发点，以科技创新为根本动力，在更高的起点上推进我国海陆空装备现代化。多电飞行器电气技术是一项重要的跨时代的新技术，是现代飞机、空间飞行器技术发展的一个里程碑，它从系统最优的思维模式来考虑飞机及飞行器未来，提高了飞行器的可靠性、可维护性、地面保障能力和机动作战性能，由此对电气技术提出了更高的要求。

一、基本范畴、内涵和战略地位

电气交通与运载系统是指为汽车、船舶和水下运载工具，及飞机和空间飞行器提供动力的电力电子和电气驱动系统。

电动汽车分为纯电动汽车、油电混合动力电动汽车和燃料电池电动汽车三类。纯电动汽车由动力电池提供电能，由电机驱动系统驱动整车；油电混合动力汽车的动力由内燃机和电机联合提供，利用电机全工作范围高效的特点使内燃机一直工作在高效区，提高了燃油经济性；燃料电池电动汽车由燃料电池提供能源，其电气系统包括直流-交流变换器、辅助电池组和电机驱动系统。无论何种电动汽车，电池系统、车用电机驱动系统和能量管理系统是其三大核心技术。

轨道交通按照驱动黏着方式可分为两种：①非黏着牵引驱动的磁悬浮列车和轮轮支持式直线电机地铁；②黏着牵引驱动的传统铁路和地铁；前者采用直线电机，而后者采用旋转电机。按照服务范围划分，可分为城市轨道交通和城际轨道交通，前者包括传统轮轨驱动地铁、轮轮支持式直线电机地铁及低速磁悬浮列车，后者包括高速铁路和高速磁悬浮列车。

轮轨铁路按照动力分布方式可分为动力集中型和动力分散型，后者是高速客运铁路的发展趋势。磁悬浮列车的分类比较复杂。根据电机定子长度的不同，可划分为长定子直线电机（一般为同步电机）和短定子直线电机（一般为异步电机），前者通常用在高速磁悬浮列车中，后者通常用在中低速磁悬浮列车及直线电机轮轨交通中。按照列车悬浮方式分类，可分为常导励磁吸引式电磁悬浮（EMS），悬浮的气隙较小（约10纳米）；超导励磁排斥式电动悬浮（EDS），悬浮的气隙较大（约10厘米）。

船舶综合电力系统，将日常用电、高能武器用电、大功率探测设备用电与推进系统用电合并为一个系统，能量在这些系统中统一分配。核心技术主要包括高功率密度发电技术、大功率电能变换技术、高转矩密度推进技术、中压大电流限制与开断技术和能量管理系统。

先进飞机多电技术是逐步用电能来取代原来液压、气压等所有二次能源，即所有的次级功率均用电功率的形式产生、分配与使用，可大大地提高飞机的生命力和降低重量。先进空间飞行器应用太阳能、核能及燃料电池等为动力，其核心技术包括混合动力推力技术，高功率密度电机驱动技术，高效、集成电力电子变换技术。

电气交通与运载系统的内涵涉及电气科学与工程学所包含的电（磁）能科学及电磁场与物质相互作用科学两大领域，它应用多能源管理技术，优化组合包含二次电池、燃料电池和超级电容在内的多种能源提供电能；应用从几千瓦到几兆瓦的电力电子变换器和从几千瓦到几兆瓦的电机将电能转换为机械能驱动车、船、飞机及多种运载工具，推动电气交通空间的立体化发展。主要科学和技术问题包括新器件和新材料的应用，新原理和结构高功率密度特种电机（包括直线牵引电机、多相电机、高速电机、高功率密度电机等）的研究，复杂电力电子系统集成、电磁兼容和可靠性研究；包括电动汽车、船舶综合电力系统等在内的复杂机、电、化学系统的系统建模、综合能量管理与系统安全保护等研究。

二、发展规律与发展态势

（一）电气化

随着化石能源资源的减少，汽车、火车、船舶和飞机动力的电气化是必然趋势。

（二）多能源优化组合技术

在电气交通和运载系统中，包含二次电池、燃料电池和超级电容等多种能源的多能源优化组合，为汽车、船舶等提供电能或动力。

燃料电池电动汽车一般采用燃料电池和动力蓄电池组合的"电电"混合模式，混合动力电动汽车采用内燃机和电池电机组合同时提供动力源的方式，甚至纯电动汽车也有采用动力蓄电池与超级电容组合供电的模式，上述混合供电和供能的能量管理技术是核心技术。

轨道交通借助与公共电网连接的供电系统供电，与公共电网接口的电力质量是关注的重点。城市轨道交通用等效12或24脉波牵引整流装置等非线性负荷产生大量的谐波电流注入电网，不仅增加谐波损耗，还影响公用电网的电能质量。列车的频繁加速/减速、启动/停车，还会造成较大的冲击电流。因此，轨道交通供电系统的谐波，功率因数及无功压降等问题是研究重点。

船舶综合电力系统中含有燃气轮机、柴油机、蓄电池或别的储能装置，能量管理系统能将日常用电、高能武器用电、大功率探测设备用电、推进系统用电统一管理，协调用电，电能的调度、管理及潮流的调控是关键技术。

随着电力电子技术、计算机技术的发展，飞机供电系统向高压直流（270伏）和变频交流（360～800赫兹）方向发展。多电飞机的未来电网容量达到数兆瓦，电气系统包括发电、电能变换和管理及电能使用三个环节，高功率密度、高温机载电气设备、多能源混合动力技术和多余度容错电力系统是其关键技术。

（三）朝着高速、高效、低排放的方向发展

电气交通和运载系统，更多地应用高效电力电子装备和高效电机，朝着高速、高效、低排放的方向发展。

电动汽车对其电机驱动系统的要求是高效、高功率/高转矩密度，电动汽车电机驱动系统技术的发展趋势基本可以归纳为永磁化、数字化和集成化，即采用永磁电机和高效变流技术将电机驱动系统效率提高到92％以上，将系统功率密度提高到1.06kW/kg以上。

高速列车的动力形式从动力集中与动力分散并存逐步转换成动力分散型为主导。针对350千米/时以上高速列车牵引的要求，无齿轮直接驱动的高效永磁牵引电机是一个新兴的研究热点：电机直接同心安装在车轴上，无需齿轮装置，空间需求和重量降低，效率提高，噪声减少，无需润滑。与异步电动机比较，重量能降低30％，噪声水平能降低80％。

城市轨道交通也由传统的旋转电机黏着驱动发展到非黏着直线电机驱动方式，代表了世界轨道交通发展的一个新趋势。与传统轮轨系统相比，其本质区别在于：用直线电机驱动机构取代了传统的旋转电机驱动机构，获得良好的牵引效率和强劲的爬坡能力。

船舶综合电力系统的要求是体积小、重量轻、功率密度/转矩密度高、噪声低。发电机朝着高功率密度的高速永磁整流发电机发展，推进电机朝着高转矩密度的超导电动机发展，大功率电能变化装置朝着高效电能转换和集成化发展。

飞机及空间飞行器对机载设备重量、容错性、可靠性等提出更高的要求。为发展高空长航大容量先进飞行器混合动力系统，需要开展大功率高效直驱电驱动技术、大功率高效启动发电助动技术和新结构发电机研究。

（四）大量应用高效节能的新材料和新型器件

电气化交通与运载系统应用的电力半导体器件基本可分为晶闸管类和晶体管两大类，前者主要有晶闸管，门极可关断晶闸管，集成门极换向晶闸管，后者主要有绝缘栅双极晶体管，电子注入增强型栅极晶体管。

绝缘栅双极晶体管兼有双极型器件和 MOS 器件的优点，具有限制内部电流的自保护功能，开关频率高。低压绝缘栅双极晶体管在电动汽车等千瓦级的城市交通电力驱动场合得到广泛应用。高压绝缘栅双极晶体管的工艺难度很大，通态压降很高，结构非常复杂，目前的研制水平可以达到 6.5 千伏/600 安、3.3 千伏/1.2 千安的水平。

集成门极换向晶闸管不用缓冲电路能实现可靠关断、存贮时间短、开通能力强、关断门极电荷少和应用系统总的功率损耗低等，已成为常规门极可关断晶闸管的最佳替代品。目前 10 千伏/1 千安的集成门极换向晶闸管元件已经研制成功。

目前应用的功率器件大多都是基于硅半导体材料制成的，但硅器件难以在高于 250℃ 的高温下运行。碳化硅材料是一种新型半导体材料，它具有宽的禁带宽度、高的热导率、高的击穿场强及高的饱和电子漂移率等特性，基于碳化硅的器件可以在高压、高频、高温的恶劣环境中工作，电力电子系统体积大为缩小，可以在 200℃ 及以上的环境中工作。

三、发展现状分析与前沿

（一）电动汽车

电动汽车是汽车工程与电气工程、控制工程、电子与信息技术等集成为一体的综合性、交叉性高技术产物。纯电动汽车受限于电池性能、价格及废旧电池的环境污染问题，当前定位于城市交通等特定区域和特定用途；混合动力汽车市场化最好；虽然氢能燃料电池汽车也有大量研究，但距离实用化还非常遥远。各种类型电动汽车基本的核心技术基础都是电池组技术、车用电机及控制系统技术、电动汽车整车集成与分布式控制技术。

1. 电动汽车电池组技术

电池组是电动汽车的瓶颈，其关键技术包括电池本体技术和电池成组使用与管理技术两个方面。本体技术主要关注成本、循环寿命、一致性、比能量、比功率、环境适应性等方面，需要在电化学、新材料、新工艺等方面进行持续发展。成组使用与管理技术主要关注实际工况下的荷电状态估计、优化使用方法、热均衡管理、容量无损均衡管理、智能安全保护等问题，有效解决电池使用的高效性和长寿命之间的矛盾。

2. 车用电机驱动系统

近年来，车用电机驱动系统技术取得了较大进展，但产品综合性能和成本距离大规模市场化距离依然较大，需要解决高功率比、新结构、新材料电机的设计，高效高温电力电子新器件的应用，高效、低 EMI 系统拓扑、控制技术，以及高功率密度电力电子集成问题。

3. 电动汽车整车集成与分布式控制系统

电动汽车需要对整车设计、能量管理与综合协调、机电复合稳定性控制、电力电子技术、智能安全技术、电动化辅助操纵系统等进行集成。电动汽车共性的核心关键技术主要有新型动力系统与整车的集成设计与控制、电制动系统与原有制动系统的集成设计与控制、整车分布式网络控制系统的集成设计与控制、整车能量管理与综合协调控制等。目前国内电动汽车还较少采用系统设计与集成的思想进行电动汽车的研究，上述核心关键技术还缺乏系统性的研究和技术支撑。

（二）轨道交通

具有动力分散型、交流传动方式的高速列车由于其具有加速性能优良、安全性高、环境友好等优势，已成为主流发展方向。

电气化交通牵引应用是电力电子应用领域要求最严格，可靠性和寿命要求最高的，这就需要采用特定的技术来提高器件的温度循环寿命和功率循环寿命。硅双极型及场控型功率器件的研究已趋成熟，但是它们的性能仍在不断得到提高和改善。集成门极换向晶闸管和电子注入栅极晶体管有望在近些年更快地取代门极可关断晶闸管，特别是集成门极换向晶闸管器件，已经在高速磁悬浮交通牵引供电领域得到了成功应用。高速铁路的牵引变流器的主开关元件从门极可关断晶闸管用于大功率、绝缘栅双极晶体管用于中功率的格局发展成绝缘栅双极晶体管全面取代门极可关断晶闸管。

要在有限的应用空间内输出很大的牵引功率，就必需更高的功率密度；同时还要实现制动能量的回馈，以实现节能降耗。除使用新的电力电子器件外，牵引变流器的发展方向是模块化，电磁兼容性好。新器件按开关组件形式做成半成品的模块，通过接插件方式连接。保证足够的电磁兼容性，包括抑制对外部的电磁辐射，抑制内部各子系统间和各部件间的相互干扰，提高抗干扰能力。对于采用绝缘栅双极晶体管等高频器件的变流器，还应注意因较高的 du/dt 值通过零部件和线路的杂散电容引起的传导干扰，及轴电压和轴承电流的破坏性作用。牵引变压器有两个发展前沿：一是用超导变压器替代传统的油浸或干式变压器；二是干脆取消变压器。

城市轨道交通技术经过 130 多年的发展，已逐步从单一传统的黏着牵引的轮轨系统，发展成为由传统轮轨系统、直线电机非黏着牵引轮轨系统、直线电机牵引悬浮系统等多种模式组成的轨道交通体系。

（三）船舶交通

船舶综合电力系统的发展趋势有以下三方面。

1. 在组成系统的主要模块方面

原动机采用高效率的高速燃气轮机（或蒸汽轮机）和柴油机组合，发电模块采用高功率密度的高速多相整流型永磁发电机，容量为 42 兆瓦级，推进模块采用高转矩密度的多相高温超导推进电动机，容量为 40 兆瓦级，推进变频器采用基于碳化硅功率器件的多相多电平变频器。主电网中有储能装置（百兆焦级），系统中有高能武器供电接口。

2. 在网络方面

未来输电主网将采用 5000 伏中压直流电网，直流主网的保护采用可重构有限流功能的直流断路器。在配网络方面采用直流区域配电技术，使用斩波器、逆变器进行电能变换，多台逆变器组网。

3. 能量管理系统

未来船舶综合电力系统的能量管理系统朝着智能化发展，包括状态估计、系统实时分析、实时潮流的调节和控制、系统故障下的自愈能力。

（四）多电飞机与空间飞行器

国外目前已形成单台容量 120 千伏安的系列化恒频交流电源产品、250 千瓦的高压直流电源和 250 千伏安的变频交流电源。我国航空电源技术水平和国外先进水平相差很大，虽然国内飞机电源系统已从低压直流电源过渡到恒频交流电源，但基本上为仿制产品，货架产品数量少，成熟产品最大容量只有 60 千伏安，航空电源已不适应飞机发展的需要，成为我国军用和民用航空技术发展的瓶颈之一。

紧密围绕先进飞机所涉及的多电电气技术，需要开展对先进变频发电和高压直流启动发电机、特种电机及其控制、配电、新型电力电子变换技术基础研究，发展多电飞机电气系统顶层设计理论。针对多电飞机大量采用机电作动器，发展电力作动器的机电一体化设计技术与控制技术。针对多电飞机大量采用电能变换装置以满足用电设备对不同电能形式的要求，研究高功率密度电能变换器、航空电能质量控制技术、电力电子变换器的并联及冗余技术和电能变换系统的集成技术。

美国和欧洲用于发展军用无人机的费用总计为 250 亿美元，其中用于高空/中空长航时无人机的发展经费所占比例最大，美国宇航局完成了拟用于飓风科学研究和通信中继的高空长时无人飞行器概念设计的论证。我国在空间飞行器技术方面与国外先进水平有很大的差距，在高空长航时无人机及飞艇若干关键技术与国外差距更大。

四、近中期支持原则与重点

（一）近中期支持原则

结合国民经济和国防现代化需求及国家能源安全与可持续发展的要求，特别鼓励原创性的研究，优先资助在原理、研究方法和手段方面有创新的申请，重视实验研究与试验验证的科学性和定量化方面的申请。探索机械能-电能转换，高效、灵活、安全、可靠和环境友好的新理论、新方法和新设备。包括电能高效转换与利用、电力电子变换与集成化。研究电机电磁领域中的新现象、探索新原理、建立新模型和发现新应用。包括复杂及特殊条件下的电磁特性测量，复杂条件下的瞬态电磁场和电气交通系统电磁场对人体健康的作用与影响等。

（二）近中期支持重点

支持与电动汽车、轨道交通、船舶综合电气系统、多电飞机在内的电气交通与运载系统相关的基础与应用技术研究，包括以下三方面。

1）特种电机优化，包括多时间尺度、电磁/温度/流体/应力的多物理场耦合仿真技术，以高效/高功率密度/高转矩密度为目标的，新原理和结构大功率特种电机（包括直线牵引电机、多相电机、高速电机、高功率密度电机等）研究。

2）复杂电力电子系统的分析与设计技术，包括电力电子新器件及其应用技术研究，系统拓扑、控制，高机械强度/高功率密度/高温升/高效率，电磁兼容在内的电力电子集成技术基础问题研究，复杂电力电子系统的失效机理与可靠性模型研究等。

3）复杂机电气系统集成与可靠性基础研究，包括机电集成的方法、结构，机电系统建模技术和综合仿真，蓄电池荷电状态（SOC）估计与成组技术，机电系统电磁干扰源建模、传播路径及抑制方法研究；噪声激励源建模、传播路径分析及抑制方法研究；系统状态估计，系统安全与自愈技术研究等。

第九节　超导电力技术

超导电力技术是超导技术与电力技术的交叉与结合，主要涵盖超导材料的制备与特性研究、超导磁体技术、超导装置的新原理探索、超导装置的动态特性及其对电力系统的影响、相关的低温冷却、低温绝缘和传热技术等。超导电力技术是一项革命性的前沿技术，它可以极大地提高电网的输送能力、降低电网损耗、改善电能质量、增强电力系统的稳定性和可靠性，为实现安全、高效、坚强的智能电网提供技术支持。因此，超导电力技术被誉为21世纪电力工业唯一的高技术储备。

近年来，随着高温超导技术不断取得新的进步和突破，世界各国都加快了超导电力技术的研究步伐，并提出了超导电力技术的发展计划，如美国政府在Grid 2030计划和智能电网计划中，均将超导电力技术作为重要的发展方向。日本政府批准了Super-ACE计划和Super-GM计划，以促进超导电力技术的产业化。韩国启动了发展超导电力技术的DAPAS计划，欧洲提出了发展超导电力与超导材料技术的SUPERPOLI计划等。

目前，超导限流器、超导储能系统、超导电缆、超导变压器和超导电机等已经进入试验运行或工程示范阶段，超导变电站也将投入电网试验运行，超导电力技术正向更大规模和更高电压等级应用发展，在未来电网技术中将扮演重要角色。

一、基本范畴、内涵和战略地位

（一）超导电力技术的基本范畴

超导电力技术是利用超导体的无阻高密度载流和超导−正常态转变等特性发展起来的电力应用新技术，包括超导电缆、限流器、储能系统、变压器、电机、多功能超导电力装置等。超导电力技术是超导科技、低温与传热学、高电压技术、电力系统、电力电子与控制技术、材料科学等多学科的交叉，涉及超导材料、超导磁体、超导电力装置和含超导电力装置的电力系统等基础研究内容。

（二）超导电力技术的内涵

1. 超导材料的基础科学

超导材料的研究以提高材料载流能力、改善机械性能、降低成本为宗旨，以研究超导材料的磁通运动与钉扎机制、成材机理与处理工艺、各种物理场对材料特性的影响、多股超导线/带材内部的电磁耦合及新型超导材料等为内容。

2. 超导磁体的基础科学

超导磁体是绝大多数超导电力装置的核心部件，因此保障超导磁体的安全稳定是研究的重点。

交流损耗：超导体的交流损耗与外部电磁场、应力/应变、温度、电流频率、带/线材的结构和本征特性关系密切，其表现为热损耗，对超导磁体的稳定性影响较大，故交流损耗一直是超导电力技术中的重要基础问题。

疲劳效应：由交变电磁场、热循环、电流冲击及机械扰动等引起的超导材料的疲劳效应将导致钉扎力、载流能力、机械性能等的退化，因此开展疲劳失效机理和规律、抗疲劳方法、超导装置的寿命评估等研究尤其重要。

稳定性：稳定性研究旨在获得超导线圈的失超触发能量、建立稳定性判据、保障线圈出现局部失超时能够恢复到安全工作状态，内容包括超导线圈的最小失超传播区和失超能量、失超传播速度、冲击电流作用下线圈的稳定性、失超预警与保护方法等。

3. 超导电力装置中的基础科学

超导电力应用新原理探索，研究可实现多功能集成的超导电力装置，如将超导电缆、变压器、储能系统与限流器集成，形成多功能超导电力装置；探索新型高效低成本超导限流器及基于超导储能的 FACTS 技术等。

低温高电压绝缘技术，主要涉及低温下介质的绝缘特性与放电机理、低温绝缘设计准则、绝缘材料的疲劳效应等。

超导电力装置的动力学建模，由于超导电力装置（特别是多功能超导电力装置）与传统电力装置的动态特性有根本性差异，需要研究其稳态、暂态和动态过程的动力学特性，建立其动力学模型，为电力系统稳定性研究奠定基础。

超导电力装置的相关问题，包括超导电力装置的热损失机制、热损失计算模型，超导装置用结构材料的低温特性，低温容器用真空材料的失效机制等。

4. 含超导装置的电力系统的基础科学

由于超导电力装置与传统电力装置对电力系统的稳定性影响不同，需要研究超导电力装置的电磁兼容、谐波治理、动态特性与电力系统稳定性之间的相互作用与影响；电力系统对超导电力装置动态特性的要求和多台超导装置在电力系统中的协调运行；含超导电力装置的电力系统的动态稳定性、超导电力装置在电力系统中的优化配置等内容。

（三）超导电力技术的战略地位

超导电力技术是一门前沿技术，是电气工程领域的革命性新技术。超导电力技术的应用，可以提高电网的输送能力、降低电网损耗、实现电能的快速存取、有效地限制短路电流，因而可以改善电能质量、提高电力系统运行的稳定性和可靠性，从而为实现安全、高效、坚强的智能电网提供强大的技术支持。因此，超导电力技术被誉为 21 世纪电力工业唯一的高技术储备，已成为国际能源技术发展的重要方向之一。开展超导电力技术的研究，对推动电力工业的重大革新和促进电气科学与工程学科的发展具有十分重要的意义。

二、发展规律与发展态势

超导电力技术的发展主要呈现以下四方面的发展规律与态势。

（一）向更高电压等级或更大容量方向发展

由于低压配电系统的电流容量较小，超导电力技术向更高电压等级或更大电流容量方向发展就成为必然的趋势。例如，在超导电缆方面，美国已从配电电压等级（12.5 千伏）上升到输电电压等级（138 千伏）。由于输电系统的短路对电网稳定性影响很大，超导限流器向输电系统发展也是必然趋势，目前美国正在研制 138 千伏的限流器。对于超导变压器来说，只有当容量大于 30 兆伏安时才会有优势，因此，发展大容量超导变压器也是必然的。超导储能系统方面，10 兆焦/兆瓦级的容量主要用于电力质量调节，要在输电系统中起到稳定性调节作用，需研发 100 兆伏安/100 兆焦级超导储能系统。

（二）向原理多样化和功能集成化方向发展

自 20 世纪 60 年代以来，超导电力技术的基础理论研究一直在不断发展。例如超导限流器已从最初的电阻型，发展到磁屏蔽型、桥路型、饱和铁芯电抗器型、混合型等。近年来，中国科学院电工研究所提出了有源超导限流器、双向整流桥路型、改进桥路型等多种原理，美国、日本、德国、韩国也在新型限流器的原理方面有诸多创新。与此同时，超导装置呈现多功能集成化趋势。例如，中国科学院电工研究所实现了限流与储能功能集成的超导限流-储能系统；日本完成了限流功能和电压变换功能集成的超导限流-变压器的概念设计；美国正在研制将大容量电能传输与限流功能集成的超导限流-电缆。

（三）与智能电网技术的发展需求相结合

超导电力技术在智能电网中可以发挥多方面的作用。超导储能系统可用于电网稳定性调节，以提高电网的稳定性、改善电力质量；超导限流器既可降低短路电流、减少大面积停电概率和降低对设备的破坏，还可用于潮流控制；超导电缆可提高输送能力，实现输送功率控制；超导 FACTS 及多功能装置还可以综合发挥更大的作用。

（四）为新能源的发展服务

可再生能源具有间歇性和不稳定性特点，为解决其不稳定问题，需要储能系统和功率补偿装置。美国超导公司开发的超导同步调相机已有八套安装在田纳西州 TVA 电管局电网,用于无功功率的补偿;超导储能系统可用于大型风电场的瞬态功率调节;超导风电机组能减轻单位千瓦的重量、提高效率,降低造价与运行维护成本。美国超导公司等正在研发并验证 10 兆瓦级超导风能电机的可行性。

三、发展现状分析与前沿

(一)超导材料

经过多年发展,Bi 系高温超导带材无论是临界电流密度还是单根长度都达到了超导电力应用的要求。过去的 10 年,超导电力技术示范均以 Bi 系带材为主。然而,由于 Bi 系带材的临界电流易受磁场影响,且采用银作为基体材料,其成本降低空间有限,严重制约了 Bi 系带材的大规模应用。目前国际上已基本停止了 Bi 系带材的后续研发,最大的 Bi 系带材供货商(美国超导公司)已经停止了 Bi 系带材的生产。

钇(Y)系高温超导带材在磁场下的载流能力比 Bi 系好,且基体材料更廉价,因此成为当前和今后的研发重点。目前,钇系带材的研发集中在改进制备工艺、提高性能及降低成本等方面,目前已经形成了千米量级的钇系带材的制备能力并有少量商品可以出售。此外,三硼化镁和新型铁基超导体也是近年来超导材料研发的热点,可望得到实际应用,值得关注。

(二)超导电力应用基础

在交流损耗方面,对于交流损耗随磁场、温度、应力/应变的变化及各向异性等已进行了大量的研究,形成了一系列的分析方法与计算模型,但对多场下的总损耗及包含铁基材料的损耗研究较少,对损耗理论及线圈损耗的计算研究尚欠缺,需要进一步开展这些方面的工作。

在超导磁体稳定性方面,对直流超导磁体的稳定性研究比较全面,而面向电力应用的交流超导磁体的稳定性研究有待于大力开展,特别是对交流超导磁体的多场耦合问题研究得较少,有待于建立交流超导磁体的稳定性判据和失超保护方法。对电流冲击下超导带材与线圈的发热与传热、失超与恢复情况,虽然进行了一些实验与仿真,但还有待于全面的分析研究。对超导磁体(尤其交流下)的疲劳效应研究,在国内外基本上还是空白。

（三）超导电力技术应用

通过各个方面的基础研究，近年来，超导电力技术得到了很大发展，主要国家和地区都相继开展了超导电力技术的示范应用。表 5-1 列出了各种超导电力装置的应用发展情况。

表 5-1　近年国际超导电力技术研发的典型事例

应用	研究开发单位	主要技术参数	状况
超导电缆	美国 AMSC/Pirelli 公司	三相 600 米，138 千伏/2.4 千安	2008 年投入运行
	美国 Southwire 公司	三相 1 760 米，13.8 千伏/2 千安	2011 年 3 月投入运行
	荷兰 NKT 公司	三相 6 000 米，50 千伏/3 千安	2007 年开始实施
	韩国 LS 电缆公司（首尔）	三相 800 米，22.9 千伏/1.25 千安	2010 年投入运行
	中国科学院电工研究所	三相 75 米，10.5 千伏/1.5 千安	2004 年投入试验运行
	中国科学院电工研究所	直流 380 米，10 千安	2010 年投入工程示范
	云电英纳超导电缆公司	三相 30 米，35 千伏/2 千安	2004 年投入试验运行
超导限流器	美国 SuperPower 公司	三相矩阵型，138 千伏/1.2 千安	2011 年投入运行
	美国 AMSC 公司	三相电阻型，115 千伏/1.2 千安	2012 年投入运行
	中国科学院电工研究所	三相改进桥路型，10.5 千伏/1.5 千安	2006 年试验运行
	云电英纳超导电缆公司	三相饱和铁心型，35 千伏/0.8 千安	2009 年试验运行
超导变压器	日本铁路科学研究所	25 千伏/1200 伏，3.5 兆伏安@77K	2005 年完成研制
	美国 Waukesha 公司	138/13.8 千伏，10 兆伏安@20～30K	2005 年完成测试
	韩国 DAPAS 计划	154 千伏/22.9 千伏，100 兆伏安@77K	2007 年开始研制
	中国科学院电工研究所	10.5 千伏/0.4 千伏，630 千伏安@77K	2005 年试验运行
	中国株洲电力机车厂	25 千伏/860 伏，315 千伏安@77K	2005 年完成研制
超导储能系统	美国超导公司/IGC 公司	1～10 兆焦（低温超导）	1999 年开始销售多套
	德国 ACCEL	4 兆焦/6 兆瓦（低温超导）	2003 年试验运行
	中国科学院电工研究所	1 兆焦/0.5 兆伏安	2010 年并网运行
	中国科学院电工研究所	100 千焦/25 千伏安，世界首套超导限流-储能功能集成系统	完成研制和测试
	清华大学	500 千焦/150 千伏安（低温超导）	2005 年完成研制
	华中科技大学	35 千焦/7 千伏安	2005 年用于动模实验
超导电机	日本 Super G-M 计划	79 兆瓦发电机（低温超导）	2001 年完成实验
	美国超导公司	8 兆瓦超导同步调相机（订货）	2007 年投入电网运行
	美国超导公司	36.5 兆瓦电动机	2009 年 2 月载荷调试
	美国超导公司	10 兆瓦风力发电机	2012 年投入运行
	中国船舶重工集团第 712 研究所	1 兆瓦超导船舶电机	2010 年投入运行

注：除注明为低温超导外，其余均为高温超导装置。

四、近中期支持原则与重点

（一）近中期支持的原则

第一，遵循循序渐进原则：近期（2011～2015 年）以超导材料的基础科学、电力用超导磁体的基础科学、超导电力装置的基础科学为主；中期（2016～2020 年）以高压大容量超导电力装置的基础科学、含超导电力装置的电力系统基础科学为主。

第二，坚持需求驱动原则，将超导电力技术与新能源和智能电网的发展需求相结合。

第三，坚持自主创新原则，大力支持超导电力装置的新原理及多功能集成新应用研究。

（二）近中期支持的重点

近期重点支持多场下的交流损耗、持续与冲击电流作用下超导线圈的稳定性、疲劳失效机理与抗疲劳方法、超导电力装置的电磁暂态过程与动力学建模、热损失机制与计算、低温高电压绝缘、超导电力装置新原理及多功能超导电力装置的原理、超导电力技术在智能电网与新能源领域的应用探索等问题的研究；中期重点支持高压大容量超导电力装置的多场耦合及动力学建模、超导电力装置的动态特性及其与电力系统间的相互作用和影响、超导电力装置的协调运行与优化配置，以及含超导电力装置的电力系统稳定性和电网规划等方面的研究。

第十节　电工新材料与环境友好的电能

一、基本范畴、内涵和战略地位

（一）电介质基本理论与特性

电介质是电气电子设备的高性能与小型化发展的关键。研究并提高电介质性能对我国相关设备制造水平和运行可靠性的提升具有重要的意义。

多种因素协同作用下的电介质性能研究是绝缘结构优化的关键之一。例如，在直流高压输电设备中，内绝缘系统要同时承受工频交流电场、高频交变电场、直流电场、温度梯度、整流脉冲、谐波电场、短时冲击电压、长时冲击电压和陡波前暂态电压等。

有必要研究固体电介质材料在冲击电场及其引发的复合场作用下的介电响应和老化破坏性能。与此类似的是电力电子器件在控制过程中引入的电压脉冲的作用。牵引电机中的线圈端部会产生脉冲高电场并引发局部放电，造成绝缘破坏。

太空等极端条件下工作的电介质材料要受到辐射、臭氧和冷热循环等多种因素的作用，需要深入研究这些因素的协同作用对材料带电/放电特性，以及材料破坏性能的影响。

采用纳米技术等方法，研究纳米结构、缺陷结构、显微结构等对电介质介电行为的作用及其机理。

（二）材料改性及新型电介质

材料改性及新型电介质包括基于纳米改性的新型电介质；电介质改性的理论与新方法；工程电介质与功能电介质；特殊环境下使用的电介质。这些内容涉及的内涵主要为通过纳米改性实现新型电介质，挖掘纳米电介质多层次结构与其宏观性能的内在关系，从而为设计新型工程电介质奠定基础。其战略地位主要体现在对大幅提升我国电气工程和微电子技术甚至生物电子技术的快速发展有决定性作用。

（三）高性能电能存储与变换材料

脉冲功率技术的发展对脉冲电容器的储能密度、放电速度、可靠性和寿命及防爆性等提出了更高更新的要求，但现有的箔式和金属化膜式电容器在性能指标上与要求仍有相当大的差距。有必要开展专门的高储能密度电介质技术和科学研究。

压电发电是利用压电材料的正压电效应，把自然界的不规则的运动能量转变成电能。压电发电产生的电能是环境友好的电能，从技术层面牵涉到电工新材料与器件、分布式电能的集能和储存等理论和技术。

（四）环境友好的电介质材料

环境友好的电介质材料是指在制造和使用中对环境不产生危害的固体、气体和液体电介质材料，主要包括无有机溶剂的绝缘材料与无卤绝缘材料等不产生有害气体和污染物的固体绝缘材料、不具有温室效应的六氟化硫替代气体绝缘材料及可生物降解的液体和固体绝缘材料。

无溶剂绝缘材料是指在生产和使用中不排放有机物质和有害空气污染物的绝缘材料。无卤绝缘材料是不含卤族元素的绝缘材料，这种材料燃烧时不释放腐蚀性、有毒、有害气体；目前的固体绝缘材料，在废弃后很难自然降解，理想的可生物降解固体绝缘材料废弃后可被微生物完全分解，最终成为 CO_2 和 H_2O 等小分子物质，从而成为碳素循环的一部分，大大降低对环境的影响。

目前大量使用的矿物绝缘油闪点低，生物降解性差，是不可再生的液体绝缘材料，无法满足高防火性能和环保的要求。由于植物油精炼成的绝缘油的闪点高，生物降解率接近百分之百，具有可再生性，是矿物绝缘油的理想替代品。六氟化硫气体因其优良的绝缘强度和化学惰性逐渐成为高压电气设备中首选的绝缘气体。但由于六氟化硫气体可产生温室效应，所以，需要寻找新的气体绝缘介质替代六氟化硫气体绝缘材料。

寻求环保可降解的环境友好型绝缘材料有利于环保，提升我国绝缘技术水平和在国际市场上的竞争力，具有重要的意义。

（五）环境友好的电能规划

低碳经济的引入，对以往以安全保障与社会经济效益为主的传统电力行业发展模式产生了较大的冲击。在此背景下，如何站在大能源的角度，综合考虑安全、经济、环境、可持续发展等各方面的效益与风险，深入探讨各类低碳要素对电源规划与电力碳排放的影响，搭建综合的"能源、经济、环境"三方面因素相协调的新型低碳电力规划模型，实现电源结构的最优决策与演化，将是一个重要的、全新的研究方向。

综合资源战略规划（Integrated Resource Strategic Planning，IRSP）属于电力规划的基本范畴。传统的电力规划只是考虑利用供应侧资源来满足未来电力需求，而综合资源战略规划同时考虑供应侧与需求侧两种资源来满足未来电力需求。利用综合资源战略规划模型进行规划，可以实现社会总投入最小，效益最大。

（六）基于低碳技术与原理的电能产生与变换

全球气候变暖使人类社会的可持续发展面临着巨大挑战，而减排 CO_2 则是应对挑战的关键所在。电力行业是 CO_2 减排的主力军，发展低碳电力是推动低碳经济、实现电力行业可持续发展的关键战略，而低碳电力技术的研究与运用将对 CO_2 的减排产生显著效益。

电是能量的一种表现形式，作为二次能源，需通过对各种一次能源的转换产生。燃烧化石燃料是电能产生的主要来源之一，在实现从化石能向电能变换的过程中，化石燃料中的碳基也通过在 O_2 中的燃烧形成气态的 CO_2。在传统的电能生产中，电厂发电所产生的 CO_2 往往被直接排放到大气之中，是造成温室效应加剧与全球气候变化的主要原因之一。与其他主要的温室气体排放源相比较，电力行业的 CO_2 排放主要来自大型的火力发电厂，排放源少、排放量大，便于集中管理，有利于通过高效的发电技术与碳捕集与封存技术实现大规模、高效率的减排。因此，研究与发展各种低碳电力技术，具有非常重要的意义。

（七）环境友好的电能传输

输电线路是电能传输的物理基础，其分布广、影响范围大，不仅会产生无线电干扰、可听噪声、地面电磁场，还会影响油气管道、通信线路、无线电和地震台站等设施，并对公众的视觉产生影响。环境友好的电能传输的基本范畴和目标就是在保证输电系统安全可靠的前提下控制与改善输电线路的电磁环境、节约输电走廊。

低碳电力调度在制订发电计划时考虑各类电力设备的碳排放特性，考虑低碳电力技术、碳交易机制、碳排放约束等各类低碳要素的影响，将碳排放纳入调度决策的范畴之内，实现传统电源与低碳电源的联合运行，确保碳减排与电力系统安全稳定的协调运作，从而实现"电平衡"与"碳平衡"的和谐统一。

节能发电调度以节能、环保为目标，以全电力系统内的发、输、供电设备为调度对象，优先调度可再生和清洁发电资源，并按能耗和污染物排放水平，由低到高依次调用化石类发电资源，最大限度地减少能源、资源消费和污染物排放，以促进电力系统的高效、清洁运行。

（八）环境友好的电能变换与利用

随着国民环保意识的不断提高，人们对输变电工程中使用的电力设备和电力设施不仅要求其具有良好工作特性和性能，且越来越注重其对环境的友好。但实际中，许多电力设备未能做到两者兼备，如广泛应用于化工、冶金、轨道交通、电力及船舶等行业变流器的噪声污染，六氟化硫高压开关对大气的污染，超、特高压交直流输电线路对无线通信的干扰和生物及人的电磁影响等。其基本内涵包括以下三个方面。

1）诸多电力设备在良好工频供电条件下，产生的电磁噪声较小；但是，当电能质量恶化时，如在谐波含量超标、频率不稳定和电压暂降等工况下，电力设备的噪声急骤增大。因此，需要研究电力设备噪声的产生机理和影响因素，提出电磁振动与噪声在电力设备中的传递关系和模式；提出相应的抑制措施。

2）研究新介质和新材料在高压开关中的应用，取代六氟化硫在高压开关应用中的地位，实现高压开关的无六氟化硫设计。

3）研究不同超、特高压交直流输电线塔形式对无线电干扰的影响，并研究强电场及强磁场对周围生物和人身安全的影响。

上述三个方面的研究工作对提高我国电力设备的技术品质和国际市场竞争力具有重要的战略意义，同时也为我们正在建设的超高压、特高压输电线路的环境影响评估提供相应的理论参考，以全面降低现代电力设备和电力设施对环境的污染。

二、发展规律与发展态势

（一）电介质基本理论与特性

对电场作用下高分子绝缘材料中缺陷、破坏通道的生长（如电树、水树、放电通道等）规律已经进行了大量的研究。近年来更加重视这些比较明显的老化痕迹出现之前的物理过程、高分子聚集形态与绝缘强度的关系及其对长期服役条件下的性能演变规律。

高压输电技术的发展使得空间电荷问题越来越突出，对温度梯度与直流电压协同作用下的材料电场分布解析及结构设计技术尚未成熟。我国已经在空间电荷特性和老化演变过程等方面取得了国际先进水平的成果，同国外研究者有着广泛的交流。

直流输电设备的油纸绝缘系统中易产生局部过热，使绝缘绕组承受很大的热应力，加速油纸绝缘系统的老化、劣化。目前，国内外还没有对这种复合电场下（电、热、力等多种因素协同作用）油纸绝缘系统的老化机理和击穿机理开展研究。

在脉冲功率技术及相关绝缘技术方面，固体绝缘的真空沿面闪络现象和绝缘结构优化问题尚未解决。电力电子器件的电压脉冲对绝缘产生的破坏作用开始受到关注。重复快脉冲引起固体电介质中电荷的快速注入及释放，造成瞬间能量的释放、导致瞬间应力变化和大量 X 射线的产生，这些因素的协同作用还有待研究。

在空间环境中电介质材料的绝缘特性研究方面，国外的研究主要集中在绝缘介质的带电/放电规律和机理及材料的长期老化特性方面。但在空间环境作用下各种复杂因素对材料破坏的协同作用方面，未见国际上的深入研究报道。

纳米复合介质的研究已有很多报道，但材料制备、物理机制、纳米结构、缺陷结构等的相互关系尚不明了，理论尚不成体系。

（二）材料改性及新型电介质

过去 10 年以来，微米尺度的电介质材料在电气工程和微电子技术领域取得辉煌的成绩，然而随着工程技术的发展，微米电介质的诸多局限性无法满足需要，有必要通过材料改性实现新型电介质，基于纳米改性的新型电介质是这一领域全球关注的热点问题。2004 年 IEEE 电介质与电气绝缘汇刊发表的《电介质与纳米技术》专刊中提出：为开发新型电介质与电气绝缘材料和绝缘结构，应当充分利用纳米科技，它属于学科研究的前沿。纳米电介质科学问题的研究，将使传统电介质理论过渡到具有奇异理化特性和尺度效应的低维电介质理论，并通过对界面相的表征及其理化特性的研究，探索建立微观、介观、宏观三者之间的相互关系与理论模型。

纳米改性是实现或者形成新型纳米电介质的极为重要的过程。改性的前提是保证纳米添加物与基体材料良好的界面特性，并形成有利的纳米填料分散结构，最终提高纳米电介质的宏观性能。近期，绝缘纳米电介质材料的发展主要以添加或者杂化无机氧化物到高分子基体中为主，远期将以纳米结构单元组装技术为主。对于能源领域需要的功能电介质，主要是提高储能密度、缩小体积、延长储能时间和缩短放电时间与纳米改性的关系。但是，由于纳米电介质理化结构、性能及应用的特殊性，很难发现其中的量子尺寸效应，应将更多的精力集中到研究纳米改性与纳米电介质的小尺寸效应特别是界面和表面效应之间的关系上来。

通过材料改性，特别是纳米改性，探索实现新型电介质的途径及电介质改性的理论与新方法、获得一类重要的工程电介质和功能电介质，对研究特殊环境下使用的电介质有重要影响。聚合物纳米复合电介质已经比传统填充聚合物优越，改善的原因可能是聚合物阵列与纳米填料之间相互作用区的中介特性，研究这种中介特性将为纳米改性新型电介质和绝缘开辟新的学术领域。

（三）高性能电能存储与变换材料

新型介质材料的研发是发展高储能密度快放电脉冲电容器的根本。通过纳米微粒添加可将有机薄膜介质材料击穿场强提高一倍，绝缘电阻提高一个数量级。如果把它应用于高储能密度电容器之中，必将带来性能的飞跃。陶瓷介质材料是高储能密度电容器又一个颇具吸引力的选项，它的介电常数远大于有机薄膜材料，是发展小体积高储能电容器的理想材料。

在高储能密度介质研究方面，国内的研究不少，但没有形成体系，与国外的差距较大。国内的研究成果为推动高储能密度介质的研究奠定扎实的基础，如聚合物材料击穿的陷阱模型、纳米金属粒子的电容网络模型、陶瓷介质缺陷结构对介电特性的作用原理、电介质极化的计算机模拟技术等。

压电发电是一项最近10年兴起的高新技术，美国、日本、韩国及欧洲一些国家的研究人员已经取得了很多专利、理论研究和产品等研究成果，近年来在纳米尺度范围和大功率压电发电方面均有突破。而国内此方向研究刚起步，在这方面仍有许多理论和技术工作有待探索。

铁电压电陶瓷作为机、电、声、光、热敏感材料已获得了广泛的应用。目前国内外主要研究和开发的热点是无铅压电陶瓷、弛豫铁电单晶体、压电陶瓷-高聚物复合材料。此外，压电复合材料、耐高温高居里点压电陶瓷、晶粒取向压电陶瓷、透明铁电陶瓷和薄膜等也是目前压电陶瓷材料研究的重点课题。

（四）环境友好的电介质材料

电机电器工业的不断发展，对绝缘材料提出了更高更严格的要求，尤其是近年来兴起的风力发电等新能源，要求无溶剂绝缘材料必须具有高耐热、高防潮湿性、高耐盐雾性、良好工艺性、高机械性和高电性能等，从而提高绝缘系统的运行寿命与运行可靠性。无卤绝缘材料是在满足绝缘材料基本性能要求的基础上，开发新型阻燃体系或者阻燃剂，解决含卤绝缘材料在燃烧过程中释放出有毒气体的问题。绝缘材料无卤化研究主要包括新型基体树脂的制备与改性、无卤阻燃剂改性、纳米阻燃改性及各种阻燃剂的协同改性，其中纳米阻燃剂被认为是21世纪最有前途的阻燃剂之一。

可生物降解电介质材料是液体和固体绝缘材料研究的必然趋势。可生物降解的固体电介质材料的发展，必须系统地对可生物降解材料进行研究，与现有的电介质材料性能进行对比分析，研究在不同等级电压条件下相关的电气与机械性能及提高其稳定性的方法，建立可生物降解电介质材料的评价体系。植物绝缘油是高燃点、可生物降解、可再生的液体电介质绝缘材料，研制低成本、高稳定性植物绝缘油，研究复杂电场中的植物绝缘油电气性能，建立植物绝缘油在应用中的可靠性测试评估方法，是发展和应用的要求。

六氟化硫替代气体研究是为了寻找具有与其相近电负性、温室效应较低的气体绝缘材料。为了能在电气设备中成功应用，研制不同应用场合的需求的六氟化硫替代气体和研究其灭弧性能，交、直流和脉冲电场中的放电和击穿特性是必需的。

（五）环境友好的电能规划

低碳电力规划：中国电力生产所利用的一次能源以煤炭为主，电源结构的70％以上由煤电组成，生产单位电能的 CO_2 排放强度约为 0.82 千克/千瓦时，远高于全球的平均水平；同时，发电机组往往具有较长的服役年限，这就使得中国电力行业具有很强的碳锁定效应。因此，构建科学的电源结构将是我国电力行业有效实施低碳化发展的关键因素与必然的发展目标。

综合资源战略规划：我国既是"发展中的大国"，又是"人均资源拥有小国"，同时也是"资源利用低效国"，能源资源短缺、环境污染等问题对我国经济可持续发展提出了严峻挑战。政府制定的电力发展战略规划，要根据经济发展、区域发展、能源供应安全、环境保护等国情，按照可持续发展的要求，确定未来各时期不同类型发电机组（如煤电、气电、水电、核电、风电等）的总体规模、对各种能源的需求总量、对社会环境的影响等。因此，综合资源战略规划理论可以发展为制定国家发展战略的重要理论，为我国的电力发展战略规划提供决策支撑。

随着全球气候变化问题日益突出，环境保护呼声不断加大，各国政府认识到需方资源的重要性，在利用供应侧资源的同时，大力开发需求侧资源，积极推动 DSM 项目的实施。如果将综合资源战略规划理论及应用扩展到全球范围，这将为全球的节能减排和 DSM 等工作提供重要的理论指导，对全球的可持续发展起到积极的作用。

（六）基于低碳技术与原理的电能产生与变换

从发展的角度看，化石燃料仍将是我国电力行业未来 10 年内的发电主体，尤其以燃煤电厂为主；而随着全球气候变暖趋势的日趋严重及 CO_2 减排前景的日益明朗，我国承担量化 CO_2 减排承诺的预期将不断提高，而国家宏观调控对降低电力 CO_2 排放的重视程度也将日益上升，我国电力行业的 CO_2 减排面临着重要挑战。

在未来 10 年内，我国电力行业仍将保持较快的增长幅度，而关停小机组，淘汰落后的电力产能也将成为确保电力行业可持续发展的重要举措。大力发展各类高效、清洁的发电技术，并大规模引入相应的发电装机，将成为我国电力行业确保电力供应、应对低碳挑战、实现可持续发展的重要选项；在此背景下，深入研究电能产生与变换过程中的碳排放原理，并致力于提高各类高效、清洁的发电技术的低碳效益，无疑意义重大。

碳捕集与封存技术是实现电力 CO_2 减排的关键技术，其原理为将 CO_2 从排放源的排放气体中分离出来，输送到安全的封存地点，并长期与大气隔绝。将碳捕集与封存技术引入电力行业，可实现对电厂排放碳捕集与储存，显著降低传统火力发电厂的碳排放强度。尽管当前碳捕集与封存技术仍然存在着高捕集能耗与运行成本等缺陷，但随着大量研发成本的投入与示范性项目的投资，已经取得了极大地进展。美国政府最新的科技专项基金资助，英国政府对新建燃煤电厂必须具备碳捕集资质的规定，揭示了碳捕集与封存技术光明的发展前景。

（七）环境友好的电能传输

我国经济发达地区及部分电源送出地区输电走廊十分拥挤、紧张，随着电压等级的不断提高，输电线路的电磁环境和走廊宽度越来越成为输电工程设计、建设中必须考虑的重大问题。研究输电线路电磁环境的改善与控制、提高单位走廊输电容量的技术不仅具有重要的学术价值，还具有广阔的工程应用前景。

在传统调度方式中引入以低碳为目标的新型低碳电力调度模式，几乎是当前我国电力行业在短期内有效控制 CO_2 排放，实施低碳化发展的现实的、必然的、唯一的选择。开展此领域的研究具有重要的现实意义与战略意义。

节能发电调度是改变我国目前电力调度粗放型管理模式的重要契机，体现了行业发展观的转变，其生效快，成本低，难度小，"事半功倍"，且提供了较强的示范作用，可以创造极大的节能减排社会效益，具有广阔的发展前景。

（八）环境友好的电能变换与利用

1）在环境友好的电力设备和电力设施方面，通过提升和扩展我国现有的电能质量评估体系，建立针对不同用户的电能质量评估体系，除已有的电能质量控制装备外，研究新一代的电能质量控制技术；并在此基础上，开发低噪声、无谐波、高效率和高单位功率因素的"绿色"变流器是现代变流器技术发展的方向和研究前沿；无六氟化硫的高压开关、高压电力电子开关和智能高压开关也是现代高压开关发展的必然趋势和研究方向。

2）超、特高压输电线塔和线路的强电场和强磁场对生物及人身健康的影响是未来我国输变电发展过程中无法避免的关键课题，也是未来的研究前沿之一。

三、发展现状分析与前沿

（一）电介质基本理论与特性

在电介质破坏机理方面，将重点关注高分子聚集形态与击穿的关系及其老化的变化规律，并深入研究空间电荷的产生及其对电介质性能的作用规律。研究电介质缺陷结构及其对显微结构和宏观介电性能的影响。

针对高压直流绝缘，将研究温度梯度与直流电压协同作用下的空间电荷特性，相应的电场分布解析及结构设计技术，开发直流绝缘材料。

针对各种复杂或极端条件下的电介质材料性能进行深入研究，揭示多种因素协同作用下的电介质材料介电性能演变规律，并开发新的材料和绝缘结构，特别注意纳米结构和纳米改性对电介质性能的作用。

交直流设备中，电介质材料的绝缘强度及其长期稳定性是决定设备性能的关键。前沿研究需要仔细关注各种可能因素对电介质材料微观及介观结构的影响，定量描述其对电介质材料破坏和寿命的影响规律。

电介质材料工作在复杂条件下，其介电性能的演变往往受到多种因素的共同作用。研究多因素之间的协同作用机理是一个难题，也是理论研究的前沿。

（二）材料改性及新型电介质

当前以纳米改性为主的材料改性机理是建立在纳米尺寸的添加物具有小尺寸效应、表面界面效应、量子尺寸效应及量子隧道效应等不同于常规材料的物理化学性质的基础上的。所使用的材料的基体材料一般为两类：聚合物类和陶瓷类。纳米颗粒一般为氧化铝（Al_2O_3）、氧化镁（MgO）、二氧化钛（TiO_2）、二氧化硅（SiO_2）、碳化硅、环氧高介电常数复合材料 $BaTiO_3$，层状硅酸盐等。材料改性研究中所涉及的制备方法主要有共混法、原位聚合法、模板法、插层复合法和纳米粒子原位生成法等。

电介质材料纳米改性最显著的优点是，纳米填料用量少，但对于复合电介质材料的宏观性能特别是机械和电气性能的改善十分显著。在研究新型高介电常数复合电介质材料时，由于纳米改性填料的使用，在较低的填料用量时新型电介质便具有高的介电常数，同时保持了聚合物基体优良的柔韧性。在线路板和器件封装领域，仍然缺乏一类性能稳定的耐高温低介电常数聚合物基电介质材料，是否可以用纳米改性实现这类新型电介质值得探索。对于变频电机领域急需的耐电晕聚酰亚胺材料，尽管已经知道通过添加无机纳米氧化物的改性可以实现，然而从材料制备到耐电晕机理方面没有深刻的认识，导致我国无法实现优异耐电晕聚酰亚胺薄膜材料的生产。另外国内外对高压直流电缆聚乙烯绝缘的耐水树和电树枝化进行了多年的研究，目前仍然缺乏行之有效的途径解决实际工程问题。户外绝缘用到的硅橡胶也存在耐污闪等性能差的缺点。在纳米填料用于改善聚合物特别是聚乙烯空间电荷注入方面，尽管认为极少量的纳米填料使用可以抑制空间电荷的形成，但目前的结果和认识仍然比较混乱，缺乏对空间电荷形成和抑制的系统认识。对于驻极体功能电介质，目前发现可以通过氟化和随后的等温结晶化显著提高聚丙烯电荷稳定性，其机理尚需开展深入的研究。尽管空间有机介质应用所面临的表面带电问题已经解决，但在介质受高能电子辐射深层带电和放电对航天器敏感电子系统的威胁及高功率、高电压电源系统功率损失方面正面临重大挑战，对这类空间环境条件下使用的电介质材料用合适的纳米填料进行改性是否可行是重要的前沿课题之一。在陶瓷电介质领域，有研究表明纳米改性技术在改善陶瓷电介质材料的脆性、提高强度等机械性能方面效果明显，电性能方面研究较少；对于功能陶瓷，纳米改性对于其性能的提高也起到了很大的作用，而且很多性能是使用传统技术所不能达到的。

（三）高性能电能存储与变换材料

不同的应用条件对脉冲电容器的储能密度、放电速度、可靠性、寿命及防爆性等提出了更高更新的要求，因此高储能密度电介质的发展趋势是不断提高储能密度，加快放电速度，提升可靠性、寿命及防爆性。在高储能密度电容器介质和结构及其破坏机理的研究方面，需要研究的问题主要包括新型高储能密度介质的研究、高储能密度电容器的破坏规律和机理、电容器绝缘结构的研究等。主要涉及高储能密度电容器在大脉冲放电过程中的破坏规律和机理、高储能密度复合绝缘材料的研究、高储能密度陶瓷材料的研究、非对称型电化学超级电容器的研究、新型电容器材料和绝缘结构的研究等。

在新能源的开发中大部分用的是常规的发电技术，如核能发电、风能发电中采用的都是电磁转换装置，其能量转换运动形式比较单一。此外，非常规发电技术不规则的振动或运动能量通过正向压力可以转换成电能，利用压电陶瓷的正压电效应研制发电装置，国外这方面从理论到技术都取得了进展。在压电发电方面，研究压电发电的转换效率及其提高的途径、压电发电的适用范围及其若干领域的试验装置、微机电系统用压电发电材料、装置和能量转换技术。

单一材料的特性和功能往往难以满足新技术对材料综合性能的要求，材料复合化技术可以通过加和效应与耦合乘积效应开发出原材料并不存在的新的功能效应，或获得远高于单一材料的综合功能效应，如压电陶瓷器件薄膜化、高温压电陶瓷、压电智能材料、压电压磁混合材料和器件、聚合物柔性压电材料。需要研究关键压电材料和器件，如无铅压电陶瓷和铁电薄膜是当前功能陶瓷领域研究和开发的两个重要方向，无铅压电陶瓷体系主要包括钛酸钡基、铋层结构、铌酸盐系及钛酸铋钠基等无铅压电陶瓷。同时研究其应用领域压电能量收集系统。

（四）环境友好的电介质材料

目前，国内外无溶剂绝缘材料主要有环氧、聚酯、二苯醚、有机硅和聚酯亚胺等系列金字树脂。但是存在环氧系列与聚酯系列树脂的耐热等级不高、二苯醚系列树脂的机械性能较低与贮存性能不好、有机硅系列浸渍树脂产品成本太高及活性单体会挥发等缺点。

因此纳米改性绝缘浸渍树脂及开发无活性单体无剂浸渍树脂是目前研究的重点。无卤绝缘材料主要是采用添加金属氢氧化物、化学膨胀阻燃剂、可膨胀石墨、复合型阻燃剂及纳米化阻燃剂等方式或者通过共混或接枝的方法改变基体树脂以提高绝缘材料阻燃性。目前聚合物纳米阻燃改性、聚硅氧烷类无卤绝缘材料成为无卤绝缘材料的研究热点。

可生物降解电介质材料方面，聚乳酸是目前主要研究中的一种，其主要缺点是耐热性不佳，力学强度不高。日本学者已制造出聚 L-乳酸电缆，并测得聚 L-乳酸电缆所能承受的压力是聚氯乙烯电缆的 3.5 倍，但其弯曲强度不佳。利用无机纳米粒子，如层状硅酸盐，对可生物降解固体电介质材料进行改性具有较好的前景。

植物绝缘油的研究已具有一定基础，美国 Cooper 公司和欧洲 ABB 公司都开发出各自的专利产品，我国重庆大学也已独立开发出植物绝缘油产品。植物绝缘油在国外的配电变压器中已得到应用，但是，由于植物绝缘油的理化性能稳定性比矿物绝缘油低，目前还难以用于 110 千伏以上电压等级的电气设备。开发高稳定性植物绝缘油，开展植物绝缘油在复杂电场、温度场及油中微量水分和杂质条件下的放电和击穿机理和特性研究，建立适合植物绝缘油的故障评估体系是目前该领域的研究热点问题。

国内外对六氟化硫替代气体的研究还处于起步阶段，研究得较多的是八氟环丁烷（c-C_4F_8）、全氟丙烷（C_3F_8）及六氟乙烷（C_2F_6），研究内容涉及以上绝缘气体的电子漂移速度、电子纵向扩散系数、碰撞电离系数、电子吸附系数的测定，绝缘气体在交流电场、非均匀电场下的放电和击穿特性。

（五） 环境友好的电能规划

从现有的研究状况看，尽管在关于电力规划的研究工作中已经初步引入了各类低碳要素，但是这些研究往往只是针对某一类要素展开单独的分析，对于各类低碳要素对于电力规划的影响机制、原理与作用幅度往往并不清晰，研究也没有上升到低碳经济的背景，从本质上揭示其深刻的含义与变革意义。技术手段、经济激励与政策约束是促进电力 CO_2 减排最行之有效的"三驾马车"。低碳电力技术的引入、CO_2 排放交易机制的开展、CO_2 减排目标的制定，都将对未来电力行业的发展产生深刻的影响。这些低碳要素的引入，无疑将使传统的电源规划模式出现重大转变，亟待深入研究。

低碳电力规划的基础内涵与前沿研究主要包括以下三方面内容。

（1） 各种新型低碳能源在电力规划中的关键技术研究

在低碳环境下，可再生发电，碳捕集技术、分布式发电等高效、清洁的低碳技术将得到迅速的发展。各类电源的发电特性与碳排放特性对传统的电力规划模式提出了新的要求，需要建设有利于支撑低碳电力发展的配套电源、输配电网结构等辅助设备；需要实现各类电源在结构上的协调匹配；要求系统能够满足新的安全运行标准，并准确评估各类电源的容量可信度。

（2） 面向低碳目标的电力规划决策模型与优化技术

在低碳环境下，电力规划决策应综合考虑安全、经济、环境、可持续发展等方面的效益与风险，将各类低碳电源的规划方案、碳交易决策、机组改造计划与发电量分配等要素纳为决策变量，考虑低碳技术约束、减排目标与交易机制等相关约束条件，提出面向低碳目标的新型电力规划模型，并开发与之相适应的建模技术与优化技术。

（3） 基于低碳电源结构的碳减排潜力评估与减排路线图分析

在综合考虑包括技术进步、碳价波动、宏观政策、环保标准等广泛低碳风险的基础上，从电源结构的角度分析我国电力行业未来的碳排放轨迹，深入揭示电力碳减排的潜力与贡献要素，形成典型的减排场景，对我国制定合理的碳减排路线图具有借鉴意义。

20 世纪 70 年代，中东石油危机、土地成本上升及环境压力加大，导致美国垄断体制下的电力企业重新思考如何以最小的投入保障电力供应；如何协调售电量和扩大再生产之间的关系，使企业投入最小，利润最大。是单纯追求扩大装机规模，还是通过电力用户节约用电、调整用电方式延缓新建电厂、满足电力供应为企业带来经济效益？这是一个电力企业的综合规划问题。此时，综合资源规划（Integrated Resource Planning，IRP）与电力需求侧管理（Demand-

Side Management，DSM）应运而生，综合资源规划与电力需求侧管理是相辅相成的，综合资源规划是电力需求侧管理的理论基础，电力需求侧管理又是综合资源规划的实践，综合资源规划/电力需求侧管理从根本上改变了单纯注重依靠能源供应来满足需求增长的传统思维模式。经过 30 多年的探索和实践积累了丰富的经验，在节约能源资源、改善生态环境、增强电力资源竞争能力、实现最低成本能源服务等方面取得了显著的经济效益和社会效益。

然而，随着电力体制改革的不断深入，打破垄断、引入竞争、厂网分开、发电侧竞价上网，发电企业、电网企业不再具备发、输、配、用统一规划和经营的功能。电力企业无力再做综合资源规划，综合资源规划与电力需求侧管理被迫分割开来，电力需求侧管理也失去了其理论基础和理论支持，这些都使综合资源规划/电力需求侧管理的实施面临极大的挑战。

虽然厂网分开了，综合资源规划/电力需求侧管理不能作为电力企业（发、输、配、用）的工具，但在国家层面上，政府仍有宏观调控发电侧资源与需求侧资源的能力，综合资源规划的理念应该扩展为综合资源战略规划。在综合资源规划无法成为电力企业实施工具时，综合资源战略规划能在国家战略规划中发挥作用，因此综合资源战略规划将是解决当前我国在发展中所遇挑战的有效手段，将对电力需求侧管理、节能减排、应对全球气候变化等措施提供理论支撑。

目前国内对综合资源战略规划的研究才刚刚起步，主要体现在综合资源战略规划的基本原理、概念等方面，对整个综合资源战略规划的理论体系及具体内容还缺乏系统的研究。

综合资源战略规划是根据国家能源电力发展战略，在全国范围内将电力供应侧资源（如煤电、气电、水电、核电、风电等）与引入能效电厂（efficient power plant，EPP）的各种形式的电力需求侧资源综合统一优化，从战略的高度，通过经济、技术、行政等手段，合理利用供应侧与需求侧的资源，在满足未来经济发展对电力需求的前提下，使整个规划的社会总投入最小，社会总效益最大。综合资源战略规划的原理就是通过调整能效电厂与传统电源的平衡点，从而实现社会效益最大化。具体来说在市场条件下，若电价高、电力建设投资高、运行费用高、节电设备价格低，都将使得平衡点向能效电厂偏移，即开发能效电厂比开发传统电源更具有经济效益；反之，若电价低、电力建设投资低、运行费用低、节电设备价格高，都将使得平衡点向传统电源偏移，即开发传统电源比开发能效电厂更具有经济效益。在国家层面，政府有能力通过恰当的电价政策、经济补贴政策来推动能效电厂的发展，因此政策可以调整综合资源战略规划中平衡点，使其向能效电厂方向移动，充分发挥综合资源战略规划对资源优化配置的能力，设计最佳的市场机制及激励政策，达到电力战略规划的目标。

能效电厂是综合资源战略规划的重要组成，指通过在一个地区实施一系列的节电措施，减少该地区用户的电力消耗，从而达到与新建或扩建电厂相同的目的，将减少的消耗视同"虚拟电厂"提供的电力电量，所以能效电厂又被称为"虚拟电厂"。目前，国内能效电厂的开展还处于试点阶段，能效电厂的开发潜力、运作模式、效益分配等方面的内容还有待进一步研究，因此关于能效电厂的研究内容将是综合资源战略规划理论中的前沿内容之一。随着需方资源规模不断扩大，对电网自身的性能提出了更高的要求，如何达到可靠、高效、便捷地调动需方资源，这是摆在电网发展面前的一项重要挑战，"能效电网"与"智能电网"技术将是迎接这一挑战的重要战略举措，也是综合资源战略规划的前沿内容。

（六）基于低碳技术与原理的电能产生与变换

低碳电力技术是一个全新的研究领域，它以低碳为目标，以电力行业为载体，是电工学科与经济、环境、化学工程、热能动力工程等学科的交叉和融合，具有极强的综合性与创新性。尽管已经开展了部分研究工作，但整体上，我国电工学科对于低碳技术领域的关注仍远远不够；电力行业碳利用效率的低下，低碳技术发展的滞后等现象也深刻体现了我国在低碳技术领域的研究差距。反观国外，低碳电力已经迅速成为最热门的研究领域之一，在国际主流学术刊物上，相关的研究报告与学术文章大量涌现。

从国内外的研究现状看，当前的研究工作主要集中在各类发展较早的高效、清洁发电技术及以风电为主的可再生电源上。然而，首先，由于大多数低碳电力技术尚处于初步的研究与发展阶段，存在着风险大、成本高、效益不确定性的特点，对此还有待开展进一步的研究。其次，现有的研究出发点往往不是落在"低碳"之上，没能深入揭示电能在产生与变换过程中的低碳原理与技术环节，如对各种高效发电技术的研究主要集中在如何提高其发电效率上。此外，现有的研究工作往往仅关注技术本身，没能揭示各类低碳技术对电力系统的作用机制，如对碳捕集与封存技术的研究多集中在化工、热能领域。将碳捕集与封存技术与电能生产相结合的研究工作仍然较为匮乏，亟待深入探讨。

基于低碳技术与原理的电能产生与变换的基础内涵与前沿研究主要包括以下四方面内容。

1）电能生产过程的碳排放原理与技术特性。不同电源种类的发电过程具有不同的碳排放原理与技术特性，需结合发电过程的能量流动、碳基转换、燃烧机理、发电效率等关键要素深入探讨，并在此基础上建立相应的低碳电力技术仿真平台。这也是低碳电力技术领域的重要研究基础。

2）实现低碳排放的发电技术。结合电能生产过程的碳排放原理与技术特性，通过引入高效的低碳发电技术，可以有效降低电能产生过程的碳排放强度。主要包括以含碳燃料气化、液化等为代表的燃烧技术；以碳基分离、蒸汽重整制氢等为代表的燃料处理技术；以超临界、超超临界为代表的高效发电技术；以增压流化床联合循环、整体煤气化联合循环、天然气联合循环与热电循环发电技术等为代表的清洁发电技术；以水能、风能、太阳能、生物能等为代表的可再生发电技术；核能发电技术；各种碳捕集与封存技术等。

3）电能生产过程的碳排放控制技术。通过调整各类电源的电能生产流程，可以对碳排放进行有效的控制。主要包括三方面内容，即对发电流程的优化设计与流程衔接的高效控制，决策面向低碳目标的最优电力生产计划，对发电碳排放的科学管理方法。

4）电力碳捕集技术。电力碳捕集技术主要的研究内容与前沿包括，开发高效的碳捕集技术；实现碳捕集与电厂发电循环高效结合的流程方案；碳捕集电厂的基础运行建模；碳捕集电厂的低碳原理与运行机制；碳捕集电厂的电碳特性研究；碳捕集电厂的生产决策研究；灵活运行机制下碳捕集电厂的动态成本效益分析等。

（七）环境友好的电能传输

在控制与改善输电线路的电磁环境方面，目前的研究成果均反应的是线路电磁环境的外特性，其结果对不同的导线结构并没有普适性。从微观尺度研究电晕放电的离子运动特性、电晕电流特性入手，揭示交直流导线电晕机理，揭示输电线路可听噪声、无线电干扰等电磁环境参数的本质特征，得出具有普适性的研究成果，是未来研究的热点。同时，线路电磁环境、线路对油气管道、通信线路、无线电和地震台站影响等相关标准的制定依据也是研究的焦点。

在节约输电走廊方面，紧凑型、同塔双回、大截面导线、耐热导线、特高压输电技术将是未来超、特高压架空交流输电所采用的主要技术方式。然而随着电力行业的发展，单一的输电技术并不能满足未来超高压输电的需要，几种输电技术综合运用将会更能发挥新型输电技术的优势。同时，交直流同走廊、电缆输电、气体绝缘线路输电、高温超导输电等也逐渐成为研究的热点。

当前，国内外对低碳电力系统调度的研究开展较少，现有工作的主要特点是将低碳作为一个单独的因素、变量或约束引入电力系统之中，并分析其所带来的影响。相关的研究工作较为匮乏，亟待深入探讨。

迄今为止，国外发达国家已基本形成了电力系统的节能制度，在机组组合、经济调度及新能源发电等方面开展了深入的研究，并取得了广泛的应用。相比较而言，我国在这一领域存在着较大的差距。我国目前正处于节能发电调度试点的改革阶段，迫切需要开展节能发电调度模型和方法的研究，为节能发电调度的开展奠定理论和技术基础。

（八）环境友好的电能变换与利用

第一，在环境友好的电力设备和电力设施方面，通过提升和扩展我国现有的电能质量评估体系，建立针对不同用户的电能质量评估体系，在已有的电能质量控制装备的基础上，研究新一代的电能质量控制技术；并开发低噪声、无谐波、高效率和高单位功率因素的"绿色"变流器是现代变流器技术发展的方向和研究前沿；无六氟化硫的高压开关、高压电力电子开关和智能高压开关也是现代高压开关发展的必然趋势和研究方向。

第二，超、特高压输电线塔和线路的强电场和强磁场对生物及人身健康的影响是未来我国输变电发展过程中无法避免的关键课题，也是未来的研究前沿之一。

四、近中期支持原则与重点

（一）电介质基本理论与特性

第一，电介质材料的破坏机理。研究强电场作用下电介质材料内部纳米结构、缺陷结构、微观结构的变化及发展过程，研究温度梯度和电场协同作用下空间电荷特性随老化时间的演变规律，研究直流极性反转等特殊条件下电介质材料内部的空间电荷行为及对材料寿命的影响规律，研究复合电场下绝缘系统中缺陷的发生、扩展及演变规律，研究绝缘状态参数随老化的演变规律。

第二，电介质性能变化对绝缘结构设计和优化的影响。在研究温度梯度和直流电场的协同作用基础上，研究直流绝缘结构的电场解析及结构设计方法；研究电介质性能变化对绝缘结构的影响。

第三，多场协同作用下电介质材料的性能演变规律。研究直流输电设备绝缘材料在温度梯度、交直流和脉冲电场及应力协同作用下的性能演变规律；研究瞬变强电场作用下，电介质材料长期介电性能的演变规律；研究太空辐射条件下材料介电性能及内部空间电荷特性的演变规律。

第四，复杂条件下的电介质材料性能提高和结构设计。研究开发适于各种复杂和极端条件高性能的电介质材料。结合极端条件下材料性能研究，研究生产工艺和材料改性方法对长期性能演变的影响；研究微米/纳米复合电介质材料的界面效应、介电性能和破坏规律；研究纳米结构和缺陷结构对电介质宏观介电行为的作用。

（二）材料改性及新型电介质

纳米改性技术和方法研究是保证获得新型纳米电介质的前提，应重点支持对纳米改性技术和方法的研究，分析表征纳米改性的效果，结合形成的纳米复合电介质多层次结构的表征和宏观性能，揭示改性技术和方法的优缺点，形成系统的对纳米改性来改善电介质性能机理的认识，确定有效的进行纳米改性的先进技术，揭示纳米改性对改善新型电介质多层次结构和提高宏观性能的内部机制。

我国应对下述两个领域的研究内容进行重点或者重大项目的支持：①基于纳米改性的新型电介质的多层次结构与宏观性能关系的基础研究；②特殊环境条件下使用的新型电介质带电与老化等性能的基础研究。

（三）高性能电能存储与变换材料

在高储能密度电介质研究方面，特别注意高储能密度电容器在大脉冲放电过程中的破坏规律和机理、高储能密度复合绝缘材料的研究、高储能密度陶瓷材料的研究、非对称型电化学超级电容器的研究和新型电容器材料和绝缘结构的研究。

在高效能量转换的压电材料研究方面，需要加强压电发电的基础理论研究、高效能量转换的压电材料及其制备技术研究和高效的压电发电转换装置理论与技术研究。

在高效能量转换的压电材料与器件方面，需要加强大功率高功率密度压电陶瓷稳定性研究、无铅铁电薄膜和压电纤维的研究和柔性聚合物压电材料的研究；同时发展压电发电和能量收集系统、智能压电传感和驱动系统及大功率密度压电换能与输能器件。

（四）环境友好的电介质材料

在无溶剂的绝缘材料研究方面，应兼顾材料结构与性能两方面工作，重点研究内容：①新型无挥发活性稀释剂的研究；②C级及以上耐热等级无溶剂浸渍树脂的研究；③风力发电等新兴能源和新技术领域所需无溶剂浸渍树脂的研究；④无溶剂浸渍树脂材料结构与性能间关系的研究。

在无卤绝缘材料研究方面，不应在含磷系及过渡金属或重金属阻燃绝缘方面进行过多研究，重点研究内容：①采用层状硅酸盐改性聚合物绝缘材料制备具有优异综合性能的无卤阻燃材料的应用基础研究；②开发新型无卤绝缘树脂，采用实验研究与分子模拟技术相结合的手段进行新型无卤绝缘树脂的研究与开发；③阻燃原理及新型阻燃剂的研究，研究由此形成的新型无卤绝缘材料的电气绝缘性能与其他相关性能之间的关系。

在可生物讲解固体绝缘材料研究方面，重点研究内容：①可生物降解电介质材料的设计；②可生物降解电介质材料的制备和改性；③可生物降解电介质材料的性能与结构的关系；④可生物降解电介质材料的性能评估。

在植物绝缘油研究方面，近中期的支持重点是对目前可选的植物油进行必要的基础电气性能研究、工艺处理、绝缘配合及相关的多因素老化研究，同时研究输电电压等级植物绝缘油变压器等设备中的绝缘油、油纸绝缘放电和击穿机理和多因素老化机理及故障评估体系。

在六氟化硫替代气体研究方面，应寻找适合我国家环境条件的气体电介质材料，近中期应重点支持研发合适的环保气体绝缘材料，对替代气体的分子结构、灭弧特性和绝缘机理的研究，同时开展对六氟化硫替代气体绝缘组合电器的研制和故障诊断的研究。

我国应开展以下项目研究：①风力发电机用无溶剂浸渍树脂研究及其性能评估；②变频电机用无溶剂浸渍树脂研究；③新型无卤绝缘材料研究；④可生物降解固体绝缘材料及性能评估体系研究；⑤复杂电场及温度场下的植物绝缘油及油纸绝缘击穿与老化机理研究；⑥六氟化硫替代气体电介质及其微观物理化学性能与绝缘、灭弧性能之间的关系研究。

（五）环境友好的电能规划

低碳电力规划的相关研究工作具有立足当前，惠及长远的特点，因此，近中期支持应以促进广泛研究，建立长效机制为原则。重点支持领域如下：①可再生电源与碳捕集技术在电力规划中的关键技术研究；②面向低碳目标的电力规划决策模型与优化技术；③面向低碳目标的电力规划决策的风险评估与应对机制；④基于低碳电源结构的碳减排潜力分析；⑤制定我国未来的电力碳减排实施路线图。

综合资源战略规划方面近中期应重点支持综合资源战略规划的相关理论与技术研究，包括综合资源战略规划的基本概念、方法、流程、模型，各类能效电厂的潜力，能效电厂的运作模式及综合资源战略规划的实践应用等内容，并全面构建综合资源战略规划的理论体系。

由于综合资源战略规划不但具有很强的理论性，而且还有很强的实践性，所以对综合资源战略规划的支持重点要坚持理论联系实际的原则，用理论指导实践，根据实践来完善理论。

在低碳电力规划方面，科学的电源结构是中国电力行业有效实施低碳化发展的关键因素，建议能源学科重视此领域的研究工作，并投入持续的关注与支持。

在综合资源战略规划方面，建议政府充分认识需方资源的价值，将需方资源与供方资源一同纳入电力发展战略中综合考虑，同时建议国家加大对综合资源战略规划相关理论与技术的研究力度，并将综合资源战略规划的理论与技术充分应用到国家电力发展战略的制定中以指导政府的有关决策。

（六）基于低碳技术与原理的电能产生与变换

近中期支持的原则应考虑各项低碳电力技术的研究现状、发展前景与实施效益，立足当前，虑及长远，并充分顾及在技术发展中的各种不确定性与风险因素。

近中期支持的重点领域：①发电碳排放特性相关基础理论研究；②各类高效、清洁的发电技术，尤其是基于燃煤发电的低碳技术；③有利于实现电厂低碳排放的流程设计与生产管理机制、决策方法；④实现电厂大规模、高效率碳捕集的专项技术；⑤碳捕集电厂的基础运行理论研究；⑥电厂碳捕集系统与发电系统的协调技术；⑦低碳电力技术的仿真平台建设。

碳减排将是未来电力行业面临的主要挑战，而我国的电力排放现状显然难以满足低碳环境下的要求。此外，低碳技术已经成为当前国际的技术前沿，引领着世界的技术革新浪潮；而作为新兴的研究领域，低碳电力学科的发展面临着巨大的机遇和挑战，符合我国未来能源工程领域的重大技术需求及发展战略。大力发展低碳技术，既是现实的需要，也是必然的选择。为此，建议能源学科在此领域投入大量的关注与支持，未雨绸缪，对有前景的低碳技术予以重点扶持，积极应对即将到来的"低碳风暴"。

（七）环境友好的电能传输

近中期支持的原则应重点鼓励相关的基础理论研究与具有重大应用价值的研究成果，重点支持领域：①线路的电晕特性及无线电干扰和可听噪声、空间电场和电荷分布产生的机理和本质特征对环境、海拔的影响，计算方法研究和相关标准的制定依据；②同塔多回、紧凑型、交直流同走廊输电技术及其之间的混合输电技术，研究相应的外绝缘、电磁环境、过电压和防护技术及对系统保护等的影响；③抑制线路电晕或其环境效应的导线、超高压电缆及相关材料的研究；④与可再生电源、碳捕集电厂的调度特性与低碳运行方式相关的基础理论；⑤新型低碳电源与各类传统电源的协调运行技术；⑥面向低碳的电力调度建模、优化与决策技术；⑦低碳环境下电力系统的结构特征与运行特征分析；⑧低碳电力调度的实施方式与运行风险分析；⑨面向低碳目标的新型电力调度技术；⑩节能发电调度的实施方式与运行风险分析；⑪面向节能目标的电力调度建模、优化与决策技术；⑫开发适用于节能发电调度机制下的大规模、多目标、非线性混合整数优化决策算法；⑬基于节能发电调度的时序递进协调理论；⑭基于节能发电调度的空间层次协调运作与解耦理论。

环境友好的电能传输技术对线路的电磁环境要求很高，建议重点研究。同时，积极开展新型输电技术和材料的研究也是提高线路输送容量、节约走廊、减小电磁环境影响的有效途径。

电力系统的运行调度是电力行业最为核心的功能环节之一，以调度方式为切入点实现碳减排，深入把握了行业本质。建议对此新兴领域的研究进行大力扶持，争取"抢占"此领域研究前沿的最高点，引领国际的学术前沿。

开展节能发电调度，体现了电力行业发展观的改变，具有关键的示范意义与导向意义。为此，建议支持此研究领域的快速发展，争分夺秒。

（八）环境友好的电能变换与利用

环境友好的电能变换与利用研究：①环境友好电能的质量评估体系的建立及电能质量控制新技术和装置的研究；②绿色节能电力设备噪声的产生机理及降震去噪声的关键技术研究；③新型无六氟化硫高压开关设备技术研究；④超、特高压交直流输电线塔和线路的电磁环境分析及生物影响效应研究。

环境友好的电能变换和利用对提升我国电力系统供电质量和电力装备品质具有十分重要的研究价值，是对长期以来我国电力装备业忽视电磁环境污染的一次重新审视。我们在吸收国外先进理论和技术的同时，应积极倡导和支持原始创新和具有自主知识产权的关键技术创新。国家应加大该领域研究力度。

◇ 参 考 文 献 ◇

程浩忠，范宏，翟海保.2007.输电网柔性规划研究综述.电力系统及其自动化学报，19（1）：21~27

邓自刚，王家素，王素玉，等.2008.高温超导飞轮储能技术发展现状.电工技术学报，23（12）：1~10

高光义.2009.照明光源的发展动态.电气技术，9（4）：44～48

国家自然科学基金委员会.2006.电气科学与工程学科发展战略研究报告.北京：科学出版社

何湘宁，陈阿莲.2006.多电平变换器的理论和应用技术.北京：机械工业出版社

胡学浩.2009.智能电网——未来电网的发展态势.电网技术，33（14）：1～5

胡毅，陈轩恕，杜砚，等.2008.超级电容器的应用与发展.电力设备，（9）：20～22

华伟，周文定.2002.现代电力电子器件及其应用.北京：北方交通大学出版社，清华大学出版社

林良真.2009.超导电工技术发展及其应用.第十届全国超导学术研讨会．北京九华山庄

吕天文.2009.中国电能质量治理产品市场现状与分析.电源技术应用，12（5）：1～3

米建华.2007.当前我国电力行业节能节电政策综述.电力设备，8（7）：4～6

万钢.2009.用节能减排和新能源调整振兴传统产业.中国能源网

武建东.2009.中国智能互动电网发展战略.中国电力企业管理，13：21～29

肖世杰.2009.构建中国智能电网技术思考.电力系统自动化，33（9）：1～4

肖湘宁.2004.电能质量分析与控制.北京：中国电力出版社

严陆光，陈俊武.2007.中国能源可持续发展若干重大问题研究.北京：科学出版社

张皓，续明进，杨梅.2006.高压大功率交流变频调速技术.北京：机械工业出版社

张森林.2008.节能发电调度实用化措施框架体系.电网技术，32（20）：81～94

中国可再生能源发展战略研究项目组.2008.中国可再生能源发展战略丛书.北京：中国电力出版社

朱德恒，严璋，谈克雄，等.2009.电气设备状态监测与故障诊断技术.北京：中国电力出版社

Albany J H. 2007. Guide to estimating benefits and market potential for electricity storage in New York, final report

Belic J, Walling R, Brien KO, et al. 2009. The sun also rises-planning for large-scale solar power. IEEE Power & Energy Magazine, 7 (3)：45～54

Benjiamin K, Rober M, Dan T. 2009. Harnessing the sun-an overview of Solar technologies. IEEE Power & Energy Magazine, 7 (3)：23～33

Department of Energy U S. 2003. Grid 2030. http：//electricity. doe. gov[2010 - 05 - 04]

Du B X, Kobayashi S. 2003. Environmental factors affecting DC resistance to tracking of polyethylene. IEEE Trans on DEI, 10 (2)：271, 272

Farzaneh M, Li Y, Zhang J. 2004. Electrical performance of ice-covered insulators at high altitudes. IEEE Trans on DEI (Dielectrics and Electrical Insulation), 11 (5)：870～880

Farret F A, Simões M G. 2006 Integration of Alternative Sources of Energy 2006. Wiley-IEEE Press

Fisher R, Fillion R, Burgess J. 1995. High frequency, low cost, power packaging using thin film overlay technology. 1：2～17

Georghiou G E, Papadakis A P, Morrow R. 2005. Numerical modeling of atmospheric pressure gas discharge leading to plasma production. J. Phys. D：Appl. Phys，(38)

Gutierrez Alcaraz J M, de Haan S, Ferreira J A. 2009. A new methodology for system integration. IEEE IPEMC'09：1254～1258

Ikeda N, Kaya S, Li J. 2009. High powerAlGaN/GaN HFETs on 4 inch Si substrate. Physica Status Solidi (c),6：933~936

Ipakchi A, Albuyeh F. 2009. Grid of the future. IEEE Power & Energy Magazine，7 (2)：52~62

Johns AT, Warne DF. 2003. Advances in High Voltage Engineering. MPG Books Limited, Bodmin, Cornwall, UK

Jong E C W, Ferreira B J A, Bauer P. 2008. Toward the next level of PCB usage in power electronic converter. IEEE Trans On Power Electronics，23 (6)：3151~3163

Josifovic I, Popovic G, Ferreira JA. 2009. A PCB system integration concept for power electronics. IEEE IPEMC'09：756~762

Jo Y S, Pyu K S, Parp M. 2006. 1st phase results and future plan of DAPAS program. IEEE Trans Appl Supercond，16：678~682

Kimimori H. 2008. Present status and future prospects for electronics in electric vehicles/hybrid electric vehicles and expectations for wide-bandgap semiconductor devices. Physica Status Solidi (b)，245 (7)：1223~1231

Liang Z, Lee F C. 2001. Embedded power technology for IPEMs packaging applications. IEEE APEC'2001，(2)：1057~1061

Maruvada PS. 2000. Corona Performance of High-Voltage Transmission Lines. Baldock, Hertfordshire：Research Studies Press Ltd

Mayergoyz D. 2003. Mathematical Models of Hysteresis and Their Applications. Maryland：Academic Press

Moghaddam M P, Sheikh-El-Eslami M K, Jadid S. 2000. A price guideline for generation peng F Z. A generalized multilevel inverter topology with self voltage balancing. IEEE Trans on Industry Applications，37 (2)：611~618

Nakatsuka T, Kikuchi A, Ozawa Y. 2002. Research and development of superconducting cable in Super-ACE project. Cryogenics，42：345~350

Pereira A J C. 2005. Expansion planning in competitive electricity markets. IEEE Transactions on Power Systems，10：1~5

Sawa T, Kume T. 2004. Motor drive technology——history and visions for the future. Proceedings of IEEE-PESC，1：2~9

Sheng K, Zhang Y, Su M, et al. 2008. Demonstration of the first SiC power integrated circuit. International Journal of Solid-State Electronics，52：1636~1646

Susumu I, Tsuneo O, Kazunobu N. 2000 High-power device IEGTs for power electronics. http：//www.toshiba.co.jp/tech/review/2000/07/a03.pdf [2011-05-23]

Usoskin A, Freyhardt-HC, Lssaev A. 2003. SUPERPOLI fault-current limiters based on YBCO-coated stainless steel tapes. IEEE Trans Appl Supercond，13：1972~1975

van Wyk J D, Lee F C, Liang Z X, et al.. 2005. Integrating active, passive and EMI-filter functions in power electronics systems：a case study of some technologies. IEEE Trans. On Power Electronics，20：523~536

Wu B，Song P. 2004. Comprehensive analysis of multi-megawatt variable frequency drives. Transactions of China Electrotechnical Society，19（8）：40～52

Wu B. 2006. High-Power Converters and AC Drives. New York：IEEE Press/Wiley-Interscience

Xiao LY，Lin L Z. 2007. Recent progress of power application of superconductor in China. IEEE Transactions on Applied Superconductivity，17（2）：2355～2360

Zhang Q，Jonas C，Ryu S H，et al. 2006. Design and fabrications of high voltage IGBTs on 4H-SiC. ISPSD'2006：1～4

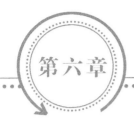

第六章

温室气体控制与无碳-低碳系统

第一节　温室气体控制的领域范畴与现状

一、温室气体控制的领域范畴

温室气体指的是在地球大气中，能让太阳短波辐射自由通过，同时吸收地面和空气放出的长波辐射（如红外线），从而造成近地层增温的微量气体。它们的作用是使地球表面变得更暖，类似于温室截留太阳辐射，并加热温室内空气的作用。这种温室气体使地球变得更温暖的影响称为"温室效应"。水蒸气（H_2O）、CO_2、氧化亚氮（N_2O）、甲烷和臭氧是地球大气中主要的温室气体。此外，根据蒙特利尔议定书，大气中还有一系列人造的温室气体，如卤代烃及其他含有氯和溴的物质。除了CO_2、甲烷和氧化亚氮，《京都议定书》涉及的温室气体还有六氟化硫、氢氟碳化合物和全氟化碳（PFCs）。

温室气体的共同特点是对可见光透明，而对红外线不透明。由于太阳辐射以可见光居多，所以这些可见光可直接穿透大气层，到达并加热地面。而加热后的地面会发射红外线从而释放热量，但这些红外线不能穿透大气层，因此热量就保留在地面附近的大气中，从而造成温室效应。

水蒸气是最主要的温室气体，但与CO_2不同，水蒸气可以凝结成水。因为大气中的水蒸气含量基本稳定，不会出现其他温室气体的累积现象，所以现在讨论温室气体时并不考虑水蒸气。

（一）气候变化事实、影响及原因

能源是现代人类社会文明与经济发展的重要物质基础，环境则是人类生活与生存的必要条件，但能源利用与环境保护之间有时存在着难以调和的矛盾，

全球气候正在经历以变暖为主要特征的显著变化。瑞典科学家斯万特·阿尔赫尼斯（Svante Arrhenius）早在 19 世纪末就提出了温室效应概念并作了描述，许多科学家也逐渐认识到人为的温室气体排放增加的问题。但是直到 20 世纪 70 年代初期，各国科学家对气候变化问题仍缺少系统的研究。1972 年召开的斯德哥尔摩人类环境会议，促使人们加强对潜在的气候变化和相关问题领域的研究。20 世纪 70 年代末期，科学家们开始把气候变化看做一个潜在的严重问题。自 1979 年第一次世界气候大会呼吁保护气候以来，全球气候变化日益成为国际社会关注的热点。1988 年 11 月，世界气象组织和联合国环境规划署联合建立了 IPCC，其任务是评估气候与气候变化的现状，分析气候变化对社会、经济的潜在影响，并提出减缓、适应气候变化的对策。

根据 2007 年 IPCC 第四次评估报告，近百年全球地表平均温度上升了 0.74℃，最近 50 年的升温速率几乎是过去 100 年的两倍；海洋升温引起海水热膨胀；北半球积雪明显减小，山地冰川和格陵兰冰盖加速融化；全球海平面平均上升约 0.17 米。上述的气候变化事实已经对自然和生态系统产生了一定影响，主要体现在海岸带湿地和红树林面积损失，以及南北两极部分生态系统发生变化等方面，甚至出现生态失衡问题。

随着对气候变化科学问题认识的逐渐加深，人们越来越认识到气候变化对人类生存环境和经济社会发展的危害，同时也逐步确认了人类活动是最近 50 年气候变暖的主要原因。人类活动主要是指化石燃料燃烧和毁坏树林等，由此排放的温室气体（主要包括 CO_2、甲烷和氧化亚氮等）导致大气中温室气体浓度大幅增加，引起温室效应增强，从而导致全球气候变暖。

IPCC 第四次评估报告认为，如果不采取温室气体减排的进一步措施，21 世纪全球气候将持续变暖。预计到 2020 年，中国年平均温度可能比 20 世纪末升高 $0.5\sim0.7$℃，北方增暖大于南方，冬春季增暖大于夏秋季；平均年降水量可能比 20 世纪末略有增加，但主要表现为强降水事件的增多；极端高温事件可能更加频繁，暖冬与热夏的次数可能增加，台风和强对流天气可能更强烈，冬季的寒潮将可能继续减少。这种气候变化可能导致我国农业产量波动幅度增大，到 2030 年，我国种植业生产能力可能会下降 5%～10%，主要作物产量和品质进一步下降，粮食安全受到威胁；随着地表蒸发量增加，生产与生活用水量将增大，水资源供需矛盾会进一步加剧；生态脆弱性大大增加，野生动物和某些植物将处于濒危或受威胁状态；未来长江上游地区强降水事件可能增加，从而使重大工程安全遭受严峻挑战；海平面上升进一步加剧的趋势会使沿海地区受到多方面冲击。

自 20 世纪 80 年代开始，国际社会采取了一系列应对措施来适应和减缓气候变化：1988 年联合国大会通过了为人类保护气候的决议；1990 年 IPCC 发布了第一次气候变化评估报告；1992年联合国环境发展大会通过了《联合国气候变化框架公约》，提出了应对气候变化的目标、基本原则和义务；《联合国气候变化框架公约》的目标是稳定大气中温室气体浓度，使自然生态系统自然地适应气候变化，并使经济能够可持续发展，《联合国气候变化框架公约》还确立了"共同但有区别责任"的原则和"可持续发展"的原则；1997年通过了《京都议定书》，规定了发达国家2008～2012年量化的减排指标；2007年于巴厘岛会议通过了"巴厘路线图"，要求进一步加强《联合国气候变化框架公约》和《京都议定书》的实施，并于2009年年底就2012年后应对气候变化的合作行动作出安排。

（二）各国对温室气体控制问题的态度及相应对策

《联合国气候变化框架公约》的最终目标是"将大气中温室气体的浓度稳定在一个能够防止气候系统受到危险的人为干扰的水平上"。《联合国气候变化框架公约》的核心是节约能源、提高能源利用效率以达到控制和减少CO_2排放的目的，而这也将成为本世纪能源科学的主要议题之一。《京都议定书》是《联合国气候变化框架公约》第三次缔约方会议的重要成果。《京都议定书》中规定了各类发达国家降低温室气体排放的指标：2010年发达国家温室气体排放要比1990年减少5.2%（欧盟8%，日本6%，美国7%），而对发展中国家未作限定。2005年2月16日，《京都议定书》正式生效，这是人类历史上首次以法规的形式来限制温室气体的排放。在2009年年底召开的哥本哈根会议上，美国政府又宣布一项总额为3.5亿美元的应对气候变化的计划，其中美国将提供8500万美元。该计划预计在未来5年内帮助发展中国家尽快掌握可再生能源技术和提高能效的技术，以减少温室气体排放，减少对化石能源的依赖。欧盟承诺到2020年将CO_2排放量在1990年的水平上削减20%。如果其他主要排放国也加入这一努力行动，欧盟还会将减排幅度提高至30%。日本计划到2020年将温室气体排放量在1990年的水平上削减25%。

为在21世纪实现发电效率的大幅度提高和CO_2排放的大幅度降低，美国能源部提出并启动了《21世纪远景计划》（Vision 21），如图6-1所示：不但可将煤转化为清洁的合成气后分离产出氢能，而且可以实现CO_2的分离回收。预计到2050年，新型系统的CO_2等有害物将有可能实现准零排放，燃煤发电效率达到60%，天然气发电效率达到75%。欧盟国家推出了《未来能源计划》，如图6-2，其重点是促进欧洲能源利用新技术的开发，减少对石油的依赖和煤炭造成的环境污染，增加生物质能源和其他可再生能源的利用。而由Shell公司提出的"合成气园"概念比美国《21世纪远景计划》范围更广：合成气可直接用做燃气蒸汽联合循环发电的燃料及城市煤气，还可同时生产甲醇、二甲醚等；甲醇、二甲醚既可作为重要的化工原料，又是优良的清洁能源。日本则试图大量增加核电站，在日本新日光计划中，开展了新的能量释放方式的研究，如新型高温空气燃烧方式（节能 30%，氮氧化物降低 50%），具有 O_2/CO_2 燃烧的动力循环，发展制氢、大规模储运、氢能利用的世界能源网络（WE-NET）项目等。

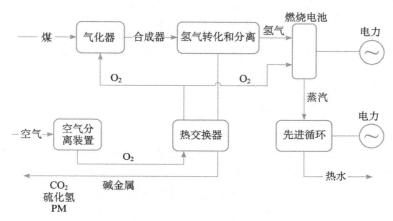

图 6-1 《21 世纪远景计划》

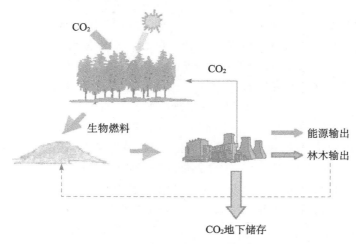

图 6-2 欧盟《未来能源计划》

然而，上述技术路线都是各个国家根据本国具体国情量身订制的。例如，《21 世纪远景计划》是以氢能为核心的技术路线，较为侧重战略思考，这是美国根据目前自己的碳捕集与封存政策（不承诺减排）和经济发展现状（经济发达）所提出的较理想化和具有前瞻性的技术路线，可以认为仅是一个战略目标，我们不能盲目地追随其后。欧洲能源结构的主要特点在于其丰富的生物质资源，因此在碳捕集与封存问题方面具有得天独厚的基础。通过调整能源结构（向可再生能源倾斜），欧盟提出了在利用生物质能发电的同时减排 CO_2 的独特技术路线。而我国是以煤为主的化石能源国家，能源结构的不同使得我国无法移植欧洲的技术路线。日本是一个资源匮乏的岛国，无论生物质还是化石能源都不丰富，所以提出了世界能源网络的概念，而且日本的能源消耗规模和我国无法相比，我国的能源消费难以依靠其他国家的资源，无论是从规模还是安全角度考虑，世界能源网络的技术路线对日本而言是可行的，但现阶段却不适合在我国推广。

（三）我国温室气体排放状况

根据"共同但有区别的责任"原则，《京都议定书》仅为附件Ⅰ国家（发达国家和经济转型国家）规定了具体减排义务。但由于发展中国家温室气体排放数量的快速增长，发达国家要求发展中国家参与温室气体减排或限排承诺的压力与日俱增。目前，我国年度 CO_2 排放总量仅次于美国，而随着经济的持续高速发展和人民生活水平的不断提高，我国能源消费在相当长的时期内也将会保持较高的增长率。在国际上，我国在 CO_2 排放方面正面临着日益增加的巨大压力。2030 年前后 CO_2 排放问题有可能成为制约我国经济增长的最主要约束之一。我国一贯重视和认真负责地应对气候变化问题，不仅签订并批准了《京都议定书》，而且在"十一五"规划中首次把控制温室气体排放作为国家目标。《国家中长期科学和技术发展规划纲要（2006—2020 年）》在先进能源技术重点研究领域提出了"开发高效、清洁和 CO_2 近零排放的化石能源开发利用技术"的目标。近年来，更是大力加强节能、减排工作：2006 年 12 月，科技部、中国科学院和中国气象局出版了《气候变化国家评估报告》；最近又发布了《中国应对气候变化国家方案》，明确了我国应对气候变化的基本原则、具体目标、重点领域及政策措施，明确将碳捕集、利用与封存技术作为控制温室气体排放和减缓气候变化相关技术开发的重要任务；我国政府在哥本哈根会议上提出了到 2020 年我国单位 GDP CO_2 排放比 2005 年下降 40%～45% 的战略目标。

1990 年，中国的 CO_2 排放量为 22.56 亿吨，占发展中国家排放量的 35%，占世界排放总量的 11%。但根据 IEA 最新统计数据，中国 2006 年能源消费为 18.78 亿吨标准油（26.84 亿吨标准煤），相应的 CO_2 排放量增加到 56 亿吨，是 1990 年的 2.5 倍，占世界总量（280 亿吨）的 20%；同年，美国 CO_2 排放量为 57 亿吨，占世界总量的 20.3%。

中国 CO_2 排放量主要来自煤电生产和物质生产部门终端能源消费。

1) 钢铁。2002 年中国钢产量为 1.80 亿吨，2004 年为 2.72 亿吨，2007 年为 4.89 亿吨，钢铁工业的能耗约占全国总能耗的 10％～15％。以我国目前的技术水平，采用高炉工艺生产 1 吨钢将排放出约 2.5 吨的 CO_2。以此推算，2002 年中国钢铁企业排放的 CO_2 量约为 4.5 亿吨，2004 年约为 6.8 亿吨，2007 年超过 12 亿吨。

2) 水泥。2005 年我国水泥产量为 10.64 亿吨，2007 年达到 13.6 亿吨。目前我国每生产 1 吨水泥产生 0.815 吨 CO_2，其中 0.425 吨是由原料碳酸盐分解而产生的，0.390 吨是由燃料燃烧产生的。以此推算，2005 年我国水泥企业排放的 CO_2 达到 8.67 亿吨，2007 年为 11.1 亿吨。

3) 发电。继 2005 年全国发电装机突破 5 亿千瓦后，2007 年年底我国发电装机总容量达到 7.18 亿千瓦，比 2006 年增长了 15％以上，全年发电量达到了 32 815 亿千瓦时。2005 年全国火电发电量为 20 180 亿千瓦时，排放 CO_2 约 18 亿吨。2007 全国火电发电量为 27 229 亿千瓦时，即使新增机组的效率有所提高，排放的 CO_2 也超过 23.6 亿吨。

综上所述，钢铁、水泥和电力行业的 CO_2 年排放量正以 15％的速度高速增长，石油、化工、汽车、有色冶金和建筑等行业的 CO_2 排放量也呈快速增长趋势，如不采取有效的减排措施加以抑制，我国 CO_2 排放量的高速增长将危及国家节能减排目标的实现。

今后二三十年内，随着经济的持续较快增长和城市化的进程，我国的能源消费还会增加，CO_2 排放的增长量仍会在世界总增长量中占有显著地位，成为发达国家施加减排压力的重点对象，因此我国应在尽力争取实现现代化所必需的排放空间的同时，把应对气候变化作为我国可持续发展战略的重要内容，积极采取各种可行的温室气体减排和控制措施。

（四）温室气体减排和控制措施及技术

目前，国际社会应对气候变化、减缓和限制温室气体排放的根本措施大致可分为三个方面：调整经济结构向低能耗、低排放的产业转变；调整能源结构，大力发展新能源和可再生能源；加强技术创新，提高能源效率，降低能源需求，研发和示范碳捕集与封存技术。而中国在面临适应任务艰巨、发展空间受制、减排压力不断增大的严峻挑战下，积极推动温室气体减排与控制技术在生产和生活等领域的全面应用尤为重要。

1. 产业结构调整

第十六届五中全会在《中共中央关于制定国民经济和社会发展第十一个五

年计划的建议》中提出："在优化结构、提高效益和降低消耗的基础上，实现 2010 年人均 GDP 比 2000 年翻一番。"产业结构的调整和增长方式的转变对节约能源和控制温室气体排放具有重大作用。研究表明，1995～2000 年，经济结构调整对节约能源的贡献率大约在 60% 以上，要大于技术进步的贡献；2002 年以后，产业结构过度重型化引起能源强度上升的幅度大于技术节能引起的能源强度下降的幅度，从而抵消了技术节能的贡献，导致总能源强度呈上升趋势，能源消费量快速增加。

鉴于经济结构调整对控制和减少温室气体排放的重大作用，我国已制订和实施了一系列产业政策和专项规划，将降低资源和能源消耗作为产业政策的重要组成部分，推动产业结构的优化升级。例如，在 2007 年发布的《关于加快发展服务业的若干意见》中，提出到 2010 年服务业增加值占 GDP 的比重比 2005 年提高 3%，明确了支持服务业中旅游、金融、物流等现代服务业的关键领域、薄弱环节和新兴行业发展的政策；在高技术产业、电子商务和信息产业等领域提出了 2010 年高技术产业增加值占工业增加值的比重比 2005 年提高 5% 的目标；发布了 13 个行业"十一五"淘汰落后产能的分地区、分年度计划；制定发布了高耗能行业市场准入标准，提高节能环保准入门槛；采取了调整出口退税、关税，抑制高耗能、高排放和资源型产品出口等一系列政策措施。

尽管上述措施已产生一定的积极影响，但在应对气候变化和全球金融风暴的新形势下，我国的产业结构调整还应在科学发展观的指导下，抓住机遇，快速平稳地进一步向低碳经济转变。

2. 优化能源结构

2006 年，我国能源消耗占世界能源消费总量的 16%，其中煤炭供应量占国内一次能源生产量的 76%，煤炭消费量占一次能源消费总量的 70%，这种以煤为主的能源供应和消费结构使得我国在面临能源需求压力迅速增长的同时，还面临着更加严峻的环境和气候压力，因此大力发展新能源与可再生能源是我国优化能源结构、促进温室气体减排和控制的有效措施。

我国具有丰富的可再生能源资源，在过去十几年中，新型可再生能源的开发和利用得到了长足发展。2005 年，我国颁布了《中华人民共和国可再生能源法》，2007 年 8 月又发布了《可再生能源中长期发展规划》，并出台了《核电中长期发展规划》，从而明确了我国可再生能源和新能源发展的指导思想、基本原则、发展目标、重点领域和保障措施，从研发、示范、推广和应用各部分为可再生能源和新能源的发展提供了战略指导，促使了我国可再生能源和新能源在高油价市场环境下长足发展。在新政策的推动下，我国可再生能源的开发利用量持续快速增长，2007 年，我国可再生能源利用量达到 2.2 亿吨标准煤，约占我国一次能源消费总量的 8.2%，其中水电装机容量达到 1.45 亿千瓦，年发电量 4829 亿千瓦时；风电装机容量超过 600 万千瓦；太阳能热水器集热面积达到 1.1 亿米^2；生物质发电装机容量约为 300 万千瓦，生物燃料乙醇年生产能力超过 120 万吨；核电装机容量达 906 万千瓦，但仍低于 15% 的世界平均水平。

未来，发展可再生能源和新能源，优化能源结构，通过国家政策引导和资金投入，加强水能、核能和煤层气的开发和利用，支持在农村、边远地区和条件适宜地区开发利用生物质能、太阳能、地热、风能等可再生能源，使可再生能源和新能源等低碳能源在能源消费系统中比重进一步提高，是我国应对气候变化挑战战略的优先选择。

3. 加强技术创新

根据亚洲开发银行（Asian Development Bank，ADB）1998 年的一份调查报告显示，能源消费和工业化进程是我国温室气体排放的主要原因，而我国能源生产和利用技术落后的现状更加剧了温室气体排放量的快速增加。先进技术的严重缺乏与落后工艺技术的大量并存使得我国的能源效率比国际先进水平约低 10%，而高耗能产品单位能耗比国际先进水平高出 40% 左右。我国目前正在进行大规模的能源、交通、建筑等基础设施建设，如果不能及时获得先进的、有益于减缓和控制温室气体排放的技术，则目前的高排放状况将在未来几十年内不能得到根本性好转，从而对我国应对气候变化，减缓和控制温室气体排放提出严峻挑战。因此我国应在强化重点行业相关政策措施的基础上，加大先进适用技术的开发和推广力度，重点领域包括能源生产和转换、能源利用、工业生产过程、农林业等方面。

在能源生产和转换领域，国家积极鼓励发展低碳能源、推广清洁高效发电技术。根据目前已有的研究基础，我国未来具有减排温室气体潜力的主要先进煤电技术包括超临界技术、循环流化床技术、蒸汽-燃气联合循环技术、整体煤气化联合循环技术。先进、高效的煤电技术是中国未来减缓温室气体排放的关键支撑技术之一。

长久以来，中国政府一直致力于改善能源利用技术和结构、提高能源的利用效率、最大限度地节约能源，争取在不增加或少增加能源消费量的情况下，满足经济发展的能源需求，并抑制 CO_2 等温室气体排放量的增长。"十五"期间，我国高耗能产业通过采用高效技术实现了 1.4 亿吨标准煤的节能能力，因此，我国未来要抓住钢铁、建材和化工等重点高耗能行业，大力推广应用先进工艺和技术措施，减少钢铁生产过程中化学反应排放的温室气体和燃料在炉、窑中燃烧产生的温室气体；减少水泥、平板玻璃、砖瓦、石灰等产业在工业窑炉里进行熔化、燃烧等热加工过程中产生的温室气体和原料在生产过程中进行物理、化学反应产生的温室气体以及化石燃料在现代化工产品生产过程中经过复杂的化学反应排放的温室气体。

二、温室气体控制的现状

(一) 温室气体控制系统

国际上现有几种不同类型的碳捕集系统：燃烧后、燃烧前以及氧燃料燃烧。对于燃烧后捕集 CO_2 的系统而言，燃气中的 CO_2 浓度、燃气压力以及燃料类型（固体或气体）都是选择捕集系统时要考虑的重要因素。此类系统典型的是对电厂排烟和天然气化工的尾气进行 CO_2 的分离。电厂的排烟中含有大量而且浓度较高的 CO_2，故在一部分现有电厂的废气中捕集 CO_2 在一定条件下是经济可行的。类似地，在天然气加工行业分离 CO_2 在目前技术下也是可行的。燃烧前捕集 CO_2 所需技术可以从肥料制造业和制氢生产中得到。这种系统在燃料燃烧前进行燃料转换，虽然煤气化等燃料转换过程的技术要求更高，而且成本也较高，但是燃气中更高的 CO_2 浓度和压力也使得分离更加容易。氧燃料燃烧是利用高纯度的 O_2 进行的，尚处于示范阶段。这种方式使得燃气中的 CO_2 浓度高，因而分离也更加容易，但同时也必须考虑从空气中分离 O_2 导致的能源消耗量增加。

(二) CO_2 输送

管道输送是在 1000 千米左右距离内输送大量 CO_2 的首选途径。而对于每年在几百万吨以下的 CO_2 输送或是更远距离的海外运输，使用轮船在经济上也是可行的。

CO_2 的管道输送技术日趋成熟，在美国，每年有超过 2500 千米的管道运输了超过 40 兆吨 CO_2。在绝大多数输气管道中，由上游端的压缩机驱动气流，部分还需要具有中途压缩站。即使包含了污染物，烘干的 CO_2 对于管道也没有腐蚀性。在 CO_2 包含水蒸气的地方，可以将水蒸气从 CO_2 气流中分离出来，以防止腐蚀，同时也避免了采用防腐材料构建管道所耗费的成本。利用船舶运输 CO_2 与运输液化石油气相似，在特定条件下是经济可行的，但是由于需求有限，目前还只是小规模进行。CO_2 也能够通过铁路和公路罐车运输，但是就大规模 CO_2 运输而言，则不大可能具有吸引力。

(三) CO_2 封存

在深层地质构造中封存 CO_2 的技术已经由石油和天然气工业开发出来，并且已经证明对于石油和天然气田，以及盐沼池构造而言，在特定条件下是经济可行的。对于煤层封存，要求这些煤层由于太深或太薄而不具备开采价值，但如果后来被开采了，那么封存的 CO_2 将被释放出来。在封存 CO_2 的同时，强化煤床甲烷的回收（ECBM）具有增加煤田甲烷产量的作用。产生的甲烷可以利用而不会被释放到大气中。但是，这样的封存技术的可行性尚未经证实（图 6-3）。

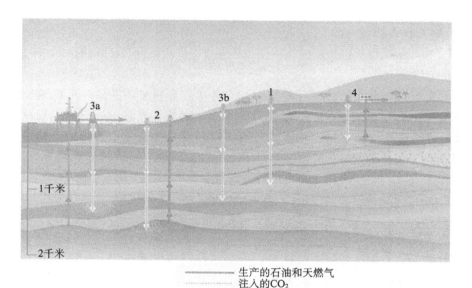

生产的石油和天燃气
注入的 CO_2
封存的 CO_2

图 6-3　地质封存方案概览

1. 废弃的油田和气田；2. 在改进的石油气体回收系统中使用 CO_2；
3. 深层盐沼池构造—a 近海、b 在岸；4. 在提高煤层气采收率中利用 CO_2。
资料来源：根据 2005 年 9 月《IPCC 关于二氧化碳捕获和封存的特别报告》得出。

如果 CO_2 被注入深度在 $800 \sim 1000$ 米适当的盐沼池构造、石油田或天然气田中，此时 CO_2 是超临界的，具有液体一样的密度（$500 \sim 800$ 千克/米^3），这为地下封存空间的有效利用提供了可能性，并且提高了封存的安全性。在各种物理、地球化学的俘获机理作用下，CO_2 被阻止向地面移动。大体上，一种基本的物理俘获机理就是冠岩作用。冠岩是一种渗透度非常低的岩石，可以起到上部密封的作用，从而阻止流体从封存储层中流出。煤床封存依靠 CO_2 在煤上的吸附，可以在相对较浅的深度上进行，但是该项技术的可行性很大程度上取决于煤床的渗透度。CO_2 封存与强化采油或者提高煤层气采收率之间的联合能够产生来自于石油或天然气采收的额外收入。根据目前应用的钻井技术、注入技术、封存储存性能，正在进一步开发计算机模拟及监测方法，为地质封存项目的设计和实施奠定基础。

目前，三个每年 CO_2 处理量在兆吨以上的工业规模封存项目正在实施，包括挪威的斯莱普内尔（Sleipner）沿海盐沼池构造项目、加拿大的韦本（Weyburn）强化采油（EOR）项目以及阿尔及利亚的艾因萨拉赫（In Salah）天然气项目。

（四）CO_2 利用

1. CO_2 矿石碳化

金属氧化物富含于硅酸盐矿石中，并可从废弃物流中获取。可以通过 CO_2 与金属氧化物发生反应，产生稳定的碳酸盐。该技术当前正处于概念设计或实验室研究阶段，尚未建立工程示范，但在利用废弃物流方面，已经开始了某些应用示范。自然反应是非常缓慢的，因而不得不通过矿石的预处理来加速反应。然而在现阶段，矿石的预处理也需要消耗大量能源。

2. 工业利用

在工业中利用捕集的 CO_2 是可能的，可将其用做气体、液体或作为生产有价值含碳产品的化学过程中的原料，但是这种利用方式难以为 CO_2 减排做出显著的贡献。原因是 CO_2 的工业利用潜力小，并且 CO_2 通常只能被保留较短的一段时期（通常是几个月到几年）。用捕集的 CO_2 代替化石碳氢化合物作为原料加工的流程并不总是能降低生命周期中的净排量。

综上所述，温室气体控制的各项研究工作具有不同的发展阶段（表6-1）。一个完整的温室气体控制系统可通过利用成熟的或在特定条件下经济可行的现有技术组合而成，而整体系统的发展状态可能慢于其中某些单独部分的发展。目前集碳捕集、运输及封存为一体的温室气体控制系统方面的研究和经验相对较少。大型电厂对碳捕集与封存技术的利用仍有待实施。

表6-1　温室气体控制研究的现状分析

研究领域	控制技术	研究阶段	示范阶段	经济上可行	成熟的市场
捕集	燃烧后			X	
	燃烧前			X	
	氧燃烧	X			
	工业分离（天然气加工、氨的生产）				X
运输	管道				X
	船舶		X		

续表

研究领域	控制技术	研究阶段	示范阶段	经济上可行	成熟的市场
地质封存	强化采油				X
	气田或油田			X	
	盐体构造			X	
	强压煤床甲烷回收（ECBM）		X		
矿石碳化	天然硅酸盐矿物	X			
	废弃物		X		
工业利用				X	

注：X 表示每个部分最高程度的成熟性，各部分也大都存在一些不太成熟的技术。

资料来源：根据 2005 年 9 月《IPCC 关于二氧化碳捕获和封存的特别报告》得出。

第二节　能源动力系统的减排科学与技术

一、基本范畴、内涵和战略地位

CO_2 等温室气体的控制涉及能源与环境的多学科交叉领域。能源利用系统尤其是能源产业，是 CO_2 排放的主要来源，承担着绝大部分减排任务。目前世界上煤、石油和天然气等化石燃料燃烧所产生的 CO_2 占温室气体总量的 80%，其中 CO_2 大约有 38% 来自煤炭，而煤炭更多用于能源动力系统，如澳大利亚每年排放 5 亿吨的 CO_2 中，有 50% 来自发电厂。由于发电行业的 CO_2 排放量大（占化石燃料燃烧排放 CO_2 的 40% 以上）且集中（中等规模的燃煤发电厂年 CO_2 排放在数百万吨），所以是未来捕集 CO_2 技术应用的主要行业。

因此，能源动力系统控制 CO_2 的问题成为控制温室气体的重点，并由此引发了新型可持续发展能源动力系统开拓和对清洁能源、清洁燃料生产和可再生能源利用等问题的研究热潮。而与此相关的研究问题有洁净煤技术、氢能生产、太阳能和生物质能利用系统、多联产、CO_2 控制技术等，以及与它们相应的控制 CO_2 的能源动力系统。

二、发展规律与发展态势

碳捕集与埋存是指在电力或工业用能等能源动力系统中将产生的 CO_2 分离出来，而后利用地质空间长期储存的技术。碳捕集与埋存分为三个环节，包括能源动力系统中碳捕集、CO_2 从捕集地点（源）到埋存地点（汇）的运输及 CO_2 的埋存。其中，能源动力系统中碳捕集占各环节能耗和成本总和的 80% 以上，是目前研究的热点领域之一。

碳捕集能耗高的原因主要包括以下两点：①与传统的化石燃料燃烧产生的污染物（如硫化物与氮氧化物等）不同，CO_2 的量大（1 吨煤燃烧产生的 CO_2 为 2～3 吨），化学性质稳定（难以通过化学反应分解或分离），而浓度往往又比较低（通常烟气中的 CO_2 浓度只有 7%～10%，而为了满足最终的埋藏要求，CO_2 浓度要达到 95% 以上），这些特点导致碳捕集的直接能耗远远高于传统污染物控制的能耗；②碳捕集过程所消耗的能量通常来源于能源动力系统，传统技术（如燃烧后捕集）遵循"先污染、后治理"的链式思路，往往将碳捕集过程与能量利用过程简单叠加，无法实现两者的有机集成，造成能源动力系统的能量利用效率明显下降。此外，从成本分析看，碳捕集成本主要由两部分构成，即设备初投资和运行费用。捕集能耗居高不下，导致碳捕集电厂的运行费用占碳捕集成本的 60% 以上。换言之，碳捕集成本高的根源也在于碳捕集能耗高。以目前我国发电行业的主力技术——超临界电厂为例，未捕集 CO_2 的超临界电厂的单位发电能耗约为 300 克标煤/千瓦时，成本为 0.2～0.3 元/千瓦时，上网电价为 0.3～0.4 元/千瓦时；如果采用燃烧后捕集技术，在捕集 90% 左右 CO_2 的情况下，单位发电能耗将上升到 400 克标煤/千瓦时，发电成本则相应上升到 0.4 元/千瓦时。显然，发电行业难以承受捕集 CO_2 所付出的代价。

通过技术转移、规模化、降低人工成本或借助碳市场融资等手段，现有的碳捕集技术成本还存在一定的下降空间。但是，需要强调的是，过高的成本仅仅是碳捕集与封存技术推广的表层障碍，问题的根源却在于过高的能耗。如果没有创新性的低能耗碳捕集技术，而仅仅采用现有的碳捕集技术并大规模推广，那么这将会对我国的可持续发展战略产生严重的影响。我国能源结构以煤为主，能耗高而效率低，而且近年来由于经济快速增长引起的能源消耗急剧上升。2009 年我国发电总装机容量已经超过 8 亿千瓦，而预计未来的几年还将以每年 1 亿千瓦以上的速度增长。目前我国 80% 左右的装机容量为燃煤发电机组，电力行业煤耗已超过 15 亿吨/年，相应排放 CO_2 量更是高达 30 亿吨/年。在这种特殊国情下，如果大规模推广现有的 CO_2 减排技术，将导致每年多消耗标准煤 3.2 亿吨，直接经济损失高达 3000 亿元/年。显然，采用现有的碳捕集技术而导致的能耗的上升无异于"雪上加霜"，其综合结果必然严重加剧化石能源的消耗，使能源资源短缺这一长期瓶颈问题更加严重，甚至加快资源枯竭。而由于能耗上升导致的各行业成本的提高将对我国经济发展产生致命的负面影响，2030 年以后 CO_2 排放问题有可能成为制约我国经济增长的最主要约束之一，为控制温室气体排放而付出这样的代价是无法承受，甚至是不可能的。

目前，降低能源动力系统中碳捕集能耗代价的研究方向可以分为两类：①依靠分离过程的技术进步降低分离能耗。提高分离过程的能量利用水平可以降低分离能耗，此类研究的切入点通常是化工工艺革新的角度，如新型吸收剂的开发、新型吸收工艺的开拓等。②通过系统集成降低分离能耗。能源系统分离 CO_2 并不单单是分离工艺本身的问题，CO_2 分离过程将对系统的能量利用产生直接和间接的影响。系统集成研究的主要目的在于如何将 CO_2 分离过程集成到能源系统中，实现 CO_2 分离与能量利用之间的协调，并在分离 CO_2 的同时保持能源系统的能量利用效率，甚至提高能量利用效率。如何将 CO_2 分离过程与能量利用过程通过系统集成实现有机整合是未来能源动力系统碳捕集研究关注的难点问题和核心内容。基于系统集成技术，应该创新地开拓既能够提高能源利用同时又能够解决环境生态问题的新型能源与环境系统，摒弃传统的"先污染、后治理"的链式模式，走出一条资源、能源与环境有机结合的发展新模式。

三、发展现状与研究前沿

《碳捕捉与封存：全球行动呼吁》报告中提到，预计世界在 2050 年的排放量为 62 吉吨 CO_2 当量，而在各种减排措施下，人类有可能将这一数字控制在 14 吉吨。其中，提高能源效率（电力消耗效率＋燃料使用效率）使其所占的份额为 36％，电力生产系统的碳捕集与封存占 10％，工业、交通运输碳捕集与封存占 9％，可再生能源占 21％，替代能源占 11％等。

从能源环境战略层面看，大部分发达国家均针对温室气体控制问题制定了相应对策。为在 21 世纪实现能源利用效率的大幅度提高和 CO_2 排放的大幅度降低，美国能源部提出并启动了《21 世纪远景计划》：不但可将煤转化为清洁的合成气后分离产出氢能，而且可以实现 CO_2 的分离回收。预计到 2050 年，新型系统的 CO_2 等有害物将有可能实现准零排放，燃煤发电效率达到 60％，天然气发电效率达到 75％。欧盟国家推出了《未来能源计划》，其重点是促进欧洲能源利用新技术的开发，减少对石油和煤炭的依赖造成的环境污染，增加生物质能源和其他可再生能源的利用。而由 Shell 公司提出的"合成气园"概念比美国《21 世纪远景计划范围》更广：合成气可直接用做燃气蒸汽联合循环发电的燃料及城市煤气，还可同时生产甲醇、二甲醚等，甲醇、二甲醚既可作为重要的化工原料，又是优良的清洁能源。日本则试图大量增加核电站，在日本新日光计划中，开展了新的能量释放方式的研究，如新型高温空气燃烧方式（节能 30％，氮氧化物降低 50％），具有 O_2/CO_2 燃烧的动力循环，发展制氢、大规模储运、氢能利用的世界能源网络项目等。

从技术层面看，目前主流的能源动力系统碳捕集技术包括如下三个方向。

（一）燃烧后分离 CO_2

燃烧后分离 CO_2 是能源系统集成 CO_2 回收的最简单的方式，是在动力发电系统的尾部即热力循环的排气中分离和回收 CO_2。一般采用化学吸收法进行烟气尾气中的 CO_2 分离。由于可以从已建成的电厂排气中直接回收 CO_2 而无须对动力发电系统本身作太多改造，这种集成方式的优势在于可行性较好。但是，由于烟气尾气中 CO_2 浓度通常低于 9%（一般天然气燃烧后的尾气中 CO_2 浓度在 3%～5%，煤燃烧后的 CO_2 浓度不高于 15%），处理烟气量大；同时，由于适合低浓度 CO_2 分离的化学吸收工艺需要消耗较多的中低温饱和蒸汽用于吸收剂再生，这部分蒸汽通常取自蒸汽透平，会导致蒸汽循环有效输出功损失较多（约20%），所以最终造成无法承受的分离能耗。一般燃烧后分离 CO_2 将使能源动力系统热转功效率下降 8%～13%。

IEA 的一项研究对整体煤气化联合循环电厂、带脱硫装置的燃煤电厂（PF＋FGD）和天然气联合循环发电（NGCC）中用传统方法从尾气中分离 CO_2 进行了比较，如表 6-2 所示。从效率降低幅度来看，最小的是整体煤气化联合循环系统（3.4%～4.6%），其次是天然气联合循环发电系统（10%），最大的是燃煤系统（大于 10%）；比较 CO_2 回收成本可知，整体煤气化联合循环系统具有最小的回收成本，天然气联合循环发电系统回收成本最高；在发电成本方面，尽管回收 CO_2 的天然气联合循环发电系统效率下降幅度较大，CO_2 回收成本最高，但其发电成本仍然大大低于其他发电系统，整体煤气化联合循环系统发电成本高于天然气系统；但低于燃煤发电系统。如果考虑 CO_2 液化埋存，则 CO_2 压缩耗功使系统效率又降低 2% 左右。以上的比较表明：燃煤发电系统不适合用于 CO_2 回收；天然气联合循环发电系统效率降低幅度大的主要原因是烟气中 CO_2 浓度过低，但如果采用新的系统使 CO_2 浓度增加，那么天然气发电系统在回收 CO_2 方面仍然具有很大的潜力；从效率水平和 CO_2 回收成本看，整体煤气化联合循环发电系统比较适合用于 CO_2 回收。

表 6-2 不同发电系统中用传统方法从尾气分离 CO_2 的比较

系统	基本系统效率/%（LHV）	烟气中 CO_2 浓度干基/%	CO_2 分离方法	分离 CO_2			分离和压缩 CO_2		
				效率/%	发电成本/（美厘/千瓦时）	CO_2 回收成本/（美元/吨）	效率/%	发电成本/（美厘/千瓦时）	CO_2 回收成本/（美元/吨）
PF＋FGD	39.9	14	MEA	29.1	77	46	26.7	86	63
整体煤气化联合循环	41.7	7	Selexol	37.1	67	21	35.5	73	29

系统	基本系统效率/%（LHV）	烟气中CO_2浓度干基/%	CO_2分离方法	分离 CO_2			分离和压缩CO_2		
				效率/%	发电成本/（美厘/千瓦时）	CO_2回收成本/（美元/吨）	效率/%	发电成本/（美厘/千瓦时）	CO_2回收成本/（美元/吨）
整体煤气化联合循环	41.7	7	CO_2循环	38.3	68	22	37.3	71	27
天然气联合循环发电技术	52.0	4	MEA	42.0	55	65	40.6	57	75

（二）燃烧前分离 CO_2

利用煤气化或天然气重整可以将化石燃料转化为合成气（主要成分为 CO 和氢气），进一步通过水煤气变换反应可以将合成气转化为 CO_2 和氢气，再通过分离工艺将 CO_2 分离出来，则可以得到相对洁净的富氢燃料气，这种 CO_2 回收方式称为燃烧前分离，或燃料气脱碳。例如，美国阿贡国家实验室（ANL）提出的回收 CO_2 的整体煤气化联合循环系统。由于 CO_2 分离是在燃烧过程前进行的，燃料气尚未被 N_2 稀释，所以待分离合成气中的 CO_2 浓度可以高达30%，分离能耗相对于燃烧后分离有所下降，而且燃烧前 CO_2 分离过程可以采用物理或化学吸收方法。但燃烧前分离也存在着它自身的缺陷：合成气的产生过程与水煤气变换反应均会带来燃料化学能的损失。因此，采用燃烧前分离的动力发电系统热转功效率仍然会下降7%～10%，其代价与燃烧后分离方式相比减少十分有限。

Audus 给出了整体煤气化联合循环或天然气重整发电系统回收 CO_2、天然气发电系统回收 CO_2 与超临界发电系统回收 CO_2 的性能比较，与前面整体煤气化联合循环系统尾气回收 CO_2 不同，该研究中的整体煤气化联合循环系统采用了燃烧前脱 CO_2 途径，系统图如图 6-4～图 6-6 所示，结果列于表 6-3 中。不回收 CO_2 时，CO_2 排放量最多的是超临界燃煤电厂，排放 CO_2 量为 0.722 千克/千瓦时，整体煤气化联合循环系统排放的 CO_2 略低于超临界燃煤电厂，为 0.710 千克/千瓦时，天然气联合循环发电技术排放的 CO_2 大大低于前两种系统，为 0.370 千克/千瓦时。整体煤气化联合循环的发电成本是天然气联合循环发电技术的 2.2 倍，是超临界燃煤电厂的 1.3 倍。回收 CO_2 时，采用物理吸收法的整体煤气化联合循环系统效率下降约 8%，与天然气尾气回收 CO_2 系统和天然气重整尾气回收系统的效率下降程度接近，但天然气发电系统效率（56%）比整体煤气化联合循环发电系统效率（46%）高，因此回收 CO_2 后的天然气联合循环发电技术系统效率仍高于不回收 CO_2 的整体煤气化联合循环系统效率；回收 CO_2 的超临界燃煤电厂效率下降 13%，发电成本增加 73%。从表 6-3 显示的数据看，燃烧前脱碳的整体煤气化联合循环系统比天然气尾气回收 CO_2 系统的 CO_2 回收成本高，而带 CO_2 循环的天然气尾气回收 CO_2 系统的 CO_2 回收成本最低，超临界燃煤电厂尾气回收 CO_2 的成本最高。

图 6-4 整体煤气化联合循环或天然气重整发电系统回收 CO_2

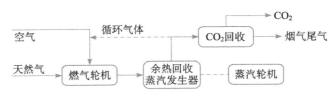

图 6-5 天然气发电系统回收 CO_2

图 6-6 超临界燃煤发电系统回收 CO_2

表 6-3 天然气与煤发电系统回收 CO_2 比较（煤价格 1.5 美元/吉焦，天然气价格 2 美元/吉焦）

系统	效率/%（LHV）	发电成本/（美分/千瓦时）	CO_2 排放量/（千克/千瓦时）	CO_2 回收率/%	CO_2 回收成本/（美元/吨）
天然气联合循环发电技术	56	2.2	0.370	—	—
天然气联合循环发电技术＋CO_2回收（MEA）	47	3.2	0.061	83.5	32
天然气联合循环发电技术＋CO_2循环＋CO_2回收（MEA）	48	3.1	0.063	83.0	29
天然气重整＋CO_2回收（物理化学吸收）	48	3.4	0.065	82.4	39
超临界燃煤电厂	46	3.7	0.722	—	—
超临界燃煤电厂＋CO_2回收（MEA）	33	6.4	0.148	79.5	47
整体煤气化联合循环	46	4.8	0.710	—	—
整体煤气化联合循环＋CO_2回收（物理）	38	6.9	0.134	81.1	37

（三）O₂/CO₂循环

针对常规空气燃烧会稀释CO_2的缺陷，一些学者提出了纯氧燃烧的O_2/CO_2循环概念，它是近年来兴起的CO_2零排放的新型整体煤气化联合循环系统。该系统采用燃料在O_2环境中燃烧的方式，使一部分尾气（CO_2）回到系统内循环，并排放出高浓度CO_2烟气。O_2/CO_2循环系统的优点是：系统接近零排放；燃烧尾气为CO_2和水蒸气，通过降温即可分离出CO_2，因此不需要尾气分离CO_2装置；不用脱硫和脱氮装置，降低了投资成本。但压缩处理CO_2需额外耗功，且O_2/CO_2循环比常规整体煤气化联合循环的耗氧量增加约2.6倍，致使系统效率比相当水平的常规要低7%。另外，由于CO_2分子质量比空气大，其循环最佳压比值将比常规循环大一倍以上，所以燃气轮机的选型与改造都变得更困难。O_2/CO_2循环系统的能耗是在空分制氧过程和CO_2压缩过程中，虽然此类循环CO_2分离能耗接近为0，但由于需要制氧和压缩CO_2，系统出功降低程度仍比较大（约25%），系统效率下降10%左右。目前最具代表性的采用纯氧燃烧的O_2/CO_2系统主要有MATIANT循环、CES循环（Water-Cycle）和Graz循环。

图6-7为煤粉燃烧的O_2/CO_2循环系统。Kimura等通过实验研究了煤粉燃烧的O_2/CO_2循环的性质，主要考察了风箱中的O_2浓度对未转化碳的百分含量的影响。O_2浓度增加，未转化碳的百分含量减少，但氮氧化物生成量增加，综合衡量后认为混合后适宜的O_2浓度在30%。燃料在O_2/CO_2环境中的燃烧性能比在空气燃烧环境中低，可以通过在燃烧室注入新鲜纯氧得到改善，推荐的最佳O_2注入量为总输入氧量的15%。

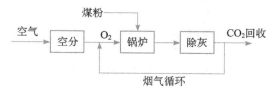

图6-7 煤粉燃烧O_2/CO_2循环系统

图6-8为MATIANT循环系统，它是一个以天然气为燃料的O_2/CO_2循环系统。MATIANT循环由一个超临界CO_2朗肯循环和一个再热布雷顿循环组成，朗肯循环的工质为CO_2，布雷顿循环的工质为O_2/CO_2。采用三级压缩液化CO_2气体，当透平初温为1300℃时，系统热效率为45%。为了降低CO_2压缩功，研究人员对此循环进行了改进，在系统中增加了一个利用压缩机间冷热的氨吸收制冷循环系统，使部分CO_2先降温后压缩，节省了一部分CO_2压缩功，系统效率提高了2.6%。

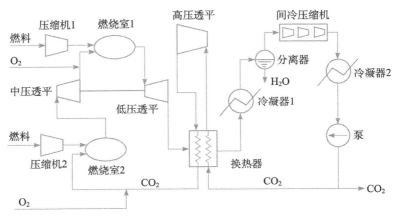

图 6-8 具有 O_2/CO_2 的 MATIANT 循环系统

可以说，上述常规捕集技术遵循的基本思路仍然没有完全摆脱传统的链式思路，无论是燃烧前分离还是燃烧后分离，传统能源动力系统控制 CO_2 往往片面地关注分离过程，将分离过程与能量利用相互对立。CO_2 分离过程将不可避免地需要消耗额外的燃料化学能或燃烧后释放的热能作为分离驱动力，从而导致系统能量利用效率的下降。事实上，能源利用过程与 CO_2 分离过程并非相互独立，其间存在密切的联系。目前动力系统中可用能损失最大的部分并非热转功的过程，而是来源于燃料化学能向物理能转化的过程：燃料所含有的化学能作功能力有近 1/3 在燃烧过程中损失，也就是说，燃料化学能的有效利用是动力系统性能提高的最大潜力所在，寻找新的化学能转化与释放方式以实现燃料化学能的梯级利用是未来先进能源系统的核心问题之一。而从温室气体控制角度看，CO_2 分离主要涉及化学反应过程与分离过程：CO_2 是由化石燃料中的含碳成分氧化后生成的，这个氧化过程既是 CO_2 的生成过程，也是燃料化学能转化与释放的过程，也就是说，CO_2 的分离和燃料化学能的转化与释放紧密相关。因此，寻找化学能转化利用过程与 CO_2 分离过程的耦合关系是能源系统分离 CO_2 的主要突破口。

基于这一思路，我国学者首次提出了能源转换利用与 CO_2 分离一体化原理，这一原理打破了传统分离思路，强调在 CO_2 生成的源头，亦即在化学能的释放、转换与利用过程中寻找低能耗，甚至无能耗分离 CO_2 的突破口。"零能耗"并非意味着分离过程无需消耗能量，而是包含两个层面的含义：一方面，通过分离工艺过程的革新尽量降低 CO_2 分离能耗；另一方面，通过系统集成达到成分的分级转化与能的梯级利用（尤其是燃料化学能利用潜力），提高系统能量利用水平，弥补由于分离 CO_2 带来的效率下降。通过系统创新，以"零能耗"取代"零排放"是能源系统控制 CO_2 技术研究的主要方向和突破口，并将引发能源与环境科学领域的新一轮技术革命。一体化原理将燃料化学能的梯级利用潜力与降低 CO_2 分离能耗结合在一起，同时关注燃料化学能的转化与释放过程及污染物的生成与控制过程，通过基础理论研究与实验研究揭示能源转换系统中 CO_2 的形成、反应、迁移、转化机理，发现能源转化与温室气体控制的协调机制，进而提出与能源环境相协调的系统集成创新。在能量转化与 CO_2 控制一体化原理的基础理论研究层面，分析了不同能源系统中化学能梯级利用与 CO_2 分离能耗之间的关联规律，进而提出了能够表征化学能梯级利用与 CO_2 分离能耗之间关联关系的一体化准则；研究分析了典型煤基液体燃料/动力多联产系统中 CO_2 的形成、反应、迁移与转化规律，发现了多联产系统中的含碳组分富集现象，在机理研究与规律分析的基础上，提出了若干有发展前景的回收 CO_2 的新型能源系统，包括合成反应后分离 CO_2 的多联产系统，采用部分气化的内外燃煤一体化联合循环发电系统，零能耗分离 CO_2 的多功能能源系统（MES）等。其中，合成反应后分离 CO_2 的煤基甲醇–动力多联产系统在实现 70% 以上 CO_2 减排的情况下，系统折合发电效率反而上升 2%～4%，实现了能源系统中 CO_2 "负能耗"减排的突破。

四、近中期支持原则与重点

（一）温室气体控制研究的近中期支持原则

温室气体控制研究的近中期支持原则包括五个方面。

1）前瞻性：作为我国温室气体控制战略的中远期减排对策，碳捕集和埋存在未来数十年中将承担主要的减排任务，温室气体控制技术基础研究将为未来可持续发展能源环境技术的发展奠定理论依据。

2）针对性：资源构成以煤为主、能源利用效率低、能源消耗量大且呈快速上升趋势的国情特点决定了我国 CO_2 减排问题有区别于他国的复杂性与严重性。

3）创新性：传统的碳捕集技术的高能耗使能源利用系统的效率大幅降低，导致难以应用。能源利用模式革新、能源热力系统和 CO_2 分离方法的创新，是解决 CO_2 减排难题的重要途径。

4）基础性：实现温室气体控制技术创新的根本前提在于认识能源利用及碳捕集与埋存过程中的内部能量与组分变化，揭示基本能量释放机理与 CO_2 生成/转化/迁移规律，分析 CO_2 分离过程中的能量利用与组分扩散现象等基础科学问题。

5）交叉性与系统性：温室气体控制技术涉及能源利用、化工冶金、环境保护与战略政策等多个研究领域，学科交叉是温室气体控制研究的本质特征之一。

学科交叉将为解决温室气体控制问题提供突破口。

(二) 近中期支持重点

从工业生产过程控制温室气体的角度看，CO_2分离技术是一个涉及多领域学科交叉的复杂问题，但更多的是涉及系统，以能源动力系统中分离回收CO_2为例。一方面，与其他环境污染物（如脱硫、脱硝）不同，分离CO_2的难点在于CO_2化学性质的稳定，系统排气中的CO_2浓度常常会被空气中的N_2稀释而变得很低，需要处理的量很大（是其他污染物的几百倍），排气中还存在一些影响分离效果的复杂的成分，更增加了CO_2分离的难度。故关键问题在于分离过程将伴随着大量、甚至无法承受的能耗，这不仅意味着额外增加了单位发电量的CO_2排放量，而且大幅度地降低了能源系统的效率。换言之，目前的技术，虽然能够分离CO_2，但从能源效率与经济性来看，几乎是不可行的。另一方面，从长远考虑，生产过程系统控制CO_2排放应朝着CO_2分离过程和热功转换与生产过程等有机整合的方向发展，从而带来许多关键技术突破与系统集成等方面的科学难题。首先是全新的分离技术与理念，如清洁能源生产和CO_2分离一体化技术、燃烧和分离一体化技术、深冷过程与分离一体化技术及燃烧过程革新等，寻求从根本上改变传统的分离的理念，为CO_2分离技术注入新的活力；然后是系统集成与热力循环创新，包括新的热功转换过程机理探索、各种过程有机整合及不同能源与不同品位能的综合利用等新课题。

1. 动力系统和分离过程相对独立的温室气体控制

根据热力系统与分离过程之间的相互关系，能源动力系统CO_2控制研究通常被分为燃烧后分离、燃烧前分离与纯氧燃烧等主要技术方向。上述研究方向的共同特征在于热力循环与分离过程（CO_2分离过程或O_2分离过程）相对独立，通过能量与物质交换将热力循环与分离过程集成为一个系统，通过系统集成提高分离前CO_2浓度以降低CO_2理想分离功，或降低CO_2分离过程的不可逆损失以提高分离过程的能量利用水平。需要解决能源转换利用与CO_2分离一体化的原理与关键科学问题，包括燃烧过程与CO_2分离、煤基液体燃料生产与CO_2分离、燃料气定向转移的多种热力循环整合、考虑CO_2分离的先进热力循环、冷能与CO_2分离等关键问题。

相应的关键科学问题：① 动力系统与分离过程的相互影响关系及能的品位关联机理；② 热力循环热能的梯级利用与CO_2生成、分离过程不可逆性减小的耦合机制；③ 非常规燃烧（富氧、富氢、富CO_2等）的燃烧稳定性、高效性与污染物协同脱除机理。

2. 化学能梯级利用和碳组分定向迁移一体化的温室气体控制研究

能源动力系统温室气体控制研究的突破口在于通过系统集成协调能量利用与 CO_2 分离。燃料化学能的转化释放是能源动力系统中可用能损失最大的过程，也是潜力最大的过程，同时还是 CO_2 的生成过程。能量转化利用与 CO_2 分离一体化研究方向将化学能利用潜力与降低 CO_2 分离能耗结合在一起，寻找实现能量利用与组分控制协调耦合的突破口。基于品位对口、梯级利用原则，一体化系统力图实现燃料化学能的有效利用；基于成分对口、分级转化原则，一体化系统力图实现碳组分的定向迁移以降低甚至避免 CO_2 分离功。这一研究方向的代表性技术包括化学链燃烧循环、控制 CO_2 的多联产系统、CO_2 及多种气体分离一体化系统等。这一研究领域的关键科学问题可以概括如下：① 化学能转化释放过程中能的品位变化规律与碳组分迁移转化机理；② 碳组分定向迁移与化学能梯级利用一体化原理；③ 分级转化、化学能梯级利用与 CO_2 及多种气体低能耗分离一体化的能源动力系统集成。

3. 反应分离耦合过程为核心的温室气体控制

通过化学反应与分离的耦合，化学反应能够通过改变组分分压影响组分扩散，同时分离过程能够改变反应物或生成物的构成以控制反应平衡的移动。利用这一基本特性，反应分离耦合过程正逐渐成为能源动力系统温室气体控制研究领域的新兴热点之一。通过物理和化学分离手段及以反应分离耦合过程为核心的温室气体控制，研究能够同时实现燃料的转化与 CO_2 分离的系统。这一研究领域的关键科学问题：① 反应、分离与化学能释放过程之间的物理化学作用机制；② 反应分离耦合过程的不可逆性与燃料化学能梯级利用的协调原理；③反应分离耦合过程与热力循环整合的系统集成。

第三节　无碳-低碳能源科学与技术

一、基本范畴、内涵和战略地位

随着 2003 年前后出现的"低碳经济"概念，以低能耗、低污染、低排放为基础的经济发展模式受到广泛关注，发展低碳经济是人类生态社会建设的必然选择。低碳经济的核心是低碳能源技术，后者的基础是传统化石能源的洁净高效利用和可再生能源等新能源的开发利用，即构建低碳型新能源体系。这是由于工业化社会的经济结构特征是高能耗、重污染的重化工业占主导地位，能源结构特征是由高碳性化石能源占主导地位所决定的，化石能源的大量使用使全球气候的碳排放日益加剧。据日本能源统计年鉴2008最新数据，煤利用过程的碳排放量为 2.66 吨 CO_2/吨标准煤；石油为 2.02 吨 CO_2/吨标准煤，天然气为 1.47 吨 CO_2/吨标准煤。2006 年全球的碳排放已超过 28 吉吨，如不加以控制，到 2050 年碳排放将达到 62 吉吨。虽然可再生能源的碳排放系数比化石能源小，但化石能源的禀赋特点和可再生能源的现状决定了即使到 2050 年，化石能源被可再生能源替代的比重也不会很高，中国尤其如此。

在已探明的化石能源可采储量中，世界石油、煤炭和天然气的结构关系为 20%、60% 和 20%，中国为 5%、91% 和 4%，石油和天然气比世界平均水平明显偏少。中国目前正处于工业化中期发展阶段，化石能源不仅占主导地位，而且是以高碳性更强的煤炭能源为主，据《BP 世界能源统计 2009》，全球煤炭储采比长达 122 年，中国仅为 41 年。2008 年，全球煤炭消费增幅有所减缓，为 3.1%，低于平均水平，但煤炭仍旧连续 6 年成为增长最快的燃料。中国（作为全球最大的消费国，份额达 43%）的煤炭消费量增加 6.8%，尽管低于 10 年来的平均水平，但仍足以占领全球煤炭增长 85% 的份额。中国能源赋存特点决定了能源消费结构以煤炭为主。煤炭占一次能源消费的比重长期在 70% 左右徘徊，且在可预见的未来仍将以煤炭为主，大规模地用可再生能源替代化石能源为期甚远，即便到 2030 年，可再生能源消费的比重达到 15%，煤炭的消费比重依然高达 50% 以上，这一自然属性不以人的意志为转移。然而，在煤炭利用过程中，技术的落后严重污染了环境，其中燃煤是造成我国大气污染的主要原因。据统计，全国 SO_2 排放量的 90%、烟尘排放量的 70%、氮氧化合物的 67%、CO_2 的 70% 都来自于燃煤。另外，煤炭在大量开采过程中，还带来一系列的生态问题。按目前水平，生产 100 万吨原煤，要动用 250 万吨煤炭储量，损耗 248 万吨水资源，产生 20 万吨矸石，死亡约 1 人左右。

煤炭对中国而言，无疑是两难选择。一方面是能源的主要提供者，另一方面是大气污染的主要污染源。有效解决这一矛盾的举措是重视和加强高碳能源的低碳化，实现煤炭的洁净高效利用，该举措是中国可持续发展中不可回避的客观现实。无论是现在还是作为中长期发展战略，迫切需要开展以煤炭为主的高碳能源低碳化利用的研究开发。

高碳能源低碳化利用技术的基本要求是高效率、低排放、少污染。实现的方式包括从源头、过程到终端的全生命周期控制，即加大原煤入洗比重，减少原煤输出和直接燃烧，从源头上控制污染物排放；加快煤炭高效转化技术开发，如多联产、先进燃烧、低碳产品合成等技术，降低煤炭消费强度，减少转化过程中的污染排放；加大煤炭及煤基产品消费环节污染物排放控制与治理技术的研发，如碳捕集、利用和储存、煤炭及煤基产品的清洁化利用等。支撑这一主题的能源科学与技术发展战略主要有高碳能源利用的循环经济型多联产，低碳产品合成技术与低碳排放过程，新型清洁煤燃烧技术，劣质煤利用和煤转化过程中污染物排放控制、治理和利用技术，弱还原性煤的综合利用生产技术。

这些领域所涉及的工程科学与技术基础由化工为主的多学科问题构成；所涉及技术与国家制定的"十一五"重点发展的先进适用技术基本一致，并对我国"十二五"时期制定相应政策具有积极的指导意义。

二、发展规律与发展态势

煤基多联产以煤为原料，集煤气化、化工合成、发电、供热、废弃物资源化利用等单元工艺构成的煤炭综合利用系统，是煤化工和发电的有机结合，具有产品结构灵活、生产成本低、能源转化效率高和环境友好等特点，逐渐发展成为当前煤炭综合高效利用的理想模式。国家中长期科技发展规划研究提出"将多联产技术作为能源科技发展的战略重点方向之一"。

未来的发展将进一步加强以下环节的研究：单元技术的优化匹配、综合协同；系统的合理组合、系统的集成与优化、系统的综合评价，装备材质及设备的国产化及品质提升，工程的稳定控制，工程示范相关的技术开发等。

（一）低碳产品合成技术

高度活泼的甲醇合成催化剂的研制及相应低温高转化率甲醇合成过程的开发一直是重要的研究目标，铜基催化剂仍然是今后研究的重点。纳米负载型催化剂因具有比表面积大、分散度高和热稳定性好的特点将成为研究热点，国内外研制出的此类新型催化剂，目前局限于实验室研究阶段，将来有望进入工业应用阶段。合成气在固定床中与双功能固体催化剂及浆态床催化剂表面发生反应，直接制备二甲醚技术是未来发展的主要方向。

（二）新型清洁煤燃烧技术

循环流化床技术是公认的清洁燃烧技术，今后就最佳的循环倍率、循环物料的高效分离、受热面和炉墙的防磨措施、氧化亚氮的控制、辅机电耗高低、大型化后的脱硫性能等进一步展开研究，而对于超临界机组，电力部门已确定超临界机组为今后一个时期火电机组建设的重点之一，但目前我国该项技术主要是从国外引进，国内应加强这方面的研究。

O_2/CO_2燃烧技术标志着煤的燃烧方式和利用理念的一些根本变革，代表了能源与环境领域的崭新发展方向。目前O_2/CO_2燃烧的实验研究均为实验室规模和小容量的半工业化规模，今后将进行更大规模的工业化实验。

化学链燃烧技术：制备综合性能更加优良的载氧体、找到更耐高温高压、可长期运行的高性能载氧体是未来研究的一个重点，继续深化对硫酸钙（$CaSO_4$）载氧体、非金属载氧体的研究。

反应器设计与优化、化学链燃烧技术与其他系统相耦合仍需大量研究工作；固体燃料化学链燃烧是今后研究的重要趋势。

我国超细化煤粉再燃技术的研究开展较晚，需要加大研究力度。而零排放燃煤发电技术由于其思路新颖必将受到更多的关注。

（三）劣质煤利用

煤矸石综合利用以大宗利用为重点，大量利用煤矸石发电、煤矸石建材及制品、复垦回填及煤矸石山无害化处理等煤矸石技术作为主攻方向，发展高科技含量、高附加值的煤矸石综合利用技术和产品，同时要从本地区建设的实际出发，充分就近利用煤矸石资源。

研究开发针对劣质煤的循环流化床燃烧技术是今后的发展方向。劣质煤的液化、气化技术将有所发展，在中试基础上有望达到实质性应用。今后将强化对褐煤脱水、脱灰、提质技术的研究。

（四）弱还原性煤的综合利用生产技术

对于丰富的、具有典型弱还原性煤炭资源的开发利用，将会突出以下特点：转化方式多样化、获得产品多元化及开发能得到高附加值产品的新技术。

三、发展现状与研究前沿

（一）发展现状

1. 高碳能源利用的循环经济型多联产

煤基多联产符合循环经济原则，该系统是资源、高附加值化工产品、能源和环境一体化的优化集成系统。它能够使煤炭多维度梯级利用，实现氢碳比、压力潜质和物质的优化成分利用，减少无谓的化学放热过程，即在充分利用煤炭发热发电的同时，减少热能泄漏和温室气体的无故排放，以期达到最大限度地提高资源利用率、能量利用率、经济效益、环境效益和社会效益的目标。

1）以煤气化为气头的多联产。目前的研究重点是将煤多联产与整体煤气化联合循环发电技术进行集成耦合，如将整体煤气化联合循环系统与甲醇合成系统耦合，通过联产甲醇可以提高系统的负荷调节能力，同时改善整体煤气化联合循环电站的经济性。

2）以煤气化和热解煤气为气头的多联产。将气化煤气富碳和焦炉煤气（热解煤气）富氢的特点相结合，采用创新的气化煤气与焦炉煤气共重整技术，进一步使气化煤气中的 CO_2 和焦炉煤气中的甲烷转化成合成气，既可以提高原料气的有效成分，调解氢碳比，又可以免除 CO 变换反应，实现 CO_2 减排，并降低能量损耗。通过"双气头"多联产系统 CO_2 减排特性方程，定量描述"双气头"系统生产过程的 CO_2 排放量，为方案设计和将其纳入"清洁发展机制"项目提供理论指导。

3）其他方式多联产。设计以甲烷重整来利用煤气显热的多联产系统，可用于煤/天然气、煤/焦炉煤气双燃料系统，较单产系统效率最少可提高约 1.5%。

2. 低碳产品合成技术与低碳排放过程

发展煤制甲醇、二甲醚等化学品，可以将产品的生产成本控制在较低范围，有效地利用 CO_2，降低 CO_2 排放量，还可以缓解国内石油的供需矛盾。

1）合成气合成甲醇技术。我国自行设计、制造和运行大型甲醇装置已积累了足够的技术基础；水煤浆为原料的大型气化炉已运行多年，可实现长周期运转；新型水煤浆气化炉与干煤加压气化炉正在积极开发中；变换、精脱硫、甲醇合成催化剂均已国产化；新型甲醇合成反应器已形成专利技术。目前国内已掌握了建设 10 万～30 万吨/年单系列甲醇装置的设计技术。合成甲醇的关键技术是催化剂制备技术，催化剂制备应向低温、低压、高活性、高选择性、高热稳定性和高机械强度方向发展，以最大限度地减少 CO_2 排放。

2）合成气制二甲醚技术。目前，二甲醚生产仍然是以甲醇脱水的两步法为主，其中气相脱水法以其产品纯度高、易操作等特点成为国内主要采用的方法。与两步法相比，一步法合成二甲醚的技术具有效率高、工艺环节少、生产成本低的优点，我国正在研究开发一步法合成二甲醚技术，其中浆态床合成气法制木醚具有诱人的前景，将是煤炭洁净利用的重要途径之一。

3. 新型清洁煤燃烧技术

1）新型 O_2/CO_2 燃烧技术。该技术不仅便于回收烟气中的 CO_2，还能大幅

度地减少 SO_2 和氮氧化合物排放，实现污染物的一体化协同脱除，是一种清洁、高效的燃煤发电技术。新近的研究还涉及粉煤在 O_2/CO_2 燃烧中灰的形成及将 O_2/CO_2 燃烧技术应用于我国现有煤电厂的经济可行性分析。对于新型 O_2/CO_2 燃烧技术还有待进一步进行系统的研究。目前 O_2/CO_2 燃烧的实验研究大多为实验室规模和小容量的半工业化规模，有必要进行更大规模的工业化实验，从而估算其在技术和经济上对于电站煤粉炉的可行性。

2）化学链燃烧技术（chemical-looping combustion，CLC）。化学链燃烧技术是一种高效、清洁、经济的新型无火焰燃烧技术。由于该技术在燃烧过程中可生成高浓度的 CO_2 或便于 CO_2 分离的气相混合物，同时消除其他污染物的生成、排放，所以受到较多的关注。化学链燃烧方式把直接燃烧分解为两步反应的间接燃烧，实现了能量的递级利用，提高了能源利用率。最新的研究关注适合固体燃料煤的高性能载氧体，以与我国以煤炭为主的能源结构相适宜。

3）零排放燃煤发电技术。美国洛斯阿拉莫斯国家实验室（LANL）最先提出一种零排放的煤制氢/发电技术（ZECA），其技术路线是将高温蒸汽和煤反应生成氢气和 CO_2，其中氢气用于高温固体-氧化剂燃料电池以产生电力，CO_2 与氧化钙反应生成碳酸钙，然后碳酸钙高温煅烧为高纯度的 CO_2，氧酸钙则被回收利用，释放出来的 CO_2 则与 $MgSiO_4$ 反应生成稳定的可储存的碳酸镁矿物。该技术投入生产运行之后，可使煤的利用效率达 70%。我国浙江大学提出了类似的系统，即以 CO_2 接受体法气化技术为基础构建的新型近零排放煤气化燃烧利用系统，经计算，以烟煤为燃料的系统发电效率可达 65.5% 左右。

（二）研究前沿

支撑上述研究领域的关键科学技术问题有下列七项。

1）富含 CO_2 和甲烷气体大规模重整制备合成气：①甲烷与 CO_2 重整制备合成气催化剂制备规模化技术；②适于复杂组分体系下的甲烷与 CO_2 重整制备合成气工艺及装置；③复杂组分体系下甲烷与 CO_2 重整转化工程理论。

2）醇醚酯一体化合成技术与工程相关问题：①合成气转化为烃、醇、醚、酯等的浆态床反应器技术；②适于浆态床反应器的催化剂研究和合成；③适合于多联产工艺要求的耐硫和低压催化剂制造技术；④浆态床醇醚燃料合成的多相催化反应体系研究与分析；⑤基于多尺度效应的醇醚燃料合成复合反应/分离浆态床的模型化设计准则。

3）劣质煤与生物质组合利用，褐煤脱水、脱灰、提质的科学技术问题：①煤与生物质组合利用共燃烧、共气化、共液化过程装置及工艺开发；②煤与生物质混合物在超临界状态下水气化过程工艺；③以煤和生物质共气化为燃料的整体煤气化联合循环技术；④褐煤脱灰、脱水和提质方法工艺还很不成熟，有着极大的提升空间。

4）新型洁净煤燃烧技术问题：①化学链燃烧技术；②超细化煤粉再燃技术；③零排放燃煤发电技术。

5）煤层气的开发及利用研究：①煤层气勘探开发技术；②煤层气安全输送及利用技术；③煤层气发电工程研究；④煤层气液化技术；⑤煤层气化学化工转化技术。

6）多联产（煤电化）系统集成理论研究：涵盖化学能与物理能综合梯级利用机理和能量转换过程与污染控制一体化原理的多联产系统集成理论；多联产系统特殊规律与复杂系统设计优化理论与方法，包括非同性系统耦合与集成规律研究和多联产复杂系统设计优化理论与方法研究；若干有发展前景的洁净多联产系统概念性方案设计和技术经济分析；多联产系统经济性、环境特性及能源利用效率的全生命周期分析与评价。

7）煤炭资源高效利用关键技术的化工基础研究：实现煤炭高效转化利用，对化工技术提出了更高的要求。开发制备转化率高、选择性高、适应性高、使用寿命高、成本低的催化剂是其关键环节，以此可保证目标产品的最大产率。反应器的设计要围绕大型化、能耗低、转化率高、原料适应性强、污染物排放少、与周围设备匹配性好进行优化。工艺流程及系统整体性能要最大限度地提高资源利用率、能量利用率，并获得最佳的经济效益、环境效益和社会效益。

四、近中期支持原则与重点

重点支持、优先发展的各类高碳能源的低碳化技术须符合以下三个原则。①清洁生产原则，从源头、过程到终端的全生命周期争取最大限度的低排放、少污染。②市场需求导向原则，所发展的技术应该有广泛的应用前景，其产品（能、物料）符合市场需求。③经济性原则，从原料利用、能量利用、工艺运行到成品产出全程体现高效化，力求成本最低。

煤炭是最典型的高碳能源，是实现高碳能源低碳化利用的主战场。煤炭低碳化利用包括煤炭开采源头、转化过程到终端利用，全生命周期内的高效、洁净化，具体包括加大清洁开采及原煤入洗比重，减少原煤输出和落后的直接燃烧；加快煤炭高效转化技术开发，如煤基多联产技术，降低煤炭消费强度；加强煤炭及煤基产品消费环节污染物排放控制与治理技术的研发，实现煤炭及煤基产品的清洁化利用；加快开发煤炭生产过程中的废弃物、伴生物（如煤层气）的开发及利用等技术。研究重点包括三个方面。

1）煤炭高效洁净转化技术。①燃前预处理技术，重点突破重介质旋流器选煤技术、新型浮选脱硫技术及全粒级高效分选技术。②新型洁净煤燃烧技术，重点研究循环流化床燃烧技术、新型 O_2/CO_2 燃烧技术、化学链燃烧技术及超细化煤粉再燃技术。③多联产（煤电化）系统集成理论及技术，包括多联产过程耦合集成优化理论、模型、工艺及多联产系统示范。④富含 CO_2 和甲烷气体大规模重整技术，重点解决催化反应动力学和反应器技术。⑤醇醚酯一体化合成技术与工程，重点解决催化剂和浆态床反应器技术。

2）煤炭及煤基产品消费环节污染物排放控制与治理技术。①煤转化利用过程中硫、氮、汞及其他重金属的排放、迁移和治理技术；重点关注基础研究，同时研究脱硫、脱硝、脱汞技术和煤炭气化、液化、焦化过程中产生的废液微生物处理技术；②西部弱还原性煤综合利用技术；包括煤直接液化、煤热解与甲烷部分氧化/CO_2 重整耦合过程及新型萃取分离高附加值产品技术。

3）煤炭生产、利用过程中废弃物、伴生物的开发、利用及处理技术。①CO_2 固定和利用技术，包括 CO_2 的化学固定技术、CO_2 基聚合物技术、离子液体固定 CO_2 技术及 CO_2 用于超临界萃取技术。②高温气体净化分离技术，包括大型、高效空分技术，变压吸附技术，气体膜分离技术。③煤层气的开发及利用技术，重点研究瓦斯抽采技术、低浓度瓦斯安全输送和利用技术及煤层气化工技术。

第四节 无碳-低碳能源化工与工业

一、基本范畴、内涵和战略地位

能源化工与工业，主要包括石油化工、天然气化工、煤化工等能源化工，以及钢铁冶金、水泥等一次能源消耗巨大的工业。无碳-低碳能源化工与工业是指在这些工业过程中通过节能降耗和碳捕集封存技术，实现 CO_2 的大规模减排，实现无碳-低碳化。

近年来，随着我国国民经济的快速发展，CO_2 等温室气体排放量也急剧增长。我国工业部门排放约 70% 的温室气体，其中火力发电占到一半，上述能源化工与工业的高耗能行业基本上占到另一半，即能源化工与工业排放的温室气体 CO_2 占我国 CO_2 排放总量的 30% 左右。最近几年，能源化工与工业基本上都以每年 10% 以上的增长速度快速增长，相应的，CO_2 等温室气体排放量也在同步增长，预计到 2030 年将达到顶峰，随后可能逐渐降低。

21 世纪，以石油、天然气和煤为主的化石能源仍将是人类能源的主要来源。

因而，如何在能源化工与工业中逐步实现无碳和低碳化，不仅关系到国家能源战略和资源节约战略的实施，还关系到全球的气候变化与可持续发展。

国家颁布了《节能中长期专项规划》、《中华人民共和国节约能源法》和《中华人民共和国可再生能源法》等法律法规，对能源工业的节能减排已经给予了高度重视和支持。能源工业的节能减排已成为国家的重大战略问题。

目前我国能源工业的能耗水平，大致比发达国家高出 20％～30％。通过大力支持和发展先进的节能减排和碳捕集与封存技术，引领相关领域的技术创新，在无碳-低碳能源化工与工业领域争取达到国际先进水平，将为我国国民经济的可持续发展和全球环境保护作出重要贡献。

二、发展规律与发展态势

近一个世纪，能源化工与工业的发展为工业革命以来世界经济和社会的发展作出了重要贡献，但是也不可避免地造成了环境污染。进入 21 世纪，全球气候变暖问题成为国际社会关注的热点，国际社会也基本公认主要原因是 CO_2 等温室气体的排放。回顾一个世纪以来的能源化工与工业的技术发展，并没有将无碳-低碳作为其目的，因而排放了大量的 CO_2。有些工业如合成氨中有 CO_2 的分离装置，也是为了最终产品氨的合成所设计的。

无碳-低碳化的提出，对于能源化工与工业来说，是革命性的。节能降耗技术的研发，可以适当降低温室气体 CO_2 的排放。但要真正实现无碳-低碳化，碳捕集与封存技术是必需的。

碳捕集与封存技术是目前国际上的研究热点。初步研究表明，地球上陆地及海洋下的含水层等地质和油气田等储存的 CO_2，可以满足人类社会几百年的需要。因而，在今后几十年绿色能源和可再生能源尚不能满足人类社会大部分能源需求的时候，碳捕集与封存技术的研发与应用将是控制温室气体排放和减缓气候变化的必然选择。同时碳捕集与封存技术的研发要结合原有能源化工与工业过程的特点，实现能耗和成本最小化的无碳-低碳化。

目前，我国能源化工与工业正处于大发展的年代，面对着资源枯竭、环境恶化、生态破坏、气候变暖等一系列严峻问题，我国相关科技工作者肩负着艰巨的历史重任。发达国家实现的是建立在高资源消耗基础上的现代化道路，这对于我国很难借鉴。同时发达国家在无碳-低碳能源化工与工业领域也正处于起步阶段，因而我国在相关领域和世界先进水平有同步发展的机会，部分技术甚至可以达到世界领先水平，从而实现我国能源化工与工业的可持续发展。

（一）发展规律

1）能源化工与工业的不可避免性。能源化工与工业主要是基于化石能源的，如前所述，化石能源是未来百年人类的主要能源。在太阳能、核能、风能、可再生能源尚不能满足人类对能源的需求的情况下，基于化石能源的能源化工和工业是我们人类不可避免地要使用的。

2）能源化工与工业的多学科特征。能源化工与工业包括石油、天然气、煤、钢铁、水泥等部门，涉及能源、化工、环境、材料、管理等多个学科门类，具备强烈的学科交叉特点；同时能源化工是一门实践科学与工程技术，需要多学科的强力合作。

3）能源化工与工业的国际化和可持续特征。能源化工与工业的国际化，是和社会、经济及贸易的国际化密不可分的。从原料开采、工业生产到产品销售都不断朝着国际化的方向发展，那么无碳-低碳化的战略发展，必然要走国际化的路线。同时，从目前的能源化工与工业向无碳-低碳化方向发展，需要有一个可持续的发展特征，以实现平稳过渡和可持续发展。

在能源化工与工业实施碳捕集与封存将使这些工业过程的能耗和成本大幅提高，导致其成为各国经济都难以承受的负担。其中，碳捕集分离的成本占到碳捕集与封存技术总成本的 70%～80%。因此如何大幅度降低 CO_2 分离的能耗和成本成为能源及相关领域的关键问题之一。

碳捕集分离的难点在于，CO_2 排放源的流量特别大，压力较低，CO_2 浓度较低，温度较高，还含有大量惰性气体 N_2 和 SO_2、氮氧化物等杂质。现有分离技术从常压烟道气中捕集分离 CO_2 的费用为 30～50 美元/吨 CO_2，从中高压气体中捕集分离 CO_2 的费用为 20～30 美元/吨 CO_2。为了大幅度降低碳捕集分离的成本，急需解决一批科学问题和工程技术难题。

现有分离技术中，以吸收法最为成熟，也有大规模工业应用的成熟经验，捕集分离费用也最为经济，缺点是目前能耗仍较大，费用较高，常压为 40 美元/吨 CO_2 以上，高压为 30 美元/吨 CO_2 左右，同时吸收溶剂有一定挥发性，且容易降解需要不断补充。所以进一步降低捕集分离能耗、提高溶液耐用性是今后的主要研究方向。

吸附法比较适合高压气体中碳捕集分离，已有中型规模工业应用的经验，可采用变温和变压等不同操作方式，目前碳捕集分离的费用为 60～70 美元/吨 CO_2。缺点是吸附剂的单位吸附量较小，吸附剂用量大，难以用于大规模工业装置。所以提高吸附剂的单位吸附量，是主要的研究方向。

膜分离方法具有投资小、能耗低的特点，已应用于一些中小规模的气体分离，捕集分离的费用比吸收法略高。缺点是目前的使用规模较小，对于 CO_2/H_2 的分离比较容易，而对于 CO_2、N_2、O_2 等分离较难。膜分离的关键是膜材料，膜材料是否同时具有高通量和高分离系数及长期的耐用性是影响膜技术能否应用的主要因素。

水合物分离方法具有方法简单、无污染物产生、操作条件低等特点，该方法分离烟气和整体煤气化联合循环合成气中 CO_2 已获得一定的研究进展，预期碳捕集分离的费用为 $10\sim25$ 美元/吨 CO_2。缺点是目前分离速度较慢，大规模处理碳捕集分离还有待进一步研究。因此水合物法分离的关键是化学试剂的研制和筛选及化学试剂降低分离的操作条件，加快反应速度是改进水合物技术应用的关键。

（二）发展趋势

1. CO_2 减排过程的机理创新和材料分子设计

在 CO_2 的吸收、吸附、膜和水合物分离过程中，分离剂和分离介质是实现高效率、低能耗分离的关键，而分离剂和分离介质的性能与其分子结构、介观结构及其和 CO_2 的作用机理有着密切关系。通过分子模拟等手段探索全新的分离 CO_2 的机理，深入研究各种类型的分离剂和分离介质的多尺度结构调控及其对 CO_2 的分离性能的影响，是研制高性能的分离剂和分离介质的基础。主要方向有五个：① CO_2 减排过程的机理创新；②高性能吸收溶剂的分子设计；③高性能吸附材料的设计及结构调控；④高性能膜材料分子设计与膜结构调控机制；⑤高性能水合物促进剂的研制与筛选。

2. CO_2 减排过程设备的多尺度强化

由于烟道气等 CO_2 排放源的流量特别大，所以迫切需要研究特大型分离设备的多尺度强化问题。采用先进的测试技术、理论分析和计算流体力学等模拟方法相结合，深入研究吸收、吸附、膜和水合物分离过程中的多相体系流动和传递规律，研究开发高效传质的新型填料、吸附材料、膜材料和水合物促进剂的结构及其对分离性能的影响，建立以结构调控为核心的多相分离设备强化和放大设计新方法。系统地研究微通道吸收器内的流动、混合、传递和反应的基本特征与规律，研究微通道吸收系统的结构优化设计、加工、封装及系统集成与放大技术等共性问题。这部分主要方向有三个：①微尺度传递与反应过程的特性和放大规律；②特大型分离设备的多尺度强化原理和放大规律；③新型高效分离/反应设备的特性。

3. CO_2 减排过程的耦合和能量集成

碳捕集与封存是一个庞大的工程，其能耗和费用是相当大的，节能降耗也是一个极其关键的问题，它涉及分离介质、设备、过程、再生能量选择和已有工业基础等诸多影响因素，有赖于整体的系统集成和优化方面的研究。一些新的分离-分离、分离-反应等耦合技术，可能在碳捕集分离中有很好的前景，如膜分离与吸收的耦合、水合物分离与膜分离的耦合，可能大幅度降低能耗。这些新技术的实现也需要进行前期的溶剂、膜材料和过程集成的基础和应用基础研究。这部分的主要方向可归纳为两个：①多种分离方法的耦合与集成原理；②捕集分离过程的模拟和能量集成规律。

4. 能源化工与工业的碳捕集集成技术

长期以来，能源化工与工业的工艺过程都是以产品生产为目标的，并没有考虑 CO_2 的减排问题。有些工业中已经将 CO_2 分离出来，如在合成氨工业中。但大多数工业中的 CO_2 是释放到空气中的。为了实现无碳-低碳化的能源化工与工业，就需要将这些工业的工艺过程进行无碳-低碳化的改造。除了上面提到的对碳捕集技术的研究外，还需要研究在各种能源化工与工业中 CO_2 减排的可能性、减排工艺及能量的集成技术等。对于不同的能源化工与工业，可能需要有不同的减排策略和减排技术。需要进行深入研究 CO_2 减排技术的行业，主要包括油气化工、煤化工、钢铁和水泥等行业。这部分行业 CO_2 减排技术的发展趋势称为能源化工与工业的碳捕集集成技术。

例如，在油气和化工等行业，存在很多含 CO_2 的气体，其中有些 CO_2 已经被分离，部分得到使用，有些 CO_2 则没有分离。在煤化工中，有大量高压合成气中的 CO_2 分离。在钢铁和水泥工业，其焦炉气和尾气中的 CO_2 浓度为 $25\%\sim35\%$，也远高于火力发电烟气的 $8\%\sim15\%$。CO_2 浓度越高，捕集分离的能耗和成本也越低。这些能源化工与工业的企业规模都很大，也便于集中捕集。

三、发展现状与研究前沿

碳捕集分离方法主要有吸收、膜分离、吸附和水合物分离等，已成功应用于各种化工领域。但针对无碳-低碳化的能源化工与工业的碳捕集过程及其集成，研究时间还很短，需要投入大量人力物力进行研发。同时设计的对象种类多，CO_2 浓度变化大，体系复杂，分离过程能耗极高。各种分离技术目前都面临几乎相同的问题，即分离溶剂和材料、分离过程工艺和分离设备的创新问题，所以加强碳捕集分离技术及其集成技术的研究，是实现能源化工与工业的无碳-

低碳化的关键。

（一）CO$_2$吸收法捕集技术

吸收法有较悠久的历史，大量用于炼油、合成氨、制氢、天然气净化等工业过程，相对比较成熟，有大量经验可以参考。目前使用的主要溶剂有物理吸收溶剂（低温甲醇、聚乙二醇二甲醚、碳酸丙烯酯和 N-甲基吡咯烷酮等）和化学吸收溶剂（有机胺溶液和无机碱溶液等）。物理吸收利用气体在溶剂的溶解度特性进行吸收，然后进行加热或减压解吸。物理吸收解吸容易，需要的解吸热较低，但由于只有在较高压力下 CO$_2$ 等气体在溶剂中的溶解度才较大，所以物理吸收法适用于 CO$_2$ 气体分压较高的场合；而在低压下（＜0.1 兆帕），气体溶解度小，易造成溶剂循环量大，不利于整个过程的节能。化学吸收利用溶剂的碱性和 CO$_2$、硫化氢等酸性气体进行酸碱反应，将酸性气体吸收到溶液中，然后再加热或减压进行解吸。化学吸收可使用的范围较宽，酸性气体的分压高低均可。但由于吸收原理是酸碱反应，反应热较高（50～100 千焦/摩尔），导致解吸热大，过程所需的能量较大。

应着重进行吸收法分离 CO$_2$ 的相关基础研究，主要研究新的吸收溶剂体系、分离设备过程强化、吸收过程模拟和集成技术，以实现能耗和费用的大幅降低。

1）新吸收溶剂。例如，高压气体中碳捕集采用低温甲醇，虽然 CO$_2$ 溶解度较高，但是低温制冷的能耗也很大。而对于聚乙二醇二甲醚和碳酸丙烯酯等常温体系，CO$_2$ 溶解度小，故导致液体循环量大。研发不需要低温环境同时 CO$_2$ 溶解度又较大的新型吸收溶剂，是一个主要的研究方向。通过采用分子设计的方法，考虑 CO$_2$ 和吸收溶剂的分子间的相互作用及分子结构和 CO$_2$ 溶解度的相互关联，设计出新型高效的 CO$_2$ 吸收溶剂。

2）分离设备过程强化。除了改进吸收剂外，吸收设备过程强化及开发新型的 CO$_2$ 吸收过程也是降低能耗的主要途径。过程强化是当前化学工程研究的热点，其是在实现既定生产目标的前提下，通过大幅度减小生产设备的尺寸、减少操作单元或装置的数目等方法来使工厂布局更加合理紧凑，单位能耗和废料、副产品更少。而随着先进的测试手段和计算流体力学模拟的发展，以及粒子图像测速（PIV）等先进测量技术的应用，人们能更有目的性地研制先进的化工塔填料和塔内件，提高分离设备的综合性能。

3）吸收过程模拟和集成技术。在吸收溶剂和过程强化的基础上，建立完善的吸收过程模拟技术，对吸收过程工艺进行模拟优化，降低最为重要的能耗和捕集成本。由于吸收溶剂体系属于含电解质混合溶剂体系的多相平衡，其热力学、动力学和传质计算模型，都需要严格的计算和实验数据验算，特别是混合溶剂体系及物理化学联合吸收体系的计算尤其复杂。通过建立通用的、完整的热力学、动力学和传质计算理论和方法，继而建立 CO_2 吸收过程的模拟技术及过程工业集成的计算技术。

（二） CO_2 吸附捕集技术

吸附分离是气体分离的重要手段之一，根据气体分子与吸附剂之间相互作用性质的不同，也可以分为物理吸附和化学吸附两种，它们对分离效果、能耗、生产成本的影响都不同。物理吸附选择性较差、吸附容量较低、吸附剂再生容易，可以采用能耗较低的变压吸附操作；而化学吸附则选择性好、吸附剂再生比较困难，需要采用能耗较高的变温吸附操作。有学者根据现有吸附工艺技术的模拟计算预测，在现有的工艺水平下要使得碳捕集与分离的操作成本降至 30 美元/吨 CO_2 以下，要求吸附剂对 CO_2 的吸附量达到 4 毫摩尔/克以上，CO_2/N_2 的吸附选择性达到 150 以上，而目前的大部分吸附剂距离这一目标还比较远。因此，进一步提高吸附剂对 CO_2 的吸附量并提高其对 CO_2 的吸附选择性是 CO_2 吸附捕集技术研究的核心问题之一。根据新型吸附材料的特性进一步改进吸附塔内部构件、吸附床层结构、吸附/解吸工艺条件，是 CO_2 吸附捕集技术研究的另一个核心问题。

新型吸附剂的开发：分子筛、活性炭等多孔性材料常用做 CO_2 吸附分离剂，主要是利用这些材料比较高的比表面积，达到提高吸附容量的目的。近年来，介孔分子筛、超级活性炭、金属有机框架材料等具有巨大比表面积的新型多孔材料受到广泛关注，它们的比表面积（BET）一般都在 1000 米^2/克以上，有的甚至达到 3500 米^2/克以上。为了进一步提高吸附材料的吸附容量和分离选择性，根据被分离气体的特性对多孔材料表面进行适当的修饰是必需的，包括活性组分的物理负载和活性有机官能团的表面接枝，如碱金属氧化物的物理负载、氨基等碱性有机官能团的表面接枝等。多孔材料的孔道结构对于吸附动力学具有显著的影响，采用不同孔道尺寸、不同孔道拓扑结构吸附材料的复合材料，如微孔分子筛/介孔分子筛的复合材料等，不仅可以提高材料的比表面积进而提高吸附量，而且可以利用不同大小孔道的传递速率和筛分作用的不同提高吸附选择性和分子在材料内部的传递速度，从而在总体上提高吸附分离性能。不同方法对于提高吸附性能的有效性的不同，可以通过计算机分子模拟进行深入研究，结合适当的实验测定结果，最终实现对吸附材料及其表面改性的分子设计，筛选出符合要求的新型吸附剂。在此基础上，进一步测定 CO_2 在吸附材料中的吸附基础物性数据，阐明吸附材料结构与其吸附分离 CO_2 性能的内在相关性，为吸附分离整体过程设计提供依据。

吸附分离新工艺的开发：有了高效吸附剂，还需要有合适的吸附/解吸工艺及相应的吸附分离设备予以配合，才能真正实现 CO_2 吸附分离过程能耗的降低。变压吸附是工业上最常用的能耗比较低、设备相对比较简单的吸附工艺，但它对于物理吸附过程比较适合，对于像 CO_2 吸附分离这样的化学吸附过程则并不适用。同时，其真空脱附过程必须与其他技术耦合才能达到目的，采用比较多的是变温脱附和电脱附。采用变温脱附的好处是可以充分利用低品位热能，其缺陷是吸附床层需要额外设置传热装置；采用电脱附技术的优点是能量利用效率比较高，相应的床层内构件比较简单，缺陷是只对特定的、具有较好导电性的吸附剂有效。此外，吸附床层的堆积方式等对吸附分离效率均有影响。根据吸附剂的特性，采用合适的床层结构将不同的吸附/解吸技术耦合起来，可达到 CO_2 吸附分离过程的最优化。可以在实现既定生产目标的前提下，通过大幅度减小吸附剂用量和生产设备的尺寸等方法使工厂布局更加合理紧凑、单位能耗更少；通过研制先进的塔内构件，提高吸附分离设备的综合性能。

吸附过程模拟和集成技术：在新型吸附剂制备和耦合工艺技术开发的基础上，需要进一步研究并确立循环吸附和脱吸烟道气中 CO_2 低运行成本和低能耗的工艺流程及工艺条件；研究真空变压吸附和变温吸附及电解吸等耦合工艺的最佳适配性工艺原则，并建立相关数学模型；开发多塔、多步骤循环吸附/脱附工艺流程模拟软件包，进行吸附塔的放大设计及循环分离过程的工艺放大，建立能连续循环运行的双吸附塔式中间试验装置；综合循环工艺数学模型与经济费用模型，核算操作成本，并进行相关的技术经济可行性评价，为工业化提供依据。

（三）CO_2 膜分离捕集技术

目前世界上膜法脱除 CO_2 已经安装了数百套装置。但是，一个不容置疑的事实就是目前膜法分离脱除 CO_2 的关键技术都掌握在外国尤其是美国、日本手中，如果我国不加大这方面的投入，脱离膜法分离 CO_2 的发展轨道，那么我国未来巨大的 CO_2 膜法分离市场无疑将被国外大公司占据蚕食。与国外相比，我们的差距就在于膜材料的合成上面。所以，只要加大在膜材料合成方面的科研力度，合成出性能优异的新型 CO_2 分离膜材料，拥有自主知识产权的膜法 CO_2 分离应用过程将指日可待。

膜技术作为新兴的 CO_2 分离方法，具备不可比拟的优越性：整个过程投资少、能耗低、对环境友好、设备简单占空间较少、易于操作、高效灵活且容易放大，因此必然是将来 CO_2 脱除的一个重要组成部分。优异的 CO_2 分离膜必须具备的性能主要包括：高 CO_2 渗透性；高 CO_2/N_2 分离性；耐温及耐化学性能好；抗塑化、抗衰老；经济可行且制造成本低。以此为目标，目前 CO_2 分离膜材料及分离膜制备的科学关键问题主要包括五个方面。

1）"溶解选择"膜材料。为了改善膜的 CO_2 渗透性，一个非常可行的思路就是在膜材料的分子结构中添加对 CO_2 具备较好溶解性能的基团。通过这个途径，增加 CO_2 在膜材料中的溶解度，最终实现膜材料对 CO_2/N_2 体系的溶解选择，并与其初始所拥有的扩散选择相结合，可以同步实现明显改善膜材料的 CO_2 渗透性能及 CO_2/N_2 分离性能的目标。

2）耐温、耐化学膜材料。为了在不影响膜的气体渗透分离性能的前提下，增强其耐温性、耐化学性及机械性等，需要对膜材料结构进行设计。其设计思路如下：膜材料必须包括两种基团，一种为刚性基团，为整个膜材料提供耐温性、耐化学性以及机械性等；一种为柔性基团，为整个膜材料提供气体渗透性。通过调节刚性基团与柔性基团的比例，可以在不损失气体渗透性的前提下得到较好的分离性能。研发重点在于通过交联反应，把具备"溶解选择"性能的膜材料同具备"柔性刚性双基团"的膜材料结合起来，获得如上所述理想性能的 CO_2 分离膜材料。

3）非对称膜/复合膜。在膜材料合成的基础上，必须同步开展具备非对称结构膜或者复合膜的制备工作。以相同尺寸的中空纤维膜为例，致密膜与非对称膜的渗透通量，往往要相差几个数量级。具体到价格比较昂贵的膜材料，还必须能够实现复合膜的制备，即膜的多孔机械支撑层采用比较便宜的材料，而致密分离层则采用价格昂贵的膜材料：一方面可降低成本，提高其经济竞争性；另一方面很薄的表皮复合致密层可以在相当的分离性能前提下提供更大的 CO_2 渗透通量。开展非对称膜及双层复合膜的制备工作，所制备的双层 CO_2 分离膜性能表现良好，因而具备较好的应用前景。

4）有机无机杂化膜。将无机碳纳米管与有机分离膜结合起来，共混制备出有机无机杂化膜，可以同时实现增强膜的机械强度及强化膜内气体渗透传质两个目的，具有非常重要的研究意义。目前该方向的研究主要集中于通过化学修饰调节碳纳米管的外表面物化性质，调控碳纳米管与有机膜之间的相容性，在两者之间形成不同微观尺寸的、利于气体渗透通过的间隙，以调节改善膜整体的气体渗透分离性能；同时通过对碳纳米管内表面的化学修饰，添加对 CO_2 气体具有较强促进渗透的基团，强化 CO_2 在碳纳米管内的吸附传递性能。

5）离子液体含浸促进传递膜。将离子液体与膜分离结合起来，利用一些有机膜与离子液体溶液之间的亲和性，形成含浸离子液体的促进传递膜，一方面可以避免传统促进传递膜载体损失而导致膜性能不稳定的问题，另一方面可以利用离子液体对 CO_2 具有的较强的吸收能力，形成性能稳定的 CO_2 促进传递膜。需要重点研究的是设计合成对 CO_2 具备较好促进渗透作用的离子液体，并对其与亲水膜之间的溶胀吸附性能及实际分离过程中 CO_2 在膜内的促进传递过程进行系统研究。

（四）CO_2 水合物法分离捕集技术

水合物法分离混合物气体是利用易生成水合物的气体组分发生相态转移，实现混合气体的分离。含 CO_2 的混合气体，如烟气和整体煤气化联合循环合成气，通过一定温压条件与水形成 CO_2 水合物晶体，从而与混合气体分离，分离后水合物晶体进行分解，得到高纯度的 CO_2。整个过程只有水参与反应，操作简单、无污染，是碳捕集分离的新型方法。目前国外水合物分离技术已经得到一定的研究进展，水合物分离操作条件的确立、分离效率的提高及分离工艺的集成都得到一定的发展。国内水合物法分离 CO_2 得到国家自然科学基金、"863"计划等的支持，并获得一定的成果。操作条件的确立、促进剂的研制和筛选是水合物法分离应加强的相关基础研究，其对降低成本、加快处理量具有重要的确定作用。

1）新型促进剂的研制和筛选。原有的促进剂多为稳定水合物晶体结构，通过降低水合物生成压力，从而形成含 CO_2 的双水合物，但这些促进剂降压效果有限，因此水合物生成条件还是较高。而新型促进剂参与水合物结构的形成，因此降压效果明显，在接近大气压下可以生成水合物，大大降低了对操作设备的要求，从而降低成本。因此，新型促进剂促进机理的研究、CO_2 水合物的物性研究、生成热力学性质研究等可为水合物法分离技术的应用奠定基础。

2）复合型促进剂的研制。促进剂中有的改变水合物形成热力学条件，从而降低操作条件，有的则增加表面活性，促进气液接触，加快反应时间。因此将二者结合形成新型复合型促进剂，有助于在快速分离大量 CO_2 混合气体的同时降低操作成本。

3）水合物法连续分离过程模拟和集成技术。在水合物生成和分解设备工艺技术开发的基础上，需要进一步研究水合物法连续生成和分离烟气或整体煤气化联合循环合成气中的快速低能耗、低成本工艺流程和操作条件。研究多级分离工艺的集成，并确立相关分离因子和分离效率计算模型。开发高效气液混合装置，加快循环分离过程，建立经济核算模型，为实现工业化提供依据。

（五）CO_2 耦合捕集技术

碳捕集技术中，吸收、吸附、膜和水合物分离等技术，是单一的分离技术。新的不同分离过程的耦合分离技术，可能是进一步降低能耗、促进 CO_2 技术发展的创新点。

CO_2 耦合分离技术，主要包括膜分离加吸收分离技术、物理吸收加化学吸收技术、高浓吸附加低浓吸收技术、水合物分离与膜分离的耦合等。这些技术可以充分利用单个分离技术在某个条件下低能耗捕集的特点，将不同分离技术组合和集成起来，实现整体捕集过程的能耗和成本最小化。

（六）能源化工与工业的碳捕集集成技术

在能源化工与工业碳捕集技术的集成研发方面，目前国内外研究的还很少。中国如果能尽快组织科技力量投入相关的基础理论研究和技术研发，可以达到国际先进或领先水平。

在化石能源仍然占重要地位的时候，研究无碳-低碳技术，要在继续生产原有能源化工和工业产品的基础上，考虑 CO_2 的减排和捕集技术的集成。从科学技术的基本原理来说，应该是原位捕集分离技术和能量综合利用技术。这些技术的研发，可以在原有能源化工与工业的基础上，通过生产过程原理革新、过程集成和强化及节能降耗来实现。不同的工业可能需要不同的技术创新，要和原有工业过程紧密结合，实现无碳-低碳化的低能耗。

综上所述，结合国际上能源化工与工业的技术需求和发展趋势，无碳-低碳化研究前沿包括碳捕集分离溶剂和材料、碳捕集相关的数据测试技术、碳捕集设备强化技术、碳捕集过程模拟技术、碳捕集耦合新技术、碳捕集与原有工业集成新技术等。

为了实现我国中长期的能源战略，在今后 10 年的时间内，应该加大能源化工与工业领域的无碳-低碳化基础理论、关键技术和重点发展领域的研究支持力度，尤其是围绕着碳捕集技术和工业系统集成的研究前沿开展深入系统的基础研究。

四、近中期支持原则与重点

未来 15 年是国际上温室气体 CO_2 减排技术发展的关键时期，其中能源化工与工业的相关技术研发和集成占有重要地位。因此，建议"2011～2020 年"及中长期未来把下列能源化工与工业无碳-低碳化的基础理论和关键技术作为发展重点，并予以政策及资金方面的优先资助。

在支持原则与重点上，应以 CO_2 减排的新概念、新材料、新设备、新耦合过程、新集成技术、新模拟优化技术为重点，主要支持有创新性的方法、过程及相关基础理论和技术的研发，使得我国在 CO_2 减排领域达到国际先进水平或领先水平。主要支持方向有六个方面。

1. CO_2 吸收法捕集技术

1）吸收机理创新和溶剂分子设计基础理论；

2）新型高效吸收溶剂捕集能力与结构关系表征；

3）吸收设备强化基础理论和多维计算流体力学技术；

4）吸收过程模拟优化和集成技术。

2. CO_2 吸附法捕集技术

1）与新型多孔材料的设计、制备相关的基础理论；

2）CO_2 在新型多孔材料中的吸附/脱附机理、相态、热效应、传递过程的分子理论；

3）新型高效 CO_2 吸附剂的筛选，基础数据的测试、整理和估算；

4）耦合吸附/脱附技术的开发和优化；

5）CO_2 吸附分离过程的集成、模拟和经济评价。

3. CO_2 膜分离法捕集技术

1）膜材料设计及结构调控理论和方法；

2）CO_2 分离膜性能与结构关系表征；

3）膜分离装置设计与高效强化技术；

4）膜分离过程模拟与集成技术。

4. CO_2 水合物分离法捕集技术

1）水合物法分离机理的理论和方法；

2）CO_2 水合物热力学性能与结构的表征；

3）CO_2 水合物促进剂研制与筛选；

4）连续分离过程模拟与集成技术。

5. CO_2 耦合捕集技术

1）膜吸收耦合捕集技术；

2）双溶剂吸收耦合捕集技术；

3）吸收吸附耦合捕集技术；

4）水合物与膜分离捕集技术；

5）其他创新性耦合捕集技术。

6. 能源化工和工业的碳捕集集成技术

1）油气化工的碳捕集集成技术；

2）煤化工的碳捕集集成技术；

3）钢铁生产的碳捕集集成技术；

4）水泥生产的碳捕集集成技术。

第五节　低碳型生态工业系统

一、基本范畴、内涵和战略地位

低碳排放型循环经济生态工业系统是以生态工业与循环经济理论为基础，通过技术集成与系统优化，构建源头节能降耗、系统能效提高、能量梯级利用、资源循环利用的多过程生态耦合系统，实现火电、钢铁、水泥、化工等高碳排放载能型工业过程的碳减排。循环经济作为一种经济发展与环境保护相协调的发展模式，以减量化（reduce）、再使用（reuse）、再循环（recycle）为原则（3R 原则），具有低消耗、低排放、高效率的特征。作为循环经济理论载体，工业生态把工业系统作为一个生态系统，系统中的物质、能源和信息的流动与储存模仿自然生态系统运行方式循环运行。发展低碳排放型循环经济生态工业系统特色是通过多产业、多过程的系统优化与技术集成，提高能源利用效率，优化能源结构，实现能源梯级利用与碳资源循环利用，建立低能量负载运行、低碳排放型生态工业系统与循环经济模式。

钢铁、水泥、化工等过程工业碳减排空间巨大。我国仍处于工业化发展中期，经济增长仍然没有完全摆脱资源和能源依赖型传统发展方式，高消耗、重污染的技术体系与结构模式仍占主体地位。电力、钢铁、水泥、化工、有色工业等物质流、能量流操作密集的过程工业仍是我国产业主体。由于技术相对落后与产业结构不合理，现有生产过程资源能源利用率低下，温室气体排放严重，如 2005 年，钢铁、水泥、化工行业 CO_2 排放总量约为 19.5 亿吨，达到全国总排放量的 40% 以上；其中由于化石燃料燃烧引起的 CO_2 排放量约为 14 亿吨，占全国化石燃料燃烧引起的 CO_2 排放总量的 27.5%。虽然钢铁，水泥、化工在节能减排方面取得了实质性进展，但仍面临日益严峻的碳减排压力，并且具有巨大的减排空间。

构建低碳排放的过程工业循环经济和工业生态体系对我国碳减排意义重大。

目前，发达国家应对 CO_2 减排问题主要将碳捕集与地质埋存作为 CO_2 减排技术发展的重点，但碳捕集的高成本和地质埋存的高生态环境风险是阻碍其大规模应用的瓶颈。我国过程工业 CO_2 排放具有多过程、多点源的分布特点和复杂的地质构造，决定了不能完全照搬发达国家 CO_2 减排方式。因此，针对我国 CO_2 排放特点，建立适合我国国情的低成本、低环境风险 CO_2 减排技术体系，是解决我国温室气体 CO_2 排放问题的迫切科技需求，也是世界范围内 CO_2 减排技术的科技前沿。大力发展低碳经济和循环经济，构建低碳排放型经济发展模式已经成为降低 CO_2 排放的重要发展方向。我国火电、钢铁、水泥、化工等高碳排放载能型重化工业区域化发展迅速，工业园区与产业聚集区已经成为重化工业发展的主要载体，也是碳排放的重点集中区。从大尺度层面通过系统优化与技术集成，构建能源优化配置、能效整体提高、余能梯级利用、碳资源循环利用及生物固碳协调发展的低碳排放型循环经济工业生态体系，不仅是实现温室气体控制的重要手段，也是解决资源和环境瓶颈问题，建设资源节约型、环境友好型社会的重要途径。

二、发展规律与发展态势

发展循环经济、建立工业生态系统是现阶段提高能源效率和减少碳排放的主要途径之一。循环经济是以减量化为核心，以再利用和资源化为重要内容的环境保护与社会经济发展新模式。从世界范围内看，循环经济发展经历了源头减污清洁生产、资源循环利用与污染集成控制、低碳排放型循环经济工业生态系统等不同发展阶段。

我国以电力、钢铁、水泥、化工、有色工业、轻工等过程工业为产业主体，在消耗大量化石能源的过程中不仅排放了大量的温室气体 CO_2，而且也产生了大量的余热余能等废弃能源。因此，构建我国低碳排放循环经济生态工业系统，一方面需要通过实施清洁生产技术，减少我国过程工业的化石能源消耗；另一方面需要更进一步实现余热余能高效回收，减少化石能源消耗。此外，针对我国过程工业多点源温室气体 CO_2 排放特点及现状，需要开发 CO_2 高效低成本处置与资源化利用技术；基于我国发展低碳经济的客观需求，也需要从整个生态工业系统的大尺度上进行碳集成研究。

（一）发展规律

1. 以碳资源循环利用为核心的多种资源整合及闭路循环

过程工业以大宗矿物资源、化石能源为原料，涉及资源种类与生产产品种类繁多，同时也产生大量的"三废"排放，其中包括大量的含碳废弃物，如 CO、CO_2 等工业废气及碳酸盐类固体废物。这些废弃物排放不仅污染环境，而且也造成碳资源浪费。实现含碳废弃物的近零排放与循环利用是构建低碳排放型循环经济生态工业系统的主要内涵。一方面，通过多种资源整合，实现资源的优化配置及高效转化，可以减少含碳废弃物排放，特别是可以实现碳资源的高效转化与清洁利用；另一方面，通过多种资源的闭路循环，将含碳废弃资源作为再生碳源加以利用，如将 CO_2 作为廉价碳氧原料合成大宗化工产品，不但可以替代化石能源，而且也可以实现含碳废弃物的近零排放。

2. 多过程、多技术的系统集成

随着社会经济的跨越式发展，许多围绕着节能减排、废弃物资源化利用的单体技术已经从实验室走向工业化示范阶段。然而针对过程工业多过程、多点源 CO_2 排放特点，采用单一技术是很难实现有效的大规模 CO_2 减排的。在实现经济环境效益双赢的客观需求下，过程工业的温室气体控制技术发展逐步转向采用多过程、多技术的碳减排系统集成。通过碳减排技术集成与组装，从而有效降低碳减排的经济成本，最终实现过程工业的碳减排技术大范围推广实施是重要的发展规律。

3. 多尺度、大系统的物质与能量集成

建立循环经济发展模式是一个系统化的问题，涉及经济发展的各个方面，需要考虑不同层面、不同行业、不同区域间的和谐发展，进而促进经济增长、环境改善，实现整体效益的最大化。往往一个企业产生的废弃物可以作为另一个企业廉价的生产原料，因此在企业内部构建低碳排放系统并不能完全实现整体效益的最大化。针对重化工业高度密集的工业园区与产业聚集区，考虑基于园区、区域等不同尺度大系统的整体物质与能量集成，更能够实现温室气体 CO_2 排放量的最小化。目前，国内外已经建立了以大型重化工业联合企业及多产业聚集为代表的循环经济示范工业园区，通过企业、区域等多尺度大系统的物质与能量集成，形成了局部的低碳排放型工业循环系统。

4. 跨行业、跨领域的多学科交叉

循环经济是以"3R"原则为基本原则，同时也包括能量梯级利用、污染物集成控制、循环经济产业链延伸及区域大系统集成等方面。构建低碳排放型循环经济工业系统需要涉及多行业，同时跨越资源循环利用、能源综合利用、固碳产业链构建、工业系统集成等多个领域，需要进行跨行业、跨领域的多学科交叉。特别是对于我国来说，钢铁、水泥、化工等过程工业是温室气体 CO_2 排

放大户，因而要实现温室气体 CO_2 减排，构建低碳排放型循环经济工业系统，进行跨行业、跨领域的多学科理论知识交叉是必然的发展规律。

（二）发展趋势

基于循环经济发展模式，利用生态系统的运行规律和基本理论，立足于整个工业系统，多行业、多区域范围构建低碳排放型循环经济生态工业系统成为发展的必然趋势，其关键在于基于我国过程工业的发展特点，通过能效整体提高的清洁生产技术升级、能量梯级利用、温室气体封存与资源化利用等关键技术的研发，以及大规模固碳产业链的构建，实现大规模温室气体 CO_2 减排。

1. 研发降低能源消耗和提高能效的源头碳减排清洁生产技术

实现重污染行业的源头减污与清洁生产是循环经济减量化的核心与关键，降低高耗能工业过程的能源消耗与提高能效已经成为发达国家清洁生产发展的重要目标，并向高价值制造、高技术化、信息化制造升级，已经呈现可持续的绿色制造-低碳经济模式。我国电力、钢铁、水泥、化工、有色工业等过程工业技术相对落后、结构尚未实现优化。通过研发清洁生产及替代技术，降低单位产品能耗，提高能效，可实现大规模减少 CO_2 排放。以钢铁工业为例，目前传统钢铁产品生产过程主要采用煤炭资源作为铁矿石的还原剂，从而导致煤炭最终转化为 CO_2 排入大气。如果采用低碳或无碳资源代替煤炭，如采用氢还原铁矿石进行钢材产品生产，便可大幅度减少 CO_2 排放。

2. 实现余热余能的梯级利用提高能源利用效率

过程工业在消耗大量化石能源的过程中不仅排放大量的温室气体 CO_2，而且也产生大量的余热余能等废弃能源。其中余热资源主要包括物料的显热等，余能资源主要包括由于煤炭转化后形成的煤气资源等。在大宗产品的生产过程中本身需要消耗能源，如果这些余热余能资源能得到有效回收利用，便可减少大宗产品的能耗，从而减少温室气体 CO_2 排放。随着温度的不同，余热资源的品位不一样；而随着煤气热值的不同，余能资源的品质也不一样。因此余热余能资源的高效回收利用，其关键在于如何实现其梯级利用。同样以钢铁工业为例，钢材产品生产过程中，大量煤炭资源转化为废气、焦炭、固体废渣显热等余热资源以及焦炉煤气、高炉煤气、转炉煤气等余能资源。部分显热资源通过建立分布式电站可实现回收利用，而大量的液态高炉渣及钢渣显热资源尚未得到充分利用。此外，大量煤气资源均以热能的形式得到利用，并未按照其资源品质的特色加以综合利用。因此，在钢铁行业构建低碳排放型循环经济生态工业系统，迫切需要通过技术研发实现不同品位余热余能的梯级利用。

3. 构建 CO_2 资源化利用产业链接技术实现碳资源循环

钢材、水泥等大宗产品生产过程不仅消耗大量煤炭化石能源，而且还消耗大量含碳矿物原料如石灰石等。煤炭经过加工转化后最终大部分转化为 CO_2 排入大气，而石灰石分解后直接生成 CO_2 排入大气。由此可见，大量 CO_2 主要存在于排入大气中的尾气。将尾气中的 CO_2 进行处理或加以利用，构建碳资源循环利用的新型 CO_2 产业链是实现大规模温室气体 CO_2 减排的主要途径。CO_2 经化学转化固定为含碳资源，实现碳元素的循环利用，将会实现稳定、低环境风险的低碳减排工业系统。因此，建立 CO_2 零排放与资源化利用的化工新体系是未来 CO_2 减排的重点研究方向。例如，利用 CO_2 直接羧化反应生产的化合物，输入能量最小，利用前景广阔。其中从 CO_2 和氨合成尿素是 CO_2 规模固定和化学利用的最成功典范，CO_2 生产聚碳酸酯产品已经在我国建立了产业化示范生产线，构建 CO_2 →尿素→碳酸二甲酯→异氰酸酯→聚氨酯材料→建筑保温材料的新型产业链新技术也已初见端倪。

4. 建立生物固碳产业链实现区域大系统生物碳汇

通过利用植物的光合作用，提高生态系统的 CO_2 吸收和储存能力，从而减少大气中 CO_2 的浓度，也是构建低碳排放型循环经济生态工业系统的主要方面。与能源和工业部门的减排措施相比，利用生物固定 CO_2 是控制 CO_2 排放最直接且副作用最少的方法，因而受到特别的关注。生物固定针对 CO_2 排放量小、CO_2 含量较低的面源，对减少大气中日益增多的 CO_2 具有极大的优势，因此迫切需要通过构建以生物固碳为核心的固碳产业链，增加区域大系统的碳汇，促进大气中 CO_2 浓度的有效降低，形成低碳排放型循环经济生态工业系统。目前，构建以生物固碳为核心的固碳产业链，其发展趋势主要在于构建森林汇碳和利用产油海藻、微藻固定 CO_2 等方面。

5. 优化企业、园区、区域大系统碳集成实现多尺度低碳排放工业系统集成

工业系统涉及的面广，并且呈现出跨行业、跨领域的多学科交叉特征，需要通过不同尺度的大系统集成与优化分析，从而实现整体效益的最大化。因此构建低碳排放型循环经济生态工业系统需要考虑不同层面、不同行业、不同区域间的 CO_2 排放情况，通过企业内部、工业园区、区域大系统的碳集成，实现整体 CO_2 排放量的最小化。由于碳元素的特殊性，碳资源不仅是以物质流的形式在过程工业企业内部及区域大系统中进行转化，而且也是以能量流的形式在

大系统中流动。碳集成主要包括企业内部及区域大系统的碳物质流及能量流分析、碳集成评价指标体系，以及结合碳减排技术和节能技术体系所形成的技术集成平台。目前在石油化工行业，能量集成技术已经被广泛使用，然而对于钢铁、水泥等过程工业，还尚未建立更大尺度的能量集成技术体系。特别是涉及多行业的生态工业体系，迫切需要进行过程工业企业内部及区域大系统碳集成研究，从而实现最大限度的 CO_2 减排。建立可评价、可量化的碳集成评价指标体系，对涉及物质及能量流耦合过程的系统集成方法进行研究，构建企业内部及区域大系统碳集成技术平台成为该领域的重要发展趋势。

三、发展现状与研究前沿

工业生态理论是循环经济乃至低碳经济的重要理论工具之一。其早期发展主要针对废物交换、工业代谢、工业共生，致力于解决环境污染控制地方等问题，如英国的"废物交换俱乐部"。进入 21 世纪，更大尺度的再生资源循环利用成为工业生态关注的主体，并由此诞生了循环经济发展模式。随着世界范围内温室气体减排压力日益增加，碳减排逐步成为发达国家生态工业学的研究前沿，推动循环经济从以废物交换为基础向资源循环利用与低碳排放相耦合的工业生态系统实践进展。在 2009 年 6 月于里斯本举行的第五届工业生态学国际大会既是以可持续转型为主题，又将工业生态发展的焦点转为以多种方式和手段关注大尺度工业生态系统的碳减排。

（一）循环经济发展模式

在低碳排放工业生态体系中，以循环经济发展模式构建低碳排放工业园区和区域是实现低碳排放工业系统的主要实践方式。在低碳减排工业运行的迫切需求下，发达国家在注重能源替代与提高能效的同时，也特别注重通过工业系统集成实现碳减排。园区化已经成为国外工业系统集中化发展、提高资源利用效率和降低碳排放的主流。美国、日本、加拿大等国家高度重视低碳排放型的工业园区建设，如美国已经建立 20 多个比较有代表性的工业园区；日本已经先后批准建设 26 个工业园区；加拿大已经初步形成 40 多个工业园区。这些园区涉及发电、造纸、生物燃料、钢铁、氯碱化工等多个产业的组合，均将控制温室气体排放作为重点内容。我国重点行业上下游产业集中化、园区化发展迅速。全国省级以上工业园区已经达到 1500 多家，工业园区已经成为产业结构调整与区域经济发展的重要空间载体和主要发展模式，如在石化行业，上海化工园区引入了世界级大型化工区的一体化先进理念，通过对园区内产品项目、公用辅助、物流传输、环境保护的整合，构建企业自身、园区内部及园区周边三个循环圈，实现了资源利用最大化。园区万元产值能耗、CO_2排放量仅为化工平均水平的 1/2 和 1/3。但我国现阶段工业系统园区发展模式总体上仍处于简单的企业内部资源循环利用与上下游产业延伸发展阶段，资源利用效能化、能量转化梯级化、产业配套生态化、污染治理协同化等园区化效益未能充分显现，资源浪费与环境污染依然严重，与国外同类工业园区所实现的碳减排效益差距巨大，迫切需要突破能量梯级利用、废弃物循环利用等低碳排放型循环经济工业系统集成技术。同时针对已形成的重点行业节能减排单元技术或节点技术，开展沿主体流程的集成化研究，建立面向大型企业全过程节能减排的集成技术也是重要的研究前沿。

（二）CO_2 分离与资源化利用

在低碳排放工业生态体系中，CO_2分离与资源化利用是实现碳元素闭路循环的技术核心。目前国内外主要有四类技术体系可以实现尾气中CO_2的固定或资源化利用。一是将尾气中的CO_2进行分离，然后将分离出的CO_2进行封存，即所谓的碳捕集与封存技术体系。尾气中的CO_2分离技术主要包括溶剂吸收法、吸附分离法、膜分离法和水合物分离法等。CO_2封存技术主要包括地质封存、海洋封存和CO_2矿物碳酸化固定。CO_2矿物碳酸化固定可以实现CO_2长时间稳定封存，但采用大宗硅酸盐矿石为原料，原料需要预处理、反应条件苛刻，而具有工业应用前景的是以大宗富含钙镁的固体废弃物为原料的固定路线，该路线不但可以形成碳酸盐产品，而且还可充分利用大宗工业废弃物。二是将尾气中的CO_2进行分离，然后将分离出的CO_2与其他原料发生化学反应生成高附加值产品，从而实现CO_2资源化利用的技术体系。CO_2为惰性分子，其资源化利用实质上是利用CO_2分子的化学特性，通过化学、光学、电学、生化等转化途径，生产含碳大宗化学品，在完成CO_2固定的同时，实现资源化利用。以分离出的CO_2作为碳氧资源直接合成含碳化学品，主要有生产无机碳酸盐、碳酸氢盐，生产有机化学品如尿素、有机碳酸酯及衍生化学品等。三是将尾气中的CO_2直接原位转化为其他化学品的合成原料，从而实现CO_2间接资源化利用的技术体系。CO_2作为间接碳氧资源也可以间接合成含碳化学品，如CO_2经过催化重整转化后形成合成气可生产甲醇、汽油等化学产品等。四是CO_2生物固定。CO_2生物固定就是利用植物的光合作用，提高生态系统的CO_2吸收和储存能力，从而减少该气体在大气中的浓度，减缓全球变暖趋势。目前，与能源和工业部门的减排措施相比，利用生物固定CO_2是控制CO_2最直接且副作用最少的方法，因而受到特别的关注，研究方向集中于森林、海藻、微藻的固碳及其后续资源化利用新技术的开发。因此，构建低碳排放型循环经济生态工业体系，迫切需要针对 CO_2 等大量工业废气，开发先进的净减排 CO_2 资源化利用产业链接技术，从而实现 CO_2 生态化减排。

（三）多技术集成

在低碳排放工业生态体系中，多技术集成是构建 CO_2 闭路循环的研究前沿。对于过程工业目前已经形成的多种 CO_2 分离、捕集、固定及资源化利用单体技术，但因为缺乏技术集成，尚未建立一体化的 CO_2 分离与固体集成技术体系。一方面需要开展碳减排技术集成的优化方法与评价体系研究；另一方面要实现不同产业、不同过程之间的碳减排技术集成创新，为 CO_2 闭路循环提供固碳产业链。如美国的科研人员正在研发碳循环制油品技术，即从空气中分离捕集极低浓度 CO_2，同时以太阳能、核能为驱动力分解利用 CO_2 生产合成气，进一步生产能源或化学品的集成技术。该技术若得以实现工业化，将从真正意义上实现碳的闭路循环。

四、近中期支持原则与重点

依据低碳排放型循环经济生态工业系统的需求与发展规律，在低碳排放工业生态领域将以突破科学问题引领关键技术发展作为未来 10 年的总体原则，优先支持面向碳减排的循环经济与生态工业理论的基础理论、园区尺度上大幅度降低碳排放的集成技术与示范、碳氢资源分级利用与 CO_2 资源化利用的关键技术与示范、生物固碳及碳减排工业生态评价与集成方法等研究。

因此，建议"2011～2020 年"及中长期把下列低碳排放型循环经济工业生态系统的基础理论和关键技术作为发展重点，并予以政策及资金方面的优先资助。

重点支持的研究方向包括五个方面。

1）清洁生产替代与能量梯级利用技术研究：①能源构成与企业碳排放关联分析的基础性研究；②大型复杂系统能量优化集成设计的新方法与关键技术；③整体替代高耗能落后工艺的低能耗新工艺与集成技术；④钢铁、化工、冶金等行业可回收能源的综合利用研究；⑤中低温余热、中低品位余能等高效回收与梯级利用关键技术。

2）碳资源生态化循环利用关键技术研究：①CO_2 资源化利用的分子活化机理和绿色反应新路径设计基础研究；②CO_2 化学转化的新型催化剂设计与低能耗新过程研究；③CO_2 转化利用的过程优化、反应–分离耦合与过程强化关键技术研究；④CO_2碳氧资源同步利用绿色产业链接集成技术；⑤CO_2碳酸化固定的过程强化与介质再生循环关键技术与工程基础。

3）生物固碳技术的开发与应用研究：①工业系统与生态系统中生物间的相互影响和物质、能量循环规律研究；②森林碳库的统计、功能评价、监控及保护技术；③新型汇碳物种海藻、微藻的培育、速生及规模化生产新技术；④能源基可持续生物汇碳物种培育与应用开发新技术。

4）低碳循环经济生态工业大系统集成技术研究：①多系统共生耦合的CO_2资源循环利用系统集成与固碳效应研究；②钢铁-水泥-化工副产煤气碳氢分质利用联产化学品产业链接技术；③CO_2工业废气分离捕集并应用于化工、冶金生产的集成技术；④大型企业主导型生态工业园低碳生态产业链构建技术；⑤多产业集聚型生态工业区域低碳循环经济生态工业系统模式研究。

5）低碳型循环经济生态工业系统决策与支撑研究：①多尺度、多层面碳载体物质流分析（CLMFA）研究；②循环经济模式下低碳技术评价与标准化研究；③低碳排放型循环经济生态工业系统优化集成方法与产业共生风险分析研究。

◇ 参考文献 ◇

蔡睿贤，金红光，林汝谋.2005.能源动力系统与环境协调相容的难题//李喜先.21世纪100个交叉科学难题.北京：科学出版社：366～371

丁仲礼，段晓男，葛全胜，等.2009.2050年大气CO_2浓度控制：各国排放权计算.中国科学D辑：地球科学，（8）：1009～1027

杜祥琬.2009.中国能源发展的战略.山西能源与节能，（2）：1，2

高健，倪维斗，李政.2008.以甲烷重整方式利用气化煤气显热的甲醇-电多联产系统.动力工程，（4）：639～646

何文渊，吴云海.2005.我国能源科技发展思路.中国能源，（3）：5～10

金红光，王宝群.2004.化学能梯级利用机理探讨.工程热物理学报，（2）：181～184

金红光.2005.温室气体控制一体化原理//李喜先.21世纪100个交叉科学难题.北京：科学出版社

倪维斗.2008.我国的能源现状与战略对策.山西能源与节能，（2）：1～5

钱伯章.2008.节能减排——可持续发展的必由之路.北京：科学出版社

王明华，李政，倪维斗.2008."双气头"多联产系统CO_2减排特性方程研究.洁净煤技术，（6）：21～24

王勤辉，沈洵，骆仲泱，等.2003.新型近零排放煤气化燃烧利用系统.动力工程，（5）：2711～2715

王庆一.2002.中国可再生能源现状、障碍与对策.中国能源，（7）：39～44

魏一鸣，刘兰翠，等.2008.中国能源报告（2008）：碳排放研究.北京：科学出版社

谢克昌.2009.煤炭的低碳化转化和利用.山西能源与节能，（1）：1～3

谢克昌.2009-06-09.应重视高碳能源低碳化的利用.光明日报.10

张玉卓. 2008. 从高碳能源到低碳能源-煤炭清洁转化的前景. 中国能源，（4）：20～22

中国科学院学部咨询研究组. 2007. 加快发展先进的 CO_2 捕集和封存技术的建议. 中国科学院
学部咨询报告

中华人民共和国国家发展和改革委员会，等. 2007. 中国应对气候变化国家方案. 北京：科学技
术出版社

Arakawa H，Aresta M，Armor J N，et al. 2001. Catalysis research of relevance to carbon man-
agement：progress，challenges，and opportunities. Chemical Reviews，（101）：953～996

Bernstein L，Bosch P，et al. 2007. Climate change 2007：synthesis report IPCC

DOE US. 2006. Carbon sequestration technology roadmap & program plan 2006. http：//
www. onergy. gov ［2011-05-23］

Ehrenfeld J R. 2008. Sustainability by Design-A Subversive Strategy for Transforming Our
Consumer Culture. Yale university Press

IPCC. 2007. Climate Change 2007：the he Physical Science Basis，Summary for Policymakers of
the Working Group I Report. Cambridge：Cambridge University Press

Johnson A A. 2002. Zero emission coal-competitive，highly efficient electricity production from
even high sulfur coals. Energeia，13（5）：1～6

Jones N. 2009. Sucking it up. Nature，（458）：1094～1097

Lackner K S. 2003. A guide to CO_2 sequestration. Science，（300）：1677～1678

OECD. 2008. Measuring material flows and resource productivity. Paris，France：The
Accounting Framework

Otto-Bliesner B L，Marshall S J，Overpeck J T，et al. 2006. CAPE last，smulating arctic
climate warmth and icefield retreat in the last interglaciation. Science，311：1751～1753

Piao S，Fang J，Ciais P. et al. 2009. Carbon balance of terrestrial ecosystems in China. Nature，
（458）：1009～1013

Riahi K，Rubin E S，Taylor M R，et al. 2004. Technological learning for carbon capture and se-
questration technologies. Energy Economics，26：539～564

Robert F. 2004. Service，carbon conundrum. Science，305：962-953.

Ryan C. 2009. Climate change and ecodesign. Journal of Industrial Ecology，（12）：140～143

Sakakura T，Choi J C，Yasuda H. 2007. Transformation of carbon dioxide. Chemical Reviews，
（107）：2365～2387

Schiermeier Q. 2006. Putting the carbon back. Nature，442：620～623

Walker G. 2006. The tipping point of the iceberg. Nature，441：802～805

Velagaleti R，Burns P. 2007. A review of the industrial ecology of particulate pharmaceuticals
and waste minimization approaches. Particulate Science and Technology，（25）：117～127

第七章

能源科学优先发展与交叉领域

　　能源科学优先发展领域应主要考虑节能潜力大、能源资源丰富的相关学科领域。主要的能量转换和传递过程包括先进燃烧，高效热交换，高效热功转换、热电和光电转化，核聚变、核裂变技术等。其中需要优先研究节能理论和关键技术，涉及能量梯级综合利用和系统集成关键科学问题，洁净燃料能源-动力系统的关键基础研究，可再生能源开发与利用，核反应与核能转换利用，电能转换、输配、储存及利用，以及温室气体控制与无碳-低碳系统等。

　　交叉学科是指两门或两门以上学科融合而形成的一种新的综合理论或系统学问。交叉学科不是多门学科的简单拼凑堆积，而是多学科依存于内在逻辑关系联结渗透形成的新学科。不同的学科彼此交叉综合，有利于科学上的重大突破，培育新的生长点乃至新学科的产生。中国科学院原院长路甬祥提出：在近100多年里，交叉科学，包括边缘科学、横断科学、综合科学和软科学等，运用多种学科的理论和方法，消除了各学科之间的脱节现象、填补了各门学科之间边缘地带的空白，将分散的学科综合起来，从而实现科学的整体化。交叉学科研究正在成为科学发展的重要方面，不仅活跃研究者的思维，开阔科学研究的视野，同时也大大推动着科学技术的发展。对能源交叉领域的研究，可能成为解决能源问题的重要突破口，是现在及未来相当长时间内的重要工作，应予以重视及支持。

第一节　高能耗行业节能

一、优先领域

　　进入 21 世纪以来，能源、经济、社会、环境之间的相互影响日益彰显。为应对能源危机和全球环境变化，各国加大能源研究的投入，其根本目的是要大幅度提高一次能源的利用效率，降低污染排放，发展循环经济和低碳经济，甚至是无碳经济，使得经济增长、能源消费增长与碳排放或者温室气体排放逐步脱钩。

通过节能增效可以显著提高能源利用率，降低 CO_2 排放强度。提高能源利用效率可以在满足相同能源需求的情况下减少化石能源的消耗，从而实现温室气体的间接减排。我国能源利用方式相对粗放，能源利用技术相对落后，能源产业的节能增效潜力较大，节能增效应该作为我国能源战略的首要任务。以冶金、水泥、电力等高能耗产业为重点，通过关停并转，加快淘汰落后生产能力的同时，研究开发节能、环保的新型技术路线和生产工艺，是我国近期控制 CO_2 排放研究的重要内容。

长远来看，节能和科学用能是解决我国能源问题首先要考虑的，应成为我国能源发展战略的基本指导思想和核心。从我国国情来看，高能耗工业、建筑、交通运输、电气与照明等方面的用能比重相对较大，这些领域的节能减排相关基本理论、科学技术研究应摆在优先位置。

（一）高能耗工业的节能减排

高能耗工业在我国近期经济发展中举足轻重，而其节能减排潜力巨大，相关节能基础研究应予以优先考虑，具体包括工业节能减排监管和评估软科学体系，能量转换和传递过程基础理论和关键技术，能量梯级综合利用和系统集成，先进动力循环、动力系统节能，余热和余压利用等方面的节能新原理、新技术和新产品，煤的高效清洁燃烧，工业大气污染治理，工业固体废弃物处理及资源化等。

（二）建筑节能

当前及今后一段时期内，我国经济与生活水平仍将高速发展，建筑面积仍将快速增加，建筑能耗在社会总能耗中的比重将会继续高速增长，应重视该领域的基础及应用研究，主要包括：建筑、气候、资源、环境等多因素之间的复杂作用新机理；高效建筑节能材料的本征及可再生能源与建筑节能的一体化应用新技术；热泵等高效建筑能源设备的创新与集成优化；建筑环境微气候的演变及作用；建筑能量的梯级利用与系统集成技术；建筑节能的软科学体系的构建，超低能耗建筑和绿色建筑的研发、示范和推广应用等。

（三）交通运输节能

随着我国的现代化、经济全球化的发展，城乡、地区及国际上的人员、物资交流将进一步快速增长,交通运输业对经济发展的贡献将会进一步提高,能源消耗比重也将持续上升。因此,交通运输节能也是我国节能减排的主战场,具体包括高效清洁内燃机燃烧理论与燃烧控制,替代燃料、混合燃料发动机燃烧与排放基础理论和关键技术,生物质燃料制备技术及对生态环境的影响,新能源交通动力系统共性关键技术,燃料电池基础理论与关键技术,航空发动机燃烧基础理论与关键技术,轨道运输节能。此外还有交通动力设备的余热回收与转化利用等。

(四) 电器与照明节能

电器与照明设备的应用将随着我国工业、建筑、交通业的发展而高速增长,这方面的基础及应用研究在10~20年的时间内不可忽视。照明方面,应优先发展超高亮LED技术基础研究,LED封装技术关键机理,LED材料与器件研究。照明LED标准及检测技术研究等是现代照明的研究热点。高强度照明中电器的散热问题也是非常重要的研究内容。家用和商业用电器中的电冰箱和空调等也是电能消耗的主体,其节能技术需要原理创新、热力系统优化和工质优选,集中体现在新型空调及电冰箱的能效提升与替代工质的研发,热驱动制冷循环及优化,热泵循环及运行特性,用于水源热泵及地源热泵的高效换热机理,电器热管理理论与技术基础等方面。

二、交叉领域

交叉领域要深入研究能源-环境、能源-信息、能源-材料、能源-生物等多学科的交叉和相互渗透领域,使我国能源与动力学科适应发展、节能与环境保护的多重要求。

1) 建筑节能与新能源、新材料学科交叉基础问题的研究。建筑是可再生能源应用的良好载体,而新材料的应用,不仅使建筑更加美观,也提高了建筑的节能效果。应重视相关交叉学科的研究:可再生能源在建筑节能领域的应用原理和新方法,传递过程与单元的优化新机理和低品位热能的科学利用,节能降耗与环境友好建筑材料的基础研究,半导体照明材料关键制备技术,发光二极管照明灯具与建筑的一体化技术。

2) 生态建筑新理念与建筑微气候的控制新机理研究,主要包括如下内容:建筑微气候形成的机理、优化与控制新方法;建筑环境热、质、光、声学/振动的传递耦合的新机理和新方法;人工环境智能控制理论与测试新方法;有限空间和时间下的建筑环境调控机理、手段和策略;生态建筑的设计方法,以及建筑与能源、环境的多目标决策与设计理论；与气候和资源条件相适应的建筑节能设计理论和方法研究。

3）信息技术应用于节能的创新原理研究。信息技术的发展在节能方面的作用不可忽视，如电子邮件取代常规的实物邮件，不仅降低投递能耗，也降低了生产相关实物的能耗与资源。视频会议、远程教学等的运用，大大降低了人员、物资运输的能耗。这是通过采用信息技术改变常规生活、生产与工作方式达到节能目的典型案例。目前，对如何主动、有效通过这类途径形成新的生活、生产与工作方式的相关研究尚不多，这与信息科学、管理学、行为科学等有紧密交叉，应予以支持研究。

4）基于气象预测的能量转换设备运行优化研究。气象情况严重影响能量转换的周围环境，从热力学角度来讲，周围环境是能量转换设备的热源或冷源。通过短、中、长期精确预测一般或极端气象情况，并根据气象情况制定如发电设备、制冷空调设备及交通运输设备等各种能量转换设备的运行模式将对能量转换效率产生很大的影响，优化的运行模式将具有巨大的节能效益。因此，应优先深入研究这类能源、气象、管理交叉的课题。

5）高效节能的照明技术。高效节能的照明技术应作为近、中期优先资助交叉研究方向，该方向将涉及光电、微电子、半导体技术，应与相应学科交叉研究。具体问题包括：驱动电源及 LED 寿命不匹配问题，驱动电源毫秒级与 LED 纳秒级动态响应不匹配问题，LED 驱动电源低电压均压及毫安级的小电流均流技术，实现 LED 驱动电源及控制系统多输出特性的集成技术，高可靠性的电子镇流器。

第二节　煤与化石燃料

煤、石油及天然气在将来相当长的一段时间内仍将是我国主要的能源，基础研究工作特别是与其他学科的交叉需进一步加强。

一、优先领域

（一）洁净煤技术

我国已把洁净煤技术作为重大的战略措施，列入《中国二十一世纪议程》和国家重大基础研究和产业化领域，电力工业将洁净煤发电技术列为跨世纪的五大科技工程之一。大力开发和实施洁净煤发电技术，不仅关系到我国环境的保护和经济的可持续稳定增长，而且是未来能源技术市场激烈竞争的需要。

在未来的洁净煤能源技术的研究中，既要提高能源的转换效率，减排常规污染物；也必须整合 CO_2 的减排、捕集与封存，需要考虑减排污染物与 CO_2 的经济性协调配合，形成以控制 CO_2 排放为基本出发点的未来洁净煤能源利用与转换技术。

(二) 煤多联产过程

化工-动力多联产系统是洁净煤技术发展的重要方向。化工-动力多联产系统是指通过系统集成把化工生产过程和动力系统有机地结合在一起，在完成发电、供热等能量转换利用功能的同时，生产替代燃料或化工产品，从而同时满足能源、化工及环境等多功能、多目标综合的能源利用系统。作为一种广义的洁净煤利用技术，多联产系统综合了化工生产流程与动力系统的特点，试图从能源科学、化工科学与环境科学的交叉领域寻找同时解决资源、能源和环境问题的新途径。研究表明，化工-动力多联产系统相对于化工与动力分产系统可节能 15% 以上，替代燃料生产与发电成本有望下降 20% 以上，从而有力推进洁净煤利用技术的推广与应用。

化工-动力多联产系统的研究方向包括五个方面：①基于化学能与物理能综合梯级利用的多联产系统集成优化技术，包括不同原料、不同化工产品、不同用户需求情况下的多联产系统集成方法；②新型燃料化学能转换、释放、利用技术，如低能耗的合成反应气制备工艺、低能耗的洁净燃料气制备技术等；③多联产系统中化工生产流程与动力发电系统的相互关联规律及耦合技术；④多联产系统中动力子系统对燃料气变组分的适应技术，如为适应燃料气 CO/H_2 有效成分的改变的动力子系统关键过程技术的改进原则与方法等；⑤基于多联产系统变工况特性的化工生产流程与动力发电系统协调调峰技术。

(三) 燃料的高效低污染燃烧

燃料的高效低污染燃烧主要包括两个方面：①燃烧反应动力学基础研究，燃烧过程及参数的测量，煤炭加工与净化新原理与技术、循环流化床燃烧、高效低污染的粉煤燃烧、超超临界发电、燃煤联合循环发电等；②煤炭气化、液化、煤炭制氢燃料电池；烟气脱硫、脱硝，高效除尘与颗粒物控制等污染控制技术。

天然气作为清洁气体燃料在我国能源工业中越来越重要。天然气的高效燃烧、天然气能源的高效梯级利用、液化天然气的冷能回收利用必须加以重点关注。

（四）石油资源高效转化和炼化一体化中的基础问题研究

炼油化工实现一体化，有利于原料优化配置和资源的综合利用，可以将10%～25%的低价值石油产品转化为高价值的石化产品，从而提高资源的使用价值；还可以简化水、电、汽、风、N_2 等公用工程，节省投资和运行费用，以及减少库存和储运费用；并可以根据市场需求，灵活调整产品结构，提高生产过程的整体经济效益。因此应加强炼油化工一体化研究。

另外，应研究在炼油化工中增加自发电装置，实现热电联产，回收工业余热的新型方案及流程；研究通过优化换热网络降低流程的能源消耗。在催化裂化装置中应用烟气轮机，实现催化裂化装置的节能，采用先进控制及电机变频调速等。

（五）甲烷直接高效转化

根据国内外的研究成果和对不同过程的经济评估结果，并结合我国国情，本领域确定的甲烷直接催化转化研究战略有三个。

1）努力完善已有较好积累并可能在近年内产生巨大经济效益的采用绝热和氧分布器技术的甲烷部分氧化制备廉价合成气。在充分研究和认识催化剂活性位和反应机理的基础上，着重解决该过程中存在的催化材料高温反应条件下不稳定和催化剂积炭失活等关键问题，从而克服进行大规模工业化所面临的障碍与膜分离工艺集成问题，解决大规模制氢及碳捕集和处理中的关键基础问题。

2）在现有成果的基础上，深入研究由我国科学家自行开发的甲烷无氧活化制芳烃新催化剂体系，以及具有重要理论和应用意义的甲烷氧化偶联制乙烯过程，着重对无氧芳构化与氧化偶联反应在热力学和动力学上的耦合开展研究，从理论上确立和完善耦合过程的科学基础，发展具有自我知识产权的甲烷高效转化的新过程，争取五年内通过模拟试验，使该过程中芳烃单程产率达到经济价值的15%以上的水平。

3）发展基于天然气或合成气燃料的高温燃料电池，实现天然气的高效利用。通过抗积碳固体氧化物燃料电池催化材料和管型固体氧化物燃料电池催化膜电极制备技术的突破，形成固体氧化物燃料电池发电系统的关键材料和关键部件的技术基础，以及固体氧化燃料电池系统集成的核心技术，为开发分布式电站和先进能源系统提供科学和技术基础。

（六）天然气经合成气高效转化为化学品和高品质液体燃料

从经济角度考虑，今后的一段时间内，以甲烷部分取代石油作为化学工业的原料和燃料首选的有效途径将是通过制取合成气（$CO+H_2$）再进一步转化的间接方法，而且合成气还能方便地经煤炭气化制得。因此，合成气高效、定向转化将成为一个适合国情而又非常迫切需要解决的问题，取得的成果将促进我国基于煤气化的多联产系统的发展。本领域研究主要集中在从合成气出发直接合成高品质液体燃料，研制高活性、高选择性的双功能和多功能金属氧化物催化剂，运用先进的反应器，制备无硫、无芳烃和重金属的高品质柴油，并在获取大量动力学数据的基础上，完成反应过程的软件包。研究工作的重点将集中在钴基催化剂体系、多孔材料载体和浆态床技术，着力于解决降低合成过程中生产甲烷的选择性和产物碳数分布的调控等问题，力争在该领域形成有自我知识产权的技术和工艺过程。

直接转化制乙醇和其他含氧化合物是非常有竞争力的过程。除了众多复杂的工程问题以外，相关过程能否走向工业化要解决的关键科学问题是调变和研制催化剂体系，发展新一代催化剂，提高过程的选择性。这些问题的最终解决依赖于从理论上对这些过程的完整了解。

二、交叉领域

第一，能源利用过程中的催化材料及催化过程。主要问题是：研制开发新型催化剂和助剂，提高重油催化裂化装置的渣油转化率，以增产轻质油品；实现延迟焦化焦炭塔的大型化（与化学学科交叉）。

第二，燃烧污染物的健康效应。化石燃料燃烧涉及的问题主要是产生的无机污染物及其毒性、有机污染物种类及其毒性。其中的 NO_2、SO_2、硫化氢、CO、铅、汞等无机污染对人类健康影响极大，目前引起人们普遍关注的是致癌多环芳烃和含氮、硫、氧杂环的有机污染物。应从生命健康角度研究燃烧污染物的影响及防护方法，减小及消除燃烧污染物对人体健康的伤害。

第三，其他交叉领域。对与生物学科交叉的化石能源生物转化过程的基础科学问题，与化工、材料学科交叉的低品位化石能源开发利用中的基础问题研究，以及天然气高效转化为化学品和高品质液体燃料等，学者都应予以重视及研究。

第三节　可再生能源

一、优先领域

当前，我国应调整能源结构，大力发展绿色替代能源。在化石燃料中煤的含碳量最高，石油次之，而天然气含碳量最低。与化石能源相比，核能与大部分可再生能源均为无碳（核能、水能、太阳能、风能等）或低碳（生物质能）能源，其转换与利用过程不会直接产生 CO_2。显然，合理地调整能源结构，大力研究开发和利用无碳或低碳能源技术，降低煤在我国能源结构中的比重，将对我国温室气体控制产生积极而显著的效果。攻克规模化与低成本的关键技术是实现可再生能源产业化应用的关键。应统筹协调能源发展布局和规划，为可再生能源发展提供基础条件。

中国太阳能、风能、生物质能资源丰富，具备大规模开发的有利条件。我国的太阳能热水器的使用量和年产量均占世界 70％以上。建议太阳能集热器应该向中高温发展，以拓展太阳能集热器在工业过程中的应用；并深入开展太阳能集热、蓄热和转化应用研究。在继续推进太阳能多样化发展的同时，加快发展大规模太阳能发电，21 世纪中叶达到总装机容量上亿千瓦的水平。风力发电潜力很大，是当今新能源发电中技术最成熟、最具有大规模开发条件和商业化前景的发电方式，建议近期重点解决大功率单机相关的技术问题，尤其是大型海上风电相关的技术问题。生物质能作为非商品能源已在广泛使用，是主要的农村能源。还需重点解决生物质发电，以及制作固体及液体燃料技术，充分利用我国的生物质资源。通过工程热物理学科的发展，奠定可再生能源作为我国未来能源可持续发展重要支柱的理论和技术基础。

（一）风能发电

风能发电是当今新能源发电中技术最成熟、最具有大规模开发条件和商业化前景的发电方式，是近期发展的重点。近年来，我国风电发展极其迅速，2007 年年底已完成计划 2010 年全国风电总装机容量达到 500 万千瓦的目标；2009 年，装机容量突破 2200 万千瓦，居世界第三；到 2020 年，全国风电总装机容量将突破 3000 万千瓦；2050 年可期望达到数亿千瓦规模，使陆地及海上风能资源得到较充分利用，成为未来可持续发展的一个重要支柱。近期应开展的主要工作包括：大力加强大容量风力机、海上风力机的基础理论和关键技术研究，开拓新型风能系统和风能多能源互补综合供能系统。

（二）太阳能

我国已经是世界上太阳能光伏电池最大的生产国，光伏电池年产量约 400 万千瓦，占全球产量的 40%。大规模太阳能发电将是发展的主要方向。要在提高转换效率、大幅度降低生产能耗及成本等方面大力加强研究工作。太阳能热发电是目前规模化商业化电站的主要途径，其发展方向通过提高蒸汽温度与压力以提高热电转换效率和增大装机容量，进而改善经济性能，这就需要加强高温集热器、蓄热和流体传热研究。此外集成了天然气重整等太阳能燃料转换过程的太阳能与化石燃料互补的热发电系统也是太阳能热发电研究的新方向。

我国已成为世界上太阳能热水器的生产大国和应用大国，但是目前尚局限在生活热水方面。中高温集热、蓄热和热能转化是太阳能热利用的重要发展方向，这就需要加强太阳能光热效应的热力学分析与最优化理论研究，聚能型太阳能热转化利用关键技术研究、太阳能与海水淡化结合的能量过程优化、太阳能制冷能量转换过程及关键技术、太阳能制氢，以及太阳能与其他可再生能源或化石燃料的综合互补供能的研究。

太阳能光伏发电应优先研究光伏转换新型原理与机制，新型光伏材料开发与现有光伏材料性能改善，光伏器件结构优化设计，光伏材料和器件的低能耗制备与表征技术，以及规模化光伏系统的运行规律与稳定性提高。

（三）生物质能

生物质能是化石能源出现前人类使用的主要能源，至今在我国农村仍占主导地位。应将充分高效用好传统生物质能作为实现循环经济的重要任务。建议因地制宜，加强微生物厌氧发酵和生物制氢技术，发展生物质制沼气技术，为农村能源提供重要保障。优先发展生物质发电与制取气体、固体及液体燃料技术，研究生物质高效气化、气化合成、气化发电等气化技术，以及热解液化、催化液化和超临界液化、燃料乙醇等生物质制液体燃料技术。

二、交叉领域

（一）太阳能利用与建筑节能

各类建筑物是利用太阳能的良好载体。太阳能的主要应用包括采暖、采光、热水、空调、强化自然通风、电力供应乃至利用光催化降解有机物改善室内环境，进行水质净化等。通过充分合理利用太阳能资源可以实现大幅建筑节能，主要涉及太阳能建筑一体化的集热构件，以此为能源的先进采暖、通风、空调，以及供热和制冷等。太阳能发电及聚光、光传输也是需要关注的问题。此外，太阳能的热贮存还涉及高热容的蓄热材料，以及相变材料和热化学储能材料等。太阳能热利用往往还与热泵技术（空气源、水源或地源）紧密相关。太阳能热利用、光伏发电，以及生物质能量利用及蓄能等可以构建零碳建筑或低碳建筑，最大限度地实现建筑节能。以太阳能、风能及蓄能系统为核心的建筑物智能电网系统是近期需要突破的重要研究方向。

（二）多能源供应体系下的能量利用系统优化

由于主要可再生能源均存在供能不稳定，难以预测等缺点，一般需要化石燃料或者多种可再生能源的互补利用，另外还需适当的蓄能系统，包括蓄热或蓄电系统。对于独立或大规模太阳能利用系统，需要研究解决多能源互补匹配优化问题、可再生能源利用最大化问题、系统长期可靠性问题与全生命周期投入最小化问题。由于能源系统集成的复杂性和跨尺度特征，跨尺度能源系统的建模和系统优化是一个重要的研究内容。

（三）太阳能化学与生物转化制氢

实现高效低成本直接太阳能化学与生物转化制氢面临的共性问题是如何实现太阳能的高效聚集、储存与传输，以及太阳能在反应体系中的高效吸收、转化，与产物有效分离。只有全面系统地解决整个太阳能转化与利用过程中各个关键环节的瓶颈问题，才能最终实现直接太阳能的高效低成本转化与利用。其核心及关键科学问题主要有三个。

1) 直接太阳能热化学分解水和生物质制氢：重点突破生物质超临界水气化系统中多相流动力学、传热传质规律，以及生物质催化气化规律与反应动力学及机理；优化并集成氢气分离和 CO_2 集中处理的过程和系统等。

2) 直接太阳能光催化、光电化学分解水制氢：对太阳能光化学转化而言，要真正实现高效低成本的直接太阳能光解水制氢，必须从整个系统的角度研究能量传递与转换规律。其核心就是如何有效地解决光子到催化剂活性中心的传递限制和反应物到催化剂活性中心的传质限制。

3) 太阳能光生物分解水和生物质制氢：对太阳能光生物分解水制氢而言，实现绿藻和光合细菌的高效、低成本直接太阳能制氢及其实用化。

(四) 太阳能规模制氢与燃料电池耦合系统

根据太阳能光催化和生物质热化学规模制氢技术，以及质子交换膜和固体氧化物燃料电池各自的特点，对其进行耦合，对于高效、洁净和便捷地实现太阳能的高品质利用至关重要。对于太阳能光解水制氢与质子交换膜燃料电池发电的有机耦合，必须针对耦合系统内部的复杂多相多物理过程理论及关键技术开展深入的研究，以最终实现高效、洁净、便捷利用太阳能的目标。还必须重视燃料电池多尺度结构中传输与反应问题研究，以及高效低成本规模化的多相界面及多相流储氢体系的研究。

(五) 风电、水电、光电互补系统设计、运行与控制

结合风、水和太阳能等发电资源，因地制宜提出合理的配置方法；结合电网研究风电、水电、光电互补系统的特性，提出优化的运行与控制方法。充分发挥三种能源的优势，克服太阳能和风能资源的间歇性和不稳定，以及水力发电在枯水季节满足供应不足的问题；实现风能、水能、太阳能的绿色能源互补，可再生能源最大化利用和能源系统的稳定运行。

(六) 地热能与其他学科的交叉

地热能的开发利用不仅需要大量的工程热物理方面的理论和技术，也需要地质、地球物理、勘探、钻井、电力、化学、经济、环境等跨学科专业领域的理论知识的支撑。建议通过多学科的交叉组织梳理地热开发利用的研发链条，进一步确定今后可能形成的重要研究课题。

(七) 分散式多能互补农村能源系统

第一，结合城镇化发展和新农村建设，开展分散式多能互补农村能源系统集成创新研究。例如，可以利用创新性的生物质能-太阳能互补转化方法及合适的储能方法，实现发电—供热—储能动态优化组合；利用太阳能（电、热）和风能互补系统，结合农村生物质能源可以形成与当地资源适应的新农村多能互补能源系统。第二，通过探索灵活的运行控制方法，提高多能互补系统整体效率及可靠性，增加用户可再生能源供给。

（八）多能互补网络能源系统

可再生能源等较为分散，各类互补能源间往往有一定地理距离，需要形成网络化的互补系统，构建多层次、多种能量互补流动、可自愈和重构的系统网络拓扑；并研究大扰动、严重故障等情况下系统自愈恢复策略；研究可再生能源发电过低或停运时，主要供电源转移的网络重构条件和策略。

（九）可再生能源的政策与市场激励机制

要大力发展可再生能源，不仅需要发展相关的技术，相关激励机制也是不可或缺的。应研究创新的政策、法规及市场激励机制，使可再生能源的推广获得稳定的动力。这些都与政治、经济、管理、法律等学科相关。

第四节　电　　能

电能是高品位的能源，它由化石能源或可再生能源通过热功转化、机械能-电能转化或光伏效应而获得。电能具有安全、清洁、易于控制、应用广泛等优点，其在社会用能中的比重随着社会的发展会逐步提高。在相当长时间内，电能相关研究是必须关注和支持的。电能研究应包含以下 10 个优先发展领域和 5 个交叉领域。

一、优先领域

第一，大规模可再生能源的电力输送与接入。其研究内容：①大型风电场、太阳能发电站动态等值模型和参数，以及动态等值模型的可信度测试方法。②大规模风电和太阳能发电输电方式及接入，大规模可再生能源发电随机功率波动特性及对电网影响规律，大规模可再生能源电力并网准则、标准、控制与检测技术。

第二，智能电网的关键科学技术问题。其研究内容：①智能电网的自愈性、互动性、安全性、高质性、兼容性；②智能电网的市场化，新能源市场交易理论、方法与标准；③智能终端设备，输变电装备的智能化技术。

第三，多元复合储能系统及其应用。目前研究较多的储能方式主要有抽水蓄能、飞轮储能、蓄电池储能、超级电容器储能和超导磁储能等。多元复合储能技术是将两种或两种以上具有性能互补的储能元件协调地统一在一个控制系统之下，如超级电容器和蓄电池复合储能系统，具有高能量密度、高功率密度等特点，也兼具了经济性。在多元复合储能系统的研究中，要根据使用场合，确定多元储能系统的复合形式、互补特性及运行规律。不同储能本体间容量的设计、分配方法及原则，要确定不同储能本体间的协调控制策略，以达到优势最大化。优先研究大容量高功率密度储能技术与系统，多元复合储能技术及储能技术在电力系统中的应用。

第四，特高压绝缘技术与环境特性。主要研究内容：复杂气候和高海拔条件下的特高压交、直流输电线路的电气绝缘和电磁环境特性，特高压输变电设备电工材料的电气特性，特高压输变电设备的关键基础理论。

第五，高压大电流电力电子元器件和集成技术。主要研究内容：高压绝缘栅极双极型晶体管，高压、大电流器件的驱动和保护及其可靠性，大功率器件的串并联，模块的封装、功率集成化及其热管理和可靠性，功率无源元件的分布参数建模和损耗计算，大功率高压高频磁性元件的绝缘和热设计。

第六，复杂电力电子系统。复杂电力电子系统、硅基集成门极换流晶闸管等器件和基于碳化硅的电力电子器件的物理和行为模型研究如下：集成门极换流晶闸管模块、绝缘栅极双极型晶体管模块和硅-碳化硅混合模块在内的先进电力电子模组电磁特性分析与设计、热场分析与设计，以及模组失效机理研究；轨道交通用高压多电平和船舶推进用多相的大功率电力电子系统设计技术，以及系统监测和总线控制技术；用于电动汽车和空间飞行器的高功率密度、高效电机驱动的新拓扑，高功率密度、高效功率变换器，高效能量管理系统，高效控制、状态监测和联合仿真技术。特种电机优化及其控制，多时间尺度、电磁、温度、流体、应力的多物理场耦合仿真技术，以高效、高功率密度、高转矩密度为目标的（包括直线牵引电机、多相电机、高速电机、高功率密度电机等在内）新原理和结构大功率、高功率密度特种电机设计和控制方法。

第七，先进电机系统-工业节能。①重点关注先进电机系统及节电（含特种电机），特别是常规与极端条件下的超高效大功率永磁电机理论及其变速驱动技术，各种新兴拓扑结构的大功率高效、高可靠调速电机与控制技术，基于新型功能材料的特种高效电磁驱动装置与系统，以及机械装备低速大转矩低压大功率直驱系统。②关注高耗能电气设备节能问题，尤其是直流大电流参考标准的理论依据与技术特性，传递标准量值传递与标准，双重防磁原理，抗外磁场效能的磁场特性等。③此外应该关注建筑能源与设备节能中的电机应用，如电梯控制技术、中央空调系统的节能优化控制（变频、变水量、变风量），直流房间空调器等。④发电及电网节能也是需要关注的内容，涉及节能调度、电能质量控制和终端用户能源消费管理等。

第八，电气交通与运载系统交叉领域。①建议开展与材料工程、电力电子技术、智能电网相关的交叉学科的科学和技术研究，内容包括：高性能、高温永磁材料和磁性材料的精细模拟研究，低损耗导磁材料及其应用研究，碳化硅材料制备技术研究，碳化硅材料电子器件和封装技术研究。②优先开展碳化硅MOSFET器件的设计开发，碳化硅MOSFET驱动与器件并联技术，高温碳化硅模块的封装技术；积极探索碳化硅绝缘栅极双极型晶体管器件的研究。电力电子模块的集成技术研究包括器件建模，芯片布局技术与模块特性研究，温度场分析等。③加强研究电动汽车的动力电池技术、电池成组技术，油电、太阳能、燃料电池等多能源混合动力技术及优化。④加强与智能电网技术的交叉，如分布式电动汽车智能充电站可以作为分布式电源，主要研究充电站的结构和总体协调控制及其并网技术；舰船综合电力系统的负载特性不同于一般系统，可视为独立小型智能电网。

第九，超导装置中的基础问题。本研究主要涉及高温超导体的交流损耗，超导线圈的稳定性，疲劳失效机理与抗疲劳方法，超导电力装置的电磁暂态过程，动力学建模、热损失机制与计算，超导电力装置新原理及多功能超导电力装置的原理，与限流功能结合的多功能超导电力装置、基于超导线圈的新型FACTS装置的新原理，新型超导限流器的原理等。

第十，多场作用下电介质的性能及环境友好的电工材料。多物理场作用下电介质材料的基本性能主要包括如下内容：直流输电设备绝缘材料在温度梯度、交直流和脉冲电场，以及应力协同作用下的性能演变规律；瞬变强电场作用下，电介质材料长期介电性能的演变规律；太空辐射条件下材料介电性能及内部空间电荷特性的演变规律，复杂条件下的电介质材料性能提高和结构设计，电介质性能变化对绝缘结构设计和优化的影响。环境友好的电工材料涉及风力发电机用无溶剂浸渍树脂研究及其性能评估，变频电机用无溶剂浸渍树脂，新型无卤绝缘材料，可生物降解固体绝缘材料及性能评估体系，复杂电场及温度场下的植物绝缘油及油纸绝缘击穿与老化机理，六氟化硫替代气体电介质及其微观物理化学性能与绝缘、灭弧性能之间的关系。

二、交叉领域

（一）智能电网的信息平台

智能电网是建立在信息技术发展的基础上的分布式、异构的多控制中心协调计算和决策的信息支持平台技术，智能电网可视化技术，数字化变电站与数字化电网技术，智能电网测量和通信技术，海量信息分布式存储及智能挖掘技术，智能电网信息安全，输变电装备的通信与信息平台技术，智能化终端设备的支持系统与外网的接入技术等技术的综合的基础上。智能电网与其他物理网络的信息互联的可行性与基础研究至关重要。

（二）风能与太阳能的短期预测与电力调度

天气变化对风能及太阳能资源有很大影响，随着风电及太阳能发电容量的增大，电力调度难度也增大，应重点研究天气变化的影响，包括四方面内容：①基于微气象学的风电场、太阳能电站资源预测；②考虑地理相关性的大区风电、太阳能发电预测技术；③大型风电场、太阳能电站功率输出预测；④风电、太阳能发电功率预测与负荷预测的综合预测。

（三）大容量高密度储能技术

大容量、高储能密度和低成本是储能技术获得大规模应用的必备条件。储能技术种类较多，以各种形式存储的能量需要转换成电能才能方便使用，但每种储能技术的实现都需要多学科交叉共同完成：与化学、材料、机械、物理学等的交叉，主要是储能元件自身各组成部分的研究，如蓄电池和超级电容器的电极材料和电解液材料，飞轮材料及制造，超导磁体材料及制造等；与控制、计算机学科的交叉，主要是各类接口的控制基础研究，以实现能量的高效转换，降低成本。

（四）新型电工材料

通过研究及应用新型材料来提高发电及电能输送过程的可靠性、经济性和效率是电力工程发展的重要方向，属于电工与材料科学交叉领域，主要研究内容包括基于纳米改性的新型电介质，特殊环境条件下使用的新型电介质，实用超导材料，提高超导材料的临界电流密度和机械性能、改善其在高场下的磁通钉扎、降低超导材料的成本。还包括高临界参数新型超导材料探索、实用化成材技术及物性研究；电气化交通与运载系统用永磁和导磁材料研究。例如，钕铁硼稀土永磁材料、非晶合金导磁材料及高冲片性取向硅钢导磁材料，稀土永磁材料低成本化与耐蚀性的微观协调机制，稀土永磁材料在交变磁场环境的磁化与退磁行为解析，纳米复相稀土永磁材料软硬磁相的结构匹配特性，非晶合金形成的热力学和动力学理论研究，快速凝固技术制造非晶合金过程中的冶金过程热力学和动力学研究。

第五节　温室气体控制与无碳-低碳能源系统

降低大气中温室气体浓度的途径包括减排（减少温室气体排放）与增汇（加强温室气体吸收）两类。减排手段包括提高能源利用效率、调整能源结构，以及捕集和封存 CO_2。由于特性与适应情况不同，上述三种减排手段在我国温室气体控制战略中所扮演的角色也各不相同。为了协调经济发展、能源利用与温室气体控制，我国的 CO_2 减排战略应该基于我国国情，分阶段、按步骤、有侧重地开展：近期以关停并转、淘汰落后生产力、发展和推广节能技术、提高能效为核心；中长期以可再生能源等绿色替代能源为重点；远期则以控制 CO_2 排放的一体化系统为主线。

要研发碳捕集与封存新技术。碳捕集和封存技术的难点在于 CO_2 回收能耗过高，这不仅导致能源利用效率下降，而且使 CO_2 减排成本居高不下。因此，目前国际上的碳捕集与封存技术尚不能满足能源可持续发展的要求。建议寻求能够同时解决能量利用与 CO_2 减排的"革命性"技术，并发展适合我国国情的温空气体捽制技术路线。

一、优先领域

我国目前仍然处于人口稳步增长、社会持续发展的阶段，对能源物质的需求持续增长形成了我国日渐沉重的资源环境负荷。我国面临能源与环境的严峻挑战，温室气体控制问题更是雪上加霜，应重点研究相关理论和技术。温室气体控制的优先领域包括四个。

1）控制 CO_2 排放的洁净煤技术。从温室气体控制角度看，CO_2 是由化石燃料中的含碳成分氧化后生成的，这个氧化过程既是 CO_2 的生成过程，也是燃料化学能的转化与释放的过程。可以说，CO_2 的分离、燃料化学能的转化与释放紧密相关。能源转化利用与 CO_2 分离一体化的出发点在于将能源系统中的化学能梯级利用与 CO_2 分离过程相耦合，依靠系统集成，寻找能量的梯级利用与 CO_2 分离一体化的突破口，研发全新的分离原理与技术，如清洁能源生产和 CO_2 分离一体化、燃烧和分离一体化、冷能利用与分离一体化。

2）燃烧与 CO_2 分离一体化系统集成创新。探索研究有效减少化石燃料转化过程中品位损失的新颖能量释放方法，开发新一代基于燃料化学能释放过程与

CO_2分离一体化的化学链燃烧热力循环，在高效利用燃料化学能的同时实现CO_2的低能耗分离。

3）煤基液体燃料生产与CO_2分离一体化系统。采用适当合成反应生产替代燃料（甲醇、二甲醚、F-T燃料、氢等），未反应气不作循环，直接作为发电的燃料，形成化工与动力的有机结合，实现化学能与热能的综合梯级利用。这种新型分离CO_2的多联产系统，每吨CO_2的减排成本可望低于10美元。

4）先进的碳捕集分离技术。对于我国目前的绝大部分电厂、新建电厂和未来的洁净煤电技术来说，碳捕集分离是关键。由于烟道气流量极大，CO_2浓度很低，体系复杂，所以分离设备体积庞大，能耗高。目前的碳捕集成本在40美元/吨左右，约占碳捕集和封存总成本的80%。只有大幅度地降低其成本，才有可能实施碳捕集和封存。目前化工领域已成功应用的碳捕集分离方法主要有吸收、膜分离、吸附和水合物分离等。①吸收法有较悠久的历史，大量用于炼油、合成氨、制氢、天然气净化等工业过程，目前难以推广应用的主要原因是费用过高，为此急需进行下列研究和开发：通过分子设计和实验研究，发展新溶剂；创制适用于特大型分离设备的新型塔内件；通过能量集成和优化，争取大幅度地降低系统的能耗。通过这些方面的研究，目前已可能将燃烧后的碳捕集成本降到了30美元/吨以下。进一步的深入研究可望将碳捕集成本降到15美元/吨以下。②膜分离法具有环境友好和能耗较低等优点。膜分离的核心在于膜材料。目前膜法分离CO_2的主要研究方向在于：新型"溶解选择"性膜材料，耐温、耐化学膜材料，非对称膜/复合膜的制备，复合膜过程，即将膜分离与其他分离过程结合起来，典型如膜吸收等。③多孔介质吸附分离是气体分离的重要手段之一，特别是变压吸附是一种低能耗的气体分离方法，在化工等工业中有广泛的应用。多孔介质吸附分离法捕集分离CO_2的关键在于能筛选吸附容量大、选择性好、脱附能耗小的吸附剂。近年来，介孔材料作为吸附分离介质的研究受到重视，由于其孔道比较大，CO_2在孔道中的传递和吸附速度比普通分子筛要快得多。介孔材料应用于碳捕集分离的最大困难在于其水热稳定性比较差、价格比较高、吸附量比较小。采用表面修饰的方法可以提高CO_2的吸附量和吸附选择性。近年来，另一种受到学术界重视的吸附材料是有机金属骨架材料，如何降低其价格仍是实际应用的瓶颈问题。④水合物促进剂是提高水合物法分离CO_2的关键因素。水合物生成促进剂是促进降低CO_2水合物生成条件同时加快反应速度，使得CO_2与混合气分离。水合物分解促进剂能加快CO_2水合物释放获得高纯度的CO_2。近年来，已开展了水合物法分离技术研究，期望能在较低压力（接近大气压）下进行水合物的生成，新型混合型水合物促进剂也在不断研制中。进一步的深入研究可望将碳捕集成本降到10美元/吨以下。

5）CO_2储存。将CO_2注入诸如地下盐水层、废弃油气田、煤矿等地质结构层中，可以保留很长时间。在 Sleipner、Weyburn 和 In Salah 等项目中取得的有关 CO_2 注入、存储的大量信息和经验都表明在地质岩层中存储 CO_2 是现实可行的。但是，目前我国有关的研究还很薄弱。为此，应尽快开展以下研究：加强宏观评价，如 CO_2 排放源的分布、地质埋存潜力与地理分布，碳封存"源"与"汇"的优化匹配等；制定碳捕集与埋存技术发展的路线图，包括规模应用碳捕集埋存的可行性、潜力、技术、时间、地点等；碳运输和埋存技术的评价。重点是埋存技术研发并建设示范项目，碳封存可能的风险与应对对策、动态监测的技术与方法，加强国际合作，促进发达国家先进技术的转移等。

二、交叉领域

我国面临能源与环境的严峻挑战，温室气体控制问题更对能源、环境等多学科领域交叉相关理论和技术的研究提出了迫切要求。

CO_2 控制相关的基础理论研究涉及能源、环境、化工、生物、地学和规划管理多个学术领域，不但有领域内的学科交叉，还有领域间的交叉，急需解决的前沿科学问题多，需要长期开展基础研究，循序渐进，不断深入对科学问题的认识，鼓励学科交叉。温室气体控制近中期支持的交叉领域主要包括燃料化学能梯级利用的温室气体控制（与化学学科交叉），CO_2 储存与资源利用方法（与环境、地球科学交叉），低碳排放型工业系统研究（与管理交叉）等。基金委应迅速启动重大研究计划，大力支持 CO_2 控制相关的前瞻性基础研究，尤其是交叉学科的基础研究。

CO_2 的化学利用正成为热门的科研领域，其主要利用途径有 CO_2 加氢制备低碳烯烃、甲烷与 CO_2 反应制备 C_2 烃、CO_2 加氢制备 C_1、C_2 混合醇、CO_2 加氢制备二甲醚（DME）、甲烷还原 CO_2 制备合成气、合成碳酸二甲酯（DMC）、CO_2 共聚合成等。由于 CO_2 化学性质十分稳定，所以以 CO_2 作为资源进行化学利用难度较大，能耗和成本很高，而且规模有限。目前应加强基础研究，增加技术储备。争取在氢气价位逐渐降低和催化剂等技术获得突破后实现 CO_2 规模利用。

第八章

发 展 建 议

一、高能耗行业与工业节能减排

高能耗行业与工业领域的节能减排以工程热物理学科为支撑，涉及机械制造、化工工艺、过程控制、燃料化学、材料、生物等领域，涉及热力学、燃烧学、化学反应动力学、传热传质学、多相流、化学催化、工业控制、材料学、电化学、环境科学和信息管理科学等多学科，是多学科的交叉。

在基础理论层面，建议围绕高能耗行业和工业领域节能的关键科学问题，以理论为支撑，发展新技术，研究新设备，逐步解决节能减排相关行业领域的关键共性问题和关键技术，以加速实现节能减排目标，并制定相关的标准和法规制度。具体措施包括在冶金、石油化工及工业余热与余压节能研究方向设立多个重点项目，形成具有自主知识产权的系统化理论技术，促进高效节能设备及节能新技术的研发，在此基础上建立2～3个专门从事高能耗行业节能研究的国家级研究基地，同时培养一批专门从事高能耗行业节能减排工作的专家人才队伍，为我国的节能减排工作的顺利开展，奠定充足的人才和技术保障。

工业节能应该坚持独立自主、自力更生的科技创新路线和有重点、逐步建设、以点带面的科技发展方针，通过核心技术的创新突破，提高中国工业领域整体的节能减排的技术水平，以及国际影响力和竞争力，为建设新型工业化国家、发展循环经济、低碳经济提供科技保障。

二、建筑节能

未来20年是我国城市与城乡建设快速发展时期，建筑节能任务将更加繁重。建筑节能首先要从建筑材料和建筑结构设计入手，将能源学科知识与建筑设计知识有机结合，实现建筑本体的节能；其次应该重视建筑能源设备的能效问题，以实现建筑运行过程中的能源节约；最后还应该注意可再生能源的充分合理利用，以最大程度地减少化石能源的消耗。此外，可再生能源建筑一体化应用或分布式能源系统将在建筑节能中发挥愈来愈重要的作用，依托建筑物产生的可再生能源与电网的接入与送出将是智能电网的重要组成部分。

中国已经成为世界上家电最大的生产国和消费市场。家电产品的快速普及，使之成为中国能源消耗的大户，家电节能问题显得日益突出。要充分重视以空调、电冰箱等为主导的家用电器节能技术的研究开发，尤其是与信息化技术相结合的制冷空调数字化设计技术。热泵热水器作为一类新型热水器产品具有显著的节能效果，应该重点关注。此外，各类热泵技术，以及太阳能采暖和空调技术也是建筑节能的重点。照明节能在建筑节能中也具有显著意义。建议进一步建立和完善相关政策、法规、市场激励手段，使新技术得到广泛运用。

建筑节能涉及学科面宽，需要以学科和创新基地建设为突破口，跟踪国际建筑节能科学的主流学科方向，重视交叉学科，创建一批科技创新基地，全面提升我国建筑节能的科技创新能力。应该鼓励我国科研机构积极参与国际科技合作，在低碳建筑技术和零碳建筑等领域有所建树。

三、交通领域节能

交通领域的节能减排涉及多学科，需要多学科的交叉。在基础理论层面，建议围绕交通能源的关键科学问题，设立跨学科的重大项目或针对某一具体科学问题设立重点项目；在关键技术层面，除大飞机重大专项外，针对汽车交通节能设立重大专项，围绕汽车交通中长期关键技术问题，开展持续的攻关研究。

近期尤其应该重视汽车节能问题：在提高发动机效率、降低尾气有害物排放方面做深入工作；代用燃料也是交通节能的重要方向；要充分重视发动机余热回收节能技术。针对电动汽车的发展，要加大在电池和能源管理、汽车空调和热泵采暖等方向的研究力度。

第二节　煤与石油天然气研究发展建议

化石燃料是我国能源的主体，在今后相当长的时期内，其主导型的地位不会发生根本性的改变，我国应加强基础研究及队伍建设，为化石能源的清洁利用和清洁转换方面的新原理、新方法提供源泉。煤的深度开采涉及许多复杂的技术，煤层气的开采利用对于我国能源节约和煤矿安全意义重大；石油的开采过程涉及大量的热能利用，过程节能已经成为石油工业发展的重要方向；天然气工业在我国具有显著的战略意义和实用价值，尤其是液化天然气技术及液化天然气的高效利用是能源工业中的新兴领域，急需人才。应该在以下五个重要领域建立国家级科研平台。

一、洁净煤转化及利用科研平台

近 20 年来，我国经济持续高速发展，能源需求和消费迅速增加，由此所引起的环境问题也越来越突出，在中国发展洁净煤技术已经刻不容缓，洁净煤技术是中国能源的未来，也是可持续发展战略的支柱。发展洁净煤技术，不仅有利于发挥我国煤炭资源优势，提高能源效率，加强环境保护；还有利于生产洁净能源，减少和部分替代石油消费量，优化能源结构。由于我国煤炭在能源结构中的重要地位，今后一段时期内，煤炭仍将是我国主要的一次能源，最直接也是最重要的问题就是煤炭的清洁燃烧，所以要加大对清洁煤能源利用与转换技术研究的支持力度，加强人才队伍建设，着重建设国家级的清洁煤能源利用与转换的研究基地。通过技术创新和人才队伍建设推动煤科学与技术相关战略和基础问题的研究，使得我国在清洁煤技术领域形成显著优势。

二、煤分级转换多联产研究平台

煤分级利用多联产系统不同于一般的煤化工、电力工艺的组合，而是通过多个单元工艺的集成、耦合，实现煤炭的高效、洁净转化，其特点为高效、灵活、洁净、经济。通过采用先进高效的单元工艺和不同工艺集成耦合，实现能源梯级利用和单元设备的最大产能。

煤分级利用多联产系统不是多种煤炭转化技术的简单组合，而是以煤炭资源合理利用为前提，以整体效率、经济效益最优及环境友好为目标，在能源科技、能源工程技术不断进步的支持下，不断得到发展、改进的新型能源技术系统，因此有必要在国内建设煤分级利用多联产的研究开发平台。

三、多种污染物协同脱除研究平台

随着国民经济和电力工业的迅速发展，发电燃煤过程中产生的硫氧化物、氮氧化物、汞及其他痕量污染物的排放对大气环境的污染势必不断加重，同时我国又是发展中国家，经济实力和资源储量并不雄厚，若沿用传统的逐项治理的方法，势必造成巨大的资源浪费。因此，研究、开发污染物脱除效率高、投资运行费用低、能够同时脱除多种污染物、适合于中国国情的污染控制技术对于"节能减排"大计具有重要意义。

近年来各种新的烟气同时脱硫脱硝技术不断涌现，但离实际应用尚有一定的差距，因此，开展多种污染物同时脱除的平台，对于掌握多种不同污染物在协同脱除过程中的反应机理及多种不同污染物同时脱除的影响规律从而开发出原创性的技术具有重大的意义。

四、建立完善的催化研究平台

催化剂和催化反应过程的设计、开发是一个非常复杂的系统工程，通常要经过材料设计合成、催化剂评价筛选和催化反应过程的放大优化等几个关键阶段，如图 8-1 所示。这些过程的每一阶段所涉及的科学和技术问题的解决都需要通过多学科、多领域的交叉、融合，都需要大量先进技术和设备的运用和配合。依据跨学科的、多方组织合作的模式建立研究平台，同时，大学、研究所的研究人员，国家实验室的研究员作为平等的成员参与，以及大型研究设施的运用是解决这一复杂问题的关键。

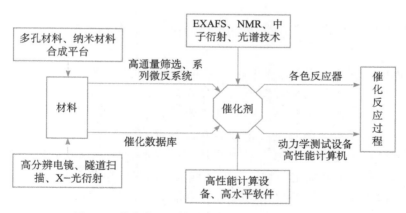

图 8-1 催化科学和技术研究平台涉及的关键单元

五、建立创新的化工技术和过程平台

在未来能源系统中处于核心地位的天然气转化，特别是与之相关的费托合成过程、多联产过程、高效传热过程、制氢和燃料电池等，都涉及创新的化工过程。在对现有的化工技术和过程不断完善和优化的基础上，进一步的基础研究应集中在具有重要的理论价值、有广泛应用背景的多尺度系统的研究上。研究的重点和突破口可选择微化工系统，研究的内容包括以微机电系统（MEMS）为基础的微通道反应器的设计和加工，微通道内的"三传一反"的理论基础和对应的尺寸效应，尺寸束约的条件下的催化反应的选择性原理，以及拓展以微通道反应器为带动的微化工系统在能源转化和利用中的作用。

建立国家催化科学和技术研究平台和现代化工创新研究体系，可以聚集优秀研究人才，促进和鼓励多学科、多领域、多方组织的交叉、融合，针对国际科学和技术的发展趋势，面向国民经济发展的具体需求，并将学术界的、工业部门的研究机构的技术与目标有机地结合；同时，根据需要配置一定的先进技术和设备，并很好地与国家已建和拟建的大型研究设施配合，大幅度地提升我国相关的科学和技术研究水平，使我国的相关研究为国民经济发展做出更大的实质性贡献，并能真正在世界上处于有利的竞争地位。

第三节　可再生能源

一、加大在可再生能源领域的经费支持力度

可再生能源转换利用与发电技术有可能成为改变传统能源结构、克服能源紧张、改善生态环境的最有潜力的途径。目前，世界上很多国家包括我国都制订了可再生能源发展规划。开发低成本、高效率、长寿命的可再生能源转换利用与发电技术和装置是决定能否实现预期目标的关键。近来，美国、欧盟等都在可再生能源领域加大了支持基础研究的力度。总的来讲，我国在可再生能源利用研究和制造领域，与发达国家之间仍然存在不小差距，在系统方面尚需要深入研究。为在这一将来极有可能关系国计民生的重要领域里不受制于人，我们也必须加大在此领域内的支持力度，一方面扩大支持范围，对有前瞻性、创新性、探索性的想法给予尽可能多的支持，广泛培养有可能实现可再生能源利用变革性进展的突破点；另一方面需要集中力量，支持一批重点重大项目，大力度支持有一定研究基础、具有产业化极大潜力、切实能够满足人民和社会需求的项目，促进我国太阳能等可再生能源产业的快速提升和技术进步。

可再生能源领域应该重点在太阳能的中温和高温集热、贮能、转化领域做深入工作；在太阳能热发电技术方面取得显著突破，为太阳能热发电规模化发展提供支撑技术；要重点研究成本低、效率高的太阳能光伏技术，并从全生命周期角度开展太阳能光伏发电研究；大型风电机组涉及复杂设计、制造技术，以及材料和电机控制等，需要跨学科集成攻关，要充分重视海上风电；生物质制氢、生物质燃料转化及生物质发电等在我国生物质能发展中具有特殊地位。各类热泵是常规电能或热能与低品位自然能源有效结合的节能技术，具有可再生能源的特性，在建筑节能和工业余热品位提升中具有广阔的应用前景，需要重点突破。

要充分重视可再生能源与常规能源的结合，可再生能源的规模化应用及分布式应用，开拓可再生能源的应用领域。

二、加大培养多学科交叉综合性人才的力度

随着光热、光伏新概念、新材料、新结构的不断涌现，可再生能源转换利用与发电研究不再仅仅是工程热物理或者半导体领域的研究，其涉及物理、化学、光学、电学、机械、热学等多个学科。但是目前研究机构人员的知识结构往往比较单一，从而造成在物理、化学、热学方面深入理解光热、光伏材料和器件的性能与机制方面存在欠缺。而在化学方面知识丰富的研究者又往往对光热、光伏器件结构了解不足。因此，应该积极推动多学科间的交叉合作，加大培养综合性人才的力度。

目前，我国高校尚没有可再生能源专门学科，导致可再生能源人才成长缓慢。实际上，我国许多大学已经有能力培养可再生能源专业学生。此外，还应通过项目积极培养可再生能源领域的青年科技人才，并通过国家相关科技项目的支持，使项目承担单位加大可再生能源研究方向人才培养的力度，以达到迅速培养一批可再生能源高层次人才的目的，适应我国可再生能源战略新兴产业的发展需求。

三、建立国家级可再生能源研究平台

目前，我国的可再生能源转换利用与发电科研事业方兴未艾，从事可再生能源转换利用与发电研究的单位有很多，但基本上都规模小、实力弱，难以在大项目大方向上集结足够的力量去获得重大突破。在可再生能源研究领域，我国应该建立一个像美国国家可再生能源实验室（NREL）那样的国家级科研机

构，充分整合一部分我国现有的研发资源，统一部署，集中力量，有效促进我国的可再生能源转换利用与发电科学与技术的快速发展。

可再生能源研究设施需要建设的重大基础装备包括：大型动态可变功率热源、冷源系统，模拟太阳辐照光源-太阳能实验平台，模拟风洞实验系统-风能实验平台，生物质燃烧与清洁利用实验平台，高性能水池-波浪能与海洋能实验平台，气候环境室-可再生能源气候环境应用实验平台，智能电网及蓄能模拟与实验系统，建筑能源系统。该设施可以成为从事可再生能源研究的研究平台，也可以成为太阳能、风能企业的技术服务平台。

四、加强国际交流与合作

我国应重点加强与美国、德国、法国、日本、以色列、澳大利亚等国在太阳能和风能等领域的国际合作，与英国等国家的水能和波浪能、海流能、潮汐能方面科研合作。通过国际交流与合作活动，及时把握国际可再生能源转换利用与发电研究的新动向、新趋势，学习合作单位的先进经验，有利于我们与国际前沿接轨，为我国可再生能源科技事业和新兴战略产业的发展做出贡献。

五、鼓励主要学术杂志开设可再生能源专刊或特刊

随着可再生能源发电行业的蓬勃发展，针对该领域的国际国内的学术交流活动也日益繁荣，许多电气领域国际上的权威杂志都以专刊或是专栏的形式，登载可再生能源发展领域的最新研究进展，例如，国际权威的 *IEEE Transaction on Power Systems* 就于 2008 年年初时发布了一期风力发电的专刊；又如国际著名的电气组织英国工程技术学会（IET）就在原有学报的基础上创办了一个新的研究刊物 *Renewable Generation*，所刊发文章均由 SCI 源刊索引。通过这些举措，许多国际知名的学术期刊都极大地缩短了可再生能源领域论文的评审与登载速度，促进了可再生能源研究领域的交流与发展。

但在我国电气领域的著名学术期刊，除了《电力系统自动化》杂志开设了"绿色电力自动化"专栏之外，其他的学术刊物都尚未在可再生能源发电领域的学术交流与论文登载上有着系统的动作。我国应鼓励主要学术杂志开设可再生能源专刊或特刊，并设立本领域的相关栏目，以加强可再生能源研究领域的学术讨论与交流。

第四节　电能转换、输配、储存及利用

一、智能电网研究建议

国家应制订详细的规划，应用系统工程的方法组织协调全国各有关单位的研究开发力量，形成"高校—研究所—制造企业—电网公司"及"基础研究—应用开发—生产制造"的有机协作研发及生产体系，高效地发挥各自的优势，促进智能电网研究开发的健康快速发展。应注意开展联合资助和合作研究，协调专业科研单位、高等院校和电力运行和制造企业所属科研机构的科研合作。加强组织协调工作，使高水平研究成果迅速转化为产品或生产技术。

充分发挥已建或在建的电力系统国家和省部级重点实验室和国家级工程研究中心的作用，并应继续加强其建设，以期成为开放型的国家级实验研究中心，促进智能电网新技术的快速发展。重视电工技术各分支学科的新发展和通过资助项目为培养中、青年科技人才创造条件。加强和扩大智能电网各种技术的国际合作研究领域，创造条件开展国际交流和合作。鼓励、支持、资助在我国召开面向智能电网的国际性电工各学科理论及应用的学术会议。

需要加强基础技术研究工作，逐步增加研究经费的资助强度。对那些可以在"十二五"规划"高科技"、"能源"及各部的计划中申请的课题应纳入有关"规划"或开展联合资助。

应建立、健全行之有效的管理和考核制度，定期进行课题的公开学术讨论和检查，加强信息交流，对达到国际领先和先进水平的成果予以奖励。

二、特高压输变电技术建议

特高压输变电技术是解决大规模、远距离、高效率电力输送的关键技术，是我国实现大范围能源资源优化配置的基础，对于我国发展清洁能源和低碳经济，实现节能减排、减少温室效应具有十分重大的意义。未来 10 年，应该紧密围绕特高压输变电技术的发展趋势和需求，全面开展特高压输变电技术的基础理论和关键技术研究。

要充分发挥特高压试验基地的作用。坚持产学研结合，建立保障制度，使我国"十一五"建设的几个不同海拔高度的特高压试验基地开放，为高层次优秀人才施展才华提供良好的科研平台，全面提升我国特高压输变电技术的科技创新能力。

要鼓励电网和制造企业与基金委建立联合研究基金。结合电网和制造企业对特高压输变电技术基础科学和关键技术的需求，建立重点或重大项目的联合研究基金，结合依托工程，实现基础科学和关键技术的突破。

三、储能储电系统建议

将储能与新能源发展同步规划，研究制定储能电价，规范新能源发电技术标准与并网管理，建设多个具有发展潜力的技术的储能示范项目，设立国家科技重大专项支持储能储电系统研究。要进一步通过多渠道加强国际合作与交流。

四、高压电力装备建议

高压电力装备安全是保证电力系统安全运行的第一道防御系统，是电网具有自适应和自愈能力的重要技术基础，是为大规模可再生能源利用提供优质电能平台的重要技术保障，对实现节能减排、减少温室效应的目标具有重要意义。需要培养和积聚高水平学术队伍，倡导"产学研"合作，建立高水平智能高压电力装备仿真和真型试验研究平台，为取得国际一流水平的创新性成果奠定基础。需要加强国际交流与合作，利用我国在智能高压电力装备研究方面与国际同步发展的有利条件，建立国际合作基金，大力支持国际合作与交流，不断提升国际学术影响力和学术地位。

五、电力电子器件和系统建议

电力电子集成涉及许多共性的电力电子应用基础理论和关键技术问题，是电学、信息科学、材料科学等多学科的高度交叉，是一个以电力电子技术为基础的新学科增长点，代表着 21 世纪电力电子技术发展的方向，具有促进电力、能源、工业生产过程自动化产生革命性的变革的良好前景，应作为交叉重点支持。

基于宽带隙半导体材料的新型器件是一个重要的战略领域，欧美先进国家的研发尚处早中期。应该大力支持下一代宽带隙半导体功率器件和集成电路的发展，尽快缩小和国际先进水平的差距，避免重蹈 20 多年前绝缘栅双极晶体管的覆辙，为我国电力电子技术的中短期发展提供自主的、可靠的推动力量，为我国经济和社会的长期稳定发展提供一个良好的支撑。同时，应该意识到在新型半导体材料上的器件涉及一系列跨学科的课题，是一个研发周期较长的科研方向，应该进行中长期的重点支持。

六、超导电力技术建议

超导电力技术本身是一门交叉性很强的科学，近来与智能电网技术和新能源技术发展需求结合日益紧密，值得关注和大力支持。需要大力支持配套技术，如新型超导材料技术、高效长寿命制冷技术和低温系统的研究，为超导电力技术的发展奠定坚实基础。

加强对年轻人才的支持。超导电力技术是一门前沿技术，需要培养充满活力的研究队伍，建议加强本领域青年基金的支持力度。

第五节　温室气体控制与无碳-低碳系统

我国是 CO_2 排放大国，控制温室气体 CO_2 排放研究，是我国应对减缓气候变化的国际压力需求，也是我国实施可持续发展战略的重要组成部分。但我国 CO_2 控制相关的基础研究处于起步阶段，理论储备严重缺乏，难以支撑国家的重大需求。结合我国国情，初步凝练总结了我国在能源动力系统中实现 CO_2 减排急需解决的关键科学问题，我国学者已经对 CO_2 减排研究有了较深刻的认识，为我国迅速实施碳捕集和封存基础研究打下了良好的基础。

近期应该开展埋存技术研发并建设示范项目，研究碳封存可能的风险与应对对策、动态监测的技术与方法，加强国际合作，促进发达国家先进技术的转移等。

应该将低碳型循环经济工业生态系统基础理论与关键技术研究列入学科发展研究规划，给予相应支持，统筹协调和调动各种研究力量，突出重点，形成合力，推进我国低碳排放型循环经济生态工业系统基础理论与关键技术研究的进展。依托国家循环经济发展态势与重大科技需求，逐步建立全国低碳型循环经济生态工业系统研究队伍，大力培育青年人才成长。加强国际交流，提高我国在低碳型工业生态领域的研究水平与影响力。

基金委应迅速启动重大研究计划，大力支持 CO_2 控制相关的前瞻性基础研究，尤其是交叉学科的基础研究。

附录

参与报告编写人员

（按姓氏拼音排序）

安振连	蔡睿贤	岑可法	陈国邦	陈昊	陈矛章	陈为	陈星莺
程浩忠	程明	程时杰	程志光	褚晓东	丛培天	戴少涛	戴渝兴
党智敏	丁明	杜伯学	杜林	杜旭	范维澄	范瑜	冯琳
高泰荫	戈宝军	龚领会	郭吉丰	郭开华	过增元	韩平平	郝艳捧
何光宇	贺德馨	胡寿根	胡学浩	胡兆光	黄震	江秀臣	姜久春
姜培学	姜胜耀	蒋洪德	蒋晓华	金之俭	康重庆	黎雄	李朝东
李成榕	李国杰	李剑	李来风	李琳	李庆民	李生虎	李盛涛
李晓航	李欣然	李耀华	李永东	李兆杰	李正宏	梁德旺	廖承林
林今	林良真	林湘宁	林莘	林宗虎	刘闯	刘东	刘高联
刘进军	刘觉民	刘连光	刘林华	刘明波	刘伟	刘文颖	刘瑛岩
刘玉田	刘云鹏	刘志刚	卢铁兵	卢文强	律方成	栾文鹏	罗安
罗隆福	骆仲泱	马洪忠	马衍伟	马重芳	毛承雄	毛宗源	倪维斗
欧阳斌	彭先觉	彭宗仁	齐磊	钱照明	秦裕琨	丘东元	丘明
任士炎	荣命哲	单葆国	沈沉	盛况	施明恒	宋依群	苏万华
孙凤举	邰能灵	汤俊萍	唐炬	唐跃进	陶文铨	王补宣	王承民
王秋良	王小宇	王晓茹	王银顺	王仲奇	韦榕	卫志农	温家良
温旭辉	文劲宇	翁史烈	吴承康	吴锴	吴克启	吴文传	吴文权
吴玉林	吴志红	夏长亮	夏清	肖登明	肖熙	解大	谢德馨
谢开贵	辛洁晴	邢岩	徐丙垠	徐德鸿	徐殿国	徐建中	徐箭
徐进良	徐通模	徐旭常	徐益谦	许加柱	宣益民	薛永端	严仰光
严正	晏成立	杨洪耕	杨晓西	杨旭	姚建刚	姚强	尹毅
余贻鑫	袁越	曾嵘	张保会	张炳义	张承慧	张凤阁	张贵新
张国民	张恒旭	张建成	张军明	张粒子	张乔根	张文	张欣欣
张冶文	张有兵	章明川	赵争鸣	赵志斌	郑楚光	郑竞宏	郑军
周雒维	周铁英	周文俊	朱守真	祝长生	祝后权	庄逢辰	